TOP
소방시설관리사
2차 점검실무행정

예문사

머리말

안녕하십니까?
소방시설관리사 2차 점검실무행정 저자 정명진입니다.

소방시설관리사는 취득하기 어려운 자격증입니다. 그렇지만 "천재는 노력하는 사람을 이길 수 없고, 노력하는 사람은 즐기는 사람을 이길 수 없다."라는 말처럼 시험 준비 과정을 즐기면서 차분히 준비하면 반드시 취득할 수 있습니다.

비행기가 이륙하려면 속도와 거리가 필요한데, 일정 속도 이상이 되어야 하고 이륙하기 위한 거리도 만족하여야 합니다.
마찬가지로 공부도 나만 열심히 한다고 되는 것도, 오랜 시간 공부한다고 되는 것도 아니라고 생각합니다. 날씨, 컨디션, 주변 환경 등 여러 요인에 영향을 받습니다.
합격하기 위해서는 먼저 주변 정리를 하는 것이 중요하며, 가족 및 지인의 도움과 취득하려는 열정이 필요합니다.

저는 선배 관리사로서 여러분을 이끌려고 계속 노력할 것이며, 이 책으로 공부하는 수험생에게 합격의 영광이 함께하기를 바랍니다.

마지막으로 힘든 수험 기간 동안 말없이 곁을 지켜준 아내에게 감사하고, 출판을 도와주신 도서출판 예문사 임직원 여러분과 도움을 주신 모든 분에게도 깊은 감사를 드립니다.

저자 **정명진**

시험정보

(총 권중 번째)

1교시(과목)

(20   )년도 (   )시험 답안지

과 목 명

답안지 작성시 유의사항

가. 답안지는 **표지, 연습지, 답안내지(16쪽)**로 구성되어 있으며, 교부받는 즉시 쪽 번호 등 정상 여부를 확인하고 연습지를 포함하여 1매라도 분리하거나 훼손해서는 안 됩니다.

나. 답안지 표지 앞면 빈칸에는 시행년도 · 자격시험명 · 과목명을 정확하게 기재하여야 합니다.

다. 채점 사항	1. 답안지 작성은 반드시 **검정색 필기구만 사용**하여야 합니다.(그 외 연필류, 유색 필기구 등을 사용한 **답항은 채점하지 않으며 0점 처리**됩니다.) 2. 수험번호 및 성명은 반드시 연습지 첫 장 좌측 인적사항 기재란에만 작성하여야 하며, **답안지의 인적사항 기재란 외의 부분에 특정인임을 암시하거나** 답안과 관련 없는 특수한 표시를 하는 경우 **답안지 전체를 채점하지 않으며 0점 처리**합니다. 3. **계산문제는 반드시 계산과정, 답, 단위를 정확히 기재**하여야 합니다. 4. 답안 정정 시에는 두 줄(=)을 긋고 다시 기재하여야 하며, 수정테이프 · 수정액 등을 사용할 경우 채점상의 불이익을 받을 수 있으므로 사용하지 마시기 바랍니다. 5. 기 작성한 문항 전체를 삭제하고자 할 경우 반드시 해당 문항의 답안 전체에 명확하게 X표시하시기 바랍니다.(X표시 한 답안은 채점대상에서 제외)
라. 일반 사항	1. 답안 작성 시 문제번호 순서에 관계없이 답안을 작성하여도 되나, 반드시 문제 번호 및 문제를 기재(긴 경우 요약기재 가능)하고 해당 답안을 기재하여야 합니다. 2. 각 문제의 답안작성이 끝나면 바로 옆에 **"끝"**이라고 쓰고, 최종 답안작성이 끝나면 줄을 바꾸어 중앙에 **"이하여백"**이라고 써야합니다. 3. 수험자는 시험시간이 종료되면 즉시 답안작성을 멈춰야 하며, 종료시간 이후 계속 답안을 작성하거나 감독위원의 답안지 **제출지시에 불응할 때에는 당회 시험을 무효처리**합니다. 4. 답안지가 부족할 경우 추가 지급하며, 이 경우 먼저 작성한 답안지의 16쪽 우측 하단 [ ]란에 **"계속"**이라고 쓰고, 답안지 표지의 우측 상단(총 권 중 번째)에는 답안지 **총 권수, 현재 권수**를 기재하여야 합니다.(예시: 총 2권 중 1번째)

부정행위 처리규정

다음과 같은 행위를 한 수험자는 부정행위자 응시자격 제한 법률 및 규정 등에 따라 **당회 시험을 정지 또는 무효**로 하며, 그 시험 시행일로부터 **일정 기간 동안 응시자격을 정지**합니다.

1. 시험 중 다른 수험자와 시험과 관련한 대화를 하는 행위
2. 시험문제지 및 답안지를 교환하는 행위
3. 시험 중에 다른 수험자의 문제지 및 답안지를 엿보고 자신의 답안지를 작성하는 행위
4. 다른 수험자를 위하여 답안을 알려주고나 엿보게 하는 행위
5. 시험 중 시험문제 내용을 책상 등에 기재하거나 관련된 물건(메모지 등)을 휴대하여 사용 또는 이를 주고 받는 행위
6. 시험장 내·외의 자로부터 도움을 받고 답안지를 작성하는 행위
7. 사전에 시험문제를 알고 시험을 치른 행위
8. 다른 수험자와 성명 또는 수험번호를 바꾸어 제출하는 행위
9. 대리시험을 치르거나 치르게 하는 행위
10. 수험자가 시험시간 중에 통신기기 및 전자기기(휴대용 전화기, 휴대용 개인정보 디지털 카메라, 음성파일 변환기(MP3), 휴대용 게임기, 전자사전, 카메라 펜, 시각표시 이외의 기능이 부착된 시계)를 휴대하거나 사용하는 행위
11. 공인어학성적표 등을 허위로 증빙하는 행위
12. 응시자격을 증빙하는 제출서류 등에 허위사실을 기재한 행위
13. 그 밖에 부정 또는 불공정한 방법으로 시험을 치르는 행위

예시

【문제 1】 다음 물음에 답하시오.(40점)

물음 1) 공동주택(아파트)에 설치된 옥내소화전설비에 대해 작동점검을 실시하려고 한다. 소화전 방수압 시험의 점검내용과 점검결과에 따른 가부판정기준에 관하여 각각 쓰시오.(5점)
   (1) 점검내용(2점)
   (2) 방사시간, 방사압력과 방사거리에 대한 가부판정기준(3점)

물음 2) 공동주택(아파트) 지하 주차장에 설치되어 있는 준비작동식 스프링클러설비에 대해 작동점검을 실시하려고 한다. 다음 물음에 관하여 각각 쓰시오.(단, 작동점검을 위해 사전 조치사항으로 2차 측 개폐밸브는 폐쇄하였다.)(9점)
   (1) 준비작동식 밸브(프리액션밸브)를 작동시키는 방법에 관하여 모두 쓰시오.(4점)
   (2) 작동점검 후 복구절차이다. (   )에 들어갈 내용을 쓰시오.(5점)

| 1. 펌프를 정지시키기 위해 1차측 개폐밸브 폐쇄 |
| 2. 수신기의 복구스위치를 눌러 경보를 정지, 화재표시등을 끈다. |
| 3. (ㄱ   ) |
| 4. (ㄴ   ) |
| 5. 급수밸브(세팅밸브) 개방하여 급수 |
| 6. (ㄷ   ) |
| 7. (ㄹ   ) |
| 8. (ㅁ   ) |
| 9. 펌프를 수동으로 정지한 경우 수신반을 자동으로 놓는다.(복구 완료) |

- 이하 문제 생략 -

문제 1	다음 물음에 답하시오.　　　　　　　　[문제는 간략하게 표기]
	물음 2) 공동주택(아파트) 지하 주차장에 대한 물음을 쓰시오.
	(1) 준비작동식 밸브(프리액션밸브)의 작동방법에 관하여 모두 쓰시오.
	① 감지기 작동시험기를 사용하여 감지기 A · B 교차회로 작동
	② 준비작동밸브의 수동기동밸브를 개방(작동)
	③ 슈퍼비조리판넬(SVP)의 수동조작스위치를 작동
	④ 제어반에서 동작시험스위치를 사용하여 감지기 A · B 교차회로 작동
	⑤ 제어반에서 밸브 수동기동하여 솔레노이드밸브 작동 "끝"
	(2) 작동점검 후 복구절차이다. ( )에 들어갈 내용을 쓰시오.
	1. 펌프를 정지시키기 위해 1차 측 개폐밸브 [소문제가 끝나면 "끝"]
	2. 수신기의 복구스위치를 눌러 경보를 정지, 화재표시등을 끈다.
	3. (ㄱ - ~~수동밸브~~ 솔레노이드밸브 수동복구)
	4. (ㄴ - 배수밸브 폐쇄) [부분 수정은 두 줄로]
	5. 급수밸브(세팅밸브) 개방하여 급수
	6. (ㄷ - 1차 측 개폐밸브 서서히 개방)
	7. (ㄹ - 세팅밸브 폐쇄) [전체 수정은 × 표시]
	~~8. (ㅁ - 1차 측 개폐밸브 개방)~~
	~~9. 펌프를 정지한 경우 수신반을 자동으로 놓는다.~~
	8. (ㅁ - 2차 측 개폐밸브 서서히 개방)
	9. 펌프를 수동으로 정지한 경우 수신반을 자동으로 놓는다.(복구 완료)
	[작성 완료 후 표시] → 이하 여백

※ 순서는 바꿔도 됨

차 례

PART. 01 소방법과 관련된 건축법

CHAPTER 01 건축법 용어정의 ··· 3
    01 용어정의 ·· 3
    02 건축허가 ·· 5
    03 부속건축물 ·· 5
    04 면적 등 ·· 6

CHAPTER 02 내화구조 ··· 8

CHAPTER 03 방화구조 ··· 11

CHAPTER 04 방화지구 ··· 13

CHAPTER 05 연소 우려가 있는 부분 · 구조 · 개구부 ··········· 14
    01 연소 우려가 있는 부분 ·· 14
    02 연소 우려가 있는 구조 ·· 15
    03 연소 우려가 있는 개구부 ··· 15

CHAPTER 06 경계벽 및 바닥 ··· 17

CHAPTER 07 방화구획 ··· 19

CHAPTER 08 방화벽 ·· 24

CHAPTER 09 방화문 ·· 26

CHAPTER 10 건축물의 마감재료 ······································ 27
    01 마감재료의 구분 ·· 27
    02 내부 마감재료 ·· 27
    03 외벽 마감재료 ·· 28

CHAPTER 11	지하층	30
CHAPTER 12	발코니 등의 구조변경	32
CHAPTER 13	계단 및 복도	34
CHAPTER 14	직통계단	37
	01 직통계단	37
	02 피난계단 및 특별피난계단	38
CHAPTER 15	피난안전구역	43
CHAPTER 16	옥상광장 및 헬리포트	50
CHAPTER 17	대지 안의 피난 및 소화에 필요한 통로	52
CHAPTER 18	다중이용 건축물	53
CHAPTER 19	출입구	57
	01 관람석 등으로부터의 출구	57
	02 바깥쪽으로의 출구	57
	03 회전문	59
	04 비상탈출구	60
CHAPTER 20	승강기	63
CHAPTER 21	채광, 배연, 소방관 진입창	65
CHAPTER 22	초고층 및 지하연계 복합건축물	70
	01 정의	70
	02 종합방재실	71

PART. 02 점검기구의 종류 및 사용법

CHAPTER 01 방수압력 측정계(Pitot Gauge) ·· 75
CHAPTER 02 절연저항계 ·· 77
CHAPTER 03 전류전압 측정계 ·· 80
CHAPTER 04 저울 ·· 85
CHAPTER 05 소화전밸브 압력계 ·· 86
CHAPTER 06 헤드결합렌치 ·· 87
CHAPTER 07 검량계 ·· 88
CHAPTER 08 기동관누설 시험기 ·· 91
CHAPTER 09 열감지기 시험기 ·· 92
CHAPTER 10 연기감지기 시험기 ·· 94
CHAPTER 11 공기주입 시험기 ·· 95
CHAPTER 12 음량계 ·· 101
CHAPTER 13 누전계(누전전류 측정용) ·· 102
CHAPTER 14 무선기(통화시험용) ·· 104
CHAPTER 15 풍속풍압계 ·· 105
CHAPTER 16 폐쇄력 측정기 ·· 106
CHAPTER 17 차압계 ·· 107
CHAPTER 18 조도계(최소눈금이 0.1lx 이하인 것) ·································· 109

PART. 03 화재안전기술기준 및 점검방법

- CHAPTER 01 소화기구 및 자동소화장치 ········· 113
- CHAPTER 02 수계소화설비 공통 ········· 116
- CHAPTER 03 옥내소화전설비 ········· 131
- CHAPTER 04 스프링클러설비 ········· 138
- CHAPTER 05 간이스프링클러설비 ········· 170
- CHAPTER 06 화재조기진압용 스프링클러설비 ········· 176
- CHAPTER 07 물분무소화설비 ········· 177
- CHAPTER 08 미분무소화설비 ········· 180
- CHAPTER 09 포소화설비 ········· 181
- CHAPTER 10 가스계소화설비 공통 ········· 188
- CHAPTER 11 분말소화설비 ········· 206
- CHAPTER 12 고체에어로졸소화설비 ········· 211
- CHAPTER 13 비상경보설비 및 단독경보형감지기 ········· 217
- CHAPTER 14 비상방송설비 ········· 221
- CHAPTER 15 자동화재탐지설비 및 시각경보장치 ········· 225
  - 01 P형 자동화재탐지설비 ········· 225
  - 02 P형 수신기의 내부 구조 ········· 226
  - 03 감지기 ········· 229
  - 04 발신기[설치 장소 : 각 층의 복도 및 통로] ········· 230
  - 05 시각경보기[설치 장소 : 각 층의 복도 및 통로] ········· 230
- CHAPTER 16 자동화재속보설비 ········· 253

CHAPTER 17 누전경보기 ·· 256

CHAPTER 18 화재알림설비 ·· 257

CHAPTER 19 피난구조설비 ·· 261
          01 피난구조설비의 종류 ·· 262
          02 피난기구의 설치 제외 기준 및 감소 기준 ··· 264
          03 유도등 점검 ··· 266

CHAPTER 20 인명구조기구 ·· 271

CHAPTER 21 유도등 및 유도표지 ·· 272

CHAPTER 22 비상조명등 ·· 277

CHAPTER 23 상수도소화용수설비 ·· 278

CHAPTER 24 소화수조 및 저수조 ·· 279

CHAPTER 25 [거실]제연설비 ·· 280

CHAPTER 26 특별피난계단의 계단실 및 부속실 제연설비 ····························· 281

CHAPTER 27 연결송수관설비 ·· 285

CHAPTER 28 연결살수설비 ·· 296

CHAPTER 29 비상콘센트설비 ·· 301

CHAPTER 30 무선통신보조설비 ·· 305

CHAPTER 31 지하구 ·· 309

CHAPTER 32 가스누설경보기 ·· 318

CHAPTER 33 소방시설용 비상전원수전설비 ··· 320

CHAPTER 34 도로터널 ·· 324

CHAPTER 35 고층건축물 ·· 328

CHAPTER 36 건설현장의 화재안전기술기준(NFTC 606) ················ 333
CHAPTER 37 공동주택의 화재안전기술기준(NFTC 608) ················ 335
CHAPTER 38 창고시설의 화재안전기술기준(NFTC 609) ················ 340
CHAPTER 39 전기저장시설 ································· 344

PART. 04 소방시설의 도시기호 및 각종 점검표

CHAPTER 01 소방시설의 도시기호 ························· 349
CHAPTER 02 소방시설 등 자체점검 실시결과 보고서 ················ 361
CHAPTER 03 소방시설 등 점검표 ························· 369
CHAPTER 04 소방시설 등 외관점검표 ······················· 524
CHAPTER 05 안전시설 등 세부점검표 ······················· 540

PART. 05 과년도 기출문제

제 1 회 1993년 5월 23일 시행 ······························ 543
제 2 회 1995년 3월 15일 시행 ······························ 544
제 3 회 1996년 3월 11일 시행 ······························ 546
제 4 회 1998년 9월 20일 시행 ······························ 547
제 5 회 2000년 10월 15일 시행 ······························ 549
제 6 회 2002년 11월 3일 시행 ······························ 550
제 7 회 2004년 10월 16일 시행 ······························ 551
제 8 회 2005년 7월 3일 시행 ······························ 552
제 9 회 2006년 7월 2일 시행 ······························ 553

제10회	2008년 9월 28일 시행	555
제11회	2010년 9월 5일 시행	557
제12회	2011년 8월 21일 시행	558
제13회	2013년 5월 11일 시행	560
제14회	2014년 5월 17일 시행	561
제15회	2015년 9월 5일 시행	562
제16회	2016년 9월 24일 시행	564
제17회	2017년 9월 23일 시행	566
제18회	2018년 10월 13일 시행	571
제19회	2019년 9월 21일 시행	573
제20회	2020년 9월 26일 시행	577
제21회	2021년 9월 18일 시행	581
제22회	2022년 9월 24일 시행	589
제23회	2023년 9월 16일 시행	596
제24회	2024년 9월 14일 시행	605

PART 01

소방법과 관련된 건축법

CHAPTER 01 건축법 용어정의
CHAPTER 02 내화구조
CHAPTER 03 방화구조
CHAPTER 04 방화지구
CHAPTER 05 연소 우려가 있는 부분·구조·개구부
CHAPTER 06 경계벽 및 바닥
CHAPTER 07 방화구획
CHAPTER 08 방화벽
CHAPTER 09 방화문
CHAPTER 10 건축물의 마감재료
CHAPTER 11 지하층
CHAPTER 12 발코니 등의 구조변경
CHAPTER 13 계단 및 복도
CHAPTER 14 직통계단
CHAPTER 15 피난안전구역
CHAPTER 16 옥상광장 및 헬리포트
CHAPTER 17 대지 안의 피난 및 소화에 필요한 통로
CHAPTER 18 다중이용 건축물
CHAPTER 19 출입구
CHAPTER 20 승강기
CHAPTER 21 채광, 배연, 소방관 진입창
CHAPTER 22 초고층 및 지하연계 복합건축물

참 고

1. 건축법
   - [시행 2024. 6. 27.] [법률 제20424호, 2024. 3. 26., 일부개정]

2. 건축법 시행령
   - [시행 2025. 7. 16.] [대통령령 제35449호, 2025. 4. 15., 일부개정]

3. 건축법 시행규칙
   - [시행 2025. 7. 31.] [국토교통부령 제1511호, 2025. 7. 31., 일부개정]

4. 초고층 및 지하연계 복합건축물 재난관리에 관한 특별법
   - [시행 2025. 2. 14.] [법률 제20274호, 2024. 2. 13., 일부개정]

5. 초고층 및 지하연계 복합건축물 재난관리에 관한 특별법 시행령
   - [시행 2025. 2. 14.] [대통령령 제35256호, 2025. 2. 11., 일부개정]

6. 초고층 및 지하연계 복합건축물 재난관리에 관한 특별법 시행규칙
   - [시행 2025. 2. 14.] [행정안전부령 제547호, 2025. 2. 14., 일부개정]

7. 건축물의 피난·방화구조 등의 기준에 관한 규칙
   - [시행 2025. 7. 16.] [국토교통부령 제1483호, 2025. 4. 24., 일부개정]

8. 건축물의 설비기준 등에 관한 규칙
   - [시행 2024. 8. 7.] [국토교통부령 제1375호, 2024. 8. 7., 일부개정]

9. 다중이용업소의 안전관리에 관한 특별법
   - [시행 2024. 1. 4.] [법률 제19157호, 2023. 1. 3., 일부개정]

10. 다중이용업소의 안전관리에 관한 특별법 시행령
    - [시행 2024. 4. 23.] [대통령령 제34449호, 2024. 4. 23., 타법개정]

11. 소방시설 설치 및 관리에 관한 법률 시행규칙
    - [시행 2024. 12. 1.] [행정안전부령 제524호, 2024. 11. 29., 일부개정]

CHAPTER 01 건축법 용어정의

01 용어정의

법 제2조(정의)

2. "건축물"이란 토지에 정착(定着)하는 공작물 중 지붕과 기둥 또는 벽이 있는 것과 이에 딸린 시설물, 지하나 고가(高架)의 공작물에 설치하는 사무소·공연장·점포·차고·창고, 그 밖에 대통령령으로 정하는 것을 말한다.
3. "건축물의 용도"란 건축물의 종류를 유사한 구조, 이용 목적 및 형태별로 묶어 분류한 것을 말한다.
4. "건축설비"란 건축물에 설치하는 전기·전화 설비, 초고속 정보통신 설비, 지능형 홈네트워크 설비, 가스·급수·배수(配水)·배수(排水)·환기·난방·냉방·소화(消火)·배연(排煙) 및 오물처리의 설비, 굴뚝, 승강기, 피뢰침, 국기 게양대, 공동시청 안테나, 유선방송 수신시설, 우편함, 저수조(貯水槽), 방범시설, 그 밖에 국토교통부령으로 정하는 설비를 말한다.
5. "지하층"이란 건축물의 바닥이 지표면 아래에 있는 층으로서 바닥에서 지표면까지 평균높이가 해당 층 높이의 2분의 1 이상인 것을 말한다.
6. "거실"이란 건축물 안에서 거주, 집무, 작업, 집회, 오락, 그 밖에 이와 유사한 목적을 위하여 사용되는 방을 말한다.
7. "주요구조부"란 내력벽(耐力壁), 기둥, 바닥, 보, 지붕틀 및 주계단(主階段)을 말한다. 다만, 사이 기둥, 최하층 바닥, 작은 보, 차양, 옥외 계단, 그 밖에 이와 유사한 것으로 건축물의 구조상 중요하지 아니한 부분은 제외한다.
8. "건축"이란 건축물을 신축·증축·개축·재축(再築)하거나 건축물을 이전하는 것을 말한다.
8의2. "결합건축"이란 제56조에 따른 용적률을 개별 대지마다 적용하지 아니하고, 2개 이상의 대지를 대상으로 통합적용하여 건축물을 건축하는 것을 말한다.
9. "대수선"이란 건축물의 기둥, 보, 내력벽, 주계단 등의 구조나 외부 형태를 수선·변경하거나 증설하는 것으로서 대통령령으로 정하는 것을 말한다.

영 제3조의2(대수선의 범위)

법 제2조제1항제9호에서 "대통령령으로 정하는 것"이란 다음 각 호의 어느 하나에 해당하는 것으로서 증축·개축 또는 재축에 해당하지 아니하는 것을 말한다.
1. 내력벽을 증설 또는 해체하거나 그 벽면적을 30m² 이상 수선 또는 변경하는 것
2. 기둥을 증설 또는 해체하거나 세 개 이상 수선 또는 변경하는 것
3. 보를 증설 또는 해체하거나 세 개 이상 수선 또는 변경하는 것

4. 지붕틀(한옥의 경우에는 지붕틀의 범위에서 서까래는 제외한다)을 증설 또는 해체하거나 세 개 이상 수선 또는 변경하는 것
5. 방화벽 또는 방화구획을 위한 바닥 또는 벽을 증설 또는 해체하거나 수선 또는 변경하는 것
6. 주계단 · 피난계단 또는 특별피난계단을 증설 또는 해체하거나 수선 또는 변경하는 것
7. 삭제
8. 다가구주택의 가구 간 경계벽 또는 다세대주택의 세대 간 경계벽을 증설 또는 해체하거나 수선 또는 변경하는 것
9. 건축물의 외벽에 사용하는 마감재료(법 제52조제2항에 따른 마감재료를 말한다)를 증설 또는 해체하거나 벽면적 30m² 이상 수선 또는 변경하는 것

10. "리모델링"이란 건축물의 노후화를 억제하거나 기능 향상 등을 위하여 대수선하거나 일부 증축하는 행위를 말한다.

영 제2조(정의)

1. "신축"이란 건축물이 없는 대지(기존 건축물이 철거되거나 멸실된 대지를 포함한다)에 새로 건축물을 축조(築造)하는 것[부속건축물만 있는 대지에 새로 주된 건축물을 축조하는 것을 포함하되, 개축(改築) 또는 재축(再築)하는 것은 제외한다]을 말한다.
2. "증축"이란 기존 건축물이 있는 대지에서 건축물의 건축면적, 연면적, 층수 또는 높이를 늘리는 것을 말한다.
3. "개축"이란 기존 건축물의 전부 또는 일부[내력벽 · 기둥 · 보 · 지붕틀(제16호에 따른 한옥의 경우에는 지붕틀의 범위에서 서까래는 제외한다) 중 셋 이상이 포함되는 경우를 말한다]를 철거하고 그 대지에 종전과 같은 규모의 범위에서 건축물을 다시 축조하는 것을 말한다.
4. "재축"이란 건축물이 천재지변이나 그 밖의 재해(災害)로 멸실된 경우 그 대지에 다음 각 목의 요건을 모두 갖추어 다시 축조하는 것을 말한다.
   가. 연면적 합계는 종전 규모 이하로 할 것
   나. 동(棟)수, 층수 및 높이는 다음의 어느 하나에 해당할 것
      1) 동수, 층수 및 높이가 모두 종전 규모 이하일 것
      2) 동수, 층수 또는 높이의 어느 하나가 종전 규모를 초과하는 경우에는 해당 동수, 층수 및 높이가 「건축법」(이하 "법"이라 한다), 이 영 또는 건축조례(이하 "법령등"이라 한다)에 모두 적합할 것
5. "이전"이란 건축물의 주요구조부를 해체하지 아니하고 같은 대지의 다른 위치로 옮기는 것을 말한다.

19. "고층건축물"이란 층수가 30층 이상이거나 높이가 120m 이상인 건축물을 말한다.

> **타법 LINK** 초고층 및 지하연계 복합건축물 재난관리에 관한 특별법
>
> "초고층 건축물"이란 층수가 50층 이상 또는 높이가 200m 이상인 건축물을 말한다(「건축법」 제84조에 따른 높이 및 층수를 말한다. 이하 같다).
> 영 15. "초고층 건축물"이란 층수가 50층 이상이거나 높이가 200m 이상인 건축물을 말한다.
>   15의2. "준초고층 건축물"이란 고층건축물 중 초고층 건축물이 아닌 것을 말한다.

02 건축허가

법 제11조(건축허가)

① 건축물을 건축하거나 대수선하려는 자는 특별자치시장·특별자치도지사 또는 시장·군수·구청장의 허가를 받아야 한다. 다만, 21층 이상의 건축물 등 대통령령으로 정하는 용도 및 규모의 건축물을 특별시나 광역시에 건축하려면 특별시장이나 광역시장의 허가를 받아야 한다.

영 제8조(건축허가)

① 법 제11조제1항 단서에 따라 특별시장 또는 광역시장의 허가를 받아야 하는 건축물의 건축은 층수가 21층 이상이거나 연면적의 합계가 10만 m^2 이상인 건축물의 건축(연면적의 10분의 3 이상을 증축하여 층수가 21층 이상으로 되거나 연면적의 합계가 10만 m^2 이상으로 되는 경우를 포함한다)을 말한다. 다만, 다음 각 호의 어느 하나에 해당하는 건축물의 건축은 제외한다.
  1. 공장
  2. 창고
  3. 지방건축위원회의 심의를 거친 건축물(특별시 또는 광역시의 건축조례로 정하는 바에 따라 해당 지방건축위원회의 심의사항으로 할 수 있는 건축물에 한정하며, 초고층 건축물은 제외한다)

03 부속건축물

영 제2조(정의)

12. "부속건축물"이란 같은 대지에서 주된 건축물과 분리된 부속용도의 건축물로서 주된 건축물을 이용 또는 관리하는 데에 필요한 건축물을 말한다.
13. "부속용도"란 건축물의 주된 용도의 기능에 필수적인 용도로서 다음 각 목의 어느 하나에 해당하는 용도를 말한다.
    가. 건축물의 설비, 대피, 위생, 그 밖에 이와 비슷한 시설의 용도
    나. 사무, 작업, 집회, 물품저장, 주차, 그 밖에 이와 비슷한 시설의 용도

다. 구내식당·직장어린이집·구내운동시설 등 종업원 후생복리시설, 구내소각시설, 그 밖에 이와 비슷한 시설의 용도. 이 경우 다음의 요건을 모두 갖춘 휴게음식점(별표 1 제3호의 제1종 근린생활 시설 중 같은 호 나목에 따른 휴게음식점을 말한다)은 구내식당에 포함되는 것으로 본다.
  1) 구내식당 내부에 설치할 것
  2) 설치면적이 구내식당 전체 면적의 3분의 1 이하로서 50m² 이하일 것
  3) 다류(茶類)를 조리·판매하는 휴게음식점일 것
라. 관계 법령에서 주된 용도의 부수시설로 설치할 수 있게 규정하고 있는 시설, 그 밖에 국토교통부장 관이 이와 유사하다고 인정하여 고시하는 시설의 용도

> **타법 LINK** 소방시설 설치 및 관리에 관한 법률 시행령
>
> **[별표 2] 특정소방대상물**
> 30. 복합건축물
>   가. 하나의 건축물이 제1호【공동주택】부터 제27호【지하상가】까지의 것 중 둘 이상의 용도로 사용되는 것. 다만, 다음의 어느 하나에 해당하는 경우에는 복합건축물로 보지 않는다.
>   1) 관계 법령에서 주된 용도의 부수시설로서 그 설치를 의무화하고 있는 용도 또는 시설
>   2) 「주택법」 제35조제1항제3호 및 제4호에 따라 주택 안에 부대시설 또는 복리시설이 설치되는 특정소방대상물
>   3) 건축물의 주된 용도의 기능에 필수적인 용도로서 다음의 어느 하나에 해당하는 용도
>   가) 건축물의 설비(제23호마목의 전기저장시설을 포함한다), 대피 또는 위생을 위한 용도, 그 밖에 이와 비슷한 용도
>   나) 사무, 작업, 집회, 물품저장 또는 주차를 위한 용도, 그 밖에 이와 비슷한 용도
>   다) 구내식당, 구내세탁소, 구내운동시설 등 종업원후생복리시설(기숙사는 제외한다) 또는 구내소각시설의 용도, 그 밖에 이와 비슷한 용도
>   나. 하나의 건축물이 근린생활시설, 판매시설, 업무시설, 숙박시설 또는 위락시설의 용도와 주택의 용도로 함께 사용되는 것

04 면적 등

법 제84조(면적·높이 및 층수의 산정)
건축물의 대지면적, 연면적, 바닥면적, 높이, 처마, 천장, 바닥 및 층수의 산정방법은 대통령령으로 정한다.

영 제119조(면적 등의 산정방법)
① 법 제84조(면적·높이 및 층수의 산정)에 따라 건축물의 면적·높이 및 층수 등은 다음 각 호의 방법에 따라 산정한다.

1. 대지면적 : 대지의 수평투영면적으로 한다.
2. 건축면적 : 건축물의 외벽(외벽이 없는 경우에는 외곽 부분의 기둥으로 한다. 이하 이 호에서 같다)의 중심선으로 둘러싸인 부분의 수평투영면적으로 한다.
3. 바닥면적 : 건축물의 각 층 또는 그 일부로서 벽, 기둥, 그 밖에 이와 비슷한 구획의 중심선으로 둘러싸인 부분의 수평투영면적으로 한다.
4. 연면적 : 하나의 건축물 각 층의 바닥면적의 합계로 하되, 용적률을 산정할 때에는 다음 각 목에 해당하는 면적은 제외한다.
   가. 지하층의 면적
   나. 지상층의 주차용(해당 건축물의 부속용도인 경우만 해당한다)으로 쓰는 면적
   다. 삭제
   라. 삭제
   마. 초고층 건축물과 준초고층 건축물에 설치하는 피난안전구역의 면적
   바. 제40조제4항제2호(건축물의 지붕을 경사지붕으로 하는 경우 : 경사지붕 아래에 설치하는 대피공간)에 따라 건축물의 경사지붕 아래에 설치하는 대피공간의 면적
5. 건축물의 높이 : 지표면으로부터 그 건축물의 상단까지의 높이[건축물의 1층 전체에 필로티(건축물을 사용하기 위한 경비실, 계단실, 승강기실, 그 밖에 이와 비슷한 것을 포함한다)가 설치되어 있는 경우에는 법 제60조(건축물의 높이 제한) 및 법 제61조제2항[공동주택(일반상업지역과 중심상업지역에 건축하는 것은 제외한다)은 채광(採光) 등의 확보]을 적용할 때 필로티의 층고를 제외한 높이]로 한다.
8. 층고 : 방의 바닥구조체 윗면으로부터 위층 바닥구조체의 윗면까지의 높이로 한다. 다만, 한 방에서 층의 높이가 다른 부분이 있는 경우에는 그 각 부분 높이에 따른 면적에 따라 가중평균한 높이로 한다.
9. 층수 : 승강기탑(옥상 출입용 승강장을 포함한다), 계단탑, 망루, 장식탑, 옥탑, 그 밖에 이와 비슷한 건축물의 옥상 부분으로서 그 수평투영면적의 합계가 해당 건축물 건축면적의 8분의 1(사업계획승인 대상인 공동주택 중 세대별 전용면적이 $85m^2$ 이하인 경우에는 6분의 1) 이하인 것과 지하층은 건축물의 층수에 산입하지 아니하고, 층의 구분이 명확하지 아니한 건축물은 그 건축물의 높이 4m마다 하나의 층으로 보고 그 층수를 산정하며, 건축물이 부분에 따라 그 층수가 다른 경우에는 그 중 가장 많은 층수를 그 건축물의 층수로 본다.
10. 지하층의 지표면 : 지하층의 지표면은 각 층의 주위가 접하는 각 지표면 부분의 높이를 그 지표면 부분의 수평거리에 따라 가중평균한 높이의 수평면을 지표면으로 산정한다.

CHAPTER 02 내화구조

영 제2조(정의)

7. "내화구조(耐火構造)"란 화재에 견딜 수 있는 성능을 가진 구조로서 국토교통부령으로 정하는 기준에 적합한 구조를 말한다.

타법 LINK 건축물의 피난·방화구조 등의 기준에 관한 규칙

제3조(내화구조)

영 제2조제7호에서 "국토교통부령으로 정하는 기준에 적합한 구조"란 다음 각 호의 어느 하나에 해당하는 것을 말한다.

1. 벽의 경우에는 다음 각 목의 어느 하나에 해당하는 것
   가. 철근콘크리트조 또는 철골철근콘크리트조로서 두께가 10cm 이상인 것
   나. 골구를 철골조로 하고 그 양면을 두께 4cm 이상의 철망모르타르(그 바름바탕을 불연재료로 한 것으로 한정한다. 이하 이 조에서 같다) 또는 두께 5cm 이상의 콘크리트블록·벽돌 또는 석재로 덮은 것
   다. 철재로 보강된 콘크리트블록조·벽돌조 또는 석조로서 철재에 덮은 콘크리트블록등의 두께가 5cm 이상인 것
   라. 벽돌조로서 두께가 19cm 이상인 것
   마. 고온·고압의 증기로 양생된 경량기포 콘크리트패널 또는 경량기포 콘크리트블록조로서 두께가 10cm 이상인 것

2. 외벽 중 비내력벽인 경우에는 제1호에도 불구하고 다음 각 목의 어느 하나에 해당하는 것
   가. 철근콘크리트조 또는 철골철근콘크리트조로서 두께가 7cm 이상인 것
   나. 골구를 철골조로 하고 그 양면을 두께 3cm 이상의 철망모르타르 또는 두께 4cm 이상의 콘크리트블록·벽돌 또는 석재로 덮은 것
   다. 철재로 보강된 콘크리트블록조·벽돌조 또는 석조로서 철재에 덮은 콘크리트블록등의 두께가 4cm 이상인 것
   라. 무근콘크리트조·콘크리트블록조·벽돌조 또는 석조로서 그 두께가 7cm 이상인 것

3. 기둥의 경우에는 그 작은 지름이 25cm 이상인 것으로서 다음 각 목의 어느 하나에 해당하는 것. 다만, 고강도 콘크리트(설계기준강도가 50MPa 이상인 콘크리트를 말한다. 이하 이 조에서 같다)를 사용하는 경우에는 국토교통부장관이 정하여 고시하는 고강도 콘크리트 내화성능 관리기준에 적합해야 한다.
   가. 철근콘크리트조 또는 철골철근콘크리트조

나. 철골을 두께 6cm(경량골재를 사용하는 경우에는 5cm) 이상의 철망모르타르 또는 두께 7cm 이상의 콘크리트블록·벽돌 또는 석재로 덮은 것

다. 철골을 두께 5cm 이상의 콘크리트로 덮은 것

4. 바닥의 경우에는 다음 각 목의 어느 하나에 해당하는 것

  가. 철근콘크리트조 또는 철골철근콘크리트조로서 두께가 10cm 이상인 것

  나. 철재로 보강된 콘크리트블록조·벽돌조 또는 석조로서 철재에 덮은 콘크리트블록등의 두께가 5cm 이상인 것

  다. 철재의 양면을 두께 5cm 이상의 철망모르타르 또는 콘크리트로 덮은 것

5. 보(지붕틀을 포함한다)의 경우에는 다음 각 목의 어느 하나에 해당하는 것. 다만, 고강도 콘크리트를 사용하는 경우에는 국토교통부장관이 정하여 고시하는 고강도 콘크리트내화성능 관리기준에 적합해야 한다.

  가. 철근콘크리트조 또는 철골철근콘크리트조

  나. 철골을 두께 6cm(경량골재를 사용하는 경우에는 5cm) 이상의 철망모르타르 또는 두께 5cm 이상의 콘크리트로 덮은 것

  다. 철골조의 지붕틀(바닥으로부터 그 아랫부분까지의 높이가 4m 이상인 것에 한한다)로서 바로 아래에 반자가 없거나 불연재료로 된 반자가 있는 것

6. 지붕의 경우에는 다음 각 목의 어느 하나에 해당하는 것

  가. 철근콘크리트조 또는 철골철근콘크리트조

  나. 철재로 보강된 콘크리트블록조·벽돌조 또는 석조

  다. 철재로 보강된 유리블록 또는 망입유리(두꺼운 판유리에 철망을 넣은 것을 말한다)로 된 것

7. 계단의 경우에는 다음 각 목의 어느 하나에 해당하는 것

  가. 철근콘크리트조 또는 철골철근콘크리트조

  나. 무근콘크리트조·콘크리트블록조·벽돌조 또는 석조

  다. 철재로 보강된 콘크리트블록조·벽돌조 또는 석조

  라. 철골조

8. 「과학기술분야 정부출연연구기관 등의 설립·운영 및 육성에 관한 법률」제8조에 따라 설립된 한국건설기술연구원의 장(이하 "한국건설기술연구원장"이라 한다)이 국토교통부장관이 정하여 고시하는 방법에 따라 품질을 시험한 결과 별표 1에 따른 성능기준에 적합할 것

9. 다음 각 목의 어느 하나에 해당하는 것으로서 한국건설기술연구원장이 국토교통부장관으로부터 승인받은 기준에 적합한 것으로 인정하는 것

  가. 한국건설기술연구원장이 인정한 내화구조 표준으로 된 것

  나. 한국건설기술연구원장이 인정한 성능설계에 따라 내화구조의 성능을 검증할 수 있는 구조로 된 것

10. 한국건설기술연구원장이 제27조제1항에 따라 정한 인정기준에 따라 인정하는 것

법 제50조(건축물의 내화구조와 방화벽)

① 문화 및 집회시설, 의료시설, 공동주택 등 대통령령으로 정하는 건축물은 국토교통부령으로 정하는 기준에 따라 주요구조부와 지붕을 내화(耐火)구조로 하여야 한다. 다만, 막구조 등 대통령령으로 정하는 구조는 주요구조부에만 내화구조로 할 수 있다.

영 제56조(건축물의 내화구조)

① 법 제50조제1항 본문에 따라 다음 각 호의 어느 하나에 해당하는 건축물(제5호에 해당하는 건축물로서 2층 이하인 건축물은 지하층 부분만 해당한다)의 주요구조부와 지붕은 내화구조로 해야 한다. 다만, 연면적이 50m² 이하인 단층의 부속건축물로서 외벽 및 처마 밑면을 방화구조로 한 것과 무대의 바닥은 그렇지 않다.

1. 제2종 근린생활시설 중 공연장ㆍ종교집회장(해당 용도로 쓰는 바닥면적의 합계가 각각 300m² 이상인 경우만 해당한다), 문화 및 집회시설(전시장 및 동ㆍ식물원은 제외한다), 종교시설, 위락시설 중 주점영업 및 장례시설의 용도로 쓰는 건축물로서 관람실 또는 집회실의 바닥면적의 합계가 200m²(옥외관람석의 경우에는 1천 m²) 이상인 건축물

2. 문화 및 집회시설 중 전시장 또는 동ㆍ식물원, 판매시설, 운수시설, 교육연구시설에 설치하는 체육관ㆍ강당, 수련시설, 운동시설 중 체육관ㆍ운동장, 위락시설(주점영업의 용도로 쓰는 것은 제외한다), 창고시설, 위험물저장 및 처리시설, 자동차 관련 시설, 방송통신시설 중 방송국ㆍ전신전화국ㆍ촬영소, 묘지 관련 시설 중 화장시설ㆍ동물화장시설 또는 관광휴게시설의 용도로 쓰는 건축물로서 그 용도로 쓰는 바닥면적의 합계가 500m² 이상인 건축물

3. 공장의 용도로 쓰는 건축물로서 그 용도로 쓰는 바닥면적의 합계가 2천 m² 이상인 건축물. 다만, 화재의 위험이 적은 공장으로서 국토교통부령으로 정하는 공장은 제외한다.

4. 건축물의 2층이 단독주택 중 다중주택 및 다가구주택, 공동주택, 제1종 근린생활시설(의료의 용도로 쓰는 시설만 해당한다), 제2종 근린생활시설 중 다중생활시설, 의료시설, 노유자시설 중 아동 관련 시설 및 노인복지시설, 수련시설 중 유스호스텔, 업무시설 중 오피스텔, 숙박시설 또는 장례시설의 용도로 쓰는 건축물로서 그 용도로 쓰는 바닥면적의 합계가 400m² 이상인 건축물

5. 3층 이상인 건축물 및 지하층이 있는 건축물. 다만, 단독주택(다중주택 및 다가구주택은 제외한다), 동물 및 식물 관련 시설, 발전시설(발전소의 부속용도로 쓰는 시설은 제외한다), 교도소ㆍ소년원 또는 묘지 관련 시설(화장시설 및 동물화장시설은 제외한다)의 용도로 쓰는 건축물과 철강 관련 업종의 공장 중 제어실로 사용하기 위하여 연면적 50m² 이하로 증축하는 부분은 제외한다.

② 법 제50조제1항 단서에 따라 막구조의 건축물은 주요구조부에만 내화구조로 할 수 있다.

CHAPTER 03 방화구조

영 제2조(정의)
8. "방화구조(防火構造)"란 화염의 확산을 막을 수 있는 성능을 가진 구조로서 국토교통부령으로 정하는 기준에 적합한 구조를 말한다.

> **타법 LINK** 건축물의 피난·방화구조 등의 기준에 관한 규칙
>
> **제4조(방화구조)**
> 영 제2조제8호에서 "국토교통부령으로 정하는 기준에 적합한 구조"란 다음 각 호의 어느 하나에 해당하는 것을 말한다.
> 1. 철망모르타르로서 그 바름두께가 2cm 이상인 것
> 2. 석고판 위에 시멘트모르타르 또는 회반죽을 바른 것으로서 그 두께의 합계가 2.5cm 이상인 것
> 3. 시멘트모르타르 위에 타일을 붙인 것으로서 그 두께의 합계가 2.5cm 이상인 것
> 4. 삭제
> 5. 삭제
> 6. 심벽에 흙으로 맞벽치기한 것
> 7. 「산업표준화법」에 따른 한국산업표준(이하 "한국산업표준"이라 한다)에 따라 시험한 결과 방화 2급 이상에 해당하는 것

법 제49조(건축물의 피난시설 및 용도제한 등)
② 대통령령으로 정하는 용도 및 규모의 건축물의 안전·위생 및 방화(防火) 등을 위하여 필요한 용도 및 구조의 제한, 방화구획(防火區劃), 화장실의 구조, 계단·출입구, 거실의 반자 높이, 거실의 채광·환기, 배연설비와 바닥의 방습 등에 관하여 필요한 사항은 국토교통부령으로 정한다. 다만, 대규모 창고시설 등 대통령령으로 정하는 용도 및 규모의 건축물에 대해서는 방화구획 등 화재 안전에 필요한 사항을 국토교통부령으로 별도로 정할 수 있다.

영 제47조(방화에 장애가 되는 용도의 제한)
① 법 제49조제2항 본문에 따라 의료시설, 노유자시설(아동 관련 시설 및 노인복지시설만 해당한다), 공동주택, 장례시설 또는 제1종 근린생활시설(산후조리원만 해당한다)과 위락시설, 위험물저장 및 처리시설, 공장 또는 자동차 관련 시설(정비공장만 해당한다)은 같은 건축물에 함께 설치할 수 없다. 다만, 다음 각 호에 해당하는 경우로서 국토교통부령으로 정하는 경우에는 같은 건축물에 함께 설치할 수 있다.

1. 공동주택(기숙사만 해당한다)과 공장이 같은 건축물에 있는 경우
2. 중심상업지역·일반상업지역 또는 근린상업지역에서 「도시 및 주거환경정비법」에 따른 재개발사업을 시행하는 경우
3. 공동주택과 위락시설이 같은 초고층 건축물에 있는 경우. 다만, 사생활을 보호하고 방범·방화 등 주거 안전을 보장하며 소음·악취 등으로부터 주거환경을 보호할 수 있도록 주택의 출입구·계단 및 승강기 등을 주택 외의 시설과 분리된 구조로 하여야 한다.
4. 「산업집적활성화 및 공장설립에 관한 법률」 제2조제13호에 따른 지식산업센터와 「영유아보육법」 제10조제4호에 따른 직장어린이집이 같은 건축물에 있는 경우

> **타법 LINK**　건축물의 피난·방화구조 등의 기준에 관한 규칙
>
> **제14조의2(복합건축물의 피난시설 등)**
> 영 제47조제1항 단서의 규정에 의하여 같은 건축물 안에 공동주택·의료시설·아동관련시설 또는 노인복지시설(이하 이 조에서 "공동주택등"이라 한다) 중 하나 이상과 위락시설·위험물저장 및 처리시설·공장 또는 자동차정비공장(이하 이 조에서 "위락시설등"이라 한다) 중 하나 이상을 함께 설치하고자 하는 경우에는 다음 각 호의 기준에 적합하여야 한다.
> 1. 공동주택등의 출입구와 위락시설등의 출입구는 서로 그 보행거리가 30m 이상이 되도록 설치할 것
> 2. 공동주택등(당해 공동주택등에 출입하는 통로를 포함한다)과 위락시설등(당해 위락시설등에 출입하는 통로를 포함한다)은 내화구조로 된 바닥 및 벽으로 구획하여 서로 차단할 것
> 3. 공동주택등과 위락시설등은 서로 이웃하지 아니하도록 배치할 것
> 4. 건축물의 주요 구조부를 내화구조로 할 것
> 5. 거실의 벽 및 반자가 실내에 면하는 부분(반자돌림대·창대 그 밖에 이와 유사한 것을 제외한다. 이하 이 조에서 같다)의 마감은 불연재료·준불연재료 또는 난연재료로 하고, 그 거실로부터 지상으로 통하는 주된 복도·계단 그 밖에 통로의 벽 및 반자가 실내에 면하는 부분의 마감은 불연재료 또는 준불연재료로 할 것

② 법 제49조제2항 본문에 따라 다음 각 호에 해당하는 용도의 시설은 같은 건축물에 함께 설치할 수 없다.
1. 노유자시설 중 아동 관련 시설 또는 노인복지시설과 판매시설 중 도매시장 또는 소매시장
2. 단독주택(다중주택, 다가구주택에 한정한다), 공동주택, 제1종 근린생활시설 중 조산원 또는 산후조리원과 제2종 근린생활시설 중 다중생활시설

CHAPTER 04 방화지구

법 제51조(방화지구 안의 건축물)
① 「국토의 계획 및 이용에 관한 법률」 제37조제1항제3호에 따른 방화지구(이하 "방화지구"라 한다) 안에서는 건축물의 주요구조부와 지붕·외벽을 내화구조로 하여야 한다. 다만, 대통령령으로 정하는 경우에는 그러하지 아니하다.
② 방화지구 안의 공작물로서 간판, 광고탑, 그 밖에 대통령령으로 정하는 공작물 중 건축물의 지붕 위에 설치하는 공작물이나 높이 3m 이상의 공작물은 주요부를 불연(不燃)재료로 하여야 한다.
③ 방화지구 안의 지붕·방화문 및 인접 대지 경계선에 접하는 외벽은 국토교통부령으로 정하는 구조 및 재료로 하여야 한다.

영 제57조(대규모 건축물의 방화벽 등)
③ 연면적 1천 m^2 이상인 목조 건축물의 구조는 국토교통부령으로 정하는 바에 따라 방화구조로 하거나 불연재료로 하여야 한다.

영 제58조(방화지구의 건축물)
법 제51조제1항에 따라 그 주요구조부 및 외벽을 내화구조로 하지 아니할 수 있는 건축물은 다음 각 호와 같다.
1. 연면적 30m^2 미만인 단층 부속건축물로서 외벽 및 처마면이 내화구조 또는 불연재료로 된 것
2. 도매시장의 용도로 쓰는 건축물로서 그 주요구조부가 불연재료로 된 것

타법 LINK 건축물의 피난·방화구조 등의 기준에 관한 규칙

제23조(방화지구 안의 지붕·방화문 및 외벽등)
① 법 제51조제3항에 따라 방화지구 내 건축물의 지붕으로서 내화구조가 아닌 것은 불연재료로 하여야 한다.
② 법 제51조제3항에 따라 방화지구 내 건축물의 인접대지경계선에 접하는 외벽에 설치하는 창문등으로서 제22조제2항에 따른 연소할 우려가 있는 부분에는 다음 각 호의 방화설비를 설치해야 한다.
  1. 60분+ 방화문 또는 60분 방화문
  2. 소방법령이 정하는 기준에 적합하게 창문등에 설치하는 드렌처
  3. 당해 창문등과 연소할 우려가 있는 다른 건축물의 부분을 차단하는 내화구조나 불연재료로 된 벽·담장 기타 이와 유사한 방화설비
  4. 환기구멍에 설치하는 불연재료로 된 방화커버 또는 그물눈이 2mm 이하인 금속망

CHAPTER 05 연소 우려가 있는 부분·구조·개구부

01 연소 우려가 있는 부분

> **타법 LINK** 건축물의 피난·방화구조 등의 기준에 관한 규칙

제22조(대규모 목조건축물의 외벽등)

① 영 제57조제3항의 규정에 의하여 연면적이 1천 m^2 이상인 목조의 건축물은 그 외벽 및 처마밑의 연소할 우려가 있는 부분을 방화구조로 하되, 그 지붕은 불연재료로 하여야 한다.

② 제1항에서 "연소할 우려가 있는 부분"이라 함은 인접대지경계선·도로중심선 또는 동일한 대지안에 있는 2동 이상의 건축물(연면적의 합계가 500m^2 이하인 건축물은 이를 하나의 건축물로 본다) 상호의 외벽 간의 중심선으로부터 1층에 있어서는 3m 이내, 2층 이상에 있어서는 5m 이내의 거리에 있는 건축물의 각 부분을 말한다. 다만, 공원·광장·하천의 공지나 수면 또는 내화구조의 벽 기타 이와 유사한 것에 접하는 부분을 제외한다.

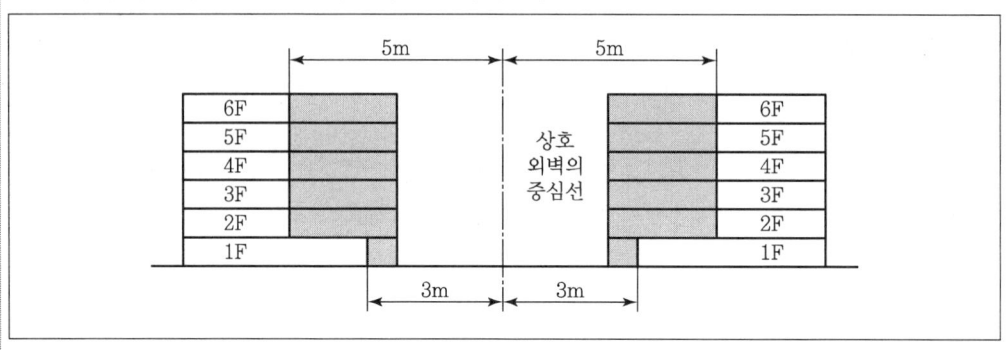

02 연소 우려가 있는 구조

타법 LINK 소방시설 설치 및 관리에 관한 법률 시행령

[별표 4] 특정소방대상물의 관계인이 특정소방대상물에 설치·관리해야 하는 소방시설의 종류

사. 옥외소화전설비를 설치해야 하는 특정소방대상물(아파트등, 위험물 저장 및 처리 시설 중 가스시설, 지하구 및 지하가 중 터널은 제외한다)은 다음의 어느 하나에 해당하는 것으로 한다.
  1) 지상 1층 및 2층의 바닥면적의 합계가 9천 m² 이상인 것. 이 경우 같은 구(區) 내의 둘 이상의 특정소방대상물이 행정안전부령으로 정하는 연소(延燒) 우려가 있는 구조인 경우에는 이를 하나의 특정소방대상물로 본다.

시행규칙 제17조(연소 우려가 있는 건축물의 구조)
영 별표 4 제1호사목1) 후단에서 "행정안전부령으로 정하는 연소(延燒) 우려가 있는 구조"란 다음 각 호의 기준에 모두 해당하는 구조를 말한다.
1. 건축물대장의 건축물 현황도에 표시된 대지경계선 안에 둘 이상의 건축물이 있는 경우
2. 각각의 건축물이 다른 건축물의 외벽으로부터 수평거리가 1층의 경우에는 6m 이하, 2층 이상의 층의 경우에는 10m 이하인 경우
3. 개구부(영 제2조제1호 각 목 외의 부분에 따른 개구부를 말한다)가 다른 건축물을 향하여 설치되어 있는 경우

03 연소 우려가 있는 개구부

1. 화재안전기준 – 소화설비

정의 : "연소할 우려가 있는 개구부"란 각 방화구획을 관통하는 컨베이어·에스컬레이터 또는 이와 유사한 시설의 주위로서 방화구획을 할 수 없는 부분을 말한다.

2. 스프링클러설비 / 연결살수설비 성능기준

① 개방형 스프링클러 설치
  영 별표 4 소화설비의 소방시설 적용기준란 제1호라목3) 【문화 및 집회시설 등】에 따른 무대부 또는 연소할 우려가 있는 개구부에 있어서는 개방형 스프링클러헤드를 설치해야 한다.
② 스프링클러헤드는 다음의 방법에 따라 설치해야 한다.
  연소할 우려가 있는 개구부에는 그 상하좌우에 2.5m 간격으로(개구부의 폭이 2.5m 이하인 경우에는 그 중앙에) 스프링클러헤드를 설치하되, 스프링클러헤드와 개구부의 내측 면으로부터 직선거리는 15cm 이하가 되도록 할 것

3. 스프링클러설비 / 연결살수설비 기술기준

연소할 우려가 있는 개구부에는 그 상하좌우에 2.5m 간격으로(개구부의 폭이 2.5m 이하인 경우에는 그 중앙에) 스프링클러헤드를 설치하되, 스프링클러헤드와 개구부의 내측 면으로부터 직선거리는 15cm 이하가 되도록 할 것. 이 경우 사람이 상시 출입하는 개구부로서 통행에 지장이 있는 때에는 개구부의 상부 또는 측면(개구부의 폭이 9m 이하인 경우에 한한다)에 설치하되, 헤드 상호 간의 간격은 1.2m 이하로 설치해야 한다.

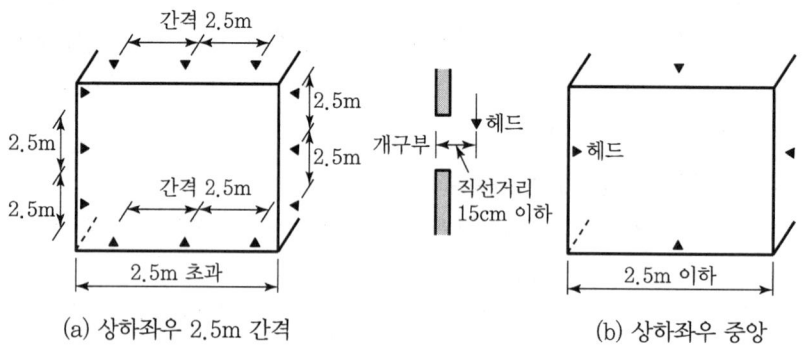

[통행에 지장이 없는 개구부]

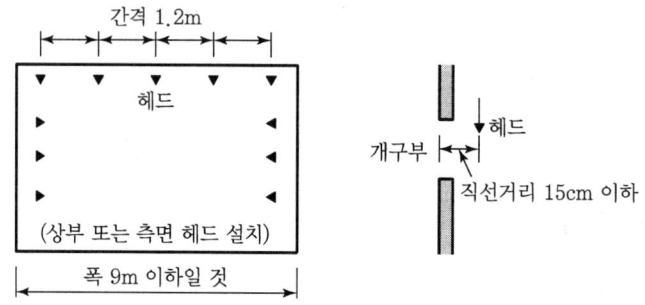

[통행에 지장이 있는 개구부]

4. 스프링클러설비 설치기준 제15조(헤드의 설치 제외)

연소할 우려가 있는 개구부에 드렌처설비를 적합하게 설치한 경우에는 해당 개구부에 한하여 스프링클러헤드를 설치하지 않을 수 있다.

CHAPTER 06 경계벽 및 바닥

법 제49조(건축물의 피난시설 및 용도제한 등)
④ 대통령령으로 정하는 용도 및 규모의 건축물에 대하여 가구·세대 등 간 소음 방지를 위하여 국토교통부령으로 정하는 바에 따라 경계벽 및 바닥을 설치하여야 한다.

영 제53조(경계벽 등의 설치)
① 법 제49조제4항에 따라 다음 각 호의 어느 하나에 해당하는 건축물의 경계벽은 국토교통부령으로 정하는 기준에 따라 설치해야 한다.
  1. 단독주택 중 다가구주택의 각 가구 간 또는 공동주택(기숙사는 제외한다)의 각 세대 간 경계벽(제2조제14호 후단에 따라 거실·침실 등의 용도로 쓰지 아니하는 발코니 부분은 제외한다)
  2. 공동주택 중 기숙사의 침실, 의료시설의 병실, 교육연구시설 중 학교의 교실 또는 숙박시설의 객실 간 경계벽
  3. 제1종 근린생활시설 중 산후조리원의 다음 각 호의 어느 하나에 해당하는 경계벽
      가. 임산부실 간 경계벽
      나. 신생아실 간 경계벽
      다. 임산부실과 신생아실 간 경계벽
  4. 제2종 근린생활시설 중 다중생활시설의 호실 간 경계벽
  5. 노유자시설 중 「노인복지법」 제32조제1항제3호에 따른 노인복지주택(이하 "노인복지주택"이라 한다)의 각 세대 간 경계벽
  6. 노유자시설 중 노인요양시설의 호실 간 경계벽
② 법 제49조제4항에 따라 다음 각 호의 어느 하나에 해당하는 건축물의 층간바닥(화장실의 바닥은 제외한다)은 국토교통부령으로 정하는 기준에 따라 설치해야 한다.
  1. 단독주택 중 다가구주택
  2. 공동주택(「주택법」 제15조에 따른 주택건설사업계획승인 대상은 제외한다)
  3. 업무시설 중 오피스텔
  4. 제2종 근린생활시설 중 다중생활시설
  5. 숙박시설 중 다중생활시설

타법 LINK 건축물의 피난·방화구조 등의 기준에 관한 규칙

제19조(경계벽 등의 구조)

① 법 제49조제4항에 따라 건축물에 설치하는 경계벽은 내화구조로 하고, 지붕밑 또는 바로 위층의 바닥판까지 닿게 해야 한다.

② 제1항에 따른 경계벽은 소리를 차단하는 데 장애가 되는 부분이 없도록 다음 각 호의 어느 하나에 해당하는 구조로 하여야 한다. 다만, 다가구주택 및 공동주택의 세대 간의 경계벽인 경우에는 「주택건설기준 등에 관한 규정」 제14조에 따른다.

1. 철근콘크리트조·철골철근콘크리트조로서 두께가 10cm 이상인 것
2. 무근콘크리트조 또는 석조로서 두께가 10cm(시멘트모르타르·회반죽 또는 석고플라스터의 바름두께를 포함한다) 이상인 것
3. 콘크리트블록조 또는 벽돌조로서 두께가 19cm 이상인 것
4. 제1호 내지 제3호의 것 외에 국토교통부장관이 정하여 고시하는 기준에 따라 국토교통부장관이 지정하는 자 또는 한국건설기술연구원장이 실시하는 품질시험에서 그 성능이 확인된 것
5. 한국건설기술연구원장이 제27조제1항에 따라 정한 인정기준에 따라 인정하는 것

CHAPTER 07 방화구획

법 제49조(건축물의 피난시설 및 용도제한 등)

② 대통령령으로 정하는 용도 및 규모의 건축물의 안전·위생 및 방화(防火) 등을 위하여 필요한 용도 및 구조의 제한, 방화구획(防火區劃), 화장실의 구조, 계단·출입구, 거실의 반자 높이, 거실의 채광·환기, 배연설비와 바닥의 방습 등에 관하여 필요한 사항은 국토교통부령으로 정한다. 다만, 대규모 창고시설 등 대통령령으로 정하는 용도 및 규모의 건축물에 대해서는 방화구획 등 화재 안전에 필요한 사항을 국토교통부령으로 별도로 정할 수 있다.

타법 LINK 건축물의 피난·방화구조 등의 기준에 관한 규칙

제14조(방화구획의 설치기준)

⑥ 법 제49조제2항 단서에 따라 영 제46조제7항에 따른 창고시설 중 같은 조 제2항제2호에 해당하여 같은 조 제1항을 적용하지 않거나 완화하여 적용하는 부분에는 다음 각 호의 구분에 따른 설비를 추가로 설치해야 한다.
  1. 개구부의 경우 : 「소방시설 설치 및 관리에 관한 법률」 제12조제1항에 따른 화재안전기준(이하 이 조에서 "화재안전기준"이라 한다)을 충족하는 설비로서 수막(水幕)을 형성하여 화재확산을 방지하는 설비
  2. 개구부 외의 부분의 경우 : 화재안전기준을 충족하는 설비로서 화재를 조기에 진화할 수 있도록 설계된 스프링클러

영 제46조(방화구획 등의 설치)

① 법 제49조제2항 본문에 따라 주요구조부가 내화구조 또는 불연재료로 된 건축물로서 연면적이 1천 ㎡를 넘는 것은 국토교통부령으로 정하는 기준에 따라 다음 각 호의 구조물로 구획(이하 "방화구획"이라 한다)을 해야 한다. 다만, 「원자력안전법」 제2조제8호 및 제10호에 따른 원자로 및 관계시설은 같은 법에서 정하는 바에 따른다.
  1. 내화구조로 된 바닥 및 벽
  2. 제64조제1항제1호·제2호에 따른 방화문 또는 자동방화셔터(국토교통부령으로 정하는 기준에 적합한 것을 말한다. 이하 같다)

> **타법 LINK** 건축물의 피난 · 방화구조 등의 기준에 관한 규칙

제14조(방화구획의 설치기준)

① 영 제46조제1항 각 호 외의 부분 본문에 따라 건축물에 설치하는 방화구획은 다음 각 호의 기준에 적합해야 한다.

1. 10층 이하의 층은 바닥면적 1천 m²(스프링클러 기타 이와 유사한 자동식 소화설비를 설치한 경우에는 바닥면적 3천 m²) 이내마다 구획할 것
2. 매층마다 구획할 것. 다만, 지하 1층에서 지상으로 직접 연결하는 경사로 부위는 제외한다.
3. 11층 이상의 층은 바닥면적 200m²(스프링클러 기타 이와 유사한 자동식 소화설비를 설치한 경우에는 600m²) 이내마다 구획할 것. 다만, 벽 및 반자의 실내에 접하는 부분의 마감을 불연재료로 한 경우에는 바닥면적 500m²(스프링클러 기타 이와 유사한 자동식 소화설비를 설치한 경우에는 1천500m²) 이내마다 구획하여야 한다.
4. 필로티나 그 밖에 이와 비슷한 구조(벽면적의 2분의 1 이상이 그 층의 바닥면에서 위층 바닥 아래면까지 공간으로 된 것만 해당한다)의 부분을 주차장으로 사용하는 경우 그 부분은 건축물의 다른 부분과 구획할 것

② 제1항에 따른 방화구획은 다음 각 호의 기준에 적합하게 설치해야 한다.

1. 영 제46조에 따른 방화구획으로 사용하는 60분+ 방화문 또는 60분 방화문은 언제나 닫힌 상태를 유지하거나 화재로 인한 연기 또는 불꽃을 감지하여 자동적으로 닫히는 구조로 할 것. 다만, 연기 또는 불꽃을 감지하여 자동적으로 닫히는 구조로 할 수 없는 경우에는 온도를 감지하여 자동적으로 닫히는 구조로 할 수 있다.
2. 다음 각 목에 해당하는 경우 내화시간(내화채움성능이 인정된 구조로 메워지는 구성 부재에 적용되는 내화시간을 말한다) 이상 견딜 수 있는 내화채움성능이 인정된 구조로 메울 것
   가. 급수관 · 배전관 또는 그 밖의 관이나 전선 등이 방화구획을 관통하여 관통부가 생기는 경우
   나. 방화구획의 벽과 벽, 벽과 바닥, 바닥과 바닥 사이에 접합부가 생기는 경우
   다. 방화구획과 외벽 사이에 접합부가 생기는 경우
   라. 방화구획에 그 밖의 틈이 생기는 경우
3. 환기 · 난방 또는 냉방시설의 풍도가 방화구획을 관통하는 경우에는 그 관통부분 또는 이에 근접한 부분에 다음 각 목의 기준에 적합한 댐퍼를 설치할 것. 다만, 반도체공장건축물로서 방화구획을 관통하는 풍도의 주위에 스프링클러헤드를 설치하는 경우에는 그렇지 않다.
   가. 화재로 인한 연기 또는 불꽃을 감지하여 자동적으로 닫히는 구조로 할 것. 다만, 주방 등 연기가 항상 발생하는 부분에는 온도를 감지하여 자동적으로 닫히는 구조로 할 수 있다.
   나. 국토교통부장관이 정하여 고시하는 비차열(非遮熱) 성능 및 방연성능 등의 기준에 적합할 것
4. 영 제46조제1항제2호 및 제81조제5항제5호에 따라 설치되는 자동방화셔터는 다음 각 목의 요건을 모두 갖출 것. 이 경우 자동방화셔터의 구조 및 성능기준 등에 관한 세부사항은 국토교통

부장관이 정하여 고시한다.
가. 피난이 가능한 60분+ 방화문 또는 60분 방화문으로부터 3m 이내에 별도로 설치할 것
나. 전동방식이나 수동방식으로 개폐할 수 있을 것
다. 불꽃감지기 또는 연기감지기 중 하나와 열감지기를 설치할 것
라. 불꽃이나 연기를 감지한 경우 일부 폐쇄되는 구조일 것
마. 열을 감지한 경우 완전 폐쇄되는 구조일 것

② 다음 각 호에 해당하는 건축물의 부분에는 제1항을 적용하지 않거나 그 사용에 지장이 없는 범위에서 제1항을 완화하여 적용할 수 있다.
 1. 문화 및 집회시설(동·식물원은 제외한다), 종교시설, 운동시설 또는 장례시설의 용도로 쓰는 거실로서 시선 및 활동공간의 확보를 위하여 불가피한 부분
 2. 물품의 제조·가공 및 운반 등(보관은 제외한다)에 필요한 고정식 대형 기기(器機) 또는 설비의 설치를 위하여 불가피한 부분. 다만, 지하층인 경우에는 지하층의 외벽 한쪽 면(지하층의 바닥면에서 지상층 바닥 아래면까지의 외벽 면적 중 4분의 1 이상이 되는 면을 말한다) 전체가 건물 밖으로 개방되어 보행과 자동차의 진입·출입이 가능한 경우로 한정한다.
 3. 계단실·복도 또는 승강기의 승강장 및 승강로로서 그 건축물의 다른 부분과 방화구획으로 구획된 부분. 다만, 해당 부분에 위치하는 설비배관 등이 바닥을 관통하는 부분은 제외한다.
 4. 건축물의 최상층 또는 피난층으로서 대규모 회의장·강당·스카이라운지·로비 또는 피난안전구역 등의 용도로 쓰는 부분으로서 그 용도로 사용하기 위하여 불가피한 부분
 5. 복층형 공동주택의 세대별 층간 바닥 부분
 6. 주요구조부가 내화구조 또는 불연재료로 된 주차장
 7. 단독주택, 동물 및 식물 관련 시설 또는 교정 및 군사시설 중 군사시설(집회, 체육, 창고 등의 용도로 사용되는 시설만 해당한다)로 쓰는 건축물
 8. 건축물의 1층과 2층의 일부를 동일한 용도로 사용하며 그 건축물의 다른 부분과 방화구획으로 구획된 부분(바닥면적의 합계가 500m² 이하인 경우로 한정한다)
③ 건축물 일부의 주요구조부를 내화구조로 하거나 제2항에 따라 건축물의 일부에 제1항을 완화하여 적용한 경우에는 내화구조로 한 부분 또는 제1항을 완화하여 적용한 부분과 그 밖의 부분을 방화구획으로 구획하여야 한다.

법 제50조(건축물의 내화구조와 방화벽)

① 문화 및 집회시설, 의료시설, 공동주택 등 대통령령으로 정하는 건축물은 국토교통부령으로 정하는 기준에 따라 주요구조부와 지붕을 내화(耐火)구조로 하여야 한다. 다만, 막구조 등 대통령령으로 정하는 구조는 주요구조부에만 내화구조로 할 수 있다.

④ 공동주택 중 아파트로서 4층 이상인 층의 각 세대가 2개 이상의 직통계단을 사용할 수 없는 경우에는 발코니(발코니의 외부에 접하는 경우를 포함한다)에 인접 세대와 공동으로 또는 각 세대별로 다음 각 호의 요건을 모두 갖춘 대피공간을 하나 이상 설치해야 한다. 이 경우 인접 세대와 공동으로 설치하는 대피공간은 인접 세대를 통하여 2개 이상의 직통계단을 쓸 수 있는 위치에 우선 설치되어야 한다.
  1. 대피공간은 바깥의 공기와 접할 것
  2. 대피공간은 실내의 다른 부분과 방화구획으로 구획될 것
  3. 대피공간의 바닥면적은 인접 세대와 공동으로 설치하는 경우에는 3m² 이상, 각 세대별로 설치하는 경우에는 2m² 이상일 것
  4. 대피공간으로 통하는 출입문은 제64조제1항제1호에 따른 60분+ 방화문으로 설치할 것
  5. 국토교통부장관이 정하는 기준에 적합할 것
⑤ 제4항에도 불구하고 아파트의 4층 이상인 층에서 발코니(제4호의 경우에는 발코니의 외부에 접하는 경우를 포함한다)에 다음 각 호의 어느 하나에 해당하는 구조 또는 시설을 갖춘 경우에는 대피공간을 설치하지 않을 수 있다.
  1. 발코니와 인접 세대와의 경계벽이 파괴하기 쉬운 경량구조 등인 경우
  2. 발코니의 경계벽에 피난구를 설치한 경우
  3. 발코니의 바닥에 국토교통부령으로 정하는 하향식 피난구를 설치한 경우
  4. 국토교통부장관이 제4항에 따른 대피공간과 동일하거나 그 이상의 성능이 있다고 인정하여 고시하는 구조 또는 시설(이하 이 호에서 "대체시설"이라 한다)을 갖춘 경우. 이 경우 국토교통부장관은 대체시설의 성능에 대해 미리 「과학기술분야 정부출연연구기관 등의 설립 · 운영 및 육성에 관한 법률」 제8조제1항에 따라 설립된 한국건설기술연구원(이하 "한국건설기술연구원"이라 한다)의 기술검토를 받은 후 고시해야 한다.

타법 LINK 건축물의 피난 · 방화구조 등의 기준에 관한 규칙

제14조(방화구획의 설치기준)
④ 영 제46조제5항제3호에 따른 하향식 피난구(덮개, 사다리, 승강식피난기 및 경보시스템을 포함한다)의 구조는 다음 각 호의 기준에 적합하게 설치해야 한다.
  1. 피난구의 덮개(덮개와 사다리, 승강식피난기 또는 경보시스템이 일체형으로 구성된 경우에는 그 사다리, 승강식피난기 또는 경보시스템을 포함한다)는 품질시험을 실시한 결과 비차열 1시간 이상의 내화성능을 가져야 하며, 피난구의 유효 개구부 규격은 직경 60cm 이상일 것
  2. 상층 · 하층 간 피난구의 수평거리는 15cm 이상 떨어져 있을 것
  3. 아래층에서는 바로 위층의 피난구를 열 수 없는 구조일 것
  4. 사다리는 바로 아래층의 바닥면으로부터 50cm 이하까지 내려오는 길이로 할 것
  5. 덮개가 개방될 경우에는 건축물관리시스템 등을 통하여 경보음이 울리는 구조일 것
  6. 피난구가 있는 곳에는 예비전원에 의한 조명설비를 설치할 것

⑥ 요양병원, 정신병원, 「노인복지법」 제34조제1항제1호에 따른 노인요양시설(이하 "노인요양시설"이라 한다), 장애인 거주시설 및 장애인 의료재활시설의 피난층 외의 층에는 다음 각 호의 어느 하나에 해당하는 시설을 설치하여야 한다.
  1. 각 층마다 별도로 방화구획된 대피공간
  2. 거실에 접하여 설치된 노대등
  3. 계단을 이용하지 아니하고 건물 외부의 지상으로 통하는 경사로 또는 인접 건축물로 피난할 수 있도록 설치하는 연결복도 또는 연결통로

타법 LINK 화재안전기술상의 방화구획

1. 수계설비의 가압수조 및 가압원은 「건축법 시행령」 제46조에 따른 방화구획된 장소에 설치할 것
2. 화재조기진압용 스프링클러설비를 설치할 장소의 구조 : 해당 층의 높이가 13.7m 이하일 것. 다만, 2층 이상일 경우에는 해당 층의 바닥을 내화구조로 하고 다른 부분과 방화구획할 것
3. 가스계 소화설비의 저장용기 등 : 방화문으로 방화구획된 실에 설치할 것
4. 감시제어반은 다른 부분과 방화구획을 할 것. 이 경우 전용실의 벽에는 기계실 또는 전기실 등의 감시를 위하여 두께 7mm 이상의 망입유리(두께 16.3mm 이상의 접합유리 또는 두께 28mm 이상의 복층유리를 포함한다)로 된 4m² 미만의 붙박이창을 설치할 수 있다.
5. 비상전원(내연기관의 기동 및 제어용 축전기를 제외한다)의 설치장소는 다른 장소와 방화구획할 것. 이 경우 그 장소에는 비상전원의 공급에 필요한 기구나 설비 외의 것(열병합발전설비에 필요한 기구나 설비는 제외한다)을 두어서는 안 된다.
6. 피난기구를 설치 제외 조건으로 해당 층은 실내의 면하는 부분의 마감이 불연재료 · 준불연재료 또는 난연재료로 되어 있고 방화구획이 「건축법 시행령」 제46조의 규정에 적합하게 구획되어 있어야 할 것

CHAPTER 08 방화벽

법 제50조(건축물의 내화구조와 방화벽)
② 대통령령으로 정하는 용도 및 규모의 건축물은 국토교통부령으로 정하는 기준에 따라 방화벽으로 구획하여야 한다.

영 제57조(대규모 건축물의 방화벽 등)
① 법 제50조제2항에 따라 연면적 1천 m² 이상인 건축물은 방화벽으로 구획하되, 각 구획된 바닥면적의 합계는 1천 m² 미만이어야 한다. 다만, 주요구조부가 내화구조이거나 불연재료인 건축물과 제56조제1항제5호 단서에 따른 건축물 또는 내부설비의 구조상 방화벽으로 구획할 수 없는 창고시설의 경우에는 그러하지 아니하다.

> **영 제56조(건축물의 내화구조)**
> 5. 3층 이상인 건축물 및 지하층이 있는 건축물. 다만, 단독주택(다중주택 및 다가구주택은 제외한다), 동물 및 식물 관련 시설, 발전시설(발전소의 부속용도로 쓰는 시설은 제외한다), 교도소·소년원 또는 묘지 관련 시설(화장시설 및 동물화장시설은 제외한다)의 용도로 쓰는 건축물과 철강 관련 업종의 공장 중 제어실로 사용하기 위하여 연면적 50m² 이하로 증축하는 부분은 제외한다.

② 제1항에 따른 방화벽의 구조에 관하여 필요한 사항은 국토교통부령으로 정한다.

타법 LINK 건축물의 피난·방화구조 등의 기준에 관한 규칙

제21조(방화벽의 구조)
① 영 제57조제2항에 따라 건축물에 설치하는 방화벽은 다음 각 호의 기준에 적합해야 한다.
  1. 내화구조로서 홀로 설 수 있는 구조일 것
  2. 방화벽의 양쪽 끝과 윗쪽 끝을 건축물의 외벽면 및 지붕면으로부터 0.5m 이상 튀어 나오게 할 것
  3. 방화벽에 설치하는 출입문의 너비 및 높이는 각각 2.5m 이하로 하고, 해당 출입문에는 60분+방화문 또는 60분 방화문을 설치할 것
② 제14조제2항(방화구획의 설치기준)의 규정은 제1항의 규정에 의한 방화벽의 구조에 관하여 이를 준용한다.

> ⚖️ **타법 LINK** 지하구의 화재안전기술기준(NFTC 605)
>
> **2.6 방화벽**
> 2.6.1 방화벽은 다음의 기준에 따라 설치하고, 방화벽의 출입문은 항상 닫힌 상태를 유지하거나 자동폐쇄장치에 의하여 화재 신호를 받으면 자동으로 닫히는 구조로 해야 한다.
> 1. 내화구조로서 홀로 설 수 있는 구조일 것
> 2. 방화벽의 출입문은 「건축법 시행령」 제64조에 따른 방화문으로서 60분+ 방화문 또는 60분 방화문으로 설치할 것
> 3. 방화벽을 관통하는 케이블·전선 등에는 국토교통부 고시(「건축자재등 품질인정 및 관리기준」)에 따라 내화채움구조로 마감할 것
> 4. 방화벽은 분기구 및 국사(局舍, central office)·변전소 등의 건축물과 지하구가 연결되는 부위(건축물로부터 20m 이내)에 설치할 것
> 5. 자동폐쇄장치를 사용하는 경우에는 「자동폐쇄장치의 성능인증 및 제품검사의 기술기준」에 적합한 것으로 설치할 것

③ 연면적 1천 m² 이상인 목조 건축물의 구조는 국토교통부령으로 정하는 바에 따라 방화구조로 하거나 불연재료로 하여야 한다.

CHAPTER 09 방화문

영 제64조(방화문의 구분)

① 방화문은 다음 각 호와 같이 구분한다.
   1. 60분+ 방화문 : 연기 및 불꽃을 차단할 수 있는 시간이 60분 이상이고, 열을 차단할 수 있는 시간이 30분 이상인 방화문
   2. 60분 방화문 : 연기 및 불꽃을 차단할 수 있는 시간이 60분 이상인 방화문
   3. 30분 방화문 : 연기 및 불꽃을 차단할 수 있는 시간이 30분 이상 60분 미만인 방화문

② 제1항 각 호의 구분에 따른 방화문 인정 기준은 국토교통부령으로 정한다.

> **타법 LINK** 건축물의 피난·방화구조 등의 기준에 관한 규칙
>
> **제26조(방화문의 구조)**
> 영 제64조제1항에 따른 방화문은 한국건설기술연구원장이 국토교통부장관이 정하여 고시하는 바에 따라 품질을 시험한 결과 영 제64조제1항 각 호의 기준에 따른 성능을 확보한 것이어야 한다.

CHAPTER 10 건축물의 마감재료

01 마감재료의 구분

영 제2조(정의)

9. "난연재료(難燃材料)"란 불에 잘 타지 아니하는 성능을 가진 재료로서 국토교통부령으로 정하는 기준에 적합한 재료를 말한다.
10. "불연재료(不燃材料)"란 불에 타지 아니하는 성질을 가진 재료로서 국토교통부령으로 정하는 기준에 적합한 재료를 말한다.
11. "준불연재료"란 불연재료에 준하는 성질을 가진 재료로서 국토교통부령으로 정하는 기준에 적합한 재료를 말한다.

02 내부 마감재료

법 제52조(건축물의 마감재료)

① 대통령령으로 정하는 용도 및 규모의 건축물의 벽, 반자, 지붕(반자가 없는 경우에 한정한다) 등 내부의 마감재료[제52조의4제1항의 복합자재의 경우 심재(心材)를 포함한다]는 방화에 지장이 없는 재료로 하되, 「실내공기질 관리법」 제5조 및 제6조에 따른 실내공기질 유지기준 및 권고기준을 고려하고 관계 중앙행정기관의 장과 협의하여 국토교통부령으로 정하는 기준에 따른 것이어야 한다.

영 제61조(건축물의 마감재료)

① 법 제52조제1항에서 "대통령령으로 정하는 용도 및 규모의 건축물"이란 다음 각 호의 어느 하나에 해당하는 건축물을 말한다. 다만, 다음 각 호(제8호는 제외한다)의 어느 하나에 해당하는 건축물의 주요구조부가 내화구조 또는 불연재료로 되어 있고 그 거실의 바닥면적(스프링클러나 그 밖에 이와 비슷한 자동식 소화설비를 설치한 바닥면적을 뺀 면적으로 한다. 이하 이 조에서 같다) 200m² 이내마다 방화구획이 되어 있는 건축물은 제외한다.
1. 단독주택 중 다중주택·다가구주택
1의2. 공동주택
1의3. 제1종 근린생활시설 중 의원, 치과의원, 한의원, 조산원
2. 제2종 근린생활시설 중 공연장·종교집회장·인터넷컴퓨터게임시설제공업소·학원·독서실·당구장·다중생활시설의 용도로 쓰는 건축물

3. 발전시설, 방송통신시설(방송국·촬영소의 용도로 쓰는 건축물로 한정한다)
4. 공장, 창고시설, 위험물 저장 및 처리 시설(자가난방과 자가발전 등의 용도로 쓰는 시설을 포함한다.) 자동차 관련 시설의 용도로 쓰는 건축물
5. 5층 이상인 층 거실의 바닥면적의 합계가 500m² 이상인 건축물
6. 문화 및 집회시설, 종교시설, 판매시설, 운수시설, 의료시설, 교육연구시설 중 학교·학원, 노유자시설, 수련시설, 업무시설 중 오피스텔, 숙박시설, 위락시설, 장례시설
7. 삭제
8. 「다중이용업소의 안전관리에 관한 특별법 시행령」 제2조에 따른 다중이용업의 용도로 쓰는 건축물

03 외벽 마감재료

법 제52조(건축물의 마감재료)
② 대통령령으로 정하는 건축물의 외벽에 사용하는 마감재료(두 가지 이상의 재료로 제작된 자재의 경우 각 재료를 포함한다)는 방화에 지장이 없는 재료로 하여야 한다. 이 경우 마감재료의 기준은 국토교통부령으로 정한다.

영 제61조(건축물의 마감재료)
② 법 제52조제2항에서 "대통령령으로 정하는 건축물"이란 다음 각 호의 건축물을 말한다.
1. 상업지역(근린상업지역은 제외한다)의 건축물로서 다음 각 목의 어느 하나에 해당하는 것
   가. 제1종 근린생활시설, 제2종 근린생활시설, 문화 및 집회시설, 종교시설, 판매시설, 운동시설 및 위락시설의 용도로 쓰는 건축물로서 그 용도로 쓰는 바닥면적의 합계가 2천 m² 이상인 건축물
   나. 공장(국토교통부령으로 정하는 화재 위험이 적은 공장은 제외한다)의 용도로 쓰는 건축물로부터 6m 이내에 위치한 건축물
2. 의료시설, 교육연구시설, 노유자시설 및 수련시설의 용도로 쓰는 건축물
3. 3층 이상 또는 높이 9m 이상인 건축물
4. 1층의 전부 또는 일부를 필로티 구조로 설치하여 주차장으로 쓰는 건축물
5. 제1항제4호에 해당하는 건축물

타법 LINK   건축물의 피난·방화구조 등의 기준에 관한 규칙

제24조(건축물의 마감재료)

⑤ 영 제61조제1항제1호의2에 따른 공동주택에는 「다중이용시설 등의 실내공기질관리법」 제11조제1항 및 같은 법 시행규칙 제10조에 따라 환경부장관이 고시한 오염물질방출 건축자재를 사용해서는 안 된다.

⑥ 영 제61조제2항제1호부터 제3호까지의 규정 및 제5호에 해당하는 건축물의 외벽에는 법 제52조제2항 후단에 따라 불연재료 또는 준불연재료를 마감재료(단열재, 도장 등 코팅재료 및 그 밖에 마감재료를 구성하는 모든 재료를 포함한다. 이하 이 조에서 같다)로 사용해야 한다. 다만, 국토교통부장관이 정하여 고시하는 화재 확산 방지구조 기준에 적합하게 마감재료를 설치하는 경우에는 난연재료(강판과 심재로 이루어진 복합자재가 아닌 것으로 한정한다)를 사용할 수 있다.

CHAPTER 11 지하층

📖 제2조(정의)
5. "지하층"이란 건축물의 바닥이 지표면 아래에 있는 층으로서 바닥에서 지표면까지 평균높이가 해당 층 높이의 2분의 1 이상인 것을 말한다.

📖 제53조(지하층)
건축물에 설치하는 지하층의 구조 및 설비는 국토교통부령으로 정하는 기준에 맞게 하여야 한다.

> **⚖️ 타법 LINK** 건축물의 피난·방화구조 등의 기준에 관한 규칙
>
> **제25조(지하층의 구조)**
> ① 법 제53조에 따라 건축물에 설치하는 지하층의 구조 및 설비는 다음 각 호의 기준에 적합하여야 한다.
>   1. 거실의 바닥면적이 50m² 이상인 층에는 직통계단 외에 피난층 또는 지상으로 통하는 비상탈출구 및 환기통을 설치할 것. 다만, 직통계단이 2개소 이상 설치되어 있는 경우에는 그러하지 아니하다.
>   1의2. 제2종근린생활시설 중 공연장·단란주점·당구장·노래연습장, 문화 및 집회시설 중 예식장·공연장, 수련시설 중 생활권수련시설·자연권수련시설, 숙박시설 중 여관·여인숙, 위락시설 중 단란주점·유흥주점 또는「다중이용업소의 안전관리에 관한 특별법 시행령」제2조에 따른 다중이용업의 용도에 쓰이는 층으로서 그 층의 거실의 바닥면적의 합계가 50m² 이상인 건축물에는 직통계단을 2개소 이상 설치할 것
>   2. 바닥면적이 1천 m² 이상인 층에는 피난층 또는 지상으로 통하는 직통계단을 영 제46조의 규정에 의한 방화구획으로 구획되는 각 부분마다 1개소 이상 설치하되, 이를 피난계단 또는 특별피난계단의 구조로 할 것
>   3. 거실의 바닥면적의 합계가 1천 m² 이상인 층에는 환기설비를 설치할 것
>   4. 지하층의 바닥면적이 300m² 이상인 층에는 식수공급을 위한 급수전을 1개소 이상 설치할 것
> ② 제1항제1호에 따른 지하층의 비상탈출구는 다음 각 호의 기준에 적합하여야 한다. 다만, 주택의 경우에는 그러하지 아니하다.
>   1. 비상탈출구의 유효너비는 0.75m 이상으로 하고, 유효높이는 1.5m 이상으로 할 것
>   2. 비상탈출구의 문은 피난방향으로 열리도록 하고, 실내에서 항상 열 수 있는 구조로 하여야 하며, 내부 및 외부에는 비상탈출구의 표시를 할 것
>   3. 비상탈출구는 출입구로부터 3m 이상 떨어진 곳에 설치할 것
>   4. 지하층의 바닥으로부터 비상탈출구의 아랫부분까지의 높이가 1.2m 이상이 되는 경우에는 벽체에 발판의 너비가 20cm 이상인 사다리를 설치할 것

5. 비상탈출구는 피난층 또는 지상으로 통하는 복도나 직통계단에 직접 접하거나 통로 등으로 연결될 수 있도록 설치하여야 하며, 피난층 또는 지상으로 통하는 복도나 직통계단까지 이르는 피난통로의 유효너비는 0.75m 이상으로 하고, 피난통로의 실내에 접하는 부분의 마감과 그 바탕은 불연재료로 할 것
6. 비상탈출구의 진입부분 및 피난통로에는 통행에 지장이 있는 물건을 방치하거나 시설물을 설치하지 아니할 것
7. 비상탈출구의 유도등과 피난통로의 비상조명등의 설치는 소방법령이 정하는 바에 의할 것

CHAPTER 12 발코니 등의 구조변경

영 제2조(정의)

14. "발코니"란 건축물의 내부와 외부를 연결하는 완충공간으로서 전망이나 휴식 등의 목적으로 건축물 외벽에 접하여 부가적(附加的)으로 설치되는 공간을 말한다. 이 경우 주택에 설치되는 발코니로서 국토교통부장관이 정하는 기준에 적합한 발코니는 필요에 따라 거실·침실·창고 등의 용도로 사용할 수 있다.

타법 LINK 발코니 등의 구조변경절차 및 설치기준

제3조(대피공간의 구조)

① 건축법 시행령 제46조제4항의 규정에 따라 설치되는 대피공간은 채광방향과 관계없이 거실 각 부분에서 접근이 용이하고 외부에서 신속하고 원활한 구조활동을 할 수 있는 장소에 설치하여야 하며, 출입구에 설치하는 갑종방화문은 거실쪽에서만 열 수 있는 구조(대피공간임을 알 수 있는 표지판을 설치할 것)로서 대피공간을 향해 열리는 밖여닫이로 하여야 한다.

② 대피공간은 1시간 이상의 내화성능을 갖는 내화구조의 벽으로 구획되어야 하며, 벽·천장 및 바닥의 내부마감재료는 준불연재료 또는 불연재료를 사용하여야 한다.

③ 대피공간은 외기에 개방되어야 한다. 다만, 창호를 설치하는 경우에는 폭 0.7m 이상, 높이 1.0m 이상(구조체에 고정되는 창틀 부분은 제외한다)은 반드시 외기에 개방될 수 있어야 하며, 비상시 외부의 도움을 받는 경우 피난에 장애가 없는 구조로 설치하여야 한다.

④ 대피공간에는 정전에 대비해 휴대용 손전등을 비치하거나 비상전원이 연결된 조명설비가 설치되어야 한다.

⑤ 대피공간은 대피에 지장이 없도록 시공·유지관리되어야 하며, 대피공간을 보일러실 또는 창고 등 대피에 장애가 되는 공간으로 사용하여서는 아니된다. 다만, 에어컨 실외기 등 냉방설비의 배기장치를 대피공간에 설치하는 경우에는 다음 각 호의 기준에 적합하여야 한다.
  1. 냉방설비의 배기장치를 불연재료로 구획할 것
  2. 제1호에 따라 구획된 면적은 「건축법 시행령」 제46조제4항제3호에 따른 대피공간 바닥면적 산정 시 제외할 것

제4조(방화판 또는 방화유리창의 구조)

① 아파트 2층 이상의 층에서 스프링클러의 살수범위에 포함되지 않는 발코니를 구조변경하는 경우에는 발코니 끝부분에 바닥판 두께를 포함하여 높이가 90cm 이상의 방화판 또는 방화유리창을 설치하여야 한다.

② 제1항의 규정에 의하여 설치하는 방화판과 방화유리창은 창호와 일체 또는 분리하여 설치할 수 있다. 다만, 난간은 별도로 설치하여야 한다.
③ 방화판은 「건축물의 피난·방화구조 등의 기준에 관한 규칙」 제6조의 규정에서 규정하고 있는 불연재료를 사용할 수 있다. 다만, 방화판으로 유리를 사용하는 경우에는 제5항의 규정에 따른 방화유리를 사용하여야 한다.
④ 제1항부터 제3항까지에 따라 설치하는 방화판은 화재 시 아래층에서 발생한 화염을 차단할 수 있도록 발코니 바닥과의 사이에 틈새가 없이 고정되어야 하며, 틈새가 있는 경우에는 「건축물의 피난·방화구조 등의 기준에 관한 규칙」 제14조제2항제2호에서 정한 재료로 틈새를 메워야 한다.
⑤ 방화유리창에서 방화유리(창호 등을 포함한다)는 한국산업표준 KS F 2845(유리구획부분의 내화시험방법)에서 규정하고 있는 시험방법에 따라 시험한 결과 비차열 30분 이상의 성능을 가져야 한다.
⑥ 입주자 및 사용자는 관리규약을 통해 방화판 또는 방화유리창 중 하나를 선택할 수 있다.

제5조(발코니 창호 및 난간등의 구조)
① 발코니를 거실등으로 사용하는 경우 난간의 높이는 1.2m 이상이어야 하며 난간에 난간살이 있는 경우에는 난간살 사이의 간격을 10cm 이하의 간격으로 설치하는 등 안전에 필요한 조치를 하여야 한다.
② 발코니를 거실등으로 사용하는 경우 발코니에 설치하는 창호 등은 「건축법 시행령」 제91조제3항에 따른 「건축물의 에너지절약 설계기준」 및 「건축물의 구조기준 등에 관한 규칙」 제3조에 따른 「건축구조기준」에 적합하여야 한다.
③ 제4조에 따라 방화유리창을 설치하는 경우에는 추락 등의 방지를 위하여 필요한 조치를 하여야 한다. 다만, 방화유리창의 방화유리가 난간높이 이상으로 설치되는 경우는 그러하지 아니하다.

제6조(발코니 내부마감재료 등)
스프링클러의 살수범위에 포함되지 않는 발코니를 구조변경하여 거실등으로 사용하는 경우 발코니에 자동화재탐지기를 설치(단독주택은 제외한다)하고 내부마감재료는 「건축물의 피난·방화구조 등의 기준에 관한 규칙」 제24조의 규정에 적합하여야 한다.

CHAPTER 13 계단 및 복도

영 제48조(계단·복도 및 출입구의 설치)
① 법 제49조제2항【건축물의 피난시설】에 따라 연면적 200m²를 초과하는 건축물에 설치하는 계단 및 복도는 국토교통부령으로 정하는 기준에 적합하여야 한다.

타법 LINK 건축물의 피난·방화구조 등의 기준에 관한 규칙

제15조(계단의 설치기준)
① 영 제48조의 규정에 의하여 건축물에 설치하는 계단은 다음 각 호의 기준에 적합하여야 한다.
  1. 높이가 3m를 넘는 계단에는 높이 3m 이내마다 유효너비 120cm 이상의 계단참을 설치할 것
  2. 높이가 1m를 넘는 계단 및 계단참의 양옆에는 난간(벽 또는 이에 대치되는 것을 포함한다)을 설치할 것
  3. 너비가 3m를 넘는 계단에는 계단의 중간에 너비 3m 이내마다 난간을 설치할 것. 다만, 계단의 단높이가 15cm 이하이고, 계단의 단너비가 30cm 이상인 경우에는 그러하지 아니하다.
  4. 계단의 유효 높이(계단의 바닥 마감면부터 상부 구조체의 하부 마감면까지의 연직방향의 높이를 말한다)는 2.1m 이상으로 할 것

② 제1항에 따라 계단을 설치하는 경우 계단 및 계단참의 너비(옥내계단에 한정한다), 계단의 단높이 및 단너비의 치수는 다음 각 호의 기준에 적합해야 한다. 이 경우 돌음계단의 단너비는 그 좁은 너비의 끝부분으로부터 30cm의 위치에서 측정한다.
  1. 초등학교의 계단인 경우에는 계단 및 계단참의 유효너비는 150cm 이상, 단높이는 16cm 이하, 단너비는 26cm 이상으로 할 것
  2. 중·고등학교의 계단인 경우에는 계단 및 계단참의 유효너비는 150cm 이상, 단높이는 18cm 이하, 단너비는 26cm 이상으로 할 것
  3. 문화 및 집회시설(공연장·집회장 및 관람장에 한한다)·판매시설 기타 이와 유사한 용도에 쓰이는 건축물의 계단인 경우에는 계단 및 계단참의 유효너비를 120cm 이상으로 할 것
  4. 제1호부터 제3호까지의 건축물 외의 건축물의 계단으로서 다음 각 목의 어느 하나에 해당하는 층의 계단인 경우에는 계단 및 계단참은 유효너비를 120cm 이상으로 할 것
     가. 계단을 설치하려는 층이 지상층인 경우 : 해당 층의 바로 위층부터 최상층(상부층 중 피난층이 있는 경우에는 그 아래층을 말한다)까지의 거실 바닥면적의 합계가 200m² 이상인 경우
     나. 계단을 설치하려는 층이 지하층인 경우 : 지하층 거실 바닥면적의 합계가 100m² 이상인 경우

5. 기타의 계단인 경우에는 계단 및 계단참의 유효너비를 60cm 이상으로 할 것
6. 「산업안전보건법」에 의한 작업장에 설치하는 계단인 경우에는 「산업안전 기준에 관한 규칙」에서 정한 구조로 할 것

③ 공동주택(기숙사를 제외한다)·제1종 근린생활시설·제2종 근린생활시설·문화 및 집회시설·종교시설·판매시설·운수시설·의료시설·노유자시설·업무시설·숙박시설·위락시설 또는 관광휴게시설의 용도에 쓰이는 건축물의 주계단·피난계단 또는 특별피난계단에 설치하는 난간 및 바닥은 아동의 이용에 안전하고 노약자 및 신체장애인의 이용에 편리한 구조로 하여야 하며, 양쪽에 벽 등이 있어 난간이 없는 경우에는 손잡이를 설치하여야 한다.

④ 제3항의 규정에 의한 난간·벽 등의 손잡이와 바닥마감은 다음 각 호의 기준에 적합하게 설치하여야 한다.
1. 손잡이는 최대지름이 3.2cm 이상 3.8cm 이하인 원형 또는 타원형의 단면으로 할 것
2. 손잡이는 벽 등으로부터 5cm 이상 떨어지도록 하고, 계단으로부터의 높이는 85cm가 되도록 할 것
3. 계단이 끝나는 수평부분에서의 손잡이는 바깥쪽으로 30cm 이상 나오도록 설치할 것

⑤ 계단을 대체하여 설치하는 경사로는 다음 각 호의 기준에 적합하게 설치하여야 한다.
1. 경사도는 1 : 8을 넘지 아니할 것
2. 표면을 거친 면으로 하거나 미끄러지지 아니하는 재료로 마감할 것
3. 경사로의 직선 및 굴절부분의 유효너비는 「장애인·노인·임산부등의 편의증진보장에 관한 법률」이 정하는 기준에 적합할 것

⑥ 제1항 각 호의 규정은 제5항의 규정에 의한 경사로의 설치기준에 관하여 이를 준용한다.

⑦ 제1항 및 제2항에도 불구하고 영 제34조제4항 단서에 따라 피난층 또는 지상으로 통하는 직통계단을 설치하는 경우 계단 및 계단참의 유효너비는 다음 각 호의 구분에 따른 기준에 적합하여야 한다.
1. 공동주택 : 120cm 이상
2. 공동주택이 아닌 건축물 : 150cm 이상

⑧ 승강기기계실용 계단, 망루용 계단 등 특수한 용도에만 쓰이는 계단에 대해서는 제1항부터 제7항까지의 규정을 적용하지 아니한다.

제15조의2(복도의 너비 및 설치기준)
① 영 제48조의 규정에 의하여 건축물에 설치하는 복도의 유효너비는 다음 표와 같이 하여야 한다.

구분	양옆에 거실이 있는 복도	기타의 복도
유치원·초등학교 중학교·고등학교	2.4m 이상	1.8m 이상
공동주택·오피스텔	1.8m 이상	1.2m 이상
당해 층 거실의 바닥면적 합계가 200m² 이상인 경우	1.5m 이상 (의료시설의 복도 1.8m 이상)	1.2m 이상

② 문화 및 집회시설(공연장·집회장·관람장·전시장에 한정한다), 종교시설 중 종교집회장, 노유자시설 중 아동 관련 시설·노인복지시설, 수련시설 중 생활권수련시설, 위락시설 중 유흥주점 및 장례식장의 관람실 또는 집회실과 접하는 복도의 유효너비는 제1항에도 불구하고 다음 각 호에서 정하는 너비로 해야 한다.
  1. 해당 층에서 해당 용도로 쓰는 바닥면적의 합계가 500m² 미만인 경우 1.5m 이상
  2. 해당 층에서 해당 용도로 쓰는 바닥면적의 합계가 500m² 이상 1천 m² 미만인 경우 1.8m 이상
  3. 해당 층에서 해당 용도로 쓰는 바닥면적의 합계가 1천 m² 이상인 경우 2.4m 이상
③ 문화 및 집회시설 중 공연장에 설치하는 복도는 다음 각 호의 기준에 적합해야 한다.
  1. 공연장의 개별 관람실(바닥면적이 300m² 이상인 경우에 한정한다)의 바깥쪽에는 그 양쪽 및 뒤쪽에 각각 복도를 설치할 것
  2. 하나의 층에 개별 관람실(바닥면적이 300m² 미만인 경우에 한정한다)을 2개소 이상 연속하여 설치하는 경우에는 그 관람실의 바깥쪽의 앞쪽과 뒤쪽에 각각 복도를 설치할 것

타법 LINK 다중이용업소의 안전관리에 관한 특별법 시행규칙

[별표 2] 안전시설등의 설치·유지 기준(제9조 관련)
3. 영업장 내부 피난통로
  가. 내부 피난통로의 폭은 120cm 이상으로 할 것. 다만, 양 옆에 구획된 실이 있는 영업장으로서 구획된 실의 출입문 열리는 방향이 피난통로 방향인 경우에는 150cm 이상으로 설치하여야 한다.
  나. 구획된 실부터 주된 출입구 또는 비상구까지의 내부 피난통로의 구조는 세 번 이상 구부러지는 형태로 설치하지 말 것

CHAPTER 14 직통계단

01 직통계단

영 제34조(직통계단의 설치)

① 건축물의 피난층(직접 지상으로 통하는 출입구가 있는 층 및 제3항과 제4항에 따른 피난안전구역을 말한다. 이하 같다) 외의 층에서는 피난층 또는 지상으로 통하는 직통계단(경사로를 포함한다. 이하 같다)을 거실의 각 부분으로부터 계단(거실로부터 가장 가까운 거리에 있는 1개소의 계단을 말한다)에 이르는 보행거리가 30m 이하가 되도록 설치해야 한다. 다만, 건축물(지하층에 설치하는 것으로서 바닥면적의 합계가 300m² 이상인 공연장·집회장·관람장 및 전시장은 제외)의 주요구조부가 내화구조 또는 불연재료로 된 건축물은 그 보행거리가 50m(층수가 16층 이상인 공동주택의 경우 16층 이상인 층에 대해서는 40m) 이하가 되도록 설치할 수 있으며, 자동화 생산시설에 스프링클러 등 자동식 소화설비를 설치한 공장으로서 국토교통부령으로 정하는 공장인 경우에는 그 보행거리가 75m(무인화 공장인 경우에는 100m) 이하가 되도록 설치할 수 있다.

② 법 제49조제1항에 따라 피난층 외의 층이 다음 각 호의 어느 하나에 해당하는 용도 및 규모의 건축물에는 국토교통부령으로 정하는 기준에 따라 피난층 또는 지상으로 통하는 직통계단을 2개소 이상 설치하여야 한다.

 1. 제2종 근린생활시설 중 공연장·종교집회장, 문화 및 집회시설(전시장 및 동·식물원은 제외), 종교시설, 위락시설 중 주점영업 또는 장례시설의 용도로 쓰는 층으로서 그 층에서 해당 용도로 쓰는 바닥면적의 합계가 200m²(제2종 근린생활시설 중 공연장·종교집회장은 각각 300m²) 이상인 것
 2. 단독주택 중 다중주택·다가구주택, 제1종 근린생활시설 중 정신과의원(입원실이 있는 경우로 한정한다), 제2종 근린생활시설 중 인터넷컴퓨터게임시설제공업소(해당 용도로 쓰는 바닥면적의 합계가 300m² 이상인 경우만 해당한다)·학원·독서실, 판매시설, 운수시설(여객용 시설만 해당한다), 의료시설(입원실이 없는 치과병원은 제외), 교육연구시설 중 학원, 노유자시설 중 아동 관련 시설·노인복지시설·장애인 거주시설(「장애인복지법」 제58조제1항제1호에 따른 장애인 거주시설 중 국토교통부령으로 정하는 시설을 말한다. 이하 같다) 및 「장애인복지법」 제58조제1항제4호에 따른 장애인 의료재활시설, 수련시설 중 유스호스텔 또는 숙박시설의 용도로 쓰는 3층 이상의 층으로서 그 층의 해당 용도로 쓰는 거실의 바닥면적의 합계가 200m² 이상인 것
 3. 공동주택(층당 4세대 이하인 것은 제외한다) 또는 업무시설 중 오피스텔의 용도로 쓰는 층으로서 그 층의 해당 용도로 쓰는 거실의 바닥면적의 합계가 300m² 이상인 것
 4. 제1호부터 제3호까지의 용도로 쓰지 아니하는 3층 이상의 층으로서 그 층 거실의 바닥면적의 합계가 400m² 이상인 것
 5. 지하층으로서 그 층 거실의 바닥면적의 합계가 200m² 이상인 것

> **타법 LINK** 건축물의 피난·방화구조 등의 기준에 관한 규칙
>
> **제8조(직통계단의 설치기준)**
> ① 영 제34조제1항 단서에서 "국토교통부령으로 정하는 공장"이란 반도체 및 디스플레이 패널을 제조하는 공장을 말한다.
> ② 영 제34조제2항에 따라 2개소 이상의 직통계단을 설치하는 경우 다음 각 호의 기준에 적합해야 한다.
>   1. 가장 멀리 위치한 직통계단 2개소의 출입구 간의 가장 가까운 직선거리(직통계단 간을 연결하는 복도가 건축물의 다른 부분과 방화구획으로 구획된 경우 출입구 간의 가장 가까운 보행거리를 말한다)는 건축물 평면의 최대 대각선 거리의 2분의 1 이상으로 할 것. 다만, 스프링클러 또는 그 밖에 이와 비슷한 자동식 소화설비를 설치한 경우에는 3분의 1이상으로 한다.
>   2. 각 직통계단 간에는 각각 거실과 연결된 복도 등 통로를 설치할 것

02 피난계단 및 특별피난계단

영 제35조(피난계단의 설치)

① 법 제49조제1항【소화설비 및 대지 안의 피난과 소화에 필요한 통로】에 따라 5층 이상 또는 지하 2층 이하인 층에 설치하는 직통계단은 국토교통부령으로 정하는 기준에 따라 피난계단 또는 특별피난계단으로 설치하여야 한다. 다만, 건축물의 주요구조부가 내화구조 또는 불연재료로 되어 있는 경우로서 다음 각 호의 어느 하나에 해당하는 경우에는 그러하지 아니하다.
  1. 5층 이상인 층의 바닥면적의 합계가 200m² 이하인 경우
  2. 5층 이상인 층의 바닥면적 200m² 이내마다 방화구획이 되어 있는 경우
② 건축물(갓복도식 공동주택은 제외한다)의 11층(공동주택의 경우에는 16층) 이상인 층(바닥면적이 400m² 미만인 층은 제외한다) 또는 지하 3층 이하인 층(바닥면적이 400m² 미만인 층은 제외한다)으로부터 피난층 또는 지상으로 통하는 직통계단은 제1항에도 불구하고 특별피난계단으로 설치하여야 한다.
③ 제1항에서 판매시설의 용도로 쓰는 층으로부터의 직통계단은 그 중 1개소 이상을 특별피난계단으로 설치하여야 한다.
④ 삭제
⑤ 건축물의 5층 이상인 층으로서 문화 및 집회시설 중 전시장 또는 동·식물원, 판매시설, 운수시설(여객용 시설만 해당한다), 운동시설, 위락시설, 관광휴게시설(다중이 이용하는 시설만 해당한다) 또는 수련시설 중 생활권 수련시설의 용도로 쓰는 층에는 제34조에 따른 직통계단 외에 그 층의 해당 용도로 쓰는 바닥면적의 합계가 2천 m²를 넘는 경우에는 그 넘는 2천 m² 이내마다 1개소의 피난계단 또는 특별피난계단(4층 이하의 층에는 쓰지 아니하는 피난계단 또는 특별피난계단만 해당한다)을 설치하여야 한다.

영 제36조(옥외 피난계단의 설치)

건축물의 3층 이상인 층(피난층은 제외한다)으로서 다음 각 호의 어느 하나에 해당하는 용도로 쓰는 층에는 제34조에 따른 직통계단 외에 그 층으로부터 지상으로 통하는 옥외피난계단을 따로 설치하여야 한다.

1. 제2종 근린생활시설 중 공연장(해당 용도로 쓰는 바닥면적의 합계가 300m² 이상인 경우만 해당한다), 문화 및 집회시설 중 공연장이나 위락시설 중 주점영업의 용도로 쓰는 층으로서 그 층 거실의 바닥면적의 합계가 300m² 이상인 것
2. 문화 및 집회시설 중 집회장의 용도로 쓰는 층으로서 그 층 거실의 바닥면적의 합계가 1천 m² 이상인 것

영 제37조(지하층과 피난층 사이의 개방공간 설치)

바닥면적의 합계가 3천 m² 이상인 공연장 · 집회장 · 관람장 또는 전시장을 지하층에 설치하는 경우에는 각 실에 있는 자가 지하층 각 층에서 건축물 밖으로 피난하여 옥외 계단 또는 경사로 등을 이용하여 피난층으로 대피할 수 있도록 천장이 개방된 외부 공간을 설치하여야 한다.

타법 LINK 　건축물의 피난 · 방화구조 등의 기준에 관한 규칙

제9조(피난계단 및 특별피난계단의 구조)

① 영 제35조제1항【피난계단】각 호 외의 부분 본문에 따라 건축물의 5층 이상 또는 지하 2층 이하의 층으로부터 피난층 또는 지상으로 통하는 직통계단(지하 1층인 건축물의 경우에는 5층 이상의 층으로부터 피난층 또는 지상으로 통하는 직통계단과 직접 연결된 지하 1층의 계단을 포함한다)은 피난계단 또는 특별피난계단으로 설치해야 한다.

② 제1항에 따른 피난계단 및 특별피난계단의 구조는 다음 각 호의 기준에 적합해야 한다.

　1. 건축물의 내부에 설치하는 피난계단의 구조
　　가. 계단실은 창문 · 출입구 기타 개구부(이하 "창문등"이라 한다)를 제외한 당해 건축물의 다른 부분과 내화구조의 벽으로 구획할 것
　　나. 계단실의 실내에 접하는 부분(바닥 및 반자 등 실내에 면한 모든 부분을 말한다)의 마감(마감을 위한 바탕을 포함한다)은 불연재료로 할 것
　　다. 계단실에는 예비전원에 의한 조명설비를 할 것
　　라. 계단실의 바깥쪽과 접하는 창문등(망이 들어 있는 유리의 붙박이창으로서 그 면적이 각각 1m² 이하인 것을 제외한다)은 당해 건축물의 다른 부분에 설치하는 창문등으로부터 2m 이상의 거리를 두고 설치할 것
　　마. 건축물의 내부와 접하는 계단실의 창문등(출입구를 제외한다)은 망이 들어 있는 유리의 붙박이창으로서 그 면적을 각각 1m² 이하로 할 것
　　바. 건축물의 내부에서 계단실로 통하는 출입구의 유효너비는 0.9m 이상으로 하고, 그 출입구에는 피난의 방향으로 열 수 있는 것으로서 언제나 닫힌 상태를 유지하거나 화재로 인한 연기 또는 불꽃을 감지하여 자동적으로 닫히는 구조로 된 영 제64조제1항제1호의 60분+ 방화문(이하 "60분+ 방화문"이라 한다) 또는 같은 항 제2호의 60분 방화문(이하 "60분 방화

문"이라 한다)을 설치할 것. 다만, 연기 또는 불꽃을 감지하여 자동적으로 닫히는 구조로 할 수 없는 경우에는 온도를 감지하여 자동적으로 닫히는 구조로 할 수 있다.
　사. 계단은 내화구조로 하고 피난층 또는 지상까지 직접 연결되도록 할 것

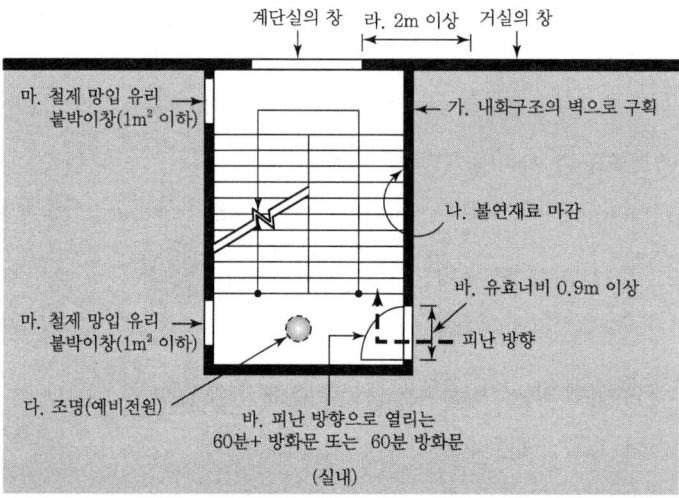

[실내 피난계단의 구조]

2. 건축물의 바깥쪽에 설치하는 피난계단의 구조
　가. 계단은 그 계단으로 통하는 출입구 외의 창문등(망이 들어 있는 유리의 붙박이창으로서 그 면적이 각각 $1m^2$ 이하인 것을 제외한다)으로부터 2m 이상의 거리를 두고 설치할 것
　나. 건축물의 내부에서 계단으로 통하는 출입구에는 60분+ 방화문 또는 60분 방화문을 설치할 것
　다. 계단의 유효너비는 0.9m 이상으로 할 것
　라. 계단은 내화구조로 하고 지상까지 직접 연결되도록 할 것

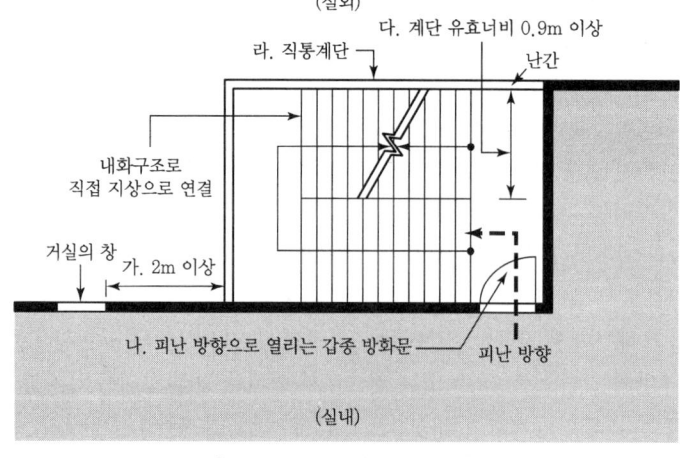

[실외 피난계단의 구조]

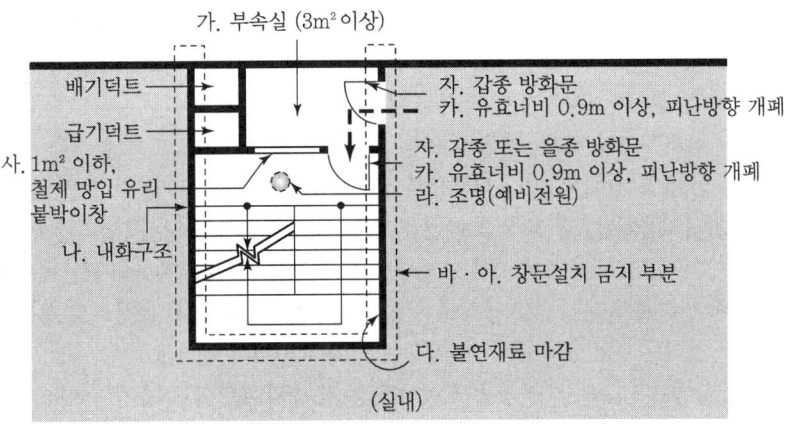

[부속실에 배연설비가 설치된 특별피난계단]

3. 특별피난계단의 구조
    가. 건축물의 내부와 계단실은 노대를 통하여 연결하거나 외부를 향하여 열 수 있는 면적 $1m^2$ 이상인 창문(바닥으로부터 1m 이상의 높이에 설치한 것에 한한다) 또는 「건축물의 설비기준 등에 관한 규칙」 제14조의 규정에 적합한 구조의 배연설비가 있는 면적 $3m^2$ 이상인 부속실을 통하여 연결할 것
    나. 계단실·노대 및 부속실(「건축물의 설비기준 등에 관한 규칙」 제10조제2호가목의 규정에 의하여 비상용승강기의 승강장을 겸용하는 부속실을 포함한다)은 창문등을 제외하고는 내화구조의 벽으로 각각 구획할 것
    다. 계단실 및 부속실의 실내에 접하는 부분(바닥 및 반자 등 실내에 면한 모든 부분을 말한다)의 마감(마감을 위한 바탕을 포함한다)은 불연재료로 할 것
    라. 계단실에는 예비전원에 의한 조명설비를 할 것
    마. 계단실·노대 또는 부속실에 설치하는 건축물의 바깥쪽에 접하는 창문등(망이 들어 있는 유리의 붙박이창으로서 그 면적이 각각 $1m^2$ 이하인 것을 제외한다)은 계단실·노대 또는 부속실 외의 당해 건축물의 다른 부분에 설치하는 창문등으로부터 2m 이상의 거리를 두고 설치할 것
    바. 계단실에는 노대 또는 부속실에 접하는 부분 외에는 건축물의 내부와 접하는 창문등을 설치하지 아니할 것
    사. 계단실의 노대 또는 부속실에 접하는 창문등(출입구를 제외한다)은 망이 들어 있는 유리의 붙박이창으로서 그 면적을 각각 $1m^2$ 이하로 할 것
    아. 노대 및 부속실에는 계단실외의 건축물의 내부와 접하는 창문등(출입구를 제외한다)을 설치하지 아니할 것
    자. 건축물의 내부에서 노대 또는 부속실로 통하는 출입구에는 60분+ 방화문 또는 60분 방화문을 설치하고, 노대 또는 부속실로부터 계단실로 통하는 출입구에는 60분+ 방화문, 60분 방화문 또는 영 제64조제1항제3호의 30분 방화문을 설치할 것. 이 경우 방화문은 언제나

닫힌 상태를 유지하거나 화재로 인한 연기 또는 불꽃을 감지하여 자동적으로 닫히는 구조로 해야 하고, 연기 또는 불꽃으로 감지하여 자동적으로 닫히는 구조로 할 수 없는 경우에는 온도를 감지하여 자동적으로 닫히는 구조로 할 수 있다.

차. 계단은 내화구조로 하되, 피난층 또는 지상까지 직접 연결되도록 할 것

카. 출입구의 유효너비는 0.9m 이상으로 하고 피난의 방향으로 열 수 있을 것

③ 영 제35조제1항【피난계단】각 호 외의 부분 본문에 따른 피난계단 또는 특별피난계단은 돌음계단으로 해서는 안 되며, 영 제40조에 따라 옥상광장을 설치해야 하는 건축물의 피난계단 또는 특별피난계단은 해당 건축물의 옥상으로 통하도록 설치해야 한다. 이 경우 옥상으로 통하는 출입문은 피난방향으로 열리는 구조로서 피난 시 이용에 장애가 없어야 한다.

④ 영 제35조제2항에서 "갓복도식 공동주택"이라 함은 각 층의 계단실 및 승강기에서 각 세대로 통하는 복도의 한쪽 면이 외기에 개방된 구조의 공동주택을 말한다.

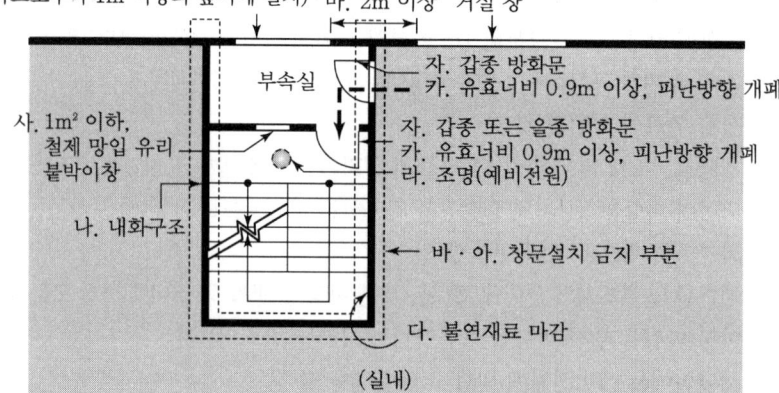

[부속실에 1m² 이상의 개폐창이 설치된 특별피난계단]

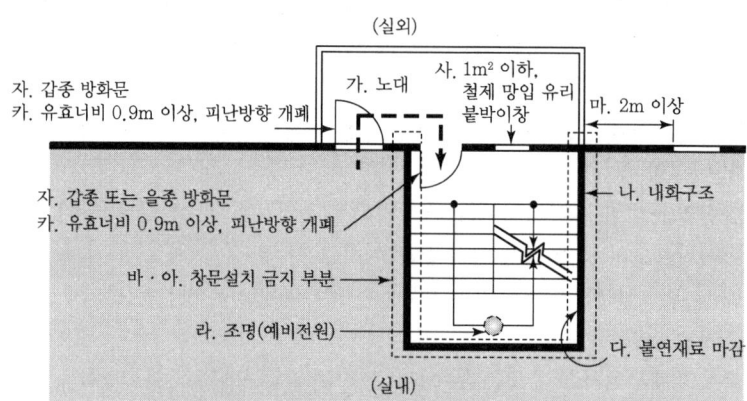

[노대로 연결된 특별피난계단의 구조]

CHAPTER 15 피난안전구역

영 제2조(정의)
15. "초고층 건축물"이란 층수가 50층 이상이거나 높이가 200m 이상인 건축물을 말한다.
15의2. "준초고층 건축물"이란 고층건축물 중 초고층 건축물이 아닌 것을 말한다.

법 제50조의2(고층건축물의 피난 및 안전관리)
① 고층건축물에는 대통령령으로 정하는 바에 따라 피난안전구역을 설치하거나 대피공간을 확보한 계단을 설치하여야 한다. 이 경우 피난안전구역의 설치 기준, 계단의 설치 기준과 구조 등에 관하여 필요한 사항은 국토교통부령으로 정한다.

타법 LINK 건축물의 피난·방화구조 등의 기준에 관한 규칙

제22조의2(고층건축물 피난안전구역 등의 피난 용도 표시)

법 제50조의2제2항에 따라 고층건축물에 설치된 피난안전구역, 피난시설 또는 대피공간에는 다음 각 호에서 정하는 바에 따라 화재 등의 경우에 피난 용도로 사용되는 것임을 표시하여야 한다.
1. 피난안전구역
   가. 출입구 상부 벽 또는 측벽의 눈에 잘 띄는 곳에 "피난안전구역" 문자를 적은 표시판을 설치할 것
   나. 출입구 측벽의 눈에 잘 띄는 곳에 해당 공간의 목적과 용도, 다른 용도로 사용하지 아니할 것을 안내하는 내용을 적은 표시판을 설치할 것
2. 특별피난계단의 계단실 및 그 부속실, 피난계단의 계단실 및 피난용 승강기 승강장
   가. 출입구 측벽의 눈에 잘 띄는 곳에 해당 공간의 목적과 용도, 다른 용도로 사용하지 아니할 것을 안내하는 내용을 적은 표시판을 설치할 것
   나. 해당 건축물에 피난안전구역이 있는 경우 가목에 따른 표시판에 피난안전구역이 있는 층을 적을 것
3. 대피공간 : 출입문에 해당 공간이 화재 등의 경우 대피장소이므로 물건적치 등 다른 용도로 사용하지 아니할 것을 안내하는 내용을 적은 표시판을 설치할 것

② 고층건축물에 설치된 피난안전구역·피난시설 또는 대피공간에는 국토교통부령으로 정하는 바에 따라 화재 등의 경우에 피난 용도로 사용되는 것임을 표시하여야 한다.
③ 고층건축물의 화재예방 및 피해경감을 위하여 국토교통부령으로 정하는 바에 따라 제48조부터 제50조까지 【구조내력 등】, 【건축물의 피난시설 및 용도제한 등】, 【건축물의 내화구조와 방화벽)】 및 제64조【승강기】의 기준을 강화하여 적용할 수 있다.

영 제34조(직통계단의 설치)

③ 초고층 건축물에는 피난층 또는 지상으로 통하는 직통계단과 직접 연결되는 피난안전구역(건축물의 피난·안전을 위하여 건축물 중간층에 설치하는 대피공간을 말한다. 이하 같다)을 지상층으로부터 최대 30개 층마다 1개소 이상 설치하여야 한다.

④ 준초고층 건축물에는 피난층 또는 지상으로 통하는 직통계단과 직접 연결되는 피난안전구역을 해당 건축물 전체 층수의 2분의 1에 해당하는 층으로부터 상하 5개층 이내에 1개소 이상 설치하여야 한다. 다만, 국토교통부령으로 정하는 기준에 따라 피난층 또는 지상으로 통하는 직통계단을 설치하는 경우에는 그러하지 아니하다.

⑤ 제3항 및 제4항에 따른 피난안전구역의 규모와 설치기준은 국토교통부령으로 정한다.

타법 LINK 건축물의 피난·방화구조 등의 기준에 관한 규칙

제8조의2(피난안전구역의 설치기준)

① 영 제34조제3항 및 제4항에 따라 설치하는 피난안전구역(이하 "피난안전구역"이라 한다)은 해당 건축물의 1개층을 대피공간으로 하며, 대피에 장애가 되지 아니하는 범위에서 기계실, 보일러실, 전기실 등 건축설비를 설치하기 위한 공간과 같은 층에 설치할 수 있다. 이 경우 피난안전구역은 건축설비가 설치되는 공간과 내화구조로 구획하여야 한다.

② 피난안전구역에 연결되는 특별피난계단은 피난안전구역을 거쳐서 상·하층으로 갈 수 있는 구조로 설치하여야 한다.

③ 피난안전구역의 구조 및 설비는 다음 각 호의 기준에 적합하여야 한다.

1. 피난안전구역의 바로 아래층 및 위층은 「녹색건축물 조성 지원법」제15조제1항에 따라 국토교통부장관이 정하여 고시한 기준에 적합한 단열재를 설치할 것. 이 경우 아래층은 최상층에 있는 거실의 반자 또는 지붕 기준을 준용하고, 위층은 최하층에 있는 거실의 바닥 기준을 준용할 것
2. 피난안전구역의 내부마감재료는 불연재료로 설치할 것
3. 건축물의 내부에서 피난안전구역으로 통하는 계단은 특별피난계단의 구조로 설치할 것
4. 비상용 승강기는 피난안전구역에서 승하차할 수 있는 구조로 설치할 것
5. 피난안전구역에는 식수공급을 위한 급수전을 1개소 이상 설치하고 예비전원에 의한 조명설비를 설치할 것
6. 관리사무소 또는 방재센터 등과 긴급연락이 가능한 경보 및 통신시설을 설치할 것
7. 별표 1의2에서 정하는 기준에 따라 산정한 면적 이상일 것
8. 피난안전구역의 높이는 2.1m 이상일 것
9. 「건축물의 설비기준 등에 관한 규칙」제14조에 따른 배연설비를 설치할 것
10. 그 밖에 소방청장이 정하는 소방 등 재난관리를 위한 설비를 갖출 것

타법 LINK 초고층 및 지하연계 복합건축물 재난관리에 관한 특별법

법 제18조(피난안전구역 설치)

① 초고층 건축물등의 관리주체는 그 건축물등에 재난발생 시 상시근무자, 거주자 및 이용자가 대피할 수 있는 피난안전구역을 설치·운영하여야 한다.
② 제1항에 따른 피난안전구역의 기능과 성능에 지장을 초래하는 폐쇄·차단 등의 행위를 하여서는 아니 된다.
③ 피난안전구역의 설치·운영 기준 및 규모는 대통령령으로 정한다.

영 제14조(피난안전구역 설치기준 등)

① 초고층 건축물등의 관리주체는 법 제18조제1항에 따라 다음 각 호의 구분에 따른 피난안전구역을 설치하여야 한다.
1. 초고층 건축물 : 「건축법 시행령」 제34조제3항에 따른 피난안전구역을 설치할 것
1의2. 30층 이상 49층 이하인 지하연계 복합건축물 : 「건축법 시행령」 제34조제4항에 따른 피난안전구역을 설치할 것
2. 16층 이상 29층 이하인 지하연계 복합건축물 : 지상층별 거주밀도가 ㎡당 1.5명을 초과하는 층은 해당 층의 사용형태별 면적의 합의 10분의 1에 해당하는 면적을 피난안전구역으로 설치할 것
3. 초고층 건축물 등의 지하층이 법 제2조제2호나목의 용도로 사용되는 경우 : 해당 지하층에 별표 2의 피난안전구역 면적 산정기준에 따라 피난안전구역을 설치할 것. 다만, 해당 지하층이 다음 각 목의 어느 하나에 해당하는 경우에는 피난안전구역을 설치하지 않을 수 있다.
   가. 선큰(지표 아래에 있고 바깥 공기에 개방된 공간으로서 건축물 사용자 등의 보행·휴식 및 피난 등에 제공되는 공간을 말한다. 이하 같다)이 설치된 경우
   나. 「소방시설 설치 및 관리에 관한 법률 시행령」 제2조제2호에 따른 피난층에 해당하는 경우로서 건축물의 출입구가 지상과 직접 연결된 경우

■ [별표 1]

거주밀도(제2조제2항 본문, 제12조제2항제1호 및 제14조제1항제2호 관련)

용도	사용형태	거주밀도 (명/㎡)	비고
1. 문화·집회	가. 좌석이 있는 극장·회의장·전시장 및 그 밖에 이와 비슷한 것 　1) 고정식 좌석 　2) 이동식 좌석 　3) 입석식 나. 좌석이 없는 극장·회의장·전시장 및 그 밖에 이와 비슷한 것 다. 회의실	n 1.30 2.60 1.80 1.50	1. n은 좌석 수를 말한다. 2. 극장·회의장·전시장 및 그 밖에 이와 비슷한 것에는 「건축법 시행령」 별표 1 제4호마목의 공연장을 포함한다. 3. 극장·회의장·전시장에는 로비·홀·전실(前室)을 포함한다.

	라. 무대 마. 게임제공업 바. 나이트클럽 사. 전시장(산업전시장)	0.70 1.00 1.70 0.70	
2. 판매	가. 매장 나. 연속식 점포 　1) 매장 　2) 통로 다. 창고 및 배송공간 라. 음식점(레스토랑)·바·카페	0.50 0.50 0.25 0.37 1.00	연속식 점포 : 벽체를 연속으로 맞대거나 복도를 공유하고 있는 점포 수가 둘 이상인 경우를 말한다.
3. 운수	여객터미널, 철도시설, 공항시설, 항만시설, 그 밖에 이와 비슷한 운수시설	0.37	
4. 업무	가. 사무실이 높이 60m 초과하는 부분에 위치 나. 사무실이 높이 60m 이하 부분에 위치	1.25 0.25	
5. 숙박	가. 공동주택 나. 호텔, 숙박시설	$R+1$ 0.05	R은 세대별 방의 개수를 말한다.
6. 유원	「관광진흥법 시행령」 제2조제5호에 따른 종합유원시설업, 일반유원시설업, 기타 유원시설업	0.50	
7. 교육	가. 도서관 　1) 서고·통로 　2) 열람실 나. 학교 　1) 교실 　2) 그 밖의 시설	 0.10 0.21 0.52 0.21	
8. 운동	운동시설	0.21	
9. 의료	가. 입원치료구역 나. 수면구역(숙소 등)	0.04 0.09	
10. 보육	보호시설(아동 관련 시설, 노인복지시설 등)	0.30	

비고 : 둘 이상의 용도·사용형태로 사용되는 층의 거주밀도는 용도·사용형태별 거주밀도에 해당 용도·사용형태의 면적이 해당 층에서 차지하는 비율을 반영하여 각각 산정한 값을 더하여 산정한다.

■ [별표 2]
피난안전구역 면적 산정기준(제14조제1항제3호 관련)

1. 지하층이 하나의 용도로 사용되는 경우

　피난안전구역 면적=(수용인원×0.1)×0.28m^2

2. 지하층이 둘 이상의 용도로 사용되는 경우

　피난안전구역 면적=(용도·사용형태별 수용인원의 합×0.1)×0.28m^2

비고 : 수용인원은 용도·사용형태별 면적과 별표 1에 따른 거주밀도를 곱한 값을 말한다.

② 제1항에 따라 설치하는 피난안전구역은 「건축법 시행령」 제34조제5항에 따른 피난안전구역의 규모와 설치기준에 맞게 설치하여야 하며, 다음 각 호의 소방시설(「소방시설 설치 및 관리에 관한 법률 시행령」 별표 1에 따른 소방시설을 말한다)을 모두 갖추어야 한다. 이 경우 소방시설은 「소방시설 설치 및 관리에 관한 법률」 제12조제1항에 따른 화재안전기준에 맞는 것이어야 한다.
  1. 소화설비 중 소화기구(소화기 및 간이소화용구만 해당한다), 옥내소화전설비 및 스프링클러설비
  2. 경보설비 중 자동화재탐지설비
  3. 피난설비 중 방열복, 공기호흡기(보조마스크를 포함한다), 인공소생기, 피난유도선(피난안전구역으로 통하는 직통계단 및 특별피난계단을 포함한다), 피난안전구역으로 피난을 유도하기 위한 유도등·유도표지, 비상조명등 및 휴대용비상조명등
  4. 소화활동설비 중 제연설비, 무선통신보조설비
③ 선큰은 다음 각 호의 기준에 맞게 설치해야 한다.
  1. 다음 각 목의 구분에 따라 용도(「건축법 시행령」 별표 1에 따른 용도를 말한다)별로 산정한 면적을 합산한 면적 이상으로 설치할 것
     가. 문화 및 집회시설 중 공연장, 집회장 및 관람장은 해당 면적의 7% 이상
     나. 판매시설 중 소매시장은 해당 면적의 7% 이상
     다. 그 밖의 용도는 해당 면적의 3% 이상
  2. 다음 각 목의 기준에 맞게 설치할 것
     가. 지상 또는 피난층(직접 지상으로 통하는 출입구가 있는 층 및 제1항에 따른 피난안전구역을 말한다)으로 통하는 너비 1.8m 이상의 직통계단을 설치하거나, 너비 1.8m 이상 및 경사도 12.5% 이하의 경사로를 설치할 것
     나. 거실(건축물 안에서 거주, 집무, 작업, 집회, 오락, 그 밖에 이와 유사한 목적을 위하여 사용되는 방을 말한다. 이하 같다) 바닥면적 100m²마다 0.6m 이상을 거실에 접하도록 하고, 선큰과 거실을 연결하는 출입문의 너비는 거실 바닥면적 100m²마다 0.3m로 산정한 값 이상으로 할 것
  3. 다음 각 목의 기준에 맞는 설비를 갖출 것
     가. 빗물에 의한 침수 방지를 위하여 차수판(遮水板), 집수정(물저장고), 역류방지기를 설치할 것
     나. 선큰과 거실이 접하는 부분에 제연설비[드렌처(수막)설비 또는 공기조화설비와 별도로 운용하는 제연설비를 말한다]를 설치할 것. 다만, 선큰과 거실이 접하는 부분에 설치된 공기조화설비가 「소방시설 설치 및 관리에 관한 법률」 제12조제1항에 따른 화재안전기준에 맞게 설치되어 있고, 화재발생 시 제연설비 기능으로 자동 전환되는 경우에는 제연설비를 설치하지 않을 수 있다.
④ 초고층 건축물등의 관리주체는 피난안전구역에 제1항부터 제3항까지에서 규정한 사항 외에 재난의 예방·대응 및 지원을 위하여 행정안전부령으로 정하는 설비 등을 갖추어야 한다.

칙 제14조(피난안전구역 설치기준 등)

「초고층 및 지하연계 복합건축물 재난관리에 관한 특별법 시행령」 제14조제4항에서 "행정안전부령으로 정하는 설비 등"이란 다음 각 호의 장비를 말한다.
1. 자동심장충격기 등 심폐소생술을 할 수 있는 응급장비
2. 다음 각 목의 구분에 따른 수량의 방독면
   가. 초고층 건축물에 설치된 피난안전구역 : 피난안전구역 위층의 재실자 수(「건축물의 피난·방화구조 등의 기준에 관한 규칙」 별표 1의2에 따라 산정된 재실자 수를 말한다)의 10분의 1 이상
   나. 지하연계 복합건축물에 설치된 피난안전구역 : 피난안전구역이 설치된 층의 수용인원(영 별표 2 비고에 따라 산정된 수용인원을 말한다)의 10분의 1 이상

타법 LINK 고층건축물의 화재안전성능기준(NFPC 604)

제10조(피난안전구역의 소방시설)

「초고층 및 지하연계 복합건축물 재난관리에 관한 특별법 시행령」 제14조제2항에 따라 피난안전구역에 설치하는 소방시설의 설치기준은 다음 각 호와 같으며, 이 기준에서 정하지 않은 것은 개별 화재안전성능기준에 따라 설치해야 한다.

1. 제연설비의 피난안전구역과 비제연구역 간의 차압은 50파스칼(옥내에 스프링클러설비가 설치된 경우에는 12.5파스칼) 이상으로 할 것
2. 피난유도선은 다음 각 목의 기준에 따라 설치할 것
   가. 피난안전구역이 설치된 층의 계단실 출입구에서 피난안전구역의 주 출입구 또는 비상구까지 설치할 것
   나. 계단실에 설치하는 경우 계단 및 계단참에 설치할 것
   다. 피난유도 표시부의 너비는 최소 25밀리미터 이상으로 설치할 것
   라. 광원점등방식(전류에 의하여 빛을 내는 방식)으로 설치하되, 60분 이상 유효하게 작동할 것
3. 비상조명등은 상시 조명이 소등된 상태에서 그 비상조명등이 점등되는 경우 각 부분의 바닥에서 조도는 10lx 이상이 될 수 있도록 설치할 것
4. 휴대용비상조명등은 다음 각 목의 기준에 따라 설치할 것
   가. 초고층 건축물에 설치된 피난안전구역에 설치하는 휴대용비상조명등의 수량은 피난안전구역 위층의 재실자수(「건축물의 피난·방화구조 등의 기준에 관한 규칙」 별표 1의2에 따라 산정된 재실자 수를 말한다)의 10분의 1 이상에 해당하는 수량을 비치할 것
   나. 지하연계 복합건축물에 설치된 피난안전구역에 설치하는 휴대용비상조명등의 수량은 피난안전구역이 설치된 층의 수용인원(영 별표 7에 따라 산정된 수용인원을 말한다)의 10분의 1 이상으로 할 것
   다. 건전지 및 충전식 건전지의 용량은 40분(피난안전구역이 50층 이상에 설치되어 있을 경우 60분) 이상 유효하게 사용할 수 있는 것으로 할 것

5. 인명구조기구는 다음 각 목의 기준에 따라 설치할 것
   가. 방열복, 인공소생기를 각 두 개 이상 비치할 것
   나. 45분 이상 사용할 수 있는 성능의 공기호흡기(보조마스크를 포함한다)를 두 개 이상 비치할 것. 다만, 피난안전구역이 50층 이상에 설치되어 있을 경우에는 동일한 성능의 예비용기를 10개 이상 비치할 것
   다. 화재 시 쉽게 반출할 수 있는 곳에 비치할 것
   라. 인명구조기구가 설치된 장소의 보기 쉬운 곳에 "인명구조기구"라는 표지판 등을 설치할 것

CHAPTER 16 옥상광장 및 헬리포트

영 제40조(옥상광장 등의 설치)

① 옥상광장 또는 2층 이상인 층에 있는 노대등[노대(露臺)나 그 밖에 이와 비슷한 것을 말한다. 이하 같다]의 주위에는 높이 1.2m 이상의 난간을 설치하여야 한다. 다만, 그 노대등에 출입할 수 없는 구조인 경우에는 그러하지 아니하다.

② 5층 이상인 층이 제2종 근린생활시설 중 공연장·종교집회장·인터넷컴퓨터게임시설제공업소(해당 용도로 쓰는 바닥면적의 합계가 각각 300m² 이상인 경우만 해당한다), 문화 및 집회시설(전시장 및 동·식물원은 제외한다), 종교시설, 판매시설, 위락시설 중 주점영업 또는 장례시설의 용도로 쓰는 경우에는 피난 용도로 쓸 수 있는 광장을 옥상에 설치하여야 한다.

③ 다음 각 호의 어느 하나에 해당하는 건축물은 옥상으로 통하는 출입문에「소방시설 설치 및 관리에 관한 법률」제40조제1항에 따른 성능인증 및 같은 조 제2항에 따른 제품검사를 받은 비상문자동개폐장치(화재 등 비상시에 소방시스템과 연동되어 잠김 상태가 자동으로 풀리는 장치를 말한다)를 설치해야 한다.
  1. 제2항에 따라 피난 용도로 쓸 수 있는 광장을 옥상에 설치해야 하는 건축물
  2. 피난 용도로 쓸 수 있는 광장을 옥상에 설치하는 다음 각 목의 건축물
     가. 다중이용 건축물
     나. 연면적 1천 m² 이상인 공동주택

④ 층수가 11층 이상인 건축물로서 11층 이상인 층의 바닥면적의 합계가 1만 m² 이상인 건축물의 옥상에는 다음 각 호의 구분에 따른 공간을 확보하여야 한다.
  1. 건축물의 지붕을 평지붕으로 하는 경우 : 헬리포트를 설치하거나 헬리콥터를 통하여 인명 등을 구조할 수 있는 공간
  2. 건축물의 지붕을 경사지붕으로 하는 경우 : 경사지붕 아래에 설치하는 대피공간

⑤ 제4항에 따른 헬리포트를 설치하거나 헬리콥터를 통하여 인명 등을 구조할 수 있는 공간 및 경사지붕 아래에 설치하는 대피공간의 설치기준은 국토교통부령으로 정한다.

타법 LINK 건축물의 피난·방화구조 등의 기준에 관한 규칙

제13조(헬리포트 및 구조공간 설치 기준)

① 영 제40조제4항제1호에 따라 건축물에 설치하는 헬리포트는 다음 각 호의 기준에 적합해야 한다.

1. 헬리포트의 길이와 너비는 각각 22m 이상으로 할 것. 다만, 건축물의 옥상바닥의 길이와 너비가 각각 22m 이하인 경우에는 헬리포트의 길이와 너비를 각각 15m까지 감축할 수 있다.
2. 헬리포트의 중심으로부터 반경 12m 이내에는 헬리콥터의 이·착륙에 장애가 되는 건축물, 공작물, 조경시설 또는 난간 등을 설치하지 아니할 것
3. 헬리포트의 주위한계선은 백색으로 하되, 그 선의 너비는 38cm로 할 것
4. 헬리포트의 중앙부분에는 지름 8m의 "H"표지를 백색으로 하되, "H"표지의 선의 너비는 38cm로, "O"표지의 선의 너비는 60cm로 할 것
5. 헬리포트로 통하는 출입문에 영 제40조제3항 각 호 외의 부분에 따른 비상문자동개폐장치(이하 "비상문자동개폐장치"라 한다)를 설치할 것

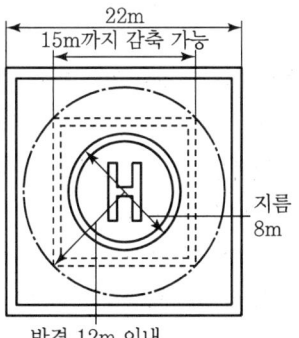

② 영 제40조제4항제1호에 따라 옥상에 헬리콥터를 통하여 인명 등을 구조할 수 있는 공간을 설치하는 경우에는 직경 10m 이상의 구조공간을 확보해야 하며, 구조공간에는 구조활동에 장애가 되는 건축물, 공작물 또는 난간 등을 설치해서는 안 된다. 이 경우 구조공간의 표시기준 및 설치기준 등에 관하여는 제1항제3호부터 제5호까지의 규정을 준용한다.

③ 영 제40조제4항제2호에 따라 설치하는 대피공간은 다음 각 호의 기준에 적합해야 한다.

1. 대피공간의 면적은 지붕 수평투영면적의 10분의 1 이상일 것
2. 특별피난계단 또는 피난계단과 연결되도록 할 것
3. 출입구·창문을 제외한 부분은 해당 건축물의 다른 부분과 내화구조의 바닥 및 벽으로 구획할 것
4. 출입구는 유효너비 0.9m 이상으로 하고, 그 출입구에는 60분+ 방화문 또는 60분 방화문을 설치할 것

4의2. 제4호에 따른 방화문에 비상문자동개폐장치를 설치할 것

5. 내부마감재료는 불연재료로 할 것
6. 예비전원으로 작동하는 조명설비를 설치할 것
7. 관리사무소 등과 긴급 연락이 가능한 통신시설을 설치할 것

CHAPTER 17 대지 안의 피난 및 소화에 필요한 통로

영 제41조(대지 안의 피난 및 소화에 필요한 통로 설치)

① 건축물의 대지 안에는 그 건축물 바깥쪽으로 통하는 주된 출구와 지상으로 통하는 피난계단 및 특별피난계단으로부터 도로 또는 공지(공원, 광장, 그 밖에 이와 비슷한 것으로서 피난 및 소화를 위하여 해당 대지의 출입에 지장이 없는 것을 말한다. 이하 이 조에서 같다)로 통하는 통로를 다음 각 호의 기준에 따라 설치하여야 한다.
 1. 통로의 너비는 다음 각 목의 구분에 따른 기준에 따라 확보할 것
   가. 단독주택 : 유효 너비 0.9m 이상
   나. 바닥면적의 합계가 500m² 이상인 문화 및 집회시설, 종교시설, 의료시설, 위락시설 또는 장례시설 : 유효 너비 3m 이상
   다. 그 밖의 용도로 쓰는 건축물 : 유효 너비 1.5m 이상
 2. 필로티 내 통로의 길이가 2m 이상인 경우에는 피난 및 소화활동에 장애가 발생하지 아니하도록 자동차 진입억제용 말뚝 등 통로 보호시설을 설치하거나 통로에 단차(段差)를 둘 것

② 제1항에도 불구하고 다중이용 건축물, 준다중이용 건축물 또는 층수가 11층 이상인 건축물이 건축되는 대지에는 그 안의 모든 다중이용 건축물, 준다중이용 건축물 또는 층수가 11층 이상인 건축물에 「소방기본법」 제21조에 따른 소방자동차(이하 "소방자동차"라 한다)의 접근이 가능한 통로를 설치하여야 한다. 다만, 모든 다중이용 건축물, 준다중이용 건축물 또는 층수가 11층 이상인 건축물이 소방자동차의 접근이 가능한 도로 또는 공지에 직접 접하여 건축되는 경우로서 소방자동차가 도로 또는 공지에서 직접 소방활동이 가능한 경우에는 그러하지 아니하다.

영 제51조(거실의 채광 등)

④ 법 제49조제3항【건축물의 피난시설】에 따라 건축물의 11층 이하의 층에는 소방관이 진입할 수 있는 창을 설치하고, 외부에서 주·야간에 식별할 수 있는 표시를 하여야 한다. 다만, 다음 각 호의 어느 하나에 해당하는 아파트는 제외한다.
 1. 제46조제4항 및 제5항에 따라 대피공간 등을 설치한 아파트
 2. 「주택건설기준 등에 관한 규정」 제15조제2항에 따라 비상용승강기를 설치한 아파트

CHAPTER 18 다중이용 건축물

영 제2조(정의)

17. "다중이용 건축물"이란 다음 각 목의 어느 하나에 해당하는 건축물을 말한다.

　가. 다음의 어느 하나에 해당하는 용도로 쓰는 바닥면적의 합계가 5천 m^2 이상인 건축물

　　　1) 문화 및 집회시설(동물원 및 식물원은 제외한다)

　　　2) 종교시설

　　　3) 판매시설

　　　4) 운수시설 중 여객용 시설

　　　5) 의료시설 중 종합병원

　　　6) 숙박시설 중 관광숙박시설

　나. 16층 이상인 건축물

17의2. "준다중이용 건축물"이란 다중이용 건축물 외의 건축물로서 다음 각 목의 어느 하나에 해당하는 용도로 쓰는 바닥면적의 합계가 1천 m^2 이상인 건축물을 말한다.

　가. 문화 및 집회시설(동물원 및 식물원은 제외한다)

　나. 종교시설

　다. 판매시설

　라. 운수시설 중 여객용 시설

　마. 의료시설 중 종합병원

　바. 교육연구시설

　사. 노유자시설

　아. 운동시설

　자. 숙박시설 중 관광숙박시설

　차. 위락시설

　카. 관광 휴게시설

　타. 장례시설

타법 LINK 다중이용업소의 안전관리에 관한 특별법

제2조(정의)

① 이 법에서 사용하는 용어의 뜻은 다음과 같다.
　1. "다중이용업"이란 불특정 다수인이 이용하는 영업 중 화재 등 재난 발생 시 생명·신체·재산상의 피해가 발생할 우려가 높은 것으로서 대통령령으로 정하는 영업을 말한다.

영 제2조(다중이용업)

「다중이용업소의 안전관리에 관한 특별법」(이하 "법"이라 한다) 제2조제1항제1호에서 "대통령령으로 정하는 영업"이란 다음 각 호의 영업을 말한다. 다만, 영업을 옥외 시설 또는 옥외 장소에서 하는 경우 그 영업은 제외한다.

1. 「식품위생법 시행령」 제21조제8호에 따른 식품접객업 중 다음 각 목의 어느 하나에 해당하는 것
　가. 휴게음식점영업·제과점영업 또는 일반음식점영업으로서 영업장으로 사용하는 바닥면적(「건축법 시행령」 제119조제1항제3호에 따라 산정한 면적을 말한다. 이하 같다)의 합계가 100m² (영업장이 지하층에 설치된 경우에는 그 영업장의 바닥면적 합계가 66m²) 이상인 것. 다만, 영업장(내부계단으로 연결된 복층구조의 영업장을 제외한다)이 다음의 어느 하나에 해당하는 층에 설치되고 그 영업장의 주된 출입구가 건축물 외부의 지면과 직접 연결되는 곳에서 하는 영업을 제외한다.
　　1) 지상 1층
　　2) 지상과 직접 접하는 층
　나. 단란주점영업과 유흥주점영업

1의2. 「식품위생법 시행령」 제21조제9호에 따른 공유주방 운영업 중 휴게음식점영업·제과점영업 또는 일반음식점영업에 사용되는 공유주방을 운영하는 영업으로서 영업장 바닥면적의 합계가 100m²(영업장이 지하층에 설치된 경우에는 그 바닥면적 합계가 66m²) 이상인 것. 다만, 영업장(내부계단으로 연결된 복층구조의 영업장은 제외한다)이 다음 각 목의 어느 하나에 해당하는 층에 설치되고 그 영업장의 주된 출입구가 건축물 외부의 지면과 직접 연결되는 곳에서 하는 영업은 제외한다.
　가. 지상 1층
　나. 지상과 직접 접하는 층

2. 「영화 및 비디오물의 진흥에 관한 법률」 제2조제10호, 같은 조 제16호가목·나목 및 라목에 따른 영화상영관·비디오물감상실업·비디오물소극장업 및 복합영상물제공업

3. 「학원의 설립·운영 및 과외교습에 관한 법률」 제2조제1호에 따른 학원(이하 "학원"이라 한다)으로서 다음 각 목의 어느 하나에 해당하는 것
　가. 「소방시설 설치 및 관리에 관한 법률 시행령」 별표 7에 따라 산정된 수용인원(이하 "수용인원"이라 한다)이 300명 이상인 것

나. 수용인원 100명 이상 300명 미만으로서 다음의 어느 하나에 해당하는 것. 다만, 학원으로 사용하는 부분과 다른 용도로 사용하는 부분(학원의 운영권자를 달리하는 학원과 학원을 포함한다)이 「건축법 시행령」 제46조에 따른 방화구획으로 나누어진 경우는 제외한다.
  1) 하나의 건축물에 학원과 기숙사가 함께 있는 학원
  2) 하나의 건축물에 학원이 둘 이상 있는 경우로서 학원의 수용인원이 300명 이상인 학원
  3) 하나의 건축물에 제1호, 제2호, 제4호부터 제7호까지, 제7호의2부터 제7호의5까지 및 제8호의 다중이용업 중 어느 하나 이상의 다중이용업과 학원이 함께 있는 경우

4. 목욕장업으로서 다음 각 목에 해당하는 것
  가. 하나의 영업장에서 「공중위생관리법」 제2조제1항제3호가목에 따른 목욕장업 중 맥반석·황토·옥 등을 직접 또는 간접 가열하여 발생하는 열기나 원적외선 등을 이용하여 땀을 배출하게 할 수 있는 시설 및 설비를 갖춘 것으로서 수용인원(물로 목욕을 할 수 있는 시설부분의 수용인원은 제외한다)이 100명 이상인 것
  나. 「공중위생관리법」 제2조제1항제3호나목의 시설 및 설비를 갖춘 목욕장업

5. 「게임산업진흥에 관한 법률」 제2조제6호·제6호의2·제7호 및 제8호의 게임제공업·인터넷컴퓨터게임시설제공업 및 복합유통게임제공업. 다만, 게임제공업 및 인터넷컴퓨터게임시설제공업의 경우에는 영업장(내부계단으로 연결된 복층구조의 영업장은 제외한다)이 다음 각 목의 어느 하나에 해당하는 층에 설치되고 그 영업장의 주된 출입구가 건축물 외부의 지면과 직접 연결된 구조에 해당하는 경우는 제외한다.
  가. 지상 1층
  나. 지상과 직접 접하는 층

6. 「음악산업진흥에 관한 법률」 제2조제13호에 따른 노래연습장업

7. 「모자보건법」 제2조제10호에 따른 산후조리업

7의2. 고시원업[구획된 실(室) 안에 학습자가 공부할 수 있는 시설을 갖추고 숙박 또는 숙식을 제공하는 형태의 영업]

7의3. 「사격 및 사격장 안전관리에 관한 법률 시행령」 제2조제1항 및 별표 1에 따른 권총사격장(실내사격장에 한정하며, 같은 조 제1항에 따른 종합사격장에 설치된 경우를 포함한다)

7의4. 「체육시설의 설치·이용에 관한 법률」 제10조제1항제2호에 따른 가상체험 체육시설업(실내에 1개 이상의 별도의 구획된 실을 만들어 골프 종목의 운동이 가능한 시설을 경영하는 영업으로 한정한다)

7의5. 「의료법」 제82조제4항에 따른 안마시술소

8. 법 제15조제2항에 따른 화재위험평가결과 위험유발지수가 제11조제1항에 해당하거나 화재발생 시 인명피해가 발생할 우려가 높은 불특정다수인이 출입하는 영업으로서 행정안전부령으로 정하는 영업. 이 경우 소방청장은 관계 중앙행정기관의 장과 미리 협의하여야 한다.

칙 제2조(다중이용업)

「다중이용업소의 안전관리에 관한 특별법 시행령」(이하 "영"이라 한다) 제2조제8호에서 "행정안전부령으로 정하는 영업"이란 다음 각 호의 어느 하나에 해당하는 영업을 말한다.

1. 전화방업·화상대화방업 : 구획된 실(室) 안에 전화기·텔레비전·모니터 또는 카메라 등 상대방과 대화할 수 있는 시설을 갖춘 형태의 영업
2. 수면방업 : 구획된 실(室) 안에 침대·간이침대 그 밖에 휴식을 취할 수 있는 시설을 갖춘 형태의 영업
3. 콜라텍업 : 손님이 춤을 추는 시설 등을 갖춘 형태의 영업으로서 주류판매가 허용되지 아니하는 영업
4. 방탈출카페업 : 제한된 시간 내에 방을 탈출하는 놀이 형태의 영업
5. 키즈카페업 : 다음 각 목의 영업
   가. 「관광진흥법 시행령」 제2조제1항제5호다목에 따른 기타 유원시설업으로서 실내공간에서 어린이(「어린이안전관리에 관한 법률」 제3조제1호에 따른 어린이를 말한다. 이하 같다)에게 놀이를 제공하는 영업
   나. 실내에 「어린이놀이시설 안전관리법」 제2조제2호 및 같은 법 시행령 별표 2 제13호에 해당하는 어린이놀이시설을 갖춘 영업
   다. 「식품위생법 시행령」 제21조제8호가목에 따른 휴게음식점영업으로서 실내공간에서 어린이에게 놀이를 제공하고 부수적으로 음식류를 판매·제공하는 영업
6. 만화카페업 : 만화책 등 다수의 도서를 갖춘 다음 각 목의 영업. 다만, 도서를 대여·판매만 하는 영업인 경우와 영업장으로 사용하는 바닥면적의 합계가 50m² 미만인 경우는 제외한다.
   가. 「식품위생법 시행령」 제21조제8호가목에 따른 휴게음식점영업
   나. 도서의 열람, 휴식공간 등을 제공할 목적으로 실내에 다수의 구획된 실(室)을 만들거나 입체 형태의 구조물을 설치한 영업

CHAPTER 19 출입구

01 관람석 등으로부터의 출구

영 제38조(관람석 등으로부터의 출구 설치)

법 제49조제1항에 따라 다음 각 호의 어느 하나에 해당하는 건축물에는 국토교통부령으로 정하는 기준에 따라 관람석 또는 집회실로부터의 출구를 설치하여야 한다.

1. 제2종 근린생활시설 중 공연장·종교집회장(해당 용도로 쓰는 바닥면적의 합계가 각각 300m² 이상인 경우만 해당한다)
2. 문화 및 집회시설(전시장 및 동·식물원은 제외한다)
3. 종교시설
4. 위락시설
5. 장례식장

타법 LINK — 건축물의 피난·방화구조 등의 기준에 관한 규칙

제10조(관람석등으로부터의 출구의 설치기준)

① 영 제38조 각 호의 어느 하나에 해당하는 건축물의 관람실 또는 집회실로부터 바깥쪽으로의 출구로 쓰이는 문은 안여닫이로 해서는 안 된다.

② 영 제38조에 따라 문화 및 집회시설 중 공연장의 개별 관람실(바닥면적이 300m² 이상인 것만 해당한다)의 출구는 다음 각 호의 기준에 적합하게 설치해야 한다.
  1. 관람석별로 2개소 이상 설치할 것
  2. 각 출구의 유효너비는 1.5m 이상일 것
  3. 개별 관람석 출구의 유효너비의 합계는 개별 관람석의 바닥면적 100m²마다 0.6m의 비율로 산정한 너비 이상으로 할 것

02 바깥쪽으로의 출구

영 제39조(건축물 바깥쪽으로의 출구 설치)

① 법 제49조제1항에 따라 다음 각 호의 어느 하나에 해당하는 건축물에는 국토교통부령으로 정하는 기준에 따라 그 건축물로부터 바깥쪽으로 나가는 출구를 설치하여야 한다.

1. 제2종 근린생활시설 중 공연장·종교집회장·인터넷컴퓨터게임시설제공업소(해당 용도로 쓰는 바닥면적의 합계가 각각 300m² 이상인 경우만 해당한다)
2. 문화 및 집회시설(전시장 및 동·식물원은 제외한다)
3. 종교시설
4. 판매시설
5. 업무시설 중 국가 또는 지방자치단체의 청사
6. 위락시설
7. 연면적이 5천 m² 이상인 창고시설
8. 교육연구시설 중 학교
9. 장례식장
10. 승강기를 설치하여야 하는 건축물

② 법 제49조제1항에 따라 건축물의 출입구에 설치하는 회전문은 국토교통부령으로 정하는 기준에 적합하여야 한다.

영 제48조(계단·복도 및 출입구의 설치)

② 법 제49조제2항에 따라 제39조제1항 각 호의 어느 하나에 해당하는 건축물의 출입구는 국토교통부령으로 정하는 기준에 적합하여야 한다.

타법 LINK 건축물의 피난·방화구조 등의 기준에 관한 규칙

제11조(건축물의 바깥쪽으로의 출구의 설치기준)

① 영 제39조제1항의 규정에 의하여 건축물의 바깥쪽으로 나가는 출구를 설치하는 경우 피난층의 계단으로부터 건축물의 바깥쪽으로의 출구에 이르는 보행거리(가장 가까운 출구와의 보행거리를 말한다. 이하 같다)는 영 제34조제1항의 규정에 의한 거리 이하로 하여야 하며, 거실(피난에 지장이 없는 출입구가 있는 것을 제외한다)의 각 부분으로부터 건축물의 바깥쪽으로의 출구에 이르는 보행거리는 영 제34조제1항의 규정에 의한 거리의 2배 이하로 하여야 한다.

② 영 제39조제1항에 따라 건축물의 바깥쪽으로 나가는 출구를 설치하는 건축물 중 문화 및 집회시설(전시장 및 동·식물원을 제외한다), 종교시설, 장례식장 또는 위락시설의 용도에 쓰이는 건축물의 바깥쪽으로의 출구로 쓰이는 문은 안여닫이로 하여서는 아니 된다.

③ 영 제39조제1항에 따라 건축물의 바깥쪽으로 나가는 출구를 설치하는 경우 관람실의 바닥면적의 합계가 300m² 이상인 집회장 또는 공연장은 주된 출구 외에 보조출구 또는 비상구를 2개소 이상 설치해야 한다.

④ 판매시설의 용도에 쓰이는 피난층에 설치하는 건축물의 바깥쪽으로의 출구의 유효너비의 합계는 해당 용도에 쓰이는 바닥면적이 최대인 층에 있어서의 해당 용도의 바닥면적 100m²마다 0.6m의 비율로 산정한 너비 이상으로 하여야 한다.

⑤ 다음 각 호의 어느 하나에 해당하는 건축물의 피난층 또는 피난층의 승강장으로부터 건축물의 바깥쪽에 이르는 통로에는 제15조제5항에 따른 경사로를 설치하여야 한다.

1. 제1종 근린생활시설 중 지역자치센터·파출소·지구대·소방서·우체국·방송국·보건소·공공도서관·지역건강보험조합 기타 이와 유사한 것으로서 동일한 건축물 안에서 당해 용도에 쓰이는 바닥면적의 합계가 1천 m² 미만인 것
2. 제1종 근린생활시설 중 마을회관·마을공동작업소·마을공동구판장·변전소·양수장·정수장·대피소·공중화장실 기타 이와 유사한 것
3. 연면적이 5천 m² 이상인 판매시설, 운수시설
4. 교육연구시설 중 학교
5. 업무시설 중 국가 또는 지방자치단체의 청사와 외국공관의 건축물로서 제1종 근린생활시설에 해당하지 아니하는 것
6. 승강기를 설치하여야 하는 건축물

⑥ 「건축법」(이하 "법"이라 한다) 제49조제1항에 따라 영 제39조제1항 각 호의 어느 하나에 해당하는 건축물의 바깥쪽으로 나가는 출입문에 유리를 사용하는 경우에는 안전유리를 사용하여야 한다.

03 회전문

타법 LINK 건축물의 피난·방화구조 등의 기준에 관한 규칙

제12조(회전문의 설치기준)
영 제39조제2항의 규정에 의하여 건축물의 출입구에 설치하는 회전문은 다음 각 호의 기준에 적합하여야 한다.
1. 계단이나 에스컬레이터로부터 2m 이상의 거리를 둘 것
2. 회전문과 문틀 사이 및 바닥 사이는 다음 각 목에서 정하는 간격을 확보하고 틈 사이를 고무와 고무펠트의 조합체 등을 사용하여 신체나 물건 등에 손상이 없도록 할 것
   가. 회전문과 문틀 사이는 5cm 이상
   나. 회전문과 바닥 사이는 3cm 이하
3. 출입에 지장이 없도록 일정한 방향으로 회전하는 구조로 할 것
4. 회전문의 중심축에서 회전문과 문틀 사이의 간격을 포함한 회전문날개 끝부분까지의 길이는 140cm 이상이 되도록 할 것
5. 회전문의 회전속도는 분당회전수가 8회를 넘지 아니하도록 할 것
6. 자동회전문은 충격이 가하여지거나 사용자가 위험한 위치에 있는 경우에는 전자감지장치 등을 사용하여 정지하는 구조로 할 것

04 비상탈출구

타법 LINK 건축물의 피난·방화구조 등의 기준에 관한 규칙

제25조(지하층의 구조)
② 제1항제1호에 따른 지하층의 비상탈출구는 다음 각 호의 기준에 적합하여야 한다. 다만, 주택의 경우에는 그러하지 아니하다.
1. 비상탈출구의 유효너비는 0.75m 이상으로 하고, 유효높이는 1.5m 이상으로 할 것
2. 비상탈출구의 문은 피난방향으로 열리도록 하고, 실내에서 항상 열 수 있는 구조로 하여야 하며, 내부 및 외부에는 비상탈출구의 표시를 할 것
3. 비상탈출구는 출입구로부터 3m 이상 떨어진 곳에 설치할 것
4. 지하층의 바닥으로부터 비상탈출구의 아랫부분까지의 높이가 1.2m 이상이 되는 경우에는 벽체에 발판의 너비가 20cm 이상인 사다리를 설치할 것
5. 비상탈출구는 피난층 또는 지상으로 통하는 복도나 직통계단에 직접 접하거나 통로 등으로 연결될 수 있도록 설치하여야 하며, 피난층 또는 지상으로 통하는 복도나 직통계단까지 이르는 피난통로의 유효너비는 0.75m 이상으로 하고, 피난통로의 실내에 접하는 부분의 마감과 그 바탕은 불연재료로 할 것
6. 비상탈출구의 진입부분 및 피난통로에는 통행에 지장이 있는 물건을 방치하거나 시설물을 설치하지 아니할 것
7. 비상탈출구의 유도등과 피난통로의 비상조명등의 설치는 소방법령이 정하는 바에 의할 것

타법 LINK 다중이용업소의 안전관리에 관한 특별법

영 [별표 1의2] 다중이용업소에 설치·유지하여야 하는 안전시설등(제9조 관련)
비상구. 다만, 다음 각 목의 어느 하나에 해당하는 영업장에는 비상구를 설치하지 않을 수 있다.
가. 주된 출입구 외에 해당 영업장 내부에서 피난층 또는 지상으로 통하는 직통계단이 주된 출입구로부터 영업장의 긴 변 길이의 2분의 1 이상 떨어진 위치에 별도로 설치된 경우
나. 피난층에 설치된 영업장[영업장으로 사용하는 바닥면적이 33m² 이하인 경우로서 영업장 내부에 구획된 실(室)이 없고, 영업장 전체가 개방된 구조의 영업장을 말한다]으로서 그 영업장의 각 부분으로부터 출입구까지의 수평거리가 10m 이하인 경우
[비고] "비상구"란 주된 출입구와 주된 출입구 외에 화재 발생 시 등 비상시 영업장의 내부로부터 지상·옥상 또는 그 밖의 안전한 곳으로 피난할 수 있도록 「건축법 시행령」에 따른 직통계단·피난계단·옥외피난계단 또는 발코니에 연결된 출입구를 말한다.

칙 [별표 2] 안전시설등의 설치·유지 기준(제9조 관련)

주된 출입구 및 비상구(이하 "비상구 등"이라 한다)

가. 공통 기준

1) 설치 위치 : 비상구는 영업장(2개 이상의 층이 있는 경우에는 각각의 층별 영업장을 말한다. 이하에서 같다) 주된 출입구의 반대방향에 설치하되, 주된 출입구 중심선으로부터의 수평거리가 영업장의 가장 긴 대각선 길이, 가로 또는 세로 길이 중 가장 긴 길이의 2분의 1 이상 떨어진 위치에 설치할 것. 다만, 건물구조로 인하여 주된 출입구의 반대방향에 설치할 수 없는 경우에는 주된 출입구 중심선으로부터의 수평거리가 영업장의 가장 긴 대각선 길이, 가로 또는 세로 길이 중 가장 긴 길이의 2분의 1 이상 떨어진 위치에 설치할 수 있다.

2) 비상구 등 규격 : 가로 75cm 이상, 세로 150cm 이상(문틀을 제외한 가로 길이 및 세로 길이를 말한다)으로 할 것

3) 구조

   가) 비상구 등은 구획된 실 또는 천장으로 통하는 구조가 아닌 것으로 할 것. 다만, 영업장 바닥에서 천장까지 불연재료(不燃材料)로 구획된 부속실(전실), 「모자보건법」 제2조제10호에 따른 산후조리원에 설치하는 방풍실 또는 「녹색건축물 조성 지원법」에 따라 설계된 방풍구조는 그렇지 않다.

   나) 비상구 등은 다른 영업장 또는 다른 용도의 시설(주차장은 제외한다)을 경유하는 구조가 아닌 것이어야 할 것

4) 문

   가) 문이 열리는 방향 : 피난방향으로 열리는 구조로 할 것

   나) 문의 재질 : 주요 구조부(영업장의 벽, 천장 및 바닥을 말한다. 이하에서 같다)가 내화구조(耐火構造)인 경우 비상구 등의 문은 방화문(防火門)으로 설치할 것. 다만, 다음의 어느 하나에 해당하는 경우에는 불연재료로 설치할 수 있다.

   (1) 주요 구조부가 내화구조가 아닌 경우

   (2) 건물의 구조상 비상구 등의 문이 지표면과 접하는 경우로서 화재의 연소 확대 우려가 없는 경우

   (3) 비상구 등의 문이 「건축법 시행령」 제35조에 따른 피난계단 또는 특별피난계단의 설치기준에 따라 설치해야 하는 문이 아니거나 같은 영 제46조에 따라 설치되는 방화구획이 아닌 곳에 위치한 경우

   다) 주된 출입구의 문이 나)(3)에 해당하고, 다음의 기준을 모두 충족하는 경우에는 주된 출입구의 문을 자동문[미서기(슬라이딩)문을 말한다]으로 설치할 수 있다.

   (1) 화재감지기와 연동하여 개방되는 구조

   (2) 정전 시 자동으로 개방되는 구조

   (3) 정전 시 수동으로 개방되는 구조

나. 복층구조(複層構造) 영업장(2개 이상의 층에 내부계단 또는 통로가 각각 설치되어 하나의 층의 내부에서 다른 층의 내부로 출입할 수 있도록 되어 있는 구조의 영업장을 말한다)의 기준
　1) 각 층마다 영업장 외부의 계단 등으로 피난할 수 있는 비상구를 설치할 것
　2) 비상구 등의 문이 열리는 방향은 실내에서 외부로 열리는 구조로 할 것
　3) 비상구 등의 문의 재질은 가목4)나)의 기준을 따를 것
　4) 영업장의 위치 및 구조가 다음의 어느 하나에 해당하는 경우에는 1)에도 불구하고 그 영업장으로 사용하는 어느 하나의 층에 비상구를 설치할 것
　　가) 건축물 주요 구조부를 훼손하는 경우
　　나) 옹벽 또는 외벽이 유리로 설치된 경우 등

다. 2층 이상 4층 이하에 위치하는 영업장의 발코니 또는 부속실과 연결되는 비상구를 설치하는 경우의 기준
　1) 피난 시에 유효한 발코니[활하중 5킬로뉴턴/제곱미터(5kN/m^2) 이상, 가로 75cm 이상, 세로 150cm 이상, 면적 1.12m^2 이상, 난간의 높이 100cm 이상인 것을 말한다. 이하 이 목에서 같다] 또는 부속실(불연재료로 바닥에서 천장까지 구획된 실로서 가로 75cm 이상, 세로 150cm 이상, 면적 1.12m^2 이상인 것을 말한다. 이하 이 목에서 같다)을 설치하고, 그 장소에 적합한 피난기구를 설치할 것
　2) 부속실을 설치하는 경우 부속실 입구의 문과 건물 외부로 나가는 문의 규격은 가목2)에 따른 비상구 등의 규격으로 할 것. 다만, 120cm 이상의 난간이 있는 경우에는 발판 등을 설치하고 건축물 외부로 나가는 문의 규격과 재질을 가로 75cm 이상, 세로 100cm 이상의 창호로 설치할 수 있다.
　3) 추락 등의 방지를 위하여 다음 사항을 갖추도록 할 것
　　가) 발코니 및 부속실 입구의 문을 개방하면 경보음이 울리도록 경보음 발생 장치를 설치하고, 추락위험을 알리는 표지를 문(부속실의 경우 외부로 나가는 문도 포함한다)에 부착할 것
　　나) 부속실에서 건물 외부로 나가는 문 안쪽에는 기둥·바닥·벽 등의 견고한 부분에 탈착이 가능한 쇠사슬 또는 안전로프 등을 바닥에서부터 120cm 이상의 높이에 가로로 설치할 것. 다만, 120cm 이상의 난간이 설치된 경우에는 쇠사슬 또는 안전로프 등을 설치하지 않을 수 있다.

CHAPTER 20 승강기

법 제64조(승강기)

① 건축주는 6층 이상으로서 연면적이 2천 m² 이상인 건축물(대통령령으로 정하는 건축물은 제외한다)을 건축하려면 승강기를 설치하여야 한다. 이 경우 승강기의 규모 및 구조는 국토교통부령으로 정한다.
② 높이 31m를 초과하는 건축물에는 대통령령으로 정하는 바에 따라 제1항에 따른 승강기뿐만 아니라 비상용승강기를 추가로 설치하여야 한다. 다만, 국토교통부령으로 정하는 건축물의 경우에는 그러하지 아니하다.
③ 고층건축물에는 제1항에 따라 건축물에 설치하는 승용승강기 중 1대 이상을 대통령령으로 정하는 바에 따라 피난용승강기로 설치하여야 한다.

영 제91조(피난용승강기의 설치)

법 제64조제3항에 따른 피난용승강기(피난용승강기의 승강장 및 승강로를 포함한다. 이하 이 조에서 같다)는 다음 각 호의 기준에 맞게 설치하여야 한다.
1. 승강장의 바닥면적은 승강기 1대당 6m² 이상으로 할 것
2. 각 층으로부터 피난층까지 이르는 승강로를 단일구조로 연결하여 설치할 것
3. 예비전원으로 작동하는 조명설비를 설치할 것
4. 승강장의 출입구 부근의 잘 보이는 곳에 해당 승강기가 피난용승강기임을 알리는 표지를 설치할 것
5. 그 밖에 화재예방 및 피해경감을 위하여 국토교통부령으로 정하는 구조 및 설비 등의 기준에 맞을 것

타법 LINK 건축물의 피난·방화구조 등의 기준에 관한 규칙

제30조(피난용승강기의 설치기준)

영 제91조제5호에서 "국토교통부령으로 정하는 구조 및 설비 등의 기준"이란 다음 각 호를 말한다.
1. 피난용승강기 승강장의 구조
    가. 승강장의 출입구를 제외한 부분은 해당 건축물의 다른 부분과 내화구조의 바닥 및 벽으로 구획할 것
    나. 승강장은 각 층의 내부와 연결될 수 있도록 하되, 그 출입구에는 60분+ 방화문 또는 60분 방화문을 설치할 것. 이 경우 방화문은 언제나 닫힌 상태를 유지할 수 있는 구조이어야 한다.
    다. 실내에 접하는 부분(바닥 및 반자 등 실내에 면한 모든 부분을 말한다)의 마감(마감을 위한 바탕을 포함한다)은 불연재료로 할 것
    아. 다음의 어느 하나에 해당하는 설비를 설치할 것
        1) 배연설비

2) 「소방시설 설치 및 관리에 관한 법률 시행령」 별표 4 제5호가목에 따른 제연설비(이하 "제연설비"라 한다)

2. 피난용승강기 승강로의 구조

 가. 승강로는 해당 건축물의 다른 부분과 내화구조로 구획할 것

 나. 삭제

 다. 승강로 상부에 배연설비 또는 제연설비를 설치할 것

3. 피난용승강기 기계실의 구조

 가. 출입구를 제외한 부분은 해당 건축물의 다른 부분과 내화구조의 바닥 및 벽으로 구획할 것

 나. 출입구에는 60분+ 방화문 또는 60분 방화문을 설치할 것

4. 피난용승강기 전용 예비전원

 가. 정전 시 피난용승강기, 기계실, 승강장 및 폐쇄회로 텔레비전 등의 설비를 작동할 수 있는 별도의 예비전원 설비를 설치할 것

 나. 가목에 따른 예비전원은 초고층 건축물의 경우에는 2시간 이상, 준초고층 건축물의 경우에는 1시간 이상 작동이 가능한 용량일 것

 다. 상용전원과 예비전원의 공급을 자동 또는 수동으로 전환이 가능한 설비를 갖출 것

 라. 전선관 및 배선은 고온에 견딜 수 있는 내열성 자재를 사용하고, 방수조치를 할 것

CHAPTER 21 채광, 배연, 소방관 진입창

법 제49조(건축물의 피난시설 및 용도제한 등)

② 대통령령으로 정하는 용도 및 규모의 건축물의 안전·위생 및 방화(防火) 등을 위하여 필요한 용도 및 구조의 제한, 방화구획(防火區劃), 화장실의 구조, 계단·출입구, 거실의 반자 높이, 거실의 채광·환기, 배연설비와 바닥의 방습 등에 관하여 필요한 사항은 국토교통부령으로 정한다. 다만, 대규모 창고시설 등 대통령령으로 정하는 용도 및 규모의 건축물에 대해서는 방화구획 등 화재 안전에 필요한 사항을 국토교통부령으로 별도로 정할 수 있다.

③ 대통령령으로 정하는 건축물은 국토교통부령으로 정하는 기준에 따라 소방관이 진입할 수 있는 창을 설치하고, 외부에서 주야간에 식별할 수 있는 표시를 하여야 한다.

영 제51조(거실의 채광 등)

① 법 제49조제2항 본문에 따라 단독주택 및 공동주택의 거실, 교육연구시설 중 학교의 교실, 의료시설의 병실 및 숙박시설의 객실에는 국토교통부령으로 정하는 기준에 따라 채광 및 환기를 위한 창문등이나 설비를 설치해야 한다.

② 법 제49조제2항 본문에 따라 다음 각 호에 해당하는 건축물의 거실(피난층의 거실은 제외한다)에는 배연설비를 해야 한다.

1. 6층 이상인 건축물로서 다음 각 목에 해당하는 용도로 쓰는 건축물
   가. 제2종 근린생활시설 중 공연장, 종교집회장, 인터넷컴퓨터게임시설제공업소 및 다중생활시설(공연장, 종교집회장 및 인터넷컴퓨터게임시설제공업소는 해당 용도로 쓰는 바닥면적의 합계가 각각 300m² 이상인 경우만 해당한다)
   나. 문화 및 집회시설
   다. 종교시설
   라. 판매시설
   마. 운수시설
   바. 의료시설(요양병원 및 정신병원은 제외한다)
   사. 교육연구시설 중 연구소
   아. 노유자시설 중 아동 관련 시설, 노인복지시설(노인요양시설은 제외한다)
   자. 수련시설 중 유스호스텔
   차. 운동시설
   카. 업무시설
   타. 숙박시설

파. 위락시설
　　　하. 관광휴게시설
　　　거. 장례시설
　2. 다음 각 목에 해당하는 용도로 쓰는 건축물
　　　가. 의료시설 중 요양병원 및 정신병원
　　　나. 노유자시설 중 노인요양시설·장애인 거주시설 및 장애인 의료재활시설
　　　다. 제1종 근린생활시설 중 산후조리원
③ 법 제49조제2항 본문에 따라 오피스텔에 거실 바닥으로부터 높이 1.2m 이하 부분에 여닫을 수 있는 창문을 설치하는 경우에는 국토교통부령으로 정하는 기준에 따라 추락방지를 위한 안전시설을 설치해야 한다.

타법 LINK 　건축물의 설비기준 등에 관한 규칙

제14조(배연설비)

① 법 제49조제2항에 따라 배연설비를 설치하여야 하는 건축물에는 다음 각 호의 기준에 적합하게 배연설비를 설치해야 한다. 다만, 피난층인 경우에는 그러하지 아니하다.
　1. 영 제46조제1항에 따라 건축물이 방화구획으로 구획된 경우에는 그 구획마다 1개소 이상의 배연창을 설치하되, 배연창의 상변과 천장 또는 반자로부터 수직거리가 0.9m 이내일 것. 다만, 반자높이가 바닥으로부터 3m 이상인 경우에는 배연창의 하변이 바닥으로부터 2.1m 이상의 위치에 놓이도록 설치하여야 한다.
　2. 배연창의 유효면적은 별표 2의 산정기준에 의하여 산정된 면적이 $1m^2$ 이상으로서 그 면적의 합계가 당해 건축물의 바닥면적(영 제46조제1항 또는 제3항의 규정에 의하여 방화구획이 설치된 경우에는 그 구획된 부분의 바닥면적을 말한다)의 100분의 1 이상일 것. 이 경우 바닥면적의 산정에 있어서 거실바닥면적의 20분의 1 이상으로 환기창을 설치한 거실의 면적은 이에 산입하지 아니한다.
　3. 배연구는 연기감지기 또는 열감지기에 의하여 자동으로 열 수 있는 구조로 하되, 손으로도 열고 닫을 수 있도록 할 것
　4. 배연구는 예비전원에 의하여 열 수 있도록 할 것
　5. 기계식 배연설비를 하는 경우에는 제1호 내지 제4호의 규정에 불구하고 소방관계법령의 규정에 적합하도록 할 것
② 특별피난계단 및 영 제90조제3항의 규정에 의한 비상용승강기의 승강장에 설치하는 배연설비의 구조는 다음 각 호의 기준에 적합하여야 한다.
　1. 배연구 및 배연풍도는 불연재료로 하고, 화재가 발생한 경우 원활하게 배연시킬 수 있는 규모로서 외기 또는 평상시에 사용하지 아니하는 굴뚝에 연결할 것
　2. 배연구에 설치하는 수동개방장치 또는 자동개방장치(열감지기 또는 연기감지기에 의한 것을 말한다)는 손으로도 열고 닫을 수 있도록 할 것

3. 배연구는 평상시에는 닫힌 상태를 유지하고, 연 경우에는 배연에 의한 기류로 인하여 닫히지 아니하도록 할 것
4. 배연구가 외기에 접하지 아니하는 경우에는 배연기를 설치할 것
5. 배연기는 배연구의 열림에 따라 자동적으로 작동하고, 충분한 공기배출 또는 가압능력이 있을 것
6. 배연기에는 예비전원을 설치할 것
7. 공기유입방식을 급기가압방식 또는 급·배기방식으로 하는 경우에는 제1호 내지 제6호의 규정에 불구하고 소방관계법령의 규정에 적합하게 할 것

■ [별표 2]

배연창의 유효면적 산정기준(제14조제1항제2호 관련)

1. 미서기창 : $H \times l$

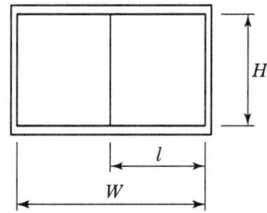

l : 미서기 창의 유효폭
H : 창의 유효 높이
W : 창문의 폭

2. Pivot 종축창 : $H \times l'/2 \times 2$

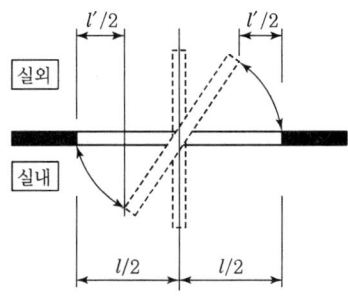

H : 창의 유효 높이
l : 90° 회전 시 창호와 직각방향으로 개방된 수평거리
l' : 90° 미만 0° 초과 시 창호와 직각방향으로 개방된 수평거리

3. Pivot 횡축창 : $(W \times l_1) + (W \times l_2)$

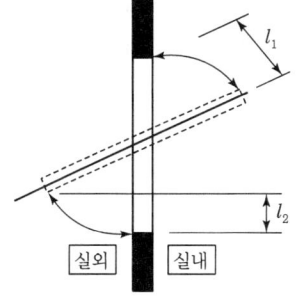

W : 창의 폭
l_1 : 실내 측으로 열린 상부창호의 길이방향으로 평행하게 개방된 순거리
l_2 : 실외 측으로 열린 하부창호로서 창틀과 평행하게 개방된 수수평투영거리

4. 들창 : $W \times l_2$

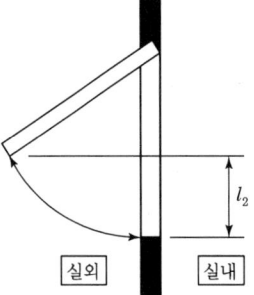

H : 창의 폭
l_2 : 창틀과 평행하게 개방된 순수수평투명면적

5. 미들창 : 창이 실외 측으로 열리는 경우 : $W \times l$
　　　　　창이 실내 측으로 열리는 경우 : $W \times l_1$
　　　　(단, 창이 천장(반자)에 근접하는 경우 : $W \times l_2$)

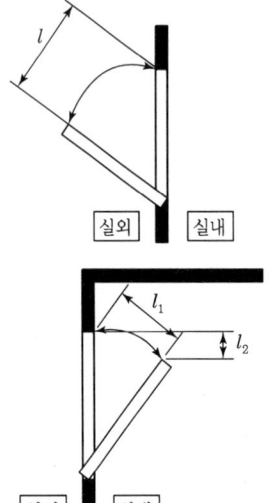

W : 창의 폭
l : 실외 측으로 열린 상부창호의 길이방향으로 평행하게 개방된 순거리
l_1 : 실내 측으로 열린 상호창호의 길이방향으로 개방된 순거리
l_2 : 창틀과 평행하게 개방된 순수수평투영면적
* 창이 천장(또는 반자)에 근접된 경우 창의 상단에서 천장면까지의 거리 $\leq l_1$

④ 법 제49조제3항에 따라 건축물의 11층 이하의 층에는 소방관이 진입할 수 있는 창을 설치하고, 외부에서 주·야간에 식별할 수 있는 표시를 해야 한다. 다만, 다음 각 호의 어느 하나에 해당하는 아파트는 제외한다.
　1. 제46조제4항 및 제5항에 따라 대피공간 등을 설치한 아파트
　2. 「주택건설기준 등에 관한 규정」 제15조제2항에 따라 비상용승강기를 설치한 아파트

타법 LINK 건축물의 피난 · 방화구조 등의 기준에 관한 규칙

제18조의2(소방관 진입창의 기준)

법 제49조제3항에서 "국토교통부령으로 정하는 기준"이란 다음 각 호의 요건을 모두 충족하는 것을 말한다.

1. 2층 이상 11층 이하인 층(직접 지상으로 통하는 출입구가 있는 층은 제외한다)에 각각 1개소 이상 설치할 것. 이 경우 소방관이 진입할 수 있는 창의 가운데에서 벽면 끝까지의 수평거리가 40m 이상인 경우에는 40m 이내마다 소방관이 진입할 수 있는 창을 추가로 설치해야 한다.
2. 소방차 진입로 또는 소방차 진입이 가능한 공터에 면할 것
3. 창문의 가운데에 지름 20cm 이상의 역삼각형을 야간에도 알아볼 수 있도록 빛 반사 등으로 붉은색으로 표시할 것
4. 창문의 한쪽 모서리에 타격지점을 지름 3cm 이상의 원형으로 표시할 것
5. 창문의 크기는 폭 90cm 이상, 높이 1m 이상으로 하고, 실내 바닥면으로부터 창의 아랫부분까지의 높이는 80cm[난간이 설치된 노대 등(영 제40조제1항에 따른 노대 등을 말한다)에 불가피하게 소방관 진입창을 설치하는 경우에는 120cm] 이내로 할 것
6. 다음 각 목의 어느 하나에 해당하는 유리를 사용할 것
   가. 플로트판유리로서 그 두께가 6mm 이하인 것
   나. 강화유리 또는 배강도유리로서 그 두께가 5mm 이하인 것
   다. 가목 또는 나목에 해당하는 유리로 구성된 이중 유리
   라. 가목 또는 나목에 해당하는 유리로 구성된 삼중 유리. 이 경우 각각의 유리에 비산방지필름을 부착하는 경우에는 그 필름 두께를 50μm 이하로 해야 한다.

CHAPTER 22 초고층 및 지하연계 복합건축물

01 정의

법 제2조(정의)

1. "초고층 건축물"이란 층수가 50층 이상 또는 높이가 200m 이상인 건축물을 말한다(「건축법」 제84조에 따른 높이 및 층수를 말한다. 이하 같다).
2. "지하연계 복합건축물"이란 지하부분이 지하역사 또는 지하도상가와 연결된 건축물로서 다음 각 목의 요건을 모두 갖춘 것을 말한다. 다만, 화재 발생 시 열과 연기의 배출이 쉬운 구조를 갖춘 건축물로서 대통령령으로 정하는 건축물은 제외한다.
    가. 층수가 11층 이상이거나 용도별 바닥면적 등을 고려하여 대통령령으로 정하는 산정기준에 따른 수용인원이 5,000명 이상인 건축물
    나. 건축물 안에 문화 및 집회시설, 판매시설, 운수시설, 업무시설, 숙박시설, 위락(慰樂)시설 중 유원시설업(遊園施設業)의 시설 또는 대통령령으로 정하는 용도의 시설이 하나 이상 있는 건축물
7. "총괄재난관리자"란 해당 초고층 건축물등의 재난 및 안전관리 업무를 총괄하는 자를 말한다.

영 제2조(지하연계 복합건축물)

① 법 제2조제2호 각 목 외의 부분 단서에서 "대통령령으로 정하는 건축물"이란 다음 각 호의 요건을 모두 갖춘 건축물을 말한다.
  1. 건축물의 지하부분 입구와 지하역사 또는 지하도상가의 입구 사이의 거리가 10m 이상 떨어져 있을 것. 이 경우 건축물의 지하부분 입구나 지하역사 또는 지하도상가의 입구가 두 개 이상인 경우에는 가장 가까운 입구 사이의 거리를 기준으로 한다.
  2. 건축물의 지하부분 입구와 지하역사 또는 지하도상가의 입구 사이에 벽이 있는 경우 그 벽은 내화구조로 설치할 것
  3. 건축물의 지하부분 입구와 지하역사 또는 지하도상가의 입구 사이에 다음 각 목의 요건을 모두 갖춘 바닥 부분의 수평투영면적이 180m² 이상인 공간을 확보할 것. 다만, 계단, 경사로, 에스컬레이터, 화단 등 구조물이 차지하는 부분은 면적 산정 시 제외한다.
    가. 피난과 열·연기의 배출이 쉽도록 측면 또는 상부 중 개방된 부분의 면적이 바닥 부분의 수평투영면적의 2분의 1 이상일 것
    나. 해당 공간에서 옥외로 피난이 가능하도록 계단 또는 경사로를 설치한 경우에는 계단 또는 경사로의 유효너비가 1.8m 이상일 것
② 법 제2조제2호가목에서 "대통령령으로 정하는 산정기준에 따른 수용인원"이란 건축물의 용도·사용형태별 바닥면적과 별표 1에 따른 거주밀도를 곱한 값을 말한다. 다만, 건축물의 지상층에 대해서는

행정안전부령으로 정하는 재실자 수 산정방법에 따라 산정한 재실자 수를 수용인원으로 본다.
③ 법 제2조제2호나목에서 "대통령령으로 정하는 용도의 시설"이란 「건축법 시행령」 별표 1 제9호가목 중 종합병원과 요양병원을 말한다.

02 종합방재실

법 제16조(종합방재실의 설치·운영)

① 초고층 건축물등의 관리주체는 그 건축물등의 건축·소방·전기·가스 등 안전관리 및 방범·보안·테러 등을 포함한 통합적 재난관리를 효율적으로 시행하기 위하여 종합방재실을 설치·운영하여야 하며, 관리주체 간 종합방재실을 통합하여 운영할 수 있다.
② 제1항에 따른 종합방재실은 「소방기본법」 제4조에 따른 종합상황실과 연계되어야 한다.
③ 관계지역 내 관리주체는 제1항에 따른 종합방재실(일반건축물등의 방재실 등을 포함한다) 간 재난 및 안전정보 등을 공유할 수 있는 정보망을 구축하여야 하며, 유사시 서로 긴급연락이 가능한 경보 및 통신설비를 설치하여야 한다.
④ 종합방재실의 설치기준 등 필요한 사항은 행정안전부령으로 정한다.

칙 제7조(종합방재실의 설치기준)

① 초고층 건축물등의 관리주체는 법 제16조제1항에 따라 다음 각 호의 기준에 맞는 종합방재실을 설치·운영하여야 한다.
  1. 종합방재실의 개수
     1개. 다만, 100층 이상인 초고층 건축물등[「건축법」 제2조제2항제2호에 따른 공동주택(같은 법 제11조에 따른 건축허가를 받아 주택 외의 시설과 주택을 동일 건축물로 건축하는 경우는 제외한다. 이하 "공동주택"이라 한다)은 제외한다]의 관리주체는 종합방재실이 그 기능을 상실하는 경우에 대비하여 종합방재실을 추가로 설치하거나, 관계지역 내 다른 종합방재실에 보조종합재난관리체제를 구축하여 재난관리 업무가 중단되지 아니하도록 하여야 한다.
  2. 종합방재실의 위치
     가. 1층 또는 피난층. 다만, 초고층 건축물등에 「건축법 시행령」 제35조에 따른 특별피난계단(이하 "특별피난계단"이라 한다)이 설치되어 있고, 특별피난계단 출입구로부터 5m 이내에 종합방재실을 설치하려는 경우에는 2층 또는 지하 1층에 설치할 수 있으며, 공동주택의 경우에는 관리사무소 내에 설치할 수 있다.
     나. 비상용 승강장, 피난 전용 승강장 및 특별피난계단으로 이동하기 쉬운 곳
     다. 재난정보 수집 및 제공, 방재 활동의 거점(據點)역할을 할 수 있는 곳
     라. 소방대(消防隊)가 쉽게 도달할 수 있는 곳
     마. 화재 및 침수 등으로 인하여 피해를 입을 우려가 적은 곳

3. 종합방재실의 구조 및 면적
   가. 다른 부분과 방화구획(防火區劃)으로 설치할 것. 다만, 다른 제어실 등의 감시를 위하여 두께 7mm 이상의 망입(網入)유리(두께 16.3mm 이상의 접합유리 또는 두께 28mm 이상의 복층유리를 포함한다)로 된 4m² 미만의 붙박이창을 설치할 수 있다.
   나. 제2항에 따른 인력의 대기 및 휴식 등을 위하여 종합방재실과 방화구획된 부속실을 설치할 것
   다. 면적은 20m² 이상으로 할 것
   라. 재난 및 안전관리, 방범 및 보안, 테러 예방을 위하여 필요한 시설·장비의 설치와 근무 인력의 재난 및 안전관리 활동, 재난 발생 시 소방대원의 지휘 활동에 지장이 없도록 설치할 것
   마. 출입문에는 출입 제한 및 통제 장치를 갖출 것
4. 종합방재실의 설비 등
   가. 조명설비(예비전원을 포함한다) 및 급수·배수설비
   나. 상용전원(常用電源)과 예비전원의 공급을 자동 또는 수동으로 전환하는 설비
   다. 급기(給氣)·배기(排氣) 설비 및 냉방·난방 설비
   라. 전력 공급 상황 확인 시스템
   마. 공기조화·냉난방·소방·승강기 설비의 감시 및 제어시스템
   바. 자료 저장 시스템
   사. 지진계 및 풍향·풍속계(초고층 건축물에 한정한다)
   아. 소화 장비 보관함 및 무정전(無停電) 전원공급장치
   자. 피난안전구역, 피난용 승강기 승강장 및 테러 등의 감시와 방범·보안을 위한 폐쇄회로텔레비전(CCTV)

② 초고층 건축물등의 관리주체는 종합방재실에 재난 및 안전관리에 필요한 인력을 3명 이상 상주(常住)하도록 하여야 한다.

③ 초고층 건축물등의 관리주체는 종합방재실의 기능이 항상 정상적으로 작동되도록 종합방재실의 시설 및 장비 등을 수시로 점검하고, 그 결과를 보관하여야 한다.

PART 02

점검기구의 종류 및 사용법

CHAPTER 01 방수압력 측정계
CHAPTER 02 절연저항계
CHAPTER 03 전류전압 측정계
CHAPTER 04 저울
CHAPTER 05 소화전밸브 압력계
CHAPTER 06 헤드결합렌치
CHAPTER 07 검량계
CHAPTER 08 기동관누설 시험기
CHAPTER 09 열감지기 시험기
CHAPTER 10 연기감지기 시험기
CHAPTER 11 공기주입 시험기
CHAPTER 12 음량계
CHAPTER 13 누전계
CHAPTER 14 무선기
CHAPTER 15 풍속풍압계
CHAPTER 16 폐쇄력 측정기
CHAPTER 17 차압계
CHAPTER 18 조도계

점검기구의 종류 및 사용법

※ 소방시설 점검장비

소방시설	장비	규격
공통시설	방수압력 측정계, 절연저항계, 전류전압 측정계	
소화기구	저울	
옥내소화전설비 옥외소화전설비	소화전밸브 압력계	
스프링클러설비 포소화설비	헤드결합렌치	
이산화탄소소화설비 분말소화설비 할로겐화합물 및 불활성기체소화설비 할론소화설비	검량계, 기동관누설 시험기, 그 밖에 소화약제의 저장량을 측정할 수 있는 점검기구	
자동화재탐지설비 시각경보기	열감지기 시험기, 연(煙)감지기 시험기, 공기주입 시험기, 감지기 시험기 연결폴대, 음량계	
누전경보기	누전계	누전전류 측정용
무선통신보조설비	무선기	통화시험용
제연설비	풍속풍압계, 폐쇄력 측정기, 차압계	
통로유도등 비상조명등	조도계	최소눈금이 0.1lx 이하인 것

[비고] 종합점검의 경우에는 위 점검장비를 사용하여야 하며, 작동점검의 경우에는 점검장비를 사용하지 않을 수 있다.

CHAPTER 01 방수압력 측정계(Pitot Gauge)

1. 용도
옥내·외 소화전설비의 방수압력 및 동압을 측정하는 데 사용한다(수압 측정 및 유량 측정).

2. 사용방법
방수노즐의 선단으로부터 $D/2$(D : 노즐구경)의 거리에 방수압력 측정계를 대고 지시된 압력을 읽는다.

1) 압력 측정
① 수압계는 관, Nozzle 오리피스에서 대기로 유체가 흐를 때 손실수두에 해당하는 압력(동압) 측정
② 각 소화전마다 0.17MPa 이상 0.7MPa 이하일 것
　가. 최상층의 소화전마다 0.17MPa 이상
　나. 최하층의 소화전마다 0.7MPa 이하일 것

2) 유량 측정
① 측정한 모든 소화전에서 130L/min 이상일 것
② 측정한 압력으로 환산표를 이용하여 방수량을 환산한다.
③ 공식으로 유도

$$Q = 2.065d^2\sqrt{P}$$

여기서, Q : 방수량(L/min)
d : 노즐구경(옥내소화전 : 13mm, 옥외소화전 : 19mm)
P : 방사압력(MPa, Pitot 게이지 눈금)

3. 주의사항

① 물에 불순물이 완전히 배출된 후에 측정(불순물로 피토 튜브가 막힐 우려가 있으므로)
② 물에 공기가 완전히 배출된 후 측정(정확한 압력 측정 불가)
③ 반드시 직사형 관창 사용
※ 소화전 방수압력 측정 시 해당 층 모든 소화전(5개 이상일 경우 5개)을 개방 후 측정

CHAPTER 02 절연저항계

1. 용도

장기적으로 사용된 전기기기, 부품 및 전기시설의 절연 열화에 의한 감전이나 누전 방지, 절연불량 또는 누전에 의한 설비의 정상적인 동작의 신뢰도 하락을 방지하고 설비를 보호

2. 사용방법

1) 전지시험(Battery check)

① 셀렉터 스위치를 배터리 체크 위치로 전환한다.
② 지시계의 바늘이 녹색 띠(BATT GOOD)에 머무르면 정상 상태이다.
③ 건전지가 소모되었을 때는 교체한다.

2) 0점 조정(Zero check)

① 지시계의 눈금이 ∞의 위치에 있는지 확인한다.
② 만약 지시계의 눈금이 ∞의 위치에 있지 않으면 ∞의 위치에 오도록 0점 조절기로 조정한다.

3) 절연저항 측정방법

① 흑색 접지 리드선은 접지 단자에, 적색 라인 리드선은 라인 단자에 연결한다.
② 접지 리드선은 측정물의 접지 측에 접속한다.
③ 라인 리드선은 측정물의 라인 측에 접속한다.
④ 셀렉터 스위치를 MΩ 위치로 전환한 후, 전원 ON/OFF 스위치를 누르면 지시계가 해당 절연저항값을 나타낸다.

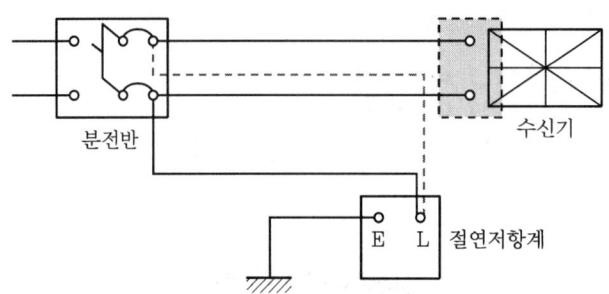

[전로와 대지 간 절연저항 측정]

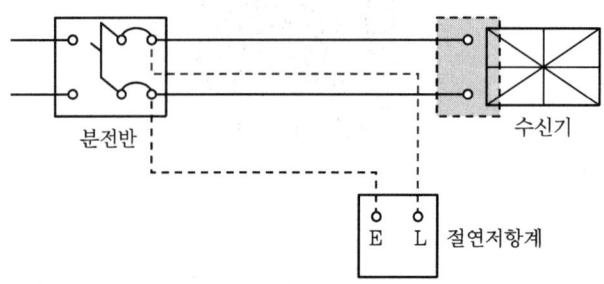

[배선 상호 간 절연저항 측정]

4) 교류전압 측정

① 흑색 접지 리드선은 접지 단자에, 적색 라인 리드선은 라인 단자에 연결한다.
② 셀렉터 스위치를 교류 V 위치로 전환한다.
③ 도선의 양측 말단을 피측정회로 양단에 각각 연결한 후 [교류] 눈금값을 읽는다.

3. 주의사항

① 전로나 기기를 충분히 방전시킨다.
② 탐침(Probe)을 맨손으로 잡고 측정하면 누설전류가 흘러 절연저항값이 낮게 측정되는 경우가 있으므로 전기용 고무장갑을 착용한다.
③ 배선의 선간 절연저항을 측정 시에는 개폐기를 모두 개방하여야 한다.
④ 반도체를 포함하는 전기회로의 절연저항 측정 시에는 반도체소자가 손상될 우려가 있으므로 소자 간 단락한 후에 측정하거나 소자를 분리한 상태에서 측정해야 한다.
⑤ 전로나 전기기기의 사용전압에 적합한 정격의 절연저항계를 선정하여 측정해야 한다.
⑥ 선간 절연저항을 측정할 때에는 계기용변성기(PT), 콘덴서, 부하 등을 측정회로에서 분리한 후 측정한다.

4. 참고

절연저항계	절연저항	대상
직류 250[V]	0.1[MΩ] 이상	경계구역의 절연저항
직류 500[V]	5[MΩ] 이상	누전경보기
		가스누설경보기
		수신기
		자동화재속보설비
		비상경보설비
		유도등(교류입력 측과 외함 간 포함)
		비상조명등(교류입력 측과 외함 간 포함)
	20[MΩ] 이상	경종, 발신기, 중계기
		비상콘센트
		기기의 절연된 선로 간
		기기의 충전부와 비충전부 간
		기기의 교류입력 측과 외함 간(유도등, 비상조명등 제외)
	50[MΩ] 이상	감지기(정온식 감지선형 감지기 제외)
		가스누설경보기(10회로 이상)
		수신기(10회로 이상)
	1,000[MΩ] 이상	정온식 감지선형 감지기

CHAPTER 03 전류전압 측정계

[디지털 테스터기]

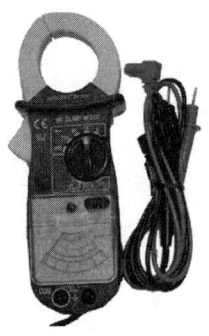
[아날로그 테스터기]

1. 용도 및 특징
① 회로 및 선로의 전압 측정, 기기의 저항측정 가능
② 사용방법의 간소화 및 휴대 용이성
③ AC 500V까지 측정 가능하므로 현실적으로 모든 소방시설에 사용 가능

2. 사용방법
모든 측정 시 사전에 0점 조정 및 전지체크를 하여야 한다.

1) 0점 조정
① 모든 측정을 하기 전에 반드시 바늘의 위치가 0점에 고정되어 있는지 확인한다.
② 0점에 있지 않을 경우, 0점 조정나사로 조정하여 0점에 맞춘다.

2) 내장 전지시험
① 배터리 체크 단자를 눌러서 확인한다.
② 0점 조정단자를 시계방향으로 맨 끝까지 돌려도 바늘이 0점으로 오지 않을 경우에는 건전지가 모두 소모되었음을 의미한다.

3) 직류전류 측정(직류 mA) : 직렬 연결

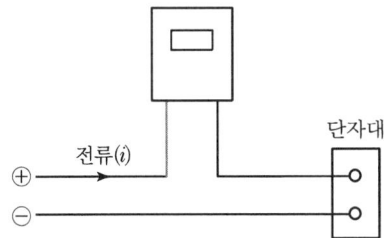

① 흑색 도선을 측정기의 − 단자에, 적색 도선을 + 단자에 접속시킨다.
② 극성 선택 스위치를 직류에 고정한다.
③ 범위를 직류 mA의 적정한 위치로 한다.
④ 도선의 양측 말단을 피측정회로에 직렬로 접속시킨다.
⑤ 계기판의 직류 A 눈금 값을 읽는다.

4) 직류전압 측정(직류 V) : 병렬 연결

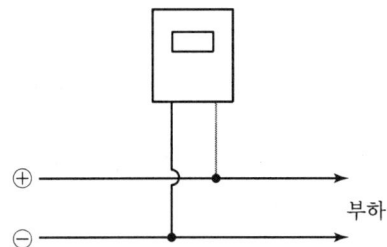

① 흑색 도선을 측정기의 − 단자에, 적색 도선을 + 단자에 접속시킨다.
② 극성 선택 스위치를 직류에 고정한다.
③ 범위를 직류 V의 적정한 위치로 한다.
④ 도선의 양측 말단을 피측정회로에 병렬로 접속시킨다.
⑤ 계기판의 직류 V 눈금 값을 읽는다.

5) 저항 측정(Ω) : 측정 전 전원을 반드시 차단한다.

① 흑색 도선을 측정기의 − 단자에, 적색 도선을 + 단자에 접속시킨다.
② 극성선택 스위치를 Ω의 위치에 고정한다.
③ 범위를 Ω의 위치에 고정한다.
④ 0점 조정 : +, − 두 도선을 단락시켜 저항 0점 조절기를 이용하여 지침이 0Ω을 가리키도록 0점을 조정한다.

⑤ 피측정 저항의 양끝에 도선을 접속시키고, Ω의 눈금값을 읽는다. 눈금에 Ω 선택 스위치의 배수를 곱한다.

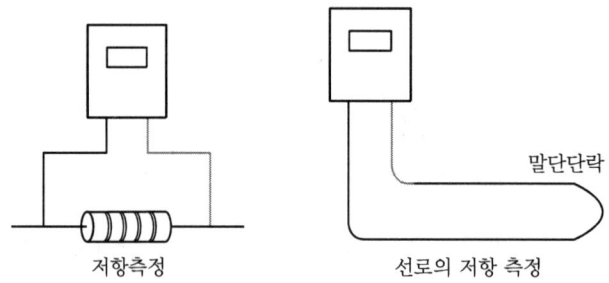

저항측정   선로의 저항 측정

6) 콘덴서 품질시험(디지털테스터기는 측정 불가)

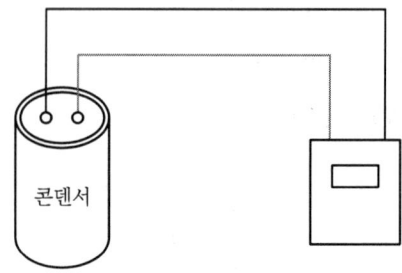

① 흑색 도선을 측정기의 − 단자에, 적색 도선을 + 단자에 접속시킨다.
② 극성 선택 스위치를 Ω의 위치에 고정시킨다.
③ 범위선택스위치를 10kΩ의 위치에 고정시킨다.
④ 리드선을 콘덴서의 양단자에 접속시킨다.
⑤ 판정 기준
   가. 정상 콘덴서는 지침이 순간적으로 흔들리다가 서서히 무한대(∞) 위치로 돌아온다.
   나. 불량 콘덴서는 지침이 움직이지 않는다.
   다. 단락된 콘덴서는 바늘이 움직인 채 그대로 있으며, 무한대(∞) 위치로 돌아오지 않는다.

3. 참고

1) 감지기 회로 측정 시 상태별 동작전압

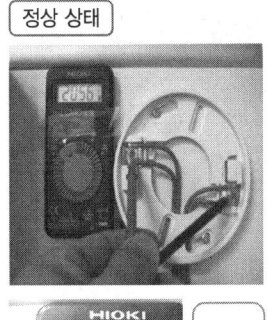
정상 상태
 DC 21~23V

동작 상태
 DC 4~6V

단선 상태
 DC 0V

2) 화재감지기 시험기 종류

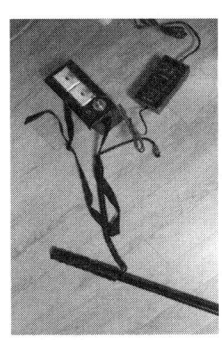
[열 감지기 시험기 배터리 외장형, 램프형]

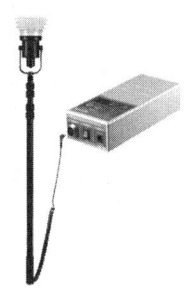
[열/연기 감지기 시험기 배터리 외장형, 램프형, 오일가열형 연결폴대 내장형]

[열/연기 감지기 시험기 배터리 내장형, 램프형, 연기스프레이 부착형, 연결폴대 별도형]

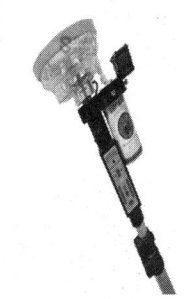
[열/연기 감지기 시험기 배터리 외장형, 할로겐램프형, 연결폴대 및 펜 내장형]

3) 특수형 감지기 시험기 종류

[방폭형감지기시험기]
최대 동작온도 120℃ 이상
연장 길이 3m, 음성안내(램프 작동 시)

[불꽃감지기시험기]
사용거리 : UV/IR 5m, IR3 방식 1m
무게 : 1.2kg

4) 공기흡입형 감지기 시험 시 점검사항

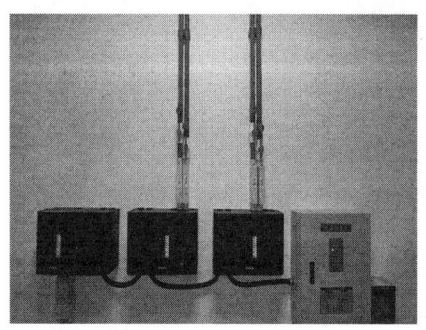

CHAPTER 04 저울

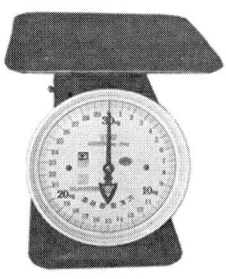

1. 용도
분말 소화약제의 약제량을 측정하는 기구이다.

2. 사용방법

1) 눈금저울사용법
① 소화기를 저울 위에 올린 후 총중량을 확인
② 소화기 외부 표시된 총중량과 동일한지 확인

2) 전자저울사용법
① 전자저울의 경우 전원을 "ON" 하고, 0점 조정을 한다.
② 측정하려는 소화기를 저울 위에 올려놓는다.
③ 지시값을 읽는다.
④ 측정값과 소화기 명판에 기재된 총중량의 차이를 확인하여 약제의 이상 유무를 판단한다.

CHAPTER 05 소화전밸브 압력계

1. 용도
① 소화전 설비의 방수압력을 측정하는 데 사용한다.
② 방수압 측정이 곤란한 경우 정압을 측정하는 데 사용한다.

2. 사용방법
① 측정하고자 하는 소화전밸브를 다시 잠근다.
② 소화전호스를 분리한다.
③ 소화전밸브 압력계의 어댑터로 소화전밸브에 연결한다.
④ 소화전밸브를 개방한다.
⑤ 소화전밸브 압력계의 압력을 판정한다.
⑥ 측정 완료 후 소화전밸브를 잠그고, 코크밸브를 열어 내압을 제거한다.
⑦ 소화전밸브 압력계를 분리한다.
⑧ 옥내소화전 호스를 재결합한다.
⑨ 방수구를 개방하여 계속 방수한다.
⑩ 다음 소화전으로 이동하여 측정을 계속한다.

3. 주의사항
① 어댑터를 확실하게 체결하지 않으면 누수될 우려가 있으므로 소화전밸브에 확실하게 체결할 것
② 측정이 끝난 후 Air Cock를 개방하여 압력계 내의 압력을 제거한 다음 압력계를 소화전 밸브에서 분리할 것

CHAPTER 06 헤드결합렌치

1. 용도
스프링클러 설비의 헤드를 연결배관에 설치하거나 떼어내는 데 사용하는 기구이다.

2. 주의사항
① 헤드의 나사 부분에 손상이 가지 않도록 할 것
② 감열부분이나 Deflector에 무리한 힘을 가하여 헤드의 기능을 손상시키지 않도록 할 것
③ 규정된 헤드렌치를 사용하지 않고 헤드를 부착 시에는 변형 또는 누수현상이 발생할 수 있으므로 주의할 것

3. 헤드결합렌치

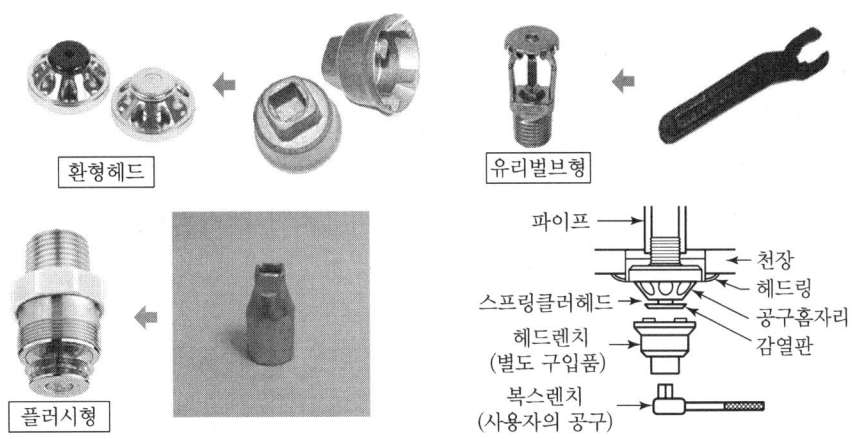

CHAPTER 07 검량계

1. 용도
가스계 및 분말 용기의 약제 중량을 측정하는 기구이다.

2. 사용방법
① 검량계를 수평면에 설치한다.
② 용기밸브에 설치되어 있는 용기밸브 개방장치(니들밸브, 동관, 전자밸브)와 연결관 등을 분리한다.
③ 약제저장용기를 전도되지 않도록 주의하면서 검량계에 올린다.
④ 약제저장용기의 총무게에서 빈 용기 및 용기밸브의 무게차를 계산한다.
※ 소화약제량 산출=총무게-(빈 용기 중량-용기밸브 중량)

3. 참고(가스계 액위 측정)
1) 저장용기 측정기구(LSI : Level Strip Indicator)
① LSI 액면표시지
- 열에 의한 감응으로 표시지의 색에 따라 소화약제의 기상과 액상부분의 분리되는 부분을 측정하는 방식으로 소화약제의 저장량을 측정
- 소화약제 저장용기실의 온도가 높은 경우(약 25℃ 이상) 정확한 소화약제의 측정이 어려움

② LSI 측정방법
- LSI를 부착 후 저장용기를 일정온도 이상으로 가열한 후 측정 : 히터를 이용한 방식
- LSI 부착 후 뜨거운 물을 저장용기에 부은 후 측정 : 온수를 이용한 방식

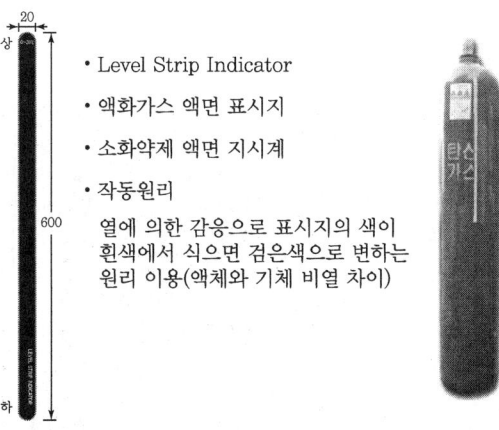

- Level Strip Indicator
- 액화가스 액면 표시지
- 소화약제 액면 지시계
- 작동원리
  열에 의한 감응으로 표시지의 색이 흰색에서 식으면 검은색으로 변하는 원리 이용(액체와 기체 비열 차이)

2. 초음파 레벨 측정기

1) 초음파 레벨 측정기의 특징
   ① 초음파에 의한 감응으로 소화약제의 기상과 액상부분이 분리되는 부분을 측정하는 방식으로 소화약제의 저장량을 측정
   ② 소화약제 저장용기실의 온도가 높은 경우(약 25℃ 이상) 정확한 소화약제의 측정이 어려움
2) 초음파 측정방법
   ① 저장용기에 겔 타입의 측정용 액체를 바른다.
   ② 지시기를 용기에 접촉하여 상하로 이동하면서 저장용기의 액상존재구역을 측정한다.

3. 방사선 레벨메터

1) 방사선 레벨메터 특징
   ① 방사선에 의한 감응으로 소화약제의 기상과 액상부분이 분리되는 부분을 측정하는 방식으로 소화약제의 저장량을 측정
   ② 소화약제 저장용기실의 온도가 높은 경우(약 25℃ 이상) 정확한 소화약제의 측정이 어려움

2) 방사선 레벨메터 측정방법
   ① 보호복을 착용 후 기기를 결속한다.
   ② 지시기를 용기에 접촉하여 상하로 이동하면서 저장용기의 액상존재구역을 측정한다.

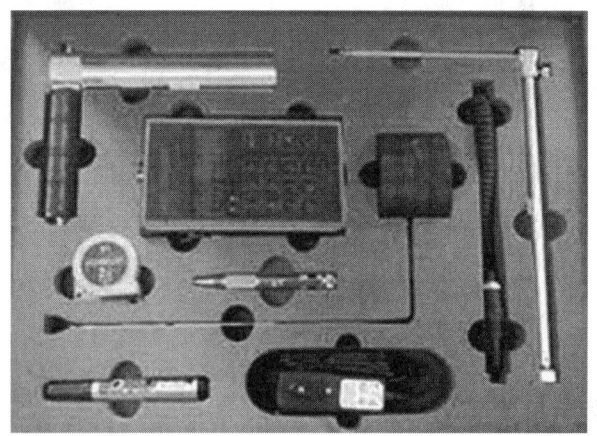

CHAPTER 08 기동관누설 시험기

1. 용도
가스계 소화설비의 기동용 동관 부분의 누설을 시험하기 위한 기구이다.

2. 구성
① 케이스(800×400×250mm)
② 질소를 5MPa 이상으로 충전한 고압가스 용기(용량 3.5l 이상)
③ 압력 조정기
④ 압력 Gauge

3. 사용방법
① 호스에 부착된 밸브를 잠그고 압력조정기 연결부에 호스를 연결한다.
② 호스 끝을 기동관에 견고히 연결한다.
③ 용기에 부착된 밸브를 서서히 연다.
④ 압력 Gauge의 압력을 1MPa(10kg/cm^2) 미만으로 조정하고 압력조정기의 레버를 서서히 조인다.
⑤ 본 용기와 연결된 차단밸브가 모두 잠겼는지 확인한다.
⑥ 호스 끝에 부착된 밸브를 서서히 열어 압력이 0.5MPa(5kg/cm^2)이 되게 한다.
⑦ 거품액을 붓에 묻혀 기동관의 겉부분에 칠을 하여 누설 여부를 확인한다.
⑧ 확인이 끝나면 용기밸브를 먼저 잠그고 호스밸브를 잠근 후 연결부를 분리한다.

CHAPTER 09 열감지기 시험기

1. 용도
스포트형 열감지기(차동식, 정온식, 보상식)의 작동시험을 하기 위한 기구로서 감지기 시험기 연결폴대와 연결하여 사용한다.

2. 사용 전 준비
① 열감지기 시험기(Adapter)의 플러그를 전원콘센트에 꽂아 충전시킨다.
② 충전이 완료되면 전원플러그를 뽑아 보관한다.

3. 사용방법
① 열감지기 시험기의 전원 ON 스위치를 누른다(이때 가열램프가 점등).
② 열감지기 시험기를 감지기에 밀착시켜 작동 여부 및 메이커에서 제시하는 작동시간을 점검한다.
③ 열감지기 시험기의 전원 OFF 스위치를 누른다(이때 가열램프가 소등).
④ 인접 감지기로 이동하여 동일한 방법으로 다른 열감지기를 점검한다.

4. 주의사항
① 고열로 급격히 가열하면 감지기의 다이어프램(Diaphragm)이 손상될 우려가 있으므로 서서히 가열한다.
② 감지기의 동작이 확인되면 즉시 시험기를 감지기로부터 분리하여 과잉 가열되지 않도록 한다.

형식	종별	가열 온도	작동 시간
차동식	1종	실온 + 20℃	30초 이내
	2종	실온 + 30℃	30초 이내
	3종	실온 + 45℃	60초 이내
보상식	1종	실온 + 25℃	30초 이내
	2종	실온 + 40℃	30초 이내
	3종	실온 + 60℃	60초 이내
정온식	특종	공칭작동온도 + 15℃	120초 이내
	1종	공칭작동온도 + 15℃	120초 초과 480초 이내
	2종	공칭작동온도 + 15℃	480초 초과 720초 이내

CHAPTER 10 연기감지기 시험기

1. 용도
스포트형 연기감지기(이온화식, 광전식)의 작동시험을 하기 위한 기구로서 감지기 시험기 연결폴대와 연결하여 사용한다.

2. 사용방법
① 연감지기 시험기를 감지기 시험기 연결폴대 상부에 접속한다.
② 연감지기 시험기의 수용 컵에 스프레이 통을 고정한다.
③ 연감지기 시험기를 연기감지기에 밀착시키고 연결폴대를 감지기 부착면(천장면 또는 반자면)을 향해 힘을 주어 밀어올린다(이때 스프레이가 분사).
④ 감지기 동작 여부 및 종별에 맞는 동작시간을 확인한다.

3. 주의사항
① 시험기가 발연하기 시작하면 누연이 없도록 시험기 상부를 감지기에 밀착시킨다.
② 감지기가 동작하면 감지기로부터 시험기를 분리하여 과다 분사(발연)되지 않도록 한다.
③ 점검을 완료하면 시험기 수용 컵에서 스프레이 통을 분리하여 보관한다.

향 수량	종류	농도	비축적형 이온화식, 광전식	축적형 이온화식, 광전식
향 1개피 연소	1종	5%	30초	60초
향 2개피 연소	2종	10%	60초	90초
향 3개피 연소	3종	20%	60초	90초

CHAPTER 11 공기주입 시험기

1. 용도
공기관식 감지기의 공기관 누설 여부 및 동작상태를 시험하는 기구로서 공기주입기(실무에서는 테스트펌프 사용), 붓, 누설시험유, 비커 등으로 구성되어 있다.

2. 공기관식 감지기 작동시험의 종류

1) 화재작동시험
① 목적
　가. 감지기의 작동여부 확인
　나. 작동시간의 정상 여부 확인
② 방법
　가. 검출부의 시험구멍(T)에 테스트펌프를 접속한다.
　나. 검출부의 절환레버를 PA 위치로 한다.
　다. 검출부에 제시된 공기량을 테스트펌프로 서서히 주입한다.
　라. 이때 초시계로 공기주입을 할 때부터 감지기가 작동(경종이 울리는 시점)하기까지의 시간을 측정한다.
③ 판정
　가. 검출부에 표시된 시간 범위 이내이면 정상

나. 작동 개시 시간이 다음의 경우 판정 여부

기준치 초과인 경우	기준치 미달인 경우
• 리크저항치가 규정치보다 작다. • 접점 수고값이 규정치보다 크다. • 공기관이 누설, 폐쇄·변형된다. • 공기관의 길이가 너무 길다. • 공기관 접점의 접촉이 불량하다.	• 리크저항치가 규정치보다 크다. • 접점 수고값이 규정치보다 작다. • 공기관의 길이가 주입량에 비해 짧다.

④ 시험 시 주의사항
　가. 공기주입 시 공기가 외부로 누설되지 않도록 테스트펌프를 시험공에 밀착시킬 것
　나. 공기주입을 서서히 할 것(다이어프램 파손의 원인이 됨)
　다. 제조사가 제시(검출부에 표시)한 조건에 맞는 양의 공기량만큼만 주입할 것(과다한 공기주입은 다이어프램 파손의 원인이 됨)

2) 작동계속시험

① 목적 : 화재작동시험에 의해 감지기가 작동을 개시한 때부터 Leak Valve에 의해 공기가 누설되어 접점이 분리될 때까지의 시간을 측정하는 것으로 감지기의 접점이 형성된 후 일정시간 작동이 지속되는지 확인
② 방법
　가. 검출부의 절환레버를 PA 위치로 돌린다.
　나. 1)의 각 항과 같이 화재작동시험을 실시한 직후 작동순간부터 작동 정지까지의 시간을 측정한다(현장에서 수신기를 자동복구로 하고 지구경종 경보음을 청취하면서 초시계로 확인).
　다. 검출부에 지정된 시간을 비교하여 양부를 판별
③ 판정
　가. 검출부에 표시된 시간 범위 이내인지를 비교하여 양부를 판별한다.
　나. 지속시간이 다음의 경우 판정 여부

기준치 초과인 경우	기준치 미달인 경우
• 리크저항치가 규정치보다 크다. • 접점 수고값이 규정치보다 작다. • 공기관이 폐쇄·변형된다.	• 리크저항치가 규정치보다 작다. • 접점 수고값이 규정치보다 높다. • 공기관이 누설된다.

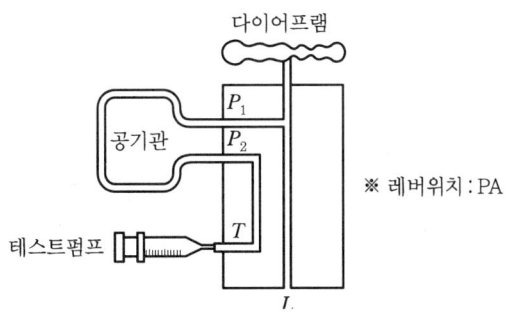

[화재작동시험 · 작동계속시험]

3) 유통시험

① 목적 : 공기관의 폐쇄, 누설, 변형 등 공기관의 유통상태 및 공기관 길이의 적정성 확인

② 방법

가. 공기관의 한쪽 끝(P_1)을 검출부에서 분리한 후 그곳에 Manometer를 접속시키고(다른 한쪽은 공기관에 접속되어 있는 상태), 시험공(T)에 테스트펌프를 접속시킨다.

  * Manometer : 내경 3mm의 유리관으로 된 일종의 압력계로 액체의 압력을 측정하는 장치이다.

나. 테스트펌프로 공기를 주입시켜 Manometer의 수위를 100mm로 유지시킨다 (이때 수위가 안정상태이면 정상, 수위가 감소하면 공기관이 누설되는 상태라고 판단).

다. 수위가 안정하면 절환레버를 PA 위치로 놓고 송기구를 개방(테스트펌프를 시험공에서 분리)하여 주입공기가 빠져나오게 한다. 이때 초시계를 이용하여 수위가 1/2(50mm)로 낮아지기까지의 시간을 측정한다.

③ 판정

가. 측정결과로 공기관의 길이를 산출하고 산출된 공기관의 길이가 그래프에 의해 산출된 허용범위 내에 있으면 정상

나. 측정시간이 설정시간보다 빠르면 공기관의 누설, 늦으면 공기관의 변형(또는 일부 막힌 상태)

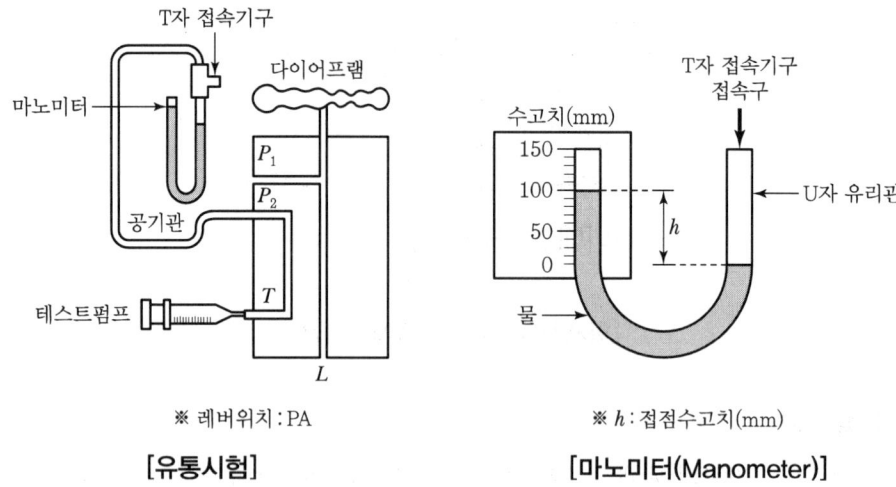

[유통시험]   [마노미터(Manometer)]

4) 접점수고시험(Diaphragm 시험)

① 목적 : 실보 및 비화재보의 원인을 파악하는 것으로 접점의 수고치가 낮으면 비화재보의 원인, 높으면 실보의 원인이 된다.

* 접점수고 : Diaphragm의 접점 간격을 수압으로 나타낸 것으로 단위는 mm이다.

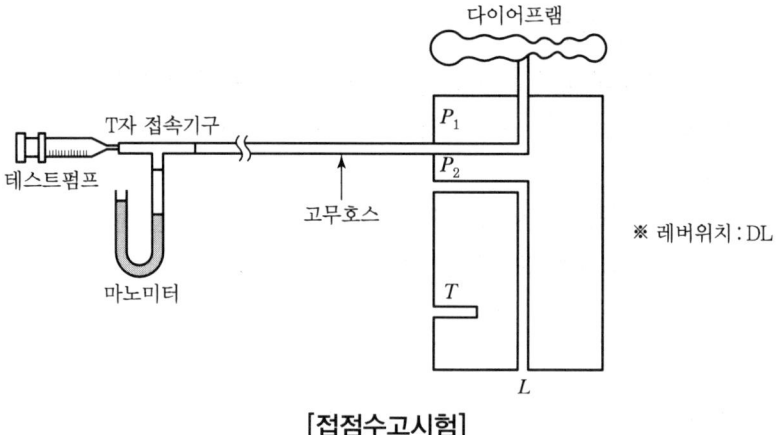

[접점수고시험]

② 방법

가. 공기관의 한쪽 끝(P_2)을 분리한 후 분리한 공기관 끝에 마노미터 및 테스트펌프를 접속한다.

나. 절환레버를 DL 위치로 조절하고 주사기로 미량의 공기를 서서히 주입한다(접점수고 위치 : 리크밸브를 차단하는 것으로 Leak 없이 실시).

다. 주입한 공기에 의해 감지기가 동작(지구경종이 경보)하면 공기주입을 즉각 중지하고 동작 시의 수고값을 측정하여 검출기에 명시된 값과 비교한다.

라. 접점수고값이 오차 허용범위(15%) 이내이면 정상으로 판단한다.

③ 판정 : 검출부에 지정된 수치 범위 이내이면 정상

5) 리크저항시험(Leak 시험) : 제조사가 실시

① 목적 : 리크밸브 저항 값의 적정 여부 확인

② 방법

가. 검출부의 공기관(P_2) 단자로부터 공기관의 한쪽 끝을 분리하고, 분리된 검출부의 P_2 단자에 테스트펌프를 접속한다.

나. 절환레버를 N 위치에서 DL 위치로 전환한다.

다. 테스트펌프로 공기를 서서히 주입하면서 리크공(L)에서의 공기누설 상태를 점검한다.

③ 판정

가. 리크공(L)의 누설 공기량이 많으면 리크저항이 작다(즉, 다이어프램(D)의 공기량이 적어 지연보의 원인이 된다).

나. 리크공(L)의 누설 공기량이 적으면 리크저항이 크다(즉, 다이어프램(D)의 공기량이 많아 비화재보의 원인이 된다).

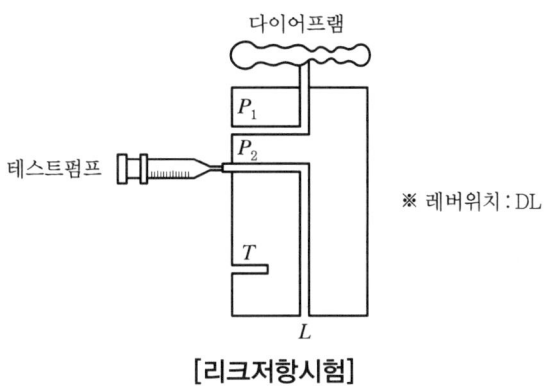

[리크저항시험]

3. 차동식 분포형 감지기 시험

 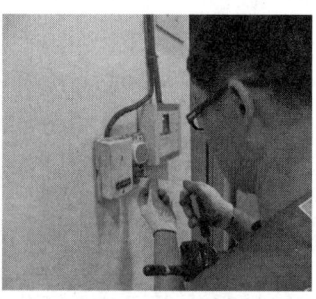 

차동식 분포형 감지기 검출부 내부 | 차동식 분포형 감지기 검출부에 공기주입 시험 | 공기주입시험기

CHAPTER 12 음량계

1. 용도
소음의 레벨을 측정하는 데 사용한다.

2. 사용방법
제조사 매뉴얼 참고

CHAPTER 13 누전계(누전전류 측정용)

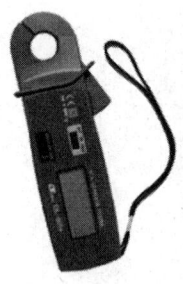

1. 용도
① 일반적으로 전기 선로의 누설전류 및 일반전류를 측정하는 데 사용한다.
② 누전경보기 변류기의 누설전류 및 일반전류를 측정하는 데 사용한다.

2. 사용방법

1) 누설전류 측정
① 전원 스위치를 "ON" 위치로 전환한다.
② 전류선택 스위치를 "200mA"로 전환한다.
③ 전선인입 집게를 손으로 눌러 전선을 변류기 내로 관통시킨다.
④ 표시창에 표시된 누설 전룻값을 읽는다.
⑤ 측정값을 고정하려면 전원 스위치를 "Hold(고정)" 위치로 전환한다.

2) 일반전류 측정
① 전원 스위치를 "ON" 위치로 전환한다.
② 전류선택 스위치를 가장 높게 예상되는 전류를 선택하여 전환(200A 또는 20A)한다.
③ 전선인입 집게를 손으로 눌러 전선을 변류기 내로 1선만 관통시킨다.
④ 표시창에 표시된 전룻값을 읽는다.
⑤ 측정값을 고정하려면 전원스위치를 "Hold(고정)" 위치로 전환한다.

3. 주의사항

① 최대한도 이내에서 전륫값을 측정할 것
② 600V 이상의 고압에는 사용하지 말 것
③ 보관 시 전원을 끄되, 장기보관 시 배터리를 분리하여 보관할 것

CHAPTER 14 무선기(통화시험용)

1. 용도
점검 시에는 점검원 간의 무선통신을 위해 사용하며, 화재 시에는 지상 또는 방재실에서 지하실에 있는 소방대와의 원활한 무선통신을 위해 사용한다.

2. 사용방법
① 무선기의 로드안테나를 돌려서 떼어낸다.
② 무선기 접속단자함의 문을 열고 접속 케이블의 커넥터를 무선기에 연결하고, 반대편의 커넥터는 무선기 접속단자에 연결한다.
③ 지하가의 무선기와 상호교신이 원활한지 확인한다.

CHAPTER 15 풍속풍압계

1. 용도
제연설비에서 풍속 및 풍압을 측정하는 점검장비이다.

2. 사용방법

1) 풍속 측정방법
① 선택스위치는 OFF에, 전환 스위치는 풍속(VEL : Velocity) 측에 놓는다.
② 검출부 코드 말단에 연결된 탐침 캡(Probe Cap)을 본체의 Probe 단자에 접속하고 탐침 캡의 고정나사를 오른쪽으로 돌려 고정한다.
③ 탐침봉 끝부분인 탐침부위에 Zero Cap을 씌우고 선택 스위치는 저속(LS : Low Switch)에 놓는다(이때 미터의 바늘이 서서히 0점으로 이동한다).
④ 바늘이 0에 근접하면 0점 조정 손잡이를 돌려 바늘이 0을 가리키도록 0점 조정을 한다.
⑤ 탐침봉의 탐침부위로부터 Zero Cap을 벗긴 후 풍속을 측정한다(검출부 ● 표시 부분이 바람과 직각방향이 되도록 하여 측정).

2) 풍압 측정방법
① 전환 스위치를 정압(SP : Static Pressure) 측으로, 선택 스위치는 저속(LS)의 위치로 돌려놓는다.
② 탐침부위에 Zero Cap을 씌우고 0점 조정을 한다.
③ Zero Cap을 벗기고 검출부의 끝부분을 정압 Cap에 완전히 꽂는다(검출부의 ● 표시와 정압 캡의 ● 표시가 일직선상에 오도록 한다).
④ 정압(풍압, Air) 캡의 고정나사를 돌려 고정한 후 풍압을 측정한다.

CHAPTER 16 폐쇄력 측정기

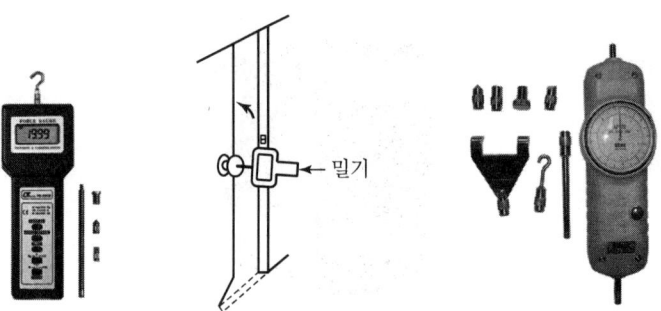

1. 점검 전 조치사항

① 제어반(수신반)에서 제연설비 연동 : 정지스위치를 정지로 놓는다.
② 제어반에서 음향장치 연동 : 정지스위치를 정지로 놓는다.
③ 승강기의 운행을 중단한다.
④ 계단실 및 부속실의 모든 층 출입문을 폐쇄상태로 둔다.

2. 사용방법

1) 제연설비 가동

① 화재감지기 또는 댐퍼의 수동조작 스위치를 동작시킨다.
② 제어반에서 연동 : 정지 스위치를 연동으로 놓는다.
→ 댐퍼 작동 후 급기팬이 동작하여 급기댐퍼로 바람이 나온다.

2) 측정

① 측정위치 : 각 층 모든 제연구역의 출입문(부속실과 옥내 사이)에서 측정
② 측정 : 출입문의 손잡이를 돌려 록을 풀고, 폐쇄력 측정기를 밀면서 문의 열림 각도가 5±1°일 때의 힘을 측정한다(출입문 개방 시 최대의 힘이 지시치에 표시된다).

3) 판정

제연설비가 작동되었을 경우 출입문의 개방에 필요한 힘이 110N 이하이면 정상

4) 제연설비 작동 시 부속실과 계단실 사이 출입문 확인사항

제연설비 작동 시 출입문을 개방하였을 때 바람의 힘을 극복하고, 자동으로 출입문이 닫히는지도 확인한다.

CHAPTER 17 차압계

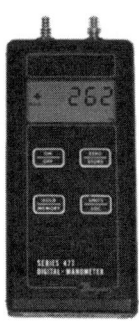 

1. 용도
제연구역과 비제연구역 간의 기압차를 측정하는 장비이다.

2. 측정방법

1) 차압계를 이용한 차압 측정
① 승강기의 운행을 중단하고, 모든 층 계단실의 출입문을 폐쇄한다.
② 차압계의 전원 스위치를 켠다.
③ 차압계의 영점 조정버튼을 길게 눌러 영점조정을 한다.
④ 차압계 윗부분의 (+)와 (-) 부분에 측정호스를 연결한다.
⑤ (-) 부분에 연결된 호스는 비가압공간에, (+) 부분에 연결된 호스는 가압공간에 위치하도록 한다.
⑥ 화재감지기 또는 댐퍼의 수동조작 스위치를 동작시킨다.
⑦ 댐퍼가 개방되고 급기 Fan이 동작되는지 확인한다.
⑧ 급기가 충분히 진행되면 차압계의 지시값을 읽어 적합 여부를 확인한다.
⑨ 수동조작함 또는 제어반의 복구스위치를 눌러 제연설비를 처음의 상태로 복구한다.

2) 차압표시계를 이용한 차압 측정
① 승강기의 운행을 중단하고, 모든 층 계단실의 출입문을 폐쇄한다.
② 화재감지기 또는 댐퍼의 수동조작 스위치를 동작시킨다.
③ 댐퍼가 개방되고 급기 Fan이 동작되면 급기상태를 확인한다.

④ 차압표시계의 지시값을 읽는다(동작 전에는 지시값이 항상 0임).
⑤ 수동조작함 또는 제어반의 복구 스위치를 눌러 제연설비를 처음 상태로 복구한다.

3. 판정

① 측정된 차압이 40Pa(스프링클러설비가 설치된 대상물은 12.5Pa) 이상이면 정상
② 인근 층의 출입문 개방 시 차압이 28Pa(스프링클러설비가 설치된 대상물은 8.75Pa) 이상이면 정상
③ 부속실의 기압을 계단실과 같게 하거나 계단실의 기압보다 낮게 할 경우에는 부속실과 계단실의 압력차이가 5Pa 이하이면 정상(계단실과 부속실을 동시에 제연하는 경우)

CHAPTER 18 조도계(최소눈금이 0.1lx 이하인 것)

1. **용도** : 유도등(피난구, 통로, 객석) 및 비상조명등의 조도를 측정하는 장비이다.

2. **사용방법**
   ① 광센서가 달린 마이크의 플러그를 본체의 마이크잭에 끼운다.
   ② 전원을 ON 상태로 하고 셀렉터 스위치를 적정한 범위의 조도값으로 돌린다(보통 10lx가 좋다).
   ③ 마이크를 다음과 같이 유도등 부근으로 이동시켜 조도를 측정한다.
      가. 통로유도등(벽부형) : 유도등 바로 밑으로부터 수평으로 0.5m 떨어진 곳에 마이크를 위치시킨다.
      나. 통로유도등(바닥매립형) : 유도등의 직상부 1m 지점에 마이크를 위치시킨다.
   ④ 일정시간(약 5초) 후 지침이 안정되었을 때 지시값을 읽는다.

3. **판정**
   ① 통로유도등 : 1lx 이상이면 정상
   ② 객석유도등 : 0.2lx 이상이면 정상
   ③ 비상조명등 : 1lx(터널의 차도, 보도의 바닥면인 경우는 10lx) 이상이면 정상

4. **주의사항**
   ① 빛의 강도를 모르면 최대치 범위부터 적용할 것
   ② 광센서 부분은 직사광선 등 과도한 광도에 노출되지 않도록 할 것
   ③ 측정 전 0점 조정 후 실시하며, 측정자의 피복반사 등에 주의할 것

PART 03

화재안전기술기준 및 점검방법

CHAPTER 01 소화기구 및 자동소화장치
CHAPTER 02 수계소화설비 공통
CHAPTER 03 옥내소화전설비
CHAPTER 04 스프링클러설비
CHAPTER 05 간이스프링클러설비
CHAPTER 06 화재조기진압용 스프링클러설비
CHAPTER 07 물분무소화설비
CHAPTER 08 미분무소화설비
CHAPTER 09 포소화설비
CHAPTER 10 가스계소화설비 공통
CHAPTER 11 분말소화설비
CHAPTER 12 고체에어로졸소화설비
CHAPTER 13 비상경보설비 및 단독경보형감지기
CHAPTER 14 비상방송설비
CHAPTER 15 자동화재탐지설비 및 시각경보장치
CHAPTER 16 자동화재속보설비
CHAPTER 17 누전경보기
CHAPTER 18 화재알림설비
CHAPTER 19 피난구조설비
CHAPTER 20 인명구조기구
CHAPTER 21 유도등 및 유도표지
CHAPTER 22 비상조명등
CHAPTER 23 상수도소화용수설비
CHAPTER 24 소화수조 및 저수조
CHAPTER 25 [거실]제연설비
CHAPTER 26 특별피난계단의 계단실 및 부속실 제연설비
CHAPTER 27 연결송수관설비
CHAPTER 28 연결살수설비
CHAPTER 29 비상콘센트설비
CHAPTER 30 무선통신보조설비
CHAPTER 31 지하구
CHAPTER 32 가스누설경보기
CHAPTER 33 소방시설용 비상전원수전설비
CHAPTER 34 도로터널
CHAPTER 35 고층건축물
CHAPTER 36 건설현장의 화재안전기술기준 (NFTC 606)
CHAPTER 37 공동주택의 화재안전기술기준 (NFTC 608)
CHAPTER 38 창고시설의 화재안전기술기준 (NFTC 609)
CHAPTER 39 전기저장시설

CHAPTER 01 소화기구 및 자동소화장치

01
대형소화기의 정의 및 대형소화기의 종별 소화약제 충전용량 기준을 쓰시오.

│해답│

1. 대형소화기의 정의
화재 시 사람이 운반할 수 있도록 운반대와 바퀴가 설치되어 있고 능력단위가 A급 10단위 이상, B급 20단위 이상인 소화기

2. 대형소화기의 소화약제 충전용량

종별	분말	할로겐화합물	이산화탄소	포	강화액	물
충전용량	20kg 이상	30kg 이상	50kg 이상	20L 이상	60L 이상	80L 이상

02
「위험물안전관리법 시행규칙」에서 기타 소화설비의 능력단위를 쓰시오.

│해답│

소화설비	용량	능력단위
소화전용 물통	8L	0.3
수조(소화전용 물통 3개 포함)	80L	1.5
수조(소화전용 물통 6개 포함)	190L	2.5
마른 모래(삽 1개 포함)	50L	0.5
팽창질석 또는 팽창진주암(삽 1개 포함)	160L	1.0

03

상업용 주방 자동소화장치에 대하여 답하시오.
1. 설치기준
2. 기능
3. 「소방시설 자체점검사항 등에 관한 고시」의 점검표에서 상업용 주방자동소화장치의 작동점검 시 점검할 점검항목에 대하여 쓰시오.

❙해답❙

1. 상업용 주방 자동소화장치의 설치기준
① 소화장치는 조리기구의 종류별로 성능인증을 받은 설계 매뉴얼에 적합하게 설치할 것
② 감지부는 성능인증을 받은 유효높이 및 위치에 설치할 것
③ 차단장치(전기 또는 가스)는 상시 확인 및 점검이 가능하도록 설치할 것
④ 후드에 설치되는 분사헤드는 후드의 가장 긴 변의 길이까지 방출될 수 있도록 소화약제의 방출 방향 및 거리를 고려하여 설치할 것
⑤ 덕트에 설치되는 분사헤드는 성능인증을 받은 길이 이내로 설치할 것

2. 상업용 주방 자동소화장치의 기능
① 가스누설 시 감지 및 자동 경보기능
② 가스누설 시 가스공급밸브의 자동 차단기능
③ 상업용 주방의 연소기 화재 시 감지 및 자동 경보기능
④ 상업용 주방의 연소기 화재 시 소화약제 자동 방사기능

3. 상업용 주방 자동소화장치의 작동점검 시 점검항목
① 소화약제의 지시압력 적정 및 외관의 이상 여부
② 후드 및 덕트의 감지부와 분사헤드의 설치상태 적정 여부
③ 수동기동장치의 설치상태 적정 여부

04

분말소화약제를 1종에서 4종으로 분류하여 주성분을 화학식으로 쓰시오.

해답

종별	주성분	색상	분해온도(℃)		화학 분해 반응식
제1종 분말	$NaHCO_3$	백색	1차 : 270		$2NaHCO_3 \rightarrow Na_2CO_3 + CO_2 + H_2O$
			2차 : 850		$2NaHCO_3 \rightarrow Na_2O + 2CO_2 + H_2O$
제2종 분말	$KHCO_3$	담회색	1차 : 190		$2KHCO_3 \rightarrow K_2CO_3 + H_2O + CO_2$
			2차 : 890		$2KHCO_3 \rightarrow K_2O + H_2O + 2CO_2$
제3종 분말	$NH_4H_2PO_4$	담홍색	1차 : 190		$NH_4H_2PO_4 \rightarrow NH_3 + H_3PO_4$
			2차 : 215		$2NH_4H_2PO_4 \rightarrow 2NH_3 + H_2O + H_4P_2O_7$
			3차 : 300		$NH_4H_2PO_4 \rightarrow NH_3 + H_2O + HPO_3$
제4종 분말	$KHCO_3 + (NH_2)_2CO$	회색	–		$2KHCO_3 + (NH_2)_2CO \rightarrow K_2CO_3 + 2NH_3 + 2CO_2$

CHAPTER 02 수계소화설비 공통

1. 계통도

   1) 부압식 계통도

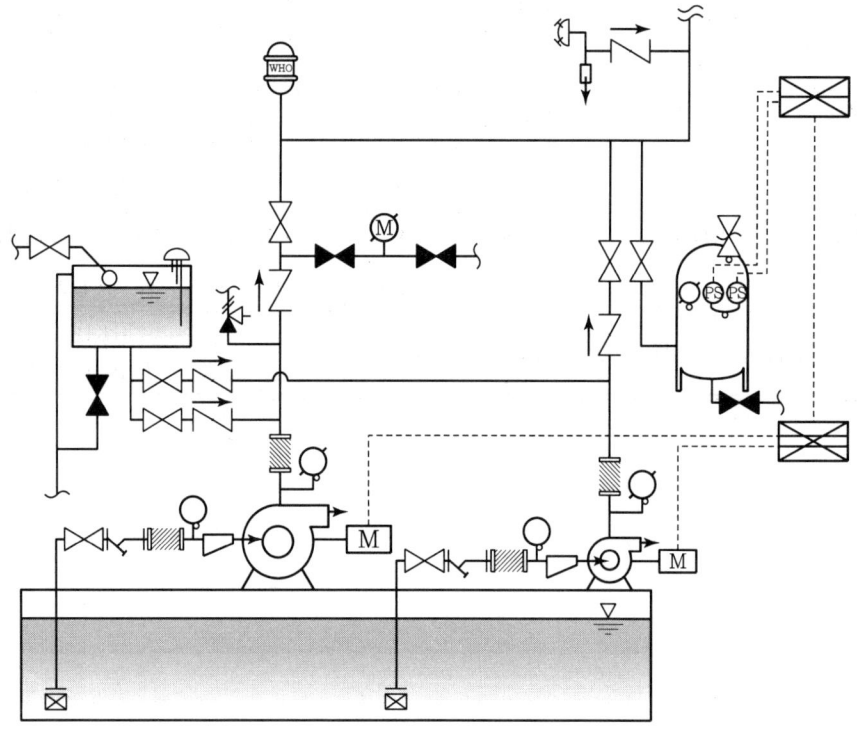

명칭	도시기호	명칭	도시기호
FOOT 밸브		체크밸브	
게이트밸브 (상시 개방)		게이트밸브 (상시 폐쇄)	
Y형 스트레이너		U형 스트레이너	
플렉시블조인트		릴리프밸브(일반) 관15회	
일반펌프		펌프모터(수평)	
펌프모터(수직)		고가수조 (물올림장치)	
압력계		연성계	
유량계		제어반	
압력스위치	PS	탬퍼스위치	TS
송수구		방수구	

2) 정압식 계통도

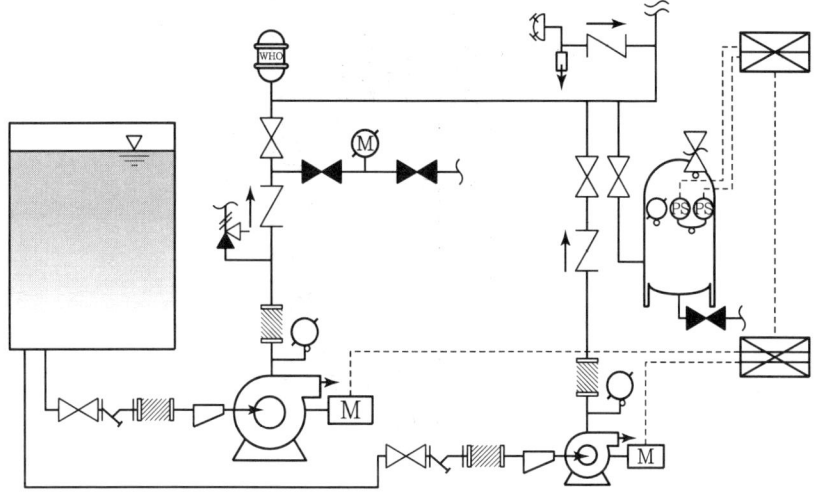

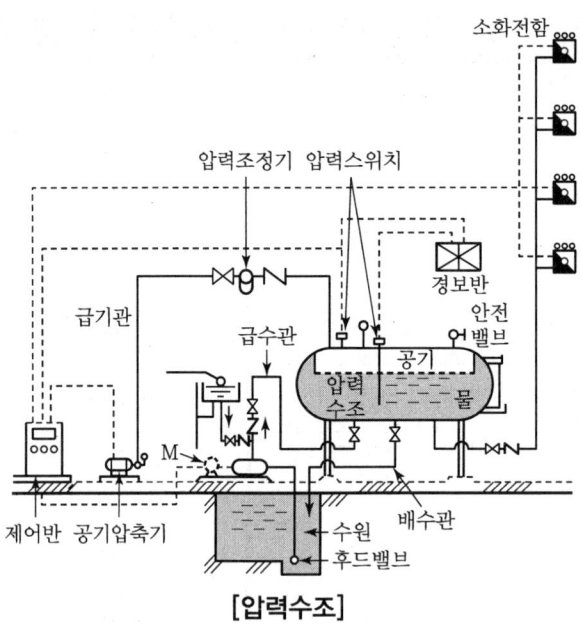

[압력수조]

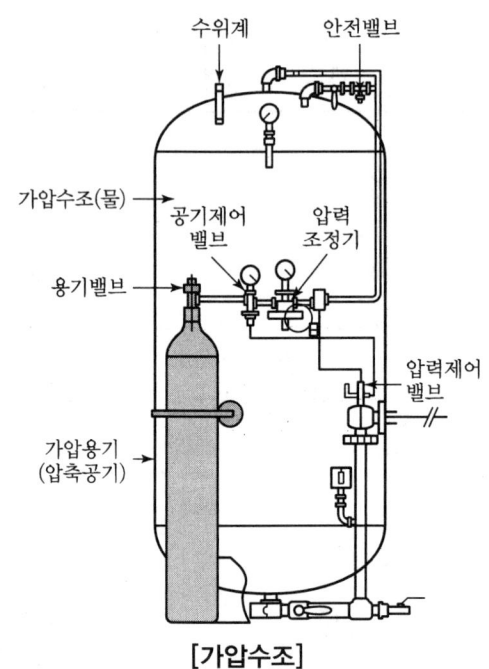

[가압수조]

2. 기계실 점검

1) 수조 설치기준

① 점검에 편리한 곳에 설치할 것
② 동결방지조치를 하거나 동결의 우려가 없는 장소에 설치할 것
③ 수조의 외측에 수위계를 설치할 것. 다만, 구조상 불가피한 경우에는 수조의 맨홀 등을 통하여 수조 안의 물의 양을 쉽게 확인할 수 있도록 해야 한다.
④ 수조의 상단이 바닥보다 높은 때에는 수조의 외측에 고정식 사다리를 설치할 것
⑤ 수조가 실내에 설치된 때에는 그 실내에 조명설비를 설치할 것
⑥ 수조의 밑 부분에는 청소용 배수밸브 또는 배수관을 설치할 것
⑦ 수조 외측의 보기 쉬운 곳에 "옥내소화전소화설비용 수조"라고 표시한 표지를 할 것. 이 경우 그 수조를 다른 설비와 겸용하는 때에는 그 겸용되는 설비의 이름을 표시한 표지를 함께 해야 한다.
⑧ 소화설비용 펌프의 흡수배관 또는 소화설비의 수직배관과 수조의 접속부분에는 "****설비용 배관"이라고 표시한 표지를 할 것. 다만, 수조와 가까운 장소에 소화설비용 펌프가 설치되고 해당 펌프에 표지를 설치한 때에는 그렇지 않다.

2) 수원 – 수원의 양(각 설비별 필요한 소화수량의 적정성 검토), 수질 등 점검

> **Check Point** 옥상수조 설치대상[옥내소화전 · 스프링클러 · 화재조기진압용 스프링클러 설비]
>
> 유효수량 외에 유효수량의 3분의 1 이상을 옥상에 설치해야 한다.
> 다만, 다음의 어느 하나에 해당하는 경우에는 그렇지 않다.
> ① 지하층만 있는 건축물
> ② 고가수조를 가압송수장치로 설치한 경우
> ③ 수원이 건축물의 최상층에 설치된 방수구보다 높은 위치에 설치된 경우
> ④ 건축물의 높이가 지표면으로부터 10m 이하인 경우
> ⑤ 주펌프와 동등 이상의 성능이 있는 별도의 펌프로서 내연기관의 기동과 연동하여 작동되거나 비상전원을 연결하여 설치한 경우
> ⑥ 학교 · 공장 · 창고시설(2.1.2에 따라 옥상수조를 설치한 대상은 제외한다)로서 동결의 우려가 있는 장소에 있어서는 기동스위치에 보호판을 부착하여 옥내소화전함 내에 설치할 수 있다.
> ⑦ 가압수조를 가압송수장치로 설치한 경우

3) 물올림 탱크 점검방법 – 수원의 수위가 펌프보다 낮은 부압식 설비에 설치
① 급수밸브 폐쇄
② 배수밸브 개방
③ 수위가 1/2 이상 저수위로 될 경우 수신기에서 부저등의 경보음 확인
④ 배수밸브 폐쇄
⑤ 급수밸브 개방

> **Check Point** 물올림장치 설치기준
>
> ① 물올림장치에는 전용의 수조를 설치할 것
> ② 수조의 유효수량은 100L 이상으로 하되, 구경 15mm 이상의 급수배관에 따라 해당 수조에 물이 계속 보급되도록 할 것

> **Check Point** 충압펌프 설치기준
>
> ① 펌프의 토출압력은 그 설비의 최고위 호스접결구의 자연압보다 적어도 0.2MPa이 더 크도록 하거나 가압송수장치의 정격토출압력과 같게 할 것
> ② 펌프의 정격토출량은 정상적인 누설량보다 적어서는 안 되며, 옥내소화전설비가 자동적으로 작동할 수 있도록 충분한 토출량을 유지할 것

4) 감시제어반 확인
보통 수신기에 포함되어 있는 경우가 대부분이며, 펌프의 운전 및 압력스위치 작동 유무, 탬퍼스위치 등의 신호를 감시하며, 펌프를 자동 또는 수동 제어한다.
① 평상시 : 펌프운전선택스위치 자동위치 여부 확인
② 정지 또는 수동일 경우 소화전 밸브 개방 시 미작동
③ 표시등의 소등 상태 확인
④ 펌프표시등 점등 : 소화펌프 미작동
⑤ 저수위감시표시등 점등 : 소화수 부족

5) 동력 제어반 점검방법
① 스위치 및 표시등 상태 확인
② 정상상태 : 차단기 ON, 펌프 운전 : AUTO
③ 표시등 : 녹색등 점등, 적색등 소등, 황색등 소등

6) 가압송수장치

소화전이 설치된 곳 어디에서든 유효하게 소화하는 데 필요한 방수압력을 만족시키기 위하여 건물에 공급되는 소화수의 압력을 높여 주고 소화수를 공급하기 위한 장치를 가압송수장치라고 한다. 가압송수장치는 가압송수방식에 따라 고가수조방식, 가압수조방식, 압력수조방식 및 펌프방식으로 구분하고, 펌프를 이용한 방식이 가장 일반적이다.

① 소화펌프의 종류

　가. 볼류트펌프 : 안내날개가 없으며 이로 인하여 임펠러가 직접 물을 케이싱으로 유도하는 펌프로서 고유량, 저양정 펌프의 특성을 가진다.

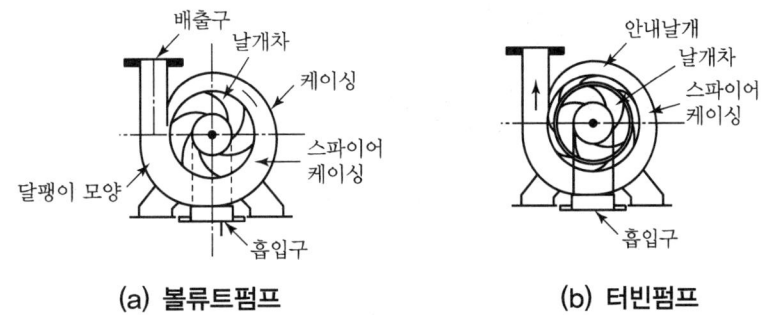

　　　　(a) 볼류트펌프　　　　　　　　(b) 터빈펌프

　나. 터빈펌프 : 안내날개가 있어서 임펠러 회전 시 물을 일정하게 유도하여 속도에너지를 효과적으로 압력에너지로 변환시킬 수 있다. 즉, 안내날개로 인하여 난류가 생기는 것을 감소시키므로 물의 압력이 증가한다. 따라서 터빈펌프는 저유량, 고양정 펌프의 특성을 가지며 고층건물에 많이 사용한다.

7) 성능시험배관

① 설치기준

　가. 성능시험배관은 펌프의 토출 측에 설치된 개폐밸브 이전에서 분기하여 직선으로 설치하고, 유량측정장치를 기준으로 전단 직관부에는 개폐밸브를 후단 직관부에는 유량조절밸브를 설치할 것. 이 경우 개폐밸브와 유량측정장치 사이의 직관부 거리 및 유량측정장치와 유량조절밸브 사이의 직관부 거리는 해당 유량측정장치 제조사의 설치사양에 따르고, 성능시험배관의 호칭지름은 유량측정장치의 호칭지름에 따른다.

　나. 유입구에는 개폐밸브를 둘 것

　다. 유량측정장치는 펌프의 정격토출량의 175% 이상까지 측정할 수 있는 성능이 있을 것

라. 가압송수장치의 체절운전 시 수온의 상승을 방지하기 위하여 체크밸브와 펌프 사이에서 분기한 구경 20mm 이상의 배관에 체절압력 미만에서 개방되는 릴리프밸브를 설치할 것

② 펌프성능시험

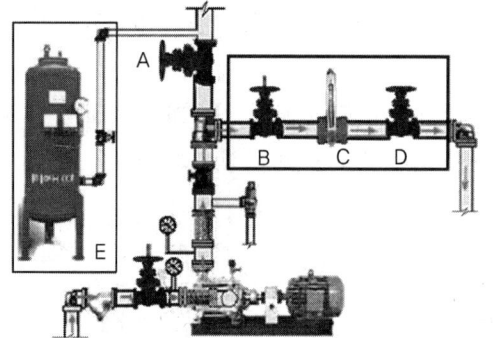

　　　E　 기동용 수압개폐장치(압력챔버)
　　BCD　성능시험배관
　　A : 주배관 개폐밸브
　　B : 성능시험배관 개폐밸브
　　C : 유량측정장치
　　D : 유량조절밸브

체절운전 시 정격토출압력의 140%를 초과하지 않고, 정격토출량의 150%로 운전 시 정격토출압력의 65% 이상이 되어야 한다.

③ 체절운전

　가. 주배관의 개폐밸브(A) 폐쇄
　나. 제어반에서 충압펌프 정지
　다. 성능시험배관의 유량조절밸브(D) 완전 폐쇄, 개폐밸브(B) 완전 개방
　라. 주펌프 작동
　　㉠ 작동 방법 1 : 제어반에서 수동 기동
　　㉡ 작동 방법 2 : 제어반의 자동 기동, 기동용 수압개폐장치 배수밸브(E) 개방
　　　　[펌프가 기동되면 배수밸브(E) 폐쇄]
　마. 성능시험배관의 유량조절밸브(D) 폐쇄 상태에서 펌프의 압력 측정

④ 정격부하 운전

　가.~라. 체절운전 동일
　마. 성능시험배관의 유량조절밸브(D)를 서서히 개방
　　　유량계와 압력계를 확인하면서 펌프성능 측정
　바. 펌프성능시험 곡선의 자료를 측정하여 펌프성능 곡선을 그린다.

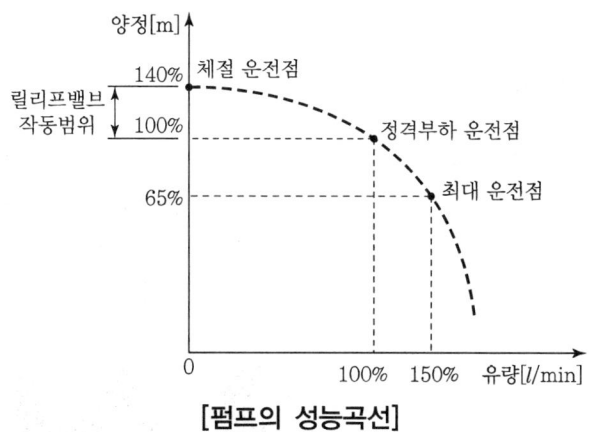

[펌프의 성능곡선]

> **Check Point** 펌프의 성능
>
> 펌프의 성능은 체절운전 시 정격토출압력의 140%를 초과하지 않고, 정격토출량의 150%로 운전 시 정격토출압력의 65% 이상이 되어야 한다.

     사. 측정 완료 후 복구한다.

⑤ 시험 종료 후 복구
    가. 주배관의 개폐밸브(A) 개방
    나. 성능시험배관의 개폐밸브(B) 폐쇄
    다. 제어반 충압펌프 자동 전환, 충압펌프 정지 시 주펌프 자동 전환

8) 압력챔버(기동용 수압개폐장치)

펌프의 기동방식에 따라 자동과 수동 기동방식으로 구분하며, 압력챔버 및 압력스위치를 이용하여 펌프를 기동하는 자동 기동방식이 일반적이다. 자동 기동방식은 배관 내 압력을 상시 감시하다가 배관 내 압력이 설정값 이하로 떨어지면 펌프를 자동으로 기동시키는 방식이다.

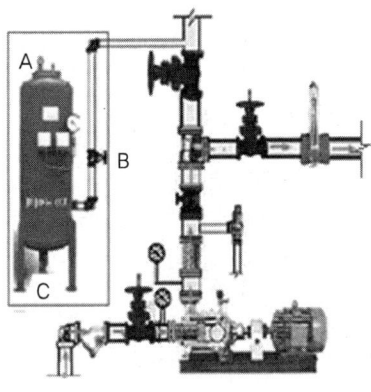

① 주펌프, 충압펌프 정지(동력제어반)
② 개폐밸브(B)의 밸브 폐쇄
③ 배수밸브(C) 개방
  - 원활한 배수를 위하여 안전밸브(A)의 상단 통기

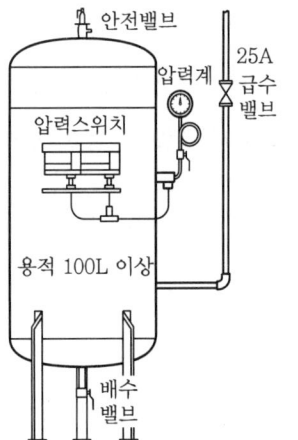

④ 배수밸브(C) 폐쇄
⑤ 개폐밸브(B) 개방
⑥ 주펌프 및 충압펌프 자동 전환
  (동력제어반, 수신반)

Check Point 압력스위치의 구조 및 압력설정 시 유의사항

① 압력스위치는 제어반과 연결되며, 압력의 상승과 저하를 감지하여 신호를 제어반에 보낸다. 압력스위치는 Range와 Dif가 있는데, Range는 펌프의 정지압력을 나타내고, Dif는 펌프의 정지압력과 기동압력의 차이를 의미한다.
② 충압펌프는 주펌프의 잦은 기동을 방지하기 위하여 주펌프보다 낮은 압력에서 기동 및 정지되도록 해야 한다. 따라서 압력설정 시에는 충압펌프가 먼저 기동하도록 설정하고, 나중에 주펌프가 기동되도록 하여야 한다.

9) 순환배관 점검

① 설치 목적 : 가압송수장치에는 체절운전 시 수온 상승 방지
② 설치 위치 : 체크밸브와 펌프 사이
③ 설치 기준 : 20mm 이상의 배관으로 설치, 개폐밸브 설치 금지
④ 체절압력 미만에서 개방되는 릴리프밸브 설치

Check Point — 안전밸브와 릴리프밸브의 특징

구분	안전밸브	릴리프밸브
유체종류	기체	액체
설치위치	압력챔버 상부	소방펌프의 체크밸브와 펌프 사이에서 분기한 구경 20mm 이상의 배관에 설치
작동압력	호칭압력×1.0~1.3에서 작동	펌프의 체절압력 미만
설정압력 조정 가능 여부	설정압력 조정 불가	설정압력 조정 가능
세팅장소	설정된 압력 이상에서만 작동하도록 조립 시 제조공장에서 고정시킨 것으로 현장에서 압력조정이 불가능한 밸브	설정된 압력 이하에서 작동하도록 현장에서 사용자가 작동압력에 맞게 조정하여 사용
작동원리	설정압력 초과 시 개방하여 설비 보호	스프링의 힘에 의해 밸브가 개폐되어 펌프 보호

10) 전동기

① 설치 환경 점검 : 재해 방지 환경, 동결 방지 조치 및 점검의 편의성
② 펌프의 용량 : 유량, 양정, 겸용 시 장애 발생

11) 동력제어반 점검

① 동력제어반의 차단기가 "ON" 위치에 있는지 확인
② 펌프운전 선택스위치가 자동(AUTO) 위치에 있는지 확인
③ 펌프정지표시등(녹색등)이 점등되어 있는지 확인
    가. 녹색등(OFF) 미점등 시 퓨즈 단선, 전구 단선, 열동계전기 정상 작동 여부 확인
    나. 황색등(OVER LOAD) 소등 상태로 유지되는지 확인
    다. 황색등 점등 시 내부의 열동계전기 또는 전자식 전류계전기가 동작한 경우(화재 발생 시 펌프 정상 작동 불능)

01 소화펌프에서 발생하는 공동현상의 개념 및 방지대책을 설명하시오.

| 해답 |

1. 공동현상의 개념
① 펌프 흡입구에서 관로 변화 등으로 배관 내 압력강하가 생겨 그 부분의 압력이 그 온도의 포화증기압보다 낮아지면 표면에 증기가 발생하여 액체와 분리되어 기포가 형성되는 현상
② 공동현상의 원인 : NPSHav < NPSHre

2. 공동현상의 방지대책
① NPSHre를 낮추는 방법
  가. 펌프의 위치를 수원보다 낮게 설치한다(정압식).
  나. 펌프의 흡입 측 마찰손실을 적게 한다.
  다. 펌프의 흡입관경을 크게 한다.
  라. 펌프의 임펠러 속도를 낮게 한다.
  마. 양흡입 펌프를 사용한다.
② NPSHav를 높이는 방법
  가. 펌프의 설치 높이를 낮춰 흡입양정을 최소화한다.
  나. 흡입배관의 손실수두를 최소화한다.
  다. 조도(C)값이 높은 배관을 사용한다.
  라. 수직샤프트 터빈펌프(입축펌프)를 사용한다.
  마. 수온을 낮춘다.

02
피토게이지를 이용하여 노즐선단에서 방수압을 측정하는 경우 측정위치와 방수압 측정방법, 규정 방수압 초과 시 문제점을 쓰시오.

┃해답┃

1. 측정위치
옥내소화전 방수 시 노즐선단으로부터 노즐구경의 1/2 떨어진 위치에서 측정

2. 측정방법
① 펌프로부터 가장 먼 옥내소화전을 개방하여 측정
② 노즐선단으로부터 수평되게 피토게이지를 위치시킴
③ 방사 시 전 기준층의 최대개수를 동시에 개방 후 실시

3. 규정 방수압 초과 시 문제점
① 반동력으로 인한 소화작업의 어려움
② 배관 내 압력상승에 따른 배관파손의 위험성

03
충압펌프가 3분마다 기동 및 정지를 반복한다. 그 원인으로 생각되는 사항을 쓰시오.

┃해답┃

① 각 층에 설치된 방수구의 누수
② 고가수조 및 저수조 체크밸브의 누수
③ 가압송수장치 상부의 스모렌스키체크밸브의 바이패스 개방
④ 기동용 수압개폐장치 상부의 안전밸브 누기
⑤ 주배관 등의 배관 부분에서의 누수

04
방수시험을 하였으나 펌프가 기동하지 않았다. 원인으로 생각되는 사항을 쓰시오.

l 해답 l
① 펌프의 고장
② 동력제어반의 전원 차단
③ 동력제어반의 조작스위치 정지
④ 동력제어반의 trip 상태
⑤ 감시제어반의 조작스위치 정지 또는 수동 위치
⑥ 기동용 수압개폐장치의 압력스위치 불량
⑦ 기동용 수압개폐장치의 압력스위치 결선불량
⑧ 기동용 수압개폐장치의 압력스위치 기동점 설정불량

05
소화펌프의 성능시험 측정 후 기준미달로 판단되었다. 그 예상되는 원인을 쓰시오.

l 해답 l
① 소화펌프의 회전방향이 반대인 경우
　→ 해결방안 : 전원의 3상 중 2상을 바꾸어 준다.
② 펌프 흡입 측 배관의 개폐밸브가 폐쇄 또는 완전 개방이 안 된 경우
③ 펌프 흡입 측의 여과장치(스트레이너)가 이물질로 막힌 경우
④ 펌프 내부에서 캐비테이션이 발생된 경우
⑤ 펌프의 토출 측 개폐밸브가 개방된 경우
⑥ 물올림장치의 체크밸브가 고장으로 역류하는 경우
⑦ 유량계의 고장 또는 성능시험배관의 시공이 불량인 경우

06

옥내소화전설비의 성능시험배관에 관한 다음 물음에 답하시오.
1. 펌프의 성능시험을 위한 준비단계에 해당하는 사항을 쓰시오.
2. 펌프의 성능시험을 통한 체절압력 확인방법을 쓰시오.
3. 펌프 토출 측에 설치되어 있는 릴리프밸브의 조정방법을 쓰시오.
4. 성능시험 시 유량계에 작은 기포가 통과할 경우 정확한 유량측정이 되지 않기 때문에 문제가 된다. 유량계 내부에서 기포가 통과하는 원인을 쓰시오.

▮해답▮

1. 펌프의 성능시험을 위한 준비단계에 해당하는 사항을 쓰시오.
① 감시제어반 또는 동력제어반(MCC)에서 주펌프의 운전스위치 정치 또는 수동위치
② 펌프 토출 측 주배관의 개폐밸브 잠금(폐쇄)
③ 릴리프밸브 상단의 캡을 열고, 스패너를 이용하여 릴리프밸브 조절볼트를 시계방향으로 돌려 작동압력을 최대로 높여 놓는다.

2. 펌프의 성능시험을 통한 체절압력 확인방법을 쓰시오.
① 동력제어반에서 해당 펌프의 수동 기동
② 펌프 토출 측 압력계의 압력이 급격히 상승하다가 정지할 때의 압력이 펌프가 낼 수 있는 최고의 압력(체절압력)이다.
③ 동력제어반에서 해당 펌프 정지

3. 펌프 토출 측에 설치되어 있는 릴리프밸브의 조정방법을 쓰시오.
① 릴리프밸브 상단부의 조절볼트를 이용하여 성능시험을 통한 체절압력 미만에서 작동될 수 있도록 조정한다.
② 릴리프밸브의 조정방법
　가. 조절볼트를 조이면(시계방향으로 돌림 : 스프링의 힘이 세짐) → 릴리프밸브 작동압력이 높아진다.
　나. 조절볼트를 풀면(반시계방향으로 돌림 : 스프링의 힘이 약해짐) → 릴리프밸브 작동압력이 낮아진다.

4. 성능시험 시 유량계에 작은 기포가 통과할 경우 정확한 유량측정이 되지 않기 때문에 문제가 된다. 유량계 내부에서 기포가 통과하는 원인을 쓰시오.
① 흡입배관의 이음부로 공기가 유입된 경우
② 펌프 내부의 임펠러에 의해 공동현상이 발생된 경우
③ 후드밸브와 수면 사이가 가까워 수면의 공기가 유입된 경우

※ 성능시험 작성 예
➤ 펌프사양

형식	직경	전양정	토출량	동력	비고
볼류트펌프	80mm	100m	260L/min	18kW	주펌프
볼류트펌프	80mm	100m	260L/min	18kW	예비펌프
입형펌프	40mm	100m	60L/min	3.7kW	충압펌프

➤ 펌프성능시험결과표

구분		체절운전	정격운전 (100%)	정격유량의 150% 운전	적정 여부	설정압력
토출량 (L/min)	주	0	260	390	1. 체절운전 시 토출압은 정격토출압의 140% 이하일 것(○) 2. 정격운전 시 토출량과 토출압이 규정치 이상일 것(○) 3. 정격토출량 150%에서 토출압이 정격토출압의 65% 이상일 것(○) (펌프 명판 및 설계치 참조)	① 주펌프 • 기동 : 0.8MPa • 정지 : 수동정지 ② 예비펌프 • 기동 : 0.7MPa • 정지 : 수동정지 ③ 충압펌프 • 기동 : 0.9MPa • 정지 : 1.0MPa
	예비	0	260	390		
토출압 (MPa)	주	1.4	1.0	0.65		
	예비	1.4	1.0	0.65		

※ 릴리프밸브 작동 압력 : 1.4MPa 미만

CHAPTER 03 옥내소화전설비

1. 소화전함(옥내 · 옥외소화전)

밸브의 조작 및 호스의 반출이 용이하도록 소화전함 주변에 장애물이 비치되지 않도록 하여야 하며, 방수구는 호스와 노즐을 연결시켜 유사시 사용하는 데 지체됨이 없어야 한다. 호스의 길이는 소방대상물의 각 부분에 물이 유효하게 뿌려질 수 있는 길이로 설치하여야 한다.

Check Point 옥내소화전함 설치기준

① 함은 소방청장이 정하여 고시한 「소화전함의 성능인증 및 제품검사의 기술기준」에 적합한 것으로 설치하되 밸브의 조작, 호스의 수납 및 문의 개방 등 옥내소화전의 사용에 장애가 없도록 설치할 것. 연결송수관의 방수구를 같이 설치하는 경우에도 또한 같다.
② ①에도 불구하고 옥내소화전 방수구까지의 수평거리가 25m를 초과하는 경우로서 기둥 또는 벽이 설치되지 않은 대형공간의 경우는 다음의 기준에 따라 설치할 수 있다.
1) 호스 및 관창은 방수구의 가장 가까운 장소의 벽 또는 기둥 등에 함을 설치하여 비치할 것
2) 방수구의 위치표지는 표시등 또는 축광도료 등으로 상시 확인이 가능토록 할 것

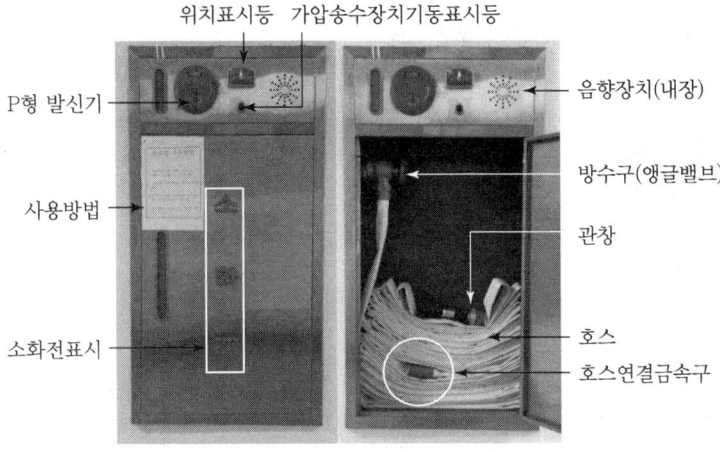

구분		내용
위치표시등	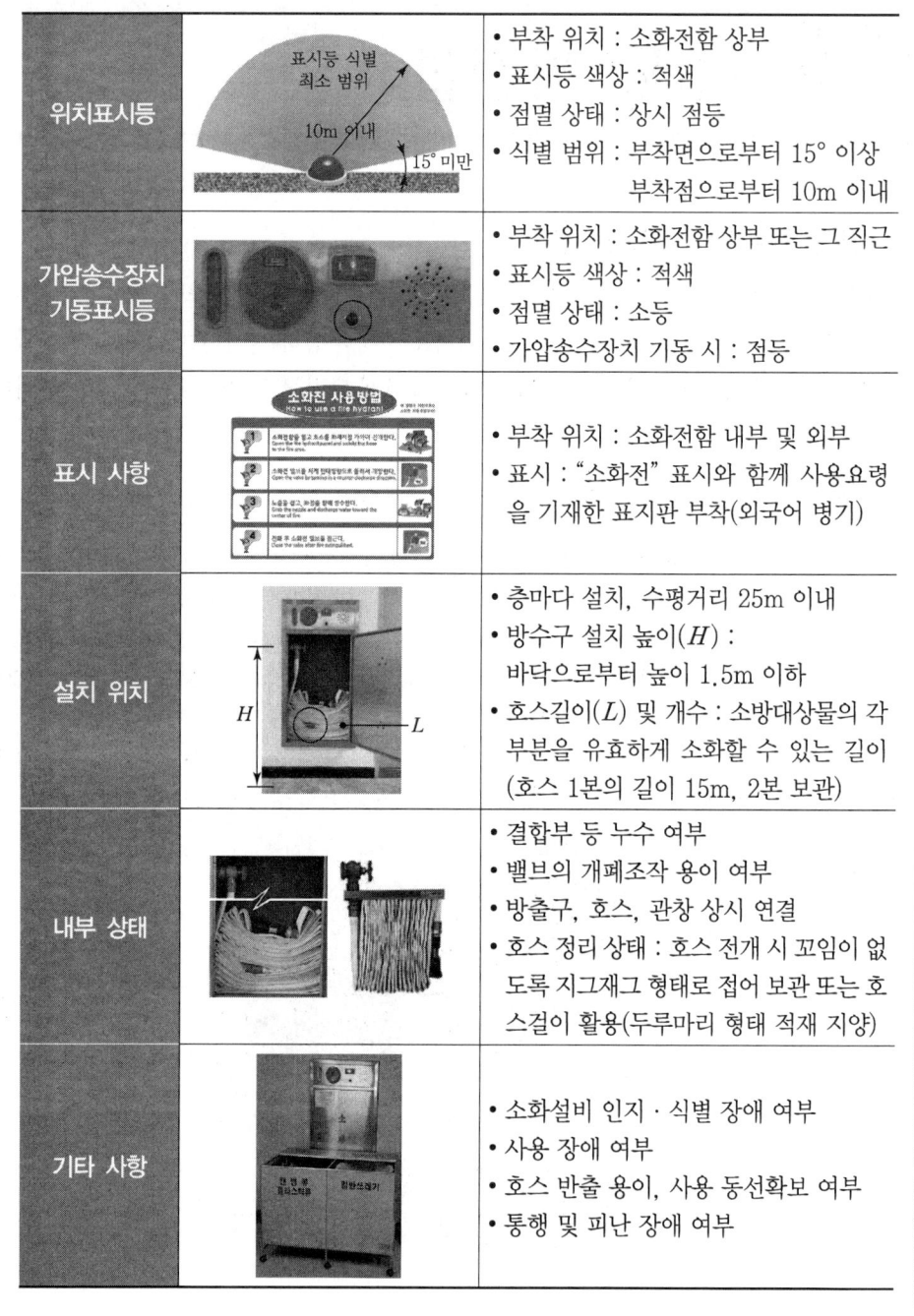	• 부착 위치 : 소화전함 상부 • 표시등 색상 : 적색 • 점멸 상태 : 상시 점등 • 식별 범위 : 부착면으로부터 15° 이상 부착점으로부터 10m 이내
가압송수장치 기동표시등		• 부착 위치 : 소화전함 상부 또는 그 직근 • 표시등 색상 : 적색 • 점멸 상태 : 소등 • 가압송수장치 기동 시 : 점등
표시 사항		• 부착 위치 : 소화전함 내부 및 외부 • 표시 : "소화전" 표시와 함께 사용요령을 기재한 표지판 부착(외국어 병기)
설치 위치		• 층마다 설치, 수평거리 25m 이내 • 방수구 설치 높이(H) : 바닥으로부터 높이 1.5m 이하 • 호스길이(L) 및 개수 : 소방대상물의 각 부분을 유효하게 소화할 수 있는 길이 (호스 1본의 길이 15m, 2본 보관)
내부 상태		• 결합부 등 누수 여부 • 밸브의 개폐조작 용이 여부 • 방출구, 호스, 관창 상시 연결 • 호스 정리 상태 : 호스 전개 시 꼬임이 없도록 지그재그 형태로 접어 보관 또는 호스걸이 활용(두루마리 형태 적재 지양)
기타 사항		• 소화설비 인지 · 식별 장애 여부 • 사용 장애 여부 • 호스 반출 용이, 사용 동선확보 여부 • 통행 및 피난 장애 여부

노즐구경의 1/2배 떨어진 위치에 노즐의 선단(수류의 중심축)과 피토게이지 입구 일치

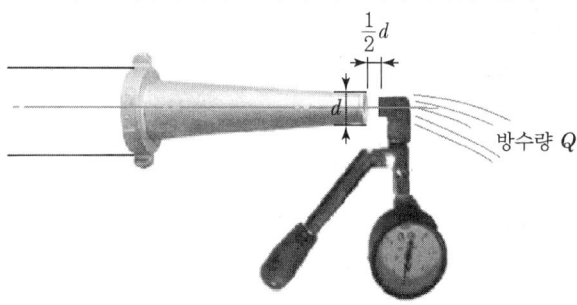

- 게이지 값 기록
- 노즐의 구경과 게이지 값으로 유량을 산출한다.
- 직사주수용 관창 : 방수압력측정기를 방수구에 직접 연결 후 측정
- 대기 중 방수 최소 10m 이상 방수거리 유지

※ 유량 산출 : $Q = 2.065 d^2 \sqrt{P}$
  여기서, Q : 방수량[lpm]
  　　　　d : 노즐구경(옥내소화전 : 13mm, 옥외소화전 : 19mm)
  　　　　P : 방사압력(피토게이지 눈금)[MPa]

01

옥내소화전설비에서 유효수량의 1/3 이상을 옥상수조에 설치하지 않아도 되는 경우를 쓰시오.

∥해답∥

① 지하층만 있는 건축물
② 고가수조를 가압송수장치로 설치한 옥내소화전설비
③ 가압수조를 가압송수장치로 설치한 옥내소화전설비
④ 수원이 건축물의 최상층에 설치된 방수구보다 높은 위치에 설치된 경우
⑤ 건축물의 높이가 지표면으로부터 10m 이하인 경우
⑥ 주펌프와 동등 이상의 성능이 있는 별도의 펌프로서 내연기관의 기동과 연동하여 작동되거나 비상전원을 연결하여 설치한 경우
⑦ 학교·공장·창고시설로서 동결의 우려가 있는 장소에 있어서는 기동스위치에 보호판을 부착하여 옥내소화전함 내에 설치한 경우

Check Point 옥내소화전의 수원

필요수원 : 방수량[lpm] × 방수시간[min] × N

구분	옥내소화전	옥외소화전
방수량	130[lpm]	350[lpm]
방수시간	• 29층 이하 : 130[lpm] × 20[min] × N • 30층~49층 : 130[lpm] × 40[min] × N • 50층 이상 : 130[lpm] × 60[min] × N	20[min]
N	옥내소화전 최대 설치층의 옥내소화전 개수(최대 2)	옥외소화전 설치개수(최대 2)

02

펌프를 운전하여 체절압력을 확인하고 릴리프밸브 개방압력을 조정하는 방법을 조건에 맞게 쓰시오.

〈조건〉
1. 릴리프밸브의 작동점은 체절압력의 90%로 산정한다.
2. 조정 전의 릴리프밸브는 세팅되어 있지 않은 경우로 체절압력에서 개방되지 않는다.
3. 주펌프 2차 측의 밸브 V_1은 폐쇄 후 조정한다.
4. 조정 전의 V_2, V_3은 잠겨 있는 상태로 가정한다.

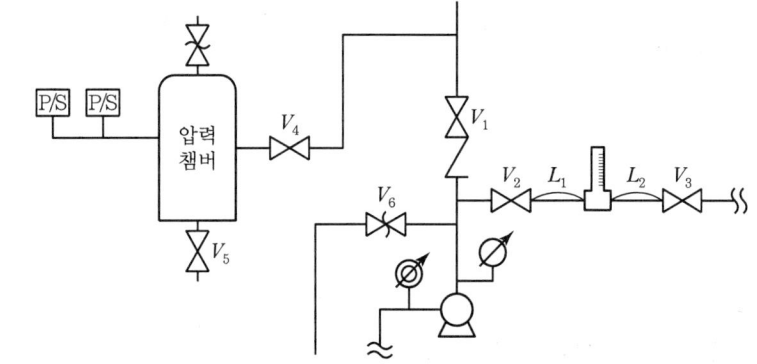

┃해답┃ 수동운전상태로 조정

① 동력제어반에서 주펌프, 충압펌프 수동정지
② 펌프 토출 측 개폐밸브 폐쇄
③ 릴리프밸브를 시계방향으로 최대한 잠금
④ 동력제어반에서 주펌프 기동
⑤ 릴리프밸브를 체절압력의 90%가 되도록 릴리프조절밸브 조정
⑥ 주펌프 정지 후 다시 한번 주펌프 기동
⑦ 압력계의 지시치 확인
⑧ 펌프 토출 측 개폐밸브 개방
⑨ 감시제어반 복구
⑩ 동력제어반에서 주펌프와 충압펌프 자동 전환

03
옥내소화전설비의 펌프설비에서 자연낙차압력을 확인하는 방법을 쓰시오.

┃해답┃
① 제어반에서 주펌프 및 충압펌프를 수동으로 전환하여 펌프 정지
② 챔버 배수밸브를 개방하여 배관의 압력 강하
③ 압력챔버에 부착된 압력계 지시치가 일정시간 경과 후 더 이상 내려가지 않을 때의 압력계 지시치가 자연낙차압력
④ 배수밸브 폐쇄 후 충압펌프만 자동으로 복구하여 충압펌프 기동 확인
⑤ 감시제어반의 압력스위치 복구 확인
⑥ 동력제어반에서 주펌프 자동 전환

04
옥내소화전설비의 송수구 설치기준을 쓰시오.

┃해답┃
① 소방차가 쉽게 접근할 수 있고 잘 보이는 장소에 설치하고, 화재층으로부터 지면으로 떨어지는 유리창 등이 송수 및 그 밖의 소화작업에 지장을 주지 않는 장소에 설치할 것
② 송수구로부터 옥내소화전설비의 주배관에 이르는 연결배관에는 개폐밸브를 설치하지 않을 것. 다만, 스프링클러설비·물분무소화설비·포소화설비 또는 연결송수관설비의 배관과 겸용하는 경우에는 그렇지 않다.
③ 지면으로부터 높이가 0.5m 이상 1m 이하의 위치에 설치할 것
④ 송수구는 구경 65mm의 쌍구형 또는 단구형으로 할 것
⑤ 송수구의 부근에는 자동배수밸브(또는 직경 5mm의 배수공) 및 체크밸브를 기준에 따라 설치할 것. 이 경우 자동배수밸브는 배관 안의 물이 잘 빠질 수 있는 위치에 설치하되, 배수로 인하여 다른 물건이나 장소에 피해를 주지 않아야 한다.
⑥ 송수구에는 이물질을 막기 위한 마개를 씌울 것

05

25층 규모 업무시설에 옥내소화전 및 스프링클러설비의 가압송수장치를 조건과 같이 겸용으로 설치할 경우 성능시험배관의 측정범위와 아래 조건에 맞는 유량계의 최소구경(A)을 계산하시오.

⟨조건⟩
1. 옥내소화전은 층당 5개가 설치되어 있으며 그 외 조건은 화재안전기준을 따른다.
2. 업무시설의 전양정 : 70m
3. 성능시험배관에 설치되는 유량계(Orifice Type)의 배관규격

규격	50A	65A	80A	100A	125A	150A
유량범위 (L/min)	220~1,100	450~2,200	700~3,300	900~4,500	1,200~6,000	2,000~10,000

▌해답 ▌

1. 가압송수장치의 정격토출량(L/min)

소화설비	설비별 정격토출량	정격토출량
옥내소화전	2개×130L/min=260L/min	2,660L/min
스프링클러설비	30개×80L/min=2,400L/min	

2. 유량계의 정격유량

① 유량계의 정격유량 : 2,660L/min
② 유량계의 최대유량 : 2,660L/min×1.75=4,655L/min
③ 유량계 측정범위 : 2,660~4,655L/min
④ 유량계의 구경 : 125A

해답 유량계의 선정 : 최소 유량계의 구경은 125A

CHAPTER 04 스프링클러설비

Check Point 물소화약제의 적응성

구분	적응성
스프링클러설비	넓은 장소에 대한 전체적 방호
물분무설비	설비에 대한 표면 방호
미분무설비	작은 부분에 대한 방호

1. 스프링클러 소화 성능

1) RTI(Response Time Index : 반응시간지수)

스프링클러헤드의 열에 대한 민감도, 즉 열감도를 의미하며 폐쇄형헤드 감열부의 개방에 필요한 열을 주위로부터 얼마나 빠른 시간에 흡수할 수 있는지 나타내는 헤드 작동시간에 따른 지수이다.

RTI(반응시간지수)의 개요

구분	특징
뜻	화재 시 열에 의한 헤드의 민감도 ※ RTI값이 작을수록 반응시간이 짧아짐
분류	• 조기반응형(Fast) : 50 이하 • 특수형(Special) : 50~80 • 표준형(Standard) : 80~350

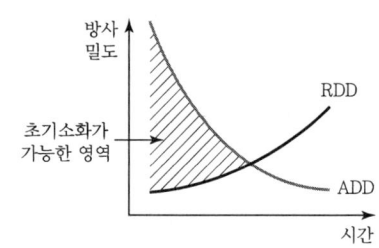

2) 전도 열전달계수(Conductivity : C)

값이 작을수록 전도 열손실량이 적어져 헤드가 빨리 작동한다.

3) RDD(Required Delivered Density : 필요방사밀도)

화재진압에 필요한 물의 양으로, 소방대상물의 화재하중(Fire Load) 및 화재심도(Fire Severity)에 관련된 사항이다. 소방대상물의 용도 및 화재하중에 따라 스프링클러설비에 필요한 토출량으로, 일정 크기의 화재를 진화하는 데 필요한 최소 물의 양을 가연물 상단의 표면적으로 나눈 값(lpm/m^2)이다.

4) ADD(Actual Delivered Density : 실제침투밀도)

화재진압에 실제로 이용되는 물의 양으로, 스프링클러설비에서 방사형태와 관련된 사항이다. 헤드로부터 방사된 물이 화면에 실제 도달한 양을 의미하며, 분사된 물 중에서 화염을 통과하여 연소 중인 가연물 상단에 도달한 양을 가연물 상단의 표면적으로 나눈 값(lpm/m^2)이다.

ADD를 결정하는 인자는 물방울의 크기, 헤드 개수, 방사압력, 구경(K값), 유량, 화재강도(상승 열기류), 살수분포, 헤드 사이 간격, 헤드 가연물 상단 간의 거리 등이다. 화재 시 초기에 진화될 조건은 ADD값이 RDD값보다 커야 한다.

2. 스프링클러설비의 종류 및 개요

구분	습식	건식	준비작동식	부압식	일제살수식
유수검지 장치의 종류	알람밸브 (습식밸브)	드라이밸브 (건식밸브)	프리액션밸브 (준비작동식 밸브)	준비작동식 밸브	일제개방밸브
1차 측	가압수	가압수	가압수	가압수	가압수
2차 측	가압수	압축공기	대기압	부압수	대기압
사용 헤드	폐쇄형	폐쇄형	폐쇄형	폐쇄형	개방형
감지기 유무	무	무	유	유	유

3. 스프링클러설비의 구조원리

※ 방호구역 적합기준

① 하나의 방호구역의 바닥면적은 3,000m²를 초과하지 않을 것. 다만, 폐쇄형 스프링클러설비에 격자형 배관방식(2 이상의 수평주행배관 사이를 가지배관으로 연결하는 방식)을 채택하는 때에는 3,700m² 범위 내에서 펌프용량, 배관의 구경 등을 수리학적으로 계산한 결과 헤드의 방수압 및 방수량이 방호구역 범위 내에서 소화목적을 달성하는 데 충분하도록 해야 한다.

② 하나의 방호구역에는 1개 이상의 유수검지장치를 설치하되, 화재 시 접근이 쉽고 점검하기 편리한 장소에 설치할 것

③ 하나의 방호구역은 2개 층에 미치지 않도록 할 것. 다만, 1개 층에 설치되는 스프링클러헤드의 수가 10개 이하인 경우와 복층형구조의 공동주택에는 3개 층 이내로 할 수 있다.

Check Point 탬퍼스위치

1. 자동식 소화설비의 개폐밸브 폐쇄상태를 감시제어반에서 쉽게 확인하기 위해 설치
2. 설치위치
   급수배관에 설치되어 급수를 차단할 수 있는 개폐밸브
   ① 소화수조로부터 펌프 흡입 측 배관에 설치한 개폐표시형 밸브(㉠)
   ② 주펌프의 흡입 측 배관에 설치한 개폐표시형 밸브(㉡)
   ③ 주펌프의 토출 측 배관에 설치한 개폐표시형 밸브(㉢)
   ④ 스프링클러설비의 송수구와 연결된 배관에 설치한 개폐표시형 밸브(㉣)
   ⑤ 유수검지장치 또는 일제개방밸브 1차 측 배관에 설치한 개폐표시형 밸브(㉤)
   ⑥ 준비작동식 유수검지장치 또는 일제개방밸브 2차 측 배관에 설치한 개폐표시형 밸브(㉥)
   ⑦ 스프링클러설비의 입상관과 옥상수조에 설치한 개폐표시형 밸브(㉦)
   ⑧ 충압펌프의 흡입 측 배관에 설치한 개폐표시형 밸브(㉧)
   ⑨ 충압펌프의 토출 측 배관에 설치한 개폐표시형 밸브(㉨)
3. 설치기준
   ① 급수개폐밸브가 잠길 경우 탬퍼스위치의 동작으로 인하여 감시제어반 또는 수신기에 표시되어야 하며 경보음을 발할 것
   ② 탬퍼스위치는 감시제어반 또는 수신기에서 동작의 유무 확인과 동작시험, 도통시험을 할 수 있을 것
   ③ 급수개폐밸브의 작동표시 스위치에 사용되는 전기배선은 내화전선 또는 내열전선으로 설치할 것

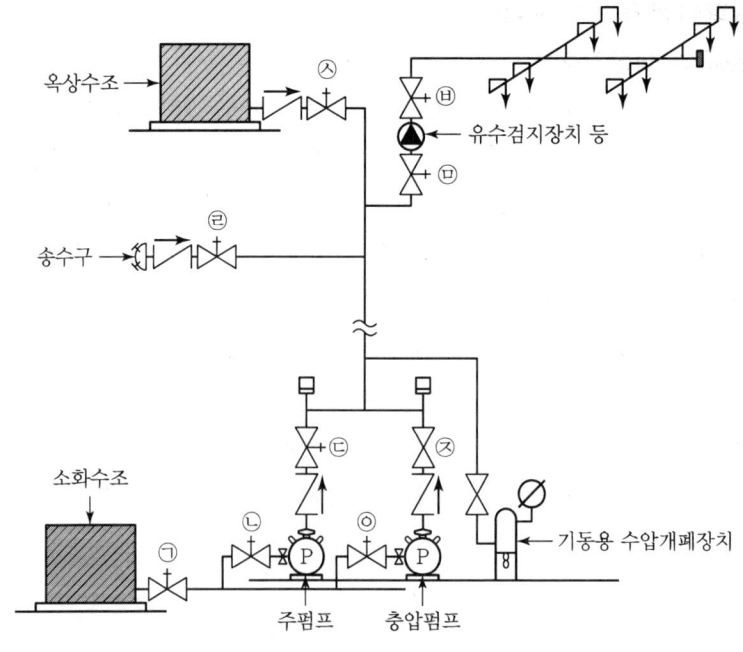

4. 스프링클러헤드

구분	특징
프레임(Frame)	헤드의 나사 부분과 디플렉터를 연결하는 이음쇠 부분
디플렉터 (Deflector)	헤드에서 유출되는 물을 세분하는 작용을 하는 부분
감열체	열에 의해 일정 온도에 도달하면 파괴 또는 용해되어 헤드로부터 이탈됨으로써 닫혀 있는 것을 열어 작동되도록 하는 부분. 주로 퓨즈블링크와 유리벌브(글라스벌브)가 많이 사용됨 [퓨즈블링크]　　　　　[유리벌브]

5. 유수검지장치 및 일제개방밸브

① 유수검지장치는 습식 유수검지장치(패들형 포함), 건식 유수검지장치, 준비작동식 유수검지장치가 있으며 본체 내의 유수현상을 자동적으로 검지하여 신호 또는 경보를 발하는 장치

② 일제개방밸브는 개방형 스프링클러헤드를 사용하는 일제살수식 스프링클러설비에 설치하는 밸브로서, 화재 발생 시 자동 또는 수동식 기동장치에 따라 밸브가 열리는 것

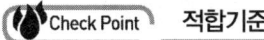 **Check Point** 적합기준

> ▶ 유수검지장치 적합기준
> ① 유수검지장치를 실내에 설치하거나 보호용 철망 등으로 구획하여 바닥으로부터 0.8m 이상 1.5m 이하의 위치에 설치하되, 그 실 등에는 가로 0.5m 이상 세로 1m 이상의 개구부로서 그 개구부에는 출입문을 설치하고 그 출입문 상단에 "유수검지장치실"이라고 표시한 표지를 설치할 것. 다만, 유수검지장치를 기계실(공조용기계실을 포함한다) 안에 설치하는 경우에는 별도의 실 또는 보호용 철망을 설치하지 않고 기계실 출입문 상단에 "유수검지장치실"이라고 표시한 표지를 설치할 수 있다.
> ② 스프링클러헤드에 공급되는 물은 유수검지장치를 지나도록 할 것. 다만, 송수구를 통하여 공급되는 물은 그렇지 않다.

③ 자연낙차에 따른 압력수가 흐르는 배관상에 설치된 유수검지장치는 화재 시 물의 흐름을 검지할 수 있는 최소한의 압력이 얻어질 수 있도록 수조의 하단으로부터 낙차를 두어 설치할 것
④ 조기반응형 스프링클러헤드를 설치하는 경우에는 습식유수검지장치를 설치할 것

▶ **개방형 스프링클러설비의 방수구역 및 일제개방밸브 적합기준**
① 하나의 방수구역은 2개 층에 미치지 아니할 것
② 방수구역마다 일제개방밸브를 설치할 것
③ 하나의 방수구역을 담당하는 헤드의 개수는 50개 이하로 할 것. 다만, 2개 이상의 방수구역으로 나눌 경우에는 하나의 방수구역을 담당하는 헤드의 개수는 25개 이상으로 할 것
④ 일제개방밸브의 설치위치는 일제개방밸브를 실내에 설치하거나 보호용 철망 등으로 구획하여 바닥으로부터 0.8m 이상 1.5m 이하의 위치에 설치하되, 그 실 등에는 가로 0.5m 이상 세로 1m 이상의 개구부로서 그 개구부에는 출입문을 설치하고 그 출입문 상단에 "일제개방밸브실"이라고 표시한 표지를 설치할 것

1) 습식 스프링클러설비의 알람밸브

알람밸브 2차 측 압력이 저하되어 클래퍼가 개방되며, 시트링 홀을 통한 경보방출용 압력스위치 연결배관으로 수압이 전달되고, 압력스위치의 지연장치(타이머 : 압력스위치에 내장)에 의해 설정시간 지연 후, 경보가 발생된다.

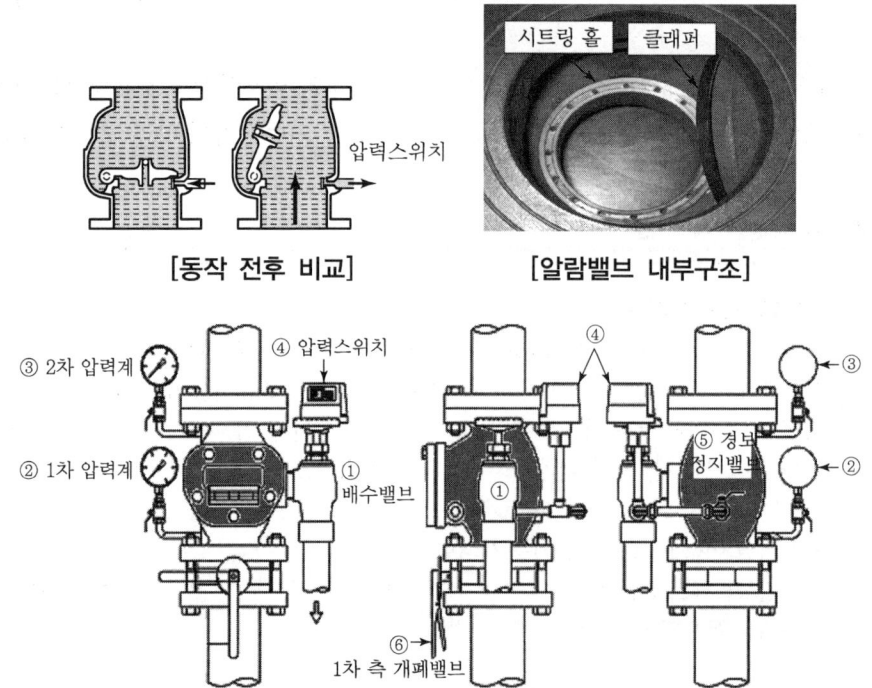

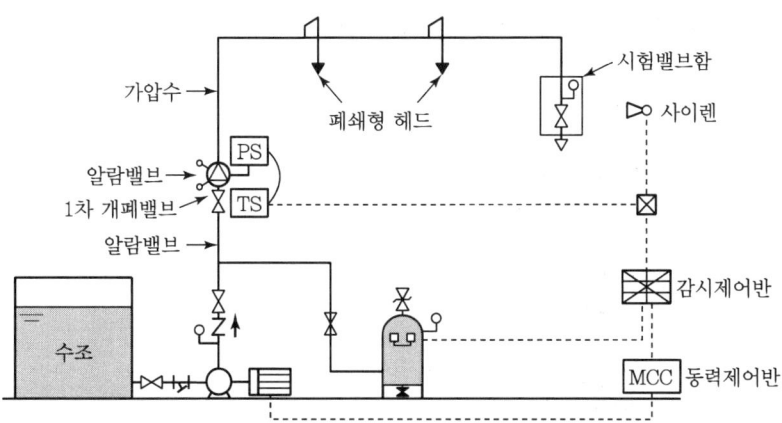

[습식 스프링클러설비 계통도]

(1) 습식 스프링클러소화설비 점검
   ① 연동되는 설비의 정지 : 감시제어반(수신반)
   ② 음향장치의 정지 : 감시제어반(수신반)
   ③ 1차 측 개폐밸브를 폐쇄하여 탬퍼스위치 작동 확인
   ④ 알람밸브 1, 2차 측 압력계의 균압 상태 확인

(2) 작동시험
   ① 알람밸브의 배수밸브 개방
   ② 알람밸브 2차 측 압력이 저하되어 클래퍼가 개방됨
   ③ 시트링 홀을 통한 압력스위치 동작
   ④ 압력스위치 작동으로 수신반에서 압력스위치 신호확인
      가. 전자식 : 압력스위치에 타이머를 추가하여 일정시간 지속 후 동작
      나. 기계식 : 리타딩 챔버 용량만큼 물을 채운 후 압력스위치 동작
   ⑤ 감시제어반의 화재표시등 및 지구표시등의 점등 확인
   ⑥ 사이렌 출력 여부(또는 지구경보) 확인
   ⑦ 압력저하로 소화펌프 자동 기동 확인

(3) 점검 후 복구방법
   ① 배수밸브를 폐쇄한다.
   ② 경보정지밸브를 폐쇄하면 경보가 정지된다.
   ③ 1, 2차 측 압력계의 균압 확인 후
   ④ 경보정지밸브를 개방하여 경보가 울리지 않으면 정상복구가 완료된 상태임
      압력스위치 연결배관에 연결된 경보정지밸브(폐쇄 → 개방) 개방

⑤ 감시제어반의 스위치를 정상상태로 복구한다.

```
┌─────────────┐
│  화재 발생   │
└──────┬──────┘
       │
┌──────▼──────┐
│ 스프링클러헤드 │
│    개방      │
└──────┬──────┘
       │
┌──────▼──────┐
│  헤드로 감압  │
│    (방수)    │
└──────┬──────┘
       │
┌──────▼──────┐
│  알람밸브    │
│ 클래퍼 개방  │
└──────┬──────┘
       │
┌──────▼──────┐        ┌──────┐      ┌──────────────┐
│  알람밸브    │        │  감시 │─────▶│ 화재표시등 점등 │
│ 압력스위치 동작│◀──────▶│ 제어반 │      └──────────────┘
└──────┬──────┘        │       │      ┌──────────────┐
       │               │       │─────▶│  알람밸브     │
┌──────▼──────┐        │       │      │ 동작표시등 점등 │
│ 배관 감압 발생 │        │       │      └──────────────┘
└──────┬──────┘        │       │      ┌──────────────┐
       │               │       │─────▶│  해당 구역    │
┌──────▼──────┐        │       │      │  음향장치 동작 │
│  압력챔버    │◀──────▶│       │      └──────────────┘
│ 압력스위치 동작│        │       │      ┌──────────────┐
└──────┬──────┘        │       │─────▶│ 제어반 음향장치 │
       │               │       │      │    작동       │
┌──────▼──────┐        │       │      └──────────────┘
│  동력제어반  │◀──────▶└───────┘
└──────┬──────┘
       │
┌──────▼──────┐
│   펌프기동   │
│(충압펌프, 주펌프)│
└──────┬──────┘
       │
┌──────▼──────┐
│  SP 헤드 방수 │
└──────┬──────┘
       │
┌──────▼──────┐
│    소화     │
└─────────────┘
```

동작흐름 표시
──── 전기적 흐름
━━━━ 소화수 흐름

[습식 스프링클러설비 동작 순서도(예시)]

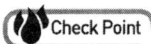 **알람밸브 2차 측 압력이 1차 측 압력보다 높게 되는 이유**

알람체크밸브 내의 클래퍼의 체크 기능으로 펌프의 기동·정지 시 순간적으로 상승한 압력은 2차 측으로 넘어가고 이후 체크기능으로 2차 측의 고압을 유지시켜 주기 때문이다.

2차 측 압력계
1차 측 압력계

1. **2차 측 과압의 위험성**
   평상시 배관 내 압력을 과압으로 유지하거나 펌프가 비이상적으로 장시간 기동될 경우 스프링클러설비의 2차 측 배관 내에는 과압이 걸리게 되고 배관과 헤드에 부담을 준다.

과압이 유지된 채 장시간이 경과하면 배관과 헤드에 피로현상이 누적되며, 펌프의 기동·정지 시 발생되는 수격에 의해 헤드가 개방될 수도 있다(실제 개방사례도 있음).

2. 대체방법
   ① 적정 압력 세팅(압력챔버의 압력스위치)
      배관 내 압력을 현장의 여건에 맞도록 조절한다.
   ② 알람밸브 2차 측 압력 배출
      주기적인 점검을 통하여 알람밸브 2차 측에 과압이 걸려 있을 경우에는 1차 측의 압력과 같거나 1차 측의 압력보다 약 $0.1 \sim 0.2$MPa($1 \sim 2$kg/cm^2) 정도 높게 되도록 배수밸브를 개방하는 방법 등으로 조절한다.

> **Check Point** 헤드 교체 작업 등으로 알람밸브 복구 시 세팅되지 않을 경우
>
> 경보정지밸브가 개방되어 있으면 세팅 시의 1차 측 압력으로 클래퍼가 개방되며 이때 시트링으로 가압수가 들어가고 이로 인하여 알람밸브, 알람스위치로 물의 퇴수가 계속된다. 그러므로 세팅작업을 할 경우에는 경보정지밸브를 폐쇄 후 충수하고 1차, 2차 압력계를 확인 후 동일압력이 되면 경보정지밸브를 정상상태로 복구한다.

2) 건식 스프링클러설비의 건식 밸브(드라이밸브)

① 정의 : 2차 측의 공기압으로 1차 측의 수압을 막는 방식
   가. 2차 측의 공기압이 직접 클래퍼에 작용되도록 하는 타입
   나. 클래퍼 위에 프라이밍워터를 채운 후 2차 측의 공기압으로 막는 방식

② 문제점 : 2차 측의 압축공기로 인해 헤드가 동작을 하여도 방사 시까지의 시간지연이 발생하며, 압축된 공기 중의 산소가 화재를 확대할 수 있고, 시간지연 등으로 초기화재가 확대될 수 있다. 이러한 건식설비의 구조적 문제로 인해 소화 실패의 우려가 있기에 긴급개방장치(Quick Opening Device) 등의 설비로 이를 보완하여야 한다(국내에는 주로 액셀러레이터를 설치하며 이그조스터는 사용사례가 적다).

> **Check Point** 저압 건식 밸브
>
> 공기압에 의한 일반적인 세팅방법을 취하지 않고, 1차 측 수압에 의해 사전 세팅한 후, 2차 측에 저압의 공기압을 채워 화재 감지 기능을 수행하며, 액추에이터를 공기압으로 별도 세팅하는 방식으로 2차 측에 저압의 공기를 충압하므로, 화재 시 작동(방출) 시간이 빠르며, 공기압의 유지관리가 편리하다.

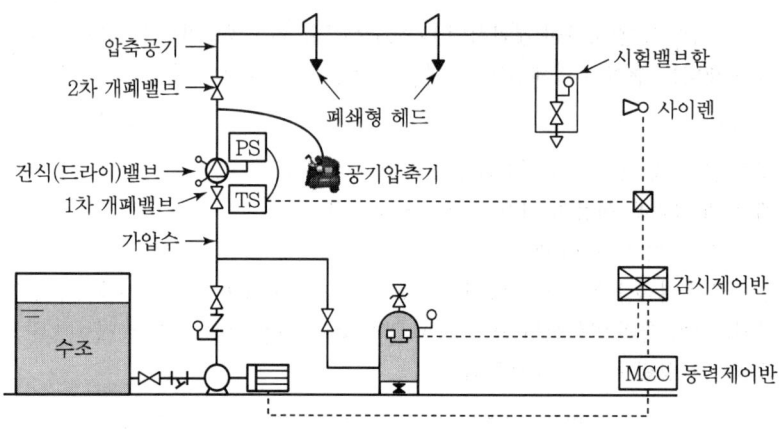

[건식 스프링클러설비 계통도]

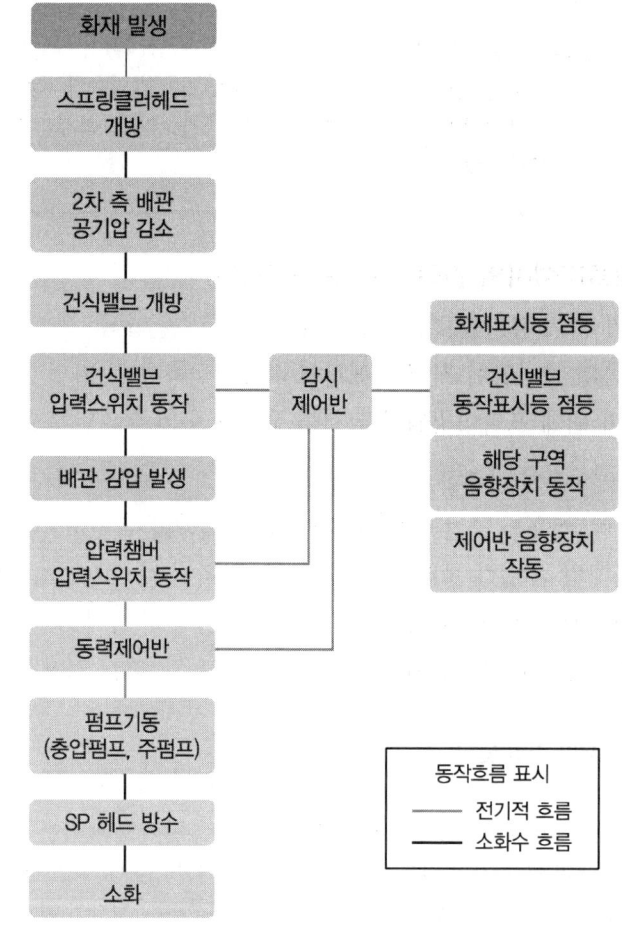

[건식 스프링클러설비 동작 순서도(예시)]

(1) 건식 스프링클러소화설비 점검
  ① 점검 전 안전조치
    가. 연동되는 설비의 정지 : 감시제어반(수신반)
    나. 음향장치의 정지 : 감시제어반(수신반)
    다. 2차 측 개폐밸브의 폐쇄
    라. 공기주입밸브 폐쇄
  ② 점검 및 확인
    가. 건식설비의 긴급개방장치(Quick Opening Device)

구분		내용
정의		2차 측 배관 내 압축공기로 인한 방수지연 방지를 위해 배관 내의 공기를 신속히 배기하여 건식밸브를 신속히 개방시키기 위한 장치
종류	액셀러레이터	• 중간챔버로 2차 측 압축공기를 불어 넣어 클래퍼를 가속시킴 • 트립시간 단축
	이그조스터	• 2차 측의 잔류 공기를 외부로 방출하는 장치 • 소화수 이송시간(Transit Time) 단축 • 국내에서는 미사용

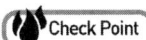 **액셀러레이터와 이그조스터**

① 액셀러레이터(Accelerator, 가속기) : 입구는 건식밸브의 2차 측 토출배관에, 출구는 건식밸브의 중간챔버에 연결하여 헤드 개방 시 건식밸브 2차 측의 공기압력이 설정압력보다 낮아졌을 때 액셀러레이터가 작동하여 2차 측의 압축공기를 건식밸브의 중간챔버로 보내 클래퍼가 신속히 개방되도록 한다.
건식밸브 2차 측의 개방으로 액셀러레이터 입구 측의 압력강하에 의해 액셀러레이터가 작동되며, 건식밸브 중간챔버에 공기압을 가하여 클래퍼를 밀어 올려주는 기능을 담당함으로써 건식밸브가 신속하게 개방되도록 한다.
② 이그조스터(Exhauster, 배출기) : 헤드 개방으로 2차 측의 공기압력이 설정압력보다 낮아졌을 때 이그조스터 내부에 설치된 챔버의 압력변화로 이그조스터 내부밸브가 열려 건식밸브 2차 측 공기를 대기 중으로 방출한다. 우리나라에서는 잘 사용하지 않는다.

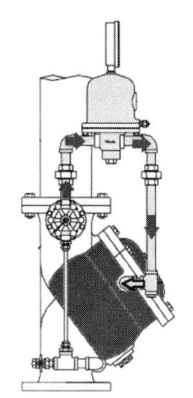

나. 테스트밸브 또는 프라이밍워터 수위조절밸브를 개방하여 건식밸브 동작
　㉠ 테스트밸브 개방(프라이밍워터 수위조절밸브 개방)
　㉡ 액셀러레이터 작동 : 테스트밸브 개방으로 2차 측 압력이 감소하고 액셀러레이터가 이를 감지하여 개방되어 중간챔퍼로 압축공기를 불어 넣어 클래퍼가 들어올려져 건식밸브 개방
　㉢ 테스트밸브 폐쇄
다. 동작 확인
　㉠ 감시제어반의 화재표시등 및 지구표시등의 점등 확인
　㉡ 경보발령 여부(주·지구경종 등 음향경보 확인)
　㉢ 펌프 자동 기동 확인
　㉣ 건식밸브의 정상적인 작동 여부 및 1·2차 측 압력계의 압력상태 검사
　㉤ 에어컴프레서의 기동 상태
　㉥ 공기압력계로 건식밸브 작동 압력 측정

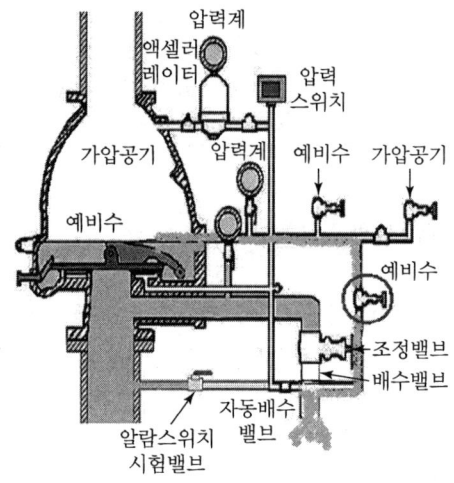

③ 점검 후 복구방법(제조사별로 약간의 차이가 있음)
　가. 1차 개폐밸브 폐쇄 및 배수밸브 개방 후 폐쇄(Over Flow된 물 배수)
　나. 압력스위치 복구
　다. 클래퍼 복구
　　㉠ PORV 복구밸브 개방으로 배수 후 폐쇄(2차 측에서 유입된 물 제거)
　　㉡ PORV 폐쇄
　　㉢ 클래퍼복구밸브 개방 후 폐쇄(가압된 다이어프램실의 압력을 제거하기 위하여 다이어프램실과 연결된 클래퍼복구밸브를 개방 후 폐쇄한다.)
　　㉣ 클래퍼가 밸브시트에 안착

라. 2차 개폐밸브 개방, 공기주입밸브를 개방하여 클래퍼 가압 세팅
마. 누수확인밸브로 클래퍼 시트 밀착상태 확인 → 클래퍼 최종 복구 상태(물 또는 공기 누설이 없으면 정상 세팅되었으며, 공기 누설에 의해 세팅이 불가할 때는 클래퍼 시트 이물질 제거 및 복구방법을 시행하여 공기 누설이 없도록 한다.)

3) 준비작동식 스프링클러설비의 준비작동식 밸브(프리액션밸브)

화재감지장치(감지용 스프링클러헤드 또는 화재감지기)의 작동 또는 수동 기동장치에 의해 개방되어 화재경보와 배관의 감압으로 가압펌프를 기동시켜 가압수를 공급하므로 헤드에 가압수를 공급한다. 파스칼 원리를 이용하여 밸브 1차 측 수압을 중간챔버에 가해 줌으로써 큰 힘을 발생시켜 클래퍼를 폐쇄하여 1차 측 가압수가 2차 측으로 유입되지 못하도록 한다. 화재가 발생하면 감지기 동작에 의해 솔레노이드밸브가 작동된다. 이로 인해 프리액션밸브가 개방되어 1차 측 가압수가 2차 측으로 유입된다. 이후 헤드가 열에 의해 개방되면 유입된 물이 방사된다.

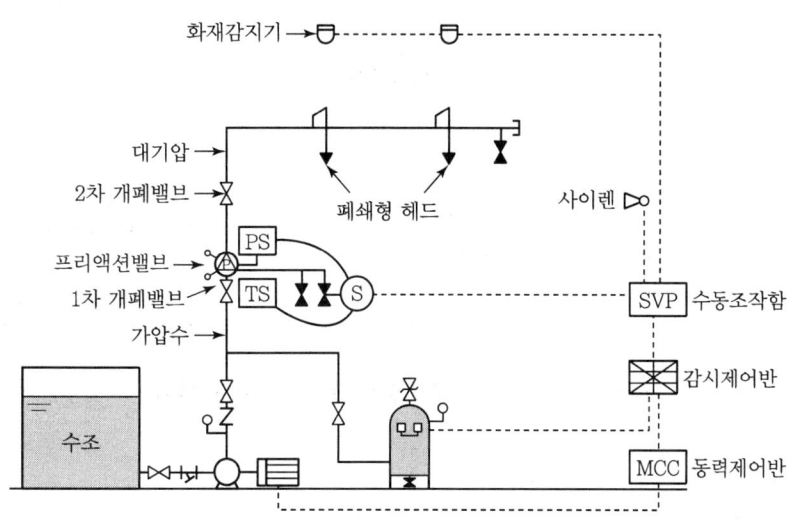

[준비작동식 스프링클러설비 계통도]

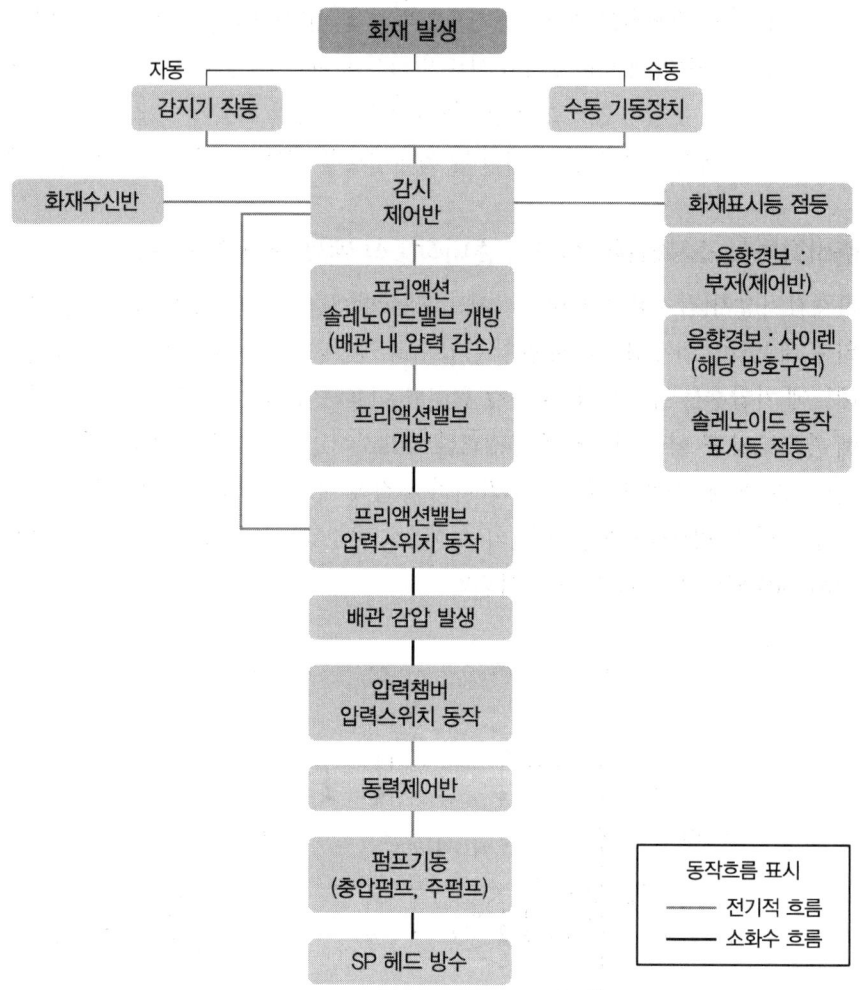

[준비작동식 스프링클러설비 동작 순서도(예시)]

(1) 준비작동식 스프링클러소화설비 점검
   ① 점검 전 안전조치
      가. 연동되는 설비의 정지 : 감시제어반(감시제어반)
      나. 음향장치의 정지 : 감시제어반(감시제어반)
      다. 2차 측 개폐밸브의 폐쇄
      라. 배수밸브(준비작동식 밸브 내) 개방
   ② 점검 및 확인
      가. 준비작동식 밸브 동작
         ㉠ 교차회로 감지기 동작 : 연동 전환 후 방호구역 내 교차회로 감지기 동작

ⓒ 수동조작함 작동 : 연동 전환 후 수동조작함의 기동스위치를 누름
ⓒ 준비작동식 밸브의 수동개방밸브 : 준비작동식 밸브의 수동개방밸브(긴급정지밸브)를 수동 개방
ⓔ 동작시험으로 교차회로 동작 : 제어반 동작시험스위치와 회로선택스위치로 동작시험 수행
- A회로 선택 후 동작시험스위치를 누름
- B회로 전환 후 연동상태
- 솔레노이드밸브 격발
ⓜ 제어반 수동조작 스위치 동작 : 솔레노이드밸브 선택스위치를 수동 위치로 전환 후 정지에서 기동위치로 전환하여 동작시킴

자동 복구형	수동 복구형	
제어반에서 복구 스위치를 눌렀을 때 자동 복구 ※ 계속하여 전기가 들어가야 개방이 유지됨	수동복구 버튼을 눌렀을 때 복구 ※ 전기가 끊어져도 개방상태가 유지됨	누름버튼을 누른 상태에서 시계방향으로 회전시켜 복구 ※ 전기가 끊어져도 개방상태가 유지됨

나. 동작 확인
　ⓐ 감시제어반의 화재표시등 및 지구표시등의 점등 확인
　ⓑ 경보발령 여부(주·지구 음향경보 확인)
　ⓒ 펌프 자동 기동 확인
③ 점검 후 복구 방법(제조사별로 약간의 차이가 있음)
　가. 1차 개폐밸브 폐쇄 및 배수밸브로 배수완료(Over Flow된 물 배수)
　나. 감시제어반 복구 및 확인(제어반의 감지기 표시등, 화재표시등, 밸브개방등 소등 및 사이렌 정지)
　다. 전자밸브의 복구
　라. 배수밸브 폐쇄
　마. 세팅밸브를 개방하여 중간챔버 세팅
　　중간챔버에 물이 공급되어 밸브 폐쇄 → 1차 측 압력계 가압 → 세팅밸브

바. 1차 측 : 개폐밸브 서서히 개방
   2차 측 : 압력계의 압력이 계속 "0"을 가리켜야 함
사. 이상이 없으면 2차 측 개폐밸브 개방 → 복구 완료

4) 부압밸브

부압밸브는 오작동 시 부압 스위치의 동작에 의해 개방되고 소화수를 흡입할 수 있도록 작동하며, 정상 상태에서는 배관 내의 압력이 설정압력으로 형성되면 폐쇄되어 부압이 유지될 수 있도록 하는 역할을 한다.

구분	역할	설치위치
부압(진공)밸브	2차 측 배관의 부압유지를 위한 개폐	스프링클러 2차 측 부압배관

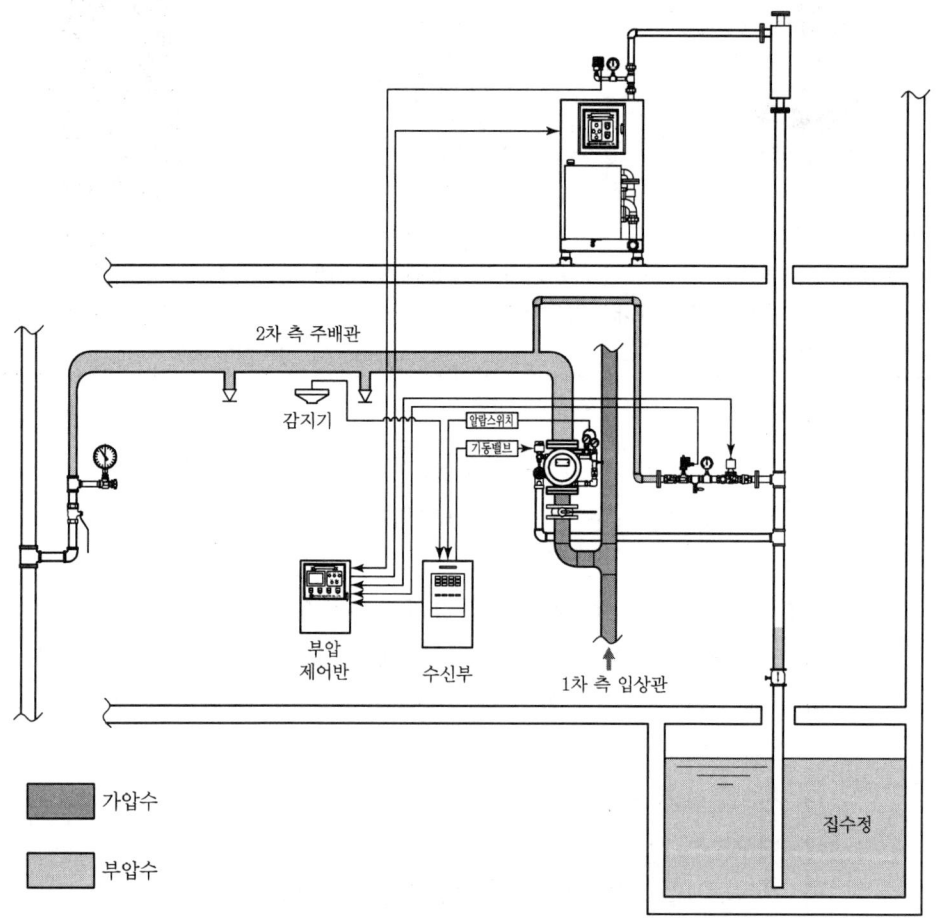

[부압식 스프링클러설비 계통도]

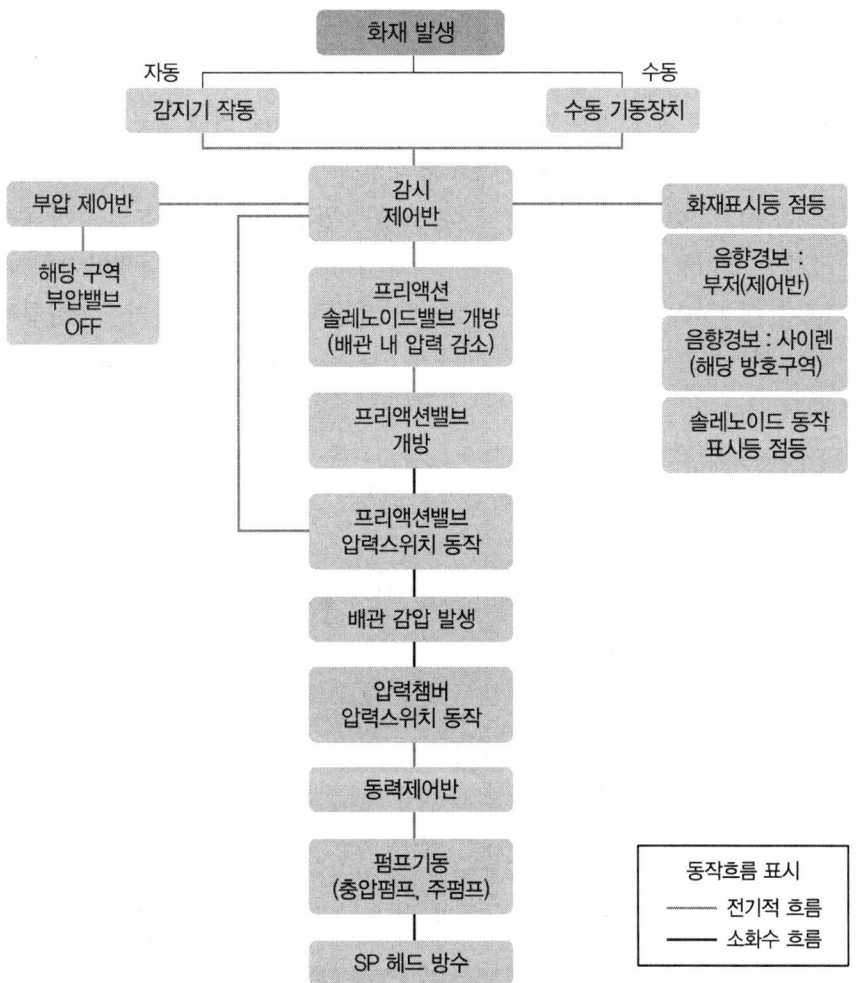

[부압식 스프링클러설비 동작 순서도(예시)]

5) 일제개방밸브

① 일제개방밸브는 스프링클러설비, 물분무소화설비 또는 포소화설비에 사용하는 밸브로서 화재 발생 시 자동 또는 수동식 기동 장치에 의해 밸브가 열린다.

② 일제개방밸브의 1차 측에는 가압수를 충수시키고, 2차 측에는 개방형 스프링클러헤드를 설치하여 대기압 상태로 둔다. 화재가 발생하면 교차회로로 구성된 감지기가 2개 이상 작동하여 전자밸브를 개방시켜 압력 제어부의 압력 균형이 깨어지고, 클래퍼를 개방하여 2차 측으로 유수를 발생시켜 알람스위치가 작동하여 음향경보를 발하게 된다. 방호구역 전역의 모든 개방형 헤드로 가압수를 일제히 방사시켜 화재를 진압한다.

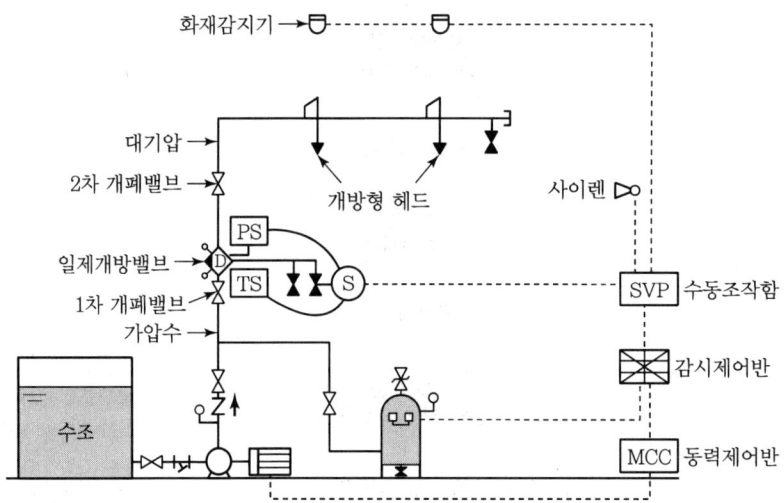

[일제살수식 스프링클러설비 계통도]

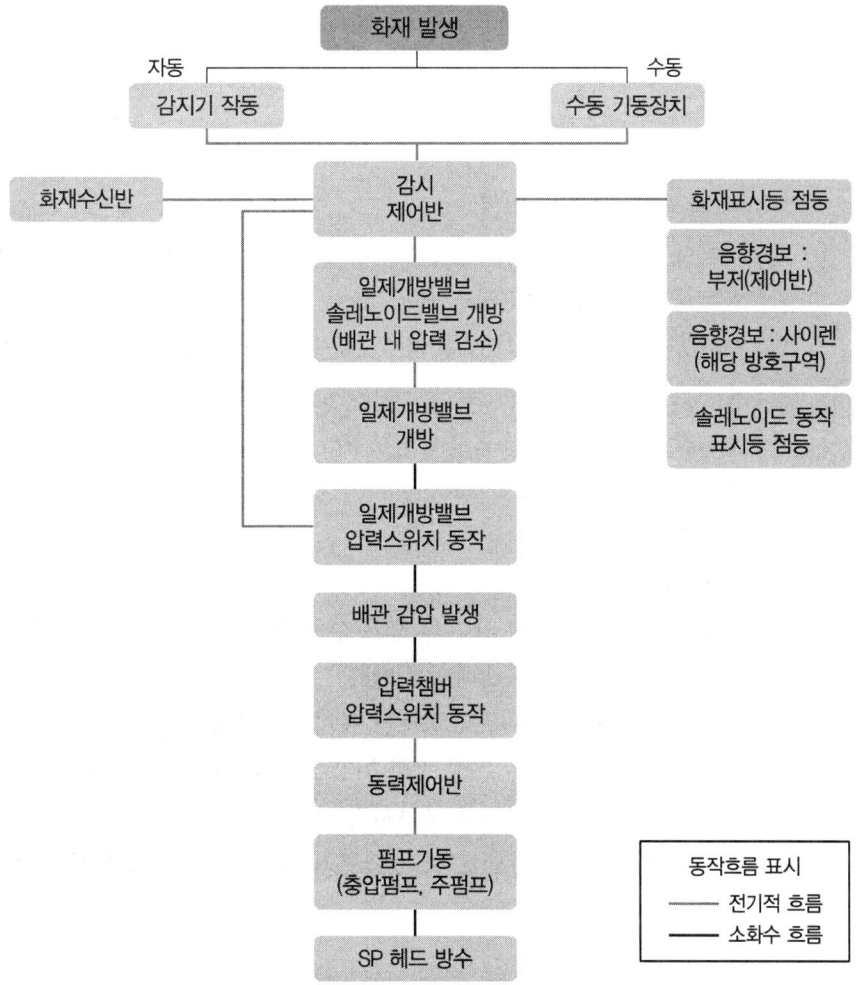

[일제살수식 스프링클러설비 동작 순서도(예시)]

(1) 밸브 점검
   ① 연동되는 설비의 정지 : 감시제어반(감시제어반)
   ② 음향장치의 정지 : 감시제어반(감시제어반)
   ③ 2차 측 개폐밸브의 폐쇄
   ④ 배수밸브 개방
(2) 점검 및 확인
   ① 일제개방밸브 개방
      가. 수동조작함 작동 : 수동조작함의 기동스위치를 누름
      나. 교차회로 감지기 동작 : 방호구역 내 교차회로 감지기 동작

다. 동작시험으로 교차회로 동작
　　　　　㉠ A회로 선택 후 동작시험스위치를 누름
　　　　　㉡ B회로 전환 후 연동상태
　　　　　㉢ 지연시간 경과 후
　　　　　㉣ 솔레노이드밸브 격발
　　　라. 제어반 수동조작 스위치 동작 : 해당 솔레노이드밸브 수동스위치 정지에서 기동위치로 전환하여 동작시킴
　　　마. 감시제어반의 화재표시등 및 지구표시등, 해당 구역 감지기 동작, 밸브 개방표시등 점등 확인
　　　바. 경보발령 여부(주·지구 음향경보 확인)
　　　사. 펌프 자동 기동 확인
(3) 점검 후 복구방법
　　① 펌프정지 및 감시제어반 복구
　　　가. 소화수(포수용액) 방출 확인 후 펌프 수동 정지(감시제어반 또는 동력제어반)
　　　나. 일제개방밸브 1차 측 개폐밸브 폐쇄
　　② 밸브복구 : 감시제어반 복구로 점등된 표시등을 소등시킴
　　③ 배수 : 개방된 배수밸브를 통해 소화수(포수용액) 완전배수시킴
　　④ 복구 : 개방된 일제개방밸브를 복구시킴
　　　　　　개방된 솔레노이드밸브 복구(수동기동밸브를 개방했을 경우 폐쇄)

01

스프링클러설비에 설치하는 시험장치에 관한 다음 물음에 답하시오.
1. 스프링클러설비의 시스템에서 시험장치의 설치대상을 쓰시오.
2. 스프링클러설비의 성능을 확인하기 위한 시험장치의 설치기준을 쓰시오.
3. 스프링클러설비의 시험장치 설치에 따라 확인할 수 있는 점검내용을 쓰시오.

▌해답▐

1. 스프링클러설비의 시스템에서 시험장치의 설치대상을 쓰시오.

습식 유수검지장치, 건식 유수검지장치, 부압식 스프링클러설비

2. 스프링클러설비의 성능을 확인하기 위한 시험장치의 설치기준을 쓰시오.

① 습식 스프링클러설비 및 부압식 스프링클러설비에 있어서는 유수검지장치 2차 측 배관에 연결하여 설치하고 건식 스프링클러설비인 경우 유수검지장치에서 가장 먼 거리에 위치한 가지배관의 끝으로부터 연결하여 설치할 것. 이 경우 유수검지장치 2차 측 설비의 내용적이 2,840L를 초과하는 건식 스프링클러설비는 시험장치 개폐밸브를 완전 개방 후 1분 이내에 물이 방사되어야 한다.

② 시험장치 배관의 구경은 25mm 이상으로 하고, 그 끝에 개폐밸브 및 개방형 헤드 또는 스프링클러헤드와 동등한 방수성능을 가진 오리피스를 설치할 것. 이 경우 개방형 헤드는 반사판 및 프레임을 제거한 오리피스만으로 설치할 수 있다.

③ 시험배관의 끝에는 물받이 통 및 배수관을 설치하여 시험 중 방사된 물이 바닥에 흘러 내리지 않도록 할 것. 다만, 목욕실·화장실 또는 그 밖의 곳으로서 배수처리가 쉬운 장소에 시험배관을 설치한 경우에는 그렇지 않다.

3. 스프링클러설비의 시험장치 설치에 따라 확인할 수 있는 점검내용을 쓰시오.

① 가압송수장치의 자동 작동 여부 및 작동 여부의 감시제어반 정상 작동 여부
② 기동용 수압개폐장치의 작동 여부 확인
③ 유수검지장치(압력스위치)의 정상 작동 여부
④ 감시제어반의 화재표시등 점등 및 음향경보 정상 작동 여부
⑤ 해당 방화구역의 음향경보장치(사이렌)의 작동 여부 확인

02
스프링클러설비에서 주차장에 설치하여야 하는 시스템의 종류와 설치조건 및 주차장에 설치할 수 없는 시스템을 설치할 수 있는 경우를 쓰시오.

┃해답┃

1. **주차장에 설치하여야 하는 스프링클러설비의 종류**
   건식 스프링클러설비, 준비작동식 스프링클러설비, 일제살수식 스프링클러설비

2. **설치조건**
   주차장이 벽 등으로 차단되어 있고 출입구가 자동으로 열리고 닫히는 구조인 것으로서 규정에 해당하는 경우

3. **주차장에 설치할 수 없는 스프링클러설비 시스템을 설치할 수 있는 경우**
   ① 동절기에 상시 난방이 되는 곳이거나 그 밖의 동결의 염려가 없는 곳
   ② 스프링클러설비의 동결을 방지할 수 있는 구조 또는 장치가 된 것

03
스프링클러설비에서 준비작동식 유수검지장치의 작동을 위한 화재감지회로로 교차회로방식을 사용하지 않아도 되는 경우를 쓰시오.

┃해답┃

1. 스프링클러설비의 배관 또는 헤드에 누설경보용 물 또는 압축공기가 채워지거나 부압식 스프링클러설비의 경우
2. 화재감지기를 다음의 감지기로 설치한 경우
   ① 불꽃감지기   ② 광전식 분리형 감지기
   ③ 아날로그방식의 감지기   ④ 다신호방식의 감지기
   ⑤ 정온식 감지선형 감지기   ⑥ 분포형 감지기
   ⑦ 축적방식의 감지기   ⑧ 복합형 감지기

04

준비작동식 밸브 등 일제개방밸브의 작동관계 및 클래퍼의 작동을 위한 인터록시스템(Interlock System) 3가지에 대하여 설명하시오.

▌해답▐

1. 준비작동식 스프링클러설비의 2단계
① 1단계 : A, B 교차회로에 따른 화재감지기 작동 또는 SVP 기동에 따른 솔레노이드밸브가 개방되어 가압수가 폐쇄형 헤드까지 송수되는 상태
② 2단계 : 폐쇄형 헤드의 감열 개방에 따른 가압수가 방사되어 소화

2. 인터록시스템(Interlock System)
① 싱글 인터록시스템(Single Interlock System)
  감지기 동작신호에 의해 배관 내 소화수가 유입되는 방식
② 논인터록시스템(None Interlock System)
  감지기 또는 스프링클러헤드의 동작신호에 의해 배관 내 소화수가 유입되는 방식
③ 더블 인터록시스템(Double Interlock System)
  감지기 및 스프링클러헤드의 동시 동작신호에 의해 배관 내 소화수가 유입되는 방식

05

건식 밸브에서 발생되는 물기둥현상(Water Columning)과 발생원인 및 건식 밸브 지연시간에 대하여 설명하시오.

┃해답┃

1. 건식 밸브의 Water Columning 현상
건식 밸브의 2차 측 내 수분의 응축수 또는 2차 측에 남아 있던 잔수에 의해 클래퍼 2차 측에 물기둥이 형성되어 건식 밸브의 트립시간 지연동작 또는 작동오류를 발생시킬 수 있는 현상

2. Water Columning 현상의 발생원인
① 2차 측 배관 내 압축공기의 응축수 누적
② 2차 측 배관 내 잔류한 소화수의 누적
③ 건식 밸브 사용장소에서 온도 차이에 의한 결로 발생

3. 건식 밸브의 지연시간
① 방수지연시간 : 건식 스프링클러 시스템은 특성상 배관 내부의 압축공기 방출 후 소화수가 방사되므로 방수지연시간이 발생할 수밖에 없다.
　　방수지연시간＝트립시간(클래퍼 개방시간)＋소화수 이송시간(헤드까지 이송시간)
② 트립시간(Trip Time) : 헤드의 개방으로 배관 내부의 압축공기가 빠져나가 힘의 균형이 깨어져 건식밸브의 클래퍼가 개방되기까지의 시간을 말하며, 1차 측 수압이 낮거나 2차 측의 공기 압력이 상대적으로 높거나 헤드의 구멍이 작을수록 오랜 시간이 걸린다.
③ 소화수 이송시간(Transit Time) : 개방된 클래퍼에 의해 소화수가 헤드까지 이송되기까지의 시간을 말하며 이송시간이 지연되는 경우는 트립시간과 동일하며 이송시간에 비하여 트립시간이 매우 길다.

06 스프링클러헤드의 K-factor에 대하여 설명하시오.

❚ 해답 ❚

1. K-factor의 정의
특정된 압력에서의 방사량(살수밀도) 및 물입자의 크기를 나타내는 수치

2. 표준형 헤드의 K-factor 80의 의미
① 방수압력에 따른 유량식

$$Q = 0.6597 \times CQ \times d^2 \times \sqrt{10P} = K\sqrt{10P}$$

여기서, Q : 유량(L/min) CQ : 유량계수
d : 내경(mm) K : K-factor
P : 방사압(MPa)

② 유량식에 따른 계산

$$K = 0.6597 \times CQ \times d^2$$

여기서, 유량계수 : 0.75
공칭구경 : 15mm
내경 : 12.7mm

③ K-factor 계산

$0.6597 \times 0.75 \times 12.7^2 ≒ 80$

Check Point 스프링클러설비헤드 표시사항

2005-72-XXXX-SSP-QR
① 2005 : 헤드 제조일자
② 72 : 표시온도(℃)
③ XXXX : 제조회사명
④ SSP : 하향형, SSU : 상향형
⑤ FS : 플러시형
⑥ QR : 조기반응형
⑦ K50 : 방수량
⑧ RE : 주거형(간이스프링클러헤드)
⑨ SR : 표준반응형

07
다음의 준비작동밸브 그림을 보고 답하시오.

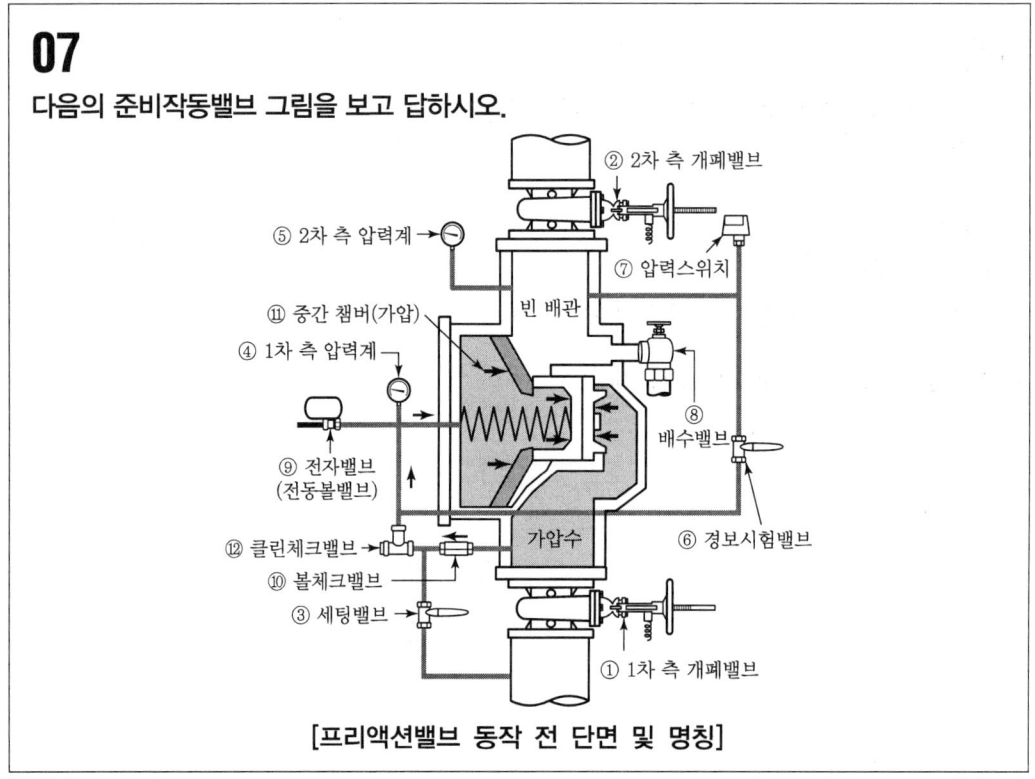

[프리액션밸브 동작 전 단면 및 명칭]

해답

1. 평상시 정상적인 작동을 위하여 개방되어야 하는 것과 폐쇄되어야 하는 것을 구분하시오. (단, 개방 또는 폐쇄로만 답하시오.)

구분	평상시
① 1차 측 개폐밸브	Ⓐ 개방
② 2차 측 개폐밸브	Ⓑ 개방
③ 세팅밸브	Ⓒ 폐쇄
⑥ 경보시험밸브	Ⓓ 폐쇄
⑧ 배수밸브	Ⓔ 폐쇄

2. 준비작동식 유수검지장치를 작동시키는 방법 4가지를 쓰시오.
   ① 해당 방호구역의 감지기 2개 회로 작동
   ② SVP(수동조작함)의 수동조작스위치 작동
   ③ 밸브 자체에 부착된 수동기동밸브 개방
   ④ 수신기 측의 준비작동식 유수검지장치 수동기동스위치 작동

3. **준비작동식 밸브의 화재감지기 작동에 의한 확인사항을 쓰시오.(단, 2차 측 밸브 폐쇄 및 수신기와 SVP의 밸브개방표시램프 확인함, 배수밸브를 개방한 상태이며 펌프설비는 안전을 위하여 충압펌프만 자동으로 하였다.)**

   (1) A OR B 감지기 작동 시
      ① 화재표시등, A감지기 or B감지기 지구표시등 점등
      ② 경종 또는 사이렌 경보

   (2) A AND B 감지기 작동 시
      ① 화재표시등, A감지기 AND B감지기 지구표시등 점등
      ② 경종 또는 사이렌 경보
      ③ 전자밸브(솔레노이브밸브) 작동
      ④ 준비작동식 밸브의 개방에 의해 배수밸브로 배수
      ⑤ SVP 밸브개방표시등 점등, 수신기의 해당 압력스위치 작동확인표시등 점등 확인
      ⑥ 사이렌 경보
      ⑦ 기동용 수압개폐장치의 압력스위치 표시등 및 부저 확인
      ⑧ 충압펌프 기동확인 및 충압펌프 기동확인표시등 및 음향 확인

4. **물음 3의 확인작업 후 원상복구방법을 쓰시오.**
   ① 1차 측 개폐밸브 폐쇄로 충압펌프 자동정지
   ② 제어반 복구하여 감지기 복구 확인
   ③ 전동볼밸브 복구
   ④ 배수밸브 폐쇄
   ⑤ 세팅밸브 개방으로 중간챔버에 급수
   ⑥ 1차 측 압력계가 상승하면 1차 측 개폐밸브 서서히 개방
   ⑦ 2차 측 압력계가 상승하지 않으면 정상 복구, 상승하면 배수부터 다시 실시
   ⑧ 세팅밸브 폐쇄
   ⑨ 2차 측 개폐밸브 서서히 개방
   ⑩ 충압펌프를 수동으로 정지한 경우 제어반을 자동으로 놓는다.

08
스프링클러설비에서 가압송수장치의 기동장치로 적용하는 기동용 수압개폐장치(압력챔버)의 내부공기를 교체하는 방법을 쓰시오.

┃해답┃
① 동력제어반(MCC)에서 주펌프, 충압펌프의 운전스위치를 정지시킨다.
② 압력챔버 입구 측 개폐밸브를 폐쇄한다.
③ 압력챔버의 배수밸브를 개방하고 압력계의 지시치가 0으로 되었을 때 압력챔버 상부의 안전밸브를 개방하면 물이 배수된다.
④ 압력챔버의 배수밸브를 통하여 물이 완전히 배수된 후, 배수밸브와 안전밸브를 폐쇄시킨다.
⑤ 압력챔버 입구 측 개폐밸브를 개방하여 기동용 수압개폐장치(압력챔버) 내에 물을 채운다.
⑥ 충압펌프를 자동으로 하면 기동용 수압개폐장치(압력챔버)가 가압되면서 일정압력에 도달하면 충압펌프가 정지된다.
⑦ 제어반에서 주펌프의 운전스위치의 위치를 자동으로 한다.

09
스프링클러소화설비의 화재안전기준에 따라 다음 각 물음에 답하시오.
1. 일반건식밸브와 저압건식밸브의 작동순서를 쓰시오.
2. 저압건식밸브 2차 측 설정압력이 낮은 경우의 장점 4가지를 쓰시오.
3. 건식 스프링클러헤드 설치장소의 최고온도가 39℃ 미만이고, 헤드를 향하여 하향식으로 할 경우 설치헤드의 표시온도와 헤드의 종류를 쓰시오.
4. 건식 스프링클러 2차 측 급속개방장치의 액셀러레이터, 이그조스터의 작동원리를 쓰시오.
5. 주펌프를 2대로 병렬운전할 경우 장점을 쓰시오.

｜해답｜

1. 일반건식밸브와 저압건식밸브의 작동순서를 쓰시오.

일반건식밸브	저압건식밸브
① 화재 발생 ② 폐쇄형 헤드의 감열 개방 ③ 2차 측의 배관 내 압력 감소 ④ 액셀러레이터 작동(2차 측 압축공기를 건식밸브의 중간챔버로 보내 클래퍼의 개방을 도움) ⑤ 클래퍼 개방 ⑥ 감열개방된 헤드 방수	① 화재 발생 ② 폐쇄형 헤드의 감열 개방 ③ 2차 측의 배관 내 압력 감소 ④ 액추에이터의 작동(중간챔버의 배수) ⑤ 클래퍼 개방 ⑥ 감열개방된 헤드 방수

2. 저압건식밸브 2차 측 설정압력이 낮은 경우의 장점 4가지를 쓰시오.

① 건식밸브 2차 측의 설정압력이 낮아 클래퍼의 개방시간이 단축된다.
② 일반건식밸브에 비해 방수시간이 짧아져 초기 화재진압에 적응성이 높다.
③ 2차 측 세팅압력이 낮아지므로 컴프레서의 용량이 작으며 정격전류가 작아진다.
④ 일반건식밸브에 비해 초기 세팅 등의 조작이 용이하다.

3. 건식 스프링클러헤드 설치장소의 최고온도가 39℃ 미만이고, 헤드를 향하여 하향식으로 할 경우 설치헤드의 표시온도와 헤드의 종류를 쓰시오.

① 표시온도(작동온도) : 79℃ 미만
② 헤드를 하향식으로 할 경우의 설치헤드 : 드라이펜던트 스프링클러헤드

4. 건식 스프링클러 2차 측 급속개방장치의 액셀러레이터, 이그조스터의 작동원리를 쓰시오.

액셀러레이터	건식밸브 2차 측 배관에 연결하고, 액셀러레이터의 출구는 중간챔버에 연결	① 내부에 차압챔버가 있고, 일정한 압력으로 세팅 ② 헤드가 개방되어 2차 측 공기압 저하 시 가속기가 작동 ③ 2차 측 압축공기 일부를 중간챔버로 보내 클래퍼를 신속히 개방
이그조스터	주배관의 말단에 설치	헤드가 개방되어 2차 측 공기압이 세팅압력보다 낮아졌을 때 공기배출기가 작동하여 2차 측 압축공기를 대기 중으로 신속하게 배출

5. 주펌프를 2대로 병렬운전할 경우 장점을 쓰시오.

① 펌프토출량의 분할에 따른 펌프의 기동부하 감소
② 펌프의 분할에 따른 1대 고장 시에 소화수 공급이 가능한 Fail Safe의 효과

> # 10
> 건식 스프링클러설비의 건식밸브 작동복구 시 초기주입수(Priming Water)의 주입목적에 대하여 설명하시오.

┃해답┃

1. 초기주입수의 정의
① 건식밸브 2차 측의 클래퍼 상부에 채워 두는 물이다.
② 건식밸브에서는 1차 측 배관에 가압수, 2차 측에는 압축공기를 채워 두고 있으며, 밸브의 클래퍼 상부에 초기주입수를 채워 둔다.

2. 초기주입수의 주입목적
① 클래퍼의 기밀성 확인
  클래퍼에 틈새가 생겨 누수가 발생하면 확인밸브에서 물방울이 떨어지게 되므로 기밀 확보 여부를 알 수 있다.
② 클래퍼 1·2차 측의 압력 균형 유지
  클래퍼에 수직으로 작용하는 공기압, 초기주입수의 무게, 넓은 2차 측 접촉면적 등으로 인해 2차 측의 낮은 공기압으로도 균형을 유지한다.

11

물류 창고에 대한 물음에 답하시오.

1. 창고높이가 지면으로부터 8m에서 15m 미만이었다. 설치할 수 있는 감지기의 종류를 모두 쓰시오.
2. 「자동화재탐지설비 및 시각경보장치의 화재안전기술기준」의 설치장소별 감지기의 적응성 표에서 설치장소별 적응성이 있는 감지기를 설치하여야 한다. 이때 "넓은 공간으로 천장이 높아 열 및 연기가 확산하는 장소"로서 체육관, 항공기 격납고, 높은 천장의 창고·공장, 관람석 상부 등 감지기 부착 높이가 8m 이상의 장소에 설치할 수 있는 감지기의 종류를 쓰시오.
3. 랙크식 창고의 높이에 따라 헤드를 추가로 설치하여야 한다. 랙크 높이별 헤드 설치기준을 쓰시오.
4. 창고에 개방형 스프링클러설비를 설치하려 한다. 방수구역 및 일제개방밸브 적합기준을 쓰시오.
5. 「소방시설 자체점검사항 등에 관한 고시」의 스프링클러소화설비의 "개방형 스프링클러설비 방수구역 및 일제개방밸브"의 종합점검 점검항목을 쓰시오.
6. 준비작동식 유수검지장치 또는 일제개방밸브의 설치기준을 쓰시오.
7. 「소방시설 자체점검사항 등에 관한 고시」의 스프링클러소화설비의 음향장치 및 기동장치의 항목 중 공통과 "준비작동식 유수검지장치 또는 일제개방밸브 작동" 종합점검의 점검항목을 쓰시오.

해답

1. 지면으로부터 8m에서 15m 미만에 설치할 수 있는 감지기
① 차동식 분포형
② 이온화식 1종 또는 2종
③ 광전식(스포트형, 분리형, 공기흡입형) 1종 또는 2종
④ 연기복합형
⑤ 불꽃감지기

2. 넓은 공간으로 천장이 높아 열 및 연기가 확산하는 장소 등 감지기 부착 높이가 8m 이상
① 차동식 분포형
② 광전식 분리형
③ 광전아날로그식 분리형
④ 불꽃감지기

3. 랙크 높이별 헤드 설치기준
① 특수가연물을 저장 또는 취급하는 것에 있어서는 랙크 높이 4m 이하마다
② 그 밖의 것을 취급하는 것에 있어서는 랙크 높이 6m 이하마다
③ 랙크식 창고의 천장높이가 13.7m 이하로서 「화재조기진압용 스프링클러설비의 화재안전기술기준(NFTC 103B)」에 따라 설치하는 경우에는 천장에만 스프링클러헤드 설치

4. 개방형 스프링클러설비 방수구역 및 일제개방밸브 적합기준
① 하나의 방수구역은 2개 층에 미치지 아니할 것
② 방수구역마다 일제개방밸브를 설치할 것
③ 하나의 방수구역을 담당하는 헤드의 개수는 50개 이하로 할 것. 다만, 2개 이상의 방수구역으로 나눌 경우에는 하나의 방수구역을 담당하는 헤드의 개수는 25개 이상으로 할 것
④ 일제개방밸브의 설치위치는 제6조제4호의 기준에 따르고, 표지는 "일제개방밸브실"이라고 표시할 것

5. 개방형 스프링클러설비 방수구역 및 일제개방밸브의 종합점검 점검항목
① 방수구역 적정 여부
② 방수구역별 일제개방밸브 설치 여부
③ 하나의 방수구역을 담당하는 헤드 개수 적정 여부
④ 일제개방밸브실 설치 적정[실내(구획), 높이, 출입문, 표지] 여부

6. 준비작동식 유수검지장치 또는 일제개방밸브의 설치기준
① 담당구역 내 화재감지기의 동작에 따라 개방 및 작동될 것
② 화재감지회로는 교차회로방식으로 할 것. 다만, 다음의 어느 하나에 해당하는 경우에는 그러하지 아니하다.
 가. 스프링클러설비의 배관 또는 헤드에 누설경보용 물 또는 압축공기가 채워지거나 부압식 스프링클러설비의 경우
 나. 화재감지기를 「자동화재탐지설비 및 시각경보장치의 화재안전기술기준(NFTC 203)」 2.4.1(1)부터 2.4.1(8)의 감지기로 설치한 때
③ 준비작동식 유수검지장치 또는 일제개방밸브의 인근에서 수동 기동(전기식 및 배수식)에 의하여 개방 및 작동될 수 있게 할 것
④ ① 및 ②에 따른 화재감지기의 설치기준에 관하여는 「자동화재탐지설비 및 시각경보장치의 화재안전기술기준(NFTC 203)」 2.4(감지기) 및 2.8(배선)을 준용할 것. 이 경우 교차회로방식에 있어서의 화재감지기의 설치는 각 화재감지기 회로별로 설치하되, 각 화재감지기 회로별 화재감지기 1개가 담당하는 바닥면적은 「자동화재탐지설비 및

시각경보장치의 화재안전기술기준(NFTC 203)」의 2.4.3.5, 2.4.3.8부터 2.4.3.10에 따른 바닥면적으로 한다.
⑤ 화재감지기 회로에는 다음의 기준에 따른 발신기를 설치할 것. 다만, 자동화재탐지설비의 발신기가 설치된 경우에는 그렇지 않다.
　가. 조작이 쉬운 장소에 설치하고, 스위치는 바닥으로부터 0.8m 이상 1.5m 이하의 높이에 설치할 것
　나. 특정소방대상물의 층마다 설치하되, 해당 특정소방대상물의 각 부분으로부터 하나의 발신기까지의 수평거리가 25m 이하가 되도록 할 것. 다만, 복도 또는 별도로 구획된 실로서 보행거리가 40m 이상일 경우에는 추가로 설치하여야 한다.
　다. 발신기의 위치를 표시하는 표시등은 함의 상부에 설치하되, 그 불빛은 부착면으로부터 15° 이상의 범위 안에서 부착지점으로부터 10m 이내의 어느 곳에서도 쉽게 식별할 수 있는 적색등으로 할 것

7. 스프링클러소화설비의 음향장치 및 기동장치의 점검항목

공통) 음향장치 및 기동장치
① 유수검지에 따른 음향장치 작동 가능 여부(습식·건식의 경우)
② 감지기 작동에 따라 음향장치 작동 여부(준비작동식 및 일제개방밸브의 경우)
③ 음향장치 설치 담당구역 및 수평거리 적정 여부
④ 주음향장치 수신기 내부 또는 직근 설치 여부
⑤ 우선경보방식에 따른 경보 적정 여부
⑥ 음향장치(경종 등) 변형·손상 확인 및 정상 작동(음량 포함) 여부
[준비작동식 유수검지장치 또는 일제개방밸브 작동]
① 담당구역 내 화재감지기 동작(수동 기동 포함)에 따라 개방 및 작동 여부
② 수동조작함(설치높이, 표시등) 설치 적정 여부

CHAPTER 05 간이스프링클러설비

01
「다중이용업소의 안전관리에 관한 특별법」에 따른 간이스프링클러설비를 설치하여야 하는 특정소방대상물을 쓰시오.

┃해답┃

① 지하층에 설치된 영업장
② 숙박을 제공하는 형태의 다중이용업소의 영업장 중 다음에 해당하는 영업장. 다만, 지상 1층에 있거나 지상과 직접 맞닿아 있는 층(영업장의 주된 출입구가 건축물 외부의 지면과 직접 연결된 경우를 포함한다)에 설치된 영업장은 제외한다.
　가. 산후조리업의 영업장
　나. 고시원업의 영업장
③ 밀폐구조의 영업장
④ 권총사격장의 영업장

02

간이스프링클러설비 설치대상에서 5개 이상의 간이헤드에서 20분 이상 사용할 수 있도록 수원을 확보하여야 하는 특정소방대상물을 쓰시오.

┃해답┃

① 근린생활시설로 사용하는 부분의 바닥면적 합계가 1,000m² 이상인 모든 층
② 숙박시설 중 생활형 숙박시설로서 해당 용도로 사용되는 바닥면적의 합계가 600m² 이상인 것
③ 복합건축물(하나의 건축물이 근린생활시설, 위락시설, 숙박시설, 판매시설 또는 업무시설의 용도와 주택의 용도로 함께 사용하는 경우)로서 연면적 1,000m² 이상인 것은 모든 층

03

간이헤드 디플렉터에 표시사항이 "2005 72℃ AAA SSP r2.3 QR K50 RE"으로 되어 있다. 해당하는 약자를 쓰시오.(단, 2005는 제조년, AAA는 제조사이다.)

┃해답┃

① 72℃ = 온도표시
② SSP = 하향형
③ r2.3 = 수평거리
④ QR = 조기반응형
⑤ K50 = 방수량
⑥ RE = 주거형(간이sp헤드)

SSU : 상향형, SSP : 하향형, QR : 조기반응형, SR : 표준반응형, FS : 플러시형

04

간이스프링클러설비에 대한 다음 물음에 답하시오.
1. 「소방시설공사업법」상의 간이스프링클러설비의 하자보수기간은 얼마인가?
2. 캐비닛형 간이스프링클러설비 공사를 하려고 한다. 착공신고 또는 공사감리자를 지정하여야 하는가?
3. 「소방시설 자체점검사항 등에 관한 고시」의 점검표에서 다중이용업소 점검표의 간이스프링클러설비 종합점검 시 점검할 점검항목에 대하여 쓰시오.

해답

1. 간이스프링클러설비의 하자보수기간 : 3년

 소방시설공사업법 - 하자보수기간

1. 2년 : 비상경보설비, 비상방송설비, 피난기구, 유도등, 비상조명등 및 무선통신보조설비
2. 3년 : 자동소화장치, 옥내소화전설비, 스프링클러설비, 간이스프링클러설비, 화재조기진압용 스프링클러설비, 물분무 등 소화설비, 옥외소화전설비, 자동화재탐지설비, 화재알림설비, 소화용수설비 및 소화활동설비(무선통신보조설비는 제외)

2. 착공신고 대상, 감리자 미지정

3. 다중이용업소 점검표의 간이스프링클러설비 종합점검 시 점검항목
① 수원의 양 적정 여부
② 가압송수장치의 정상 작동 여부
③ 배관 및 밸브의 파손, 변형 및 잠김 여부
④ 상용전원 및 비상전원의 이상 여부
⑤ 유수검지장치의 정상 작동 여부
⑥ 헤드의 적정 설치 여부(미설치, 살수장애, 도색 등)
⑦ 송수구 결합부의 이상 여부
⑧ 시험밸브 개방 시 펌프기동 및 음향 경보 여부

05

간이스프링클러설비의 배관 및 밸브에 관한 다음 물음에 답하시오.
1. 상수도직결방식에서 배관과 밸브의 설치순서를 쓰시오.
2. 펌프를 이용한 배관과 밸브의 설치순서를 쓰시오.
3. 가압수조에서 배관 및 밸브의 순서를 쓰시오.
4. 캐비닛형 가압송수장치에서 배관 및 밸브의 순서를 쓰시오.
5. 「소방시설 자체점검사항 등에 관한 고시」의 점검표에서 간이스프링클러설비의 배관 및 밸브에 대한 종합점검 시 점검할 점검항목에 대하여 쓰시오.

┃해답┃

1. 상수도직결방식에서 배관과 밸브의 설치순서

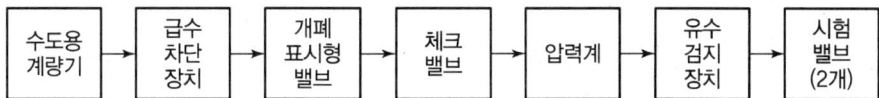

수도용계량기, 급수차단장치, 개폐표시형 밸브, 체크밸브, 압력계, 유수검지장치(압력스위치 등 유수검지장치와 동등 이상의 기능과 성능이 있는 것을 포함), 2개의 시험밸브의 순으로 설치할 것(간이스프링클러설비 이외의 배관에는 화재 시 배관을 차단할 수 있는 급수차단장치를 설치할 것)

2. 펌프를 이용한 배관과 밸브의 설치순서

수원, 연성계 또는 진공계(수원이 펌프보다 높은 경우를 제외), 펌프 또는 압력수조, 압력계, 체크밸브, 성능시험배관, 개폐표시형 밸브, 유수검지장치, 시험밸브의 순으로 설치할 것

3. 가압수조에서 배관 및 밸브의 순서

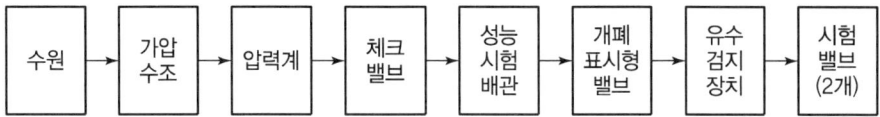

가압수조를 가압송수장치로 이용하여 배관 및 밸브 등을 설치하는 경우에는 수원, 가압수조, 압력계, 체크밸브, 성능시험배관, 개폐표시형 밸브, 유수검지장치, 2개의 시험밸브의 순으로 설치할 것

4. 캐비닛형 가압송수장치에서 배관 및 밸브의 순서

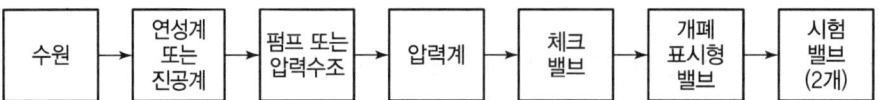

캐비닛형 가압송수장치에 배관 및 밸브 등을 설치하는 경우에는 수원, 연성계 또는 진공계(수원이 펌프보다 높은 경우를 제외), 펌프 또는 압력수조, 압력계, 체크밸브, 개폐표시형 밸브, 2개의 시험밸브 순으로 설치할 것. 다만, 소화용수의 공급은 상수도와 직결된 바이패스관 또는 펌프에서 공급받아야 한다.

5. 간이스프링클러설비에서 배관 및 밸브에 대한 종합점검 시 점검항목
① 상수도직결형 수도배관 구경 및 유수검지에 따른 다른 배관 자동 송수 차단 여부
② 급수배관 개폐밸브 설치(개폐표시형, 흡입 측 버터플라이 제외) 및 작동표시스위치 적정(제어반 표시 및 경보, 스위치 동작 및 도통시험) 여부
③ 준비작동식 유수검지장치 2차 측 배관 부대설비 설치 적정(개폐표시형 밸브, 수직배수배관·개폐밸브, 자동배수장치, 압력스위치 설치 및 감시제어반 개방 확인) 여부
④ 유수검지장치 시험장치 설치 적정(설치위치, 배관구경, 개폐밸브 및 개방형 헤드, 물받이 통 및 배수관) 여부
⑤ 펌프의 흡입 측 배관 여과장치의 상태 확인
⑥ 성능시험배관 설치(개폐밸브, 유량조절밸브, 유량측정장치) 적정 여부
⑦ 순환배관 설치(설치위치·배관구경, 릴리프밸브 개방압력) 적정 여부
⑧ 동결방지조치 상태 적정 여부
⑨ 간이스프링클러설비 배관 및 밸브 등의 순서 적정 시공 여부
⑩ 다른 설비 배관과의 구분 상태 적정 여부

06

간이스프링클러설비에 대한 다음 물음에 답하시오.
1. 간이스프링클러 송수구의 설치기준을 쓰시오.
2. 송수구 면제기준을 쓰시오.
3. 「소방시설 자체점검사항 등에 관한 고시」의 점검표에서 간이스프링클러설비에서 송수구에 대한 종합점검 시 점검할 점검항목에 대하여 쓰시오.

▌해답▌

1. 간이스프링클러 송수구 설치기준
① 송수구는 소방차가 쉽게 접근할 수 있는 잘 보이는 장소에 설치하되, 화재층으로부터 지면으로 떨어지는 유리창 등이 송수 및 그 밖의 소화작업에 지장을 주지 아니하는 장소에 설치할 것
② 송수구로부터 간이스프링클러설비의 주배관에 이르는 연결배관에 개폐밸브를 설치한 때에는 그 개폐상태를 쉽게 확인 및 조작할 수 있는 옥외 또는 기계실 등의 장소에 설치할 것
③ 구경 65mm의 단구형 또는 쌍구형으로 하여야 하며, 송수배관의 안지름은 40mm 이상으로 할 것
④ 지면으로부터 높이가 0.5m 이상 1m 이하의 위치에 설치할 것
⑤ 송수구의 부근에는 자동배수밸브(또는 직경 5mm의 배수공) 및 체크밸브를 설치할 것. 이 경우 자동배수밸브는 배관 안의 물이 잘 빠질 수 있는 위치에 설치하되, 배수로 인하여 다른 물건 또는 장소에 피해를 주지 아니하여야 한다.
⑥ 송수구에는 이물질을 막기 위한 마개를 씌울 것

2. 간이스프링클러설비에서 송수구 면제기준
「다중이용업소의 안전관리에 관한 특별법」에 의하여 간이스프링클러 설치대상에 해당하는 영업장(건축물 전체가 하나의 영업장일 경우는 제외)으로 상수도직결형 또는 캐비닛형의 경우에는 송수구를 설치하지 아니할 수 있다.

3. 간이스프링클러설비에서 송수구에 대한 종합점검 시 점검항목
① 설치장소 적정 여부
② 송수구 마개 설치 여부
③ 연결배관에 개폐밸브를 설치한 경우 개폐상태 확인 및 조작 가능 여부
④ 송수구 설치 높이 및 구경 적정 여부
⑤ 자동배수밸브(또는 배수공)·체크밸브 설치 여부 및 설치 상태 적정 여부

CHAPTER 06 화재조기진압용 스프링클러설비

01
화재조기진압용 스프링클러설비의 수원량 계산식을 쓰시오.

해답

$$Q = 12 \times 60 \times K\sqrt{10p}$$

여기서, Q : 수원의 양(L)
K : 상수[(L/min)/(MPa$^{1/2}$)]
p : 헤드 선단의 압력(MPa)

화재조기진압용 스프링클러헤드의 최소방사압력(MPa)

최대층고	최대저장높이	화재조기진압용 스프링클러헤드의 최소방사압력(MPa)				
		$K=360$ 하향식	$K=320$ 하향식	$K=240$ 하향식	$K=240$ 상향식	$K=200$ 하향식
13.7m	12.2m	0.28	0.28	–	–	–
13.7m	10.7m	0.28	0.28	–	–	–
12.2m	10.7m	0.17	0.28	0.36	0.36	0.52
10.7m	9.1m	0.14	0.24	0.36	0.36	0.52
9.1m	7.6m	0.10	0.17	0.24	0.24	0.34

02
화재조기진압용 스프링클러설비의 설치금지 장소 2가지를 쓰시오.

해답

① 제4류 위험물
② 타이어, 두루마리 종이 및 섬유류, 섬유제품 등 연소 시 화염의 속도가 빠르고 방사된 물이 하부까지에 도달하지 못하는 것

CHAPTER 07 물분무소화설비

1. 물분무소화설비 계통도

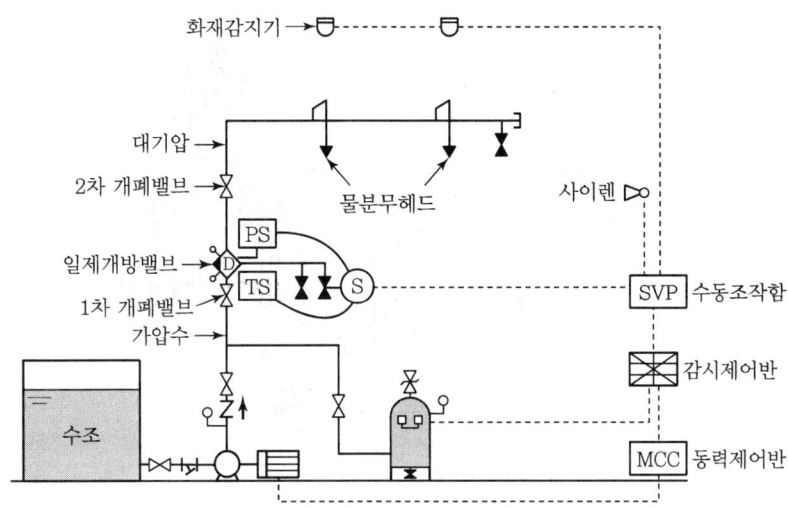

① 동작순서, 작동 및 복구방법은 스프링클러설비의 일제개방밸브와 동일
② 헤드는 물분무헤드 사용

2. 물분무헤드의 종류

종류	내용
충돌형	유수와의 충돌에 의해 미세한 물방울을 만드는 물분무헤드
분사형	소구경의 오리피스로부터 고압으로 분사하여 미세한 물방울을 만드는 물분무헤드
선회류형	선회류에 의해 확산 방출 또는 선회류와 직선류의 충돌에 의해 확산 방출하여 미세한 물방울을 만드는 물분무헤드
디플렉트형	수류를 살수판에 충돌시켜 미세한 물방울을 만드는 물분무헤드
슬릿형	수류를 슬릿에 의해 방출하여 수막상의 분무를 만드는 물분무헤드

3. 물분무소화설비 – 일제개방밸브

일제개방밸브의 1차 측에는 가압수를 충수시키고, 2차 측에는 개방형 스프링클러헤드를 설치하여 대기압 상태로 둔다. 화재가 발생하면 교차회로로 구성된 감지기가 2개 이상 작동하여 전자밸브를 개방하여 압력제어부의 압력 균형이 깨어져 클래퍼를 개방하고 2차 측으로 유수를 발생시켜 알람스위치가 작동하여 음향경보를 발하게 된다. 방호구역 전역의 모든 개방형 헤드로 소화수를 공급하는 방식이다.

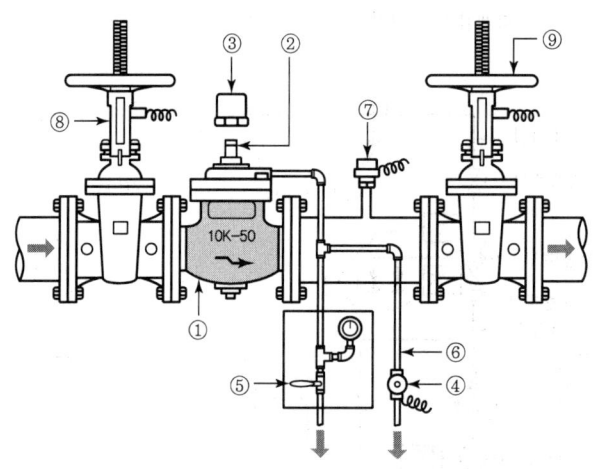

	명칭	평상시의 상태
①	일제개방밸브	닫힘
②	조절볼트	열림
③	캡	
④	솔레노이드밸브	닫힘
⑤	비상개방밸브	닫힘
⑥	감지라인(배관)	
⑦	알람스위치	DC 24V
⑧	1차 개폐표시형 밸브	열림
⑨	2차 개폐표시형 밸브	열림

01
물분무소화설비에서 고압의 전기기기가 있는 장소의 전기의 절연을 위하여 전기기기와 물분무헤드 사이의 거리기준을 쓰시오.

┃해답┃

전압(kV)	거리(cm)	전압(kV)	거리(cm)
66 이하	70 이상	154 초과 181 이하	180 이상
66 초과 77 이하	80 이상	181 초과 220 이하	210 이상
77 초과 110 이하	110 이상	220 초과 275 이하	260 이상
110 초과 154 이하	150 이상		

02
물분무소화설비에서 물분무헤드의 설치 제외 장소를 쓰시오.

┃해답┃

① 물에 심하게 반응하는 물질 또는 물과 반응하여 위험한 물질을 생성하는 물질을 저장 또는 취급하는 장소
② 고온의 물질 및 증류범위가 넓어 끓어 넘치는 위험이 있는 물질을 저장 또는 취급하는 장소
③ 운전 시에 표면의 온도가 260℃ 이상으로 되는 등 직접 분무를 하는 경우 그 부분에 손상을 입힐 우려가 있는 기계장치 등이 있는 장소

CHAPTER 08 미분무소화설비

01
미분무소화설비에서 헤드의 설치기준을 쓰시오.

┃해답┃

① 미분무헤드는 소방대상물의 천장·반자·천장과 반자 사이·덕트·선반 기타 이와 유사한 부분에 설계자의 의도에 적합하도록 설치하여야 한다.
② 하나의 헤드까지의 수평거리 산정은 설계자가 제시하여야 한다.
③ 미분무설비에 사용되는 헤드는 조기반응형 헤드를 설치하여야 한다.
④ 폐쇄형 미분무헤드는 그 설치장소의 평상시 최고주위온도에 따라 다음 식에 따른 표시온도의 것으로 설치하여야 한다.

$$T_a = 0.9\,T_m - 27.3\,℃$$

여기서, T_a : 최고주위온도(℃), T_m : 헤드의 표시온도

⑤ 미분무헤드는 배관, 행거 등으로부터 살수가 방해되지 아니하도록 설치하여야 한다.
⑥ 미분무헤드는 설계도면과 동일하게 설치하여야 한다.
⑦ 미분무헤드는 한국소방산업기술원 또는 「소방시설 설치 및 관리에 관한 법률」에 따라 성능시험기관으로 지정받은 기관에서 검증받아야 한다.

CHAPTER 09 포소화설비

1. 포소화약제의 종류

종류	주성분	장점	단점	적용
단백포	단백질 가수분해물 + 기포안정제	내열성	• 유동성 • 부식성	Ⅱ형 포방출구
수성막포	불소계 계면활성제	• 유동성 • 내유성	내열성	• 비행기 격납고 • 유류저장탱크 • 옥외주차장 • 포헤드
불화단백포	단백질 + 불소계 계면활성제	• 내화성 • 유동성	고가	
합성계면 활성제포	• 고급알코올 • 황산에스테르 • 알코올황산염	유동성	• 내열성 • 내유성	• 고발포용 • 고정포방출구
내알코올형포	단백질 합성제제	• 수용성 • 액체위험물 적응	고가	수용성 액체의 표면하주입식

2. 포소화설비의 종류 및 개요

포소화설비는 소방대상물의 화재 시 해당 소방대상물을 보호할 목적으로 자동 또는 수동으로 화재를 감지하여 신속히 화재를 진압할 수 있어야 한다. 주요 구성요소는 수조, 가압송수장치(소화펌프), 기동용 수압개폐장치, 포소화약제의 혼합장치, 배관, 유수검지장치, 일제개방밸브, 고정포방출장치 등이다.

1) 포워터스프링클러설비

일제살수식 스프링클러설비와 유사하며, 포소화약제와 물이 혼합된 포수용액이 헤드를 통해 방사된다.

2) 포헤드설비

일제살수식 스프링클러설비와 유사하며, 포수용액이 포헤드 그물망 안에 있는 노즐(안내깃)과 디플렉터(반사판)를 통과하면서 공기가 혼합되고, 외부의 그물망을 통과하면서 포를 형성한다. 주로 주차장, 제4류 위험물 및 준위험물 시설에 설치되어 사용되고 있다.

3) 고정포방출설비

주로 위험물 저장탱크에 설치하며, 탱크 내부에 설치된 고정포방출구를 통해 포소화약제와 물이 혼합된 포수용액을 방출하여 소화한다.

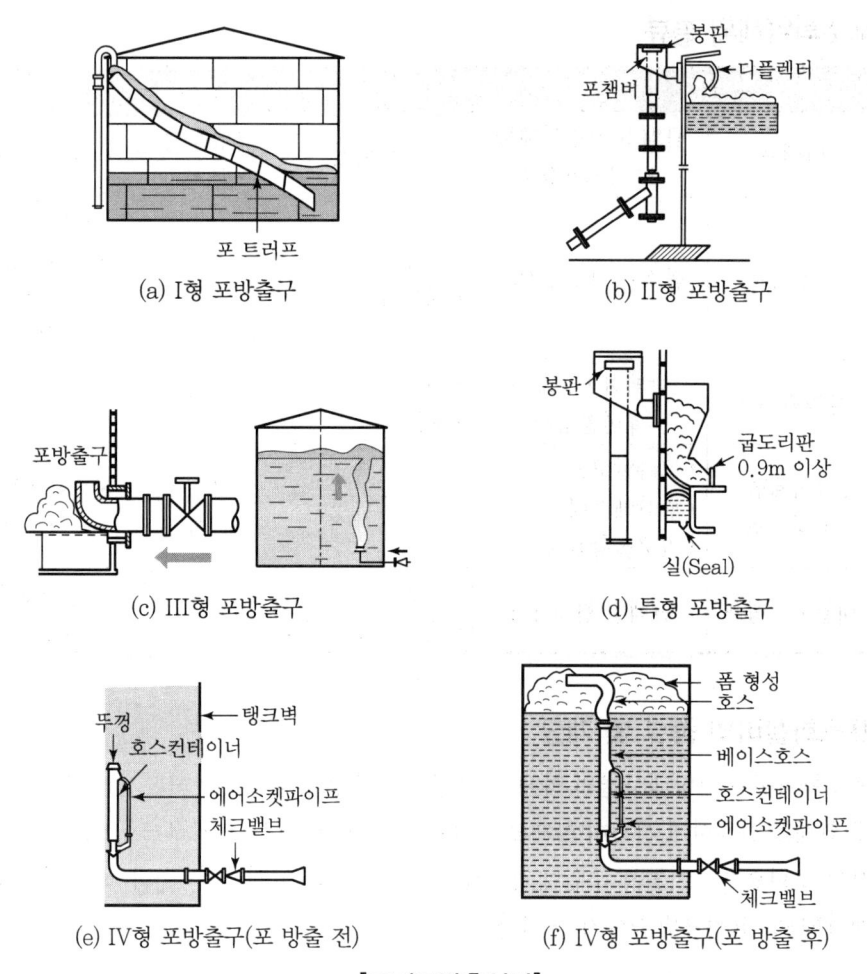

[고정포방출설비]

4) 포소화전설비

옥내·외소화전설비와 비슷한 구조이나, 특수한 노즐(Air Foam Nozzle)을 사용하여 호스로부터 압송된 물과 관로상에 설치된 포소화약제가 혼합된 포수용액이 포노즐에 유입된 공기와 혼합, 포를 형성하여 방호대상물을 수동으로 소화하는 방식이다.

5) 호스릴포소화설비

화재 시 쉽게 접근하여 소화작업을 할 수 있는 장소 또는 방호대상이 고정포방출설비 방식이나 포헤드설비방식으로는 충분한 소화효과를 얻을 수 없는 부분에 설치하는 것으로서, 화재가 발생한 장소까지 호스릴에 감겨 있는 호스를 당겨서 화재를 진압하는 설비이다.

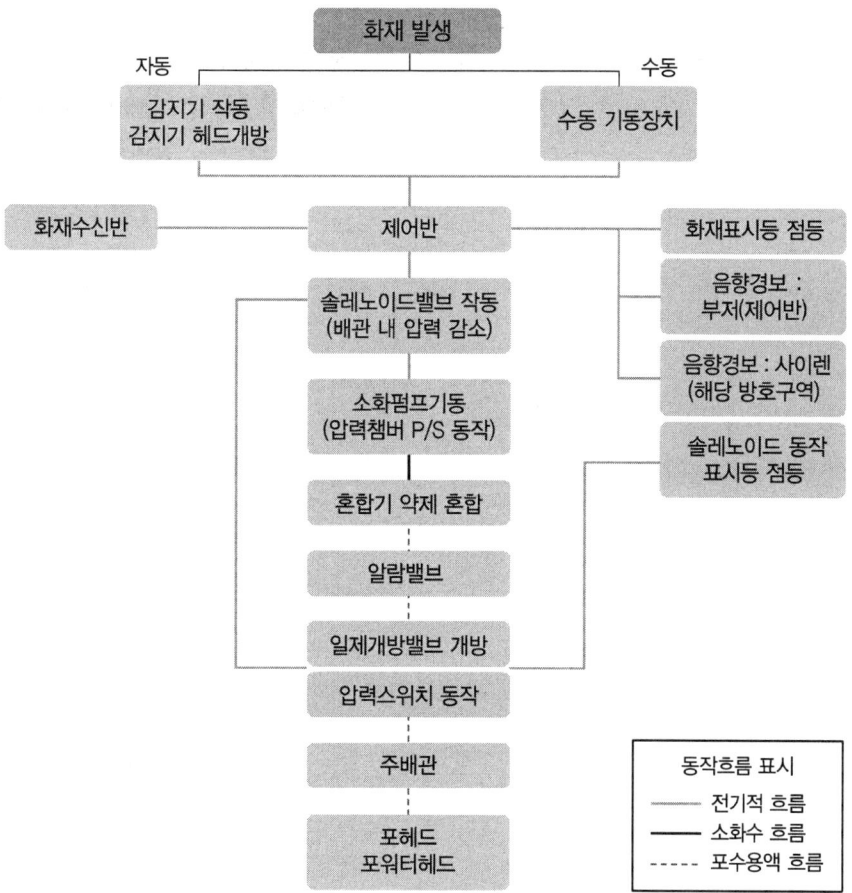

[화재감지기에 의한 포헤드설비 동작 순서도(예시)]

> **Check Point 포소화약제 저장탱크의 설치기준**
>
> 1. 화재 등의 재해로 인한 피해를 받을 우려가 없는 장소에 설치할 것
> 2. 기온의 변동으로 포의 발생에 장애를 주지 아니하는 장소에 설치할 것. 다만, 기온의 변동에 영향을 받지 아니하는 포소화약제의 경우에는 그러하지 아니하다.
> 3. 포소화약제가 변질될 우려가 없고 점검에 편리한 장소에 설치할 것
> 4. 가압송수장치 또는 포소화약제 혼합장치의 기동에 따라 압력이 가해지는 것 또는 상시 가압된 상태로 사용되는 것은 압력계를 설치할 것
> 5. 포소화약제 저장량의 확인이 쉽도록 액면계 또는 계량봉 등을 설치할 것
> 6. 가압식이 아닌 저장탱크는 글라스게이지를 설치하여 액량을 측정할 수 있는 구조로 할 것

01
포소화설비에서 혼합장치(약제혼합방식)의 종류 및 정의를 쓰시오.

┃해답┃

1. 펌프 프로포셔너방식
펌프의 토출관과 흡입관 사이의 배관 도중에 설치한 흡입기에 펌프에서 토출된 물의 일부를 보내고, 농도 조정밸브에서 조정된 포소화약제의 필요량을 포소화약제 탱크에서 펌프 흡입 측으로 보내어 이를 혼합하는 방식

2. 라인 프로포셔너방식
펌프와 발포기 중간에 설치된 벤추리관의 벤추리작용에 따라 포소화약제를 흡입·혼합하는 방식

3. 프레셔 프로포셔너방식
펌프와 발포기의 중간에 설치된 벤추리관의 벤추리작용과 펌프 가압수의 포소화약제 저장탱크에 대한 압력에 따라 포소화약제를 흡입·혼합하는 방식

4. 프레셔사이드 프로포셔너방식
펌프의 토출관에 압입기를 설치하여 포소화약제 압입용 펌프로 포소화약제를 압입시켜 혼합하는 방식

5. 압축공기포 믹싱챔버방식
물, 포소화약제 및 공기를 믹싱챔버로 강제주입시켜 챔버 내에서 포수용액을 생성한 후 포를 방사하는 방식

02

포소화약제 혼합방식 중 프레셔프로포셔너 혼합방식의 저장탱크 내 약제를 보충하고자 한다. 다음 그림을 보고 그 조작순서를 쓰시오.(단, 모든 설비는 정상상태로 유지되어 있었다.)

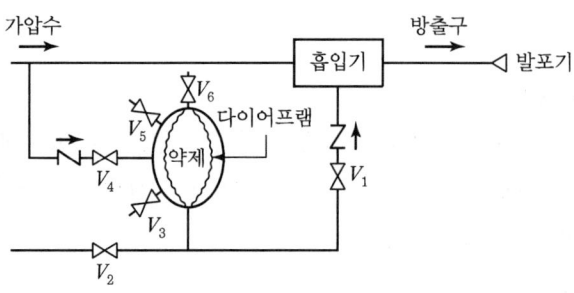

┃해답┃

① V_1, V_4를 폐쇄한다.
② V_3, V_5를 개방하고 원액탱크 내의 물을 배수한다.
③ V_6을 개방한다.
④ V_2에 포소화약제 송액펌프를 접속한다.
⑤ V_2를 개방하고 서서히 포소화약제를 송액한다.
⑥ 포소화약제를 보충하고 V_2, V_3를 폐쇄한다.
⑦ 소화펌프를 기동한다.
⑧ V_4를 서서히 개방하고 원액탱크 내를 가압하면서 V_5, V_6을 통해 공기를 뺀 후 V_5, V_6을 폐쇄하고 소화펌프를 정지한다.
⑨ V_1을 개방한다.

03

포소화설비에서 자동식 기동장치 중 폐쇄형 스프링클러헤드에 의해 기동시킬 경우의 설치기준을 쓰시오.

해답

① 표시온도가 79℃ 미만인 것을 사용하고, 1개의 스프링클러헤드의 경계면적은 20m² 이하로 할 것
② 부착면의 높이는 바닥으로부터 5m 이하로 하고, 화재를 유효하게 감지할 수 있도록 할 것
③ 하나의 감지장치 경계구역은 하나의 층이 되도록 할 것

CHAPTER 10 가스계소화설비 공통

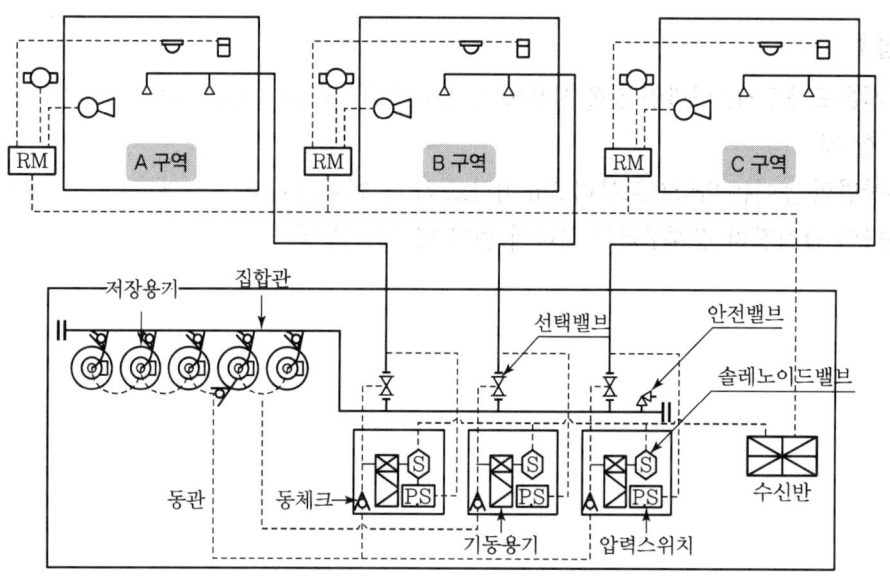

[가스계 계통도(이산화탄소, 할론화합물, 할로겐화합물 및 불활성기체소화설비 동일)]

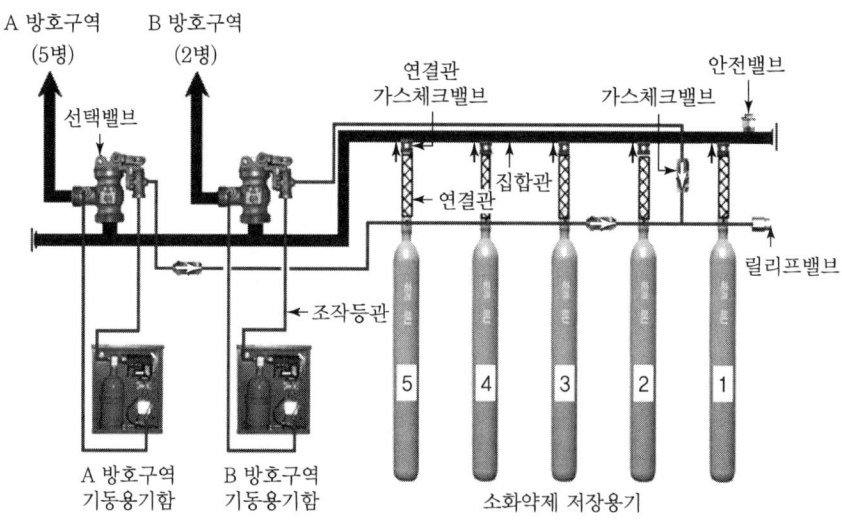

[고압식 이산화탄소소화설비 계통도(예시)]

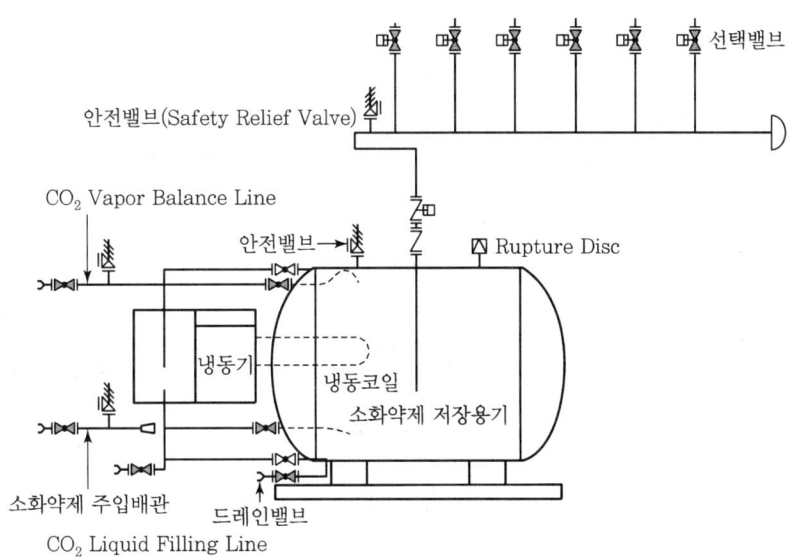

[저압식 이산화탄소소화설비 계통도(예시)]

1. 이산화탄소소화설비 저장방식의 분류

구분	고압식	저압식
저장압력	6.0MPa(20℃에서)	2.1MPa(-18℃에서)
저장용기	68L/45kg	1.5~60ton/저장탱크 1대
충전비	1.5~1.9	1.1~1.4
배관	Sch No.80	Sch No.40
분사헤드 방사압력	2.1MPa	1.05MPa
약제량 검측	현장 측정 (액화가스레벨메터 사용)	원격 감시 (CO_2 레벨모니터 사용)
충전	불편	편리
안전장치	안전밸브	액면계, 압력계, 압력경보장치, 안전밸브, 파괴봉판
적용구역	소용량의 방호구역	대용량의 방호구역
용기내압시험압력	25MPa 이상	3.5MPa 이상
냉동장치	불필요	필요
압력경보장치	불필요	필요

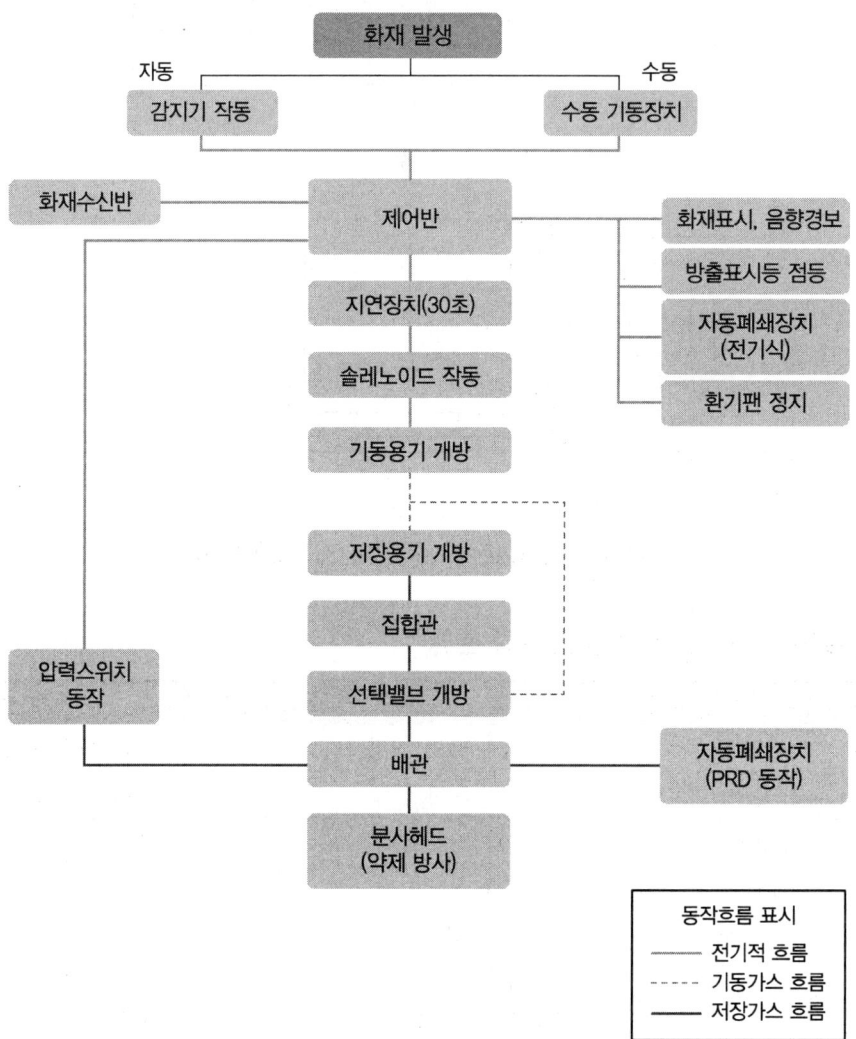

[가스계(가스압력식) 전역방출방식 동작 순서도(예시)]

2. 기동방식의 분류

1) 전기식

용기밸브에 니들밸브 대신 솔레노이드밸브를 직접 설치하고, 솔레노이드밸브의 전기적 작동에 의해 용기밸브를 개방하여 약제를 방출하는 방식이다. 약제 저장용기를 7병 이상 동시에 개방하는 설비에 있어서는 2개 이상의 용기에 솔레노이드밸브를 설치해야 한다.

2) 가스압식

가스계소화설비에서 사용하는 가장 일반적인 기동방법이다. 감지기의 동작신호에 따라 솔레노이드밸브의 파괴침이 작동하면 소형의 기동용기 내에 있는 기동용 가스가 동관을 통하여 방출된다. 이때 방출된 가스압에 의해 용기밸브에 부착된 니들밸브의 니들핀이 용기 안으로 움직여 저장용기의 봉판을 파괴하면 가스가 밖으로 개방되어 방출된다.

3) 기계식

국내에서는 미시공으로 알려져 있으며, Pnematic 감지기 및 Pnematic Tube를 이용하는 것으로, 열에 의해 감지기의 공기가 팽창하면 튜브를 통해 미소한 팽창압력이 전달되어 용기밸브에 부착된 Pnematic Control Valve의 기계적 동작에 의해 용기밸브가 개방되는 방식이다.

3. 가스계 작동 원리 및 구조

1) 저장용기

① 액화가스 : 상용의 온도에서 압력이 0.2MPa 이상이 되는 가스(액화 상태)
② 압축가스 : 상용의 온도에서 압력이 1.0MPa 이상이 되는 가스(압축 기체 상태)

가스의 종류	도색의 구분
액화탄산가스	청색
질소	회색
소방용 용기	소방법에 따른 도색
그 밖의 가스	회색

2) 기동용기

가스계소화설비에서 가장 일반적으로 사용되는 기동방식으로, 감지기 동작신호에 따라 솔레노이드밸브의 파괴침이 작동하여 니들밸브의 핀을 움직여 저장용기의 봉판을 파괴하여 약제가 방출된다. 「국가화재안전기준」에 기동용기의 내용적(5L)과 기동용 가스의 종류(이산화탄소)가 규정되어 있다.

Check Point 소화약제의 저장용기 설치기준

1. 이산화탄소소화약제
   ① 저장용기의 충전비는 고압식은 1.5 이상 1.9 이하, 저압식은 1.1 이상 1.4 이하로 할 것
   ② 저장용기는 고압식은 25MPa 이상, 저압식은 3.5MPa 이상의 내압시험압력에 합격한 것으로 할 것
   ③ 저압식 저장용기에는 내압시험압력의 0.64배부터 0.8배의 압력에서 작동하는 안전밸브와 내압시험압력의 0.8배부터 내압시험압력에서 작동하는 봉판을 설치할 것
   ④ 저압식 저장용기에는 액면계 및 압력계와 2.3MPa 이상 1.9MPa 이하의 압력에서 작동하는 압력경보장치를 설치할 것
   ⑤ 저압식 저장용기에는 용기 내부의 온도가 섭씨 영하 18℃ 이하에서 2.1MPa의 압력을 유지할 수 있는 자동냉동장치를 설치할 것

2. 할로겐화합물 및 불활성기체소화약제
   ① 저장용기의 충전밀도 및 충전압력은 화재안전기술기준을 따를 것
   ② 저장용기는 약제명·저장용기의 자체 중량과 총중량·충전일시·충전압력 및 약제의 체적을 표시할 것
   ③ 동일 집합관에 접속되는 저장용기는 동일한 내용적을 가진 것으로 충전량 및 충전압력이 같도록 할 것
   ④ 저장용기에 충전량 및 충전압력을 확인할 수 있는 장치를 하는 경우에는 해당 소화약제에 적합한 구조로 할 것
   ⑤ 저장용기의 약제량 손실이 5%를 초과하거나 압력손실이 10%를 초과할 경우에는 재충전하거나 저장용기를 교체할 것. 다만, 불활성기체소화약제 저장용기의 경우에는 압력손실이 5%를 초과할 경우 재충전하거나 저장용기를 교체하여야 한다.

3. 할론소화약제
   ① 축압식 저장용기의 압력은 온도 20℃에서 할론 1211을 저장하는 것은 1.1MPa 또는 2.5MPa, 할론 1301을 저장하는 것은 2.5MPa 또는 4.2MPa이 되도록 질소가스로 축압할 것
   ② 저장용기의 충전비는 할론 2402를 저장하는 것 중 가압식 저장용기는 0.51 이상 0.67 미만, 축압식 저장용기는 0.67 이상 2.75 이하, 할론 1211은 0.7 이상 1.4 이하, 할론 1301은 0.9 이상 1.6 이하로 할 것
   ③ 동일 집합관에 접속되는 용기의 소화약제 충전량은 동일충전비의 것이어야 할 것

3) 솔레노이드밸브

솔레노이드밸브는 전기적인 신호에 의해 자동으로 격발되는 자동방식과 자동방식이 동작불능일 경우를 대비하여 수동으로 안전핀을 뽑고 솔레노이드밸브의 수동조작버튼을 눌러서 격발하는 수동방식이 있다. 솔레노이드밸브가 작동하면 파괴침이 기동용기밸브의 동판을 파괴하고, 기동용 가스가 방출된다.

※ 소화설비 중 준비작동식 스프링클러설비에서 사용하는 솔레노이드밸브와 작동원리는 같다.

Check Point 가스계소화설비 기동장치의 설치기준

1. 수동식
   ① 전역방출방식은 방호구역마다, 국소방출방식은 방호대상물마다 설치할 것
   ② 해당 방호구역의 출입구 부분 등 조작을 하는 자가 쉽게 피난할 수 있는 장소에 설치할 것
   ③ 기동장치의 조작부는 바닥으로부터 높이 0.8m 이상 1.5m 이하의 위치에 설치하고, 보호판 등에 따른 보호장치를 설치할 것
   ④ 기동장치 인근의 보기 쉬운 곳에 "이산화탄소소화설비 기동장치"라는 표지를 할 것
   ⑤ 전기를 사용하는 기동장치에는 전원표시등을 설치할 것
   ⑥ 기동장치의 방출용 스위치는 음향경보장치와 연동하여 조작될 수 있는 것으로 할 것
   ⑦ 기동장치에는 보호장치를 설치해야 하며, 보호장치를 개방하는 경우 기동장치에 설치된 부저 또는 벨 등에 의하여 경고음을 발할 것
   ⑧ 기동장치를 옥외에 설치하는 경우 빗물 또는 외부 충격의 영향을 받지 아니하도록 설치할 것
   ※ 할로겐화합물 및 불활성기체소화설비 : 50N 이하의 힘을 가하여 기동할 수 있는 구조로 설치

2. 자동식
   ① 자동식 기동장치에는 수동으로도 기동할 수 있는 구조로 할 것
   ② 전기식 기동장치로서 7병 이상의 저장용기를 동시에 개방하는 설비는 2병 이상의 저장용기에 전자 개방밸브를 부착할 것
   ③ 가스압력식 기동장치는 다음의 기준에 따를 것
      가. 기동용 가스용기 및 해당 용기에 사용하는 밸브는 25MPa 이상의 압력에 견딜 수 있는 것으로 할 것
      나. 기동용 가스용기에는 내압시험압력의 0.8배부터 내압시험압력 이하에서 작동하는 안전장치를 설치할 것
      다. 기동용 가스용기의 용적은 5L 이상으로 하고, 해당 용기에 저장하는 질소 등의 비활성기체는 6.0MPa 이상(21℃ 기준)의 압력으로 충전할 것. 다만, 기동용 가스용기의 체적을 1L 이상으로 하고, 해당 용기에 저장하는 이산화탄소의 양은 0.6kg 이상으로 하며, 충전비는 1.5 이상 1.9 이하의 기동용 가스용기로 할 수 있다.

라. 질소 등의 비활성기체 기동용 가스용기에는 충전 여부를 확인할 수 있는 압력게이지를 설치할 것
④ 기계식 기동장치는 저장용기를 쉽게 개방할 수 있는 구조로 할 것

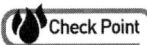 **솔레노이드밸브 파괴침 점검사항**

제조사에 따라 파괴침(Pin)의 길이가 다르기 때문에 파괴침이 너무 길면 부착 시 기동용기가 개방될 수 있고, 파괴침이 너무 짧으면 기동용기가 개방되지 않을 수 있다.

4) 압력스위치

가스관 선택밸브 2차 측에 설치하며 소화약제 방출 시의 압력을 이용하여 접점신호를 형성하고 제어반에 입력시켜 방출표시등을 점등하는 역할을 한다.

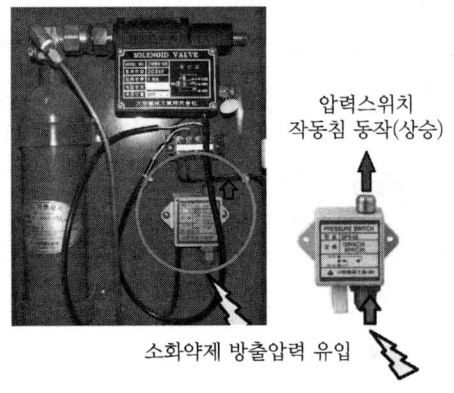

5) 가스체크밸브

가스를 한쪽 방향으로만 흐르게 하여 역류를 방지한다. 기계설비의 체크밸브와 기능적으로 같다.

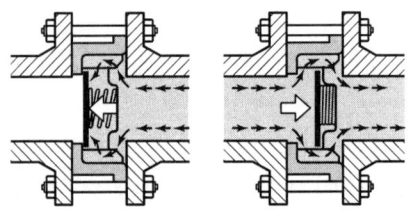

6) 릴리프밸브

가스 누설 시 외부로 배출시켜 설비의 과압 축적을 막아 주고, 기동용 동관 등의 개방으로 인한 동관 내 고압상태에서는 폐쇄된다.

7) 안전밸브

안전밸브는 과압 방지 밸브로, 과압 발생 시 안전밸브 내부의 봉판이 파괴되어 압력이 외기로 배출되어 저장용기 또는 배관을 보호한다.

[안전밸브]　　　[저장용기 부착]　　　[집합관 설치]

8) 선택밸브

선택밸브는 가스계소화설비(분말소화설비)에서 2개소 이상의 방호구역 또는 방호대상물에 대하여 소화약제 저장용기를 공용으로 사용하는 경우에 사용하는 밸브로서, 자동 또는 수동 개방장치에 의해 개방되는 것을 말한다.

> **Check Point　선택밸브 설치기준**
>
> 1. 방호구역 또는 방호대상물마다 설치할 것
> 2. 각 선택밸브에는 그 담당방호구역 또는 방호대상물을 표시할 것
>
> ※ 선택밸브는 하나의 특정소방대상물 또는 그 부분에 2 이상의 방호구역 또는 방호대상물이 있어 (이산화탄소)저장용기를 공용하는 경우 설치

9) 수동조작함(수동식 기동장치)

수동으로 소화약제를 방출하는 기능의 기동스위치와 오동작 시 방출을 지연시킬 수 있는 방출지연스위치, 보호장치, 전원표시등이 함께 내장된 조작함이다.

구분	구조 및 일반 기능 (가스계소화설비용 수동식 기동장치의 인정기준, KFI 017)
기동스위치	• 수동으로 전기적 기동신호를 소화설비 제어반에 발신하는 스위치 • 자동복귀형 스위치의 구조이어야 함
방출지연스위치	• 기동스위치 작동에 의한 소화설비 제어장치의 지연타이머가 작동되고 있을 때 타이머의 작동을 정지시키기 위한 신호를 발신하는 스위치 • 자동복귀형 스위치의 구조이어야 함
보호장치	• 기동스위치의 장난 등에 의한 의도되지 않은 작동을 방지하기 위해 설치하는 것으로 손으로 여닫는 구조의 것 • 보호장치 개방 시 경고음(부저, 벨) 발생 보호장치 폐쇄 시 경고음(부저, 벨) 정지
표시등	• 전원등 : 녹색 • 기동등 : 황색 • 방출등 : 적색

10) 방출표시등

소화약제 방출압에 의한 압력스위치의 작동에 의해 점등되어 방호구역 내 거주자의 진입을 방지할 목적으로 설치된다.

11) 전자사이렌

화재 발생을 방호구역 내 거주자에게 알려 주기 위해서 설치한다.

12) 피스톤릴리저

① 가스계소화약제 방출 시 설계농도에 도달하기 위해 개구부(출입문, 창문, 환기구) 및 덕트 내 급·배기 댐퍼가 폐쇄되어야 한다. 피스톤릴리저는 소화약제의 방출압력을 이용하여 급·배기 댐퍼 등을 폐쇄하는 용도로 사용된다.

② 감지기 또는 수동조작함의 작동에 의해 가스계소화설비가 동작된 후 소화약제가 조작동관을 따라서 분사헤드로 방출될 때, 가스체크밸브를 통과하여 피스톤릴리저에 유입된다. 압력에 의해 피스톤릴리저의 피스톤이 밀리면서 맞물려 있는 댐퍼 측 기어를 회전시키면 댐퍼가 개방되며, 화재 진압 후 댐퍼복구밸브를 열면 댐퍼는 자동 복구된다.

13) 가스계 헤드

전역 방출 방식인 경우 넓은 지역에 균일하게 확산, 방사하는 천장형과 국소 지점만 방사하는 혼(나팔형), 측벽형 등이 있다.

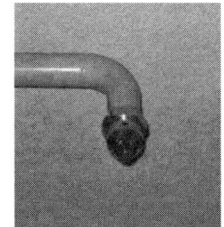

[가스계 방출헤드]

Check Point 가스계 설비 점검순서

1. 기동용기에서 선택밸브에 연결된 조작동관 분리, 기동용기에서 저장용기에 연결된 개방용동관 분리
2. 제어반의 솔레노이드밸브 연동 정지
3. 솔레노이드밸브의 안전핀 체결 후 분리, 안전핀 제거 후 격발 준비
4. 기동용기 기동방법
   ① 수동 조작버튼 작동 : 연동 전환 후 기동용기 솔레노이드밸브(용기밸브 개방기)에 부착되어 있는 수동조작버튼을 안전클립 제거 후 누름
   ② 수동조작함 작동 : 연동 전환 후 수동조작함의 기동스위치를 누름
   ③ 교차회로 감지기 동작 : 교차회로 감지기 동작, 수신기의 동작시험스위치와 회로선택스위치로 동작시험 수행
      가. A회로 선택 후 동작시험스위치를 누름
      나. B회로 전환 후 연동 상태
      다. 지연시간 경과 후
      라. 솔레노이드밸브 격발
5. 동작 확인
   ① 해당 구역의 적정 여부 확인
   ② 지연장치의 지연시간 체크(ABORT 스위치 작동)
   ③ 경보발령 여부(사이렌)
   ④ 자동폐쇄장치 작동 및 환기장치 정지 여부
6. 확인 후 복구
   ① 제어반의 복구스위치 복구
   ② 제어반의 솔레노이드밸브 연동정지
   ③ 솔레노이드밸브 복구 : 작동 점검 시 격발된 솔레노이드밸브 복구
   ④ 솔레노이드밸브에 안전핀을 체결 후 기동용기에 결합
   ⑤ 제어반의 스위치를 연동 상태 확인 후 솔레노이드밸브에서 안전핀 분리
   ⑥ 점검 전 분리한 조작동관 결합

01
이산화탄소소화설비에서 수동식 기동장치의 부근에 설치하는 비상스위치의 설치기준을 쓰시오.

I 해답 I

수동식 기동장치의 부근에는 소화약제의 방출을 지연시킬 수 있는 방출지연스위치(자동복귀형 스위치로서 수동식 기동장치의 타이머를 순간 정치시키는 기능의 스위치를 말한다)를 설치해야 한다.

02
이산화탄소소화설비에서 하나의 특정소방대상물 또는 그 부분에 2 이상의 방호구역 또는 방호대상물이 있어 이산화탄소 저장용기를 공용하는 경우의 선택밸브 설치기준을 쓰시오.

I 해답 I

① 방호구역 또는 방호대상물마다 설치할 것
② 각 선택밸브에는 그 담당 방호구역 또는 방호대상물을 표시할 것

03
이산화탄소소화설비의 분사헤드 설치 제외 장소를 쓰시오.

I 해답 I

① 방재실·제어실 등 사람이 상시 근무하는 장소
② 니트로셀룰로스·셀룰로이드제품 등 자기연소성물질을 저장·취급하는 장소
③ 나트륨·칼륨·칼슘 등 활성금속물질을 저장·취급하는 장소
④ 전시장 등의 관람을 위하여 다수인이 출입·통행하는 통로 및 전시실 등

04
이산화탄소소화설비에서 안전시설의 설치기준을 쓰시오.

┃해답┃

① 소화약제 방출 시 방호구역 내와 부근에 가스 방출 시 영향을 미칠 수 있는 장소에 시각경보장치를 설치하여 소화약제가 방출되었음을 알도록 할 것
② 방호구역의 출입구 부근 잘 보이는 장소에 약제방출에 따른 위험경고표지를 부착할 것

05
CO_2 방사에 따른 최소이론농도(28%) 및 최소설계농도(34%)를 설명하시오.

┃해답┃

1. 최소이론농도

CO_2 농도식에 연소한계농도 $O_2 = 15\%$를 적용하면 $CO_2 = \dfrac{21-15}{21} \times 100 ≒ 28\%$가 나오고 이 값은 무유출(No Efflux)을 전제로 한 것이므로 최소농도가 되며, 이는 실험식이 아닌 계산에 의해 산정된 것으로 이를 CO_2가스의 최소이론농도라 한다.

2. 최소설계농도

최소이론농도는 결국 최소소화농도이며, 설계 시 적용하는 설계농도는 CO_2의 경우 안전율 20%를 고려하여 $28\% \times 1.2 ≒ 34\%$가 되며 이를 최소설계농도라 한다.

06
인화성 액체위험물의 화재 시 이산화탄소소화약제를 방사하여 산소농도를 15%로 감소시켜 소화하려 한다. 이때 CO_2 농도는 몇 %가 되어야 하는가?

┃해답┃

$CO_2(\%) = \dfrac{21-15}{21} \times 100 = 28.571 ≒ 28.57\%$

07
가스압력식 기동장치가 설치된 이산화탄소소화설비의 작동시험 시 전자개방밸브(솔레노이드밸브)의 작동방법을 쓰시오.

| 해답 |

① 방호구역 내 감지기의 동작(교차회로로 2개 회로 동작)
② 제어반(수신반)에서 교차회로 감지기 동작시험으로 2개 회로 동작 조작
③ 수동조작함의 기동스위치 조작
④ 제어반(수신반)의 수동기동스위치 조작으로 수동 기동
⑤ 기동용기의 솔레노이드밸브에 안전클립 제거 후 수동 기동

08
이산화탄소(가스계)소화설비의 솔레노이드 작동 후 방호구역 내에 약제가 방출되지 않는 원인을 쓰시오.

| 해답 |

① 기동용 용기에 가스가 없는 경우
② 약제 저장용기에 약제가 없는 경우
③ 솔레노이드 안전핀의 체결
④ 선택밸브의 고착으로 인한 작동 불량
⑤ 기동용 동관의 변형 또는 누기
⑥ 기동용 동관 체크밸브의 체결방향이 반대인 경우

09
이산화탄소(가스계)소화설비의 피드백(Feed Back) 배관의 동작원리를 간단히 설명하시오.

┃해답┃

기동용기가 개방되면 기동용기는 선택밸브를 개방한 후 조작동관에 연결된 약제 저장용기를 개방하게 되며, 개방된 저장용기의 가스는 연결관을 통해 집합관에 모여 개방된 선택밸브를 통하여 방호구역에 방사되고, 이때 선택밸브 2차 측에 설치된 압력스위치에 연결되는 조작동관에 소화가스가 유입되어 압력스위치를 동작시킴과 동시에 피드백시켜 놓은 조작 동관으로도 충분한 양의 소화가스가 유입되어 이 유입된 소화가스의 압력으로 개방되어야 할 저장용기의 니들밸브를 100% 개방시킨다.

10
이산화탄소소화설비에서 수동잠금밸브의 설치위치 및 설치목적을 쓰시오.

┃해답┃

1. **수동잠금밸브의 설치위치**

   소화약제 저장용기와 선택밸브 사이의 집합배관에는 수동잠금밸브를 설치하되 선택밸브 직전에 설치할 것. 다만, 선택밸브가 없는 설비의 경우에는 저장용기실 내에 설치하되 조작 및 점검이 쉬운 위치에 설치하여야 한다.

2. **수동잠금밸브의 설치목적**

   작업자 등이 작업 등을 하기 위해 방호구역 내에 입실하기 전에 수동으로 잠금 후에 혹시 모를 이산화탄소소화약제가 방사되어 해당 구역의 배관에 들어가 인명피해가 생기는 것을 방지하기 위한 것이다.

11

이산화탄소소화설비 계통도를 그리시오.

〈조건〉
1. 전역방출방식으로 2개의 방호구역으로 구획되어 있다.
2. 약제 저장용기는 총 8병이다.
3. 방호구역 1은 화재 시 6병의 약제를 방출한다.
4. 방호구역 2는 화재 시 8병의 약제를 방출한다.
5. 소화약제를 공유하므로 선택밸브를 사용한다.
6. 기동방식은 가스압력식 기동방식이다.
7. 도시기호를 이용하여 그린다.
8. 가스체크밸브는 최소사용량을 기준으로 한다.

∥해답∥

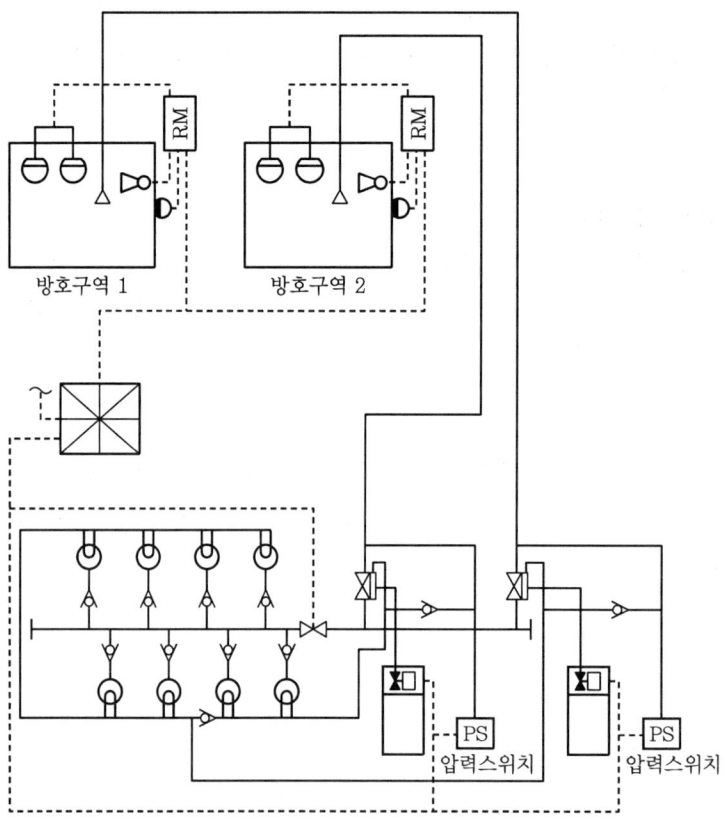

PART 03 화재안전기술기준 및 점검방법

12

이산화탄소소화설비에 대한 물음에 답하시오.

1. 이산화탄소소화설비의 종합정밀 점검항목 중 기동장치의 점검항목
2. 가스계 소화설비 점검 전 안전조치사항
3. 가스계 소화설비 점검 시 점검방법에 대하여 간략히 쓰시오.
    ① 기동용기함의 솔레노이드밸브 격발시험방법 4가지를 쓰시오.
    ② 이산화탄소소화설비의 방호구역 내에 설치된 교차회로 감지기를 동시에 작동시킨 후 이산화탄소소화설비의 정상 작동 여부를 판단할 수 있는 확인사항들에 대해 쓰시오.
    ③ 수동조작함 점검 시 수동조작함 작동 후 확인사항을 쓰시오.
    ④ 방출표시등 점검 시 압력스위치에 의한 점검방법 및 확인사항을 쓰시오.
    ⑤ 방출표시등 점검 시 방출표시등과 동시에 점등되는 확인등을 쓰시오.
4. 이산화탄소소화설비의 안전시설에 대하여 쓰시오.
    ① 이산화탄소소화설비에 설치하는 안전시설 설치기준을 쓰시오.
    ② 「소방시설 자체점검사항 등에 관한 고시」 중 이산화탄소소화설비 종합정밀 점검항목 중 안전시설의 점검항목을 쓰시오.
    ③ 「소방시설 설치 및 관리에 관한 법률」 별표 4에서 인명구조기구를 설치하여야 하는 특정소방대상물 중 공기호흡기를 설치해야 하는 대상을 쓰시오.

▮해답▮

1. 이산화탄소소화설비 종합정밀 점검항목 중 기동장치의 점검항목

① 수동식 기동장치
    가. 방호구역별 출입구 부근 소화약제 방출표시등 설치 및 정상 작동 여부
    나. 기동장치 부근에 비상스위치 설치 여부
    다. 기동장치 설치 적정(출입구 부근 등, 높이, 보호장치, 표지, 전원표시등) 여부
    라. 방출용 스위치 음향경보장치 연동 여부
    마. 방호구역별 또는 방호대상별 기동장치 설치 여부
② 자동식 기동장치
    가. 방호구역별 출입구 부근 소화약제 방출표시등 설치 및 정상 작동 여부
    나. 감지기 작동과의 연동 및 수동기동 가능 여부
    다. 기동용 가스용기의 용적, 충전압력 적정 여부(가스압력식 기동장치의 경우)
    라. 저장용기 수량에 따른 전자 개방밸브 수량 적정 여부(전기식 기동장치의 경우)

마. 기동용 가스용기의 안전장치, 압력게이지 설치 여부(가스압력식 기동장치의 경우)
　　바. 저장용기 개방구조 적정 여부(기계식 기동장치의 경우)

2. 가스계 소화설비 점검 전 안전조치사항
① 기동용기에서 선택밸브에 연결된 조작동관 분리
② 기동용기에서 저장용기에 연결된 개방용동관 분리
③ 제어반의 솔레노이드밸브 연동정지
④ 솔레노이드밸브에 안전핀 체결 후 분리, 안전핀 제거 후 격발 준비

3. 가스계 소화설비 점검 시 점검방법에 대하여 간략히 쓰시오.
① 기동용기함의 솔레노이드밸브 격발시험방법 4가지를 쓰시오.
　　가. 수동조작버튼 작동 [즉시 격발] : 연동전환 후 기동용기 솔레노이드밸브에 부착되어 있는 수동조작버튼을 안전클립 제거 후 누름
　　나. 수동조작함 작동 : 연동전환 후 수동조작함의 기동스위치 누름
　　다. 교차회로 감지기 동작 : 연동전환 후 방호구역 내 교차회로 감지기 동작(단, 열연복합형의 경우는 1개 회로 연속동작)
　　라. 제어반 수동조작 스위치 동작 : 솔레노이드밸브 선택스위치를 수동위치로 전환 후 정지에서 기동위치로 전환하여 동작시킴
② 이산화탄소소화설비의 방호구역 내에 설치된 교차회로 감지기를 동시에 작동시킨 후 이산화탄소소화설비의 정상 작동 여부를 판단할 수 있는 확인사항들에 대해 쓰시오.
　　가. 제어반의 화재표시등 및 방호구역의 감지기 동작 표시등 점등
　　나. 해당 방호구역의 음향경보장치 동작
　　다. 제어반의 지연장치 동작 확인
　　라. 제어반의 방출에 따른 압력스위치 동작 확인
　　마. 압력스위치 동작에 따른 방출표시등 점등 확인
　　바. 자동폐쇄장치 및 환기장치등의 정지 상태 확인
③ 수동조작함 점검 시 수동조작함 작동 후 확인사항을 쓰시오.
　　가. 보호장치 개방 시 경보음 발생 여부
　　나. 기동스위치 정상 작동 유무(제어반, 음향장치 등)
　　다. 표시등 점등 여부
　　라. 방출지연스위치 정상 여부
　　마. 지연시간 세팅값 정상 여부
　　바. 옥외설치 시 방수형 구조 여부

④ 방출표시등 점검 시 압력스위치에 의한 점검방법 및 확인사항을 쓰시오.
   가. 압력스위치의 테스트 버튼을 당긴다.
   나. 방호구역 출입문 상부의 방출표시등 점등상태 확인
   다. 수동조작함에서 "방출"램프 점등 확인
   라. 수신반(감시제어반) 방출표시등 점등 확인
   마. 해당 구역의 사이렌 출력 확인
   바. '가'의 압력스위치를 테스트 버튼을 다시 눌러 복구
⑤ 방출표시등 점검 시 방출표시등과 동시에 점등되는 확인등을 쓰시오.
   가. 방호구역 출입문 상단에 설치된 방출표시등의 점등 여부
   나. 수동조작함(수동기동장치) 방출등(적색) 점등 여부
   다. 제어반의 방출표시등

4. 이산화탄소소화설비의 안전시설에 대하여 쓰시오.

① 이산화탄소소화설비에 설치하는 안전시설 설치기준을 쓰시오.
   가. 소화약제 방출 시 방호구역 내와 부근에 가스방출 시 영향을 미칠 수 있는 장소에 시각경보장치를 설치하여 소화약제가 방출되었음을 알도록 할 것
   나. 방호구역의 출입구 부근 잘 보이는 장소에 약제방출에 따른 위험경고표지를 부착할 것
② 「소방시설 자체점검사항 등에 관한 고시」 중 이산화탄소소화설비 종합정밀 점검항목 중 안전시설의 점검항목을 쓰시오.
   가. 소화약제 방출알림 시각경보장치 설치기준 적합 및 정상 작동 여부
   나. 방호구역 출입구 부근 잘 보이는 장소에 소화약제 방출 위험경고표지 부착 여부
   다. 방호구역 출입구 외부 인근에 공기호흡기 설치 여부
③ 공기호흡기 설비 대상
   가. 수용인원 100명 이상인 문화 및 집회시설 중 영화상영관
   나. 판매시설 중 대규모점포
   다. 운수시설 중 지하역사
   라. 지하상가
   마. 이산화탄소소화설비(호스릴이산화탄소소화설비는 제외한다)를 설치해야 하는 특정소방대상물
   바. 지하층을 포함하는 층수가 7층 이상인 것 중 관광호텔 용도로 사용하는 층
   사. 지하층을 포함하는 층수가 5층 이상인 것 중 병원 용도로 사용하는 층

CHAPTER 11 분말소화설비

1. 분말소화설비 계통도

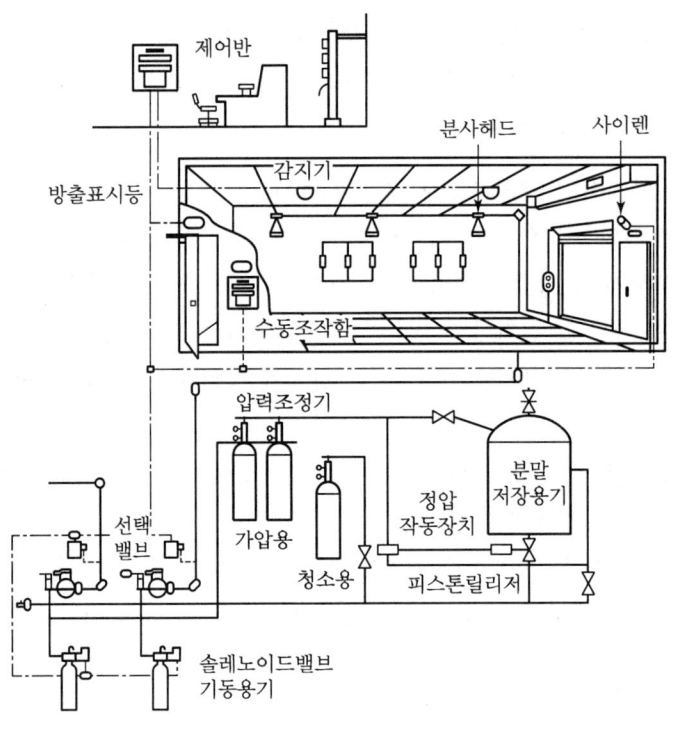

2. 약제 저장방식에 의한 분류

1) 가압식 : 별도의 저장용기에 압력가스를 저장하여 사용하는 것
2) 축압식 : 용기 내에 압력을 충전한 것으로, 지시압력계가 부착된 것

구분	내용
가압식	① N_2 : 소화약제 1kg당 → 40L 이상 ② CO_2 : 소화약제 1kg당 → 20g + 배관 청소에 필요한 양 이상
축압식	① N_2 : 소화약제 1kg당 → 10L 이상 ② CO_2 : 소화약제 1kg당 → 20g + 배관 청소에 필요한 양 이상
공통사항	배관의 청소에 필요한 양의 가스는 별도의 용기에 저장할 것

3. 구조원리

1) 가압용기

분말소화약제의 소화약제 저장용기에 접속하여 설치되며, 3병 이상 설치한 경우에는 2개 이상의 용기에 전자개방밸브를 부착해야 한다. 가압용기에는 25kg/cm² 이하의 압력에서 조정 가능한 압력조정기를 설치해야 한다.

2) 압력조정기(Pressure regulator)

가압용기의 가압용가스(질소 또는 이산화탄소) 저장압력을 약제저장용기의 분말소화약제 혼합 및 방출에 필요한 2.5MPa로 조정하는 것으로, 1차 압력계는 가압용기에서 방출되는 압력을 표시하며, 2차 압력계는 사용에 필요한 압력을 표시한다. 2차 압력의 조절은 압력 조정용 핸들을 조작하여야 한다.

3) 저장용기

안전밸브, 정압작동장치, 청소장치, 축압식의 분말소화설비는 사용 압력의 범위를 표시한 지시압력계를 설치하여야 한다.

4) 정압작동장치

일정 압력이 되면 작동하여 저장용기의 방출밸브를 개방한다.

구분	내용
가스압력식 (압력스위치 방식)	약제탱크 내압이 소정의 압력에 달하였을 때 압력스위치의 작동으로 솔레노이드밸브 개방
기계식 (스프링 방식)	약제탱크 내 가스의 압력이 작동압력 이상이 되면 약제탱크 내 내장된 스프링의 힘으로 방출밸브 개방
전기식 (타이머 방식)	일정한 시간을 타이머 등을 이용하여 미리 설정하고 일정 시간이 경과하면 릴레이가 작동하여 솔레노이드밸브 개방
봉판식	저장탱크의 내압에 의해 파괴할 봉판을 설치하여 봉판이 파괴되면 방출밸브 개방
기계로크식	저장탱크의 내압이 소정의 압력에 달했을 때 이 내압에 의해 밸브의 로크를 풀어 밸브의 가스통로를 열어서 방출밸브 개방

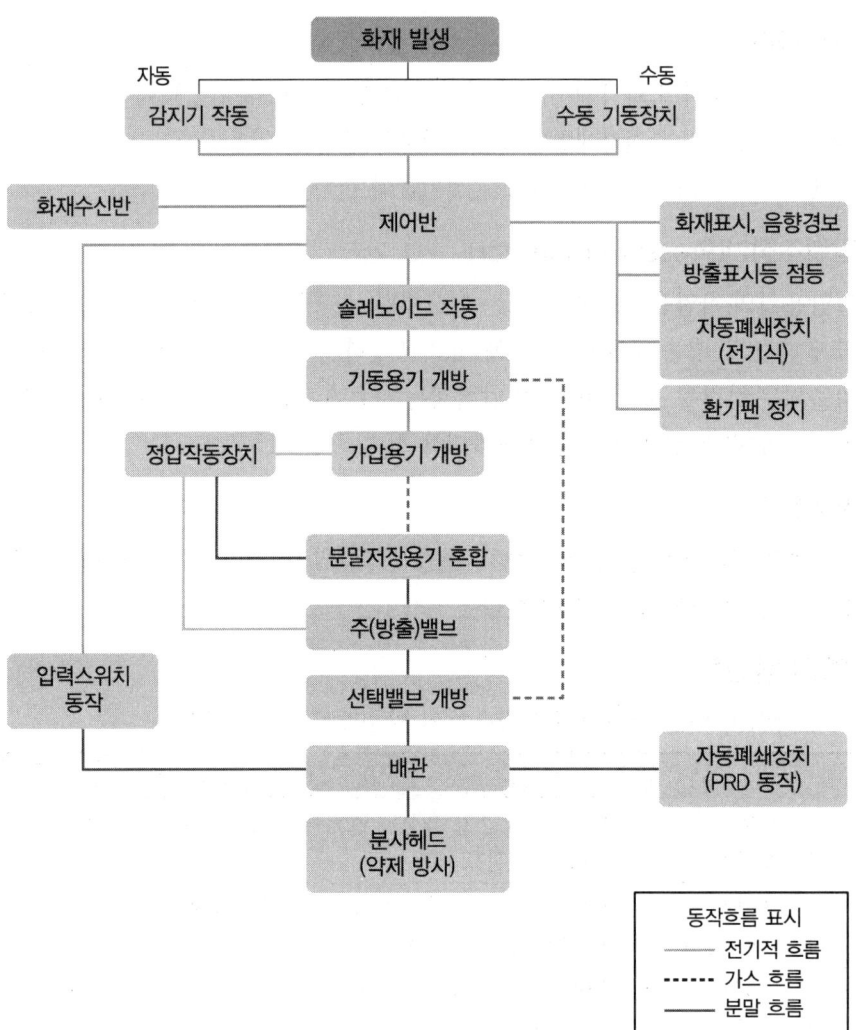

01
분말소화설비에서 약제 저장용기를 클리닝하는 방법을 설명하시오(다만, 가스 도입밸브는 일체형을 사용한 방식이다).

| 해답 |

분말소화약제 저장용기 청소방법
① 해당 구역의 선택밸브 개방
② 가스도입밸브를 클리닝으로 전환
③ 배기밸브를 개방하여 약제저장탱크 내 잔류가스 배출
④ 배기밸브 폐쇄
⑤ 클리닝을 위한 질소가스를 연결 및 질소가스 주입
⑥ 질소가스를 통해 방호구역의 헤드까지 배관 내 잔류한 분말약제 청소

02
분말소화약제 중 제3종 분말소화약제의 방진작용 및 각각 166℃, 216℃, 316℃에서 열분해반응식을 쓰시오.

| 해답 |

1. 방진작용의 개념
$NH_4H_2PO_4 \rightarrow HPO_3 + NH_3 + H_2O$

열분해되면서 불연성을 가진 용융성의 메타인산(HPO_3)이 가연물의 표면에 점착되어 훈소에 필요한 다공성 틈새를 막아 소화효과를 나타내는 것(A급 화재에 적응성 있음)

2. 열분해반응식
① 166℃ : $NH_4H_2PO_4 \rightarrow H_3PO_4 + NH_3 - Q\,kcal$(올소인산)
② 216℃ : $2H_3PO_4 \rightarrow H_4P_2O_7 + H_2O - Q\,kcal$(피로인산)
③ 316℃ : $H_4P_2O_7 \rightarrow 2HPO_3 + H_2O - Q\,kcal$(메타인산)

03
분말소화설비에서 분말소화약제의 종류, 주성분, 적응화재 및 색상을 쓰시오.

| 해답 |

종류	주성분	적응화재	색상
제1종 분말	중탄산나트륨($NaHCO_3$)	B, C급	백색
제2종 분말	중탄산칼륨($KHCO_3$)	B, C급	회색
제3종 분말	인산암모늄($NH_4H_2PO_4$)	A, B, C급	분홍색
제4종 분말	중탄산칼륨+요소 ($KHCO_3+CO(NH_2)_2$)	B, C급	회색

04
분말소화설비에서 제3종 분말소화약제의 소화효과를 쓰시오.

| 해답 |

$NH_4H_2PO_4 \rightarrow NH_3 + H_2O + HPO_3 - Q\,kcal$

① 질식효과 : NH_3, H_2O에 의해 가연물 표면을 덮어 산소공급 차단

② 냉각효과 : 분말소화약제의 열분해 반응($-Q\,kcal$)에 의한 흡열반응

③ 방진효과 : 메타인산(HPO_3)에 의해 가연물의 표면에 점착되어 작용하는 소화효과

④ 부촉매작용 : NH_3^+ 이온의 부촉매에 의한 연쇄반응 억제

⑤ 탈수작용 : H_3PO_4(올소인산)에 의해 셀룰로스의 탈수 및 탄화로 급속히 변환하는 작용

CHAPTER 12 고체에어로졸소화설비

1. 설치 제외

고체에어로졸소화설비는 다음의 물질을 포함한 화재 또는 장소에는 사용할 수 없다. 다만, 그 사용에 대한 국가 공인시험기관의 인증이 있는 경우에는 그렇지 않다.

1) 니트로셀룰로스, 화약 등의 산화성 물질
2) 리튬, 나트륨, 칼륨, 마그네슘, 티타늄, 지르코늄, 우라늄 및 플루토늄과 같은 자기반응성 금속
3) 금속 수소화물
4) 유기 과산화수소, 히드라진 등 자동 열분해를 하는 화학물질
5) 가연성 증기 또는 분진 등 폭발성 물질이 대기에 존재할 가능성이 있는 장소

2. 고체에어로졸발생기

1) 고체에어로졸발생기는 다음의 기준에 따라 설치한다.
    (1) 밀폐성이 보장된 방호구역 내에 설치하거나, 밀폐성능을 인정할 수 있는 별도의 조치를 취할 것
    (2) 천장이나 벽면 상부에 설치하되 고체에어로졸 화합물이 균일하게 방출되도록 설치할 것
    (3) 직사광선 및 빗물이 침투할 우려가 없는 곳에 설치할 것
    (4) 고체에어로졸발생기는 다음 각 기준의 최소 열 안전이격거리를 준수하여 설치할 것
        ① 인체와의 최소 이격거리는 고체에어로졸 방출 시 75℃를 초과하는 온도가 인체에 영향을 미치지 않는 거리
        ② 가연물과의 최소 이격거리는 고체에어로졸 방출 시 200℃를 초과하는 온도가 가연물에 영향을 미치지 않는 거리
    (5) 하나의 방호구역에는 동일 제품군 및 동일한 크기의 고체에어로졸발생기를 설치할 것
    (6) 방호구역의 높이는 형식승인 받은 고체에어로졸발생기의 최대 설치높이 이하로 할 것

2) 고체에어로졸화합물의 양

방호구역 내 소화를 위한 고체에어로졸화합물의 최소 질량은 다음의 식에 따라 산출한 양 이상으로 산정해야 한다.

$$m = d \times V$$

여기서, m : 필수소화약제량(g)
　　　　d : 설계밀도(g/m³) = 소화밀도(g/m³) × 1.3(안전계수)
　　　　　소화밀도 : 형식승인 받은 제조사의 설계 매뉴얼에 제시된 소화밀도
　　　　V : 방호체적(m³)

3. 기동

1) 고체에어로졸소화설비는 화재감지기 및 수동식 기동장치의 작동과 연동하여 기계적 또는 전기적 방식으로 작동해야 한다.
2) 고체에어로졸소화설비의 기동 시에는 1분 이내에 고체에어로졸 설계밀도의 95% 이상을 방호구역에 균일하게 방출해야 한다.
3) 고체에어로졸소화설비의 수동식 기동장치는 다음의 기준에 따라 설치해야 한다.
    (1) 제어반마다 설치할 것
    (2) 방호구역의 출입구마다 설치하되 출입구 인근에 사람이 쉽게 조작할 수 있는 위치에 설치할 것
    (3) 기동장치의 조작부는 바닥으로부터 0.8m 이상 1.5m 이하의 위치에 설치할 것
    (4) 기동장치의 조작부에 보호판 등의 보호장치를 부착할 것
    (5) 기동장치 인근의 보기 쉬운 곳에 "고체에어로졸소화설비 수동식 기동장치"라고 표시한 표지를 부착할 것
    (6) 전기를 사용하는 기동장치에는 전원표시등을 설치할 것
    (7) 방출용 스위치의 작동을 명시하는 표시등을 설치할 것
    (8) 50N 이하의 힘으로 방출용 스위치를 기동할 수 있도록 할 것
4) 고체에어로졸의 방출을 지연시키기 위해 방출지연스위치를 다음의 기준에 따라 설치해야 한다.
    (1) 수동으로 작동하는 방식으로 설치하되 누르고 있는 동안만 지연되도록 할 것
    (2) 방호구역의 출입구마다 설치하되 피난이 용이한 출입구 인근에 사람이 쉽게 조작할 수 있는 위치에 설치할 것
    (3) 방출지연스위치 작동 시에는 음향경보를 발할 것

(4) 방출지연스위치 작동 중 수동식 기동장치가 작동되면 수동식 기동장치의 기능이 우선될 것

4. 제어반 등

1) 고체에어로졸소화설비의 제어반은 다음의 기준에 따라 설치해야 한다.
   (1) 전원표시등을 설치할 것
   (2) 화재, 진동 및 충격에 따른 영향과 부식의 우려가 없고 점검에 편리한 장소에 설치할 것
   (3) 제어반에는 해당 회로도 및 취급설명서를 비치할 것
   (4) 고체에어로졸소화설비의 작동방식(자동 또는 수동)을 선택할 수 있는 장치를 설치할 것
   (5) 수동식 기동장치 또는 화재감지기에서 신호를 수신할 경우 다음의 기능을 수행할 것
      ① 음향경보장치의 작동
      ② 고체에어로졸의 방출
      ③ 기타 제어기능 작동

2) 고체에어로졸소화설비의 화재표시반은 다음의 기준에 따라 설치해야 한다. 다만, 자동화재탐지설비의 수신기의 제어반이 화재표시반의 기능을 가지고 있는 경우 화재표시반을 설치하지 않을 수 있다.
   (1) 전원표시등을 설치할 것
   (2) 화재, 진동 및 충격에 따른 영향 및 부식의 우려가 없고 점검에 편리한 장소에 설치할 것
   (3) 화재표시반에는 해당 회로도 및 취급설명서를 비치할 것
   (4) 고체에어로졸소화설비의 작동방식(자동 또는 수동)을 표시등으로 명시할 것
   (5) 고체에어로졸소화설비가 기동할 경우 음향장치를 통해 경보를 발할 것
   (6) 제어반에서 신호를 수신할 경우 방호구역별 경보장치의 작동, 수동식 기동장치의 작동 및 화재감지기의 작동 등을 표시등으로 명시할 것

3) 고체에어로졸소화설비가 설치된 구역의 출입구에는 고체에어로졸의 방출을 명시하는 표시등을 설치해야 한다.

4) 고체에어로졸소화설비의 오작동을 제어하기 위해 제어반 인근에 설비정지스위치를 설치해야 한다.

5. 음향장치

고체에어로졸소화설비의 음향장치는 다음의 기준에 따라 설치해야 한다.
1) 화재감지기가 작동하거나 수동식 기동장치가 작동할 경우 음향장치가 작동할 것
2) 음향장치는 방호구역마다 설치하되 해당 구역의 각 부분으로부터 하나의 음향장치까지의 수평거리는 25m 이하가 되도록 할 것
3) 음향장치는 경종 또는 사이렌(전자식 사이렌을 포함한다)으로 하되, 주위의 소음 및 다른 용도의 경보와 구별이 가능한 음색으로 할 것. 이 경우 경종 또는 사이렌은 자동화재탐지설비·비상벨설비 또는 자동식사이렌설비의 음향장치와 겸용할 수 있다.
4) 주음향장치는 화재표시반의 내부 또는 그 직근에 설치할 것
5) 음향장치는 다음의 기준에 따른 구조 및 성능의 것으로 할 것
   ① 정격전압의 80% 전압에서 음향을 발할 수 있는 것으로 할 것
   ② 음량은 부착된 음향장치의 중심으로부터 1m 떨어진 위치에서 90dB 이상이 되는 것으로 할 것
6) 고체에어로졸의 방출 개시 후 1분 이상 경보를 계속 발할 것

6. 화재감지기

고체에어로졸소화설비의 화재감지기는 다음의 기준에 따라 설치해야 한다.
1) 고체에어로졸소화설비에는 다음의 감지기 중 하나를 설치할 것
   ① 광전식 공기흡입형 감지기
   ② 아날로그 방식의 광전식 스포트형 감지기
   ③ 중앙소방기술심의위원회의 심의를 통해 고체에어로졸소화설비에 적응성이 있다고 인정된 감지기
2) 화재감지기 1개가 담당하는 바닥면적은 「자동화재탐지설비 및 시각경보장치의 화재안전기술기준(NFTC 203)」의 2.4.3의 규정에 따른 바닥면적으로 할 것

7. 방호구역의 자동폐쇄장치

고체에어로졸소화설비의 방호구역은 고체에어로졸소화설비가 기동할 경우 다음의 기준에 따라 자동적으로 폐쇄되어야 한다.
1) 방호구역 내의 개구부와 통기구는 고체에어로졸이 방출되기 전에 폐쇄되도록 할 것
2) 방호구역 내의 환기장치는 고체에어로졸이 방출되기 전에 정지되도록 할 것
3) 자동폐쇄장치의 복구장치는 제어반 또는 그 직근에 설치하고, 해당 장치를 표시하는 표지를 부착할 것

8. 비상전원

고체에어로졸소화설비에는 자가발전설비, 축전지설비(제어반에 내장하는 경우를 포함한다. 이하 같다) 또는 전기저장장치(외부 전기에너지를 저장해 두었다가 필요한 때 전기를 공급하는 장치. 이하 같다)에 따른 비상전원을 다음의 기준에 따라 설치해야 한다. 다만, 2 이상의 변전소(「전기사업법」 제67조에 따른 변전소를 말한다. 이하 같다)에서 전력을 동시에 공급받을 수 있거나 하나의 변전소로부터 전력의 공급이 중단되는 때에는 자동으로 다른 변전소로부터 전력을 공급받을 수 있도록 상용전원을 설치한 경우에는 비상전원을 설치하지 않을 수 있다.

1) 점검에 편리하고 화재 및 침수 등의 재해로 인한 피해를 받을 우려가 없는 곳에 설치할 것
2) 고체에어로졸소화설비에 최소 20분 이상 유효하게 전원을 공급할 것
3) 상용전원으로부터 전력의 공급이 중단된 때에는 자동으로 비상전원으로부터 전력을 공급받을 수 있도록 할 것
4) 비상전원의 설치장소는 다른 장소와 방화구획할 것(제어반에 내장하는 경우는 제외한다). 이 경우 그 장소에는 비상전원의 공급에 필요한 기구나 설비 외의 것(열병합발전설비에 필요한 기구나 설비는 제외한다)을 두어서는 아니 된다.
5) 비상전원을 실내에 설치하는 때에는 그 실내에 비상조명등을 설치할 것

9. 배선 등

1) 고체에어로졸소화설비의 배선은 「전기사업법」 제67조에 따른 「전기설비기술기준」에서 정한 것 외에 다음의 기준에 따라 설치해야 한다.
   ① 비상전원으로부터 제어반에 이르는 전원회로배선은 내화배선으로 할 것. 다만, 자가발전설비와 제어반이 동일한 실에 설치된 경우에는 자가발전기로부터 그 제어반에 이르는 전원회로배선은 그렇지 않다.
   ② 상용전원으로부터 제어반에 이르는 배선, 그 밖의 고체에어로졸소화설비의 감시회로 · 조작회로 또는 표시등회로의 배선은 내화배선 또는 내열배선으로 할 것. 다만, 제어반 안의 감시회로 · 조작회로 또는 표시등회로의 배선은 그렇지 않다.
   ③ 화재감지기의 배선은 「자동화재탐지설비 및 시각경보장치의 화재안전기술기준(NFTC 203)」 2.8(배선)의 기준에 따른다.
2) 1)에 따른 내화배선 및 내열배선에 사용되는 전선의 종류 및 설치방법은 「옥내소화전설비의 화재안전기술기준(NFTC 102)」 2.7.2의 표 2.7.2(1) 및 표 2.7.2(2)의 기준에 따른다.
3) 소화설비의 과전류차단기 및 개폐기에는 "고체에어로졸소화설비용"이라고 표시한 표지를 해야 한다.

4) 소화설비용 전기배선의 양단 및 접속단자에는 다음의 기준에 따른 표지 또는 표시를 해야 한다.
　① 단자에는 "고체에어로졸소화설비단자"라고 표시한 표지를 부착할 것
　② 소화설비용 전기배선의 양단에는 다른 배선과 식별이 용이하도록 표시할 것

10. 과압배출구

고체에어로졸소화설비가 설치된 방호구역에는 소화약제 방출 시 과압으로 인한 구조물 등의 손상을 방지하기 위하여 과압배출구를 설치해야 한다.

CHAPTER 13 비상경보설비 및 단독경보형감지기

1. 개요

① 화재의 발생 또는 상황을 소방대상물의 관계인에게 경보음 또는 음향으로 통보하여 초기소화활동 및 피난유도 등을 원활하게 하기 위한 목적으로 설치하는 설비로서 비상벨설비, 자동식 사이렌설비 및 단독경보형감지기가 있다.
② "비상벨설비"란 화재 발생 상황을 경종으로 경보하는 설비이며, "자동식사이렌설비"란 화재 발생 상황을 사이렌으로 경보하는 설비를 말한다.

2. 구성

기동장치(발신기 누름스위치), 음향장치(경종, 사이렌), 표시등, 이들 상호 간을 연결하는 배선 및 전원[상용전원, 비상전원(예비전원)]으로 구성되어 있다.

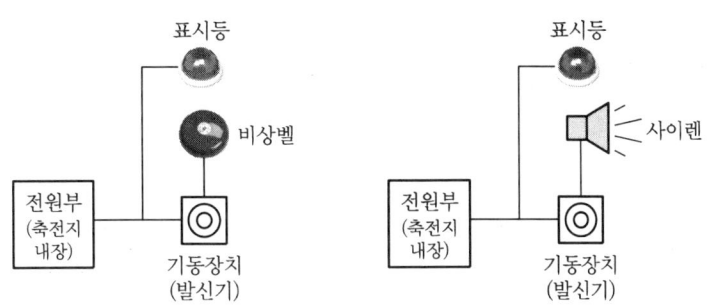

[비상벨설비의 구성]   [자동식사이렌설비의 구성]

3. 동작 순서

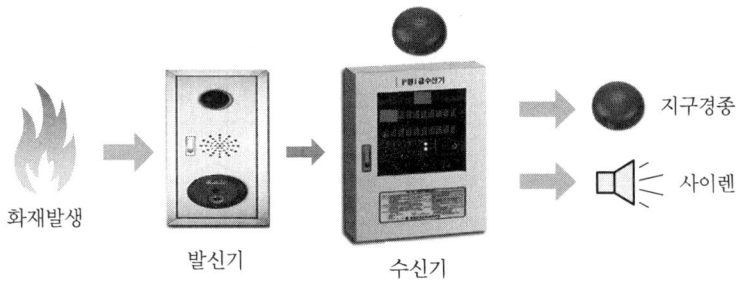

01
비상경보설비에서 비상벨설비 또는 자동식사이렌설비의 발신기 설치기준을 쓰시오.

❘ 해답 ❘

① 조작이 쉬운 장소에 설치하고, 조작스위치는 바닥으로부터 0.8m 이상 1.5m 이하의 높이에 설치할 것
② 특정소방대상물의 층마다 설치하되, 해당 층의 각 부분으로부터 하나의 발신기까지의 수평거리가 25m 이하가 되도록 할 것. 다만, 복도 또는 별도로 구획된 실로서 보행거리가 40m 이상일 경우에는 추가로 설치해야 한다.
③ 발신기의 위치표시등은 함의 상부에 설치하되, 그 불빛은 부착 면으로부터 15° 이상의 범위 안에서 부착지점으로부터 10m 이내의 어느 곳에서도 쉽게 식별할 수 있는 적색등으로 할 것

02
단독경보형감지기의 설치기준을 쓰시오.

❘ 해답 ❘

① 각 실(이웃하는 실내의 바닥면적이 각각 30m² 미만이고 벽체 상부의 전부 또는 일부가 개방되어 이웃하는 실내와 공기가 상호 유통되는 경우에는 이를 1개의 실로 본다)마다 설치하되, 바닥면적이 150m²를 초과하는 경우에는 150m²마다 1개 이상 설치할 것
② 계단실은 최상층의 계단실 천장(외기가 상통하는 계단실의 경우를 제외한다)에 설치할 것
③ 건전지를 주전원으로 사용하는 단독경보형감지기는 정상적인 작동상태를 유지할 수 있도록 주기적으로 건전지를 교환할 것
④ 상용전원을 주전원으로 사용하는 단독경보형감지기의 2차 전지는「소방시설 설치 및 관리에 관한 법률」제40조에 따라 제품검사에 합격한 것을 사용할 것

03

다음 물음에 답하시오.
1. 비상경보설비를 설치하여야 하는 특정소방대상물에 단독경보형 감지기를 설치하는 경우 비상경보설비가 설치 면제되기 위한 조건을 쓰시오.
2. 대통령령 또는 화재안전기준에 따라 강화된 소방시설에 적용하는 소방시설 중 노유자시설 및 의료시설에 적용하여야 하는 강화된 소방시설을 쓰시오.
3. 「소방시설 설치 및 관리에 관한 법률 시행령」 별표 5의 특정소방대상물의 소방시설 설치의 면제기준 중 단독경보형 감지기 설치를 면제하는 경우를 쓰시오.

▍해답 ▍

1. 비상경보설비를 설치하여야 하는 특정소방대상물에 단독경보형 감지기를 설치하는 경우 비상경보설비가 설치 면제되기 위한 조건

단독경보형 감지기를 2개 이상의 단독경보형 감지기와 연동하여 설치한 경우에는 그 설비의 유효범위에서 설치가 면제된다.

2. 대통령령 또는 화재안전기준에 따라 강화된 소방시설의 적용하는 소방시설 중 노유자시설 및 의료시설에 적용하여야 하는 강화된 소방시설

① 노유자시설 : 간이스프링클러설비, 자동화재탐지설비, 단독경보형 감지기
② 의료시설 : 스프링클러설비, 간이스프링클러설비, 자동화재탐지설비, 자동화재속보설비

3. 특정소방대상물의 소방시설 설치의 면제기준 중 단독경보형 감지기 설치를 면제하는 경우

자동화재탐지설비 또는 화재알림설비를 화재안전기준에 적합하게 설치한 경우

04

다음 물음에 답하시오.
1. 「소방시설 자체점검사항 등에 관한 고시」의 작동점검 시 단독경보형감지기 점검항목을 쓰시오.
2. 단독경보형감지기 중 건전지를 주전원으로 하는 감지기의 경우에는 건전지가 리튬전지 또는 이와 동등 이상의 지속적인 사용이 가능한 성능의 것이어야 하며, 건전지의 용량 산정 시 고려하여야 할 사항을 쓰시오.

▮해답▮

1. 작동점검 시 단독경보형감지기 점검항목
① 설치 위치(각 실, 바닥면적 기준 추가설치, 최상층 계단실) 적정 여부
② 감지기의 변형 또는 손상이 있는지 여부
③ 정상적인 감시상태를 유지하고 있는지 여부(시험작동 포함)

2. 단독경보형감지기 중 건전지의 용량 산정 시 고려사항
① 감시상태의 소비전류
② 점검 등에 따른 소비전류
③ 건전지의 자연방전전류
④ 건전지 교체 경보에 따른 소비전류
⑤ 부가장치가 설치된 경우에는 부가장치의 작동에 따른 소비전류
⑥ 기타 전류를 소모하는 기능에 대한 소비전류
⑦ 안전여유율

CHAPTER 14 비상방송설비

1. 개요

비상방송설비는 화재 발생 시 특정소방대상물 내 인원에게 스피커를 통하여 화재 발생 장소 등을 알려주어 소방활동 및 피난유도 등을 원활하게 하기 위한 목적으로 설치되는 설비이다. 지구음향장치가 들리지 않는 곳까지 대피 및 화재 발생 방송을 전달할 수 있으며, 일반적으로 업무용 방송설비와 겸용으로 설치한다.

2. 구성

기동장치(수신기), 증폭기(AMP), 조작부, 확성기(스피커)

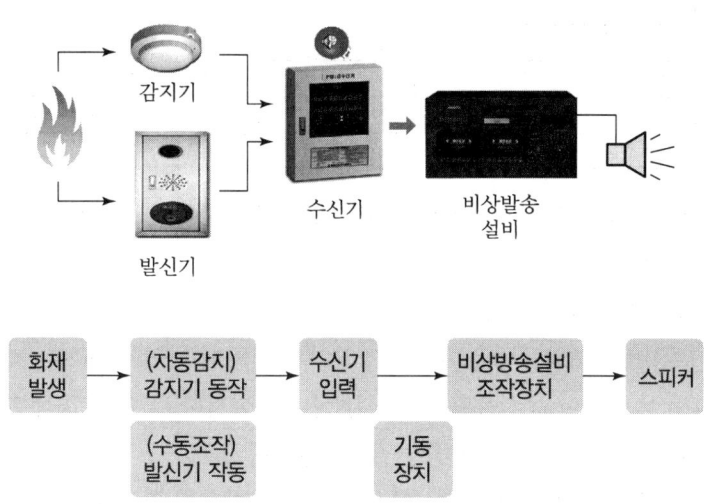

[비상방송설비의 동작 개요도(예시)]

3. 설치기준

1) 확성기의 음성입력은 3W(실내에 설치하는 것에 있어서는 1W) 이상일 것
2) 확성기는 각 층마다 설치하되, 그 층의 각 부분으로부터 하나의 확성기까지의 수평거리가 25m 이하가 되도록 하고, 해당 층의 각 부분에 유효하게 경보를 발할 수 있도록 설치할 것
3) 음량조정기를 설치하는 경우 음량조정기의 배선은 3선식으로 할 것

4) 조작부의 조작스위치는 바닥으로부터 0.8m 이상 1.5m 이하의 높이에 설치할 것
5) 조작부는 기동장치의 작동과 연동하여 해당 기동장치가 작동한 층 또는 구역을 표시할 수 있는 것으로 할 것
6) 증폭기 및 조작부는 수위실 등 상시 사람이 근무하는 장소로서 점검이 편리하고 방화상 유효한 곳에 설치할 것
7) 층수가 11층(공동주택의 경우에는 16층) 이상의 특정소방대상물은 다음의 기준에 따라 경보를 발할 수 있도록 하여야 한다.
   ① 2층 이상의 층에서 발화한 때에는 발화층 및 그 직상 4개 층에 경보를 발할 것
   ② 1층에서 발화한 때에는 발화층·그 직상 4개 층 및 지하층에 경보를 발할 것
   ③ 지하층에서 발화한 때에는 발화층·그 직상층 및 기타의 지하층에 경보를 발할 것

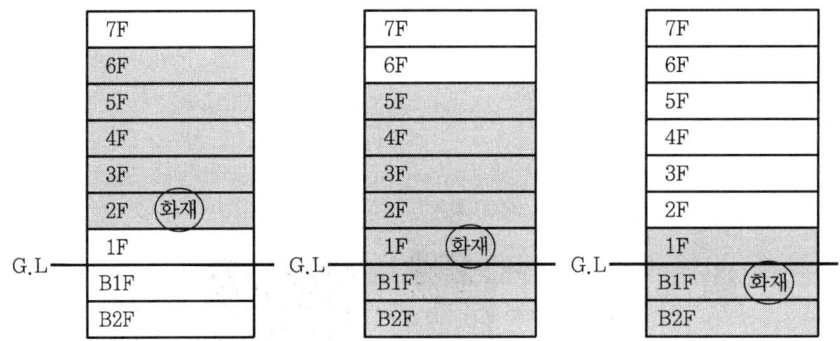

8) 다른 방송설비와 공용하는 것에 있어서는 화재 시 비상경보 외의 방송을 차단할 수 있는 구조로 할 것
9) 다른 전기회로에 따라 유도장애가 생기지 아니하도록 할 것
10) 하나의 특정소방대상물에 2 이상의 조작부가 설치되어 있는 때에는 각각의 조작부가 있는 장소 상호 간에 동시통화가 가능한 설비를 설치하고, 어느 조작부에서도 해당 특정소방대상물의 전 구역에 방송을 할 수 있도록 할 것
11) 기동장치에 따른 화재신호를 수신한 후 필요한 음량으로 화재발생 상황 및 피난에 유효한 방송이 자동으로 개시될 때까지의 소요시간은 10초 이내로 할 것
12) 음향장치는 다음의 기준에 따른 구조 및 성능의 것으로 하여야 한다.
    ① 정격전압의 80% 전압에서 음향을 발할 수 있는 것을 할 것
    ② 자동화재탐지설비의 작동과 연동하여 작동할 수 있는 것으로 할 것

01

「소방시설 설치 및 관리에 관한 법률 시행령」에 따라 비상방송설비를 설치하여야 하는 특정소방대상물을 쓰시오.

│해답│

① 연면적 3천 5백m² 이상인 것은 모든 층
② 지하층을 제외한 층수가 11층 이상인 것은 모든 층
③ 지하층의 층수가 3층 이상인 것은 모든 층
단, 위험물 저장 및 처리 시설 중 가스시설, 사람이 거주하지 않거나 벽이 없는 축사 등 동물 및 식물 관련 시설, 터널 및 지하구는 제외

02

비상방송설비의 음향장치 설치기준 중 우선경보방식의 기준을 쓰시오.

│해답│

층수가 11층(공동주택의 경우에는 16층) 이상의 특정소방대상물은 다음의 기준에 따라 경보를 발할 수 있도록 하여야 한다.
① 2층 이상의 층에서 발화한 때에는 발화층 및 그 직상 4개 층에 경보를 발할 것
② 1층에서 발화한 때에는 발화층·그 직상 4개 층 및 지하층에 경보를 발할 것
③ 지하층에서 발화한 때에는 발화층·그 직상층 및 기타의 지하층에 경보를 발할 것

03

비상방송설비에 대한 물음에 답하시오.
1. 「소방시설 자체점검사항 등에 관한 고시」 중 비상방송설비 점검표의 종합점검표의 배선 점검항목을 쓰시오.
2. 고층건축물의 화재안전기술기준에서 비상방송설비 설치기준을 쓰시오.

해답

1. 비상방송설비의 종합점검표의 배선 점검항목
  ① 음량조절기를 설치한 경우 3선식 배선 여부
  ② 하나의 층에 단락, 단선 시 다른 층의 화재통보 적부

2. 고층건축물의 비상방송설비 설치기준
  ① 비상방송설비의 음향장치는 다음의 기준에 따라 경보를 발할 수 있도록 하여야 한다.
    1. 2층 이상의 층에서 발화한 때에는 발화층 및 그 직상 4개 층에 경보를 발할 것
    2. 1층에서 발화한 때에는 발화층·그 직상 4개 층 및 지하층에 경보를 발할 것
    3. 지하층에서 발화한 때에는 발화층·그 직상층 및 기타의 지하층에 경보를 발할 것

  ② 비상방송설비에는 그 설비에 대한 감시상태를 60분간 지속한 후 유효하게 30분 이상 경보할 수 있는 비상전원으로서 축전지설비(수신기에 내장하는 경우를 포함한다) 또는 전기저장장치를 설치해야 한다.

CHAPTER 15 자동화재탐지설비 및 시각경보장치

01 P형 자동화재탐지설비

1. 정의

자동화재탐지설비는 화재 초기에 발생하는 열이나 연기, 불꽃 등을 자동으로 탐지하여 경보를 발함으로써 화재를 조기에 발견하여 조기통보, 초기소화, 조기피난을 가능하게 하기 위한 설비이다. 화재 발생 시 천장이나 반자에 설치된 감기기에 의해 자동으로 동작하거나 발신기를 수동조작에 의해 동작시켜 화재신호를 수신기에 입력시킨다. 입력된 화재신호에 의해 경종 및 시각경보기가 동작되며, 건물의 수용인원, 연면적, 층수에 따라 설치된 소화설비 및 피난설비가 있을 경우 자동으로 연동하여 동작된다.

2. 구성

P형 자동화재탐지설비는 화재를 자동으로 감지하는 감지기, 수동 발신을 위한 발신기, 화재신호를 수신하는 수신기, 수신기에 입력된 화재신호에 의한 경보를 발하는 경종(주경종, 지구경종) 및 시각경보기, 이들 상호 간을 연결하는 배선 및 전원으로 구성되어 있다.

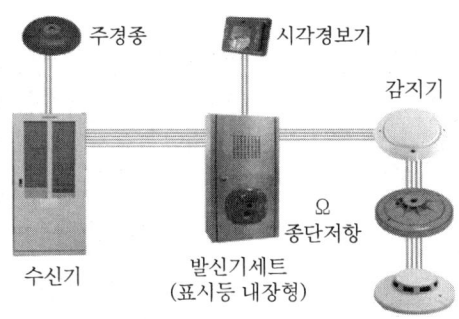

3. 동작 순서

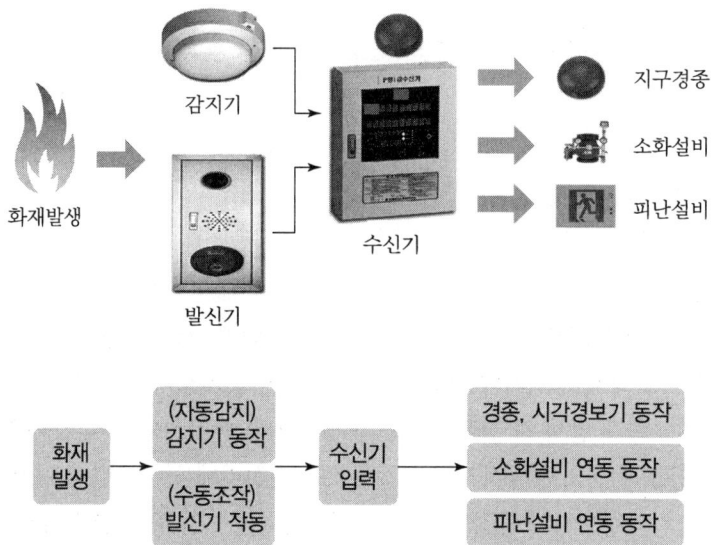

02 P형 수신기의 내부 구조

1. 개요

수신기는 감지기 또는 발신기가 발생시킨 신호를 직접 수신하여 화재의 발생을 해당 건물 관계자에게 표시 및 음향장치로 알려주는 장치이다.

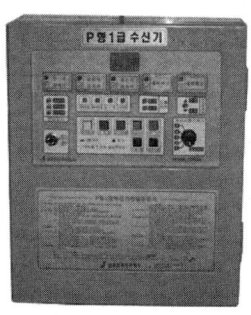

[P형 수신기의 외형]

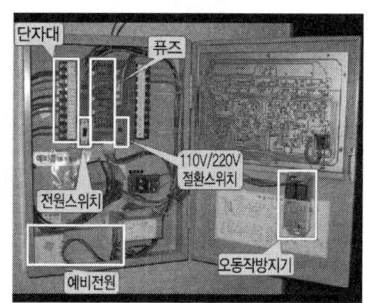

[P형 수신기의 내부 구조]

2. P형 수신기의 내부 구성

1) 단자대(5회로 예시)

① P형의 기본 간선 수 : 7선

○	○	○	○	○	○	○
회로선	회로공통선	경종선	표시등선	경종표시등 공통선	응답선 (발신기)	전화선

○ : 회로 수에 따라 변동(3선)
 ※ 경종선은 직상발화 우선 경보 시 증가
  [5층(지하층 제외) 이상, 연면적 3,000m²을 초과하는 건축물]
○ : 회로와 무관하며, 변동이 없음(기본 4선)

② 자동화재탐지설비의 구간별 단자전압

가. 수신기 입력전압 : 교류 220V

나. 수신기 출력전압 : 직류 24V(회로전압)

1	2	3	4	5	6	7	8	9	10	11	12	13	14	15
○	○	○	○	○	○	○	○	○	○	○	○	○	○	○
AC 220V		접지	회로선 1	회로선 2	회로선 3	회로선 4	회로선 5	회로 공통선	주경종	지구 경종	표시등 선	경종 표시등 공통선	응답선 (발신기)	전화선

- 1, 2번 단자 : 수신기 전원입력 단자(교류 220V)
- 3번 단자 : 접지단자(수신기 누전 시 보호 목적)

③ 결선 상태에서 전압 점검(정상 상태)

1	2	4	9	11	13	12	13
○	○	○	○	○	○	○	○
AC 220V		회로선 1	회로 공통선	지구 경종	경종 표시등 공통선	표시등 선	경종 표시등 공통선

- 1, 2번 : 수신기의 입력전원 220V
- 4, 9번 : 회로선 1과 회로공통선 24V(감지기 작동 시 4~6V)
- 11, 13번 : 지구경종과 경종표시등 공통선 0V(화재 시 전압이 인가되면서 지구경종이 명종됨, 24V)
- 12, 13번 : 표시등과 경종표시등 공통선 24V

④ 직류전압(DCV) 및 교류전압(ACV) 측정방법(사양에 따라 차이가 있음)

가. 레인지스위치를 "OFF"에서 "DC" 또는 "AC"로 설정한다.

나. 각각의 측정 단자에 흑색 리드봉과 적색 리드봉을 접속한다.

다. 측정값이 액정에 표시된다.

2) 퓨즈

수신기 내부 회로 기판에 설치된 퓨즈가 단선되는 경우 수신기 기능을 상실하므로 점검 시 퓨즈의 이상 유무를 확인하여야 한다. 수신기 내부에는 AC용 퓨즈 및 DC용 경종, 표시등, 배터리, 전원부 등에 퓨즈를 사용한다.

수신기에 연결된 LOCAL 기기의 고장으로 퓨즈가 끊어지면 퓨즈 옆에 있는 적색의 LED가 점등하는데, 이때에는 LOCAL 기기의 고장 개소를 수리하고, 퓨즈를 끼우면 LED가 소등한다.

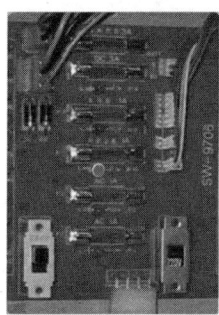

[수신기 내부의 퓨즈 홀더]

3) 전원스위치 및 110V/220V 절환스위치

수신기 입력전원의 ON/OFF 스위치이며, 전원에 따른 110V/220V 절환스위치이다.

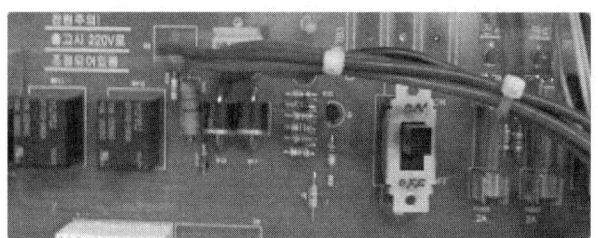

[전원스위치 및 110V/220V 절환스위치]

4) 오동작 방지기

일시적으로 발생한 열·연기 또는 먼지 등으로 인해 감지기가 화재신호를 발신할 우려가 있을 때 축적 기능의 수신기를 설치하여 비화재보를 방지하여야 한다.

5) 예비전원

화재 시 상용전원이 정전되었을 경우, 수신기가 정상적으로 동작할 수 있도록 하기 위해 설치하며, 니켈 카드뮴 축전지를 주로 사용한다.

03 감지기

1. 개요
화재로 인해 발생하는 열이나 연기 또는 불꽃 등을 감지하여 자동적으로 화재신호를 수신기에 전달하는 역할을 한다.

2. 감지기 형식

1) 차동식 열감지기[설치장소 : 거실(사무실) 등]
주위 온도가 일정상승률(℃/sec) 이상일 경우 동작하는 감지기

2) 정온식 열감지기[설치장소 : 주방, 보일러실]
주위 환경이 미리 정해진 온도에 도달하면 동작하는 감지기

3) 연기감지기[설치장소 : 복도, 계단, 경사로]
① 이온화식 : 연기 입자에 의한 감지기 내부의 전류 변화를 감지·동작하는 감지기
② 광전식 : 연기 입자에 의한 감지기 내부의 전류 증가를 감지·동작하는 감지기

4) 복합형 감지기[설치 장소 : 오동작 우려가 큰 장소]
열 또는 연기 감지 기능을 복합하여 동작하는 감지기

5) 복합형 감지기, 보상식 감지기, 다신호식 감지기, 아날로그식 감지기의 비교

감지기 종류	감지원리
복합형(비화재보방지)	2가지 : 열 + 연기
보상식(신속감지)	2가지 : 열 + 연기
다신호식(비화재보방지)	• 2가지 : 열 + 연기 • 1가지 : 열 또는 연기
아날로그식(비화재보방지)	1가지 : 열 또는 연기

04 발신기[설치 장소 : 각 층의 복도 및 통로]

화재 발견자가 수동으로 누름버튼을 눌러 수신기에 신호를 보내는 장치

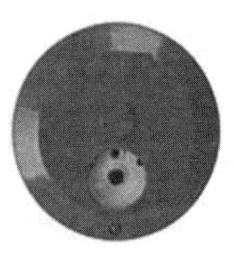

(a) 동작 전   (b) 동작 후(LED 점등 확인)

[발신기 동작 전후]

05 시각경보기[설치 장소 : 각 층의 복도 및 통로]

지구경종을 듣지 못하는 청각장애인을 위한 경보장치

1. 수행 순서

1) 화재표시 동작시험

(1) 목적

수신기에 화재신호를 수동으로 입력하여 수신기의 정상 동작 여부 확인

(2) 점검방법

 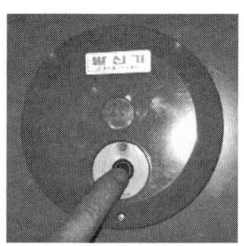 

(a) 수신기 시험스위치 이용   (b) 발신기 누름버튼 이용   (c) 감지기를 점검기구로 동작

[P형 수신기 점검방법]

(3) 수신기의 시험스위치 이용

[단계별 절차]

① 시험 전 안전조치를 한다.
　　가. 주경종, 지구경종, 사이렌, 방송 등을 정지
　　나. 연동설비를 정지(유도등, 방화셔터, 자동소화설비 등)
　　다. 빠른 진행을 위해 오동작 방지기를 비축적으로 전환

 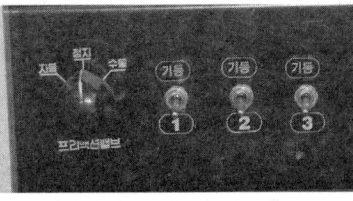 

[P형 수신기의 동작시험 전 안전조치]

② 동작시험스위치와 자동복구스위치를 누른다.

  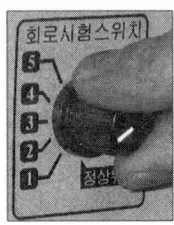

[P형 수신기 동작시험(동작시험스위치, 자동복구스위치)]

③ 회로선택스위치를 1회로씩 선택한다.
④ 동작 확인을 한다.
　　가. 화재표시등, 위치표시등 점등 확인
　　나. 주경종, 지구경종, 사이렌, 방송 등을 해제하여 확인
　　다. 연동설비를 해제하여 확인

> **Check Point**　경계구역 설정기준

1. 수평적 경계구역
　가. 하나의 경계구역이 2 이상의 건축물에 미치지 않도록 할 것
　나. 하나의 경계구역이 2 이상의 층에 미치지 않도록 할 것. 다만, 500m² 이하의 범위 안에서는 2개의 층을 하나의 경계구역으로 할 수 있다.
　다. 하나의 경계구역의 면적은 600m² 이하로 하고 한 변의 길이는 50m 이하로 할 것. 다만,

> 해당 특정소방대상물의 주된 출입구에서 그 내부 전체가 보이는 것에 있어서는 한 변의 길이가 50m의 범위 내에서 1,000m² 이하로 할 수 있다.
> 2. 수직적 경계구역
>   가. 경계구역 설정 시 별도로 경계구역을 설정하여야 하는 부분 : 계단(직통계단 외의 것에 있어서는 떨어져 있는 상하 계단의 상호 간의 수평거리가 5m 이하로서 서로 간에 구획되지 아니한 것에 한한다.)·경사로(에스컬레이터 경사로 포함)·엘리베이터 승강로(권상기실이 있는 경우에는 권상기실)·린넨 슈트·파이프 피트 및 덕트 기타 이와 유사한 부분
>   나. 계단 및 경사로 : 높이 45m 이하마다 하나의 경계구역으로 할 것
>   다. 지하층의 계단 및 경사로 : 지상 층과 별도로 경계구역을 설정할 것(단, 지하층의 층수가 1개 층일 경우는 제외)
> 3. 외기에 면하여 상시 개방된 부분이 있는 차고·주차장·창고 등에 있어서는 외기에 면하는 각 부분으로부터 5m 미만의 범위 안에 있는 부분은 경계구역의 면적에 산입하지 않는다.
> 4. 스프링클러설비 또는 물분무 등 소화설비 또는 제연설비의 화재감지장치로서 화재감지기를 설치한 경우의 경계구역은 해당 소화설비의 방사구역 또는 제연구역과 동일하게 설정할 수 있다.

⑤ 수신기를 시험 전으로 복구한다.
  가. 동작시험스위치, 자동복구스위치를 다시 눌러 원상태로 복구
  나. 주경종, 지구경종, 사이렌, 방송 등을 다시 눌러 원상태로 복구
  다. 회로선택스위치를 정상위치로 복구
  라. 연동설비를 정상상태(유도등, 방화셔터, 자동소화설비 등)로 전환

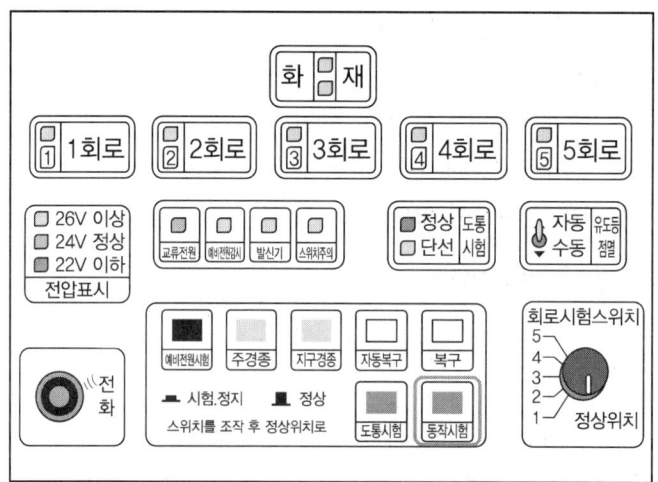

[수신기의 전면패널 및 기능스위치의 개요]

화재표시등	화재 시 적색으로 점등
지구표시등	화재신호 발생 경계구역을 표시
전압표시등	수신기의 출력전압을 표시
교류전원등	수신기의 입력전압(상용전원)의 이상 유무 표시, 정상 시 점등
예비전원감시등	예비전원 이상 유무 표시, 정상 시 소등
발신기 응답등	수신기의 화재신호가 발신기 동작일 경우 점등
스위치주의등	각 조작스위치기 비정상 위치에 있을 경우 점멸
도통시험등	도통시험 시 정상, 단선 여부 확인
유도등 절환스위치	3선식 유도등 설치 시 부가되는 스위치로 수동 전환하면 유도등 점등
전화잭	휴대용 송수화기 단자를 삽입하여 통화 가능
예비전원시험스위치	예비전원을 시험하기 위한 스위치
주경종 정지스위치	주경종 정지스위치를 누르면 주경종 정지
지구경종 정지스위치	지구경종 정지스위치를 누르면 지구경종 정지
자동복구스위치	동작시험 시 사용하는 스위치로 신호입력 시 동작, 신호가 없으면 자동복구
복구스위치	수신기의 동작상태를 정상으로 복구하는 스위치
도통시험스위치	도통시험을 위한 스위치
동작시험스위치	동작시험을 위한 스위치
회로선택스위치	경계구역을 선택할 수 있는 스위치

(4) 발신기 누름버튼 이용 및 감지기 점검기구 이용

[단계별 절차]

① 시험 전 안전조치를 한다.

　　가. 주경종, 지구경종, 사이렌, 방송 등을 정지

　　나. 연동설비를 정지(유도등, 방화셔터, 자동소화설비 등)

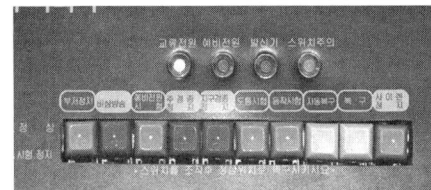 

[P형 수신기의 동작시험(경보정지 및 연동정지)]

② 해당 구역 발신기의 누름버튼을 누른다.(감지기를 점검기구로 동작 – 동작표시등 확인)

[발신기 및 감지기의 동작시험]

③ 동작 확인을 한다.
    가. 발신기표시등(발신기 작동일 경우에만 해당), 화재표시등, 위치표시등 점등 확인
    나. 주경종, 지구경종, 사이렌, 방송 등을 해제하여 확인
    다. 연동설비를 해제하여 확인

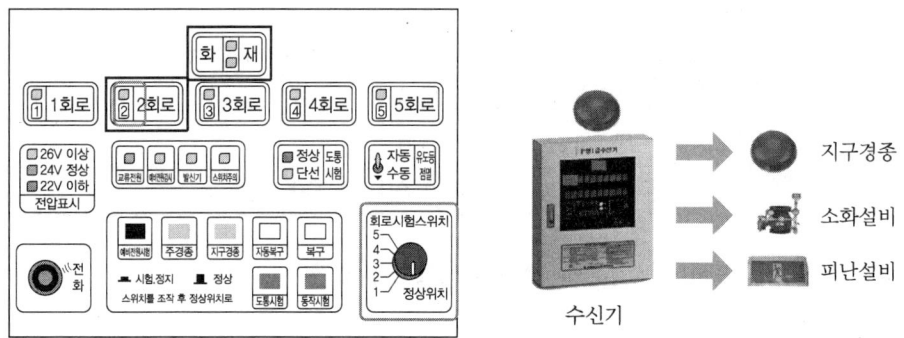

[수신기 화재 발생 표시도 및 연동동작 개요도]

④ 발신기의 누름버튼을 시험 전으로 복구한다.
⑤ 수신기를 시험 전으로 복구한다.
    가. 화재복구스위치를 누른다.
    나. 주경종, 지구경종, 사이렌, 방송 등을 다시 눌러 원상태로 복구
    다. 연동설비를 정상상태(유도등, 방화셔터, 자동소화설비 등)로 전환한다.

2) 화재 도통시험

(1) 목적
수신기에서 감지기 사이 회로의 단선 유무와 기기 등의 접속 상황 확인

도통시험을 위한 감지기 배선방식 : 송배선 방식

구분	송배선 방식
의미	배선 도중에 분기하지 않는 배선방식(보내기 방식)
결선도	
결선도 설명	감지기 1개에 대한 배선으로 입력 2선, 출력 2선으로 구성
선로말단	도통시험이 가능하도록 선로말단에 종단저항(10kΩ) 설치
종단저항 미설치	도통시험 시 감지기 회로에 종단저항이 없는 경우 단선으로 표시
리모델링 시 주의사항	칸막이 등에 의해 새로 구획된 공간에 감지기 설치 시 송배선 방식에 유의하여 시공
잘못된 시공 예시	
올바른 시공 예시	

3) 예비전원 시험

(1) 목적
상용전원에서 예비전원으로 자동절환 여부, 예비전원 전압의 적정 여부 확인

(2) 점검 방법
수신기의 시험스위치 이용

[단계별 절차]

① 교류전원등(점등상태)과 예비전원감시등(소등 상태)을 확인
   예비전원감시등이 점멸 상태이면 예비전원이 불량임
② 예비전원스위치를 누른다.(누르고 있는 동안만 시험 가능)
③ 예비전원 시험 결과를 확인한다.
   가. 자동절환 여부 : 상용전원 입력을 차단한 후, 자동절환 릴레이의 작동 상황 확인
   나. 예비전원 전압의 적정 여부
④ 예비전원스위치를 복구한다.

4) 감지기의 동작회로 비교

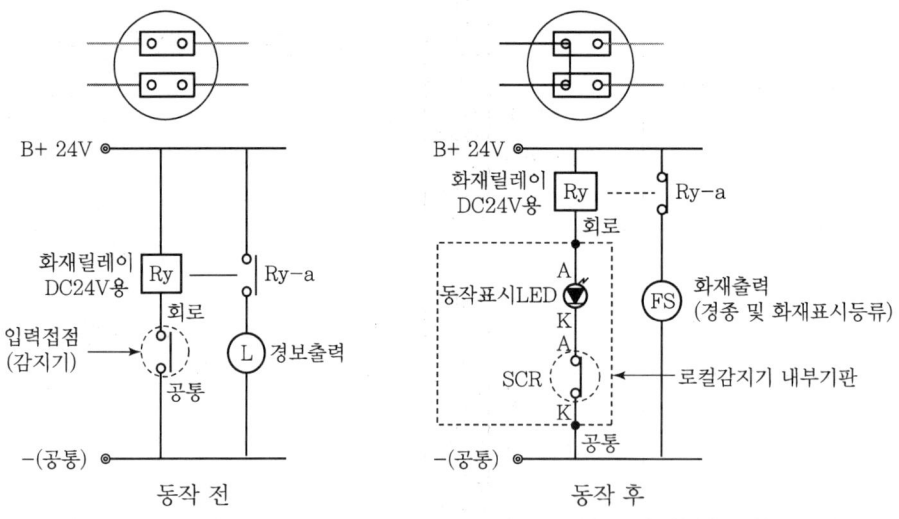

[자동화재탐지설비 수신기 내부의 릴레이 회로]

2. 발신기의 구성 및 작동 순서

구분	내용
구성 및 배선	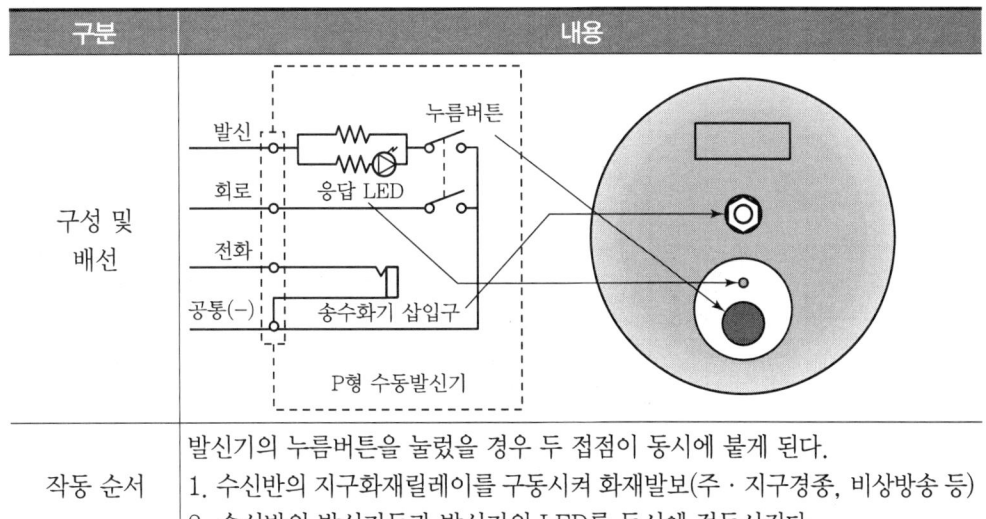
작동 순서	발신기의 누름버튼을 눌렀을 경우 두 접점이 동시에 붙게 된다. 1. 수신반의 지구화재릴레이를 구동시켜 화재발보(주·지구경종, 비상방송 등) 2. 수신반의 발신기등과 발신기의 LED를 동시에 점등시킨다.

Check Point 계전기 동작원리

① 전자석의 원리를 이용하여 코일에 전기가 흐르면 전자력이 발생하여 접점이 구성되도록 하는 기기를 계전기 또는 릴레이라고 한다.
② 감지기 동작신호를 받은 수신기에 해당 릴레이가 동작하여 화재표시등, 위치표시등 경종 등을 동작시킨다.

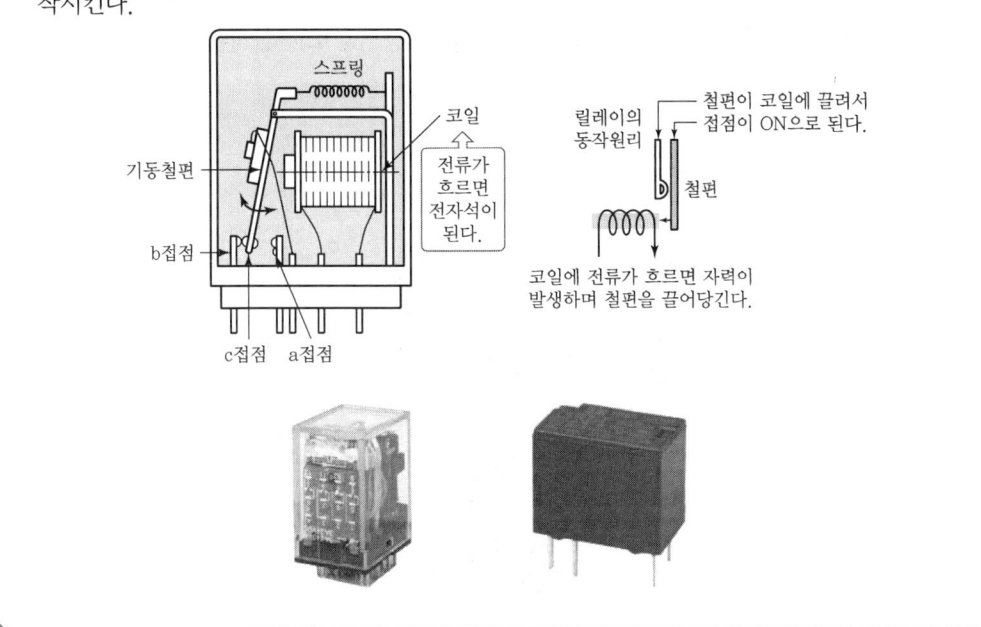

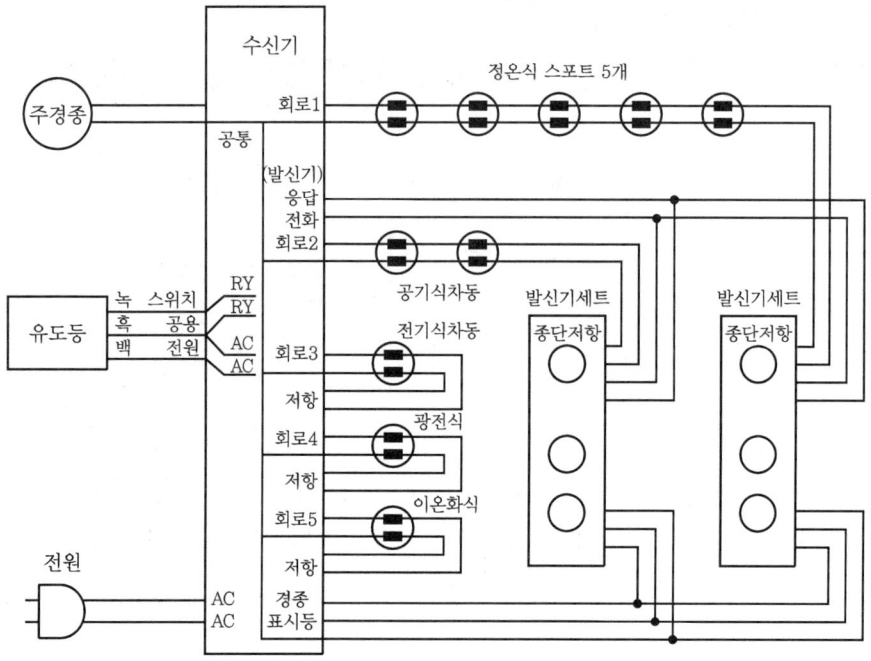

[P형 자동화재탐지설비 결선도]

1) R형 자동화재탐지설비의 개요 및 동작순서

(1) 개요

중대형 건축물 등에 설치되는 R형 시스템은 화재가 발생하면 감지기나 발신기 등의 경보발신장치가 작동에 의한 접점신호를 통신신호로 변환하는 중계기를 통하여 수신기와 통신할 수 있도록 구성된다.

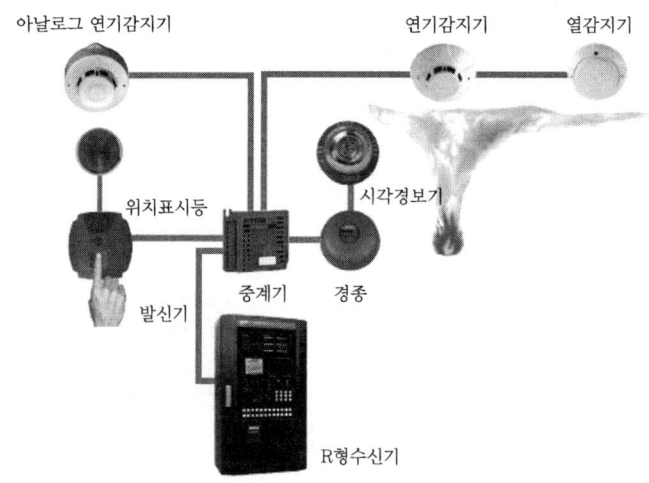

(2) 구성

복합형 수신기는 자동화재탐지설비의 수신기가 옥내소화전설비 및 스프링클러설비의 감시제어반의 기능을 겸하는 수신기를 말하며, 옥내소화전설비 및 스프링클러설비가 있는 건축물에 설치된 수신기의 대부분이 복합형 수신기이다.

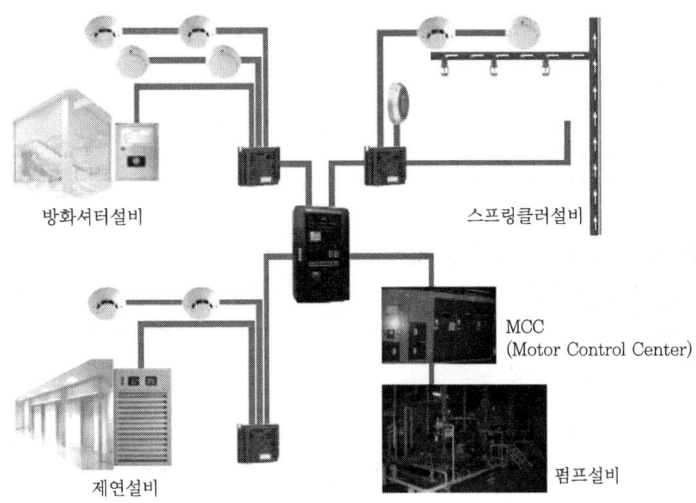

(3) 동작순서

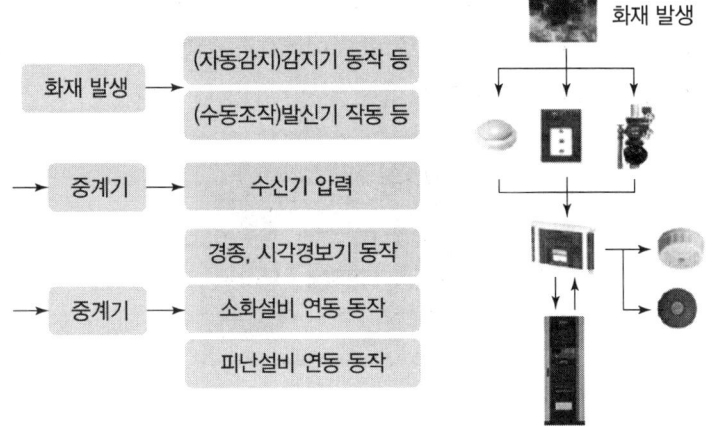

(4) P형과 R형 수신기의 비교

구분	P형 수신기	R형 수신기
적용소방대상물	소규모 건축물	중규모 이상의 건축물
최대수용 회로수	약 100회로	제한 없음
신호전송방식	접점신호방식	다중전송신호방식
중계기	필요 없음	필요함
자기진단기능	없음	CPU에 의해 자동진단
지구화재표시방식	창구식 및 지도식	LCD 이용 문자 표시

(5) P형과 R형 수신기의 배선 비교

P형 수신기	R형 수신기
Local 기기 ⇄(실선) 수신기	Local 기기 ⇄(실선) 중계기 ⇄(통신선) 수신기 단, 주소형 감지기·발신기는 수신기와 통신선 연결

(6) 중계기

신호변환장치로, 중계기 내부에도 CPU가 있으며, 메인 CPU와 중계기 CPU가 통신카드를 거쳐 프로토콜을 주고받는다. 중계기 내부의 릴레이 등의 소자를 통해 메인 CPU의 명령이 있을 때 경종 및 사이렌으로 출력을 하며, 중계기로 감지기 등을 입력받아 중계기가 메인 CPU 등으로 입력신호를 준다.

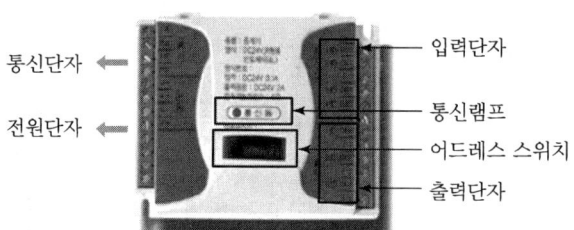

(7) 중계기 단자 기능

중계기 단자	단자의 기능
통신단자	중계기와 수신기 간 통신할 수 있도록 통신선로를 결선하는 단자
전원단자	중계기에 전원을 투입할 수 있도록 전원선로를 결선하는 단자
입력단자	감지기 및 설비확인 등을 결선하는 단자
통신램프	중계기와 수신기 간 통신 여부를 확인할 수 있는 램프
어드레스 스위치	중계기의 고유 주소를 등록하는 스위치
출력단자	경종 및 사이렌 등 출력설비를 결선하는 단자

2) R형 수신기 계통

① R형 수신기에는 각각의 계통을 나누어 설치할 수 있는데, 하나의 계통에는 중계기를 100여 대 이상 설치할 수 있다.

② 중계기에는 개별적으로 주소가 있다. 예를 들어 1계통 1번 중계기 1번 회로의 감지기 동작신호가 입력 시 통신신호로 수신반에 전달되면 수신기에서 메인창에 이벤트 발생을 표시한다. 그리고 수신기는 현장 여건에 맞추어 등록되어 있는 연동표에 따라 다시 중계기에 경종 및 사이렌 등의 출력을 내보내라는 명령을 준다.

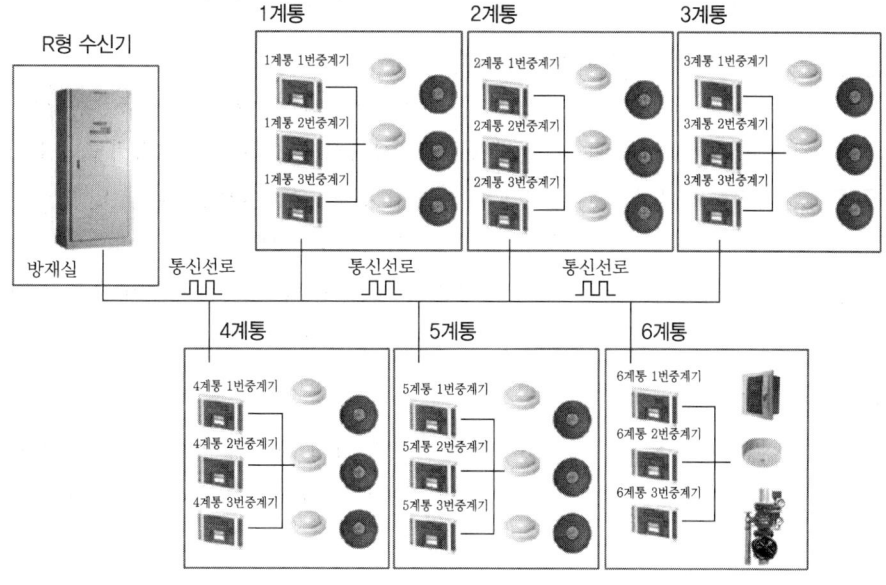

01
자동화재탐지설비에 대한 다음의 물음에 답하시오.(경계구역에 대하여 쓰시오.)
1. 경계구역의 설정기준을 쓰시오.
2. 계단 또는 경사로 등에서 경계구역의 설정기준을 쓰시오.
3. 스프링클러설비·물분무 등 소화설비 또는 제연설비의 화재감지장치로서 화재감지기를 설치한 경우의 경계구역 설정기준을 쓰시오.
4. 「소방시설 자체점검사항 등에 관한 고시」 중 자동화재탐지설비 종합정밀 점검항목 중 경계구역의 점검항목을 쓰시오.

▌해답▐

1. 경계구역의 설정기준
① 하나의 경계구역이 2 이상의 건축물에 미치지 않도록 할 것
② 하나의 경계구역이 2 이상의 층에 미치지 않도록 할 것. 다만, 500m^2 이하의 범위 안에서는 2개의 층을 하나의 경계구역으로 할 수 있다.
③ 하나의 경계구역의 면적은 600m^2 이하로 하고 한 변의 길이는 50m 이하로 할 것. 다만, 해당 특정소방대상물의 주된 출입구에서 그 내부 전체가 보이는 것에 있어서는 한 변의 길이가 50m의 범위 내에서 1,000m^2 이하로 할 수 있다.

2. 계단 또는 경사로 등에서 경계구역의 설정기준
계단(직통계단 외의 것에 있어서는 떨어져 있는 상하 계단의 상호 간의 수평거리가 5m 이하로서 서로 간에 구획되지 아니한 것에 한함)·경사로(에스컬레이터 경사로 포함)·엘리베이터 승강로(권상기실이 있는 경우 권상기실)·린넨슈트·파이프 피트 및 덕트 기타 이와 유사한 부분에 대하여는 별도로 경계구역을 설정하되, 하나의 경계구역은 높이 45m 이하(계단 및 경사로에 한한다)로 하고, 지하층의 계단 및 경사로(지하층의 층수가 한 개 층일 경우 제외)는 별도로 하나의 경계구역으로 해야 한다.

3. 경계구역 설정기준
스프링클러설비·물분무 등 소화설비 또는 제연설비의 화재감지장치로서 화재감지기를 설치한 경우의 경계구역은 해당 소화설비의 방호구역 또는 제연구역과 동일하게 설정할 수 있다.

4. 자동화재탐지설비 종합정밀 점검항목 중 경계구역의 점검항목
① 경계구역 구분 적정 여부
② 감지기를 공유하는 경우 스프링클러·물분무소화·제연설비 경계구역 일치 여부

02
자동화재탐지설비에서 연기감지기를 설치해야 하는 장소기준을 쓰시오.

┃해답┃

① 계단·경사로 및 에스컬레이터 경사로
② 복도(30m 미만의 것을 제외한다)
③ 엘리베이터 승강로(권상기실이 있는 경우에는 권상기실)·린넨슈트·파이프 피트 및 덕트 기타 이와 유사한 장소
④ 천장 또는 반자의 높이가 15m 이상 20m 미만의 장소
⑤ 다음의 어느 하나에 해당하는 특정소방대상물의 취침·숙박·입원 등 이와 유사한 용도로 사용되는 거실
   가. 공동주택·오피스텔·숙박시설·노유자시설·수련시설
   나. 교육연구시설 중 합숙소
   다. 의료시설, 근린생활시설 중 입원실이 있는 의원·조산원
   라. 교정 및 군사시설
   마. 근린생활시설 중 고시원

03
「자동화재탐지설비 및 시각경보장치의 화재안전기술기준」에서 연기감지기의 설치기준을 쓰시오.

┃해답┃

① 연기감지기의 부착 높이에 따라 다음 표에 따른 바닥면적마다 1개 이상으로 할 것

부착 높이	감지기의 종류(단위 : m²)	
	1종 및 2종	3종
4m 미만	150	50
4m 이상 20m 미만	75	—

② 감지기는 복도 및 통로에 있어서는 보행거리 30m(3종에 있어서는 20m)마다, 계단 및 경사로에 있어서는 수직거리 15m(3종에 있어서는 10m)마다 1개 이상으로 할 것
③ 천장 또는 반자가 낮은 실내 또는 좁은 실내에 있어서는 출입구의 가까운 부분에 설치할 것
④ 천장 또는 반자 부근에 배기구가 있는 경우에는 그 부근에 설치할 것
⑤ 감지기는 벽 또는 보로부터 0.6m 이상 떨어진 곳에 설치할 것

04

1. 자동화재탐지설비의 배선 설치기준 중 절연저항 설치기준을 쓰시오.
2. 자동화재탐지설비의 감지기 회로에 대한 다음 빈칸을 채우시오.
   자동화재탐지설비의 감지기 회로의 전로저항은 (①)가 되도록 하여야 하며, 수신기의 각 회로별 종단에 설치되는 감지기에 접속되는 배선의 전압은 감지기 정격전압의 (②)이어야 할 것

해답

1. 절연저항 설치기준
   전원회로의 전로와 대지 사이 및 배선 상호 간의 절연저항은 「전기사업법」 제67조에 따른 「전기설비기술기준」이 정하는 바에 의하고, 감지기 회로 및 부속회로의 전로와 대지 사이 및 배선 상호 간의 절연저항은 1경계구역마다 직류 250V의 절연저항측정기를 사용하여 측정한 절연저항이 0.1MΩ 이상이 되도록 할 것

2. ① 50Ω 이하, ② 80% 이상

05

자동화재탐지설비의 설치장소별 감지기의 적응성에 관한 표에서 연기감지기를 설치할 수 없는 장소를 쓰시오.

┃해답┃

① 먼지 또는 미분 등이 다량으로 체류하는 장소
② 수증기가 다량으로 머무는 장소
③ 부식성가스가 발생할 우려가 있는 장소
④ 주방, 기타 평상시에 연기가 체류하는 장소
⑤ 현저하게 고온으로 되는 장소
⑥ 배기가스가 다량으로 체류하는 장소
⑦ 연기가 다량으로 유입할 우려가 있는 장소
⑧ 물방울이 발생하는 장소
⑨ 불을 사용하는 설비로서 불꽃이 노출되는 장소

06

수신기의 기록장치에 저장하여야 하는 데이터를 쓰시오.

┃해답┃

① 주전원과 예비전원의 on/off 상태
② 가스누설신호
③ 수신기와 외부 배선과의 단선 여부
④ 수신기에서 제어하는 설비로의 출력신호와 수신기에 설비의 작동 확인표시가 있는 경우 확인신호
⑤ 수신기의 주경종스위치, 지구경종스위치, 복구스위치 등을 조작하기 위한 스위치의 정지 상태
⑥ 경계구역의 감지기, 중계기 및 발신기 등의 화재신호와 소화설비, 소화용수설비, 소화활동설비의 작동신호

07
자동화재탐지설비의 경종이 출력되지 않을 때 중계기의 점검방법을 쓰시오.

❙해답❙
① 테스터기(전류전압측정기) 선택스위치를 DC로 전환한다.
② 해당 구역의 중계기 출력단자에 적색리드봉을, 공통단자에 흑색리드봉을 접속한다.
③ 중계기의 출력전압이 0V가 나오다가 수신기에서 지구경종출력을 선택한다.
④ 중계기의 출력단자전압이 약 DC 24V가 나오면 중계기는 정상이다.
⑤ 중계기의 출력단자전압이 약 DC 24V가 나오지 않으면 중계기 또는 출력계통 불량이다.

08
R형 수신기 중계기의 평상시 전압과 화재 시 출력전압에 대한 빈칸에 들어갈 전압을 쓰시오.(단, DC 0V, DC 4V, DC 24V, AC 24V, DC 220V, AV 220V 중 선택하여 쓰시오.)

설비 또는 기구	평상시	동작 시
감지기	①	②
경종	③	④
시각경보기	⑤	⑥
탬퍼스위치	⑦	⑧
압력스위치	⑨	⑩
사이렌	⑪	⑫

❙해답❙

설비 또는 기구	평상시	동작 시
감지기	① DC 24V	② DC 4V
경종	③ DC 0V	④ DC 24V
시각경보기	⑤ DC 0V	⑥ DC 24V
탬퍼스위치	⑦ DC 24V	⑧ DC 0V
압력스위치	⑨ DC 24V	⑩ DC 0V
사이렌	⑪ DC 0V	⑫ DC 24V

09

아래의 조건에 맞게 감지기 회로의 평상시 감시전류와 동작 시 동작전류를 구하시오.

〈조건〉
① 입력전압은 DC24V
② 종단저항은 10kΩ
③ 수신기 내부 릴레이저항은 2kΩ
④ 감지기 선로 저항은 30Ω
⑤ 기타 감지기 내부의 저항 및 나머지 저항은 무시한다.
⑥ 릴레이 동작전류는 최소 20mA이다.

1. 평상시 감시전류를 구하시오.
2. 평상시 종단저항에서의 전압을 구하시오.
3. 해당 회로의 감지기가 동작하였을 경우 동작전류를 구하시오.

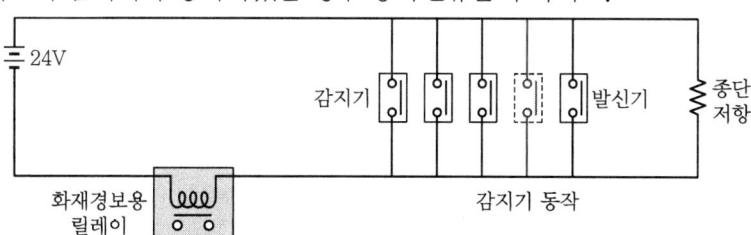

4. 위 3.의 감지기 동작 시 화재경보의 양부 판정을 하시오.

❙해답❙

1. 평상시 감시전류

$$감시전류 = \frac{회로전압}{릴레이저항 + 배선저항 + 종단저항}$$

$$= \frac{24}{2,000 + 30 + 10,000} = 0.0019950 = 1.99\,\mathrm{mA}$$

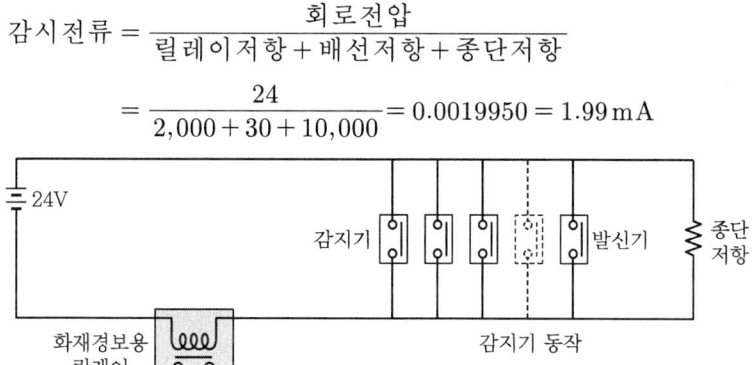

2. 평상시 종단저항에서의 전압

$V = IR = 0.001995 \times 10,000 = 19.95\text{V}$

3. 해당 회로의 감지기 동작전류

감시전류 $= \dfrac{\text{회로전압}}{\text{릴레이저항} + \text{배선저항}} = \dfrac{24}{2,000 + 30} = 0.01182 = 11.82\,\text{mA}$

4. 감지기 동작 시 화재경보의 양부 판정

동작전류가 11.82mA로 20mA보다 낮으므로 릴레이 동작하지 않음

10

아래의 조건에 맞게 감지기 회로에 대하여 물음에 답하시오.

〈조건〉
① 입력전압은 DC24V
② 종단저항은 10kΩ
③ 수신기 내부 릴레이저항은 1kΩ, 전압계 저항은 1kΩ
④ 감지기 선로 저항은 40Ω
⑤ 기타 감지기 내부의 저항 및 나머지 저항은 무시한다.
⑥ 릴레이 동작전류는 최소 20mA이다.
⑦ 선택스위치는 A-도통시험, B-정상

1. 선로의 단선체크를 하기 위한 도통시험 시의 합성저항을 구하시오.
2. 위 1. 도통시험 시 선로에 흐르는 전류를 구하시오.
3. 전압계에 걸리는 전압을 구하시오.
4. 아래의 그림처럼 감지기 선로를 단락하였다면 전압계의 지시치는 얼마인지 쓰시오.

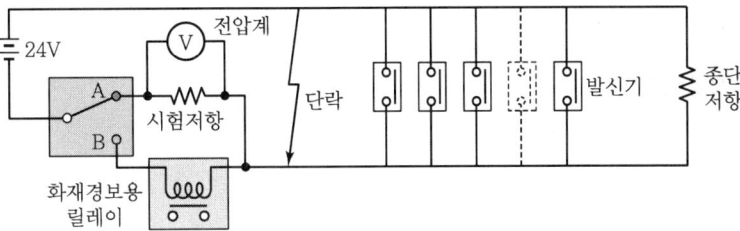

5. 아래의 그림처럼 단선을 하였다면 전압계의 지시치는 얼마인지 쓰시오.

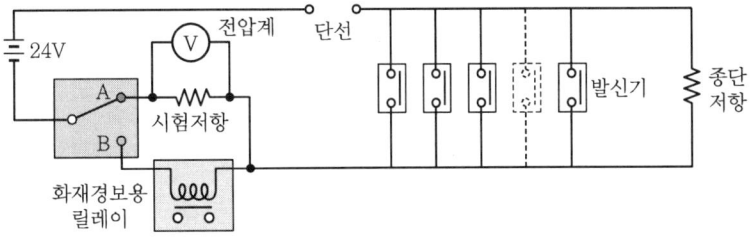

┃해답┃

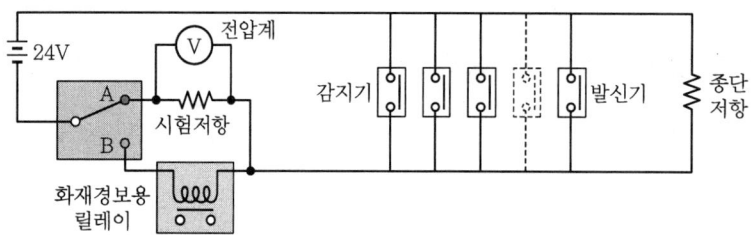

1. 합성저항 = 수신기 내부 전압계 내부저항 + 선로저항 + 종단저항
   $R = 1{,}000 + 40 + 10{,}000 = 11{,}040\Omega$

2. 전류 $= \dfrac{회로전압}{전압계저항 + 선로저항 + 종단저항}$
   $= \dfrac{24}{1{,}000 + 40 + 10{,}000} = 0.0021739 = 2.17\text{mA}$

3. $V = IR = 0.00217 \times 1{,}000 = 2.17\text{V}$

4. 전류 $= \dfrac{회로전압}{전압계저항 + 선로저항} = \dfrac{24}{1{,}000 + 0} = 0.024 = 24.0\text{mA}$
   $V = IR = 0.024 \times 1{,}000 = 24\text{V}$

5. 회로가 개회로이므로 0V

11

아래 조건에 답하시오.

> 〈조건〉
> ① 층수는 지상 4층이다.
> ② 연면적은 1,200m²이다.
> ③ 수신기는 1층에 설치되어 있다.
> ④ 각 층마다 발신기는 1개 설치되어 있다.
> ⑤ 점검은 4층부터 시작하여 1층으로 이동하려 한다.

1. 4층에서 감지기 작동 후 수신기에 "화재"표시가 점등하였다. "화재" 확인 후 지구경종을 출력하였다. 이때 지구경종이 출력되지 않는다면 점검할 사항을 쓰시오.
2. 4층 점검 후 3층 점검을 하려고 한다. 4층은 발신기 표시등이 정상으로 점등되었다. 하지만 3층의 발신기표시등이 점등되지 않았다. 3층 표시등 불량을 확인 후 2층을 확인하였더니 2층도 불량이었다. 다시 4층을 확인하기 위하여 4층을 갔더니 발신기 표시등이 점등되지 않고 있다면 무엇이 불량인지 쓰시오.(단, 감지기 작동 시 감지기는 정상적으로 동작하고 있다.)
3. 자동화재탐지설비의 음향장치 설치기준 중 구조 및 성능에 관한 사항을 쓰시오.
4. 「소방시설 자체점검사항 등에 관한 고시」 중 자동화재탐지설비 음향장치에 관한 종합점검표의 점검항목을 쓰시오.

▮해답▮

1. 지구경종 미출력 시 점검사항
① 지구경종용 퓨즈 용단
② 수신기 지구경종 릴레이 불량
③ 지구경종 불량

2. 발신기 표시등 미점등 시 확인사항
① 수신기 전원불량(수신기에서 "교류전원"램프 점등 확인)
② 수신기 메인전원용 퓨즈 용단(퓨즈 옆에 적색램프 점등 확인)

3. 음향장치 설치기준 중 구조 및 성능
① 정격전압의 80% 전압에서 음향을 발할 수 있는 것으로 할 것. 다만, 건전지를 주전원으로 사용하는 음향장치는 그렇지 않다.

② 음향의 크기는 부착된 음향장치의 중심으로부터 1m 떨어진 위치에서 90dB 이상이 되는 것으로 할 것
③ 감지기 및 발신기의 작동과 연동하여 작동할 수 있는 것으로 할 것

4. 자동화재탐지설비 음향장치에 관한 종합점검표의 점검항목
① 주음향장치 및 지구음향장치 설치 적정 여부
② 음향장치(경종 등) 변형·손상 확인 및 정상 작동(음량 포함) 여부
③ 우선경보 기능 정상 작동 여부

CHAPTER 16 자동화재속보설비

1. 개요

화재 발생 시 자동으로 화재 발생 장소를 신속하게 소방관서에 통보하여 주는 설비로, 자동화재탐지설비의 수신기에서 화재신호를 수신하여 20초 이내에 오보 또는 화재인지를 판별한 후, 자동화재속보설비에 접속된 상용 전화선로를 차단함과 동시에 소방관서에 자동으로 3회 이상 반복하여 신고하는 설비이다.

2. 종류

1) 자동화재속보설비의 속보기(일반형)

자동화재탐지설비 수신기의 화재신호와 연동으로 작동하여 관계인에게 화재 발생을 경보함과 동시에 소방관서에 자동적으로 통신망을 통한 해당 화재 발생 및 해당 소방대상물의 위치 등을 음성으로 통보해 주는 것을 말한다. P형, R형 수신기로부터 발하는 화재신호를 수신하여 20초 이내에 소방관서에 통보하고, 소방대상물 위치를 3회 이상 소방관서에 자동으로 통보한다.

화재발생 → (자동감지) 감지기 동작 / (수동조작) 발신기 작동 → 수신기 입력 → 자동화재속보설비 → 소방서 통보

2) 문화재형 자동화재속보설비의 속보기

속보기에 감지기를 직접 접속(자동화재탐지설비 1개의 경계구역에 한한다)하는 방식의 설비로, 수신기(P형, R형)와 화재속보기의 성능을 복합한 것이다. P형, R형 수신기와 A형 화재속보기의 성능을 복합한 것으로, 감지기나 발신기에 의해 발하는 신호 또는 중계기를 통해 송신된 신호를 소방대상물의 관계자에게 통보하고, 20초 이내에 3회 이상 소방대상물의 위치를 소방관서에 자동으로 통보한다.

화재발생 → (자동감지) 감지기 동작 → 자동화재속보설비 → 전화국 → 소방서 통보

3. 동작 순서

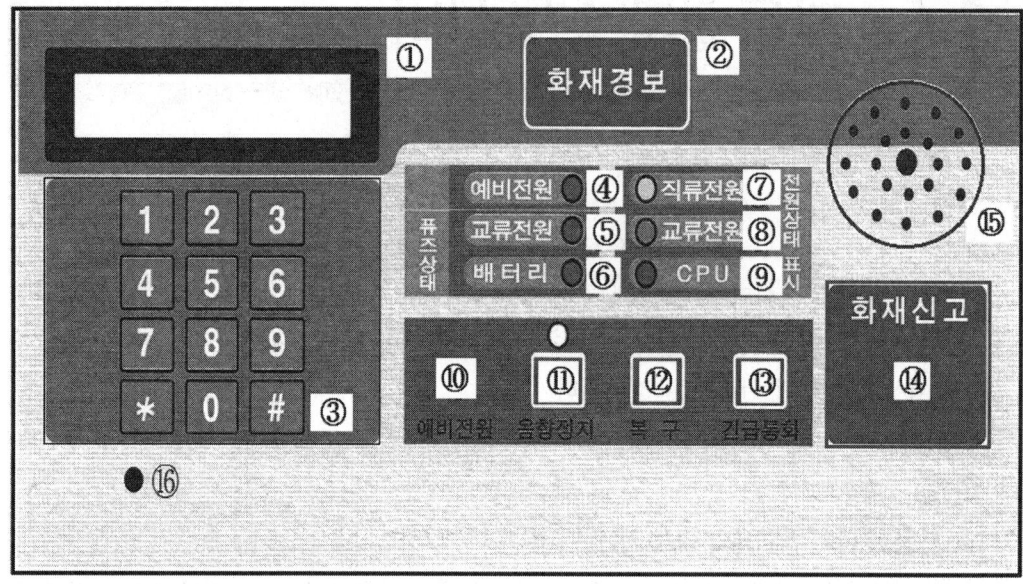

[자동화재속보설비 단자 기능]
① 화면표시창
② 화재경보(표시)등 : 화재신호를 수신하거나 속보기를 수동으로 동작시키는 경우
　　　　　　　　　　자동적으로 적색 화재경보(표시)등이 점등
③ 번호판
④ 예비전원 감시등 : 예비전원 불량 시 점등
⑤ 교류전원 퓨즈 감시등 : 교류전원 퓨즈 단선 시 점등
⑥ 예비전원 퓨즈 감시등 : 예비전원 퓨즈 단선 시 점등
⑦ 직류전원 상태표시등
⑧ 교류전원 상태표시등
⑨ CPU 상태표시등
⑩ 예비전원 시험스위치
⑪ 음향정지 스위치 : 신고 시 스피커에서 출력되는 음향을 정지
⑫ 복구스위치 : 화재신고 오보 시 신고를 차단하는 스위치
⑬ 긴급통화스위치 : 긴급통화스위치를 이용하여 소방관서와 직접 통화 가능
⑭ (수동)화재신고 스위치 : 화재 발생 시 수동으로 소방관서 신고 기능
⑮ 스피커 : 음성녹음 등 출력
⑯ 마이크 : 긴급통화 시 송화용

Check Point 자동화재속보설비의 속보기의 기능

1. 작동신호를 수신하거나 수동으로 동작시키는 경우 20초 이내에 소방관서에 자동적으로 신호를 발하여 통보하되, 3회 이상 속보할 수 있어야 한다.
2. 아날로그식 축적형 수신기를 접속하는 속보기는 수동작동스위치를 작동하거나 예비·축적·화재경보신호를 수신하는 경우 다음에 적합하여야 한다.
    가. 예비경보신호를 수신하거나 축적경보신호를 수신하는 경우 20초 이내에 통신망을 통해 자동적으로 관계인 2명 이상에게 예비경보신호 및 축적경보신호에 의한 작동을 구분하여 통보하여야 하며 각각의 표시장치 및 음향장치에 의해 경보하여야 한다.
    나. 화재경보신호를 수신하거나 수동작동스위치를 작동시키는 경우 20초 이내에 소방관서에 자동적으로 신호를 발하여 통보하되 3회 이상 속보하여야 하며 통신망을 통해 자동적으로 관계인 2명 이상에게 화재경보신호에 의한 작동 및 수동작동스위치에 의한 작동을 구분하여 통보하여야 하며 각각의 표시장치 및 음향장치에 의해 경보하여야 한다.
    다. '가' 및 '나'의 표시장치 점등 및 음향장치에 의한 경보는 수동으로 복구하거나 정지시키지 아니하는 한 지속되어야 하며 음향장치의 작동을 정지된 상태에서도 새로운 예비경보신호, 축적경보신호 또는 화재경보신호를 수신하는 경우 음향장치의 작동정지를 해제하고 음향장치가 작동되어야 한다.
3. 주전원이 정지한 경우에는 자동적으로 예비전원으로 전환되고, 주전원이 정상상태로 복귀한 경우에는 자동적으로 예비전원에서 주전원으로 전환되어야 한다.
4. 예비전원은 자동적으로 충전되어야 하며 자동과충전방지장치가 있어야 한다.
5. 화재신호를 수신하거나 속보기를 수동으로 동작시키는 경우 자동적으로 화재표시등이 점등되고 음향장치로 화재를 경보하여야 한다.
6. 연동 또는 수동으로 소방관서에 화재발생 음성정보를 속보 중인 경우에도 송수화장치를 이용한 통화가 우선적으로 가능하여야 한다.
7. 예비전원을 병렬로 접속하는 경우에는 역충전 방지 등의 조치를 하여야 한다.
8. 예비전원은 감시상태를 60분간 지속한 후 10분 이상 동작(화재속보 후 화재표시 및 경보를 10분간 유지하는 것을 말한다)이 지속될 수 있는 용량이어야 한다.
9. 속보기는 작동신호(화재경보신호를 포함한다) 또는 수동작동스위치에 의한 다이얼링 후 소방관서와 전화접속이 이루어지지 않는 경우에는 최초 다이얼링을 포함하여 10회 이상 반복적으로 접속을 위한 다이얼링이 이루어져야 한다. 이 경우 매회 다이얼링 완료 후 호출은 30초 이상 지속되어야 한다.
10. 속보기의 송수화장치가 정상위치가 아닌 경우에도 연동 또는 수동으로 속보가 가능하여야 한다.
11. 음성으로 통보되는 속보내용을 통하여 해당 소방대상물의 위치, 관계인 2명 이상의 연락처, 화재발생 및 속보기에 의한 신고임을 확인할 수 있어야 한다.
12. 속보기는 음성속보방식 외에 데이터 또는 코드전송방식 등을 이용한 속보기능을 부가로 설치할 수 있다. 이 경우 데이터 및 코드전송방식은 「자동화재속보설비의 속보기의 성능인증 및 제품검사의 기술기준」 [별표 1]에 따른다.
13. 소방관서 등에 구축된 접수시스템 또는 별도의 시험용 시스템을 이용하여 시험한다.

CHAPTER 17 누전경보기

01
누전경보기의 수신부의 설치장소 기준을 쓰시오.

┃해답┃
① 누전경보기의 수신부는 옥내의 점검에 편리한 장소에 설치할 것
② 가연성의 증기·먼지 등이 체류할 우려가 있는 장소의 전기회로에는 해당 부분의 전기회로를 차단할 수 있는 차단기구를 가진 수신부를 설치해야 한다. 이 경우 차단기구의 부분은 해당 장소 외의 안전한 장소에 설치해야 한다.

02
누전경보기의 수신부의 정의 및 수신부 설치 제외 장소를 쓰시오.

┃해답┃

1. 수신부
변류기로부터 검출된 신호를 수신하여 누전의 발생을 해당 특정소방대상물의 관계인에게 경보하여 주는 것

2. 누전경보기 수신부 설치 제외 장소
① 가연성의 증기·먼지·가스 등이나 부식성의 증기·가스 등이 다량으로 체류하는 장소
② 화약류를 제조하거나 저장 또는 취급하는 장소
③ 습도가 높은 장소
④ 온도의 변화가 급격한 장소
⑤ 대전류회로·고주파 발생회로 등에 따른 영향을 받을 우려가 있는 장소

CHAPTER 18 화재알림설비

1. 화재알림설비 용어정의

1) 화재알림형 감지기
화재 시 발생하는 열, 연기, 불꽃을 자동적으로 감지하는 기능 중 두 가지 이상의 성능을 가진 열·연기 또는 열·연기·불꽃 복합형 감지기로서 화재알림형 수신기에 주위의 온도 또는 연기의 양의 변화에 따라 각각 다른 전류 또는 전압 등(화재정보값)의 출력을 발하고, 불꽃을 감지하는 경우 화재신호를 발신하며, 자체 내장된 음향장치에 의하여 경보하는 것

2) 화재알림형 중계기
화재알림형 감지기, 발신기 또는 전기적인 접점 등의 작동에 따른 화재정보값 또는 화재신호 등을 받아 이를 화재알림형 수신기에 전송하는 장치

3) 화재알림형 수신기
화재알림형 감지기나 발신기에서 발하는 화재정보값 또는 화재신호 등을 직접 수신하거나 화재알림형 중계기를 통해 수신하여 화재의 발생을 표시 및 경보하고, 화재정보값 등을 자동으로 저장하여, 자체 내장된 속보기능에 의해 화재신호를 통신망을 통하여 소방관서에는 음성 등의 방법으로 통보하고, 관계인에게는 문자로 전달할 수 있는 장치

4) 화재알림형 비상경보장치
발신기, 표시등, 지구음향장치(경종 또는 사이렌 등)를 내장한 것으로 화재발생 상황을 경보하는 장치

5) 원격감시서버
원격지에서 각각의 화재알림설비로부터 수신한 화재정보값 및 화재신호, 상태신호 등을 원격으로 감시하기 위한 서버

2. 화재알림형 수신기 적합기준
1) 화재알림형 감지기, 발신기 등의 작동 및 설치지점을 확인할 수 있는 것으로 설치할 것

2) 해당 특정소방대상물에 가스누설탐지설비가 설치된 경우에는 가스누설탐지설비로부터 가스누설신호를 수신하여 가스누설경보를 할 수 있는 것으로 설치할 것. 다만, 가스누설탐지설비의 수신부를 별도로 설치한 경우에는 제외한다.
3) 화재알림형 감지기, 발신기 등에서 발신되는 화재정보·신호 등을 자동으로 1년 이상 저장할 수 있는 용량의 것으로 설치할 것. 이 경우 저장된 데이터는 수신기에서 확인할 수 있어야 하며, 복사 및 출력도 가능하여야 한다.
4) 화재알림형 수신기에 내장된 속보기능은 화재신호를 자동적으로 통신망을 통하여 소방관서에는 음성 등의 방법으로 통보하고, 관계인에게는 문자로 전달할 수 있는 것으로 설치할 것

3. 화재알림형 수신기 설치기준

1) 상시 사람이 근무하는 장소에 설치할 것. 다만, 사람이 상시 근무하는 장소가 없는 경우에는 관계인이 쉽게 접근할 수 있고 관리가 용이한 장소로서 화재 및 침수 등의 재해로 인한 피해를 받을 우려가 없는 곳에 설치하여야 한다.
2) 화재알림형 수신기가 설치된 장소에는 화재알림설비 일람도를 비치할 것
3) 화재알림형 수신기의 내부 또는 그 직근에 주음향장치를 설치할 것
4) 화재알림형 수신기의 음향기구는 그 음압 및 음색이 다른 기기의 소음 등과 명확히 구별될 수 있는 것으로 할 것
5) 화재알림형 수신기의 조작 스위치는 바닥으로부터의 높이가 0.8m 이상 1.5m 이하인 장소에 설치할 것
6) 하나의 특정소방대상물에 2 이상의 화재알림형 수신기를 설치하는 경우에는 화재알림형 수신기를 상호 간 연동하여 화재발생 상황을 각 화재알림형 수신기마다 확인할 수 있도록 할 것
7) 화재로 인하여 하나의 층의 화재알림형 비상경보장치 또는 배선이 단락되어도 다른 층의 화재통보에 지장이 없도록 각 층 배선 상에 유효한 조치를 할 것. 다만, 무선식의 경우 제외한다.

4. 화재알림형 중계기 적합기준

1) 화재알림형 수신기와 화재알림형 감지기 사이에 설치할 것
2) 조작 및 점검에 편리하고 화재 및 침수 등의 재해로 인한 피해를 받을 우려가 없는 장소에 설치할 것. 다만, 외기에 개방되어 있는 장소에 설치하는 경우 빗물·먼지 등으로부터 화재알림형 중계기를 보호할 수 있는 구조로 설치하여야 한다.

3) 화재알림형 수신기에 따라 감시되지 않는 배선을 통하여 전력을 공급받는 것에 있어서는 전원입력 측의 배선에 과전류 차단기를 설치하고 해당 전원의 정전이 즉시 화재알림형 수신기에 표시되는 것으로 하며, 상용전원 및 예비전원의 시험을 할 수 있도록 할 것

5. 화재알림형 감지기

1) 화재알림형 감지기 중 열을 감지하는 경우 공칭감지온도범위, 연기를 감지하는 경우 공칭감지농도범위, 불꽃을 감지하는 경우 공칭감시거리 및 공칭시야각 등에 따라 적합한 장소에 설치하여야 한다. 다만, 이 기준에서 정하지 않는 설치방법에 대하여는 형식승인 사항이나 제조사의 시방서에 따라 설치할 수 있다.
2) 무선식의 경우 화재를 유효하게 검출할 수 있도록 해당 특정소방대상물에 음영구역이 없도록 설치하여야 한다.
3) 동작된 감지기는 자체 내장된 음향장치에 의하여 경보를 발하여야 하며, 음압은 부착된 화재알림형 감지기의 중심으로부터 1m 떨어진 위치에서 85dB 이상 되어야 한다.

6. 비화재보방지

화재알림설비는 화재알림형 수신기 또는 화재알림형 감지기에 자동보정기능이 있는 것으로 설치하여야 한다. 다만, 자동보정기능이 있는 화재알림형 수신기에 연결하여 사용하는 화재알림형 감지기는 자동보정기능이 없는 것으로 설치한다.

7. 화재알림형 비상경보장치

단, 전통시장의 경우 공용부분에 한하여 설치할 수 있다.
1) 층수가 11층(공동주택의 경우에는 16층) 이상의 특정소방대상물은 발화층에 따라 경보하는 층을 달리하여 경보를 발할 수 있도록 할 것. 다만, 그 외 특정소방대상물은 전층경보방식으로 경보를 발할 수 있도록 설치하여야 한다.
   ① 2층 이상의 층에서 발화한 때에는 발화층 및 그 직상 4개 층에 경보를 발할 것
   ② 1층에서 발화한 때에는 발화층·그 직상 4개 층 및 지하층에 경보를 발할 것
   ③ 지하층에서 발화한 때에는 발화층·그 직상층 및 기타의 지하층에 경보를 발할 것
2) 화재알림형 비상경보장치는 특정소방대상물의 층마다 설치하되, 해당 특정소방대상물의 각 부분으로부터 하나의 화재알림형 비상경보장치까지의 수평거리가 25m 이하(다만, 복도 또는 별도로 구획된 실로서 보행거리 40m 이상일 경우에는 추가로 설치하여야 한다)가 되도록 하고, 해당 층의 각 부분에 유효하게 경보를 발할 수 있도록 설치할 것. 다만, 「비상방송설비의 화재안전기술기준(NFTC 202)」에 적합한 방송설비를 화재알

림형 감지기와 연동하여 작동하도록 설치한 경우에는 비상경보장치를 설치하지 아니하고, 발신기만 설치할 수 있다.
3) 2)에도 불구하고 기준을 초과하는 경우로서 기둥 또는 벽이 설치되지 아니한 대형공간의 경우 화재알림형 비상경보장치는 설치대상 장소 중 가장 가까운 장소의 벽 또는 기둥 등에 설치할 것
4) 화재알림형 비상경보장치는 조작이 쉬운 장소에 설치하고, 발신기의 스위치는 바닥으로부터 0.8m 이상 1.5m 이하의 높이에 설치할 것
5) 화재알림형 비상경보장치의 위치를 표시하는 표시등은 함의 상부에 설치하되, 그 불빛은 부착면으로부터 15° 이상의 범위 안에서 부착지점으로부터 10m 이내의 어느 곳에서도 쉽게 식별할 수 있는 적색등으로 설치할 것

8. 화재알림형 비상경보장치 구조 및 성능기준

1) 정격전압의 80% 전압에서 음압을 발할 수 있는 것으로 할 것. 다만, 건전지를 주전원으로 사용하는 화재알림형 비상경보장치는 그렇지 않다.
2) 음압은 부착된 화재알림형 비상경보장치의 중심으로부터 1m 떨어진 위치에서 90dB 이상이 되는 것으로 할 것
3) 화재알림형 감지기 및 발신기의 작동과 연동하여 작동할 수 있는 것으로 할 것
4) 하나의 특정소방대상물에 2 이상의 화재알림형 수신기가 설치된 경우 어느 화재알림형 수신기에서도 화재알림형 비상경보장치를 작동할 수 있도록 하여야 한다.

9. 원격감시서버 설치기준

1) 원격감시서버의 비상전원은 상용전원 차단 시 24시간 이상 전원을 유효하게 공급될 수 있는 것으로 설치한다.
2) 화재알림설비로부터 수신한 정보(주소, 화재정보·신호 등)를 1년 이상 저장할 수 있는 용량을 확보한다.
   ① 저장된 데이터는 원격감시서버에서 확인할 수 있어야 하며, 복사 및 출력도 가능할 것
   ② 저장된 데이터는 임의로 수정이나 삭제를 방지할 수 있는 기능이 있을 것

CHAPTER 19 피난구조설비

1. 개요
화재 발생 시 연기 및 유독가스 등은 고층빌딩의 계단을 통해 상층부까지 순식간에 연돌과 같이 상승하기 때문에 인명피해가 많이 발생하고 있으며, 특히 발화층보다 그 상층부의 사람이 연기나 유독가스에 질식되어 사망하는 경우가 많다.
이러한 경우 신속하게 피난할 수 있게 하는 것이 피난기구이며, 피난설비는 재해 시 건축물로부터 피난을 위해 사용하는 기계기구 또는 설비를 말한다.

2. 설치대상
피난층, 2층, 11층 이상의 층을 제외한 모든 층
※ 피난기구는 지하층도 설치대상이며, 11층 이상의 층은 고층으로 피난기구를 사용하기에는 부적합하므로 설치를 제외함

3. 설치 제외 기준
① 주요구조부가 내화구조일 것
② 실내에 면하는 부분의 마감이 불연성(불연재, 준불연재, 난연재)으로 「건축법」상 방화구획 규정에 적합할 것
③ 거실의 각 부분으로부터 직접 복도로 쉽게 통할 수 있는 것
④ 복도에 2 이상의 특별피난계단 또는 피난계단이 설치되어 있을 것
⑤ 복도의 어느 부분에서도 2 이상의 방향으로 각각 다른 계단에 도달할 수 있을 것

01 피난구조설비의 종류

1. 피난기구

피난기구는 특정소방대상물의 모든 층에 설치한다.(단, 피난층 · 지상 1층 · 지상 2층 및 층수가 11층 이상인 층과 가스시설 · 지하구 또는 터널은 제외)

1) 피난사다리
화재 시 긴급대피를 위해 사용하는 사다리

2) 완강기
사용자의 몸무게에 따라 자동으로 내려올 수 있는 기구 중 사용자가 교대하여 연속으로 사용할 수 있는 것

3) 간이완강기
사용자의 몸무게에 따라 자동적으로 내려올 수 있는 기구 중 사용자가 교대하여 연속으로 사용할 수 없는 것

4) 구조대
포지 등을 사용하여 자루 형태로 만든 것으로, 화재 시 사용자가 그 내부에 들어가서 내려옴으로써 대피할 수 있는 것

5) 공기안전매트
화재 발생 시 사람이 건축물 안에서 밖으로 긴급히 뛰어내릴 때 충격을 흡수하여 안전하게 지상에 도달할 수 있도록 포지에 공기 등을 주입하는 구조로 되어 있는 것

6) 피난밧줄
급격한 하강을 방지하기 위한 매듭 등을 만들어 놓은 밧줄

7) 기타 피난기구
피난용 트랩, 피난교, 미끄럼대가 있다.

  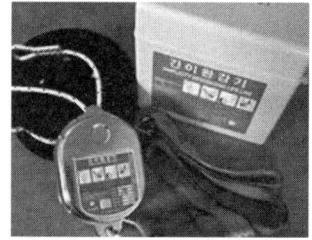

(a) 피난사다리 　　　　(b) 완강기 　　　　(c) 간이완강기

 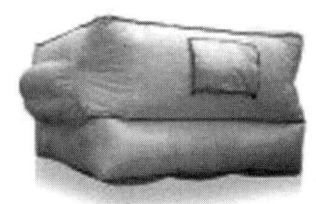 

(d) 구조대　　　　　　(e) 공기안전매트　　　　　(f) 피난밧줄

[피난기구의 종류]

2. 인명구조기구

1) 방열복
고온의 복사열에 가까이 접근하여 소방활동을 수행할 수 있는 내열피복

2) 공기호흡기
소화활동 시 화재로 인해 발생하는 각종 유독가스 중에서 일정 시간 사용할 수 있도록 제조된 압축공기식 개인 호흡장비

3) 인공소생기
호흡부전 상태의 사람에게 인공호흡을 하여 환자를 보호하거나 구급하는 기구

3. 유도등 및 유도표지

1) 유도등
화재 시 피난을 유도하기 위한 등으로, 정상 상태에서는 상용전원에 따라 켜지고, 상용전원이 정전된 경우에는 비상전원으로 자동 전환되어 켜진다.

2) 피난구유도등
피난구 또는 피난경로로 사용되는 출입구를 표시하여 피난을 유도하는 등

3) 통로유도등
피난통로를 안내하기 위한 유도등으로, 복도통로유도등, 거실통로유도등, 계단통로유도등

4) 객석유도등
객석의 통로, 바닥 또는 벽에 설치되는 유도등

5) 피난유도표지
피난구 또는 피난경로로 사용되는 출입구를 표시하여 피난을 유도하는 표지

6) 통로유도표지
피난통로가 되는 복도, 계단 등에 설치하는 것으로 피난구의 방향을 표시하는 유도표지

4. 비상조명등

1) 비상조명등
화재 발생 등에 따른 정전 시 안전하고 원활하게 피난활동을 할 수 있도록 거실 및 피난통로 등에 설치되어 자동 점등되는 조명등

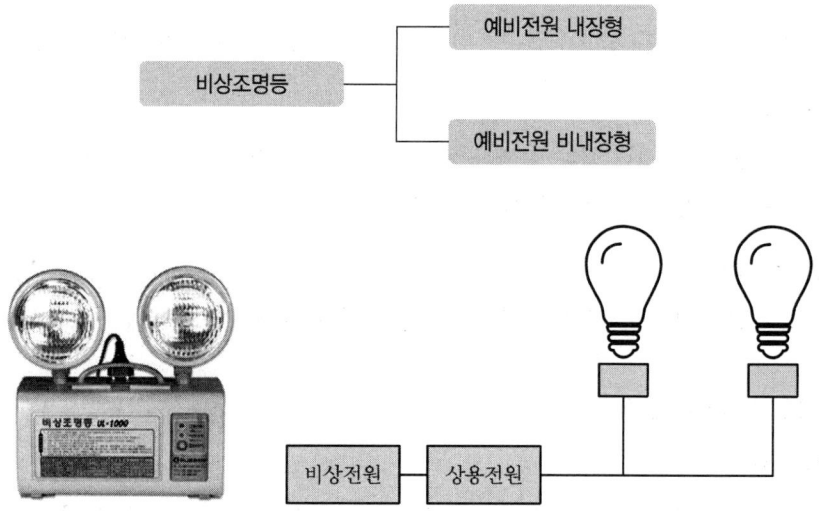

2) 휴대용 비상조명등
화재가 발생하였을 때 안전하고 원활하게 피난하기 위해 피난자가 휴대할 수 있는 조명등

02 피난기구의 설치 제외 기준 및 감소 기준

1. 피난기구 설치 제외 기준
(단, 숙박시설에 설치되는 피난밧줄 및 간이승강기는 제외할 수 없다.)

1) 층

① 주요구조부 : 내화구조

② 마감 : 불연성(불연재료, 준불연재료, 난연재료)으로 되어 있고, 방화구획되어 있을 것

③ 거실 각 부분에서 직접 복도로 쉽게 통할 수 있을 것

④ 복도에 2 이상의 특별피난계단 또는 피난계단이 설치되어 있을 것

⑤ 복도의 어느 부분에서도 2 이상 방향으로 각각 다른 계단에 도착할 수 있을 것

2) 옥상 직하층 또는 최상층

① 주요구조부 : 내화구조

② 옥상면적 : 1,500㎡ 이상

③ 옥상으로 쉽게 통할 수 있는 창 또는 출입구가 설치되어 있을 것

④ 옥상이 사다리차가 통행 가능한 폭 6m 이상의 도로나 공지에 면하거나 옥상에서 피난층, 지상층으로 통하는 2 이상의 피난계단, 특별피난계단이 설치되어 있을 것

3) 4층 이하 건축물의 층

① 주요구조부 : 내화구조

② 사다리차가 통행 가능한 도로나 공지에 면하는 부분에 개구부가 2 이상 설치되어 있는 층

4) 갓복도식 아파트 또는 발코니를 설치하여 인접(수평 또는 수직)세대로 피난할 수 있는 아파트

5) 학교

① 주요구조부 : 내화구조

② 거실 각 부분에서 직접 복도로 피난할 수 있는 학교

6) 무인공장, 자동창고로 사람의 출입이 금지된 장소

2. 피난기구의 설치 감소 기준

1) 층 : 1/2 감소

① 주요구조부 : 내화구조

② 직통계단이 피난계단 또는 특별피난계단으로 2 이상 설치되어 있을 것

2) 내화구조 건널복도 설치층
① 내화구조 또는 철골구조로 되어 있을 것
② 건널복도 양단 출입문에 자동폐쇄장치를 부착한 60분+ 방화문 또는 60분 방화문이 설치되어 있을 것
③ 피난, 통행, 운반 전용 용도일 것

3) 노대 설치층
거실의 바닥면적은 피난기구 설치 개수 산정 바닥면적에서 제외
① 노대가 포함된 소방대상물의 주요구조부가 내화구조일 것
② 노대가 거실의 외기에 면하는 부분에 설치되어 있을 것
③ 노대가
  ㉠ 사다리차가 통행 가능한 도로, 공지에 면하거나
  ㉡ 거실 부분과 방화구획되어 있거나
  ㉢ 노대에 지상으로 통하는 계단, 기타 피난기구가 설치되어 있을 것

03 유도등 점검

1. 유도등의 2선식 배선과 3선식 배선

유도등 내부에는 광원이 되는 형광등과 상용전원이 차단되었을 때 사용하는 축전지가 내장된다. 2선식 배선은 평상시에도 형광등과 축전지에 전원을 동시에 공급하는 형태이다. 반면에 3선식은 축전지에는 계속 전원을 공급하고, 형광등은 특별한 경우에는 전원이 공급되도록 3선으로 배선하는 방식이다.

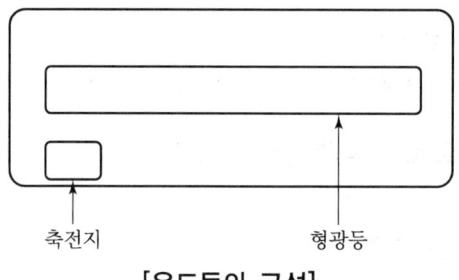

[유도등의 구성]

1) 2선식 유도등
2선식 유도등은 유도등에 2선이 인입되는 방식으로, 형광등과 축전지에 동시에 전원이 공급된다. 그러므로 평상시에도 형광등이 점등되어 있다.

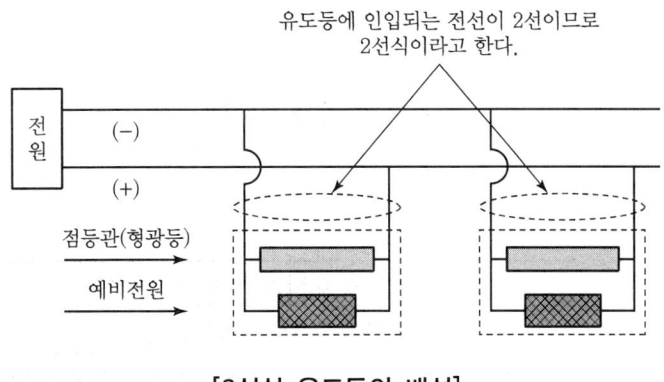

[2선식 유도등의 배선]

2) 3선식 유도등

3선식 유도등은 형광등에 공급되는 전원의 선로와 축전지에 공급되는 전원의 분리하여 구성하는 방식으로, 평상시 형광등에는 전원이 공급되지 않고 일정한 경우에만 전원이 공급되는 방식으로 되어 있다. 따라서 3선식 유도등은 평상시에는 점등되지 않는다.

> **Check Point** 3선식 유도등이 점등되는 경우
>
> 3선식 배선으로 상시 충전되는 유도등의 전기회로에 점멸기를 설치하는 경우에는 다음의 어느 하나에 해당되는 경우에는 점등되도록 하여야 한다.
> ① 자동화재탐지설비의 감지기 또는 발신기가 작동되는 때
> ② 비상경보설비의 발신기가 작동되는 때
> ③ 상용전원이 정전되거나 전원선이 단선되는 때
> ④ 방재업무를 통제하는 곳 또는 전기실의 배전반에 수동으로 점등하는 때
> ⑤ 자동소화설비가 작동되는 때

2. 유도등의 조도 측정

① 통로유도등은 조도계로 측정하여 등의 바로 밑바닥으로부터 수평으로 0.5m 떨어진 바닥에서 측정하여 1lx 이상이 되어야 한다.
② 객석유도등은 통로 바닥의 중심선 0.5m 높이에서 측정하여 0.2lx 이상이 되어야 한다.

3. 예비전원(배터리)의 점검

예비전원의 상태 점검은 외부에 있는 점검스위치(배터리 상태 점검스위치)를 당겨보거나 점검버튼을 눌러서 점등 상태를 확인한다.

01
특정소방대상물의 피난기구 설치개수 산정기준을 쓰시오.

┃해답┃

바닥면적	층별 바닥면적마다 1개 이상
500m²마다	노유자시설·숙박시설 및 의료시설로 사용되는 층
800m²마다	위락시설·문화집회 및 운동시설·복합용도의 층[하나의 층이 공동주택(연립주택, 다세대주택, 기숙사) 또는 종교시설, 교육연구시설, 노유자시설, 수련시설, 운동시설, 업무시설, 숙박시설, 위락시설, 공장, 창고시설(위험물 저장 및 처리시설 또는 그 부속용도에 해당하는 것 제외), 위험물 저장 및 처리시설, 항공기 및 자동차 관련 시설 중 2 이상의 용도로 사용되는 층] 또는 판매시설
1,000m²마다	그 밖의 용도의 층
세대마다	계단실형 아파트

02
피난기구의 설치개수 산정기준 외에 추가로 설치하여야 하는 피난기구를 쓰시오.

┃해답┃

① 숙박시설(휴양콘도미니엄을 제외한다)의 경우에는 추가로 객실마다 완강기 또는 2 이상의 간이완강기를 설치할 것
② 피난기구 외에 4층 이상의 층에 설치된 노유자시설 중 장애인 관련 시설로서 주된 사용자 중 스스로 피난이 불가한 자가 있는 경우에는 층마다 구조대를 1개 이상 추가로 설치할 것

03
다수인피난장비와 승강식 피난기 및 하향식 피난구용 내림식 사다리를 제외한 피난기구의 설치기준을 쓰시오.

해답
① 승강식 피난기 및 하향식 피난구용 내림식 사다리는 설치경로가 설치 층에서 피난층까지 연계될 수 있는 구조로 설치할 것. 다만, 건축물의 구조 및 설치 여건상 불가피한 경우에는 그렇지 않다.
② 대피실의 면적은 $2m^2$(2세대 이상일 경우에는 $3m^2$) 이상으로 하고, 「건축법 시행령」 제46조제4항 각 호의 규정에 적합하여야 하며 하강구(개구부) 규격은 직경 60cm 이상일 것. 다만, 외기와 개방된 장소에는 그렇지 않다.
③ 하강구 내측에는 기구의 연결 금속구 등이 없어야 하며 전개된 피난기구는 하강구 수평투영면적 공간 내의 범위를 침범하지 않는 구조이어야 할 것. 다만, 직경 60cm 크기의 범위를 벗어난 경우이거나, 직하층의 바닥 면으로부터 높이 50cm 이하의 범위는 제외한다.
④ 대피실의 출입문은 60분+ 방화문 또는 60분 방화문으로 설치하고, 피난방향에서 식별할 수 있는 위치에 "대피실" 표지판을 부착할 것. 다만, 외기와 개방된 장소에는 그렇지 않다.
⑤ 착지점과 하강구는 상호 수평거리 15cm 이상의 간격을 둘 것
⑥ 대피실 내에는 비상조명등을 설치할 것
⑦ 대피실에는 층의 위치표시와 피난기구 사용설명서 및 주의사항 표지판을 부착할 것
⑧ 대피실 출입문이 개방되거나, 피난기구 작동 시 해당 층 및 직하층 거실에 설치된 표시등 및 경보장치가 작동되고, 감시 제어반에서는 피난기구의 작동을 확인할 수 있어야 할 것
⑨ 사용 시 기울거나 흔들리지 않도록 설치할 것
⑩ 승강식 피난기는 한국소방산업기술원 또는 「소방시설 설치 및 관리에 관한 법률」에 따라 성능시험기관으로 지정받은 기관에서 그 성능을 검증받은 것으로 설치할 것

04
피난기구 설치기준 중 다수인피난장비의 설치기준을 쓰시오.

┃해답┃

① 피난에 용이하고 안전하게 하강할 수 있는 장소에 적재 하중을 충분히 견딜 수 있도록「건축물의 구조기준 등에 관한 규칙」제3조에서 정하는 구조안전의 확인을 받아 견고하게 설치할 것
② 다수인피난장비 보관실(이하 "보관실"이라 한다)은 건물 외측보다 돌출되지 아니하고, 빗물·먼지 등으로부터 장비를 보호할 수 있는 구조일 것
③ 사용 시에 보관실 외측 문이 먼저 열리고 탑승기가 외측으로 자동으로 전개될 것
④ 하강 시에 탑승기가 건물 외벽이나 돌출물에 충돌하지 않도록 설치할 것
⑤ 상·하층에 설치할 경우에는 탑승기의 하강경로가 중첩되지 않도록 할 것
⑥ 하강 시에는 안전하고 일정한 속도를 유지하도록 하고 전복, 흔들림, 경로이탈 방지를 위한 안전조치를 할 것
⑦ 보관실의 문에는 오작동 방지조치를 하고, 문 개방 시에는 해당 특정소방대상물에 설치된 경보설비와 연동하여 유효한 경보음을 발하도록 할 것
⑧ 피난층에는 해당 층에 설치된 피난기구가 착지에 지장이 없도록 충분한 공간을 확보할 것
⑨ 한국소방산업기술원 또는「소방시설 설치 및 관리에 관한 법률」에 따라 성능시험기관으로 지정받은 기관에서 그 성능을 검증받은 것으로 설치할 것

CHAPTER 20 인명구조기구

01
특정소방대상물의 용도 및 장소별로 설치하여야 할 인명구조기구의 종류 및 설치 수량을 쓰시오.

┃해답┃ 특정소방대상물의 용도 및 장소별로 설치하여야 할 인명구조기구

특정소방대상물	인명구조기구의 종류	설치 수량
지하층을 포함하는 층수가 7층 이상인 관광호텔 및 5층 이상인 병원	방열복 또는 방화복(안전모, 보호장갑 및 안전화를 포함한다), 공기호흡기, 인공소생기	각 2개 이상 비치할 것. 다만, 병원의 경우에는 인공소생기를 설치하지 않을 수 있다.
• 문화 및 집회시설 중 수용인원 100명 이상의 영화상영관 • 판매시설 중 대규모 점포 • 운수시설 중 지하역사 • 지하가 중 지하상가	공기호흡기	층마다 2개 이상 비치할 것. 다만, 각 층마다 갖추어 두어야 할 공기호흡기 중 일부를 직원이 상주하는 인근 사무실에 갖추어 둘 수 있다.
물분무 등 소화설비 중 이산화탄소소화설비를 설치하여야 하는 특정소방대상물	공기호흡기	이산화탄소소화설비가 설치된 장소의 출입구 외부 인근에 1개 이상 비치할 것

02
「소방시설 자체점검사항 등에 관한 고시」에서 피난기구 및 인명구조기구 점검표의 인명구조기구에 대한 종합정밀 점검항목을 쓰시오.

┃해답┃
① 설치 장소 적정(화재 시 반출 용이성) 여부
② "인명구조기구" 표시 및 사용방법 표지 설치 적정 여부
③ 인명구조기구의 변형 또는 손상이 있는지 여부
④ 대상물 용도별·장소별 설치 인명구조기구 종류 및 설치개수 적정 여부

CHAPTER 21 유도등 및 유도표지

01
「소방시설 설치 및 관리에 관한 법률 시행령」에 따라 객석유도등을 설치하여야 하는 특정소방대상물을 쓰시오.

| 해답 |

① 유흥주점영업시설(「식품위생법 시행령」 제21조 제8호 라목의 유흥주점영업 중 손님이 춤을 출 수 있는 무대가 설치된 카바레, 나이트클럽 또는 그 밖에 이와 비슷한 영업시설만 해당한다)
② 문화 및 집회시설
③ 종교시설
④ 운동시설

02
피난구유도등의 설치장소를 쓰시오.

| 해답 |

① 옥내로부터 직접 지상으로 통하는 출입구 및 그 부속실의 출입구
② 직통계단·직통계단의 계단실 및 그 부속실의 출입구
③ ①과 ②에 따른 출입구에 이르는 복도 또는 통로로 통하는 출입구
④ 안전구획된 거실로 통하는 출입구

03

「소방시설 자체점검사항 등에 관한 고시」의 유도등 및 유도표지 점검표에서 유도등에 대한 종합점검항목을 쓰시오.

┃해답┃

① 유도등의 변형 및 손상 여부
② 상시(3선식의 경우 점검스위치 작동 시) 점등 여부
③ 시각장애(규정된 높이, 적정위치, 장애물 등으로 인한 시각장애 유무) 여부
④ 비상전원 성능 적정 및 상용전원 차단 시 예비전원 자동전환 여부
⑤ 설치 장소(위치) 적정 여부
⑥ 설치 높이 적정 여부
⑦ 객석유도등의 설치 개수 적정 여부

04

지하층의 유도등을 화재 시 점등에서 상시점등으로 바꾸고자 한다. 이때 해당 유도등별로 선로 결선을 바꾸어 진행하려고 하는데 아래의 조건에 맞게 방법을 쓰시오.(단, 테스터기를 이용하여 전원선 및 신호선을 구분하시오)

〈조건〉
1. 기존의 벽부에는 3선이 있는데 배선색상은 동일 색상이다.
2. 유도등의 배선에 따른 색상
　① 공통선 : 백색
　② 충전선 : 흑색
　③ 점등선 : 적색

┃해답┃

① 테스터기의 셀렉터스위치를 ACV로 놓는다.
② 배선 3가닥 중 각각의 선간전압이 AC220V가 나오는 2개의 선로를 찾는다.

③ 기존의 3식선에서 전원이 측정되지 않는 점등선을 제외하고 하나의 선로는 유도등의 백색에 연결하고 다른 하나의 선은 유도등의 흑색과 적색을 같이 연결하여 결선한다.
④ 유도등의 점등상태를 확인하고, 예비전원 확인스위치를 작동하여 정상 충전 여부를 확인한다.

05
피난유도선에 대한 다음 물음에 답하시오.

1. 피난유도선의 정의를 쓰시오.
2. 「다중이용업소의 안전관리에 관한 특별법」상 피난유도선을 설치하여야 하는 대상을 쓰시오.
3. 「유도등 및 유도표지의 화재안전기술기준」에서 축광방식의 피난유도선 설치기준을 쓰시오.
4. 「소방시설 자체점검사항 등에 관한 고시」의 점검표에서 유도등 및 유도표지 점검표의 피난유도선 점검항목 중 축광방식의 피난유도선에 대한 종합점검 시 점검할 점검항목에 대하여 쓰시오.
5. 「유도등 및 유도표지의 화재안전기술기준」에서 광원점등방식의 피난유도선 설치기준을 쓰시오.
6. 「소방시설 자체점검사항 등에 관한 고시」의 점검표에서 유도등 및 유도표지 점검표의 피난유도선 점검항목 중 광원점등방식의 피난유도선에 대한 종합점검 시 점검할 점검항목에 대하여 쓰시오.
7. 「소방시설 자체점검사항 등에 관한 고시」의 점검표에서 다중이용업소 점검표의 피난유도선 점검항목 중 작동점검 시 점검할 점검항목에 대하여 쓰시오.
8. 7층 건축물의 전층이 고시원인 건축물을 점검하려고 한다. 해당 업소는 전층 피난유도선이 설치되어 있다. 피난유도선 점검 전 확인할 사항 및 점검 후 복구방법을 쓰시오.(단, 연면적은 2,100m²이며, 피난유도선 제어함은 3개 설치되어 있다.)
① 점검 전 확인사항
② 점검 확인사항 : 전층경보방식임
③ 복구방법

해답

1. 햇빛이나 전등불로 축광하여 빛을 내거나 전류에 의하여 빛을 내는 유도체로서 화재 발생 시 등 어두운 상태에서 피난을 유도할 수 있는 시설
2. 다중이용업소 중 영업장 내부 피난통로 또는 복도가 있는 영업장
3. 축광방식의 피난유도선 설치기준
    ① 구획된 각 실로부터 주출입구 또는 비상구까지 설치할 것
    ② 바닥으로부터 높이 50cm 이하의 위치 또는 바닥 면에 설치할 것
    ③ 피난유도 표시부는 50cm 이내의 간격으로 연속되도록 설치할 것
    ④ 부착대에 의하여 견고하게 설치할 것
    ⑤ 외부의 빛 또는 조명장치에 의하여 상시 조명이 제공되거나 비상조명등에 의한 조명이 제공되도록 설치 할 것
4. 축광방식의 피난유도선에 대한 종합점검 점검항목
    ① 피난유도선의 변형 및 손상 여부
    ② 설치 방법(위치·높이 및 간격) 적정 여부
    ③ 상시조명 제공 여부
    ④ 부착대에 견고하게 설치 여부
5. 광원점등방식의 피난유도선 설치기준
    ① 구획된 각 실로부터 주출입구 또는 비상구까지 설치할 것
    ② 피난유도 표시부는 바닥으로부터 높이 1m 이하의 위치 또는 바닥 면에 설치할 것
    ③ 피난유도 표시부는 50cm 이내의 간격으로 연속되도록 설치하되 실내장식물 등으로 설치가 곤란할 경우 1m 이내로 설치할 것
    ④ 수신기로부터의 화재신호 및 수동조작에 의하여 광원이 점등되도록 설치할 것
    ⑤ 비상전원이 상시 충전상태를 유지하도록 설치할 것
    ⑥ 바닥에 설치되는 피난유도 표시부는 매립하는 방식을 사용할 것
    ⑦ 피난유도 제어부는 조작 및 관리가 용이하도록 바닥으로부터 0.8m 이상 1.5m 이하의 높이에 설치할 것
6. 광원점등방식의 피난유도선에 대한 종합점검 점검항목
    ① 피난유도선의 변형 및 손상 여부
    ② 설치 방법(위치·높이 및 간격) 적정 여부
    ③ 수신기 화재신호 및 수동조작에 의한 광원점등 여부
    ④ 비상전원 상시 충전상태 유지 여부

⑤ 바닥에 설치되는 경우 매립방식 설치 여부
⑥ 제어부 설치위치 적정 여부
7. 다중이용업소 점검표의 피난유도선 작동점검 시 점검항목
피난유도선의 변형 및 손상 여부
8. 1) 점검 전 확인사항
① 피난유도선 제어함의 위치를 찾는다.
② 피난유도선 제어함이 관할하는 층을 파악한다.
2) 점검 확인사항 : 전층경보방식임
① 화재표시등 점등, 3층 지구창에 지구표시등 점등, 발신기 표시창 점등 확인
② 주경종, 전층 지구경종 출력의 정상 여부 확인
③ 전층 피난유도선 점등 확인
3) 복구방법
① 3층 발신기 스위치 복구한다. 이때 발신기램프는 소등한다.
② 화재수신기에서 복구버튼을 누른다.
③ 화재수신기에 화재표시창, 3층 표시창의 소등을 확인한다.
④ 피난유도선 제어함에서 모두 복구버튼을 눌러 피난유도선 소등을 확인한다.

06
복도통로유도등의 외관점검 시 예비전원이 점등되었을 때 그 원인을 쓰시오.

┃해답┃

① 예비전원이 불량인 경우
② 예비전원의 충전부가 불량인 경우
③ 예비전원의 연결소켓이 접속불량인 경우
④ 퓨즈가 단선된 경우
⑤ 예비전원이 완전 충전이 안 된 상태인 경우
⑥ 통로유도등 자체의 고장

CHAPTER 22 비상조명등

1. 설치 기준

1) 설치 위치
특정소방대상물의 각 거실과 그로부터 지상에 이르는 복도·계단 및 그 밖의 통로에 설치할 것

2) 조도
조도는 비상조명등이 설치된 장소의 각 부분의 바닥에서 1lx 이상이 되도록 할 것

3) 축전지
예비전원을 내장하는 비상조명등에는 평상시 점등 여부를 확인할 수 있는 점검스위치를 설치하고, 해당 조명등을 작동시킬 수 있는 용량의 축전지와 예비 전원 충전장치를 내장할 것

4) 예비전원을 내장하지 아니하는 비상조명등의 비상전원
① 점검이 편리하고 화재 및 침수 등의 재해를 받을 우려가 없는 곳에 설치할 것
② 상용전원으로부터 전력 공급이 중단된 때에는 자동으로 비상전원으로부터 전력을 공급받을 수 있도록 할 것
③ 비상전원의 설치 장소는 다른 장소와 방화구획할 것. 이 경우 그 장소에는 비상전원의 공급에 필요한 기구나 설비 외의 것(열병합발전설비에 필요한 기구나 설비는 제외한다)을 두어서는 안 된다.
④ 비상전원을 실내에 설치하는 때에는 그 실내에 비상조명등을 설치할 것

5) 비상조명등의 스위치 및 표시등

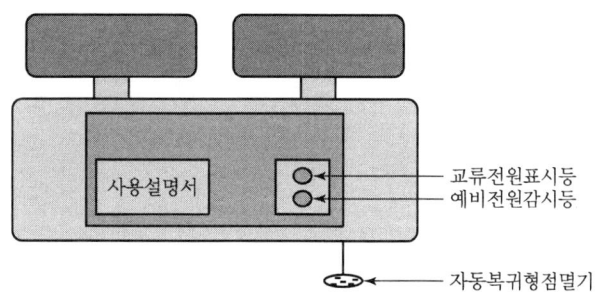

CHAPTER 23 상수도소화용수설비

01
「소방시설 설치 및 관리에 관한 법률 시행령」에 따라 위험물 저장 및 처리시설 중 가스시설, 터널 및 지하구의 경우에 설치 제외되는 소방설비를 쓰시오.

┃해답┃
① 상수도소화용수설비
② 누전경보기
③ 피난기구

CHAPTER 24 소화수조 및 저수조

01
소화수조 등의 설치기준을 쓰시오.

┃해답┃

① 소화수조, 저수조의 채수구 또는 흡수관투입구는 소방차가 2m 이내의 지점까지 접근할 수 있는 위치에 설치하여야 한다.

② 소화수조 또는 저수조의 저수량은 소방대상물의 연면적을 다음 표에 따른 기준 면적으로 나누어 얻은 수(소수점 이하의 수는 1로 본다)에 20m³를 곱한 양 이상이 되도록 하여야 한다.

소방대상물의 구분	기준 면적
1. 1층 및 2층의 바닥면적 합계가 15,000m² 이상인 소방대상물	7,500m²
2. 제1호에 해당되지 않는 그 밖의 소방대상물	12,500m²

③ 소화수조 또는 저수조는 다음의 기준에 따라 흡수관투입구 또는 채수구를 설치하여야 한다.
   가. 지하에 설치하는 소화용수설비의 흡수관투입구는 그 한 변이 0.6m 이상이거나 직경이 0.6m 이상인 것으로 하고, 소요수량이 80m³ 미만인 것은 1개 이상, 80m³ 이상인 것은 2개 이상을 설치하여야 하며, "흡수관투입구"라고 표시한 표지를 설치할 것
   나. 소화용수설비에 설치하는 채수구는 다음의 기준에 따라 설치할 것
      ㉠ 채수구는 다음 표에 따라 소방용호스 또는 소방용흡수관에 사용하는 구경 65mm 이상의 나사식 결합금속구를 설치할 것

소요수량	20m³ 이상 40m³ 미만	40m³ 이상 100m³ 미만	100m³ 이상
채수구 수	1개	2개	3개

   ㉡ 채수구는 지면으로부터 높이가 0.5m 이상 1m 이하의 위치에 설치하고 "채수구"라고 표시한 표지를 설치할 것

④ 소화용수설비를 설치해야 할 특정소방대상물에 있어서 유수의 양이 0.8m³/min 이상인 유수를 사용할 수 있는 경우에는 소화수조를 설치하지 않을 수 있다.

CHAPTER 25 [거실]제연설비

01
제연설비에서 수동기동방법을 쓰시오.

| 해답 |

① 제연구역 내의 제연설비 수동기동장치의 작동
② 각 층의 발신기 작동
③ 스프링클러설비의 유수검지장치(일제개방밸브)의 작동
④ 제어반(수신기)에서 수동기동장치의 작동

02
제연설비의 수동기동에 따른 작동 확인사항을 쓰시오.

| 해답 |

① 경보설비의 작동 여부 확인
② 급기·배기 댐퍼가 작동하여 개방되었는지 확인
③ 모터댐퍼의 구획별 정상 작동 여부 확인
④ 제연구역의 방화셔터의 완전 폐쇄 여부 확인
⑤ 제연커튼의 정상 작동 여부 확인
⑥ 화재부의 배기상태 및 인접부의 급기상태 확인
⑦ 배풍기·송풍기가 작동하여 송풍 및 배풍이 정상적으로 되는지 확인
⑧ 공기유입구 및 배출구의 풍속 확인

CHAPTER 26 특별피난계단의 계단실 및 부속실 제연설비

01
부속실 제연설비에서 제연설비의 성능확인 방법을 쓰시오.

┃해답┃

① 제연설비는 설계목적에 적합한지 검토하고 제연설비의 성능과 관련된 건물의 모든 부분(건축설비를 포함한다)이 완성되는 시점에 맞추어 시험·측정 및 조정(이하 "시험 등"이라 한다)을 해야 한다.
② 제연설비의 시험 등은 다음의 기준에 따라 실시해야 한다.
　가. 제연구역의 모든 출입문 등의 크기와 열리는 방향이 설계 시와 동일한지 여부를 확인하고, 동일하지 아니한 경우 급기량과 보충량 등을 다시 산출하여 조정 가능 여부 또는 재설계·개수의 여부를 결정할 것
　나. 제연구역의 출입문 및 복도와 거실(옥내가 복도와 거실로 되어 있는 경우에 한한다) 사이의 출입문마다 제연설비가 작동하고 있지 아니한 상태에서 그 폐쇄력을 측정할 것
　다. 층별로 화재감지기(수동기동장치를 포함한다)를 동작시켜 제연설비가 작동하는지 여부를 확인할 것. 다만, 둘 이상의 특정소방대상물이 지하에 설치된 주차장으로 연결되어 있는 경우에는 특정소방대상물의 화재감지기 및 주차장에서 하나의 특정소방대상물의 제연구역으로 들어가는 입구에 설치된 제연용 연기감지기의 작동에 따라 해당 특정소방대상물의 수직풍도에 연결된 모든 제연구역의 댐퍼가 개방되도록 하거나 해당 특정소방대상물을 포함한 둘 이상의 특정소방대상물의 모든 제연구역의 댐퍼가 개방되도록 하고 비상전원을 작동시켜 급기 및 배기용 송풍기의 성능이 정상인지 확인할 것
　라. '다'의 기준에 따라 제연설비가 작동하는 경우 다음의 기준에 따른 시험 등을 실시할 것
　　㉠ 부속실과 면하는 옥내 및 계단실의 출입문을 동시에 개방할 경우, 유입공기의 풍속이 2.7의 규정에 따른 방연풍속에 적합한지 여부를 확인하고, 적합하지 아니한 경우에는 급기구의 개구율과 송풍기의 풍량조절댐퍼 등을 조정하여 적합하게 할 것. 이 경우 유입공기의 풍속은 출입문의 개방에 따른 개구부를 대칭적으로 균등 분할

하는 10 이상의 지점에서 측정하는 풍속의 평균치로 할 것
ⓒ ⓐ에 따른 시험 등의 과정에서 출입문을 개방하지 않은 제연구역의 실제 차압이 2.3.3의 기준에 적합한지 여부를 출입문 등에 차압측정공을 설치하고 이를 통하여 차압측정기구로 실측하여 확인 · 조정할 것
ⓒ 제연구역의 출입문이 모두 닫혀 있는 상태에서 제연설비를 가동시킨 후 출입문의 개방에 필요한 힘을 측정하여 2.3.2의 규정에 따른 개방력에 적합한지 여부를 확인하고, 적합하지 아니한 경우에는 급기구의 개구율 조정 및 플랩댐퍼(설치하는 경우에 한한다)와 풍량조절용댐퍼 등의 조정에 따라 적합하도록 조치할 것. 이때 제연구역의 출입문과 면하는 옥내에 거실제연설비가 설치된 경우에는 이 기준에 따른 제연설비와 해당 거실제연설비를 동시에 작동시킨 상태에서 출입문의 개방력을 측정할 것
ⓔ ⓐ에 따른 시험 등의 과정에서 부속실의 개방된 출입문이 자동으로 완전히 닫히는지 여부를 확인하고, 닫힌 상태를 유지할 수 있도록 조정할 것

02

부속실 제연설비의 성능검사에 대하여 다음 물음에 답하시오.
1. 전층의 출입문이 닫힌 상태에서 차압 부족의 원인을 쓰시오.
2. 전층의 출입문이 닫힌 상태에서 차압 과다의 원인을 쓰시오.
3. 방연풍속 부족의 원인을 쓰시오.

┃해답┃

1. 전층의 출입문이 닫힌 상태에서 차압 부족의 원인
① 송풍기의 용량이 부족하게 설계된 경우
② 급기풍도의 틈새에 따른 누기량의 증가
③ 설치된 송풍기의 풍량 부족
④ 옥내 측 방화문의 누설틈새에 따른 누기량 과다
⑤ 급기풍도의 규격 미달에 따른 마찰손실 증가
⑥ 급기송풍기의 토출 측 풍량조절댐퍼의 풍량조절 불량

2. 전층의 출입문이 닫힌 상태에서 차압 과다의 원인
① 송풍기의 풍량이 과설계된 경우
② 자동차압과압조절형댐퍼가 닫힌 상태에서 누설량이 적은 경우
③ 급개댐퍼의 개구율 과다
④ 옥내 측 방화문의 기밀도가 높은 경우
⑤ 과압방지장치(플랩댐퍼, 자동차압과압조절형댐퍼)의 고장
⑥ 급기송풍기의 토출 측 풍량조절댐퍼의 풍량조절 불량

3. 방연풍속 부족의 원인
① 송풍기의 용량이 부족하게 설계된 경우
② 급기풍도의 틈새에 따른 누기량의 증가
③ 급기댐퍼의 개구율 부족
④ 화재층 외의 다른 층의 출입문 개방
⑤ 덕트 부속류의 마찰손실 증가
⑥ 급기댐퍼(자동차압과압조절형댐퍼)의 기능 고장

03
특별피난계단의 계단실 및 부속실 제연설비의 수동기동방법을 쓰시오.

┃해답┃
① 자동차압·과압조절댐퍼의 수동기동장치의 작동
② 각 층의 발신기 작동
③ 스프링클러설비의 유수검지장치(일제개방밸브)의 작동
④ 제어반(수신기)에서 수동기동장치의 작동

04
특별피난계단의 계단실 및 부속실 제연설비의 수동기동에 따른 작동확인 사항을 쓰시오.

┃해답┃

① 경보설비의 작동 여부 확인
② 자동차압·과압조절댐퍼가 설치된 모든 층의 작동 및 공기 유입 여부 확인
③ 화재층의 배기댐퍼 작동 및 공기의 배출 여부 확인
④ 제연구역 내 자동폐쇄장치의 작동 여부 확인
⑤ 거실에서 전실 및 부속실의 문의 개방 시에 110N 이하인지 확인
⑥ 부속실 및 계단실의 방연풍속을 측정하고 측정치는 기준치 이상인지 확인
⑦ 제연구역 내에 과압이 발생되었을 경우 과압배출장치의 작동 여부 확인
⑧ 특별피난계단의 계단실 및 부속실의 차압을 측정하고 측정값은 40Pa 이상인 것 확인(스프링클러가 설치된 경우 12.5Pa)

CHAPTER 27 연결송수관설비

1. 연결송수관설비의 개요

연결송수관설비는 고층 빌딩의 경우 화재 시 소방차로부터의 주수소화가 불가능한 경우가 많으므로 소방차와 접속 가능한 도로면에 송수구를 설치하고, 빌딩 내에는 방수구를 설치하여 송수구로부터 전용배관에 의해 가압송수할 수 있도록 한 설비로서, 송수구, 배관, 방수구로 구성된다.

2. 연결송수관설비의 종류

1) 건식 연결송수관설비

평상시 연결송수관설비 배관 내부를 비어 있는 상태로 관리한다. 이 방식은 지면으로부터 높이가 31m 미만인 소방대상물 또는 지상 11층 미만인 소방대상물에만 사용한다.

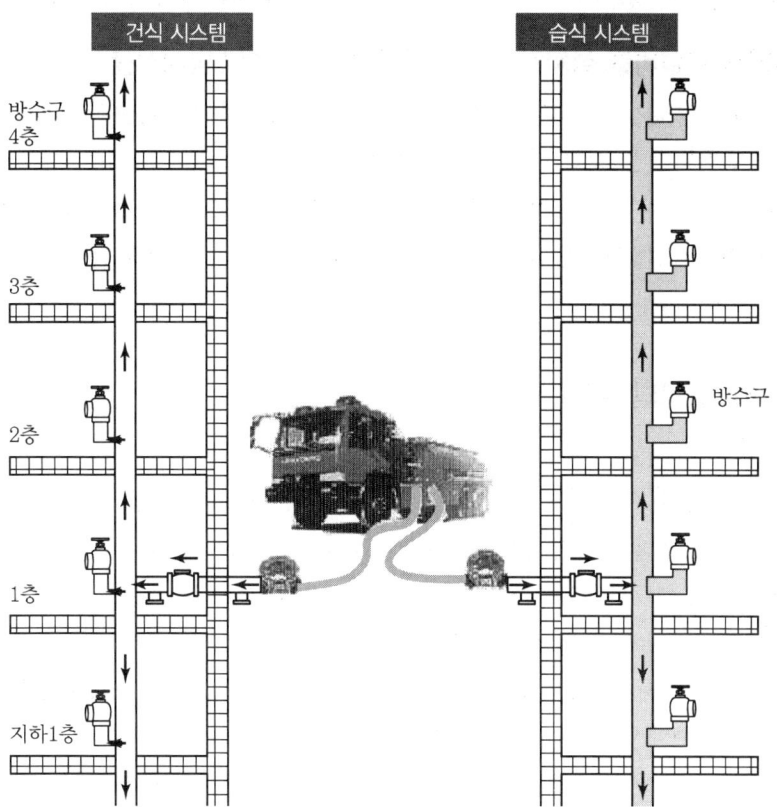

2) 습식 연결송수관설비

건식 방식에 비해 습식은 관로 내부에 상시 물이 충전된 상태로 관리되며, 지면으로부터 높이가 31m 이상인 소방대상물 또는 지상 11층 이상인 소방대상물에 장치한다.

3. 연결송수관설비의 적용 범위

1) 설치 대상

① 층수가 5층 이상으로서 연면적 6,000㎡ 이상인 것
② ①에 해당하지 않는 특정소방대상물로서 지하층을 포함한 층수가 7층 이상인 것
③ ①, ②에 해당하지 않는 특정소방대상물로서 지하층의 층수가 3층 이상이고, 지하층 바닥면적의 합계가 1,000㎡ 이상인 것
④ 터널로서 길이가 1,000m 이상인 것

2) 설치 면제

연결송수관설비를 설치하여야 할 특정소방대상물의 옥외에 연결송수구 및 옥내에 방수구가 부설된 옥내소화전설비, 스프링클러설비 또는 연결살수설비를 화재안전기준에 적합하게 설치한 경우에는 그 설비의 유효범위 안의 부분에서 설치가 면제된다.

3) 연결송수관설비를 설치하지 아니할 수 있는 특정소방대상물

① 화재 위험도가 낮은 특정소방대상물로서 「소방기본법」 제2조제5호에 의한 소방대가 조직되어 24시간 근무하고 있는 청사 및 차고
② 화재안전기준을 달리 적용하여야 하는 특수한 용도 또는 구조를 가진 특정소방대상물
③ 「위험물안전 관리법」 제19조에 의한 자체소방대가 설치된 위험물제조소 등에 부속된 사무실

4. 연결송수관설비의 설치기준

1) 송수구

① 소방차가 쉽게 접근할 수 있고 잘 보이는 장소에 설치할 것
② 지면으로부터 높이가 0.5m 이상 1m 이하의 위치에 설치할 것
③ 송수구는 화재층으로부터 지면으로 떨어지는 유리창 등이 송수 및 그 밖의 소화작업에 지장을 주지 않는 장소에 설치할 것
④ 송수구로부터 연결송수관설비의 주배관에 이르는 연결배관에 개폐밸브를 설치한 때에는 그 개폐상태를 쉽게 확인 및 조작할 수 있는 옥외 또는 기계실 등의 장소에 설치할 것. 이 경우 개폐밸브에는 그 밸브의 개폐상태를 감시제어반에서 확인할 수 있도

록 급수개폐밸브 작동표시 스위치(이하 "탬퍼스위치"라 한다)를 다음의 기준에 따라 설치해야 한다.
   가. 급수개폐밸브가 잠길 경우 탬퍼스위치의 동작으로 인하여 감시제어반 또는 수신기에 표시되어야 하며 경보음을 발할 것
   나. 탬퍼스위치는 감시제어반 또는 수신기에서 동작의 유무 확인과 동작시험, 도통시험을 할 수 있을 것
   다. 탬퍼스위치에 사용되는 전기배선은 내화전선 또는 내열전선으로 설치할 것
⑤ 구경 65mm의 쌍구형으로 할 것
⑥ 송수구에는 그 가까운 곳의 보기 쉬운 곳에 송수압력 범위를 표시한 표지를 할 것
⑦ 송수구는 연결송수관설비의 수직배관마다 1개 이상을 설치할 것(단, 하나의 건축물에 설치된 각 수직배관이 중간에 개폐밸브가 설치되지 아니한 배관으로 상호 연결되어 있는 경우에는 건축물마다 1개씩 설치 가능)
⑧ 송수구의 부근에는 자동배수밸브 및 체크밸브를 다음의 기준에 따라 설치할 것. 이 경우 자동배수밸브는 배관 안의 물이 잘 빠질 수 있는 위치에 설치하되, 배수로 인하여 다른 물건이나 장소에 피해를 주지 않아야 한다.
   가. 습식의 경우에는 송수구 · 자동배수밸브 · 체크밸브의 순으로 설치할 것
   나. 건식의 경우에는 송수구 · 자동배수밸브 · 체크밸브 · 자동배수밸브의 순으로 설치할 것
⑨ 송수구에는 가까운 곳의 보기 쉬운 곳에 "연결송수관설비송수구"라고 표시한 표지를 설치할 것
⑩ 송수구에는 이물질을 막기 위한 마개를 씌울 것

2) 배관

① 연결송수관설비의 배관은 다음의 기준에 따라 설치할 것
   가. 주배관의 구경은 100mm 이상의 것으로 할 것(단, 주배관의 구경이 100mm 이상인 옥내소화전설비의 배관과 겸용 가능)
   나. 지면으로부터의 높이가 31m 이상인 소방대상물 또는 지상 11층 이상인 소방대상물에 있어서는 습식설비로 할 것
② 연결송수관설비의 배관은 주배관의 구경이 100mm 이상인 옥내소화전설비 · 스프링클러설비 또는 물분무 등 소화설비의 배관과 겸용 가능
③ 연결송수관설비의 수직배관은 내화구조로 구획된 계단실(부속실 포함) 또는 파이프 덕트 등 화재의 우려가 없는 장소에 설치할 것(단, 학교 또는 공장이거나 배관 주위를 1시간 이상의 내화성능이 있는 재료로 보호하는 경우 예외)

3) 방수구

① 연결송수관설비의 방수구는 그 특정소방대상물의 층마다 설치할 것. 다만, 다음의 어느 하나에 해당하는 층에는 설치하지 않을 수 있다.

　가. 아파트의 1층 및 2층

　나. 소방차의 접근이 가능하고 소방대원이 소방차로부터 각 부분에 쉽게 도달할 수 있는 피난층

　다. 송수구가 부설된 옥내소화전을 설치한 특정소방대상물(집회장·관람장·백화점·도매시장·소매시장·판매시설·공장·창고시설 또는 지하가를 제외한다)로서 다음의 어느 하나에 해당하는 층

　　㉠ 지하층을 제외한 층수가 4층 이하이고 연면적이 6,000m² 미만인 특정소방대상물의 지상층

　　㉡ 지하층의 층수가 2 이하인 특정소방대상물의 지하층

② 특정소방대상물의 층마다 설치하는 방수구는 다음의 기준에 따를 것

　가. 아파트 또는 바닥면적이 1,000m² 미만인 층에 있어서는 계단(계단이 둘 이상 있는 경우에는 그중 1개의 계단을 말한다)으로부터 5m 이내에 설치할 것. 이 경우 부속실이 있는 계단은 부속실의 옥내 출입구로부터 5m 이내에 설치할 수 있다.

　나. 바닥면적 1,000m² 이상인 층(아파트를 제외한다)에 있어서는 각 계단(계단의 부속실을 포함하며 계단이 셋 이상 있는 층의 경우에는 그중 두 개의 계단을 말한다)으로부터 5m 이내에 설치할 것. 이 경우 부속실이 있는 계단은 부속실의 옥내 출입구로부터 5m 이내에 설치할 수 있다.

　다. '가' 또는 '나'에 따라 설치하는 방수구로부터 그 층의 각 부분까지의 거리가 다음의 기준을 초과하는 경우에는 그 기준 이하가 되도록 방수구를 추가하여 설치할 것

　　㉠ 지하가(터널은 제외한다) 또는 지하층의 바닥면적의 합계가 3,000m² 이상인 것은 수평거리 25m

　　㉡ ㉠에 해당하지 않는 것은 수평거리 50m

③ 11층 이상의 부분에 설치하는 방수구는 쌍구형으로 할 것. 다만, 다음의 어느 하나에 해당하는 층에는 단구형으로 설치할 수 있다.

　가. 아파트의 용도로 사용되는 층

　나. 스프링클러설비가 유효하게 설치되어 있고 방수구가 2개소 이상 설치된 층

④ 방수구의 호스접결구는 바닥으로부터 높이 0.5m 이상 1m 이하의 위치에 설치할 것

⑤ 방수구는 연결송수관설비의 전용방수구 또는 옥내소화전방수구로서 구경 65mm의 것으로 설치할 것
⑥ 방수구의 위치표시는 표시등 또는 축광식표지로 하되 다음의 기준에 따라 설치할 것
　가. 표시등을 설치하는 경우에는 함의 상부에 설치하되, 소방청장이 고시한 「표시등의 성능인증 및 제품검사의 기술기준」에 적합한 것으로 설치할 것
　나. 축광식표지를 설치하는 경우에는 소방청장이 고시한 「축광표지의 성능인증 및 제품검사의 기술기준」에 적합한 것으로 설치할 것
⑦ 방수구는 개폐기능을 가진 것으로 설치해야 하며, 평상시 닫힌 상태를 유지할 것

4) 방수기구함

① 방수기구함은 피난층과 가장 가까운 층을 기준으로 3개 층마다 설치하되, 그 층의 방수구마다 보행거리 5m 이내에 설치할 것
② 방수기구함에는 길이 15m의 호스와 방사형 관창을 다음의 기준에 따라 비치할 것
　가. 호스는 방수구에 연결하였을 때 그 방수구가 담당하는 구역의 각 부분에 유효하게 물이 뿌려질 수 있는 개수 이상을 비치할 것. 이 경우 쌍구형 방수구는 단구형 방수구의 2배 이상의 개수를 설치해야 한다.
　나. 방사형 관창은 단구형 방수구의 경우에는 1개, 쌍구형 방수구의 경우에는 2개 이상 비치할 것
③ 방수기구함에는 "방수기구함"이라고 표시한 축광식 표지를 할 것. 이 경우 축광식 표지는 소방청장이 고시한 「축광표지의 성능인증 및 제품검사의 기술기준」에 적합한 것으로 설치해야 한다.

5. 가압송수장치

① 가압송수장치의 설치대상
　지표면에서 최상층 방수구의 높이가 70m 이상의 특정소방대상물
② 가압송수장치의 토출량 및 양정의 설치기준
　가. 펌프의 토출량은 2,400L/min(계단식 아파트의 경우 1,200L/min) 이상이 되는 것으로 할 것. 다만, 해당 층에 설치된 방수구가 3개를 초과(방수구가 5개 이상인 경우에는 5개)하는 것에 있어서는 1개마다 800L/min(계단식 아파트의 경우 400L/min)을 가산한 양이 되는 것으로 할 것
　나. 펌프의 양정은 최상층에 설치된 노즐 선단의 압력이 0.35MPa 이상의 압력이 되도록 할 것

6. 전원 등

연결송수관설비의 전원 등에 관한 사항은 옥내소화전설비의 기준으로 준용할 것

7. 배선 등

연결송수관설비의 배선 등에 관한 사항은 옥내소화전설비의 기준을 준용할 것

8. 송수구의 겸용

연결송수관설비의 송수구를 옥내소화전설비와 겸용으로 설치하는 경우에는 연결송수관설비의 송수구 설치 기준에 따르되, 각각의 소화설비의 기능에 지장이 없도록 할 것

[성능시험순서]

1. 방사시험을 한다.
① 소방차의 지원을 받아 송수구에 소방호스를 연결하고, 물을 공급한다.
② 가압송수장치가 설치된 경우 송수구 인근 펌프수동조작함의 기동스위치를 눌러 펌프를 기동시킨다.
③ 최상층의 방수구에 소방호스와 노즐을 연결한다.
④ 방수구를 개방하여 노즐의 선단에서 방수압력을 측정하여 적합한지 확인한다.
 (0.35MPa 이상)

2. 가압송수장치 시험을 한다.

1) 체절 운전 시험을 한다.
① 펌프 토출 측의 개폐밸브와 유량 측정 장치의 개폐밸브를 잠근다.
② 펌프 기동버튼을 눌러 펌프를 기동시킨다.
③ 펌프 토출 측 압력계의 눈금이 정격압력의 140% 이하인지 확인한다.

2) 정격유량의 150% 시험을 한다.
① 펌프 토출 측의 개폐밸브와 유량측정장치의 유량조절밸브를 잠그고, 유량측정장치의 개폐밸브는 개방한다.
② 펌프 기동버튼을 눌러 펌프를 기동시킨다.
③ 유량측정장치의 유량조절밸브를 열어 정격유량을 흘려보낸 상태에서 펌프 토출 측 압력계의 눈금이 정격압력 이상인지 확인한다.
④ 유량측정장치의 유량조절밸브를 조금 더 열어 정격유량의 150%를 흘려보낸 상태에서 펌프 토출 측 압력계의 눈금이 정격압력의 65% 이상인지 확인한다.

01

연결송수관설비 송수구의 부근에 설치하는 자동배수밸브 및 체크밸브의 설치기준을 쓰시오.

I 해답 I

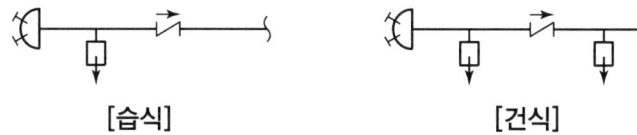

① 습식의 경우에는 송수구·자동배수밸브·체크밸브의 순으로 설치할 것
② 건식의 경우에는 송수구·자동배수밸브·체크밸브·자동배수밸브의 순으로 설치할 것
③ 자동배수밸브는 배관 안의 물이 잘 빠질 수 있는 위치에 설치하되, 배수로 인하여 다른 물건이나 장소에 피해를 주지 않을 것

02

연결송수관설비 송수구에 대한 물음에 답하시오.
1. 송수구 설치기준 중 송수압력범위 표지 설치대상이 되는 소방시설을 쓰시오.
2. 연결송수관설비의 송수구를 경우에 따라 겸용할 수 있는 소방시설을 쓰시오.(단, 각각의 소화설비 기능에 지장이 없는 경우이다.)
3. 송수구를 쌍구형으로만 설치하여야 하는 소방시설을 쓰시오.

I 해답 I

1. 송수구 설치기준 중 송수압력범위 표지 설치대상이 되는 소방시설
　① 스프링클러설비
　② 물분무소화설비
　③ 포소화설비
　④ 연결송수관설비
　⑤ 화재조기진압용 스프링클러설비

2. 연결송수관설비의 송수구를 겸용할 수 있는 소방시설
　① 스프링클러설비
　② 화재조기진압용 스프링클러설비

③ 물분무소화설비
④ 포소화설비
⑤ 옥내소화전설비
⑥ 간이스프링클러설비
⑦ 연결살수설비

3. 송수구를 쌍구형으로만 설치하는 설비
① 스프링클러설비
② 연결송수관설비
③ 화재조기진압용 스프링클러설비
④ 물분무소화설비
⑤ 포소화설비
⑥ 지하구

03
연결송수관설비의 방수구 설치기준을 쓰시오.

해답
① 연결송수관설비의 방수구는 그 특정소방대상물의 층마다 설치할 것. 다만, 다음의 어느 하나에 해당하는 층에는 설치하지 않을 수 있다.
  가. 아파트의 1층 및 2층
  나. 소방차의 접근이 가능하고 소방대원이 소방차로부터 각 부분에 쉽게 도달할 수 있는 피난층
  다. 송수구가 부설된 옥내소화전을 설치한 특정소방대상물(집회장·관람장·백화점·도매시장·소매시장·판매시설·공장·창고시설 또는 지하가를 제외한다)로서 다음의 어느 하나에 해당하는 층
    ㉠ 지하층을 제외한 층수가 4층 이하이고 연면적이 6,000m² 미만인 특정소방대상물의 지상층
    ㉡ 지하층의 층수가 2 이하인 특정소방대상물의 지하층

② 특정소방대상물의 층마다 설치하는 방수구는 다음의 기준에 따를 것
　가. 아파트 또는 바닥면적이 1,000㎡ 미만인 층에 있어서는 계단(계단이 둘 이상 있는 경우에는 그중 1개의 계단을 말한다)으로부터 5m 이내에 설치할 것. 이 경우 부속실이 있는 계단은 부속실의 옥내 출입구로부터 5m 이내에 설치할 수 있다.
　나. 바닥면적 1,000㎡ 이상인 층(아파트를 제외한다)에 있어서는 각 계단(계단의 부속실을 포함하며 계단이 셋 이상 있는 층의 경우에는 그중 두 개의 계단을 말한다)으로부터 5m 이내에 설치할 것. 이 경우 부속실이 있는 계단은 부속실의 옥내 출입구로부터 5m 이내에 설치할 수 있다.
③ ① 또는 ②에 따라 설치하는 방수구로부터 그 층의 각 부분까지의 거리가 다음의 기준을 초과하는 경우에는 그 기준 이하가 되도록 방수구를 추가하여 설치할 것
　가. 지하가(터널은 제외한다) 또는 지하층의 바닥면적의 합계가 3,000㎡ 이상인 것은 수평거리 25m
　나. '가'에 해당하지 않는 것은 수평거리 50m
　다. 11층 이상의 부분에 설치하는 방수구는 쌍구형으로 할 것. 다만, 다음의 어느 하나에 해당하는 층에는 단구형으로 설치할 수 있다.
　　㉠ 아파트의 용도로 사용되는 층
　　㉡ 스프링클러설비가 유효하게 설치되어 있고 방수구가 2개소 이상 설치된 층
④ 방수구의 호스접결구는 바닥으로부터 높이 0.5m 이상 1m 이하의 위치에 설치할 것
⑤ 방수구는 연결송수관설비의 전용방수구 또는 옥내소화전방수구로서 구경 65mm의 것으로 설치할 것
⑥ 방수구의 위치표시는 표시등 또는 축광식표지로 하되 다음의 기준에 따라 설치할 것
　가. 표시등을 설치하는 경우에는 함의 상부에 설치하되, 소방청장이 고시한 「표시등의 성능인증 및 제품검사의 기술기준」에 적합한 것으로 설치할 것
　나. 축광식표지를 설치하는 경우에는 소방청장이 고시한 「축광표지의 성능인증 및 제품검사의 기술기준」에 적합한 것으로 설치할 것
⑦ 방수구는 개폐기능을 가진 것으로 설치해야 하며, 평상시 닫힌 상태를 유지할 것

04
연결송수관설비에서 방수기구함의 설치기준을 쓰시오.

┃해답┃

① 방수기구함은 피난층과 가장 가까운 층을 기준으로 3개 층마다 설치하되, 그 층의 방수구마다 보행거리 5m 이내에 설치할 것
② 방수기구함에는 길이 15m의 호스와 방사형 관창을 다음의 기준에 따라 비치할 것
　가. 호스는 방수구에 연결하였을 때 그 방수구가 담당하는 구역의 각 부분에 유효하게 물이 뿌려질 수 있는 개수 이상을 비치할 것. 이 경우 쌍구형 방수구는 단구형 방수구의 2배 이상의 개수를 설치해야 한다.
　나. 방사형 관창은 단구형 방수구의 경우에는 1개, 쌍구형 방수구의 경우에는 2개 이상 비치할 것
③ 방수기구함에는 "방수기구함"이라고 표시한 축광식 표지를 할 것. 이 경우 축광식 표지는 소방청장이 고시한 「축광표지의 성능인증 및 제품검사의 기술기준」에 적합한 것으로 설치해야 한다.

> # 05
> 연결송수관설비의 가압송수장치에 관한 다음 물음에 답하시오.
> 1. 가압송수장치를 설치하는 경우를 쓰시오.
> 2. 가압송수장치의 토출량 산정기준을 쓰시오.
> 3. 가압송수장치의 수동스위치 설치기준을 쓰시오.

❙해답❙

1. 가압송수장치를 설치하는 경우
지표면에서 최상층 방수구의 높이가 70m 이상인 특정소방대상물에는 연결송수관설비의 가압송수장치를 설치하여야 한다.

2. 가압송수장치의 토출량 산정기준
펌프의 토출량은 2,400L/min(계단식 아파트의 경우에는 1,200L/min) 이상이 되는 것으로 할 것. 다만, 해당 층에 설치된 방수구가 3개를 초과(방수구가 5개 이상인 경우에는 5개)하는 것에 있어서는 1개마다 800L/min(계단식 아파트의 경우에는 400L/min)을 가산한 양이 되는 것으로 할 것

3. 가압송수장치의 수동스위치 설치기준
가압송수장치는 방수구가 개방될 때 자동으로 기동되거나 또는 수동스위치의 조작에 따라 기동되도록 할 것. 이 경우 수동스위치는 2개 이상을 설치하되, 그중 1개는 다음의 기준에 따라 송수구의 부근에 설치하여야 한다.
① 송수구로부터 5m 이내의 보기 쉬운 장소에 바닥으로부터 높이 0.8m 이상 1.5m 이하로 설치할 것
② 1.5mm 이상의 강판함에 수납하여 설치하고 "연결송수관설비 수동스위치"라고 표시한 표지를 부착할 것. 이 경우 문짝은 불연재료로 설치할 수 있다.
③ 「전기사업법」 제67조에 따른 「전기설비기술기준」에 따라 접지하고 빗물 등이 들어가지 않는 구조로 할 것

CHAPTER 28 연결살수설비

1. 연결살수설비의 개요

지층 화재의 경우 개구부가 작기 때문에 연기가 충만하기 쉽고, 소방대가 용이하게 진입할 수 없다. 이에 대한 대책으로 일정 규모 이상의 지층 천장면에 스프링클러헤드를 설치하고, 지상의 송수구로부터 소방차를 이용, 송수하여 소화하는 설비가 연결살수설비이며, 송수구, 배관, 살수헤드로 구성되어 있다.

2. 연결살수설비의 적용 범위

① 설치 대상 : 「소방시설법 시행령」 별표 4(제11조 관련) 참고
② 설치 면제 : 「소방시설법 시행령」 별표 5(제14조 관련) 참고
③ 연결살수설비를 설치하지 않을 수 있는 특정소방대상물 : 「소방시설법 시행령」 별표 6 (제16조 관련) 참고
④ 헤드의 설치 제외 : 「NFTC 503」 2.4 참고

3. 연결살수설비의 설치기준

① 연결살수설비의 송수구는 다음의 기준에 따라 설치할 것
　가. 소방차가 쉽게 접근할 수 있고 노출된 장소에 설치할 것
　나. 가연성가스의 저장·취급시설에 설치하는 연결살수설비의 송수구는 그 방호대상 물로부터 20m 이상의 거리를 두거나, 방호대상물에 면하는 부분이 높이 1.5m 이상 폭 2.5m 이상의 철근콘크리트 벽으로 가려진 장소에 설치할 것
　다. 송수구는 구경 65mm의 쌍구형으로 설치할 것(단, 하나의 송수구역에 부착하는 살수헤드의 수가 10개 이하인 것에 있어서는 단구형 가능)
　라. 개방형 헤드를 사용하는 송수구의 호스접결구는 각 송수구역마다 설치할 것(단, 송수구역을 선택할 수 있는 선택밸브가 설치되어 있고 송수구역의 주요구조부가 내화구조로 되어 있는 경우에는 제외)
　마. 소방관의 호스 연결 등 소화작업에 용이하도록 지면으로부터 높이가 0.5m 이상 1m 이하의 위치에 설치할 것
　바. 송수구로부터 주배관에 이르는 연결배관에는 개폐밸브를 설치하지 않을 것(단, 스

스프링클러설비・물분무소화설비・포소화설비 또는 연결송수관설비의 배관과 겸용하는 경우에는 제외)
　사. 송수구의 부근에는 "연결살수설비 송수구"라고 표시한 표지와 송수구역 일람표를 설치할 것(단, 다음 ②의 기준에 따른 선택밸브를 설치한 경우에는 제외)

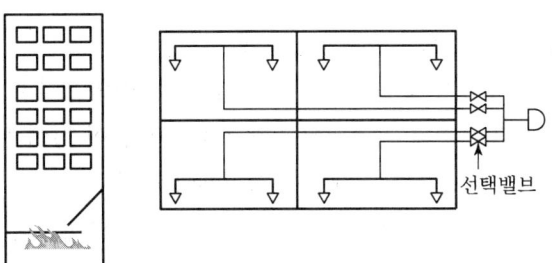

[연결살수설비의 계통도]

　아. 송수구에는 이물질을 막기 위한 마개를 씌울 것
② 연결살수설비의 선택밸브는 다음의 기준에 따라 설치할 것(단, 송수구를 송수구역마다 설치한 때는 제외)
　가. 화재 시 연소의 우려가 없는 장소로서 조작 및 점검이 쉬운 위치에 설치할 것
　나. 자동개방밸브에 따른 선택밸브를 사용하는 경우에는 송수구역에 방수하지 않고 자동밸브의 작동시험이 가능하도록 할 것
　다. 선택밸브의 부근에는 송수구역 일람표를 설치할 것
③ 연결살수설비에는 송수구의 가까운 부분에 자동배수밸브 및 체크밸브를 다음의 기준에 따라 설치할 것
　가. 폐쇄형 헤드를 사용하는 설비의 경우에는 송수구・자동배수밸브・체크밸브의 순서로 설치할 것
　나. 개방형 헤드를 사용하는 설비의 경우에는 송수구・자동배수밸브의 순서로 설치할 것
　다. 자동배수밸브는 배관 안의 물이 잘 빠질 수 있는 위치에 설치하되, 배수로 인하여 다른 물건 또는 장소에 피해를 주지 않을 것
④ 개방형 헤드를 사용하는 연결살수설비에 있어서 하나의 송수구역에 설치하는 살수헤드의 수는 10개 이하가 되도록 해야 한다.

01 연결살수설비의 송수구 설치기준을 쓰시오.

▮해답▮

① 소방차가 쉽게 접근할 수 있고 노출된 장소에 설치할 것
② 가연성가스의 저장·취급시설에 설치하는 연결살수설비의 송수구는 그 방호대상물로부터 20m 이상의 거리를 두거나 방호대상물에 면하는 부분이 높이 1.5m 이상 폭 2.5m 이상의 철근콘크리트 벽으로 가려진 장소에 설치해야 한다.
③ 송수구는 구경 65mm의 쌍구형으로 설치할 것. 다만, 하나의 송수구역에 부착하는 살수헤드의 수가 10개 이하인 것은 단구형인 것으로 할 수 있다.
④ 개방형 헤드를 사용하는 송수구의 호스접결구는 각 송수구역마다 설치할 것. 다만, 송수구역을 선택할 수 있는 선택밸브가 설치되어 있고 각 송수구역의 주요구조부가 내화구조로 되어 있는 경우에는 그렇지 않다.
⑤ 소방관의 호스 연결 등 소화작업에 용이하도록 지면으로부터 높이가 0.5m 이상 1m 이하의 위치에 설치할 것
⑥ 송수구로부터 주배관에 이르는 연결배관에는 개폐밸브를 설치하지 않을 것. 다만, 스프링클러설비·물분무소화설비·포소화설비 또는 연결송수관설비의 배관과 겸용하는 경우에는 그렇지 않다.
⑦ 송수구의 부근에는 "연결살수설비 송수구"라고 표시한 표지와 송수구역 일람표를 설치할 것. 다만, 2.1.2에 따른 선택밸브를 설치한 경우에는 그렇지 않다.
⑧ 송수구에는 이물질을 막기 위한 마개를 씌울 것

02
연결살수설비에서 송수구 부근에 설치하는 자동배수밸브와 체크밸브의 설치기준을 쓰시오.

┃해답┃

① 폐쇄형 헤드를 사용하는 설비의 경우에는 송수구 · 자동배수밸브 · 체크밸브의 순서로 설치할 것
② 개방형 헤드를 사용하는 설비의 경우에는 송수구 · 자동배수밸브의 순서로 설치할 것
③ 자동배수밸브는 배관 안의 물이 잘 빠질 수 있는 위치에 설치하되, 배수로 인하여 다른 물건 또는 장소에 피해를 주지 않을 것

03
다음의 [예]에 맞추어 소방시설 중 소화활동설비에서 지하층에 설치하는 특정소방대상물의 기준을 쓰시오.

〈예〉 제연설비
① 지하층이나 무창층에 설치된 근린생활시설, 판매시설, 운수시설, 숙박시설, 위락시설, 의료시설, 노유자시설 또는 창고시설(물류터미널만 해당한다)로서 해당 용도로 사용되는 바닥면적의 합계가 1,000m² 이상인 층
② 운수시설 중 시외버스정류장, 철도 및 도시철도 시설, 공항시설 및 항만시설의 대기실 또는 휴게시설로서 지하층 또는 무창층의 바닥면적이 1,000m² 이상인 것

┃해답┃

1. 연결송수관설비
① 지하층을 포함하는 층수가 7층 이상인 것
② 지하층의 층수가 3층 이상이고 지하층의 바닥면적의 합계가 1,000m² 이상인 것

2. 연결살수설비
지하층(피난층으로 주된 출입구가 도로와 접한 경우는 제외한다)으로서 바닥면적의 합계가 150m² 이상인 것. 다만, 「주택법 시행령」 제21조 제4항에 따른 국민주택규모 이하인

아파트 등의 지하층(대피시설로 사용하는 것만 해당한다)과 교육연구시설 중 학교의 지하층의 경우에는 700m² 이상인 것으로 한다.

3. 비상콘센트설비

지하층의 층수가 3층 이상이고 지하층의 바닥면적의 합계가 1,000m² 이상인 것은 지하층의 모든 층

4. 무선통신보조설비

지하층의 바닥면적의 합계가 3,000m² 이상인 것 또는 지하층의 층수가 3층 이상이고 지하층의 바닥면적의 합계가 1,000m² 이상인 것은 지하층의 모든 층

CHAPTER 29 비상콘센트설비

1. 비상콘센트설비의 개요

고층 건물 내에는 많은 배선이 설치되어 있으나, 화재 시 전화의 개폐장치가 단락되어 소화활동에 어려움이 있다. 내화배선에 의한 고정설비인 비상콘센트설비는 화재 시 소방대의 조명용 또는 소화활동상 필요한 장비의 전원설비를 말한다.

2. 비상콘센트설비의 설치대상[소방시설법 시행령 별표 4(제11조 관련)]

① 층수가 11층 이상인 특정소방대상물의 경우 11층 이상의 층
② 지하층의 층수가 3층 이상이고 지하층의 바닥면적의 합계가 1,000㎡ 이상인 것은 지하층의 모든 층
③ 터널로서 길이가 500m 이상인 것

3. 비상콘센트설비의 설치기준

1) 전원 및 콘센트 등

① 전원 설치기준

가. 상용전원회로의 배선은 저압수전인 경우에는 인입개폐기의 직후에서, 고압수전 또는 특고압수전인 경우에는 전력용 변압기 2차 측의 주차단기 1차 측 또는 2차 측에서 분기하여 전용배선으로 할 것

나. 지하층을 제외한 층수가 7층 이상으로서 연면적이 2,000㎡ 이상이거나 지하층의 바닥면적의 합계가 3,000㎡ 이상인 특정소방대상물의 비상콘센트설비에는 자가발전설비, 비상전원수전설비, 축전지설비 또는 전기저장장치(외부 전기에너지를 저장해 두었다가 필요한 때 전기를 공급하는 장치)를 비상전원으로 설치할 것. 다만, 2 이상의 변전소에서 전력을 동시에 공급받을 수 있거나 하나의 변전소로부터 전력의 공급이 중단되는 때에는 자동으로 다른 변전소로부터 전력을 공급받을 수 있도록 상용전원을 설치한 경우에는 비상전원을 설치하지 않을 수 있다.

다. '나'에 따른 비상전원 중 자가발전설비는 다음의 기준에 따라 설치하고, 비상전원수전설비는 「소방시설용 비상전원수전설비의 화재안전기술기준(NFTC 602)」에 따라 설치할 것

㉠ 점검에 편리하고 화재 및 침수 등의 재해로 인한 피해를 받을 우려가 없는 곳에 설치할 것
㉡ 비상콘센트설비를 유효하게 20분 이상 작동시킬 수 있는 용량으로 할 것
㉢ 상용전원으로부터 전력의 공급이 중단된 때에는 자동으로 비상전원으로부터 전력을 공급받을 수 있도록 할 것
㉣ 비상전원의 설치장소는 다른 장소와 방화구획할 것. 이 경우 그 장소에는 비상전원의 공급에 필요한 기구나 설비 외의 것(열병합발전설비에 필요한 기구나 설비 제외)을 두어서는 안 된다.
㉤ 비상전원을 실내에 설치하는 때에는 그 실내에 비상조명등을 설치할 것

② 전원회로(비상콘센트에 전력을 공급하는 회로) 설치기준
가. 비상콘센트설비의 전원회로는 단상교류 220V인 것으로서, 그 공급용량은 1.5 kVA 이상인 것으로 할 것
나. 전원회로는 각 층에 2 이상이 되도록 설치할 것. 다만, 설치하여야 할 층의 비상콘센트가 1개인 때에는 하나의 회로로 할 수 있다.
다. 전원회로는 주배전반에서 전용회로로 할 것. 다만, 다른 설비의 회로의 사고에 따른 영향을 받지 않도록 되어 있는 것은 그렇지 않다.
라. 전원으로부터 각 층의 비상콘센트에 분기되는 경우에는 분기배선용 차단기를 보호함 안에 설치할 것
마. 콘센트마다 배선용 차단기(KS C 8321)를 설치하여야 하며, 충전부가 노출되지 않도록 할 것
바. 개폐기에는 "비상콘센트"라고 표시한 표지를 할 것
사. 비상콘센트용의 풀박스 등은 방청도장을 한 것으로서, 두께 1.6mm 이상의 철판으로 할 것
아. 하나의 전용회로에 설치하는 비상콘센트는 10개 이하로 할 것. 이 경우 전선의 용량은 각 비상콘센트(비상콘센트가 3개 이상인 경우에는 3개)의 공급용량을 합한 용량 이상의 것으로 해야 한다.

③ 비상콘센트의 플러그접속기는 접지형 2극 플러그접속기(KS C 8305)를 사용하여야 한다.
④ 비상콘센트의 플러그접속기의 칼받이의 접지극에는 접지공사를 하여야 한다.
⑤ 비상콘센트는 다음의 기준에 따라 설치하여야 한다.
가. 바닥으로부터 높이 0.8m 이상 1.5m 이하의 위치에 설치할 것
나. 비상콘센트의 배치는 바닥면적이 1,000m² 미만인 층은 계단의 출입구(계단의

부속실을 포함하며 계단이 2 이상 있는 경우에는 그중 1개의 계단을 말한다)로부터 5m 이내에, 바닥면적 1,000m² 이상인 층은 각 계단의 출입구 또는 계단부속실의 출입구(계단의 부속실을 포함하며 계단이 3 이상 있는 층의 경우에는 그중 2개의 계단을 말한다)로부터 5m 이내에 설치하되, 그 비상콘센트로부터 그 층의 각 부분까지의 거리가 다음의 기준을 초과하는 경우에는 그 기준 이하가 되도록 비상콘센트를 추가하여 설치할 것

㉠ 지하상가 또는 지하층의 바닥면적의 합계가 3,000m² 이상인 것은 수평거리 25m

㉡ ㉠에 해당하지 않는 것은 수평거리 50m

2) 보호함

① 보호함에는 쉽게 개폐할 수 있는 문을 설치할 것
② 보호함 표면에 "비상콘센트"라고 표시한 표지를 할 것
③ 보호함 상부에 적색의 표시등을 설치할 것(단, 비상콘센트의 보호함을 옥내소화전함 등과 접속하여 설치하는 경우에는 옥내소화전함 등의 표시등과 겸용 가능)

3) 배선

비상콘센트설비의 배선은 「전기사업법」 제67조에 따른 「전기설비기술기준」에서 정하는 것 외에 다음의 기준에 따라 설치하여야 한다.

① 전원회로의 배선은 내화배선으로, 그 밖의 배선은 내화배선 또는 내열배선으로 할 것
② ①에 따른 내화배선 및 내열배선에 사용하는 전선 및 설치방법은 「옥내소화전설비의 화재안전기술기준(NFTC 102)」 2.7.2의 표 2.7.2의 기준에 따를 것

01
비상콘센트설비에서 비상전원 설치대상을 쓰시오.

해답
① 지하층을 제외한 층수가 7층 이상으로서 연면적이 2,000m² 이상인 특정소방대상물
② 지하층의 바닥면적의 합계가 3,000m² 이상인 특정소방대상물

02
비상콘센트설비에서 비상콘센트의 전원부와 외함 사이의 절연저항 및 절연내력의 적합기준을 쓰시오.

해답
① 절연저항은 전원부와 외함 사이를 500V 절연저항계로 측정할 때 20MΩ 이상일 것
② 절연내력은 전원부와 외함 사이에 정격전압이 150V 이하인 경우에는 1,000V의 실효전압을, 정격전압이 150V 초과인 경우에는 그 정격전압에 2를 곱하여 1,000을 더한 실효전압을 가하는 시험에서 1분 이상 견디는 것으로 할 것

03
비상콘센트설비를 점검하는 중 표시등이 점등되지 않았다. 이때 비상콘센트설비의 플러그접속기를 이용하여 정상 여부를 판단하기 위한 전압전류측정계(테스터기)를 이용한 방법을 쓰시오.(단, 디지털테스터기로 점검하는 중이다.)

해답
① 테스터기의 선택스위치를 ACV로 선택한다.
② 테스터기의 적색리드봉과 흑색리드봉을 각각 플러그접속기에 삽입한다.
③ 표시되는 수치가 대략적으로 AC 220V를 가리키면 정상이며, 수치가 낮을 경우나 0일 경우에는 불량이다.

CHAPTER 30 무선통신보조설비

1. 무선통신보조설비의 개요
화재 시 외부 소방대원과 내부 소방대원과의 원활한 무선통화를 위해 사용하는 설비로서, 소방용 무선통신보조설비에는 누설동축케이블 방식, 공중선 방식 및 누설동축케이블과 공중선 방식을 혼합한 방식이 있다.

2. 무선통신보조설비의 적용 범위
1) 설치 대상[「소방시설법 시행령」 별표 5(제14조 관련)]
   ① 지하가(터널 제외)로서 연면적이 1,000m² 이상
   ② 지하층의 바닥면적의 합계가 3,000m² 이상인 것 또는 지하층 층수가 3층 이상이고, 지하층 바닥면적의 합계가 1,000m² 이상인 것은 지하층의 모든 층
   ③ 지하가 중 터널로서 길이가 500m 이상인 것
   ④ 공동구
   ⑤ 층수가 30층 이상인 것으로서 16층 이상 부분의 모든 층
2) 설치 면제[「소방시설법 시행령」 별표 6(제16조 관련)]
   무선통신보조설비를 설치하여야 하는 특정소방대상물에 이동통신 구내 중계기 선로설비 또는 무선이동중계기(「전파법」에 따른 적합성평가를 받은 제품만 해당한다) 등을 화재안전기준의 무선통신보조설비기준에 적합하게 설치한 경우에는 설치 면제
3) 설치 제외(「NFTC 505」 2.1)
   지하층으로서 특정 소방대상물의 바닥부분 2면 이상이 지표면과 동일하거나 지표면으로부터의 깊이가 1m 이하인 경우에는 해당 층에 한하여 무선통신보조설비를 설치하지 않을 수 있다.

3. 무선통신보조설비의 설치기준
1) 누설동축케이블 등
   ① 무선통신보조설비의 누설동축케이블 등은 다음의 기준에 따라 설치할 것
      가. 소방전용 주파수대에서 전파의 전송 또는 복사에 적합한 것으로서 소방전용의 것으로 할 것(단, 소방대 상호 간의 무선연락에 지장이 없는 경우에는 다른 용도와 겸용 가능)

나. 누설동축케이블과 이에 접속하는 안테나 또는 동축케이블과 이에 접속하는 안테나로 구성할 것

다. 누설동축케이블 및 동축케이블은 불연 또는 난연성의 것으로서 습기 등의 환경조건에 따라 전기의 특성이 변질되지 않는 것으로 하고, 노출하여 설치한 경우에는 피난 및 통행에 장애가 없도록 할 것

라. 누설동축케이블 및 동축케이블은 화재에 따라 해당 케이블의 피복이 소실된 경우에 케이블 본체가 떨어지지 않도록 4m 이내마다 금속제 또는 자기제 등의 지지금구로 벽·천장·기둥 등에 견고하게 고정할 것(단, 불연재료로 구획된 반자 안에 설치하는 경우 제외)

마. 누설동축케이블 및 안테나는 금속판 등에 따라 전파의 복사 또는 특성이 현저하게 저하되지 않는 위치에 설치할 것

바. 누설동축케이블 및 안테나는 고압의 전로로부터 1.5m 이상 떨어진 위치에 설치할 것(단, 해당 전로에 정전기 차폐장치를 유효하게 설치하는 경우 제외)

사. 누설동축케이블의 끝부분에는 무반사 종단저항을 견고하게 설치할 것

② 누설동축케이블 또는 동축케이블의 임피던스 50Ω으로 하고, 이에 접속하는 안테나·분배기 기타의 장치는 해당 임피던스에 적합한 것으로 할 것

2) 옥외안테나

옥외안테나는 다음의 기준에 따라 설치해야 한다.

① 건축물, 지하가, 터널 또는 공동구의 출입구(「건축법 시행령」에 따른 출구 또는 이와 유사한 출입구) 및 출입구 인근에서 통신이 가능한 장소에 설치할 것

② 다른 용도로 사용되는 안테나로 인한 통신장애가 발생하지 않도록 설치할 것

③ 옥외안테나는 견고하게 파손의 우려가 없는 곳에 설치하고 그 가까운 곳의 보기 쉬운 곳에 "무선통신보조설비 안테나"라는 표시와 함께 통신 가능거리를 표시한 표지를 설치할 것

④ 수신기가 설치된 장소 등 사람이 상시 근무하는 장소에는 옥외안테나의 위치가 모두 표시된 옥외안테나 위치표시도를 비치할 것

3) 분배기 등

① 먼지·습기 및 부식 등에 따라 기능에 이상을 가져오지 않도록 할 것

② 임피던스 50Ω의 것으로 할 것

③ 점검에 편리하고 화재 등의 재해로 인한 피해의 우려가 없는 장소에 설치할 것

4) 증폭기 등

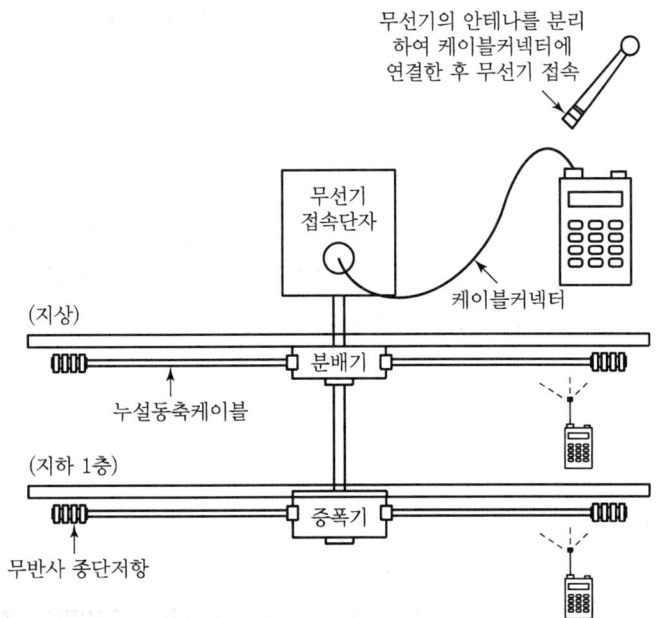

01
누설동축케이블 끝부분에 설치하는 무반사 종단저항의 설치목적을 쓰시오.

｜해답｜

옥외접속단자를 통해 전송되는 전파가 케이블의 말단에 도달하면, 임피던스가 무한대가 되므로 그 점에서 전송된 전파가 반사하여 되돌아가게 된다. 반사가 일어나면 케이블에는 정방향 진행파와 반사파의 합성파가 형성되어 통신장애(간섭현상)가 발생하므로 이를 방지하기 위해 누설동축케이블 말단에 무반사 종단저항을 설치한다.

02
누설동축케이블방식에서 손실을 줄이기 위한 Grading의 개념 및 방법을 쓰시오.

｜해답｜

1. Grading의 개념
   ① 누설동축케이블은 케이블 길이에 따라 수신율의 높고 낮음의 차이가 클 수 있는데, 이를 보완하기 위한 신호레벨을 균등하게 하는 것을 Grading이라고 한다.
   ② Grading은 전송손실에 의한 수신레벨의 감소폭을 작게 하기 위하여 결합손실이 큰 케이블부터 단계적으로 접속한다.

2. Grading의 방법

   케이블의 결합손실과 전송손실 간의 관계를 이용하여 결합손실이 큰 케이블부터 단계적으로 접속하여 수신레벨의 급감을 방지하여 통신거리를 증가시킨다.

CHAPTER 31 지하구

1. 정의

① "지하구"란 「소방시설 설치 및 관리에 관한 법률 시행령」 별표 2 제28호에서 규정한 지하구를 말한다.

② "제어반"이란 설비, 장치 등의 조작과 확인을 위해 제어용 계기류, 스위치 등을 금속제 외함에 수납한 것을 말한다.

③ "분전반"이란 분기개폐기·분기과전류차단기 그 밖에 배선용기기 및 배선을 금속제 외함에 수납한 것을 말한다.

④ "방화벽"이란 화재 시 발생한 열, 연기 등의 확산을 방지하기 위하여 설치하는 벽을 말한다.

⑤ "분기구"란 전기, 통신, 상하수도, 난방 등의 공급시설의 일부를 분기하기 위하여 지하구의 단면 또는 형태를 변화시키는 부분을 말한다.

⑥ "환기구"란 지하구의 온도, 습도의 조절 및 유해가스를 배출하기 위해 설치되는 것으로 자연환기구와 강제환기구로 구분된다.

⑦ "작업구"란 지하구의 유지관리를 위하여 자재, 기계기구의 반·출입 및 작업자의 출입을 위하여 만들어진 출입구를 말한다.

⑧ "케이블접속부"란 케이블이 지하구 내에 포설되면서 발생하는 직선 접속 부분을 전용의 접속재로 접속한 부분을 말한다.

⑨ "특고압 케이블"이란 사용전압이 7,000V를 초과하는 전로에 사용하는 케이블을 말한다.

2. 지하구의 소화설비 설치기준

1) 소화기구 설치기준

① 소화기의 능력단위(「소화기구 및 자동소화장치의 화재안전기술기준(NFTC 101)」에 따른 수치를 말한다. 이하 같다)는 A급 화재는 개당 3단위 이상, B급 화재는 개당 5단위 이상 및 C급 화재에 적응성이 있는 것으로 할 것

② 소화기 한 대의 총중량은 사용 및 운반의 편리성을 고려하여 7kg 이하로 할 것

③ 소화기는 사람이 출입할 수 있는 출입구(환기구, 작업구를 포함한다) 부근에 5개 이상 설치할 것

④ 소화기는 바닥면으로부터 1.5m 이하의 높이에 설치할 것
⑤ 소화기의 상부에 "소화기"라고 표시한 조명식 또는 반사식의 표지판을 부착하여 사용자가 쉽게 인지할 수 있도록 할 것

2) 설치 제외

지하구 내 발전실·변전실·송전실·변압기실·배전반실·통신기기실·전산기기실·기타 이와 유사한 시설이 있는 장소 중 바닥면적이 300m² 미만인 곳에는 유효설치 방호체적 이내의 가스·분말·고체에어로졸·캐비닛형 자동소화장치를 설치하여야 한다. 다만, 해당 장소에 물분무 등 소화설비를 설치한 경우에는 설치하지 않을 수 있다.

3) 제어반 또는 분전반에 설치

가스·분말·고체에어로졸 자동소화장치 또는 유효설치 방호체적 이내의 소공간용 소화용구 설치

4) 자동소화장치

케이블접속부(절연유를 포함한 접속부에 한한다)마다 소화성능이 확보될 수 있도록 방호공간을 구획하는 등 유효한 조치를 하여야 한다.
① 가스·분말·고체에어로졸 자동소화장치
② 중앙소방기술심의위원회의 심의를 거쳐 소방청장이 인정하는 자동소화장치

3. 자동화재탐지설비 설치기준

1) 감지기

① 「자동화재탐지설비 및 시각경보장치의 화재안전기술기준(NFTC 203)」 2.4.1(1)부터 2.4.1(8)의 감지기 중 먼지·습기 등의 영향을 받지 아니하고 발화지점(1m 단위)과 온도를 확인할 수 있는 것을 설치할 것
② 지하구 천장의 중심부에 설치하되 감지기와 천장 중심부 하단과의 수직거리는 30cm 이내로 할 것. 다만, 형식승인 내용에 설치방법이 규정되어 있거나, 중앙기술심의위원회의 심의를 거쳐 제조사 시방서에 따른 설치방법이 지하구 화재에 적합하다고 인정되는 경우에는 형식승인 내용 또는 심의결과에 의한 제조사 시방서에 따라 설치할 수 있다.
③ 발화지점이 지하구의 실제거리와 일치하도록 수신기 등에 표시할 것
④ 공동구 내부에 상수도용 또는 냉·난방용 설비만 존재하는 부분은 감지기를 설치하지 않을 수 있다.

2) 설치 제외

발신기, 지구음향장치 및 시각경보기는 설치하지 않을 수 있다.

4. 피난구유도등 설치대상

사람이 출입할 수 있는 출입구(환기구, 작업구를 포함)

5. 연소방지설비

1) 연소방지설비 배관

① 배관용 탄소강관(KS D 3507) 또는 압력배관용 탄소강관(KS D 3562)이나 이와 같은 수준 이상의 강도·내식성 및 내열성을 가진 것으로 하여야 한다.
② 급수배관(송수구로부터 연소방지설비 헤드에 급수하는 배관을 말한다. 이하 같다)은 전용으로 하여야 한다.
③ 배관의 구경은 다음의 기준에 적합한 것이어야 한다.
  ㉠ 연소방지설비전용헤드를 사용하는 경우에는 다음 표에 따른 구경 이상으로 할 것

하나의 배관에 부착하는 연소방지시설 전용 헤드의 개수	1개	2개	3개	4개 또는 5개	6개 이상
배관의 구경(mm)	32	40	50	65	80

  ㉡ 개방형 스프링클러헤드를 사용하는 경우에는 「스프링클러설비의 화재안전기술기준(NFTC 103)」의 표 2.5.3.3에 따를 것
④ 교차배관은 가지배관과 수평으로 설치하거나 또는 가지배관 밑에 설치하고, 그 구경은 ③에 따르되, 최소구경이 40mm 이상이 되도록 할 것
⑤ 배관에 설치되는 행거는 다음의 기준에 따라 설치하여야 한다.
  ㉠ 가지배관에는 헤드의 설치지점 사이마다 1개 이상의 행거를 설치하되, 헤드 간의 거리가 3.5m를 초과하는 경우에는 3.5m 이내마다 1개 이상 설치할 것. 이 경우 상향식 헤드와 행거 사이에는 8cm 이상의 간격을 두어야 한다.
  ㉡ 교차배관에는 가지배관과 가지배관 사이마다 1개 이상의 행거를 설치하되, 가지배관 사이의 거리가 4.5m를 초과하는 경우에는 4.5m 이내마다 1개 이상 설치할 것
  ㉢ ㉠과 ㉡의 수평주행배관에는 4.5m 이내마다 1개 이상 설치할 것
⑥ 확관형 분기배관을 사용할 경우에는 「분기배관의 성능인증 및 제품검사의 기술기준」에 적합한 것으로 설치하여야 한다.

2) 연소방지설비 헤드

① 천장 또는 벽면에 설치할 것
② 헤드 간의 수평거리는 연소방지설비 전용헤드의 경우에는 2m 이하, 개방형 스프링클러헤드의 경우에는 1.5m 이하로 할 것
③ 소방대원의 출입이 가능한 환기구·작업구마다 지하구의 양쪽 방향으로 살수헤드를 설정하되, 한쪽 방향의 살수구역의 길이는 3m 이상으로 할 것. 다만, 환기구 사이의 간격이 700m를 초과할 경우에는 700m 이내마다 살수구역을 설정하되, 지하구의 구조를 고려하여 방화벽을 설치한 경우에는 그렇지 않다.
④ 연소방지설비 전용헤드를 설치할 경우에는 「소화설비용헤드의 성능인증 및 제품검사 기술기준」에 적합한 살수헤드를 설치할 것

3) 송수구

① 소방차가 쉽게 접근할 수 있는 노출된 장소에 설치하되, 눈에 띄기 쉬운 보도 또는 차도에 설치할 것
② 송수구는 구경 65mm의 쌍구형으로 할 것
③ 송수구로부터 1m 이내에 살수구역 안내표지를 설치할 것
④ 지면으로부터 높이가 0.5m 이상 1m 이하의 위치에 설치할 것
⑤ 송수구의 가까운 부분에 자동배수밸브(또는 직경 5mm의 배수공)를 설치할 것. 이 경우 자동배수밸브는 배관 안의 물이 잘 빠질 수 있는 위치에 설치하되, 배수로 인하여 다른 물건 또는 장소에 피해를 주지 않아야 한다.
⑥ 송수구로부터 주배관에 이르는 연결배관에는 개폐밸브를 설치하지 않을 것
⑦ 송수구에는 이물질을 막기 위한 마개를 씌울 것

6. 연소방지재 설치 제외대상

① 연소방지재는 한국산업표준(KS C IEC 60332-3-24)에서 정한 난연성능 이상의 제품을 사용하되 다음의 기준을 충족하여야 한다.
  ㉠ 시험에 사용되는 연소방지재는 시료(케이블 등)의 아래쪽(점화원으로부터 가까운 쪽)으로부터 30cm 지점부터 부착 또는 설치되어야 한다.
  ㉡ 시험에 사용되는 시료(케이블 등)의 단면적은 325mm²로 한다.
  ㉢ 시험성적서의 유효기간은 발급 후 3년으로 한다.
② 연소방지재는 다음의 기준에 해당하는 부분에 ①과 관련된 시험성적서에 명시된 방식으로 시험성적서에 명시된 길이 이상으로 설치하되, 연소방지재 간의 설치 간격은 350m를 넘지 않도록 하여야 한다.

㉠ 분기구
　　㉡ 지하구의 인입부 또는 인출부
　　㉢ 절연유 순환펌프 등이 설치된 부분
　　㉣ 기타 화재발생 위험이 우려되는 부분

7. 방화벽

항상 닫힌 상태를 유지하거나 자동폐쇄장치에 의하여 화재 신호를 받으면 자동으로 닫히는 구조

① 내화구조로서 홀로 설 수 있는 구조일 것
② 방화벽의 출입문은 60분+ 방화문 또는 60분 방화문으로 설치할 것
③ 방화벽을 관통하는 케이블·전선 등에는 국토교통부 고시(내화구조의 인정 및 관리기준)에 따라 내화채움구조로 마감할 것
④ 방화벽은 분기구 및 국사·변전소 등의 건축물과 지하구가 연결되는 부위(건축물로부터 20m 이내)에 설치할 것
⑤ 자동폐쇄장치를 사용하는 경우에는 「자동폐쇄장치의 성능인증 및 제품검사의 기술기준」에 적합한 것으로 설치할 것

8. 무선통신보조설비

무선통신보조설비의 옥외안테나는 방재실 인근과 공동구의 입구 및 연소방지설비 송수구가 설치된 장소(지상)에 설치하여야 한다.

9. 통합감시시설

① 소방관서와 지하구의 통제실 간에 화재 등 소방활동과 관련된 정보를 상시 교환할 수 있는 정보통신망을 구축할 것
② ①의 정보통신망(무선통신망 포함)은 광케이블 또는 이와 유사한 성능을 가진 선로일 것
③ 수신기는 지하구의 통제실에 설치하되 화재신호, 경보, 발화지점 등 수신기에 표시되는 정보가 표 2.8.1.3에 적합한 방식으로 119상황실이 있는 관할 소방관서의 정보통신장치에 표시되도록 할 것

01

지하구의 소방시설에 관한 다음 물음에 답하시오.
1. 「소방시설 설치 및 관리에 관한 법률 시행령」 별표 2에서 정의하는 지하구에 대하여 쓰시오.(단, 공동구에 대한 부분은 제외한다.)
2. 지하구에 설치하여야 하는 소방시설을 쓰시오.

▮해답▮

1. 전력·통신용의 전선이나 가스·냉난방용의 배관 또는 이와 비슷한 것을 집합수용하기 위하여 설치한 지하 인공구조물로서 사람이 점검 또는 보수를 하기 위하여 출입이 가능한 것 중 다음의 어느 하나에 해당하는 것
    ① 전력 또는 통신사업용 지하 인공구조물로서 전력구(케이블 접속부가 없는 경우에는 제외) 또는 통신구 방식으로 설치된 것
    ② ① 외의 지하 인공구조물로서 폭이 1.8m 이상이고 높이가 2m 이상이며 길이가 50m 이상인 것

2. 지하구에 설치하여야 하는 소방시설
    ① 소화기구
    ② 자동소화장치
    ③ 자동화재탐지설비
    ④ 피난구유도등
    ⑤ 무선통신보조설비
    ⑥ 통합감시시설
    ⑦ 연소방지설비

02

지하구에 연소방지재를 사용하여야 하는 부분에 대하여 쓰시오.

❙해답❙

연소방지재는 다음의 기준에 해당하는 부분에 「NFTC 605」 2.5.1.1과 관련된 시험성적서에 명시된 방식으로 시험성적서에 명시된 길이 이상으로 설치하되, 연소방지재 간의 설치 간격은 350m를 넘지 않도록 하여야 한다.
① 분기구
② 지하구의 인입부 또는 인출부
③ 절연유 순환펌프 등이 설치된 부분
④ 기타 화재발생 위험이 우려되는 부분

03

「소방시설 설치 및 관리에 관한 법률 시행령」 제11조에 따라 기존 지하구에 설치하는 소방시설 등에 대해 강화된 기준을 적용하는 경우의 특례 규정을 쓰시오.

❙해답❙

1. 특고압 케이블이 포설된 송·배전 전용의 지하구(공동구 제외)에는 온도 확인 기능 없이 최대 700m의 경계구역을 설정하여 발화지점(1m 단위)을 확인할 수 있는 감지기를 설치할 수 있다.
2. 소방본부장 또는 소방서장은 이 기준이 정하는 기준에 따라 해당 건축물에 설치하여야 할 소방시설 등의 공사가 현저하게 곤란하다고 인정되는 경우에는 해당 설비의 기능 및 사용에 지장이 없는 범위 안에서 소방시설 등의 설치·유지기준의 일부를 적용하지 않을 수 있다.

04
다음 물음에 답하시오.

1. 지하구의 길이가 13,000m일 때 작동점검을 실시하려 한다. 배치신고를 위한 점검면적을 구하시오.
2. 1.의 대상물을 인력배치하려고 한다. 1단위로 관리사 1명과 보조인력 2명으로 1일 점검하려 한다. 점검면적을 계산하고 배치인력의 적부를 쓰시오.(단, 제연설비, 물분무 등 소화설비, 스프링클러설비 미설치 대상임)
3. 2.의 점검을 소방시설업자가 점검하려고 한다. 점검자의 자격을 주인력과 보조인력으로 나누어 쓰시오.
4. 아래의 해당 위반사항에 대한 벌금 또는 과태료를 쓰시오.
    ① 관리업의 등록을 하지 아니하고 점검업 영업을 한 자
    ② 관리업의 등록증이나 등록수첩을 다른 자에게 빌려준 자
    ③ 소방시설 등에 대한 자체점검을 하지 아니하거나 관리업자 등으로 하여금 정기적으로 점검하게 하지 아니한 자
5. 소방시설 등의 점검결과를 보고하지 아니한 자 또는 거짓으로 보고한 자에게 과태료가 300만 원 이하에 처해진다. 지연기간에 따른 과태료 금액을 빈칸에 쓰시오.

위반행위	과태료 금액 (단위 : 만 원)		
	1차 위반	2차 위반	3차 이상 위반
아. 법 제23조제3항을 위반하여 소방시설 등의 점검결과를 보고하지 않거나 거짓으로 보고한 경우			
1) 지연보고기간이 10일 미만인 경우	①		
2) 지연보고기간이 10일 이상 1개월 미만인 경우	②		
3) 지연보고기간이 1개월 이상 또는 보고하지 않은 경우	③		
4) 점검결과를 축소·삭제하는 등 거짓으로 보고한 경우	300		

해답

1. $1.8 \times 13,000 = 23,400 \text{m}^2$

2. ① 점검면적 = (실제점검면적 × 가감계수) − (실제점검면적 × 가감계수 × 설비계수의 합)
    $= 23,400 \times 0.8 - 23,400 \times 0.8 \times (0.1 + 0.1 + 0.15) = 12,168 \text{m}^2$

   ② 1단위로 1일 점검은 부적합

3. ① 주인력 : 소방시설관리사

   ② 보조인력 : '나'에서 '라'에 해당하는 사람은 「소방시설공사업법」에 따른 소방기술 인정 자격수첩을 발급받은 사람이어야 한다.
      가. 소방설비기사 또는 소방설비산업기사
      나. 소방공무원으로 3년 이상 근무한 사람
      다. 소방 관련 학과의 학사학위를 취득한 사람
      라. 행정안전부령으로 정하는 소방기술과 관련된 자격·경력 및 학력이 있는 사람

4. 벌금 또는 과태료
   ① 3년 이하의 징역 또는 3천만 원 이하의 벌금
   ② 1년 이하의 징역 또는 1천만 원 이하의 벌금
   ③ 1년 이하의 징역 또는 1천만 원 이하의 벌금

5.

위반행위	과태료 금액 (단위 : 만 원)		
	1차 위반	2차 위반	3차 이상 위반
아. 법 제23조제3항을 위반하여 소방시설 등의 점검결과를 보고하지 않거나 거짓으로 보고한 경우			
1) 지연보고기간이 10일 미만인 경우	① 50		
2) 지연보고기간이 10일 이상 1개월 미만인 경우	② 100		
3) 지연보고기간이 1개월 이상 또는 보고하지 않은 경우	③ 200		
4) 점검결과를 축소·삭제하는 등 거짓으로 보고한 경우	300		

CHAPTER 32 가스누설경보기

2. 기술기준

2.1 가연성가스 경보기

2.1.1 가연성가스를 사용하는 가스연소기가 있는 경우에는 가연성가스(액화석유가스(LPG), 액화천연가스(LNG) 등)의 종류에 적합한 경보기를 가스연소기 주변에 설치해야 한다.

2.1.2 분리형 경보기의 수신부는 다음의 기준에 따라 설치해야 한다.

2.1.2.1 가스연소기 주위의 경보기의 상태 확인 및 유지관리에 용이한 위치에 설치할 것

2.1.2.2 가스누설 경보음향의 음량과 음색이 다른 기기의 소음 등과 명확히 구별될 것

2.1.2.3 가스누설 경보음향의 크기는 수신부로부터 1m 떨어진 위치에서 음압이 70dB 이상일 것

2.1.2.4 수신부의 조작 스위치는 바닥으로부터의 높이가 0.8m 이상 1.5m 이하인 장소에 설치할 것

2.1.2.5 수신부가 설치된 장소에는 관계자 등에게 신속히 연락할 수 있도록 비상연락번호를 기재한 표를 비치할 것

2.1.3 분리형 경보기의 탐지부는 다음의 기준에 따라 설치해야 한다.

2.1.3.1 탐지부는 가스연소기의 중심으로부터 직선거리 8m(공기보다 무거운 가스를 사용하는 경우에는 4m) 이내에 1개 이상 설치해야 한다.

2.1.3.2 탐지부는 천장으로부터 탐지부 하단까지의 거리가 0.3m 이하가 되도록 설치한다. 다만, 공기보다 무거운 가스를 사용하는 경우에는 바닥면으로부터 탐지부 상단까지의 거리는 0.3m 이하로 한다.

2.1.4 단독형 경보기는 다음의 기준에 따라 설치해야 한다.

2.1.4.1 가스연소기 주위의 경보기의 상태 확인 및 유지관리에 용이한 위치에 설치할 것

2.1.4.2 가스누설 경보음향의 음량과 음색이 다른 기기의 소음 등과 명확히 구별될 것

2.1.4.3 가스누설 경보음향장치는 수신부로부터 1m 떨어진 위치에서 음압이 70dB 이상일 것

2.1.4.4 단독형 경보기는 가스연소기의 중심으로부터 직선거리 8m(공기보다 무거운 가스를 사용하는 경우에는 4m) 이내에 1개 이상 설치해야 한다.

2.1.4.5 단독형 경보기는 천장으로부터 경보기 하단까지의 거리가 0.3m 이하가 되도록 설치한다. 다만, 공기보다 무거운 가스를 사용하는 경우에는 바닥면으로부터 단독형 경보기 상단까지의 거리는 0.3m 이하로 한다.

2.1.4.6 경보기가 설치된 장소에는 관계자 등에게 신속히 연락할 수 있도록 비상연락번호를 기재한 표를 비치할 것

2.2 일산화탄소 경보기

2.2.1 일산화탄소 경보기를 설치하는 경우(타 법령에 따라 일산화탄소 경보기를 설치하는 경우를 포함한다)에는 가스연소기 주변(타 법령에 따라 설치하는 경우에는 해당 법령에서 지정한 장소)에 설치할 수 있다.

2.2.2 분리형 경보기의 수신부는 다음의 기준에 따라 설치해야 한다.

2.2.2.1 가스누설 경보음향의 음량과 음색이 다른 기기의 소음 등과 명확히 구별될 것

2.2.2.2 가스누설 경보음향의 크기는 수신부로부터 1m 떨어진 위치에서 음압이 70dB 이상일 것

2.2.2.3 수신부의 조작 스위치는 바닥으로부터의 높이가 0.8m 이상 1.5m 이하인 장소에 설치할 것

2.2.2.4 수신부가 설치된 장소에는 관계자 등에게 신속히 연락할 수 있도록 비상연락번호를 기재한 표를 비치할 것

2.2.3 분리형 경보기의 탐지부는 천장으로부터 탐지부 하단까지의 거리가 0.3m 이하가 되도록 설치한다.

2.2.4 단독형 경보기는 다음의 기준에 따라 설치해야 한다.

2.2.4.1 가스누설 경보음향의 음량과 음색이 다른 기기의 소음 등과 명확히 구별될 것

2.2.4.2 가스누설 경보음향장치는 수신부로부터 1m 떨어진 위치에서 음압이 70dB 이상일 것

2.2.4.3 단독형 경보기는 천장으로부터 경보기 하단까지의 거리가 0.3m 이하가 되도록 설치한다.

2.2.4.4 경보기가 설치된 장소에는 관계자 등에게 신속히 연락할 수 있도록 비상연락번호를 기재한 표를 비치할 것

2.2.5 2.2.2 내지 2.2.4에도 불구하고 중앙소방기술심의위원회의 심의를 거쳐 일산화탄소경보기의 성능을 확보할 수 있는 별도의 설치방법을 인정받은 경우에는 해당 설치방법을 반영한 제조사의 시방서에 따라 설치할 수 있다.

2.3 설치장소

2.3.1 분리형 경보기의 탐지부 및 단독형 경보기는 다음의 장소 이외의 장소에 설치해야 한다.

2.3.1.1 출입구 부근 등으로서 외부의 기류가 통하는 곳

2.3.1.2 환기구 등 공기가 들어오는 곳으로부터 1.5m 이내인 곳

2.3.1.3 연소기의 폐가스에 접촉하기 쉬운 곳

2.3.1.4 가구 · 보 · 설비 등에 가려져 누설가스의 유통이 원활하지 못한 곳

2.3.1.5 수증기 또는 기름 섞인 연기 등이 직접 접촉될 우려가 있는 곳

2.4 전원

2.4.1 경보기는 건전지 또는 교류전압의 옥내간선을 사용하여 상시 전원이 공급되도록 해야 한다.

CHAPTER 33 소방시설용 비상전원수전설비

2. 기술기준

2.1 인입선 및 인입구 배선의 시설

2.1.1 인입선은 특정소방대상물에 화재가 발생할 경우에도 화재로 인한 손상을 받지 않도록 설치해야 한다.

2.1.2 인입구 배선은 「옥내소화전설비의 화재안전기술기준(NFTC 102)」 2.7.2의 표 2.7.2(1)에 따른 내화배선으로 해야 한다.

2.2 특별고압 또는 고압으로 수전하는 경우

2.2.1 일반전기사업자로부터 특별고압 또는 고압으로 수전하는 비상전원 수전설비는 방화구획형, 옥외 개방형 또는 큐비클(Cubicle)형으로서 다음의 기준에 적합하게 설치해야 한다.

2.2.1.1 전용의 방화구획 내에 설치할 것

2.2.1.2 소방회로배선은 일반회로배선과 불연성의 격벽으로 구획할 것. 다만, 소방회로배선과 일반회로배선을 15cm 이상 떨어져 설치한 경우는 그렇지 않다.

2.2.1.3 일반회로에서 과부하, 지락사고 또는 단락사고가 발생한 경우에도 이에 영향을 받지 아니하고 계속하여 소방회로에 전원을 공급시켜 줄 수 있어야 할 것

2.2.1.4 소방회로용 개폐기 및 과전류차단기에는 "소방시설용"이라 표시할 것

2.2.1.5 전기회로는 그림 2.2.1.5와 같이 결선할 것

• 전용의 전력용변압기	• 공용의 전력용변압기
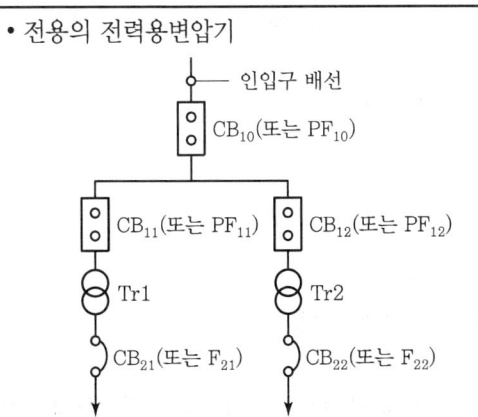	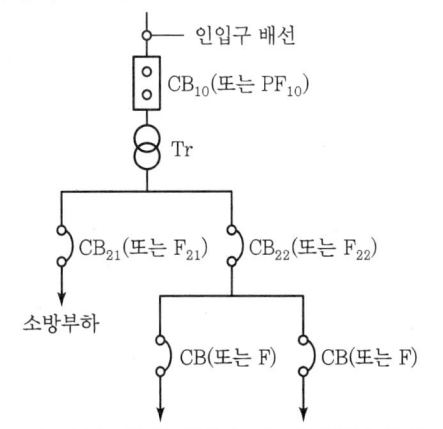
1. 일반회로의 과부하 또는 단락사고 시에 CB_{10} (또는 PF_{10})이 CB_{12}(또는 PF_{12}) 및 CB_{22} (또는 F_{22})보다 먼저 차단되어서는 안 된다. 2. CB_{11}(또는 PF_{11})은 CB_{12}(또는 PF_{12})와 동등 이상의 차단용량일 것	1. 일반회로의 과부하 또는 단락사고 시에 CB_{10} (또는 PF_{10})이 CB_{22}(또는 F_{22}) 및 CB(또는 F) 보다 먼저 차단되어서는 안 된다. 2. CB_{21}(또는 PF_{21})은 CB_{22}(또는 F_{22})와 동등 이상의 차단용량일 것

약호	명칭
CB	전력차단기
PF	전력퓨즈(고압 또는 특별고압용)
F	퓨즈(저압용)
Tr	전력용 변압기

[그림 2.2.1.5 고압 또는 특별고압 수전의 전기회로]

2.2.2 옥외개방형은 다음의 기준에 적합하게 설치해야 한다.

2.2.2.1 건축물의 옥상에 설치하는 경우에는 그 건축물에 화재가 발생할 경우에도 화재로 인한 손상을 받지 않도록 할 것

2.2.2.2 공지에 설치하는 경우에는 인접 건축물에 화재가 발생한 경우에도 화재로 인한 손상을 받지 않도록 할 것

2.2.2.3 그 밖의 옥외개방형의 설치에 관하여는 2.2.1.2부터 2.2.1.5까지의 규정에 적합하게 설치할 것

2.2.3 큐비클형은 다음의 기준에 적합하게 설치해야 한다.

2.2.3.1 전용큐비클 또는 공용큐비클식으로 설치할 것

2.2.3.2 외함은 두께 2.3mm 이상의 강판과 이와 동등 이상의 강도와 내화성능이 있는 것으로 제작해야 하며, 개구부(2.2.3.3의 각 기준에 해당하는 것은 제외한다)에는 「건축법 시행령」 제64조에 따른 방화문으로서 60분+ 방화문, 60분 방화문 또는 30분 방화문으로 설치할 것

2.2.3.3 다음의 기준[옥외에 설치하는 것에 있어서는 (1)부터 (3)까지]에 해당하는 것은 외함에 노출하여 설치할 수 있다.
　　(1) 표시등(불연성 또는 난연성재료로 덮개를 설치한 것에 한한다)
　　(2) 전선의 인입구 및 인출구
　　(3) 환기장치
　　(4) 전압계(퓨즈 등으로 보호한 것에 한한다)
　　(5) 전류계(변류기의 2차 측에 접속된 것에 한한다)
　　(6) 계기용 전환스위치(불연성 또는 난연성재료로 제작된 것에 한한다)
2.2.3.4 외함은 건축물의 바닥 등에 견고하게 고정할 것
2.2.3.5 외함에 수납하는 수전설비, 변전설비와 그 밖의 기기 및 배선은 다음의 기준에 적합하게 설치할 것
2.2.3.5.1 외함 또는 프레임(Frame) 등에 견고하게 고정할 것
2.2.3.5.2 외함의 바닥에서 10cm(시험단자, 단자대 등의 충전부는 15cm) 이상의 높이에 설치할 것
2.2.3.6 전선 인입구 및 인출구에는 금속관 또는 금속제 가요전선관을 쉽게 접속할 수 있도록 할 것
2.2.3.7 환기장치는 다음의 기준에 적합하게 설치할 것
2.2.3.7.1 내부의 온도가 상승하지 않도록 환기장치를 할 것
2.2.3.7.2 자연환기구의 개부구 면적의 합계는 외함의 한 면에 대하여 해당 면적의 3분의 1 이하로 할 것. 이 경우 하나의 통기구의 크기는 직경 10mm 이상의 둥근 막대가 들어가서는 안 된다.
2.2.3.7.3 자연환기구에 따라 충분히 환기할 수 없는 경우에는 환기설비를 설치할 것
2.2.3.7.4 환기구에는 금속망, 방화댐퍼 등으로 방화조치를 하고, 옥외에 설치하는 것은 빗물 등이 들어가지 않도록 할 것
2.2.3.8 공용큐비클식의 소방회로와 일반회로에 사용되는 배선 및 배선용기기는 불연재료로 구획할 것
2.2.3.9 그 밖의 큐비클형의 설치에 관하여는 2.2.1.2부터 2.2.1.5까지의 규정 및 한국산업표준에 적합할 것

2.3 저압으로 수전하는 경우

2.3.1 전기사업자로부터 저압으로 수전하는 비상전원수전설비는 전용배전반(1·2종)·전용분전반(1·2종) 또는 공용분전반(1·2종)으로 해야 한다.
2.3.1.1 제1종 배전반 및 제1종 분전반은 다음의 기준에 적합하게 설치해야 한다.
2.3.1.1.1 외함은 두께 1.6mm(전면판 및 문은 2.3mm) 이상의 강판과 이와 동등 이상의 강도와 내화성능이 있는 것으로 제작할 것
2.3.1.1.2 외함의 내부는 외부의 열에 의해 영향을 받지 않도록 내열성 및 단열성이 있는 재료를 사용하여 단열할 것. 이 경우 단열부분은 열 또는 진동에 따라 쉽게 변형되지 않아야 한다.
2.3.1.1.3 다음의 기준에 해당하는 것은 외함에 노출하여 설치할 수 있다.
　　(1) 표시등(불연성 또는 난연성재료로 덮개를 설치한 것에 한한다)
　　(2) 전선의 인입구 및 입출구

2.3.1.1.4 외함은 금속관 또는 금속제 가요전선관을 쉽게 접속할 수 있도록 하고, 당해 접속부분에는 단열조치를 할 것
2.3.1.1.5 공용배전반 및 공용분전반의 경우 소방회로와 일반회로에 사용하는 배선 및 배선용 기기는 불연재료로 구획되어야 할 것
2.3.1.2 제2종 배전반 및 제2종 분전반은 다음의 기준에 적합하게 설치해야 한다.
2.3.1.2.1 외함은 두께 1mm(함 전면의 면적이 1,000cm²를 초과하고 2,000cm² 이하인 경우에는 1.2mm, 2,000cm²를 초과하는 경우에는 1.6mm) 이상의 강판과 이와 동등 이상의 강도와 내화성능이 있는 것으로 제작할 것
2.3.1.2.2 2.3.1.1.3(1) 및 (2)에서 정한 것과 120℃의 온도를 가했을 때 이상이 없는 전압계 및 전류계는 외함에 노출하여 설치할 것
2.3.1.2.3 단열을 위해 배선용 불연전용실 내에 설치할 것
2.3.1.2.4 그 밖의 제2종 배전반 및 제2종 분전반의 설치에 관하여는 2.3.1.1.4 및 2.3.1.1.5의 규정에 적합할 것
2.3.1.3 그 밖의 배전반 및 분전반의 설치에 관하여는 다음의 기준에 적합해야 한다.
2.3.1.3.1 일반회로에서 과부하·지락사고 또는 단락사고가 발생한 경우에도 이에 영향을 받지 아니하고 계속하여 소방회로에 전원을 공급시켜 줄 수 있어야 할 것
2.3.1.3.2 소방회로용 개폐기 및 과전류차단기에는 "소방시설용"이라는 표시를 할 것
2.3.1.3.3 전기회로는 그림 2.3.1.3.3과 같이 결선할 것

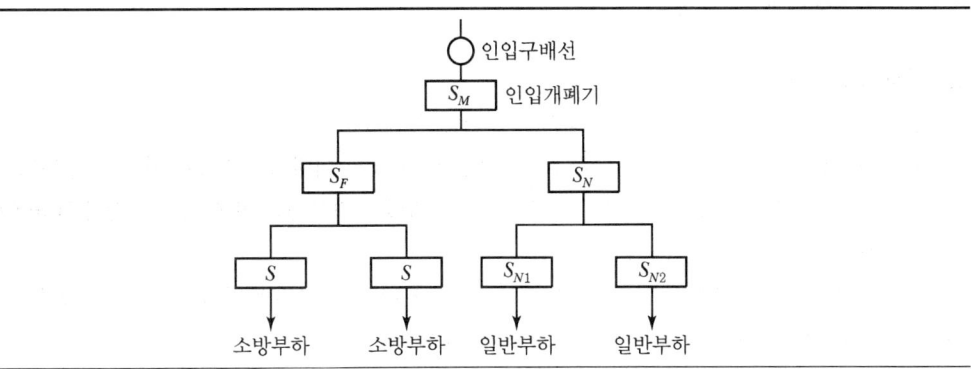

1. 일반회로의 과부하 또는 단락 사고 시 S_M이 S_N, S_{N1} 및 S_{N2}보다 먼저 차단되어서는 안 된다.
2. S_F는 S_N과 동등 이상의 차단용량일 것

약호	명칭
S	저압용 개폐기 및 과전류차단기

[그림 2.3.1.3.3 저압수전의 전기회로]

CHAPTER 34 도로터널

2. 기술기준

2.1 소화기

2.1.1 소화기는 다음의 기준에 따라 설치해야 한다.

2.1.1.1 소화기의 능력단위는 (「소화기구 및 자동소화장치의 화재안전기술기준(NFTC 101)」 1.7.1.6에 따른 수치를 말한다. 이하 같다)는 A급 화재는 3단위 이상, B급 화재는 5단위 이상 및 C급 화재에 적응성이 있는 것으로 할 것

2.1.1.2 소화기의 총중량은 사용 및 운반의 편리성을 고려하여 7kg 이하로 할 것

2.1.1.3 소화기는 주행차로의 우측 측벽에 50m 이내의 간격으로 2개 이상을 설치하며, 편도 2차선 이상의 양방향터널과 4차로 이상의 일방향터널의 경우에는 양쪽 측벽에 각각 50m 이내의 간격으로 엇갈리게 2개 이상을 설치할 것

2.1.1.4 바닥면(차로 또는 보행로를 말한다. 이하 같다)으로부터 1.5m 이하의 높이에 설치할 것

2.1.1.5 소화기구함의 상부에 "소화기"라고 조명식 또는 반사식의 표지판을 부착하여 사용자가 쉽게 인지할 수 있도록 할 것

2.2 옥내소화전설비

2.2.1 옥내소화전설비는 다음의 기준에 따라 설치해야 한다.

2.2.1.1 소화전함과 방수구는 주행차로 우측 측벽을 따라 50m 이내의 간격으로 설치하며, 편도 2차선 이상의 양방향터널이나 4차로 이상의 일방향터널의 경우에는 양쪽 측벽에 각각 50m 이내의 간격으로 엇갈리게 설치할 것

2.2.1.2 수원은 그 저수량이 옥내소화전의 설치개수 2개(4차로 이상의 터널의 경우 3개)를 동시에 40분 이상 사용할 수 있는 충분한 양 이상을 확보할 것

2.2.1.3 가압송수장치는 옥내소화전 2개(4차로 이상의 터널인 경우 3개)를 동시에 사용할 경우 각 옥내소화전의 노즐선단에서의 방수압력은 0.35MPa 이상이고 방수량은 190L/min 이상이 되는 성능의 것으로 할 것. 다만, 하나의 옥내소화전을 사용하는 노즐선단에서의 방수압력이 0.7MPa을 초과할 경우에는 호스접결구의 인입측에 감압장치를 설치해야 한다.

2.2.1.4 압력수조나 고가수조가 아닌 전동기 또는 내연기관에 의한 펌프를 이용하는 가압송수장치는 주펌프와 동등 이상의 성능이 있는 별도의 펌프로서 내연기관의 기동과 연동하여 작동되거나 비상전원을 연결한 예비펌프를 추가로 설치할 것

2.2.1.5 방수구는 40mm 구경의 단구형을 옥내소화전이 설치된 벽면의 바닥면으로부터 1.5m 이하의 쉽게 사용 가능한 높이에 설치할 것

2.2.1.6 소화전함에는 옥내소화전 방수구 1개, 15m 이상의 소방호스 3본 이상 및 방수노즐을 비치할 것

2.2.1.7 옥내소화전설비의 비상전원은 옥내소화전설비를 유효하게 40분 이상 작동할 수 있어야 할 것

2.3 물분무소화설비

2.3.1 물분무소화설비는 다음의 기준에 따라 설치해야 한다.

2.3.1.1 물분무 헤드는 도로면 1m²에 대하여 6L/min 이상의 수량을 균일하게 방수할 수 있도록 할 것

2.3.1.2 물분무설비의 하나의 방수구역은 25m 이상으로 하며, 3개 방수구역을 동시에 40분 이상 방수할 수 있는 수량을 확보 할 것

2.3.1.3 물분무설비의 비상전원은 물분무소화설비를 유효하게 40분 이상 작동할 수 있어야 할 것

2.4 비상경보설비

2.4.1 비상경보설비는 다음의 기준에 따라 설치해야 한다.

2.4.1.1 발신기는 주행차로 한쪽 측벽에 50m 이내의 간격으로 설치하며, 편도 2차선 이상의 양방향터널이나 4차로 이상의 일방향터널의 경우에는 양쪽의 측벽에 각각 50m 이내의 간격으로 엇갈리게 설치하고, 발신기가 설치된 벽면의 바닥면으로부터 1.5m 이하의 높이에 설치할 것

2.4.1.2 음향장치는 발신기 설치위치와 동일하게 설치할 것. 「비상방송설비의 화재안전기술기준(NFTC 202)」에 적합하게 설치된 방송설비를 비상경보설비와 연동하여 작동하도록 설치한 경우에는 비상경보설비의 지구음향장치를 설치하지 않을 수 있다.

2.4.1.3 음향장치의 음향은 부착된 음향장치의 중심으로부터 1m 떨어진 위치에서 90dB 이상이 되도록 하고, 음향장치는 터널 내부 전체에 동시에 경보를 발하도록 설치할 것

2.4.1.4 시각경보기는 주행차로 한쪽 측벽에 50m 이내의 간격으로 비상경보설비의 상부 직근에 설치하고, 설치된 전체 시각경보기는 동기방식에 의해 작동될 수 있도록 할 것

2.5 자동화재탐지설비

2.5.1 터널에 설치할 수 있는 감지기의 종류는 다음의 어느 하나와 같다.
  (1) 차동식분포형감지기
  (2) 정온식감지선형감지기(아날로그식에 한한다. 이하 같다.)
  (3) 중앙기술심의위원회의 심의를 거쳐 터널화재에 적응성이 있다고 인정된 감지기

2.5.2 하나의 경계구역의 길이는 100m 이하로 해야 한다.

2.5.3 2.5.1에 의한 감지기의 설치기준은 다음의 기준과 같다. 다만, 중앙기술심의위원회의 심의를 거쳐 제조사의 시방서에 따른 설치방법이 터널화재에 적합하다고 인정되는 경우에는 다음의 기준에 의하지 아니하고 심의결과에 의한 제조사의 시방서에 따라 설치할 수 있다.

2.5.3.1 감지기의 감열부(열을 감지하는 기능을 갖는 부분을 말한다. 이하 같다)와 감열부 사이의 이격거리는 10m 이하로, 감지기와 터널 좌·우측 벽면과의 이격거리는 6.5m 이하로 설치할 것

2.5.3.2 2.5.3.1에도 불구하고 터널 천장의 구조가 아치형의 터널에 감지기를 터널 진행방향으로 설치하고자 하는 경우에는 감열부와 감열부 사이의 이격거리를 10m 이하로 하여 아치형 천장의 중앙 최상부에 1열로 감지기를 설치해야 하며, 감지기를 2열 이상으로 설치하고자 하는 경우에는 감열부와 감열부 사이의 이격거리는 10m 이하로 감지기 간의 이격거리는 6.5m 이하로 설치할 것
2.5.3.3 감지기를 천장면(터널 안 도로 등에 면한 부분 또는 상층의 바닥 하부면을 말한다. 이하 같다)에 설치하는 경우에는 감지기가 천장면에 밀착되지 않도록 고정금구 등을 사용하여 설치할 것
2.5.3.4 형식승인 내용에 설치방법이 규정된 경우에는 형식승인 내용에 따라 설치할 것. 다만, 감지기와 천장면과의 이격거리에 대해 제조사의 시방서에 규정되어 있는 경우에는 시방서의 규정에 따라 설치할 수 있다.
2.5.4 2.5.2에도 불구하고 감지기의 작동에 의하여 다른 소방시설 등이 연동되는 경우로서 해당 소방시설 등의 작동을 위한 정확한 발화 위치를 확인할 필요가 있는 경우에는 경계구역의 길이가 해당 설비의 방호구역 등에 포함되도록 설치해야 한다.
2.5.5 발신기 및 지구음향장치는 2.4를 준용하여 설치해야 한다.

2.6 비상조명등

2.6.1 비상조명등은 다음의 기준에 따라 설치해야 한다.
2.6.1.1 상시 조명이 소등된 상태에서 비상조명등이 점등되는 경우 터널 안의 차도 및 보도의 바닥면의 조도는 10lx 이상, 그 외 모든 지점의 조도는 1lx 이상이 될 수 있도록 설치할 것
2.6.1.2 비상조명등의 비상전원은 상용전원이 차단되는 경우 자동으로 비상조명등을 유효하게 60분 이상 작동할 수 있어야 할 것
2.6.1.3 비상조명등에 내장된 예비전원이나 축전지설비는 상용전원의 공급에 의하여 상시 충전상태를 유지할 수 있도록 설치할 것

2.7 제연설비

2.7.1 제연설비는 다음의 기준을 만족하도록 설계해야 한다.
2.7.1.1 설계화재강도 20MW를 기준으로 하고, 이때의 연기발생률은 80m³/s로 하며, 배출량은 발생된 연기와 혼합된 공기를 충분히 배출할 수 있는 용량 이상을 확보할 것
2.7.1.2 2.7.1.1에도 불구하고, 화재강도가 설계화재강도 보다 높을 것으로 예상될 경우 위험도분석을 통하여 설계화재강도를 설정하도록 할 것
2.7.2 제연설비는 다음의 기준에 따라 설치해야 한다.
2.7.2.1 종류환기방식의 경우 제트팬의 소손을 고려하여 예비용 제트팬을 설치하도록 할 것
2.7.2.2 횡류환기방식(또는 반횡류환기방식) 및 대배기구방식의 배연용 팬은 덕트의 길이에 따라서 노출온도가 달라질 수 있으므로 수치해석 등을 통해서 내열온도 등을 검토한 후에 적용하도록 할 것
2.7.2.3 대배기구의 개폐용 전동모터는 정전 등 전원이 차단되는 경우에도 조작상태를 유지할 수 있도록 할 것

2.7.2.4 화재에 노출이 우려되는 제연설비와 전원공급선 및 제트팬 사이의 전원공급장치 등은 250℃의 온도에서 60분 이상 운전상태를 유지할 수 있도록 할 것

2.7.3 제연설비의 기동은 다음의 어느 하나에 의하여 자동 및 수동으로 기동될 수 있도록 해야 한다.
   (1) 화재감지기가 동작되는 경우
   (2) 발신기의 스위치 조작 또는 자동소화설비의 기동장치를 동작시키는 경우
   (3) 화재수신기 또는 감시제어반의 수동조작스위치를 동작시키는 경우

2.7.4 제연설비의 비상전원은 제연설비를 유효하게 60분 이상 작동할 수 있도록 해야 한다.

2.8 연결송수관설비

2.8.1 연결송수관설비는 다음의 기준에 따라 설치해야 한다.

2.8.1.1 연결송수관설비의 방수노즐선단에서의 방수압력은 0.35MPa 이상, 방수량은 400L/min 이상을 유지할 수 있도록 할 것

2.8.1.2 방수구는 50m 이내의 간격으로 옥내소화전함에 병설하거나 독립적으로 터널 출입구 부근과 피난연결통로에 설치할 것

2.8.1.3 방수기구함은 50m 이내의 간격으로 옥내소화전함 안에 설치하거나 독립적으로 설치하고, 하나의 방수기구함에는 65mm 방수노즐 1개와 15m 이상의 호스 3본을 설치하도록 비치할 것

2.9 무선통신보조설비

2.9.1 무선통신보조설비의 옥외안테나는 방재실 인근과 터널의 입구 및 출구, 피난연결통로 등에 설치해야 한다.

2.9.2 라디오 재방송설비가 설치되는 터널의 경우에는 무선통신보조설비와 겸용으로 설치할 수 있다.

2.10 비상콘센트설비

2.10.1 비상콘센트설비는 다음의 기준에 따라 설치해야 한다.

2.10.1.1 비상콘센트설비의 전원회로는 단상교류 220V인 것으로서 그 공급용량은 1.5kVA 이상인 것으로 할 것

2.10.1.2 전원회로는 주배전반에서 전용회로로 할 것. 다만, 다른 설비의 회로 사고에 따른 영향을 받지 않도록 되어 있는 것은 그렇지 않다.

2.10.1.3 콘센트마다 배선용 차단기(KS C 8321)를 설치해야 하며, 충전부가 노출되지 않도록 할 것

2.10.1.4 주행차로의 우측 측벽에 50m 이내의 간격으로 바닥으로부터 0.8m 이상 1.5m 이하의 높이에 설치할 것

CHAPTER 35 고층건축물

1. 옥내소화전설비

1) 수원은 그 저수량이 옥내소화전의 설치개수가 가장 많은 층의 설치개수(5개 이상 설치된 경우에는 5개)에 5.2m³(호스릴옥내소화전설비를 포함한다)를 곱한 양 이상이 되도록 해야 한다. 다만, 층수가 50층 이상인 건축물의 경우에는 7.8m³를 곱한 양 이상이 되도록 해야 한다.
2) 수원은 1)에 따라 산출된 유효수량 외에 유효수량의 3분의 1 이상을 옥상(옥내소화전설비가 설치된 건축물의 주된 옥상을 말한다. 이하 같다)에 설치해야 한다. 다만, 「옥내소화전설비의 화재안전기술기준(NFTC 102)」 2.1.2(2) 또는 2.1.2(3)에 해당하는 경우에는 그렇지 않다.
3) 전동기 또는 내연기관에 의한 펌프를 이용하는 가압송수장치는 옥내소화전설비 전용으로 설치해야 하며, 주펌프와 동등 이상의 성능이 있는 별도의 펌프로서 내연기관의 기동과 연동하여 작동되거나 비상전원을 연결한 예비펌프를 추가로 설치해야 한다.
4) 내연기관의 연료량은 펌프를 40분(50층 이상인 건축물의 경우에는 60분) 이상 운전할 수 있는 용량일 것
5) 급수배관은 전용으로 해야 한다. 다만, 옥내소화전설비의 성능에 지장이 없는 경우에는 연결송수관설비의 배관과 겸용할 수 있다.
6) 50층 이상인 건축물의 옥내소화전 주배관 중 수직배관은 2개 이상(주배관 성능을 갖는 동일 호칭배관)으로 설치해야 하며, 하나의 수직배관의 파손 등 작동 불능 시에도 다른 수직배관으로부터 소화용수가 공급되도록 구성해야 한다.
7) 비상전원은 자가발전설비, 축전지설비(내연기관에 따른 펌프를 사용하는 경우에는 내연기관의 기동 및 제어용 축전지를 말한다) 또는 전기저장장치(외부 전기에너지를 저장해 두었다가 필요한 때 전기를 공급하는 장치. 이하 같다)로서 옥내소화전설비를 유효하게 40분(50층 이상인 건축물의 경우에는 60분) 이상 작동할 수 있어야 한다.

2. 스프링클러설비

1) 수원은 그 저수량이 스프링클러설비 설치장소별 스프링클러헤드의 기준개수에 $3.2m^3$를 곱한 양 이상이 되도록 해야 한다. 다만, 50층 이상인 건축물의 경우에는 $4.8m^3$를 곱한 양 이상이 되도록 해야 한다.
2) 수원은 1)에 따라 산출된 유효수량 외에 유효수량의 3분의 1 이상을 옥상(옥내소화전설비가 설치된 건축물의 주된 옥상을 말한다. 이하 같다)에 설치해야 한다. 다만,「스프링클러설비의 화재안전기술기준(NFTC 103)」2.1.2(2) 또는 2.1.2(3)에 해당하는 경우에는 그렇지 않다.
3) 전동기 또는 내연기관에 의한 펌프를 이용하는 가압송수장치는 스프링클러설비 전용으로 설치해야 하며, 주펌프와 동등 이상의 성능이 있는 별도의 펌프로서 내연기관의 기동과 연동하여 작동되거나 비상전원을 연결한 예비펌프를 추가로 설치해야 한다.
4) 내연기관의 연료량은 펌프를 40분(50층 이상인 건축물의 경우에는 60분) 이상 운전할 수 있는 용량일 것
5) 급수배관은 전용으로 설치해야 한다.
6) 50층 이상인 건축물의 스프링클러설비 주배관 중 수직배관은 2개 이상(주배관 성능을 갖는 동일 호칭배관)으로 설치하고, 하나의 수직배관이 파손 등 작동 불능 시에도 다른 수직배관으로부터 소화수가 공급되도록 구성해야 하며, 각각의 수직배관에 유수검지장치를 설치해야 한다.
7) 50층 이상인 건축물의 스프링클러헤드에는 2개 이상의 가지배관으로부터 양방향에서 소화수가 공급되도록 하고, 수리계산에 의한 설계를 해야 한다.
8) 스프링클러설비의 음향장치는「스프링클러설비의 화재안전기술기준(NFTC 103)」2.6(음향장치 및 기동장치)에 따라 설치하되, 다음의 기준에 따라 경보를 발할 수 있도록 해야 한다.
   ① 2층 이상의 층에서 발화한 때에는 발화층 및 그 직상 4개 층에 경보를 발할 것
   ② 1층에서 발화한 때에는 발화층·그 직상 4개 층 및 지하층에 경보를 발할 것
   ③ 지하층에서 발화한 때에는 발화층·그 직상층 및 기타의 지하층에 경보를 발할 것
9) 비상전원은 자가발전설비, 축전지설비(내연기관에 따른 펌프를 사용하는 경우에는 내연기관의 기동 및 제어용 축전지를 말한다) 또는 전기저장장치로서 스프링클러설비를 유효하게 40분 이상 작동할 수 있을 것. 다만, 50층 이상인 건축물의 경우에는 60분 이상 작동할 수 있어야 한다.

3. 비상방송설비

1) 비상방송설비의 음향장치 경보 출력
   ① 2층 이상의 층에서 발화한 때에는 발화층 및 그 직상 4개 층에 경보를 발할 것
   ② 1층에서 발화한 때에는 발화층·그 직상 4개 층 및 지하층에 경보를 발할 것
   ③ 지하층에서 발화한 때에는 발화층·그 직상층 및 기타의 지하층에 경보를 발할 것
2) 비상방송설비에는 그 설비에 대한 감시상태를 60분간 지속한 후 유효하게 30분 이상 경보할 수 있는 비상전원으로서 축전지설비(수신기에 내장하는 경우를 포함한다) 또는 전기저장장치를 설치해야 한다.

4. 자동화재탐지설비

1) 감지기는 아날로그방식의 감지기로서 감지기의 작동 및 설치지점을 수신기에서 확인할 수 있는 것으로 설치해야 한다. 다만, 공동주택의 경우에는 감지기별로 작동 및 설치지점을 수신기에서 확인할 수 있는 아날로그방식 외의 감지기로 설치할 수 있다.
2) 자동화재탐지설비의 음향장치는 다음의 기준에 따라 경보를 발할 수 있도록 해야 한다.
   ① 2층 이상의 층에서 발화한 때에는 발화층 및 그 직상 4개 층에 경보를 발할 것
   ② 1층에서 발화한 때에는 발화층·그 직상 4개 층 및 지하층에 경보를 발할 것
   ③ 지하층에서 발화한 때에는 발화층·그 직상층 및 기타의 지하층에 경보를 발할 것
3) 50층 이상인 건축물에 설치하는 다음의 통신·신호배선은 이중배선을 설치하도록 하고 단선 시에도 고장표시가 되며 정상 작동할 수 있는 성능을 갖도록 설비를 해야 한다.
   ① 수신기와 수신기 사이의 통신배선
   ② 수신기와 중계기 사이의 신호배선
   ③ 수신기와 감지기 사이의 신호배선
4) 자동화재탐지설비에는 그 설비에 대한 감시상태를 60분간 지속한 후 유효하게 30분 이상 경보할 수 있는 비상전원으로서 축전지설비(수신기에 내장하는 경우를 포함한다) 또는 전기저장장치(외부 전기에너지를 저장해 두었다가 필요한 때 전기를 공급하는 장치)를 설치해야 한다. 다만, 상용전원이 축전지설비인 경우에는 그렇지 않다.

5. 특별피난계단의 계단실 및 부속실 제연설비

특별피난계단의 계단실 및 부속실 제연설비는 「특별피난계단의 계단실 및 부속실 제연설비의 화재안전기술기준(NFTC 501A)」에 따라 설치하되, 비상전원은 자가발전설비, 축전지설비, 전기저장장치로 하고 제연설비를 유효하게 40분 이상 작동할 수 있도록 해야 한다. 다만, 50층 이상인 건축물의 경우에는 60분 이상 작동할 수 있어야 한다.

6. 피난안전구역의 소방시설

「초고층 및 지하연계 복합건축물 재난관리에 관한 특별법 시행령」 제14조 제2항에 따른 피난안전구역에 설치하는 소방시설은 아래의 표와 같이 설치해야 하며, 이 기준에서 정하지 아니한 것은 개별 기술기준에 따라 설치해야 한다.

피난안전구역에 설치하는 소방시설의 설치기준

구분	설치기준
제연설비	피난안전구역과 비제연구역 간의 차압은 50Pa(옥내 스프링클러설비가 설치된 경우 12.5Pa) 이상으로 하여야 한다. 다만, 피난안전구역의 한쪽 면 이상이 외기에 개방된 구조의 경우에는 설치하지 않을 수 있다.
피난유도선	가. 피난안전구역이 설치된 층의 계단실 출입구에서 피난안전구역 주 출입구 또는 비상구까지 설치할 것 나. 계단실에 설치하는 경우 계단 및 계단참에 설치할 것 다. 피난유도 표시부의 너비는 최소 25mm 이상으로 설치할 것 라. 광원점등방식으로 설치하되, 60분 이상 유효하게 작동할 것
비상조명등	피난안전구역의 비상조명등은 상시 조명이 소등된 상태에서 그 비상조명등이 점등되는 경우 각 부분의 바닥에서 조도는 10lx 이상이 될 수 있도록 설치할 것

휴대용비상
조명등
	가. 피난안전구역에는 휴대용비상조명등을 다음의 기준에 따라 설치해야 한다.
	   1) 초고층 건축물에 설치된 피난안전구역 : 피난안전구역 위층의 재실자수의 10분의 1 이상
	   2) 지하연계 복합건축물에 설치된 피난안전구역 : 피난안전구역이 설치된 층의 수용인원의 10분의 1 이상
	나. 건전지 및 충전식 건전지의 용량은 40분 이상 유효하게 사용할 수 있는 것으로 한다. 다만, 피난안전구역이 50층 이상에 설치되어 있을 경우의 용량은 60분 이상으로 할 것

인명구조 기구	가. 방열복, 인공소생기를 각 2개 이상 비치할 것 나. 45분 이상 사용할 수 있는 성능의 공기호흡기(보조마스크를 포함한다)를 2개 이상 비치하여야 한다. 다만, 피난안전구역이 50층 이상에 설치되어 있을 경우에는 동일한 성능의 예비용기를 10개 이상 비치할 것 다. 화재 시 쉽게 반출할 수 있는 곳에 비치할 것 라. 인명구조기구가 설치된 장소의 보기 쉬운 곳에 "인명구조기구"라는 표지판 등을 설치할 것

7. 연결송수관설비

1) 연결송수관설비의 배관은 전용으로 한다. 다만, 주배관의 구경이 100mm 이상인 옥내소화전설비와 겸용할 수 있다.
2) 내연기관의 연료량은 펌프를 40분(50층 이상인 건축물의 경우에는 60분) 이상 운전할 수 있는 용량일 것
3) 연결송수관설비의 비상전원은 자가발전설비, 축전지설비(내연기관에 따른 펌프를 사용하는 경우에는 내연기관의 기동 및 제어용 축전지를 말한다), 전기저장장치로서 연결송수관설비를 유효하게 40분 이상 작동할 수 있어야 할 것. 다만, 50층 이상인 건축물의 경우에는 60분 이상 작동할 수 있어야 한다.

CHAPTER 36 건설현장의 화재안전기술기준(NFTC 606)

1. 소화기의 설치기준

① 소화기의 소화약제는 「소화기구 및 자동소화장치의 화재안전기술기준(NFTC 101)」 2.1.1.1의 표 2.1.1.1에 따른 적응성이 있는 것을 설치할 것

② 각 층 계단실마다 계단실 출입구 부근에 능력단위 3단위 이상인 소화기 2개 이상을 설치하고, 영 제18조제1항에 해당하는 작업을 하는 경우 작업 종료 시까지 작업지점으로부터 5m 이내의 쉽게 보이는 장소에 능력단위 3단위 이상인 소화기 2개 이상과 대형소화기 1개 이상을 추가 배치할 것

③ "소화기"라고 표시한 축광식 표지를 소화기 설치장소 보기 쉬운 곳에 부착하여야 한다.

2. 간이소화장치의 설치기준

영 제18조제1항에 해당하는 작업을 하는 경우 작업종료 시까지 작업지점으로부터 25m 이내에 배치하여 즉시 사용이 가능하도록 할 것

3. 비상경보장치의 설치기준

① 피난층 또는 지상으로 통하는 각 층 직통계단의 출입구마다 설치할 것

② 발신기를 누를 경우 해당 발신기와 결합된 경종이 작동할 것. 이 경우 다른 장소에 설치된 경종도 함께 연동하여 작동되도록 설치할 수 있다.

③ 발신기의 위치표시등은 함의 상부에 설치하되, 그 불빛은 부착 면으로부터 15° 이상의 범위 안에서 부착지점으로부터 10m 이내의 어느 곳에서도 쉽게 식별할 수 있는 적색등으로 할 것

④ 시각경보장치는 발신기함 상부에 위치하도록 설치하되 바닥으로부터 2m 이상 2.5m 이하의 높이에 설치하여 건설현장의 각 부분에 유효하게 경보할 수 있도록 할 것

⑤ "비상경보장치"라고 표시한 표지를 비상경보장치 상단에 부착할 것

4. 가스누설경보기의 설치기준

영 제18조제1항제1호에 따른 가연성가스를 발생시키는 작업을 하는 지하층 또는 무창층 내부(내부에 구획된 실이 있는 경우에는 구획실마다)에 가연성가스를 발생시키는 작업을

하는 부분으로부터 수평거리 10m 이내에 바닥으로부터 탐지부 상단까지의 거리가 0.3m 이하인 위치에 설치할 것

5. 간이피난유도선의 설치기준

① 영 제18조제2항 별표 8 제2호마목에 따른 지하층이나 무창층에는 간이피난유도선을 녹색 계열의 광원점등방식으로 해당 층의 직통계단마다 계단의 출입구로부터 건물 내부로 10m 이상의 길이로 설치할 것
② 바닥으로부터 1m 이하의 높이에 설치하고, 피난유도선이 점멸하거나 화살표로 표시하는 등의 방법으로 작업장의 어느 위치에서도 피난유도선을 통해 출입구로의 피난방향을 알 수 있도록 할 것
③ 층 내부에 구획된 실이 있는 경우에는 구획된 각 실로부터 가장 가까운 직통계단의 출입구까지 연속하여 설치할 것

6. 비상조명등의 설치기준

① 영 제18조제2항 별표 8 제2호바목에 따른 지하층이나 무창층에서 피난층 또는 지상으로 통하는 직통계단의 계단실 내부에 각 층마다 설치할 것
② 비상조명등이 설치된 장소의 조도는 각 부분의 바닥에서 1lx 이상이 되도록 할 것
③ 비상경보장치가 작동할 경우 연동하여 점등되는 구조로 설치할 것

7. 방화포의 설치기준

용접ㆍ용단 작업 시 11m 이내에 가연물이 있는 경우 해당 가연물을 방화포로 보호할 것

CHAPTER 37 공동주택의 화재안전기술기준(NFTC 608)

1. 소화기

1) 소화기의 설치기준

① 바닥면적 100m² 마다 1단위 이상의 능력단위를 기준으로 설치할 것
② 아파트 등의 경우 각 세대 및 공용부(승강장, 복도 등)마다 설치할 것
③ 아파트 등의 세대 내에 설치된 보일러실이 방화구획되거나, 스프링클러설비·간이스프링클러설비·물분무 등 소화설비 중 하나가 설치된 경우에는 「소화기구 및 자동소화장치의 화재안전기술기준(NFTC 101)」 [표 2.1.1.3] 제1호 및 제5호를 적용하지 않을 수 있다.
④ 아파트 등의 경우 「소화기구 및 자동소화장치의 화재안전기술기준(NFTC 101)」 2.2에 따른 소화기의 감소 규정을 적용하지 않을 것

2) 주거용 주방자동소화장치는 아파트 등의 주방에 열원(가스 또는 전기)의 종류에 적합한 것으로 설치하고, 열원을 차단할 수 있는 차단장치를 설치해야 한다.

2. 옥내소화전설비의 설치기준

1) 호스릴(hose reel) 방식으로 설치할 것
2) 복층형 구조인 경우에는 출입구가 없는 층에 방수구를 설치하지 아니할 수 있다.
3) 감시제어반 전용실은 피난층 또는 지하 1층에 설치할 것. 다만, 상시 사람이 근무하는 장소 또는 관계인이 쉽게 접근할 수 있고 관리가 용이한 장소에 감시제어반 전용실을 설치할 경우에는 지상 2층 또는 지하 2층에 설치할 수 있다.

3. 스프링클러설비의 설치기준

1) 폐쇄형 스프링클러헤드를 사용하는 아파트 등은 기준개수 10개(스프링클러헤드의 설치개수가 가장 많은 세대에 설치된 스프링클러헤드의 개수가 기준개수보다 작은 경우에는 그 설치개수를 말한다)에 1.6m³를 곱한 양 이상의 수원이 확보되도록 할 것. 다만, 아파트 등의 각 동이 주차장으로 서로 연결된 구조인 경우 해당 주차장 부분의 기준개수는 30개로 할 것

2) 아파트 등의 경우 화장실 반자 내부에는 「소방용 합성수지배관의 성능인증 및 제품검사의 기술기준」에 적합한 소방용 합성수지배관으로 배관을 설치할 수 있다. 다만, 소방용 합성수지배관 내부에 항상 소화수가 채워진 상태를 유지할 것
3) 하나의 방호구역은 2개 층에 미치지 아니하도록 할 것. 다만, 복층형 구조의 공동주택에는 3개 층 이내로 할 수 있다.
4) 아파트 등의 세대 내 스프링클러헤드를 설치하는 천장·반자·천장과 반자 사이·덕트·선반 등의 각 부분으로부터 하나의 스프링클러헤드까지의 수평거리는 2.6m 이하로 할 것
5) 외벽에 설치된 창문에서 0.6m 이내에 스프링클러헤드를 배치하고, 배치된 헤드의 수평거리 이내에 창문이 모두 포함되도록 할 것. 다만, 다음의 기준에 어느 하나에 해당하는 경우에는 그렇지 않다.
   ① 창문에 드렌처설비가 설치된 경우
   ② 창문과 창문 사이의 수직부분이 내화구조로 90cm 이상 이격되어 있거나, 「발코니 등의 구조변경절차 및 설치기준」 제4조 제1항부터 제5항까지에서 정하는 구조와 성능의 방화판 또는 방화유리창을 설치한 경우
   ③ 발코니가 설치된 부분
6) 거실에는 조기반응형 스프링클러헤드를 설치할 것
7) 감시제어반 전용실은 피난층 또는 지하 1층에 설치할 것. 다만, 상시 사람이 근무하는 장소 또는 관계인이 쉽게 접근할 수 있고 관리가 용이한 장소에 감시제어반 전용실을 설치할 경우에는 지상 2층 또는 지하 2층에 설치할 수 있다.
8) 「건축법 시행령」 제46조 제4항에 따라 설치된 대피공간에는 헤드를 설치하지 않을 수 있다.
9) 「스프링클러설비의 화재안전기술기준(NFTC 103)」 2.7.7.1 및 2.7.7.3의 기준에도 불구하고 세대 내 실외기실 등 소규모 공간에서 해당 공간 여건상 헤드와 장애물 사이에 60cm 반경을 확보하지 못하거나 장애물 폭의 3배를 확보하지 못하는 경우에는 살수방해가 최소화되는 위치에 설치할 수 있다.

4. 물분무소화설비의 설치기준

물분무소화설비의 감시제어반 전용실은 피난층 또는 지하 1층에 설치해야 한다. 다만, 상시 사람이 근무하는 장소 또는 관계인이 쉽게 접근할 수 있고 관리가 용이한 장소에 감시제어반 전용실을 설치할 경우에는 지상 2층 또는 지하 2층에 설치할 수 있다.

5. 포소화설비의 설치기준

포소화설비의 감시제어반 전용실은 피난층 또는 지하 1층에 설치해야 한다. 다만, 상시 사람이 근무하는 장소 또는 관계인이 쉽게 접근할 수 있고 관리가 용이한 장소에 감시제어반 전용실을 설치할 경우에는 지상 2층 또는 지하 2층에 설치할 수 있다.

6. 옥외소화전설비의 설치기준

1) 기동장치는 기동용수압개폐장치 또는 이와 동등 이상의 성능이 있는 것을 설치할 것
2) 감시제어반 전용실은 피난층 또는 지하 1층에 설치할 것. 다만, 상시 사람이 근무하는 장소 또는 관계인이 쉽게 접근할 수 있고 관리가 용이한 장소에 감시제어반 전용실을 설치할 경우에는 지상 2층 또는 지하 2층에 설치할 수 있다.

7. 자동화재탐지설비의 설치기준

1) 감지기

① 아날로그방식의 감지기, 광전식 공기흡입형 감지기 또는 이와 동등 이상의 기능·성능이 인정되는 것으로 설치할 것
② 감지기의 신호처리방식은 「자동화재탐지설비 및 시각경보장치의 화재안전기술기준(NFTC 203)」 1.7.2에 따른다.
③ 세대 내 거실(취침용도로 사용될 수 있는 통상적인 방 및 거실을 말한다)에는 연기감지기를 설치할 것
④ 감지기 회로 단선 시 고장표시가 되며, 해당 회로에 설치된 감지기가 정상 작동될 수 있는 성능을 갖도록 할 것

2) 복층형 구조인 경우에는 출입구가 없는 층에 발신기를 설치하지 아니할 수 있다.

8. 비상방송설비의 설치기준

1) 확성기는 각 세대마다 설치할 것
2) 아파트 등의 경우 실내에 설치하는 확성기 음성입력은 2W 이상일 것

9. 피난기구

1) 피난기구의 설치기준

① 아파트 등의 경우 각 세대마다 설치할 것
② 피난장애가 발생하지 않도록 하기 위하여 피난기구를 설치하는 개구부는 동일 직선

상이 아닌 위치에 있을 것. 다만, 수직 피난방향으로 동일 직선상인 세대별 개구부에 피난기구를 엇갈리게 설치하여 피난장애가 발생하지 않는 경우에는 그렇지 않다.
③ 「공동주택관리법」 제2조 제1항 제2호(마목은 제외)에 따른 "의무관리대상 공동주택"의 경우에는 하나의 관리주체가 관리하는 공동주택 구역마다 공기안전매트 1개 이상을 추가로 설치할 것. 다만, 옥상으로 피난이 가능하거나 수평 또는 수직 방향의 인접세대로 피난할 수 있는 구조인 경우에는 추가로 설치하지 않을 수 있다.

2) 갓복도식 공동주택 또는 「건축법 시행령」 제46조 제5항에 해당하는 구조 또는 시설을 설치하여 수평 또는 수직 방향의 인접세대로 피난할 수 있는 아파트는 피난기구를 설치하지 않을 수 있다.

3) 승강식 피난기 및 하향식 피난구용 내림식 사다리가 「건축물의 피난·방화구조 등의 기준에 관한 규칙」 제14조에 따라 방화구획된 장소(세대 내부)에 설치될 경우에는 해당 방화구획된 장소를 대피실로 간주하고, 대피실의 면적규정과 외기에 접하는 구조로 대피실을 설치하는 규정을 적용하지 않을 수 있다.

10. 유도등의 설치기준

1) 소형 피난구유도등을 설치할 것. 다만, 세대 내에는 유도등을 설치하지 않을 수 있다.
2) 주차장으로 사용되는 부분은 중형 피난구유도등을 설치할 것
3) 「건축법 시행령」 제40조 제3항 제2호나목 및 「주택건설기준 등에 관한 규정」 제16조의2 제3항에 따라 비상문자동개폐장치가 설치된 옥상 출입문에는 대형 피난구유도등을 설치할 것
4) 내부구조가 단순하고 복도식이 아닌 층에는 「유도등 및 유도표지의 화재안전기술기준 (NFTC 303)」 2.2.3 및 2.3.1.1.1 기준을 적용하지 아니할 것

11. 비상조명등의 설치기준

비상조명등은 각 거실로부터 지상에 이르는 복도·계단 및 그 밖의 통로에 설치해야 한다. 다만, 공동주택의 세대 내에는 출입구 인근 통로에 1개 이상 설치한다.

12. 특별피난계단의 계단실 및 부속실 제연설비의 설치기준

특별피난계단의 계단실 및 부속실 제연설비는 「특별피난계단의 계단실 및 부속실 제연설비의 화재안전기술기준(NFTC 501A)」 2.22의 기준에 따라 성능확인을 해야 한다.

다만, 부속실을 단독으로 제연하는 경우에는 부속실과 면하는 옥내 출입문만 개방한 상태로 방연풍속을 측정할 수 있다.

13. 연결송수관설비

1) 방수구의 설치기준

① 층마다 설치할 것. 다만, 아파트 등의 1층과 2층(또는 피난층과 그 직상층)에는 설치하지 않을 수 있다.

② 아파트 등의 경우 계단의 출입구(계단의 부속실을 포함하며 계단이 2 이상 있는 경우에는 그중 1개의 계단을 말한다)로부터 5m 이내에 방수구를 설치하되, 그 방수구로부터 해당 층의 각 부분까지의 수평거리가 50m를 초과하는 경우에는 방수구를 추가로 설치할 것

③ 쌍구형으로 할 것. 다만, 아파트 등의 용도로 사용되는 층에는 단구형으로 설치할 수 있다.

④ 송수구는 동별로 설치하되, 소방차량의 접근 및 통행이 용이하고 잘 보이는 장소에 설치할 것

2) 펌프의 토출량은 2,400L/min 이상(계단식 아파트의 경우에는 1,200L/min 이상)으로 하고, 방수구 개수가 3개를 초과(방수구가 5개 이상인 경우에는 5개)하는 경우에는 1개마다 800L/min(계단식 아파트의 경우에는 400L/min 이상)를 가산해야 한다.

14. 비상콘센트의 설치기준

아파트 등의 경우에는 계단의 출입구(계단의 부속실을 포함하며 계단이 2개 이상 있는 경우에는 그중 1개의 계단을 말한다)로부터 5m 이내에 비상콘센트를 설치하되, 그 비상콘센트로부터 해당 층의 각 부분까지의 수평거리가 50m를 초과하는 경우에는 비상콘센트를 추가로 설치해야 한다.

CHAPTER 38 창고시설의 화재안전기술기준(NFTC 609)

1. 용어정의

1) "랙식 창고"란 한국산업표준규격(KS)의 랙(rack) 용어(KS T 2023)에서 정하고 있는 물품 보관용 랙을 설치하는 창고시설을 말한다.
2) "적층식 랙"이란 한국산업표준규격(KS)의 랙 용어(KS T 2023)에서 정하고 있는 선반을 다층식으로 겹쳐 쌓는 랙을 말한다.
3) "라지드롭형(large-drop type) 스프링클러헤드"란 동일 조건의 수압력에서 큰 물방울을 방출하여 화염의 전파속도가 빠르고 발열량이 큰 저장창고 등에서 발생하는 대형화재를 진압할 수 있는 헤드를 말한다.
4) "송기공간"이란 랙을 일렬로 나란하게 맞대어 설치하는 경우 랙 사이에 형성되는 공간(사람이나 장비가 이동하는 통로 제외)을 말한다.

2. 소화기구 및 자동소화장치

창고시설 내 배전반 및 분전반마다 가스자동소화장치·분말자동소화장치·고체에어로졸 자동소화장치 또는 소공간용 소화용구를 설치해야 한다.

3. 옥내소화전설비

1) 수원의 저수량은 옥내소화전의 설치개수가 가장 많은 층의 설치개수(2개 이상 설치된 경우에는 2개)에 5.2m³(호스릴옥내소화전설비 포함)를 곱한 양 이상이 되도록 해야 한다.
2) 사람이 상시 근무하는 물류창고 등 동결의 우려가 없는 경우에는 「옥내소화전설비의 화재안전기술기준(NFTC 102)」 2.2.1.9의 단서를 적용하지 않는다.
3) 비상전원은 자가발전설비, 축전지설비(내연기관에 따른 펌프를 사용하는 경우에는 내연기관의 기동 및 제어용 축전지를 말한다) 또는 전기저장장치(외부 전기에너지를 저장해 두었다가 필요한 때 전기를 공급하는 장치)로서 옥내소화전설비를 유효하게 40분 이상 작동할 수 있어야 한다.

4. 스프링클러설비

1) 스프링클러 설치기준

① 창고시설에 설치하는 스프링클러설비는 라지드롭형 스프링클러헤드를 습식으로 설치할 것. 다만, 다음의 어느 하나에 해당하는 경우에는 건식 스프링클러설비로 설치할 수 있다.

㉠ 냉동창고 또는 영하의 온도로 저장하는 냉장창고

㉡ 창고시설 내에 상시 근무자가 없어 난방을 하지 않는 창고시설

② 랙식 창고의 경우에는 ①에 따라 설치하는 것 외에 라지드롭형 스프링클러헤드를 랙 높이 3m 이하마다 설치할 것. 이 경우 수평거리 15cm 이상의 송기공간이 있는 랙식 창고에는 랙 높이 3m 이하마다 설치하는 스프링클러헤드를 송기공간에 설치할 수 있다.

③ 창고시설에 적층식 랙을 설치하는 경우 적층식 랙의 각 단 바닥면적을 방호구역 면적으로 포함할 것

④ ① 내지 ③에도 불구하고 천장 높이가 13.7m 이하인 랙식 창고에는 「화재조기진압용 스프링클러설비의 화재안전기술기준(NFTC 103B)」에 따른 화재조기진압용 스프링클러설비를 설치할 수 있다.

⑤ 높이가 4m 이상인 창고(랙식 창고 포함)에 설치하는 폐쇄형 스프링클러헤드는 그 설치장소의 평상시 최고주위온도에 관계 없이 표시온도 121℃ 이상의 것으로 할 수 있다.

2) 수원의 저수량은 다음의 기준에 적합해야 한다.

① 라지드롭형 스프링클러헤드의 설치개수가 가장 많은 방호구역의 설치개수(30개 이상 설치된 경우에는 30개)에 $3.2m^3$(랙식 창고의 경우에는 $9.6m^3$)를 곱한 양 이상이 되도록 할 것

② 1) 스프링클러 설치기준의 ④에 따라 화재조기진압용 스프링클러설비를 설치하는 경우 「화재조기진압용 스프링클러설비의 화재안전기술기준(NFTC 103B)」 2.2.1에 따를 것

3) 가압송수장치의 송수량은 다음의 기준에 적합해야 한다.

① 가압송수장치의 송수량은 0.1MPa의 방수압력 기준으로 160L/min 이상의 방수성능을 가진 기준개수의 모든 헤드로부터의 방수량을 충족시킬 수 있는 양 이상인 것으로 할 것. 이 경우 속도수두는 계산에 포함하지 않을 수 있다.

② 1) 스프링클러 설치기준의 ④에 따라 화재조기진압용 스프링클러설비를 설치하는

경우 「화재조기진압용 스프링클러설비의 화재안전기술기준(NFTC 103B)」 2.3.1.10에 따를 것

4) 교차배관에서 분기되는 지점을 기점으로 한쪽 가지배관에 설치되는 헤드의 개수(반자 아래와 반자속의 헤드를 하나의 가지배관 상에 병설하는 경우에는 반자 아래에 설치하는 헤드의 개수)는 4개 이하로 해야 한다. 다만, 1) 스프링클러 설치기준의 ④에 따라 화재조기진압용 스프링클러설비를 설치하는 경우에는 그렇지 않다.

5) **스프링클러헤드는 다음의 기준에 적합해야 한다.**
   ① 라지드롭형 스프링클러헤드를 설치하는 천장·반자·천장과 반자 사이·덕트·선반 등의 각 부분으로부터 하나의 스프링클러헤드까지의 수평거리는 「화재의 예방 및 안전관리에 관한 법률 시행령」 별표 2의 특수가연물을 저장 또는 취급하는 창고는 1.7m 이하, 그 외의 창고는 2.1m(내화구조로 된 경우에는 2.3m를 말한다) 이하로 할 것
   ② 화재조기진압용 스프링클러헤드는 「화재조기진압용 스프링클러설비의 화재안전기술기준(NFTC 103B)」 2.7.1에 따라 설치할 것

6) 물품의 운반 등에 필요한 고정식 대형기기 설비의 설치를 위해 「건축법 시행령」 제46조 제2항에 따라 방화구획이 적용되지 아니하거나 완화 적용되어 연소할 우려가 있는 개구부에는 「스프링클러설비의 화재안전기술기준(NFTC 103)」 2.7.7.6에 따른 방법으로 드렌처설비를 설치해야 한다.

7) 비상전원은 자가발전설비, 축전지설비(내연기관에 따른 펌프를 사용하는 경우에는 내연기관의 기동 및 제어용 축전지를 말한다) 또는 전기저장장치(외부 전기에너지를 저장해 두었다가 필요한 때 전기를 공급하는 장치를 말한다. 이하 같다)로서 스프링클러설비를 유효하게 20분(랙식 창고의 경우 60분을 말한다) 이상 작동할 수 있어야 한다.

5. 비상방송설비

1) 확성기의 음성입력은 3W(실내에 설치하는 것을 포함한다) 이상으로 해야 한다.
2) 창고시설에서 발화한 때에는 전 층에 경보를 발해야 한다.
3) 비상방송설비에는 그 설비에 대한 감시상태를 60분간 지속한 후 유효하게 30분 이상 경보할 수 있는 축전지설비(수신기에 내장하는 경우를 포함한다. 이하 같다) 또는 전기저장장치를 설치해야 한다.

6. 자동화재탐지설비

1) 감지기 작동 시 해당 감지기의 위치가 수신기에 표시되도록 해야 한다.
2) 「개인정보 보호법」 제2조 제7호에 따른 영상정보처리기기를 설치하는 경우 수신기는 영상정보의 열람·재생 장소에 설치해야 한다.
3) 「소방시설 설치 및 관리에 관한 법률 시행령」 제11조에 따라 스프링클러설비를 설치해야 하는 창고시설의 감지기는 다음 기준에 따라 설치해야 한다.
   ① 아날로그방식의 감지기, 광전식 공기흡입형 감지기 또는 이와 동등 이상의 기능·성능이 인정되는 감지기를 설치할 것
   ② 감지기의 신호처리 방식은 「자동화재탐지설비 및 시각경보장치의 화재안전기술기준(NFTC 203)」 1.7.2에 따른다.
4) 창고시설에서 발화한 때에는 전 층에 경보를 발해야 한다.
5) 자동화재탐지설비에는 그 설비에 대한 감시상태를 60분간 지속한 후 유효하게 30분 이상 경보할 수 있는 비상전원으로서 축전지설비 또는 전기저장장치를 설치해야 한다. 다만, 상용전원이 축전지설비인 경우에는 그렇지 않다.

7. 유도등

1) 피난구유도등과 거실통로유도등은 대형으로 설치해야 한다.
2) 피난유도선은 연면적 15,000m² 이상인 창고시설의 지하층 및 무창층에 다음의 기준에 따라 설치해야 한다.
   ① 광원점등방식으로 바닥으로부터 1m 이하의 높이에 설치할 것
   ② 각 층 직통계단 출입구로부터 건물 내부 벽면으로 10m 이상 설치할 것
   ③ 화재 시 점등되며 비상전원 30분 이상을 확보할 것
   ④ 피난유도선은 소방청장이 정하여 고시하는 「피난유도선 성능인증 및 제품검사의 기술기준」에 적합한 것으로 설치할 것

8. 소화수조 및 저수조

소화수조 또는 저수조의 저수량은 특정소방대상물의 연면적을 5,000m²로 나누어 얻은 수(소수점 이하의 수는 1로 본다)에 20m³를 곱한 양 이상이 되도록 해야 한다.

CHAPTER 39 전기저장시설

2. 기술기준

2.1 소화기
2.1.1 소화기는 「소화기구 및 자동소화장치의 화재안전기술기준(NFTC 101)」 2.1.1.3의 표 2.1.1.3 제2호에 따라 구획된 실마다 추가하여 설치해야 한다.

2.2 스프링클러설비
2.2.1 스프링클러설비는 다음의 기준에 따라 설치해야 한다. 다만, 배터리실 외의 장소에는 스프링클러헤드를 설치하지 않을 수 있다.

2.2.1.1 스프링클러설비는 습식스프링클러설비 또는 준비작동식스프링클러설비(신속한 작동을 위해 '더블인터락' 방식은 제외한다)로 설치할 것

2.2.1.2 전기저장장치가 설치된 실의 바닥면적(바닥면적이 230m² 이상인 경우에는 230m²) 1m²에 분당 12.2L/min 이상의 수량을 균일하게 30분 이상 방수할 수 있도록 할 것

2.2.1.3 스프링클러헤드의 방수로 인해 인접 헤드에 미치는 영향을 최소화하기 위하여 스프링클러헤드 사이의 간격을 1.8m 이상 유지할 것. 이 경우 헤드 사이의 최대 간격은 스프링클러설비의 소화성능에 영향을 미치지 않는 간격 이내로 해야 한다.

2.2.1.4 준비작동식스프링클러설비를 설치할 경우 2.4.2에 따른 감지기를 설치할 것

2.2.1.5 스프링클러설비를 30분 이상 작동할 수 있는 비상전원을 갖출 것

2.2.1.6 준비작동식스프링클러설비의 경우 전기저장장치의 출입구 부근에 수동식기동장치를 설치할 것

2.2.1.7 소방자동차로부터 전기저장장치 설비에 송수할 수 있는 송수구를 「스프링클러설비의 화재안전기술기준(NFTC 103)」 2.8(송수구)에 따라 설치할 것

2.3 배터리용 소화장치
2.3.1 다음의 어느 하나에 해당하는 경우에는 2.2에도 불구하고 중앙소방기술심의위원회의 심의를 거쳐 소방청장이 인정하는 시험방법으로 2.9.2에 따른 시험기관에서 전기저장장치에 대한 소화성능을 인정받은 배터리용 소화장치를 설치할 수 있다.

2.3.1.1 옥외형 전기저장장치 설비가 컨테이너 내부에 설치된 경우

2.3.1.2 옥외형 전기저장장치 설비가 다른 건축물, 주차장, 공용도로, 적재된 가연물, 위험물 등으로부터 30m 이상 떨어진 지역에 설치된 경우

2.4 자동화재탐지설비

2.4.1 자동화재탐지설비는 「자동화재탐지설비 및 시각경보장치의 화재안전기술기준(NFTC 203)」에 따라 설치해야 한다. 다만, 옥외형 전기저장장치 설비에는 자동화재탐지설비를 설치하지 않을 수 있다.

2.4.2 화재감지기는 다음의 어느 하나에 해당하는 감지기를 설치해야 한다.

2.4.2.1 공기흡입형 감지기 또는 아날로그식 연기감지기(감지기의 신호처리방식은 「자동화재탐지설비 및 시각경보장치의 화재안전기술기준(NFTC 203)」 1.7.2에 따른다)

2.4.2.2 중앙소방기술심의위원회의 심의를 통해 전기저장장치 화재에 적응성이 있다고 인정된 감지기

2.6 배출설비

2.6.1 배출설비는 다음의 기준에 따라 설치해야 한다.

2.6.1.1 배풍기·배출덕트·후드 등을 이용하여 강제적으로 배출할 것

2.6.1.2 바닥면적 $1m^2$에 시간당 $18m^3$ 이상의 용량을 배출할 것

2.6.1.3 화재감지기의 감지에 따라 작동할 것

2.6.1.4 옥외와 면하는 벽체에 설치

2.7 설치장소

2.7.1 전기저장장치는 관할 소방대의 원활한 소방활동을 위해 지면으로부터 지상 22m(전기저장장치가 설치된 전용 건축물의 최상부 끝단까지의 높이) 이내, 지하 9m(전기저장장치가 설치된 바닥면까지의 깊이) 이내로 설치해야 한다.

2.8 방화구획

2.8.1 전기저장장치 설치장소의 벽체, 바닥 및 천장은 「건축물의 피난·방화구조 등의 기준에 관한 규칙」에 따라 건축물의 다른 부분과 방화구획 해야 한다. 다만, 배터리실 외의 장소와 옥외형 전기저장장치 설비는 방화구획 하지 않을 수 있다.

2.9 화재안전성능

2.9.1 소방본부장 또는 소방서장은 중앙소방기술심의위원회의 심의를 거쳐 소방청장이 인정하는 시험방법에 따라 2.9.2에 따른 시험기관에서 화재안전성능을 인정받은 경우에는 인정받은 성능 범위 안에서 2.2 및 2.3을 적용하지 않을 수 있다.

2.9.2 전기저장시설의 화재안전성능과 관련된 시험은 다음의 시험기관에서 수행할 수 있다.

2.9.2.1 한국소방산업기술원

2.9.2.2 한국화재보험협회 부설 방재시험연구원

2.9.2.3 2.9.1에 따라 소방청장이 인정하는 시험방법으로 화재안전성능을 시험할 수 있는 비영리 국가공인시험기관(「국가표준기본법」 제23조에 따라 한국인정기구로부터 시험기관으로 인정받은 기관을 말한다)

PART 04

소방시설의 도시기호 및 각종 점검표

CHAPTER 01 소방시설의 도시기호
CHAPTER 02 소방시설 등 자체점검 실시결과 보고서
CHAPTER 03 소방시설 등 점검표
CHAPTER 04 소방시설 등 외관점검표
CHAPTER 05 안전시설 등 세부점검표

CHAPTER 01 소방시설의 도시기호

분류	명칭		도시기호	기능
배관	일반배관		———————	설비의 배관
	옥내 · 외소화전		—— H ——	옥내 · 외소화전설비의 배관
	스프링클러		—— SP ——	스프링클러설비의 배관
	물분무		—— WS ——	물분무설비의 배관
	포소화		—— F ——	포소화설비의 배관
	배수관		—— D ——	옥내 · 외소화전설비의 배관
	전선관	입상	⚬╱	전선관을 천장 안쪽으로 넣는 방향으로, 즉 아래쪽에서 위쪽 방향으로 넣는 전선관
		입하	╱⚬	전선관을 천장 안쪽으로 넣는 방향으로, 즉 위쪽에서 아래쪽 방향으로 넣는 전선관
		통과	╱⚬╱	전선관을 천장 안쪽으로 넣는 방향으로, 분기하지 않고 통과
관이음쇠	플랜지		─┤├─	배관 이음용 접속구
	유니온		─┤╟─	배관을 분해하기 어려운 곳에 설치하여 교체 또는 정비를 위한 배관연결부속
	플러그		←─┤	배관을 마감하는 배관부속으로 수나사로 구성
	90° 엘보 점검18회		┼┐	배관을 90도 굴곡된 부분에 설치하는 배관부속

분류	명칭	도시기호	기능
관이음쇠	45° 엘보		배관을 45도 굴곡된 부분에 설치하는 배관부속
	티 점검18회		배관을 분기하는 부분에 설치하는 배관부속
	크로스		배관을 3방향으로 분기하는 부분에 설치하는 배관부속
	맹플랜지		배관을 마감하는 배관부속으로 구멍이 없는 플랜지
	캡		배관을 마감하는 배관부속으로 암나사로 구성
헤드류	상향식	스프링클러헤드 폐쇄형(평면도)		정상상태에서 방수구를 막고 있는 감열체가 일정온도에서 자동적으로 파괴·용해 또는 이탈됨으로써 방수구가 개방되는 스프링클러헤드로서 상향식
		스프링클러헤드 폐쇄형(계통도)		
		스프링클러헤드 개방형(평면도)		감열체 없이 방수구가 항상 열려 있는 스프링클러헤드로서 상향식
		스프링클러헤드 (입면도)		상향식 스프링클러헤드
	하향식	스프링클러헤드폐쇄형(평면도) 점검12회		정상상태에서 방수구를 막고 있는 감열체가 일정온도에서 자동적으로 파괴·용해 또는 이탈됨으로써 방수구가 개방되는 스프링클러헤드로서 하향식
		스프링클러헤드 폐쇄형(입면도)		
		스프링클러헤드개방형(평면도) 점검12회		감열체 없이 방수구가 항상 열려 있는 스프링클러헤드로서 하향식
		스프링클러헤드 (입면도)		하향식 스프링클러헤드
	스프링클러헤드폐쇄형 상·하향식(입면도)		상부는 상향식이고 하부는 같은 배관에서 분기한 하향식 헤드
	분말·탄산가스· 할로겐헤드		가스계(분말·탄산가스·할로겐헤드) 소화설비의 헤드로 개방형
	연결살수헤드 점검15회		연결살수설비 전용 헤드

분류	명칭	도시기호	기능
헤드류	물분무헤드(평면도) 점검1회	⊗	화재 시 직선류 또는 나선류의 물을 충돌·확산시켜 미립상태로 분무함으로써 소화하는 헤드
	물분무헤드(입면도)	▽	
	드렌처헤드(평면도)	⊘	드렌처 전용의 개방형 헤드
	드렌처헤드(입면도)	▽	
	포헤드(평면도)	●	포소화설비가 화재 등으로 작동되어 포소화약제가 방호구역에 방출될 때 포헤드에서 공기와 혼합하면서 포 발포
	포헤드(입면도) 점검17회	⟟	
	감지헤드(평면도)	⊙	폐쇄형 스프링클러헤드의 개방에 의한 유수검지장치 또는 일제개방밸브를 자동으로 동작시키기 위한 헤드
	감지헤드(입면도)	⬡	
	할로겐화합물 및 불활성기체소화약제 방출헤드(평면도)	⊕	가스계(할로겐화합물 및 불활성기체소화약제) 소화설비의 헤드로 개방형
	할로겐화합물 및 불활성기체소화약제 방출헤드(입면도)	▲	
밸브류	체크밸브 점검18회, 19회	⇥	역류방지기능
	가스체크밸브 점검16회	⇥	가스의 흐름이 한 방향으로만 흐르도록 되어 있는 밸브
	게이트밸브 (상시 개방)	⋈	평상시 배관의 개방상태 표시, 외부에서 개폐 여부 확인 불가
	게이트밸브 (상시 폐쇄)	▶◀	평상시 배관의 폐쇄상태 표시, 외부에서 개폐 여부 확인 불가
	선택밸브	⋈	가스계 소화설비의 방호구역 선택용 밸브

분류	명칭	도시기호	기능
밸브류	조작밸브(일반)		수동으로 작동시키는 조작밸브
	조작밸브(전자식)		솔레노이드에 의한 전자식으로 작동하는 조작밸브
	조작밸브(가스식)		가스압력에 의해 작동하는 조작밸브
	경보밸브(습식)		스프링클러 알람밸브
	경보밸브(건식)		스프링클러 건식밸브
	프리액션밸브 점검12회		스프링클러 준비작동밸브
	경보델류지밸브 점검12회		개방형 스프링클러헤드를 사용하는 일제살수식 스프링클러설비에 설치하는 밸브로서 화재발생 시 자동 또는 수동식 기동장치에 따라 밸브가 열리는 것
	프리액션밸브 수동조작함	SVP	스프링클러를 수동으로 기동하는 조작함
	플렉시블조인트		펌프 기동 시 배관설비를 보호하기 위해 완충역할을 하는 연결금속구
	솔레노이드밸브 점검12회	S	전기신호에 의하여 밸브를 개방하는 장치(자동복구)
	모터밸브	M	전기신호에 의하여 모터를 동작시켜 개방하는 장치(수동복구)
	릴리프밸브 (이산화탄소용)		이산화탄소 소화설비의 안전밸브
	릴리프밸브(일반) 점검15회, 19회		체절운전 시 체절압력 미만에서 개방, 수온상승 방지
	동체크밸브		가스를 한쪽 방향으로 흐르게 하는 밸브
	앵글밸브 점검16회, 18회		소화전에 주로 사용하는 밸브로 유체를 90도 꺾어서 공급하는 밸브

분류	명칭	도시기호	기능
밸브류	후드밸브 점검16회		수원이 펌프보다 아래에 설치된 경우 흡입 측 배관의 말단에 설치하며, 이물질 제거 및 체크밸브 기능
	볼밸브 점검18회		밸브 내부의 볼을 이용하여 배관을 개폐하는 밸브
	배수밸브		배수용 밸브
	자동배수밸브 점검16회		배관 내 압력이 있는 경우 유체의 압력에 의하여 폐쇄되며, 압력이 없는 경우에는 배수해주는 기능
	여과망		배관 내 이물질 제거
	자동밸브		밸브 개폐를 자동으로 하기 위한 밸브
	감압밸브 점검16회		배관 내 과압을 소화설비에 적정한 압력으로 감압해 주는 기능
	공기조절밸브		건식밸브에서 공기압력을 조정 시 사용
계기류	압력계		배관 내 압력을 측정하는 것으로, 대기압 이상의 게이지압력 측정
	연성계		대기압 이상의 압력과 대기압 이하의 압력을 측정할 수 있는 계측기
	유량계		성능시험배관에 설치하여 펌프의 유량 측정
소화전	옥내소화전함		옥내소화전 호스 및 관창을 보관하는 함
	옥내소화전 방수용 기구병설		옥내소화전 방수용 기구를 격납하는 함
	옥외소화전		옥외소화전 호스 및 관창을 보관하는 함
	포말소화전 점검1회		포소화전 호스 및 관창을 보관하는 함

분류	명칭	도시기호	기능
소화전	송수구		소화설비에 소화용수를 보급하기 위하여 건물 외벽 또는 구조물의 외벽에 설치하는 관
	방수구		소화설비로부터 소화용수를 방수하기 위하여 건물내벽 또는 구조물의 외벽에 설치하는 관
스트레이너	Y형		배관 내 이물질 제거
	U형		
저장탱크류	고가수조 (물올림장치)		구조물 또는 지형지물 등에 설치하여 자연낙차 압력으로 급수하는 수조
	압력챔버		소화설비의 배관 내 압력변동을 검지하여 자동적으로 펌프를 기동 및 정지시키는 것으로서 압력챔버 또는 기동용 압력스위치 등
	포말원액탱크	(수직) (수평)	포 원액탱크
리듀서	편심리듀서		구경이 다른 배관 연결 시 사용하는 배관부속
	원심리듀서		
혼합장치류	프레저프로포셔너		프레저프로포셔너 혼합장치
	라인프로포셔너		라인프로포셔너 혼합장치
	프레저사이드 프로포셔너		프레저사이드 프로포셔너 혼합장치
	기타		펌프 프로포셔너방식
펌프류	일반펌프		일반 소방펌프

분류	명칭	도시기호	기능
펌프류	펌프모터(수평)		일반 모터펌프
	펌프모터(수직)		수평(입형) 펌프
저장용기류	분말약제 저장용기	P.D	분말약제 저장용기
	저장용기 점검1회		약제 저장용기
경보설비기기류	차동식 스포트형 감지기		차동식 스포트형 감지기
	보상식 스포트형 감지기		보상식 스포트형 감지기
	정온식 스포트형 감지기		정온식 스포트형 감지기
	연기감지기	S	연기감지기
	감지선		감지선용 감지기
	공기관	———	공기관식 감지기
	열전대		열전대형 감지기
	열반도체	∞	열반도체형 감지기
	차동식 분포형 감지기의 검출기		차동식 분포형 감지기의 검출기
	발신기세트 단독형	P B L	발신기세트 단독형
	발신기세트 옥내소화전내장형	P B L	발신기세트 옥내소화전 내장형

분류	명칭	도시기호	기능
경보설비기기류	경계구역번호	△	특정소방대상물 중 화재신호를 발신하고 그 신호를 수신 및 유효하게 제어할 수 있는 구역을 표시하는 번호
	비상용 누름버튼	Ⓕ	비상용 누름버튼
	비상전화기	㉤	비상전화기
	비상벨	Ⓑ	화재발생 상황을 경종으로 경보하는 설비
	사이렌	◁	화재발생 상황을 사이렌으로 경보하는 설비
	모터사이렌	Ⓜ◁	화재발생 상황을 모터 회전운동에 의한 사이렌으로 경보하는 설비
	전자사이렌	Ⓢ◁	화재발생 상황을 전자식 사이렌으로 경보하는 설비
	조작장치	EP	조작장치
	증폭기	AMP	신호 전송 시 신호가 약해져 수신이 불가능해지는 것을 방지하기 위해서 증폭하는 장치
	기동 누름버튼	Ⓔ	기동 누름버튼
	이온화식 감지기 (스포트형)	[S]I	이온화식 감지기
	광전식 연기감지기 (아날로그형)	[S]A	광전식 연기감지기(아날로그형)
	광전식 연기감지기 (스포트형)	[S]P	광전식 연기감지기(스포트형)
	감지기간선 [HIV 1.2mm×4(22C)]	─F ∕∕∕─	감지기간선
	감지기간선 [HIV 1.2mm×8(22C)]	─F ∕∕∕ ∕∕∕─	감지기간선
	유도등간선 [HIV 2.0mm×3(22C)]	── EX ──	유도등간선

분류	명칭	도시기호	기능
경보설비기기류	경보 부저	BZ	경보 부저
	제어반		제어반
	표시반		표시반
	회로시험기 점검15회		회로시험기
	화재경보벨	B	화재 시 상황을 경보로 알리는 벨 설비
	시각경보기 (스트로브) 점검17회		소리를 듣지 못하는 청각장애인을 위하여 화재나 피난경보기 등 긴급한 상태를 볼 수 있도록 알리는 기능
	수신기		감지기나 발신기에서 발하는 화재신호를 직접 수신하거나 중계기를 통하여 수신하여 화재의 발생을 표시 및 경보하여 주는 장치
	부수신기		부수신기
	중계기 점검1회		감지기·발신기 또는 전기 적접점 등의 작동에 따른 신호를 받아 이를 수신기의 제어반에 전송하는 장치
	표시등		상태를 나타내는 표시등
	피난구유도등		피난구 또는 피난경로로 사용되는 출입구를 표시하여 피난을 유도하는 등
	통로유도등	→	피난통로를 안내하기 위한 유도등으로 복도통로유도등, 거실통로유도등, 계단통로유도등
	표시판		표시판
	보조전원	TR	보조전원
	종단저항	Ω	화재감지설비의 신호회로에 대한 도통시험을 하기 위해 회로의 말단에 설치하는 저항

분류		명칭	도시기호	기능
제연설비		수동식 제어	□	수동식 제어장치
		천장용 배풍기		천장용 배풍기
		벽부착용 배풍기		벽부착용 배풍기
	배풍기	일반배풍기		일반배풍기
		관로배풍기		관로배풍기
	댐퍼	화재댐퍼		화재댐퍼
		연기댐퍼 점검15회		연기댐퍼
		화재/연기댐퍼		화재/연기댐퍼
		접지		전기회로의 배선을 땅에 연결하는 것으로 기기를 보호하고 인체의 감전 방지
		접지저항 측정용 단자	⊗	땅에 매설한 접지전극과 땅 사이의 접지저항 측정을 위하여 설치한 단자
스위치류		압력스위치	PS	배관에 설치하여 배관의 압력에 의하여 작동하는 스위치로 A접점, B접점 사용
		탬퍼스위치	TS	밸브에 설치하여 밸브폐쇄 시 제어반에 감시할 수 있도록 신호를 알려주는 스위치
방연·방화문		연기감지기(전용)	S	연기감지기(전용)
		열감지기(전용)		열감지기(전용)
		자동폐쇄장치 점검1회	ER	제연구역의 출입문 등에 설치하는 것으로서 화재발생 시 옥내에 설치된 감지기 작동과 연동하여 출입문을 자동적으로 닫게 하는 장치
		연동제어기 점검17회		화재 신호를 수신하여 방화문을 연동제어하는 기기

분류	명칭	도시기호	기능
방연·방화문	배연창 기동 모터	Ⓜ	배연창 기동 모터
	배연창 수동조작함		배연창 수동조작함
피뢰침	피뢰부(평면도)	⊙	피뢰부(평면도)
	피뢰부(입면도)		피뢰부(입면도)
	피뢰도선 및 지붕 위 도체	———	피뢰도선 및 지붕 위 도체
소화기류	ABC 소화기	소	분말소화약제를 압력에 따라 방사하는 기구로서 사람이 수동으로 조작하여 소화하는 소화기
	자동확산 소화기	자	화재를 감지하여 자동으로 소화약제를 방출 확산시켜 국소적으로 소화하는 소화기
	자동식 소화기	◀소▶	소화약제를 자동으로 방사하는 고정된 소화장치
	이산화탄소 소화기	C	이산화탄소 소화약제를 압력에 따라 방사하는 기구로서 사람이 수동으로 조작하여 소화하는 소화기
	할로겐화합물 소화기	△	할로겐화합물 소화약제를 압력에 따라 방사하는 기구로서 사람이 수동으로 조작하여 소화하는 소화기
기타	안테나		무선통신 보조설비의 신호를 공중으로 확산하기 위한 기능
	스피커		소리를 크게 하여 멀리까지 전달될 수 있도록 하는 장치로, 일명 '확성기'
	연기 방연벽	▨	연기 방연벽
	화재방화벽	———	화재방화벽
	화재 및 연기방벽	▨	화재 및 연기방벽

분류	명칭	도시기호	기능
기타	비상콘센트	⊙⊙	비상콘센트
	비상분전반	▧	비상분전반
	가스계소화설비의 수동조작함	RM	가스계소화설비의 수동조작함
	전동기구동	M	전동기구동
	엔진구동	E	엔진구동
	배관행거	∼--ᄉ--∼	배관과 배관을 고정하기 위한 기구
	기압계 관17회	⫤	대기압을 측정하는 기기
	배기구	—1—	화재발생 시 연기를 배출하기 위한 개구부
	바닥은폐선	- - - - -	배선을 내부에 설치하여 외부에 드러나지 않는 배선
	노출배선	———	배선을 외부로 드러나게 하는 배선
	소화가스 패키지	PAC	소화가스 패키지

CHAPTER 02 소방시설 등 자체점검 실시결과 보고서

■ 소방시설 설치 및 관리에 관한 법률 시행규칙 [별지 제9호서식]

(8쪽 중 제1쪽)

[✓] 작동점검, 종합점검([ ] 최초점검, [ ] 그 밖의 종합점검)
소방시설 등 자체점검 실시결과 보고서

※ [ ]에는 해당되는 곳에 ✓ 표기를 합니다.

특정소방 대상물	명칭(상호)		대상물 구분(용도)	
	소재지			

점검기간	2025년 **월 일 ~ 2025년 **월 일(총 점검일수 : **일)				
점검자	[ ] 관계인 (성명 : , 전화번호 :)				
	[ ] 소방안전관리자 (성명 : , 전화번호 :)				
	[✓] 소방시설관리업자 (업체명 : ㈜원우하이테크, 전화번호 : ****)				
	전자우편 송달 동의	「행정절차법」제14조에 따라 정보통신망을 이용한 문서 송달에 동의합니다.			
		[ ] 동의함		[✓] 동의하지 않음	
		관계인		(서명 또는 인)	
		전자우편 주소	@		
점검인력	구분	성명	자격구분	자격번호	점검참여일(기간)
	주된 점검인력	정명진	소방시설관리사	제2011-34호	****
	보조 점검인력	****	****	****	****
	보조 점검인력	****	****	****	****
	보조 점검인력				
	보조 점검인력				
	보조 점검인력				

「소방시설 설치 및 관리에 관한 법률」제23조 제3항 및 같은 법 시행규칙 제23조 제1항 및 제2항에 따라 위와 같이 소방시설 등 자체점검 실시결과 보고서를 제출합니다.

2025년   ** 월   일

소방시설관리업자 : (주)원우하이테크 대표이사 정명진 (서명 또는 인)

관계인 귀하

구분	첨부서류
소방시설관리업자 또는 소방안전관리자가 관계인에게 제출	소방청장이 정하여 고시하는 소방시설 등 점검표
관계인이 소방본부장 또는 소방서장에게 제출	1. 점검인력 배치확인서(소방시설관리업자가 점검한 경우에만 제출합니다) 1부 2. 별지 제10호서식의 소방시설 등의 자체점검 결과 이행계획서
유의 사항	
「소방시설 설치 및 관리에 관한 법률」제58조 제1호 및 제61조 제1항 제8호	1. 특정소방대상물의 관계인이 소방시설 등에 대한 자체점검을 하지 아니하거나 관리업자 등으로 하여금 정기적으로 점검하게 하지 않은 경우 1년 이하의 징역 또는 1천만 원 이하의 벌금에 처합니다. 2. 특정소방대상물의 관계인이 소방시설 등의 점검 결과를 보고하지 않거나 거짓으로 보고한 경우 300만 원 이하의 과태료를 부과합니다.

(8쪽 중 제2쪽)

특정소방대상물 정보

※ [ ]에는 해당되는 곳에 ✓ 표기를 합니다.

1. 소방안전정보

대표자	[ ]소유자, [✓]관리자, [ ]점유자 성명 : , 전화번호 :
소방안전 관리등급	[ ]특급, [ ]1급, [✓]2급, [ ]3급
소방안전 관리자	[ ]소방기술자격, [ ]소방안전관리자수첩, [ ]업무대행감독, [ ]겸직, [ ]기타 성명 : , 전화번호 : , 최근 교육이수일 : 년 월 일
소방계획서	[✓]작성([✓]보관 [ ]미보관), [ ]미작성
자체점검 (전년도)	작동점검([✓]실시 [ ]미실시), 종합점검 ([ ]실시 [ ]미실시)
교육훈련	소방안전교육([✓]실시 [ ]미실시), 소방훈련([✓]실시 [ ]미실시)
화재보험	[ ]가입, [ ]미가입 보험사 : , 가입기간 : 년 월 일 ~ 년 월 일 가입금액 : 대인(천만 원) 대물(천만 원)
다중이용 업소현황	[ ]휴게음식점영업(개소) [ ]제과점영업(개소) [ ]일반음식점영업(개소) [ ]단란주점영업(개소) [ ]유흥주점영업(개소) [ ]영화상영관(개소) [ ]비디오물감상실업(개소) [ ]비디오물소극장업(개소) [ ]복합영상물제공업(개소) [ ]학원(개소) [ ]독서실(개소) [ ]목욕장업(개소) [ ]찜질방업(개소) [ ]게임제공업(개소) [ ]인터넷컴퓨터게임시설 [ ]복합유통게임제공업(개소) [ ]노래연습장업(개소) 제공업(개소) [ ]산후조리업(개소) [ ]고시원업(개소) [ ]권총사격장(개소) [ ]가상체험 체육시설(개소) [ ]안마시술소(개소) [ ]전화방업(개소) [ ]화상대화방업(개소) [ ]수면방업(개소) [ ]콜라텍업(개소) [✓]해당 없음

2. 건축물 정보

건축허가일	년 월 일		사용승인일	년 월 일		
연면적	m²	건축면적	m²	세대수		
층수	지상 층 / 지하 층		높이	m	건물동수	1개동
건축물구조	[✓]콘크리트구조, [ ]철골구조, [ ]조적조, [ ]목구조, [ ]기타					
지붕구조	[✓]슬래브, [ ]기와, [ ]슬레이트, [ ]기타			경사로		개소
계단	[✓]직통(또는 피난계단) (개소), [ ]특별피난계단 (개소)					
승강기	[ ]승용(대), [ ]비상용(대), [ ]피난용(대)					
주차장	[ ]옥내([ ]지하 [ ]지상 [ ]필로티 [ ]기계식), [ ]옥상, [ ]옥외					

(8쪽 중 제3쪽)

소방시설 등의 현황

※ [ ]에는 해당 시설에 ✓표를 하고, 점검 결과란은 양호○. 불량×. 해당없는 항목은 /표시를 합니다.　　(1면)

1. 소방시설 등 점검결과

구분	해 당 설 비	점검결과	구분	해 당 설 비	점검결과
소화 설비	[✓]소화기구 및 자동소화장치 　[✓]소화기구(소화기, 자확, 간이) 　[ ]주거용주방자동소화장치 　[ ]상업용주방자동소화장치 　[ ]캐비닛형자동소화장치 　[ ]가스·분말·고체자동소화장치		피난 구조 설비	[✓]피난기구 　[ ]공기안전매트·피난사다리 　　(간이)완강기·미끄럼대·구조대 　[ ]다수인피난장비 　[ ]승강식 피난기 　　하향식피난구용내림식사다리	
	[ ]옥내소화전설비			[ ]인명구조기구	
	[ ]스프링클러설비			[✓]유도등	
	[ ]간이스프링클러설비			[ ]유도표지	
	[ ]화재조기진압용스프링클러설비			[ ]피난유도선	
	[ ]물분무소화설비			[ ]비상조명등	
	[ ]미분무소화설비			[ ]휴대용비상조명등	
	[ ]포소화설비		소화 용수 설비	[ ]상수도소화용수설비	
	[ ]이산화탄소소화설비			[ ]소화수조 및 저수조	
	[ ]할론소화설비		소화 활동 설비	[ ]거실제연설비	
	[ ]할로겐화합물 및 불활성기체 소화설비			[ ]부속실 등 제연설비	
	[ ]분말소화설비			[ ]연결송수관설비	
	[ ]강화액소화설비			[ ]연결살수설비	
	[ ]고체에어로졸소화설비			[ ]비상콘센트설비	
	[ ]옥외소화전설비			[ ]무선통신보조설비	
				[ ]연소방지설비	
경보 설비	[ ]단독경보형감지기		기타	[ ]방화문, 방화셔터	
	[ ]비상경보설비			[✓]비상구, 피난통로	
	[✓]자동화재탐지설비 및 시각경보기				
	[ ]비상방송설비			[ ]방염	
	[ ]통합감시시설				
	[ ]자동화재속보설비		비고		
	[ ]누전경보기				
	[ ]가스누설경보기				

2. 안전시설 등 점검결과(다중이용업소)

구분	해 당 설 비	점검결과	구분	해 당 설 비	점검결과
소화설 비	[ ]소화기 또는 자동확산소화기		비상구	[ ]방화문	
	[ ]간이스프링클러설비			[ ]비상구(비상탈출구)	
경보설 비	[ ]비상경보설비 또는 자동화재탐지설비		기타	[ ]영업장 내부 피난통로	
	[ ]가스누설경보기			[ ]영상음향차단장치	
				[ ]누전차단기	
피난구 조설비	[ ]피난기구			[ ]창문	
	[ ]피난유도선			[ ]피난안내도, 피난안내영상물	
	[ ]유도등, 유도표지 또는 비상조명등			[ ]방염대상물품	
	[ ]휴대용비상조명등		비고		

(8쪽 중 제4쪽)

3. 소방시설 등의 세부현황
3-1. 소화기구, 자동소화장치

구분 동명 \ 합계	[✓]소화기		[ ]간이소화용구		[ ]자동 확산소화기	[ ]자동 소화장치	비고
	[✓]분말	[ ]기타	[ ]투척용	[ ]기타			

3-2. 수계소화설비(공통사항)

수원	주된
	수원
		○ 설비의 종류 : [ ]옥내소화전설비, [ ]옥외소화전설비, [ ]스프링클러설비,
		  [ ]간이스프링클러설비, [ ]화재조기진압용스프링클러설비, [ ]물분무소화설비,
		  [ ]미분무소화설비, [ ]포소화설비
		○ 설치장소 : 동명(본동) [ ]지상/[ ]지하 ( )층, 실명( )
		○ 흡입방식 : [ ]정압 [ ]부압, ○ 유효수량 : ( )m³

	보조수원	○ 설치장소 : 동명(본동) 실명( ), ○ 유효수량 : ( )m³

가압
송수
장치
	[ ]고가
	수조
		○ 설비의 종류 : [ ]옥내소화전설비, [ ]옥외소화전설비, [ ]스프링클러설비,
		  [ ]간이스프링클러설비, [ ]화재조기진압용스프링클러설비, [ ]물분무소화설비,
		  [ ]미분무소화설비, [ ]포소화설비
		○ 설치장소 : 동명(본동) 실명( ), ○ 유효낙차 : ( )m

	[ ]압력
	수조
		○ 설비의 종류 : [ ]옥내소화전설비, [ ]옥외소화전설비, [ ]스프링클러설비,
		  [ ]간이스프링클러설비, [ ]화재조기진압용스프링클러설비, [ ]물분무소화설비,
		  [ ]미분무소화설비, [ ]포소화설비
		○ 설치장소 : 동명(본동) [ ]지상/[ ]지하 ( )층, 실명( )
		○ 수조용량 : ( )ℓ, 수조가압압력 : ( )MPa
		○ 자동식공기압축기 용량 : ( )m³/min, 동력 : ( )kW

	[ ]가압
	수조
		○ 설비의 종류 : [ ]옥내소화전설비, [ ]옥외소화전설비, [ ]스프링클러설비,
		  [ ]간이스프링클러설비, [ ]화재조기진압용스프링클러설비, [ ]물분무소화설비,
		  [ ]미분무소화설비, [ ]포소화설비
		○ 설치장소 : 동명(본동) [ ]지상/[ ]지하 ( )층, 실명( )
		○ 수조용량 : ( )ℓ, 수조가압압력 : ( )MPa
		○ 가압가스의 종류 : [ ]공기 [ ]불연성가스( )

비고
1. 해당 특정소방대상물에 설치된 소방시설에 대하여만 작성이 가능합니다.
2. [ ]에는 해당 시설에 ✓표를 하고, 세부 현황 및 설치된 수량을 기입합니다.
3. 기입란이 부족한 경우 서식을 추가하여 작성할 수 있습니다.

(8쪽 중 제5쪽)

가압송수장치	[ ]펌프방식	○ 설비의 종류 : [ ]옥내소화전설비, [ ]옥외소화전설비, [ ]스프링클러설비, [ ]간이스프링클러설비, [ ]화재조기진압용스프링클러설비, [ ]물분무소화설비, [ ]미분무소화설비, [ ]포소화설비 ○ 설치장소 : 동명(본동) [ ]지상/[ ]지하 (　)층, 실명(　　　　) ○ 주펌프　전양정 : (　　)m, 토출량 : (　　)ℓ/min 　[ ]전동기 [ ]내연기관(연료 : [ ]경유 [ ]기타) ○ 예비펌프　전양정 : (　　)m, 토출량 : (　　)ℓ/min 　[ ]전동기 [ ]내연기관(연료 : [ ]경유 [ ]기타) ○ 충압펌프　전양정 : (　　)m, 토출량 : (　　)ℓ/min ○ [ ]물올림장치 유효수량 : (　　)ℓ, 급수배관 : (　　)mm ○ 기동장치 : [ ]기동용수압개폐장치, [ ]ON/OFF 방식 　[ ]압력체임버 용량 : (　　)ℓ, 사용압력 : (　　)MPa 　[ ]기동용압력스위치([ ]부르동관식 [ ]전자식 [ ]그 밖의 것) ○ [ ]감압장치 [ ]지상/[ ]지하 (　)층, 설치장소 : (　　　　　)
송수구		[ ]옥내소화전설비 [ ]옥외소화전설비 [ ]스프링클러설비 [ ]간이스프링클러설비 [ ]화재조기진압용스프링클러설비 [ ]물분무소화설비 [ ]미분무소화설비 [ ]포소화설비 ○ 설치장소 : (　　　　　), [ ]쌍구형 (　　)개/[ ]단구형 (　　)개
비상전원		[ ]자가발전설비([ ]소방전용 [ ]소방부하겸용 [ ]소방전원보존형 [ ]기타(　　)) [ ]비상전원수전설비 [ ]축전지설비 [ ]전기저장장치 ○ 설치장소 : 동명(본동) [ ]지상/[ ]지하 (　)층, 실명(　　　　)

3-3. 수계소화설비(개별사항)

[ ]옥내소화전	○ 설치장소 : 동명(본동) [ ]전체층/[ ]일부층 [ ]지상/[ ]지하(　)층 ~ [ ]지상/[ ]지하(　)층 　　　　　　동명(본동) [ ]전체층/[ ]일부층 [ ]지상/[ ]지하(　)층 ~ [ ]지상/[ ]지하(　)층 ○ 설치개수가 가장 많은 층의 설치개수 : (　　)개
[ ]옥외소화전	○ 설치개수 : (　　)개
[ ]스프링클러설비	○ 종류 : [ ]습식 [ ]부압식 [ ]준비작동식 [ ]건식 [ ]일제살수식 ○ 설치장소 : 동명(본동) [ ]전체층/[ ]일부층 [ ]지상/[ ]지하(　)층 ~ [ ]지상/[ ]지하(　)층
[ ]간이스프링클러설비	○ 종류 : [ ]펌프 [ ]캐비닛 [ ]상수도 ○ 설치장소 : 동명(본동) [ ]전체층/[ ]일부층 [ ]지상/[ ]지하(　)층 ~ [ ]지상/[ ]지하(　)층
[ ]화재조기진압용	○ 설치장소 : 동명(본동) [ ]전체층/[ ]일부층 [ ]지상/[ ]지하(　)층 ~ [ ]지상/[ ]지하(　)층 　　　　　　동명(본동) [ ]전체층/[ ]일부층 [ ]지상/[ ]지하(　)층 ~ [ ]지상/[ ]지하(　)층
[ ]물분무소화설비	○ 설치장소 : 동명(본동) [ ]전체층/[ ]일부층 [ ]지상/[ ]지하(　)층 ~ [ ]지상/[ ]지하(　)층 　　　　　　동명(본동) [ ]전체층/[ ]일부층 [ ]지상/[ ]지하(　)층 ~ [ ]지상/[ ]지하(　)층
[ ]미분무소화설비	○ 설치장소 : 동명(본동) [ ]전체층/[ ]일부층 [ ]지상/[ ]지하(　)층 ~ [ ]지상/[ ]지하(　)층 　　　　　　동명(본동) [ ]전체층/[ ]일부층 [ ]지상/[ ]지하(　)층 ~ [ ]지상/[ ]지하(　)층
[ ]포소화설비	[ ]포워터스프링클러설비 [ ]포헤드설비 [ ]고정포방출설비 [ ]기타(　　　　) ○ 소화약제 [ ]단백포 [ ]합성계면활성제포 [ ]수성막포 [ ]내알코올포 ○ 설치장소 : 동명(본동) [ ]전체층/[ ]일부층 [ ]지상/[ ]지하(　)층 ~ [ ]지상/[ ]지하(　)층

3-4. 가스계소화설비(개별사항)

[ ]이산화탄소 [ ]할론 [ ]할로겐화합물 및 불활성기체 [ ]분말 [ ]강화액 [ ]고체에어로졸	[ ]전역방출 [ ]국소방출 [ ]호스릴 / [ ]고압식 [ ]저압식 / [ ]축압식 [ ]가압식 ○ 설치장소 : 동명(본동) [ ]전체층/[ ]일부층 [ ]지상/[ ]지하(　)층 ~ [ ]지상/[ ]지하(　)층 ○ 저장용기 설치장소 : [ ]지상/[ ]지하 (　)층, [ ]전용실 [ ]기타(　　　　) 　수량 : (　　)[ ]kg, [ ]m³ (　　)ℓ (　　)개 ○ 소화약제 [ ]이산화탄소 [ ]할론1301 [ ]할론2402 [ ]할론1211 [ ] 할론104 　[ ]FC-3-1-10 [ ]HCFC BLEND A [ ]HCFC-124 [ ]HFC-125 [ ]HFC-227ea 　[ ]HFC-23 [ ]IG-541 [ ]IG-100 [ ]기타(　　　　) 　[ ]제1종분말 [ ]제2종분말 [ ]제3종분말 [ ]제4종분말

(8쪽 중 제6쪽)

3-5. 경보설비

[ ]단독 경보형감지기	○ 설치장소 : 동명(본동) [ ]전체층/[ ]일부층 [ ]지상/[ ]지하( )층 ~ [ ]지상/[ ]지하( )층 ○ 주전원 [ ]상용전원 [ ]건전지
[ ]비상 경보설비	[ ]비상벨설비 [ ]자동식사이렌설비 ○ 설치장소 : 동명(본동) [ ]전체층/[ ]일부층 [ ]지상/[ ]지하( )층 ~ [ ]지상/[ ]지하( )층 ○ 조작장치 설치장소 : 동명(본동) [ ]지상/[ ]지하 ( )층 실명( )
[ ]자동화재 탐지설비	○ 수신기 위치 : 동명(본동) [ ]지상/[✓]지하 ( )층 실명( ) ○ 경보방식 [✓]전층경보 [ ]우선경보, 시각경보기 [ ]유 [✓]무 ○ 설치장소 : 동명(본동) [✓]전체층/[ ]일부층 [ ]지상/[ ]지하( )층 ~ [ ]지상/[ ]지하( )층 ○ 감지기종류 [✓]열 [✓]연기 [ ]그 밖의 것([ ]불꽃 [ ]아날로그식 [ ]복합형)
[ ]화재알림 설비	○ 수신기 위치 : 동명(본동) [ ]지상/[ ]지하 ( )층, 실명( ) ○ 경보방식 [ ]전층경보 [ ]우선경보, 시각경보기 [ ]유 [ ]무 ○ 설치장소 : 동명(본동) [ ]전체층/[ ]일부층 [ ]지상/[ ]지하( )층 ~ [ ]지상/[ ]지하( )층 동명(본동) [ ]전체층/[ ]일부층 [ ]지상/[ ]지하( )층 ~ [ ]지상/[ ]지하( )층 ○ 감지기종류 [ ]열 [ ]연기 [ ]그 밖의 것([ ]불꽃 [ ]아날로그식 [ ]복합형)
[ ]비상 방송설비	[ ]전용 [ ]겸용 / [ ]전층경보 [ ]우선경보 ○ 증폭기 설치장소 : 동명(본동) [ ]지상/[ ]지하 ( )층, 실명( )
[ ]통합 감시시설	○ 주수신기 설치장소 : 동명(본동) [ ]지상/[ ]지하 ( )층, 실명( ) ○ 부수신기 설치장소 : 동명(본동) [ ]지상/[ ]지하 ( )층, 실명( ) ○ 정보통신망 [ ]광케이블 [ ]기타( ) / 예비선로 [ ]유 [ ]무
[ ]자동화재 속보설비	○ 속보기 설치장소 : 동명(본동) [ ]지상/[ ]지하 ( )층, 실명( )
[ ]누전 경보기	○ 수신기 설치장소 : 동명(본동) [ ]지상/[ ]지하 ( )층, 실명( ) ○ 수신기 형식 [ ]1급 [ ]2급, 차단기구 [ ]무 [ ]유(설치장소 :)
[ ]가스누설 경보기	○ [ ]단독형 [ ]분리형, 사용가스종류 [ ]LNG [ ]LPG, 경계구역 수 : ( )개 ○ 수신기 설치장소 : 동명(본동) [ ]지상/[ ]지하 ( )층, 실명( ) ○ 차단기구 [ ]무 [ ]유(설치장소 :)

3-6. 피난구조설비

[ ]피난기구	○ 종류 : [ ]피난사다리 [✓]완강기 [ ]다수인피난장비 [ ]승강식 피난기 [ ]미끄럼대
	    [ ]피난교 [ ]피난용트랩 [ ]구조대 [ ]간이완강기 [ ]공기안전매트
	○ 설치장소 : 동명(본동) [ ]전체층/[✓]일부층 [✓]지상/[ ]지하(3)층 ~ [✓]지상/[ ]지하(10)층
	    동명(본동) [ ]전체층/[ ]일부층 [ ]지상/[ ]지하( )층 ~ [ ]지상/[ ]지하( )층

[ ]인명구조기구	○ 종류 : [ ]방열복/방화복 [ ]공기호흡기 [ ]인공소생기
	○ 설치장소 : 동명(본동) [ ]전체층/[ ]일부층 [ ]지상/[ ]지하( )층 ~ [ ]지상/[ ]지하( )층
	    동명(본동) [ ]전체층/[ ]일부층 [ ]지상/[ ]지하( )층 ~ [ ]지상/[ ]지하( )층
	○ 대상물의 용도 : [ ]5층 이상 병원 [ ]7층 이상 관광호텔 [ ]이산화탄소소화설비 설치
	    [ ]지하역사 · 백화점 · 대형점포 · 쇼핑센타 · 지하상가 · 영화상영관

[ ]유도등	○ 종류 : [ ]피난구 [ ]통로 [ ]객석유도등 [ ]유도표지 [ ]피난유도선 ○ 설치장소 : 동명(본동) [ ]전체층/[ ]일부층 [ ]지상/[ ]지하( )층 ~ [ ]지상/[ ]지하( )층
[ ]비상조명등	○ 설치장소 : 동명(본동) [ ]전체층/[ ]일부층 [ ]지상/[ ]지하( )층 ~ [ ]지상/[ ]지하( )층 ○ 비상전원 [ ]자가발전설비 [ ]축전지설비 [ ]내장형
[ ]휴대용 비상조명등	○ 설치장소 : 동명(본동) [ ]전체층/[ ]일부층 [ ]지상/[ ]지하( )층 ~ [ ]지상/[ ]지하( )층 ○ 전원 [ ]건전지식 [ ]충전식 배터리식

3-7. 소화용수설비

[ ]상수도 소화용수	○ 설치장소 : ( ), 소화전 호칭지름 : ( )mm
[ ]소화수조	[ ]전용 [ ]겸용/[ ]흡수식 [ ]가압식/[ ]일반수조 [ ]그 밖의 것/유효수량 : ( )m³ ○ 가압송수장치 전양정 : ( )m, 토출량 : ( )ℓ/min, [ ]전동기/[ ]내연기관(연료 : [ ]경유 [ ]기타) ○ [ ]물올림장치 유효수량 : ( )ℓ, 급수배관 : ( )mm ○ 기동스위치 설치장소 : [ ]채수구 부근 [ ]방재실 [ ]기타 ( ) ○ 채수구 지름 : ( )mm, 흡수관 투입구 : 가로 ( )cm 세로 ( )cm/지름 ( )cm

(8쪽 중 제7쪽)

3-8. 소화활동설비		
[ ] 제연 설비	[ ] 거실	○ 설치장소 : 동명(본동) [ ]전체층/[ ]일부층 [ ]지상/[ ]지하( )층 ~ [ ]지상/[ ]지하( )층 ○ 방식 [ ]단독 [ ]공동 [ ]상호 [ ]기타( ) ○ 기동장치 [ ]자동(감지기 연동) [ ]수동 [ ]원격 ○ 제연구획면적 최대 : ( )m² / 구조 [ ]내화 [ ]불연 [ ]그 밖의 것( ) ○ 제연구역 출입문 [ ]상시폐쇄(자동폐쇄장치) [ ]상시개방(감지기에 의한 닫힘) ○ 급기용송풍기 설치장소 : 동명(본동) [ ]지상/[ ]지하 ( )층, 실명( ) 　　전동기 ( )kW, 풍량 ( )m³/min, 정압 ( )mmAq ○ 배출용송풍기 설치장소 : 동명(본동) [ ]지상/[ ]지하 ( )층, 실명( ) 　　전동기 ( )kW, 풍량 ( )m³/min, 정압 ( )mmAq ○ 배출구 [ ]천장면 [ ]천장직하 [ ]기타( ) / 옥외배출구 [ ]옥상 [ ]기타( ) 　　풍도구조 [ ]내화 [ ]불연 [ ]그 밖의 것( ) / 구획댐퍼 [ ]유 [ ]무 ○ 유입공기배출 [ ]자연배출 [ ]기계배출 [ ]배출구 [ ]제연설비 ○ 급기구 [ ]강제유입 [ ]자연유입 [ ]인접구역유입 　　풍도구조 [ ]내화 [ ]불연 [ ]그 밖의 것( ) / 구획댐퍼 [ ]유 [ ]무
	[ ] 전실	○ 설치대상 : 동명(, , ,) 　　특별피난계단 ( )개소, 비상용승강기 ( )대 ○ 방식 [ ]부속실 [ ]계단실 및 부속실 [ ]계단실 [ ]비상용승강기승강장 ○ 기동방식 [ ]전층 [ ]부분층(개층) / 댐퍼개방감지기 [ ]전용 [ ]겸용 ○ 급기용송풍기 설치장소 : 동명(본동) [ ]지상/[ ]지하 ( )층, 실명( ) 　　전동기 ( )kW, 풍량 ( )m³/min, 정압 ( )mmAq ○ 배출용송풍기 설치장소 : 동명(본동) [ ]지상/[ ]지하 ( )층, 실명( ) 　　전동기 ( )kW, 풍량 ( )m³/min, 정압 ( )mmAq ○ 제연구역 출입문 [ ]상시폐쇄(자동폐쇄장치) [ ]상시개방(연기감지기에 의한 닫힘) ○ 유입공기배출 [ ]자연배출 [ ]기계배출 [ ]배출구 [ ]제연설비 ○ 과압방지장치 [ ]플랩댐퍼 [ ]자동차압(과압조절형)댐퍼 [ ]그 밖의 것 [ ]해당없음
[ ]연결송수관		[ ]전용 [ ]겸용([ ]옥내소화전설비 [ ]스프링클러설비 [ ]기타 :) ○ 설치장소 : 동명(본동) [ ]전체층/[ ]일부층 [ ]지상/[ ]지하( )층 ~ [ ]지상/[ ]지하( )층 ○ 방수구 위치 [ ]복도·통로 [ ]계단실 [ ]계단등의 부근 ○ 송수구 설치장소 : ( ), 중간수조용량 : ( )m³ ○ 가압송수장치 설치장소 : 동명(본동) [ ]지상/[ ]지하 ( )층, 실명( ) 　　전양정 : ( )m, 토출량 : ( )ℓ/min [ ]전동기 [ ]내연기관(연료: [ ]경유 [ ]기타) ○ 기동스위치 설치장소 [ ]송수구 [ ]방재실 [ ]기타( )
[ ]연결살수		○ 설치대상 : 동명(, , ,) ○ 방식 [ ]습식 [ ]건식 / [ ]지하층 [ ]판매시설 [ ]가스시설 [ ]부속된 연결통로 ○ 송수구 설치장소 : ( ), 송수구역수 : ( )구역
[ ]비상콘센트		○ 설치장소 : 동명(본동) [ ]지상/[ ]지하 ( )층 ~ [ ]지상/[ ]지하 ( )층 　　[ ]3상 380V [ ]단상 220V / [ ]접지형 2극 플러그접속기 [ ]접지형 3극 플러그접속기
[ ]무선통신보조		○ 설치장소 : 동명(본동) [ ]지상/[ ]지하 ( )층 ~ [ ]지상/[ ]지하 ( )층 　　[ ]전용 [ ]공용 / 방식 : [ ]누설동축케이블 [ ]누설동축케이블과 안테나 [ ]안테나 ○ 접속단자 설치장소( ), ( )
[ ]연소방지		○ 방호대상물 [ ]전력사업용 [ ]통신사업용 [ ]그 밖의 것( ) ○ 송수구역수 : ( )구역 / 구역 간의 구획 [ ]있다 [ ]일부 있다 [ ]없다
비고		※ 제연설비 설비개요 작성 시 최대 구역 1개소에 대하여 기입합니다.

(8쪽 중 제8쪽)

4. 소방시설 등 불량세부사항

설비명	점검번호	불량내용
소화설비		상태 양호
경보설비		상태 양호
피난구조설비		상태 양호
소화용수설비		상태 양호
소화활동설비		상태 양호
기타		상태 양호
안전시설 등		해당사항 없음
비고	점검번호는 소방시설 등 자체점검표의 점검항목별 번호를 기입합니다.	

CHAPTER 03 소방시설 등 점검표

■ 소방시설 자체점검사항 등에 관한 고시 [별지 제4호서식]

| 소방시설 등 | 작동점검[✓]
종합점검(최초점검[ ] 그 밖의 점검[ ]) | 점검표 |

(7쪽 중 제1쪽)

※ 소방시설, 다중이용업란의 [ ]란에는 해당 시설에 ✓표를 한다. 점검결과란은 양호○. 불량×. 해당 없는 항목은 /표시를 한다.

□ 특정소방대상물

건물명(상호)		대상물 구분	
소재지			

□ 소방시설 등 점검결과

구분	해 당 설 비	점검결과	구분	해 당 설 비	점검결과
소화 설비	[✓]소화기구 및 자동소화장치 　　[✓]소화기구(소화기 · 자확 · 간이) 　　[ ]주거용주방자동소화장치 　　[ ]상업용주방자동소화장치 　　[ ]캐비닛형자동소화장치 　　[ ]가스 · 분말 · 고체자동소화장치 [ ]옥내소화전설비 [ ]스프링클러설비 [ ]간이스프링클러설비 [ ]화재조기진압용스프링클러설비 [ ]물분무소화설비 [ ]미분무소화설비 [ ]포소화설비 [ ]이산화탄소소화설비 [ ]할론소화설비 [ ]할로겐화합물 및 불활성기체소화설비 [ ]분말소화설비 [ ]강화액소화전설비 [ ]고체에어로졸소화전설비 [ ]옥외소화전설비		피난 구조 설비	[✓]피난기구 　　[ ]공기안전매트 · 피난사다리 　　　　(간이)완강기 · 미끄럼대 · 구조대 　　[ ]다수인피난장비 　　[ ]승강식 피난기 　　　　하향식피난구용내림식사다리 [ ]인명구조기구 [✓]유도등 [ ]유도표지 [ ]피난유도선 [ ]비상조명등 [ ]휴대용비상조명등	
			소화 용수 설비	[ ]상수도소화용수설비 [ ]소화수조 및 저수조	
			소화 활동 설비	[ ]거실제연설비 [ ]부속실 등 제연설비 [ ]연결송수관설비 [ ]연결살수설비 [ ]비상콘센트설비 [ ]무선통신보조설비 [ ]연소방지설비	
경보 설비	[ ]단독경보형감지기 [ ]비상경보설비 [✓]자동화재탐지설비 및 시각경보기 [ ]비상방송설비 [ ]통합감시시설 [ ]자동화재속보설비 [ ]누전경보기 [ ]가스누설경보기		기타	[ ]방화문, 자동방화셔터 [✓]비상구, 피난통로 [ ]방염	
			비고		

(7쪽 중 제2쪽)

□ 다중이용업소 안전시설 등 점검결과

구분	해 당 설 비	점검결과	구분	해 당 설 비	점검결과
소화 설비	[ ]소화기 또는 자동확산소화기		비상구	[ ]방화문	
	[ ]간이스프링클러설비			[ ]비상구(비상탈출구)	
경보 설비	[ ]비상경보설비 또는 자동화재탐지설비		기타	[ ]영업장 내부 피난통로	
				[ ]영상음향차단장치	
	[ ]가스누설경보기			[ ]누전차단기	
피난 구조 설비	[ ]피난기구			[ ]창문	
	[ ]피난유도선			[ ]피난안내도 · 피난안내영상물	
	[ ]유도등, 유도표지 또는 비상조명등			[ ]방염대상물품	
	[ ]휴대용비상조명등		비고		

□ 점검업체(점검인력) 현황

구분	성명	자격구분	자격번호	점검참여일(기간)	서명
주인력	정명진	소방시설관리사	제2011-34호	****	(서명)
보조인력	****	****	****	****	(서명)
보조인력	****	****	****	****	(서명)
보조인력					(서명)
보조인력					(서명)
보조인력					(서명)
보조인력					(서명)

점검기간(일자) :   2025년   월   일부터   2025년   월   일까지 (총 점검일수 :   일)

소방시설관리업체(등록번호) : ㈜ *************** (제 서울******)

대 표 자 :   정 명 진   (인)

점검번호 구분	
대분류 (설비구분)	소화기구 및 자동소화장치를 '1'번으로 하여 설비별 순차적으로 번호를 부여하여 다중이용업소 '32'번까지로 함
중분류 (단위구분)	각 설비별 점검단위에 따라 'A'부터 알파벳 순서대로 부여함
소분류 (점검항목)	각 설비별 점검단위 내의 점검항목에 따라 '001'부터 순서대로 부여함

작성 및 유의사항

1. 소방시설 등 (작동, 종합)점검결과보고서의 '각 설비별 점검결과'에는 본 서식의 점검번호를 기재한다.
2. 자체점검결과(보고서 및 점검표)를 2년간 보관하여야 한다.

소방시설 등의 세부현황

(7쪽 중 제3쪽)

※ [ ]에는 해당 시설에 ✓표를 하고, 수량을 기입하며, 설비현황에 대하여 기입란이 부족한 경우 서식을 추가하여 작성할 수 있습니다.

1. 소화기구, 자동소화장치

구분	[✓]소화기		[]간이소화용구		[ ]자동 확산소화기	[ ]자동 소화장치	비고
	[✓]분말	[ ]기타	[ ]투척용	[ ]기타			
합계 동명							

2. 수계소화설비(공통사항)

수원	주된 수원	○설비의 종류 : [ ]옥내소화전설비 [ ]옥외소화전설비 [ ]스프링클러설비 　　　　　　: [ ]간이스프링클러설비 [ ]화재조기진압용스프링클러설비 　　　　　　: [ ]물분무소화설비 [ ]미분무소화설비 [ ]포소화설비 ○설치장소 : 동명(　　) [ ]지상/[ ]지하 (　)층, 실명(　　) ○흡입방식 : [ ]정압 [ ]부압,　○유효수량 : (　　)m³
	보조수원	○설치장소 : 동명(　　) 실명(　　),　○유효수량 : (　　)m³
가압 송수 장치	[ ]고가 수조	○설비의 종류 : [ ]옥내소화전설비 [ ]옥외소화전설비 [ ]스프링클러설비 　　　　　　: [ ]간이스프링클러설비 [ ]화재조기진압용스프링클러설비 　　　　　　: [ ]물분무소화설비 [ ]미분무소화설비 [ ]포소화설비 ○설치장소 : 동명(　　) 실명(　　),　○유효낙차 : (　　)m
	[ ]압력 수조	○설비의 종류 : [ ]옥내소화전설비 [ ]옥외소화전설비 [ ]스프링클러설비 　　　　　　: [ ]간이스프링클러설비 [ ]화재조기진압용스프링클러설비 　　　　　　: [ ]물분무소화설비 [ ]미분무소화설비 [ ]포소화설비 ○설치장소 : 동명(　　　　) [ ]지상/[ ]지하 (　)층, 실명(　　　) ○수조용량 : (　　　)ℓ, 수조가압압력 : (　　　)MPa ○자동식공기압축기 용량 : (　　)m³/min, 동력 : (　　)kW
	[ ]가압 수조	○설비의 종류 : [ ]옥내소화전설비 [ ]옥외소화전설비 [ ]스프링클러설비 　　　　　　: [ ]간이스프링클러설비 [ ]화재조기진압용스프링클러설비 　　　　　　: [ ]물분무소화설비 [ ]미분무소화설비 [ ]포소화설비 ○설치장소 : 동명(　　　　) [ ]지상/[ ]지하 (　)층, 실명(　　　) ○수조용량 : (　　　)ℓ, 수조가압압력 : (　　　)MPa ○가압가스의 종류 : [ ]공기 [ ]불연성가스(　　　)

(7쪽 중 제4쪽)

가압송수장치	[ ]펌프방식	○ 설비의 종류 : [ ]옥내소화전설비 [ ]옥외소화전설비 [ ]스프링클러설비 : [ ]간이스프링클러설비 [ ]화재조기진압용스프링클러설비 : [ ]물분무소화설비 [ ]미분무소화설비 [ ]포소화설비 ○ 설치장소 : 동명(　　　　) [ ]지상/[ ]지하 (　　)층, 실명(　　　　) ○ 주펌프 전양정 : (　　　)m, 토출량 : (　　　)ℓ/min 　[ ]전동기 [ ]내연기관(연료 : [ ]경유 [ ]기타) ○ 예비펌프 전양정 : (　　　)m, 토출량 : (　　　)ℓ/min 　[ ]전동기 [ ]내연기관(연료 : [ ]경유 [ ]기타) ○ 충압펌프 전양정 : (　　　)m, 토출량 : (　　　)ℓ/min ○ [ ]물올림장치 유효수량 : (　　　)ℓ, 급수배관 : (　　　)mm ○ 기동장치 : [ ]기동용수압개폐장치, [ ]ON/OFF 방식 　[ ]압력챔버 용량 : (　　　)ℓ, 사용압력 : (　　　)MPa 　[ ]기동용압력스위치([ ]부르동관식 [ ]전자식 [ ]그 밖의 것) ○ [ ]감압장치 [ ]지상/[ ]지하 (　　)층, 설치장소 : (　　　　　)
송수구		[ ]옥내소화전설비 [ ]옥외소화전설비 [ ]스프링클러설비 [ ]간이스프링클러설비 [ ]화재조기진압용스프링클러설비 [ ]물분무소화설비 [ ]미분무소화설비 [ ]포소화설비 ○ 설치장소 : (　　　　　　), [ ]쌍구형 (　　)개/[ ]단구형 (　　)개
비상전원		[ ]자가발전설비([ ]소방전용 [ ]소방부하겸용 [ ]소방전원보존형 [ ]기타(　　　)) [ ]비상전원수전설비 [ ]축전지설비 [ ]전기저장장치 ○ 설치장소 : 동명(　　　　) [ ]지상/[ ]지하 (　　)층, 실명(　　　　)

3. 수계소화설비(개별사항)

[ ]옥내소화전	○ 설치장소 : 동명(　) [ ]전체층/[ ]일부층 [ ]지상/[ ]지하(　)층 ~ [ ]지상/[ ]지하(　)층 　　　　　　: 동명(　) [ ]전체층/[ ]일부층 [ ]지상/[ ]지하(　)층 ~ [ ]지상/[ ]지하(　)층 ○ 설치개수가 가장 많은 층의 설치개수 : (　)개
[ ]옥외소화전	○ 설치개수 : (　)개
[ ]스프링클러설비	○ 종류 : [ ]습식 [ ]부압식 [ ]준비작동식 [ ]건식 [ ]일제살수식 ○ 설치장소 : 동명(　) [ ]전체층/[ ]일부층 [ ]지상/[ ]지하(　)층 ~ [ ]지상/[ ]지하(　)층
[ ]간이스프링클러설비	○ 종류 : [ ]펌프 [ ]캐비닛 [ ]상수도 ○ 설치장소 : 동명(　) [ ]전체층/[ ]일부층 [ ]지상/[ ]지하(　)층 ~ [ ]지상/[ ]지하(　)층
[ ]화재조기진압용	○ 설치장소 : 동명(　) [ ]전체층/[ ]일부층 [ ]지상/[ ]지하(　)층 ~ [ ]지상/[ ]지하(　)층 　　　　　　: 동명(　) [ ]전체층/[ ]일부층 [ ]지상/[ ]지하(　)층 ~ [ ]지상/[ ]지하(　)층
[ ]물분무소화설비	○ 설치장소 : 동명(　) [ ]전체층/[ ]일부층 [ ]지상/[ ]지하(　)층 ~ [ ]지상/[ ]지하(　)층 　　　　　　: 동명(　) [ ]전체층/[ ]일부층 [ ]지상/[ ]지하(　)층 ~ [ ]지상/[ ]지하(　)층
[ ]미분무소화설비	○ 설치장소 : 동명(　) [ ]전체층/[ ]일부층 [ ]지상/[ ]지하(　)층 ~ [ ]지상/[ ]지하(　)층 　　　　　　: 동명(　) [ ]전체층/[ ]일부층 [ ]지상/[ ]지하(　)층 ~ [ ]지상/[ ]지하(　)층
[ ]포소화설비	[ ]포워터스프링클러설비 [ ]포헤드설비 [ ]고정포방출설비 [ ]기타(　　　) ○ 소화약제 [ ]단백포 [ ]합성계면활성제포 [ ]수성막포 [ ]내알코올포 ○ 설치장소 : 동명(　) [ ]전체층/[ ]일부층 [ ]지상/[ ]지하(　)층 ~ [ ]지상/[ ]지하(　)층

(7쪽 중 제5쪽)

4. 가스계소화설비(개별사항)

[ ]이산화탄소 [ ]할론 [ ]할로겐화합물 및 불활성기체 [ ]분말 [ ]강화액 [ ]고체에어로졸	[ ]전역방출 [ ]국소방출 [ ]호스릴 / [ ]고압식 [ ]저압식 / [ ]축압식 [ ]가압식 ○ 설치장소 : 동명(　) [ ]전체층/[ ]일부층 [ ]지상/[ ]지하(　)층 ~ [ ]지상/[ ]지하(　)층 ○ 저장용기 설치장소 : [ ]지상/[ ]지하(　)층, [ ]전용실 [ ]기타(　　　) 　수량 : (　　)[ ]kg, [ ]m³ (　　)ℓ (　　)개 ○ 소화약제 [ ]이산화탄소 [ ]할론1301 [ ]할론2402 [ ]할론1211 [ ]할론104 　[ ]FC-3-1-10 [ ]HCFC BLEND A [ ]HCFC-124 [ ]HFC-125 [ ]HFC-227ea 　[ ]HFC-23 [ ]IG-541 [ ]IG-100 [ ]기타(　　　) 　[ ]제1종분말 [ ]제2종분말 [ ]제3종분말 [ ]제4종분말

5. 경보설비

[ ]단독 경보형감지기	○ 설치장소 : 동명(　) [ ]전체층/[ ]일부층 [ ]지상/[ ]지하(　)층 ~ [ ]지상/[ ]지하(　)층 ○ 주전원 [ ]상용전원 [ ]건전지
[ ]비상 경보설비	[ ]비상벨설비 [ ]자동식사이렌설비 ○ 설치장소 : 동명(　) [ ]전체층/[ ]일부층 [ ]지상/[ ]지하(　)층 ~ [ ]지상/[ ]지하(　)층 ○ 조작장치 설치장소 : 동명(　) [ ]지상/[ ]지하(　)층 실명(　)
[✓]자동화재 탐지설비	○ 수신기 위치 : 동명(　) [ ]지상/[✓]지하(　)층 실명(　) ○ 경보방식 [✓]전층경보 [ ]우선경보, 시각경보기 [✓]유 [ ]무 ○ 설치장소 : 동명(　) [✓]전체층/[ ]일부층 [ ]지상/[ ]지하(　)층 ~ [ ]지상/[ ]지하(　)층 　　　　: 동명(　) [ ]전체층/[ ]일부층 [ ]지상/[ ]지하(　)층 ~ [ ]지상/[ ]지하(　)층 ○ 감지기종류 [✓]열 [✓]연기 [ ]그 밖의 것([ ]불꽃 [ ]아날로그식 [ ]복합형)
[ ]비상 방송설비	[ ]전용 [ ]겸용 / [ ]전층경보 [ ]우선경보 ○ 증폭기 설치장소 : 동명(　) [ ]지상/[ ]지하(　)층, 실명(　)
[ ]자동화재 속보설비	○ 속보기 설치장소 : 동명(　) [ ]지상/[ ]지하(　)층, 실명(　)
[ ]통합 감시시설	○ 주수신기 설치장소 : 동명(　) [ ]지상/[ ]지하(　)층, 실명(　) ○ 부수신기 설치장소 : 동명(　) [ ]지상/[ ]지하(　)층, 실명(　) ○ 정보통신망 [ ]광케이블 [ ]기타(　) / 예비선로 [ ]유 [ ]무
[ ]누전 경보기	○ 수신기 설치장소 : 동명(　) [ ]지상/[ ]지하(　)층, 실명(　) ○ 수신기 형식 [ ]1급 [ ]2급, 차단기구 [ ]무 [ ]유(설치장소 :　)
[ ]가스누설 경보기	○ [ ]단독형 [ ]분리형, 사용가스종류 [ ]LNG [ ]LPG, 경계구역 수 : (　)개 ○ 수신기 설치장소 : 동명(　) [ ]지상/[ ]지하(　)층, 실명(　) ○ 차단기구 [ ]무 [ ]유(설치장소 :　)

(7쪽 중 제6쪽)

6. 피난구조설비		
[✓]피난기구	○ 종류 : [ ]피난사다리 [✓]완강기 [ ]다수인피난장비 [ ]승강식 피난기 [ ]미끄럼대 　　　　 : [ ]피난교 [ ]피난용트랩 [ ]구조대 [ ]간이완강기 [ ]공기안전매트 ○ 설치장소 : 동명(　　　) [ ]전체층/[✓]일부층 [✓]지상/[ ]지하(3)층 ~ [✓]지상/[ ]지하(10)층 　　　　　 : 동명(　　　) [ ]전체층/[ ]일부층 [ ]지상/[ ]지하( )층 ~ [ ]지상/[ ]지하( )층	
[ ]인명구조기구	○ 종류 : [ ]방열복/ 방화복 [ ]공기호흡기 [ ]인공소생기 ○ 설치장소 : 동명(　　　) [ ]전체층/[ ]일부층 [ ]지상/[ ]지하( )층 ~ [ ]지상/[ ]지하( )층 　　　　　 : 동명(　　　) [ ]전체층/[ ]일부층 [ ]지상/[ ]지하( )층 ~ [ ]지상/[ ]지하( )층 ○ 대상물의 용도 : [ ]5층이상 병원 　[ ]7층이상 관광호텔 　[ ]이산화탄소소화설비 설치 　　　[ ]지하역사 · 백화점 · 대형점포 · 쇼핑센타 · 지하상가 · 영화상영관	
[✓]유도등	○ 종류 : [✓]피난구 [✓]통로 [ ]객석유도등 [ ]유도표지 [ ]피난유도선 ○ 설치장소 : 동명(　　　) [✓]전체층/[ ]일부층 [ ]지상/[ ]지하( )층 ~ [ ]지상/[ ]지하( )층	
[ ]비상조명등	○ 설치장소 : 동명(　　　) [ ]전체층/[ ]일부층 [ ]지상/[ ]지하( )층 ~ [ ]지상/[ ]지하( )층 ○ 비상전원 [ ]자가발전설비 [ ]축전지설비 [ ]내장형	
[ ]휴대용 비상조명등	○ 설치장소 : 동명(　　　) [ ]전체층/[ ]일부층 [ ]지상/[ ]지하( )층 ~ [ ]지상/[ ]지하( )층 ○ 전원 [ ]건전지식 [ ]충전식 배터리식	
7. 소화용수설비		
[ ]상수도 소화용수	○ 설치장소 : (　　　　　　　　), 소화전 호칭지름 : (　　　　)mm	
[ ]소화수조	[ ]전용 [ ]겸용/[ ]흡수식 [ ]가압식/[ ]일반수조 [ ]그 밖의 것/유효수량 : (　　　)m³ ○ 가압송수장치 전양정 : (　　)m, 토출량 : (　　)ℓ/min, [ ]전동기/[ ]내연기관(연료 : [ ]경유 [ ]기타) ○ [ ]물올림장치 유효수량 : (　　　)ℓ, 급수배관 : (　　　)mm ○ 기동스위치 설치장소 : [ ]채수구 부근 [ ]방재실 [ ]기타(　　　　　　) ○ 채수구 구경 : (　　)mm, 흡수관 투입구 : 가로 (　　)cm 세로 (　　)cm/직경 (　　)cm	
8. 소화활동설비		
[ ] 제연 설비	[ ] 거실	○ 설치장소 : 동명(　) [ ]전체층/[ ]일부층 [ ]지상/[ ]지하( )층 ~ [ ]지상/[ ]지하( )층 ○ 방식 [ ]단독 [ ]공동 [ ]상호 [ ]기타(　　　　　) ○ 기동장치 [ ]자동(감지기 연동) [ ]수동 [ ]원격 ○ 제연구획면적 최대 : (　　　)m² / 구조 [ ]내화 [ ]불연 [ ]그 밖의 것(　　　) ○ 제연구역 출입문 [ ]상시폐쇄(자동폐쇄장치) [ ]상시개방(감지기에 의한 닫힘) ○ 급기용송풍기 설치장소 : 동명(　　　) [ ]지상/[ ]지하 (　)층, 실명(　　　) 　 전동기 (　　)kW, 풍량 (　　)m³/min, 정압 (　　)mmAq ○ 배출용송풍기 설치장소 : 동명(　　　) [ ]지상/[ ]지하 (　)층, 실명(　　　) 　 전동기 (　　)kW, 풍량 (　　)m³/min, 정압 (　　)mmAq ○ 배출구 [ ]천장면 [ ]천장직하 [ ]기타(　　) / 옥외배출구 [ ]옥상 [ ]기타(　　　) 　 풍도구조 [ ]내화 [ ]불연 [ ]그 밖의 것(　　　) / 구획댐퍼 [ ]유 [ ]무 ○ 유입공기배출 [ ]자연배출 [ ]기계배출 [ ]배출구 [ ]제연설비 ○ 급기구 [ ]강제유입 [ ]자연유입 [ ]인접구역유입 　 풍도구조 [ ]내화 [ ]불연 [ ]그 밖의 것(　　　　) / 구획댐퍼 [ ]유 [ ]무

(7쪽 중 제7쪽)

[ ] 제연 설비	[ ] 전실	○ 설치대상 : 동명(　　　．　　　．　　　．　　　．　　　) 　특별피난계단 (　　)개소, 비상용승강기 (　　)대 ○ 방식 [ ]부속실 [ ]계단실 및 부속실 [ ]계단실 [ ]비상용승강기승강장 ○ 기동방식 [ ]전층 [ ]부분층(　　　개층) / 댐퍼개방감지기 [ ]전용 [ ]겸용 ○ 급기용송풍기 설치장소 : 동명(　　　) [ ]지상/[ ]지하 (　　)층, 실명(　　　) 　전동기 (　　)kW, 풍량 (　　)m³/min, 정압 (　　)mmAq ○ 배출용송풍기 설치장소 : 동명(　　　) [ ]지상/[ ]지하 (　　)층, 실명(　　　) 　전동기 (　　)kW, 풍량 (　　)m³/min, 정압 (　　)mmAq ○ 제연구역 출입문 [ ]상시폐쇄(자동폐쇄장치) [ ]상시개방(연기감지기에 의한 닫힘) ○ 유입공기배출 [ ]자연배출 [ ]기계배출 [ ]배출구 [ ]제연설비 ○ 과압방지장치 [ ]플랩댐퍼 [ ]자동차압급기댐퍼 [ ]그 밖의 것 [ ]해당없음
[ ]연결송수관		[ ]전용 [ ]겸용([ ]옥내소화전설비 [ ]스프링클러설비 [ ]기타 :　　　) ○ 설치장소 : 동명(　　) [ ]전체층/[ ]일부층 [ ]지상/[ ]지하(　) ~ [ ]지상/[ ]지하(　)층 ○ 방수구 위치 [ ]복도·통로 [ ]계단실 [ ]계단등의 부근 ○ 송수구 설치장소 : (　　　　), 중간수조용량 : (　　　)m³ ○ 가압송수장치 설치장소 : 동명(　　　) [ ]지상/[ ]지하 (　　)층, 실명(　　　) 　전양정 : (　　)m, 토출량 : (　　)ℓ/min 　[ ]전동기 [ ]내연기관(연료 : [ ]경유 [ ]기타) ○ 기동스위치 설치장소 [ ]송수구 [ ]방재실 [ ]기타(　　　　)
[ ]연결살수		○ 설치대상 : 동명(　　．　　．　　．　　．　　) ○ 방식 [ ]습식 [ ]건식 / [ ]지하층 [ ]판매시설 [ ]가스시설 [ ]부속된 연결통로 ○ 송수구 설치장소 : (　　　　), 송수구역수 : (　　　)구역
[ ]비상콘센트		○ 설치장소 : 동명(　　　) [ ]지상/[ ]지하 (　　)층 ~ [ ]지상/[ ]지하 (　　)층 　[ ]3상 380V [ ]단상 220V / [ ]접지형 2극 플러그접속기 [ ]접지형 3극 플러그접속기
[ ]무선통신보조		○ 설치장소 : 동명(　　　) [ ]지상/[ ]지하 (　　)층 ~ [ ]지상/[ ]지하 (　　)층 　[ ]전용 [ ]공용 / 방식 : [ ]누설동축케이블 [ ]누설동축케이블과 안테나 [ ]안테나 ○ 접속단자 설치장소(　　　), (　　　)
[ ]연소방지		○ 방호대상물 [ ]전력사업용 [ ]통신사업용 [ ]그 밖의 것(　　　　) ○ 송수구역수 : (　　　)구역 / 구역 간의 구획 [ ]있다 [ ]일부 있다 [ ]없다
비고		※ 제연설비 설비개요 작성 시 최대 구역 1개소에 대하여 기입합니다.

[목차]
 1. 소화기구 및 자동소화장치 점검표
 2. 옥내소화전설비 점검표
 3. 스프링클러소화설비 점검표
 4. 간이스프링클러소화설비 점검표
 5. 화재조기진압용 스프링클러설비 점검표
 6. 물분무소화설비 점검표
 7. 미분무소화설비 점검표
 8. 포소화설비 점검표
 9. 이산화탄소소화설비 점검표
10. 할론소화설비 점검표
11. 할로겐화합물 및 불활성기체소화설비 점검표
12. 분말소화설비 점검표
13. 옥외소화전설비 점검표
14. 비상경보설비 및 단독경보형감지기 점검표
15. 자동화재탐지설비 및 시각경보장치 점검표
16. 비상방송설비 점검표
17. 자동화재속보설비 및 통합감시시설 점검표
18. 누전경보기 점검표
19. 가스누설경보기 점검표
20. 피난기구 및 인명구조기구 점검표
21. 유도등 및 유도표지 점검표
22. 비상조명등 및 휴대용비상조명등 점검표
23. 소화용수설비 점검표
24. 제연설비 점검표
25. 특별피난계단의 계단실 및 부속실 제연설비 점검표
26. 연결송수관설비 점검표
27. 연결살수설비 점검표
28. 비상콘센트설비 점검표
29. 무선통신보조설비 점검표
30. 연소방지설비 점검표
31. 기타 사항 점검표
32. 다중이용업소 점검표

(작성요령) 목차에는 점검을 실시하고자 하는 소방시설명만을 순서대로 기재한다.

1 소화기구 및 자동소화장치 점검표

1-A. 소화기구(소화기, 자동확산소화기, 간이소화용구)

○ 거주자 등이 손쉽게 사용할 수 있는 장소에 설치되어 있는지 여부

  소화기 설치장소를 확인하고, 소화기를 가리거나 신발장 안과 같은 보이지 않는 장소에 설치되어 있는 경우 해당 위치를 거주자 등이 보이기 쉬운 위치로 이동

○ 설치높이 적합 여부

  거주자 등이 손쉽게 사용할 수 있는 장소에 바닥으로부터 높이 1.5m 이하의 곳에 설치되어 있는지 여부

○ 배치거리(보행거리 소형 20m 이내, 대형 30m 이내) 적합 여부

  ① 보행거리 : 층별로 특정 지점에서 해당 지점까지 복도나 실내의 통로를 이용하거나, 구획된 경우에는 동선상의 이동거리
  ② 소형소화기의 경우 보행거리 20m 이내, 대형소화기의 경우 보행거리 30m 이내 배치 확인

○ 구획된 거실(바닥면적 33m² 이상)마다 소화기 설치 여부

  바닥면적이 33m² 이상인 거실이 별도로 구획된 경우에는 보행거리와 무관하게 추가로 소화기가 설치되어 있는지 확인

  ※ 다중이용업소 : 영업장 안의 구획된 실마다 설치(33m² 이하의 실에도 면적에 관계없이 설치)

○ 소화기 표지 설치상태 적정 여부

  소화기 표지는 보기 쉬운 곳에 축광표지로 부착하고, 주차장의 경우 표지를 바닥으로부터 1.5m 이상의 높이에 설치되어 있는지 확인

○ 소화기의 변형·손상 또는 부식 등 외관의 이상 여부

  ① 본체 용기가 변형, 손상 또는 부식된 여부 확인
  ② 자동확산소화기의 외관 변형·손상 또는 부식이 있는지 육안으로 확인
  ③ 손잡이의 누름쇠가 변형되거나 파손되면 사용 시 손잡이를 눌러도 소화약제가 방출되지 않을 수 있으므로 안전핀의 탈락 여부, 안전핀이 변형되어 있지 않은지 육안으로 확인
  ④ 호스가 찢어지거나 노즐·혼이 파손되거나 탈락되면, 찢어진 부분이나 파손된 부분으로 소화약제가 새어 화점으로 약제를 방출할 수 없음

○ 지시압력계(녹색 범위)의 적정 여부

  지시압력계가 녹색 범위(0.7~0.98MPa)에 있어야 정상이며, 노란색(0.7MPa 이하) 부분은 소화기 내의 압력이 부족한 것으로 소화약제를 정상적으로 방출할 수 없어 불량(단, 지시압력계가 0.98Mpa 이상으로 적색 부분에 있으면 과압 상태를 나타냄)

○ 수동식 분말소화기 내용연수(10년) 적정 여부

● 설치수량 적정 여부

① 특정소방대상물에 따른 소화기구의 능력단위

특정소방대상물	소화기구의 능력단위
1. 위락시설	바닥면적 30m²마다 능력단위 1단위 이상
2. 공연장 · 집회장 · 관람장 · 문화재 · 장례식장 및 의료시설	바닥면적 50m²마다 능력단위 1단위 이상
3. 근린생활시설 · 판매시설 · 운수시설 · 숙박시설 · 노유자시설 · 전시장 · 공동주택 · 업무시설 · 방송통신시설 · 공장 · 창고시설 · 항공기 및 자동차 관련 시설 및 관광휴게시설	바닥면적 100m²마다 능력단위 1단위 이상
4. 그 밖의 것	바닥면적 200m²마다 능력단위 1단위 이상

주) 소화기구의 능력단위를 산출함에 있어서 건축물의 주요구조부가 내화구조이고, 벽 및 반자의 실내에 면하는 부분이 불연재료 · 준불연재료 또는 난연재료로 된 특정소방대상물에 있어서는 위 표의 기준면적의 2배를 해당 특정소방대상물의 기준면적으로 한다.

② 능력단위 외에 부속용도별로 소화기구 및 자동소화장치 추가 설치기준

용도별	소화기구의 능력단위
1. 다음 각 목의 시설. 다만, 스프링클러설비 · 간이스프링클러설비 · 물분무 등 소화설비 또는 상업용 주방자동소화장치가 설치된 경우에는 자동확산소화기를 설치하지 아니할 수 있다. 가. 보일러실 · 건조실 · 세탁소 · 대량화기취급소 나. 음식점(지하가의 음식점을 포함한다) · 다중이용업소 · 호텔 · 기숙사 · 노유자시설 · 의료시설 · 업무시설 · 공장 · 장례식장 · 교육연구시설 · 교정 및 군사시설의 주방. 다만, 의료시설 · 업무시설 및 공장의 주방은 공동취사를 위한 것에 한한다. 다. 관리자의 출입이 곤란한 변전실 · 송전실 · 변압기실 및 배전반실(불연재료로된 상자안에 장치된 것을 제외한다)	1. 해당 용도의 바닥면적 25m²마다 능력단위 1단위 이상의 소화기로 할 것. 이 경우 나목의 주방에 설치하는 소화기 중 1개 이상은 주방화재용 소화기(K급)로 설치하여야 한다. 2. 자동확산소화기는 해당 용도의 바닥면적을 기준으로 10m² 이하는 1개, 10m² 초과는 2개 이상을 설치하되, 보일러, 조리기구, 변전설비 등 방호대상에 유효하게 분사될 수 있는 위치에 배치될 수 있는 수량으로 설치할 것
2. 발전실 · 변전실 · 송전실 · 변압기실 · 배전반실 · 통신기기실 · 전산기기실 · 기타 이와 유사한 시설이 있는 장소. 다만, 제1호 다목의 장소를 제외한다.	해당 용도의 바닥면적 50m²마다 적응성이 있는 소화기 1개 이상 또는 유효설치방호체적 이내의 가스 · 분말 · 고체에어로졸 자동소화장치, 캐비닛형 자동소화장치(다만, 통신기기실 · 전자기기실을 제외한 장소에 있어서는 교류 600V 또는 직류 750V 이상의 것에 한한다)

용도별				소화기구의 능력단위
3. 「위험물안전관리법 시행령」 별표 1에 따른 지정수량의 1/5 이상 지정수량 미만의 위험물을 저장 또는 취급하는 장소				능력단위 2단위 이상 또는 유효설치방호체적 이내의 가스·분말·고체에어로졸 자동소화장치, 캐비닛형자동소화장치
4. 「화재의 예방 및 안전관리에 관한 법률 시행령」 별표 2에 따른 특수가연물을 저장 또는 취급하는 장소	「화재의 예방 및 안전관리에 관한 법률 시행령」 별표 2에서 정하는 수량 이상			「화재의 예방 및 안전관리에 관한 법률 시행령」 별표 2에서 정하는 수량의 50배 이상마다 능력단위 1단위 이상
	「화재의 예방 및 안전관리에 관한 법률 시행령」 별표 2에서 정하는 수량의 500배 이상			대형소화기 1개 이상
5. 「고압가스안전관리법」·「액화석유가스의 안전관리 및 사업법」 및 「도시가스사업법」에서 규정하는 가연성가스를 연료로 사용하는 장소	액화석유가스 기타 가연성가스를 연료로 사용하는 연소기기가 있는 장소			각 연소기로부터 보행거리 10m 이내에 능력단위 3단위 이상의 소화기 1개 이상. 다만, 상업용 주방자동소화장치가 설치된 장소는 제외한다.
	액화석유가스 기타 가연성가스를 연료로 사용하기 위하여 저장하는 저장실(저장량 300kg 미만은 제외한다)			능력단위 5단위 이상의 소화기 2개 이상 및 대형소화기 1개 이상
6. 「고압가스안전관리법」·「액화석유가스의 안전관리 및 사업법」 또는 「도시가스사업법」에서 규정하는 가연성가스를 제조하거나 연료 외의 용도로 저장·사용하는 장소	저장하고 있는 양 또는 1개월 동안 제조·사용하는 양	200kg 미만	저장하는 장소	능력단위 3단위 이상의 소화기 2개 이상
			제조·사용하는 장소	능력단위 3단위 이상의 소화기 2개 이상
		200kg 이상 300kg 미만	저장하는 장소	능력단위 5단위 이상의 소화기 2개 이상
			제조·사용하는 장소	바닥면적 50m²마다 능력단위 5단위 이상의 소화기 1개 이상
		300kg 이상	저장하는 장소	대형소화기 2개 이상
			제조·사용하는 장소	바닥면적 50m²마다 능력단위 5단위 이상의 소화기 1개 이상
7. 마그네슘 합금 칩을 저장 또는 취급하는 장소				금속화재용 소화기(D급) 1개 이상을 금속재료로부터 20m 이내로 설치할 것

주) 액화석유가스·기타 가연성가스를 제조하거나 연료 외의 용도로 사용하는 장소에 소화기를 설치하는 때에는 해당 장소 바닥면적 50m² 이하인 경우에도 해당 소화기를 2개 이상 비치해야 한다.

● 적응성 있는 소화약제 사용 여부

소화기구의 소화약제별 적응성

소화약제 구분 적응대상	가스			분말		액체				기타			
	이산화탄소 소화약제	할론 소화약제	할로겐화합물 및 불활성기체 소화약제	인산염류 소화약제	중탄산염류 소화약제	산알칼리 소화약제	강화액 소화약제	포 소화약제	물·침윤 소화약제	고체에어로졸 화합물	마른 모래	팽창질석· 팽창진주암	그밖의 것
일반화재 (A급 화재)	-	○	○	○	-	○	○	○	○	○	○	○	-
유류화재 (B급 화재)	○	○	○	○	○	○	○	○	○	○	○	○	-
전기화재 (C급 화재)	○	○	○	○	○	*	*	*	*	○	-	-	*
주방화재 (K급 화재)	-	-	-	-	*	-	*	*	*	-	-	-	*
금속화재 (D급 화재)	-	-	-	*	-	-	-	-	-	-	○	○	*

주) "*"의 소화약제별 적응성은 「소방시설 설치 및 관리에 관한 법률」 제37조에 의한 형식승인 및 제품검사의 기술기준에 따라 화재 종류별 적응성에 적합한 것으로 인정되는 경우에 한한다.

1-B. 자동소화장치

[주거용 주방자동소화장치]

○ 수신부의 설치상태 적정 및 정상(예비전원, 음향장치 등) 작동 여부
  ① 수신부는 주위의 열기류 또는 습기 등과 주위 온도에 영향을 받지 않고 사용자가 상시 볼 수 있는 장소에 설치되어 있는지 확인
  ② 예비전원시험 전원의 플러그를 뽑은 상태에서 수신부의 예비전원램프가 점등되는지 확인
  ③ 수신부에서 자동점검 기능이 있어 가스센서나 온도센서 및 예비전원의 이상이 생기면 자동으로 점등이 되며, 소화기 상태의 이상이 있을 경우 경보음 발생 등을 확인
  ④ 작동방법 등은 제조사별로 상이할 수 있어 해당 제품의 설명서 확인

○ 소화약제의 지시압력 적정 및 외관의 이상 여부
  ① 약제 저장용기 점검 주거용 주방자동소화장치는 축압식과 가압식이 있으며, 대부분 축압식으로 생산(소화약제도 분말소화약제, 강화액소화약제 등 다양)
  ② 축압식의 경우 지시압력계가 설치되어 있으며, 압력상태가 정상(녹색) 범위 내에 있는지 확인
  ③ 외부 부식이나 이음새 등 외관의 유무를 육안으로 확인

○ 소화약제 방출구의 설치상태 적정 및 외관의 이상 여부

① 방출구는 화구의 중앙에 위치하여 소화약제를 유효하게 방사 가능한지 확인
② 방출구는 환기구의 청소부분과 분리되어야 하며, 방출구 고정상태 및 부식, 기름찌꺼기 등 외관 확인

○ 감지부 설치상태 적정 여부

감지부 시험 감지센서에 가열시험기로 가열하여 작동하는 방법으로서, 1차 감지하면 경보 및 가스차단밸브 작동, 2차 감지하면 소화약제가 방출(감지부의 직접시험은 약제 방출의 우려가 있으므로 수신부에서 2차 감지하여 소화기용기밸브 작동 출력신호를 보내는 회로를 차단하여 1차, 2차 감지의 시험을 할 수 있으나 주의가 필요)

○ 탐지부 설치상태 적정 여부

① 점검 가스(점검용 가스 등)를 가스누설탐지부에 분사를 하고 화재 경보음이 발생하는지 여부와 가스누설차단밸브가 작동(가스차단밸브 폐쇄)하는지 확인
② 공기보다 가벼운 가스(LNG)를 사용하는 경우 : 천장면으로부터 30cm 이하의 위치 확인
③ 공기보다 무거운 가스(LPG)를 사용하는 경우 : 바닥면으로부터 30cm 이하의 위치 확인

○ 차단장치 설치상태 적정 및 정상 작동 여부

① 수동작동버튼을 눌러 작동이 되는지 확인
② 감지센서에 가열시험을 하여 1차 감지온도에서 가스차단밸브가 작동하는지 점검
③ 점검 가스(점검용 가스 등)를 가스누설탐지부에 분사를 하고 화재 경보음이 발생하는지 여부와 가스누설차단밸브가 작동(가스차단밸브 폐쇄)하는지 확인

[상업용 주방자동소화장치]

○ 소화약제의 지시압력 적정 및 외관의 이상 여부

① 소화약제의 지시압력계가 설치되어 있는 경우 적정 여부 확인
② 소화용기함 및 소화약제 배관 연결상태 등 외관을 육안으로 확인

○ 후드 및 덕트에 감지부와 분사헤드의 설치상태 적정 여부

① 감지부의 위치가 적정한지 확인하고, 유리벌브가 깨지거나 감지센서에 이물질 등이 붙어 있는지 설치상태 확인
② 약제를 방출하는 분사 노즐은 조리기구를 향하게 하고 노즐에는 음식 조리 시 기름때가 붙어 막히지 않도록 전용 캡 설치 등 설치상태 확인

○ 수동기동장치의 설치상태 적정 여부

화재 발견 시 사용자가 커버를 열고 손잡이를 강하게 잡아당겨 작동시켜야 하기 때문에 위치나 관리상태 확인(수동조작함에는 경고표시와 사용지침 제공)

[캐비닛형 자동소화장치]

○ 분사헤드의 설치상태 적합 여부

　방출구(금속재로 개방형)는 소화약제가 유효하게 방사하도록 설치되어야 하고 4개 이하로 캐비닛에 부착상태 확인

○ 화재감지기 설치상태 적합 여부 및 정상 작동 여부

　① 감지기 1개 회로 작동 시 경보 발생, 감지기 2개 회로 작동(또는 수동조작스위치) 시 지연타이머 후 저장용기 솔레노이드밸브 작동 여부 확인
　② 감지기 회로는 서로 다른 종류로 설치하거나 복합형 감지기 설치

○ 개구부 및 통기구 설치 시 자동폐쇄장치 설치 여부

　개구부 및 통기구가 설치된 경우 가스 방출 시 자동폐쇄장치에 의해 폐쇄되는지 확인

[가스·분말·고체에어로졸 자동소화장치]

○ 수신부의 정상(예비전원, 음향장치 등) 작동 여부

　① 예비전원시험 전원의 플러그를 뽑은 상태에서 수신부(제어반)의 예비전원램프가 점등되는지 확인
　② 감지기(A 또는 B 하나) 동작 후 정상적으로 수신부의 점등 상태와 음향장치가 동작하는지 확인(A와 B가 함께 동작하는 경우 소화장치가 작동하니 주의)
　③ 작동방법 등은 제조사별로 상이할 수 있어 해당 제품의 설명서 확인

○ 소화약제의 지시압력 적정 및 외관의 이상 여부

○ 감지부(또는 화재감지기) 설치상태 적정 및 정상 작동 여부

　감지부의 종류(감지기, 이융성금속, 온도센서, 열감지튜브 등)에 따라 설치상태 적정 및 정상 작동 여부 확인(작동방법은 제조사의 제품설명서 확인)

비고
※ 점검항목 중 "●"는 종합점검의 경우에만 해당한다.
※ 점검결과란은 양호 "○", 불량 "×", 해당 없는 항목은 "/"로 표시한다.
※ 점검항목 내용 중 "설치기준" 및 "설치상태"에 대한 점검은 정상적인 작동 가능 여부를 포함한다.
※ '비고'란에는 특정소방대상물의 위치·구조·용도 및 소방시설의 상황 등이 위의 항목대로 기재하기 곤란하거나 위에서 누락된 사항을 기재한다.(이하 같다)

2 옥내소화전설비 점검표

2-A. 수원

○ 주된 수원의 유효수량 적정 여부(겸용설비 포함)
  ① 수원량 산출
    ㉠ $2.6m^3$ × 가장 많은 층의 소화전(최대 2개) 개수
    ㉡ 다른 소화설비와 겸용하는 경우
      • 각 소화설비의 필요한 저수량의 합한 양 이상을 확보
      • 방화구획된 곳에 2 이상의 고정식 소화설비가 설치되어 있는 경우 소화설비 중 최대 저수량 확보
  ② 소화수조 전용일 경우 유효수량 확보 여부 확인(수면에서 소화배관 윗면까지 높이)
  ③ 소화수조 일반급수와 겸용일 경우 유효수량 확보 여부 확인(일반배관 밑면에서 소화배관 윗면까지 높이)
  ④ 다른 설비(소화설비 외 일반설비)와 겸용하는 경우 풋밸브 또는 흡수구의 위치를 파악하여 유효수량을 확인

○ 보조 수원(옥상)의 유효수량 적정 여부
  ① 산출된 주된 수원양의 1/3 이상의 확보 여부 확인
  ② 수위계 또는 맨홀을 통하여 수원량 확인
  ③ 다른 설비(소화설비 외 일반설비)와 겸용하는 경우 풋밸브 또는 흡수구의 위치를 파악하여 유효수량을 확인

2-B. 수조

● 동결방지조치 상태 적정 여부
  ① 동파 우려가 없는 장소에 설치되었는지 확인
  ② 동결 우려가 있는 장소는 보온 및 난방기구 설치 여부 확인
  ③ 노출된 수조는 외부 단열재(보온재) 설치되었는지 확인

  ※ 기타 동결방지조치 방법
    • 수조에 부동액을 넣는 방법
    • 히팅코일(Heating Coil)을 설치하는 방법
    • 순환펌프로 수조 내부의 물을 순환시키는 방법

○ 수위계 설치상태 적정 또는 수위 확인 가능 여부
  수조 외부 수위계 설치되었는지 또는 수위계 없을 시 수원 확인 가능 여부
  ① 수조의 수원량에 적합한 수위계인지 확인

② 수위계는 변형, 손상 등이 없고, 지시치가 적절한지 확인
③ 불가피하게 수위계를 설치하지 못하는 경우 수조의 맨홀을 통하여 수조 내부 수원량을 확인할 수 있는지 확인

● 수조 외측 고정사다리 설치상태 적정 여부(바닥보다 낮은 경우 제외)
① 고정사다리가 견고하게 결합되어 있는지 확인
② 수조 상부에 유효하게 올라갈 수 있도록 설치되어 있는지 확인
③ 외측 고정사다리 설치 여부 확인

● 실내 설치 시 조명설비 설치상태 적정 여부
수조상태, 수위계, 맨홀, 부대설비, 연결배관 등을 확인할 수 있는 조명설비가 설치되어 있는지 확인

○ "옥내소화전설비용 수조" 표지 설치상태 적정 여부
① 관계인 등이 관리 또는 점검 시 용이하게 식별하기 위한 옥내소화전 표지가 부착되어 있는지 확인
② 저장하고 있는 수원량을 함께 표시하도록 권장

● 다른 소화설비와 겸용 시 겸용설비의 이름 표시한 표지 설치상태 적정 여부
① 일반 급수설비 또는 다른 소화설비(스프링클러설비, 물분무소화설비, 포소화 설비 등)와 수조를 겸용하는 경우의 표지 부착 여부 확인
② 각 설비의 수원량을 표시하도록 권장

● 수조-수직배관 접속부분 "옥내소화전설비용 배관" 표지 설치상태 적정 여부
① 수조와 접속되는 흡수배관 또는 수직배관 접속부에 표지 부착 여부 확인
② 특히, 수조를 겸용하는 경우 반드시 명기하여야 하며, 수조 직근에 펌프가 설치되고 해당 펌프에 "옥내소화전용 펌프"라는 표지가 되어 있는 경우 생략 가능

2-C. 가압송수장치

[펌프방식]

● 동결방지조치 상태 적정 여부
① 펌프가 설치된 장소의 난방상태 등 동결방지조치 상태 확인
② 동결방지대책
㉠ 펌프 설치장소 기밀상태(출입구, 창호 주변 등) 등 상온유지 가능 여부 확인
㉡ 수조 내의 물을 상온으로 유지시킬 수 있는지 여부

○ 옥내소화전 방수량 및 방수압력 적정 여부
① 방수압력 0.17MPa 이상 0.7MPa 이하인지 확인
② 방수량 130L/min 이상인지 확인
③ 측정방법 등
　㉠ 측정위치
　　• 펌프와 가장 멀리 떨어진 층(최저압 확인)
　　• 펌프와 가장 가까운 층(과압 확인)
　　• 소화전이 가장 많이 설치된 층
　㉡ 측정방법
　　[사전 준비]
　　• 직사형 관창(13mm) 및 방수압력측정계(피토게이지)를 이용
　　• 측정하고자 하는 층의 방수구 모두 개방(2개 이상인 경우 2개)하여 측정(고층 건물의 경우에는 5개)
　　• 노즐 선단으로부터 노즐 구경의 1/2 떨어진 위치에서 측정
　　• 측정위치에 피토게이지를 근접시켜 압력계의 지시치 확인

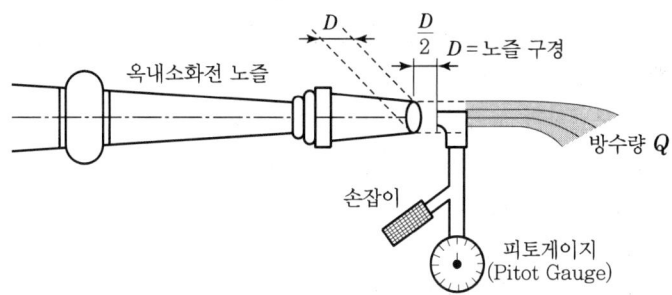

　　[방수량 측정]
　　측정한 방수압력을 다음 식에 대입하여 산출

$$Q = 2.065 \times D^2 \times \sqrt{p}$$

　　　여기서, Q : 방수량[L/min]
　　　　　　D : 노즐의 구경[mm] (옥내소화전 13mm)
　　　　　　p : 방수압력[MPa]

● 감압장치 설치 여부(방수압력 0.7MPa 초과 조건)
① 방수압력 측정 시 0.7MPa 이하의 압력을 유지하여야 함
② 초과하는 경우 감압장치 설치 여부 확인
　일반적으로 옥내소화전 방수구 호스접결구의 인입구 측에 감압용 밸브 또는 오리피스를 설치하여 방수압력을 감압하는 방식을 가장 많이 사용

○ 성능시험배관을 통한 펌프성능시험 적정 여부
① 펌프성능시험을 통하여 체절운전 시 정격토출압력의 140% 이하를 초과하지 않고 정격토출량의 150% 운전 시 정격토출압력의 65% 이상인지 확인

② 펌프성능시험 방법
[사전준비]
㉠ 제어반에서 주펌프, 충압펌프 정지
　• 감시제어반 : 선택 스위치 정지
　• 동력제어반 : 선택 스위치 수동
㉡ 펌프 토출 측 밸브 폐쇄
㉢ 유량측정장치에 100%, 150% 유량 표시(펌프의 정격토출량 확인)
㉣ 펌프 토출 측 압력계에 정격토출압력의 65%와 정격토출압력 및 정격토출압력의 140% 압력 표시(펌프의 양정 확인)
※ 점검대상물의 건축허가 신청 시점 확인하여 성능시험 실시 및 결과 기재

[체절운전]
㉠ 펌프의 토출 측 및 성능시험배관의 개폐밸브 폐쇄 여부 확인
㉡ 릴리프밸브 상단 캡을 열어, 조절볼트를 시계방향으로 돌려 완전 폐쇄
㉢ 동력제어반에서 주펌프 수동기동
㉣ 압력계를 확인하여 정격토출압력의 140% 이하인지 확인
㉤ 릴리프밸브 조절볼트를 반시계방향으로 조금씩 조정하여 체절압력 미만에서 순환배관에서 물이 방출되는지 확인
㉥ 주펌프 정지
㉦ 릴리프밸브에 상단 캡을 덮어 복구

[최대부하(150% 유량) 운전]
㉠ 주펌프 수동기동
㉡ 유량조절밸브를 조정하여 정격토출량의 150%가 되도록 개방
㉢ 압력계를 확인하여 정격토출압력의 65% 이상인지 확인
㉣ 주펌프 정지

[복구]
㉠ 성능시험배관의 개폐밸브 및 유량조절밸브 폐쇄, 토출 측 개폐밸브 개방
㉡ 제어반에서 주펌프, 및 충압펌프 자동전환(충압펌프부터 먼저 자동 전환)

● 다른 소화설비와 겸용인 경우 펌프 성능 확보 가능 여부
① 펌프를 다른 소화설비(스프링클러설비, 간이스프링클러설비, 화재조기진압용 스프링클러설비, 물분무소화설비, 포소화설비, 옥외소화전설비)와 겸용하는 경우 각각의 소화설비 성능에 지장이 없어야 함

② 펌프를 기동할 경우 겸용하는 설비의 각각의 방수량, 방수압력이 정상적으로 토출되어야 함
③ 스프링클러설비와 옥내소화전설비 등 겸용 설치된 경우 성능 여부
- 겸용일 경우 각 펌프 토출량의 합산으로 펌프 산정

○ 펌프 흡입 측 연성계 · 진공계 및 토출 측 압력계 등 부속장치의 변형 · 손상 유무
① 펌프 흡입 측 : 연성계 또는 진공계 설치 및 정상 여부
- 수원의 수위가 펌프보다 높거나 수직회전축펌프의 경우 면제 가능
② 펌프 토출 측 : 체크밸브 이전에 플랜지 근접한 곳에 압력계 설치 및 정상 여부
③ 토출 측에는 압력계 설치
④ 흡입 측에는 연성계 또는 진공계 설치

● 기동장치 적정 설치 및 기동압력 설정 적정 여부
① 기동용 수압개폐장치(압력챔버)에 따른 펌프 정상 작동 여부 확인
압력챔버 하부에 설치되어 있는 배수밸브를 개방하여 충압펌프, 주펌프 순의로 순차적으로 기동하는지 여부 확인

② 기동압력 설정 적정 여부
㉠ 충압펌프
- 정지점은 주펌프 정지점보다 약간 낮게(0.05~0.1MPa) 설정
- 기동점은 주펌프 기동점보다 0.05MPa 높게 설정
㉡ 주펌프
- 기동점은 자연낙차압+K (K : 옥내소화전 0.2MPa, 스프링클러 : 0.15MPa)
- 정지점

방식	적용 시점	설정값
자동정지	2006년 12월 29일 이전 건축허가 대상	체절압력 미만
수동정지	2006년 12월 29일 이후 건축허가 대상	체절압력 이상

○ 기동스위치 설치 적정 여부(ON/OFF 방식)
① 보호판을 부착한 기동스위치의 옥내소화전함 내 설치 여부
② 기동스위치 조작에 따른 주펌프 기동 및 정지 여부 확인

● 주펌프와 동등 이상 펌프 추가 설치 여부
① 옥상수조를 설치하지 않은 건축물에서는 주펌프 동등 이상의 펌프(예비펌프)가 설치되어야 하나 다음 대상은 면제
㉠ 지하층만 있는 건축물
㉡ 고가수조를 가압송수장치로 설치한 경우
㉢ 수원이 최상층 방수구보다 높은 위치에 설치된 경우
㉣ 건축물이 높이가 10m 이하인 경우

ⓑ 가압수조를 가압송수장치로 설치한 경우
　② 예비펌프의 용량은 주펌프와 동일하거나 이상이어야 하며, 기동방식은 내연기관 또는 비상전원(자가발전설비, 축전지설비, 전기저장장치)에 연결한 펌프가 설치되어 있는지 확인

● 물올림장치 설치 적정(전용 여부, 유효수량, 배관 구경, 자동급수) 여부
　① 수원의 수위가 펌프보다 낮은 경우 물올림장치 설치 여부 확인
　② 물올림장치 확인사항
　　㉠ 수조는 옥내소화전 전용으로 사용하고 있는지 여부
　　㉡ 수조에 물은 채워져 있으며, 유효수량은 100L 이상인지 여부
　　㉢ 배수밸브 개방 시 감수에 따라 구경 15mm 이상의 급수배관에 따라 자동급수되는지 여부 확인
　③ 물올림장치가 정상적인 기능을 하는지 여부는 펌프에 설치되어 있는 물올림컵에 밸브를 개방했을 때 물이 토출되는지 여부 확인

● 충압펌프 설치 적정(토출압력, 정격토출량) 여부
　① 기동용 수압개폐장치를 기동장치로 사용하는 경우 충압펌프 설치 여부
　② 충압펌프의 토출압력은 최상층의 방수구 자연압보다 0.2MPa 크게 하거나 주펌프의 정격토출압력과 동일한지 여부
　③ 충압펌프의 토출량은 평상시 누설량보다는 적어서는 안 되며, 옥내소화전설비가 자동적으로 작동될 수 있도록 충분한 토출량인지 여부 확인

○ 내연기관 방식의 펌프 설치 적정[정상 기동(기동장치 및 제어반) 여부, 축전지 상태, 연료량] 여부
　① 제어반 확인
　　㉠ 상용전원(AC 전원)이 정상적으로 공급되는지 여부 확인
　　㉡ 축전지의 전압을 전류전압계로 측정한 값과 제어반 표시부와 일치되는지 여부 확인(축전지 1개인 경우 정상 전압은 12~14V, 2개인 경우 21~26V)
　　㉢ 펌프의 기동선택스위치가 자동으로 되어 있는지 여부 확인
　② 축전지 상태 확인
　　축전지 상단의 상태 표시창 확인(녹색 : 정상, 검정색 : 충전 필요, 흰색 : 교체)
　③ 연료량 확인
　　㉠ 연료탱크 측면에 붙어 있는 레벨게이지를 통해 확인
　　㉡ 연료량은 펌프를 20분(30층 이상 49층 이하 : 40분, 50층 이상 : 60분) 이상 운전할 수 있는 용량일 것
　　㉢ 내연기관 사양표 및 감리결과보고서에서 엔진의 연료소비량 확인

○ 가압송수장치의 "옥내소화전펌프" 표지 설치 여부 또는 다른 소화설비와 겸용 시 겸용설비 이름 표시 부착 여부

① 주펌프 직근에 "옥내소화전펌프" 표시한 표지 부착 여부
② 주펌프를 겸용하는 경우 겸용하는 설비의 이름을 함께 표시한 표지 부착 여부

[고가수조방식]

○ 수위계 · 배수관 · 급수관 · 오버플로우관 · 맨홀 등 부속장치의 변형 · 손상 유무
고가수조의 경우 다음의 부속장치의 정상적인 기능 유무 등을 확인
① 유효수량을 확인할 수 있는 수위계
② 수조의 보수, 점검, 청소 등을 위한 배수관
③ 소화수가 감수되는 경우 보충을 위한 급수관
④ 과잉 급수로 인해 고가수조의 물이 넘치는 것을 막기 위한 오버플로우관
⑤ 수조 내부의 유효수량, 물의 상태 등을 확인하기 위한 맨홀

[압력수조방식]

● 압력수조의 압력 적정 여부
① 압력수조에 필요한 최소 압력 산출

$$P = p_1 + p_2 + p_3 + 0.17 (호스릴옥내소화전설비 포함)$$

여기서, P : 필요한 압력(MPa)
p_1 : 호스의 마찰손실수두압(MPa)
p_2 : 배관의 마찰손실수두압(MPa)
p_3 : 낙차의 환산수두압(MPa)

② 압력수조의 압력계를 확인하여 산출된 압력 이상 확보 유무 확인

○ 수위계 · 급수관 · 급기관 · 압력계 · 안전장치 · 공기압축기 등 부속장치의 변형 · 손상 유무
압력수조의 경우 다음의 부속장치의 정상적인 기능 유무 등을 확인
① 유효수량을 확인할 수 있는 수위계
② 소화수가 감수되는 경우 보충을 위한 급수관
③ 압력수조의 압력을 충전시키기 위한 공기압축기, 급기관
④ 압력을 확인할 수 있는 압력계
⑤ 과도한 압력으로부터 보호해 줄 수 있는 안전장치

[가압수조방식]

● 가압수조 및 가압원 설치장소의 방화구획 여부
가압수조 및 가압원 설치장소는 「건축법 시행령」 제64조에 따른 방화구획된 장소에 설치되어 있는지 여부
① 내화구조로 된 바닥 및 벽 및 관통부

② 60분+ 방화문, 60분 방화문 또는 방화셔터

○ 수위계 · 급수관 · 배수관 · 급기관 · 압력계 등 부속장치의 변형 · 손상 유무
가압수조방식는 다음의 부속장치의 정상적인 기능 유무 확인
① 유효수량을 확인할 수 있는 수위계
② 소화수가 감수되는 경우 보충을 위한 급수관
③ 수조의 보수, 점검, 청소 등을 위한 배수관
④ 가압수조에 압력을 부여하기 위한 급기관
⑤ 가압가스의 압력을 확인할 수 있는 압력계

2-D. 송수구

○ 설치장소 적정 여부
① 소방차가 쉽게 접근할 수 있고, 잘 보이는 장소에 설치되어 있는지 여부
② 화재층으로부터 지면으로 떨어지는 유리창 등이 송수 및 그 밖의 소화작업에 지장을 주지 않는 장소에 설치되었는지 여부

● 연결배관에 개폐밸브를 설치한 경우 개폐상태 확인 및 조작 가능 여부
① 옥내소화전 전용 송수구인 경우에는 송수구로부터 주배관에 이르는 연결배관에는 개폐밸브 설치 금지
② 송수구를 스프링클러설비, 물분무소화설비, 포소화설비, 연결송수관설비의 배관과 겸용하는 경우에는 개폐밸브 설치 가능
③ 개폐밸브 설치의 경우 원활한 개폐가 가능하고, Tamper S/W 설치 여부 및 제어반에서 밸브의 개폐상태 확인 가능 여부

● 송수구 설치 높이 및 구경 적정 여부
① 지면으로 높이가 0.5m 이상 1m 이하의 위치에 설치되었는지 여부
② 구경은 65mm의 쌍구형 또는 단구형인지 여부

● 자동배수밸브(또는 배수공) · 체크밸브 설치 여부 및 설치 상태 적정 여부
① 송수구의 부근에는 자동배수밸브 또는 직경 5mm의 배수공 및 체크밸브 설치 여부 확인
② 자동배수밸브 또는 배수공은 물이 잘 빠지고, 배수된 물로 인하여 다른 물건이나 장소에 피해를 주지 않는지 여부

○ 송수구 마개 설치 여부
송수구에 이물질이 투입되는 것을 막기 위한 마개 설치 여부

2-E. 배관 등

- 펌프의 흡입 측 배관 여과장치의 상태 확인

  펌프 케이싱 내부로 이물질 침입을 방지하기 위한 여과장치(스트레이너) 설치 여부

- 성능시험배관 설치(개폐밸브, 유량조절밸브, 유량측정장치) 적정 여부
  ① 펌프의 토출 측 개폐밸브 이전에 분기한 성능시험배관 설치 여부
  ② 성능시험배관은 직관으로 설치하고 유량측정장치의 전단부에는 개폐밸브를, 후단부에는 유량 조절밸브 설치 여부
  ③ 유량측정장치가 펌프의 정격토출량 175% 이상까지 측정 가능한 것인지 여부
  ④ 개폐밸브, 유량측정장치, 유량조절밸브 사이의 간격은 제조사 사양에 적합한지 여부

- 순환배관 설치(설치 위치·배관 구경, 릴리프밸브 개방 압력) 적정 여부
  ① 펌프 토출 측 체크밸브 이전에 분기한 순환배관 설치 여부
  ② 순환배관은 구경 20mm 이상의 배관으로 설치되었는지 여부
  ③ 릴리프밸브는 체절압력 미만에서 개방되는지 여부

- 동결방지조치 상태 적정 여부
  ① 배관의 동결방지조치 적정 여부 확인
    ㉠ 단열재에 의한 보온
    ㉡ 배관에 Heating Cable을 설치
    ㉢ 배관에 물을 상시 유동시키는 방법 등
  ② 보온재를 사용하는 경우 난연재료 성능 이상의 것인지 여부

○ 급수배관 개폐밸브 설치(개폐표시형, 흡입 측 버터플라이 제외) 적정 여부
  ① 급수배관의 정의
    수원 또는 옥외송수구로부터 옥내소화전 방수구로 토출될 때까지 급수되는 배관
    ㉠ 수조(1차 수원) → 흡입 측 배관 → 펌프 → 토출 측 배관(주배관) → 방수구
    ㉡ 옥상수조(2차 수원) → 주배관 → 방수구
    ㉢ 옥외송수구 → 연결배관 → 주배관 → 방수구
  ② 급수배관에 설치되는 밸브는 개폐표시형 밸브 설치 여부
  ③ 펌프 흡입 측 배관에는 버터플라이밸브 외의 개폐표시형 밸브 설치 여부

- 다른 설비의 배관과의 구분 상태 적정 여부
  옥내소화전 배관은 다음의 방법으로 다른 설비와 구분하여 설치
  ① 다른 설비의 배관과 구분하여 설치되어 있는지 여부
  ② 배관 또는 보온재 표면의 색상은 「한국산업표준(배관계의 식별표시, KS A 0503)」 또는 적색으로 하여 다른 배관과 구분되는지 여부

2-F. 함 및 방수구 등

○ 함 개방 용이성 및 장애물 설치 여부 등 사용 편의성 적정 여부
   ① 옥내소화전 사용에 지장이 없도록 함의 문이 원활하게 개방되는지 여부
   ② 함 주변에 장애물 등이 없고 호스는 방수구에 접결되어 있고, 전개 등 원활한 사용이 가능한지 여부

○ 위치·기동 표시등 적정 설치 및 정상 점등 여부
   ① 옥내소화전함의 위치표시등
      ㉠ 소화전함상부에 설치되어 있는지 여부
      ㉡ 소방청장이 고시한 「표시등의 성능인증 및 제품검사의 기술기준」에 적합한 것인지 여부
         • 적색으로 점등
         • 표시등의 불빛은 부착면과 15° 이하의 각도로 발산되고, 10m 떨어진 위치에서 켜진 등이 식별되어야 함
   ② 가압송수장치의 기동표시등
      ㉠ 소화전함 상부 또는 그 직근에 적색등으로 설치 여부
      ㉡ 「위험물안전관리법 시행령」 별표 8에 따라 자체소방대를 구성하여 운영하는 경우 기동표시등은 제외 가능

○ "소화전" 표시 및 사용요령(외국어 병기) 기재 표지판 설치상태 적정 여부
   ① 옥내소화전함 표면에 "소화전" 표시 여부
   ② 옥내소화전함 직근 보기 쉬운 곳에 사용요령 표지판 부착 여부
      ㉠ 사용요령은 외국어와 시각적인 그림을 포함하여 작성
      ㉡ 사용요령 표지판을 소화전함 문에 부착하는 경우 문 내·외부 모두에 부착

● 대형 공간(기둥 또는 벽이 없는 구조) 소화전함 설치 적정 여부
   기둥 또는 벽이 없는 대형 공간에서 바닥에 방수구를 설치한 경우 방수구와 가장 가까운 벽 또는 기둥에 소화전함 설치 여부

● 방수구 설치 적정 여부
   ① 각 층마다 설치하고 각 부분으로 방수구까지 수평거리 25m 이하 설치 여부
   ② 복층형 구조 공동주택의 경우에는 세대 출입구 설치된 층에만 설치 가능
   ③ 바닥으로부터 높이가 1.5m 이하인지 여부
   ④ 벽 또는 기둥이 없는 경우에는 바닥 설치 여부
   ※ 방수구의 위치 표시는 표시등 또는 축광도료 등으로 표시

○ 함 내 소방호스 및 관창 비치 적정 여부
   ① 소화전함 내 구경 40mm(호스릴방식 25mm) 이상 호스 설치 여부

② 호스의 길이는 각 부분에 물이 유효하게 뿌려질 수 있는 길이인지 여부
③ 관창 비치 여부

○ 호스의 접결상태, 구경, 방수압력 적정 여부
① 호스와 방수구의 접결 여부
② 방수구 및 호스의 구경 40mm(호스릴방식 25mm) 이상인지 여부
③ 방수압력 0.17MPa 이상 0.7MPa 이하인지 여부

● 호스릴방식 노즐 개폐장치 사용 용이 여부
① 호스릴방식의 호스의 원활한 전개 여부
② 호스릴 노즐의 원활한 개폐 여부

2-G. 전원

● 대상물 수전방식에 따른 상용전원 적정 여부
① 저압수전인 경우
㉠ 인입개폐기 직후에서 분기하여 전용배선으로 설치하였는지 여부
㉡ 전용의 전선관에 의해 보호되는지 여부
② 특별고압 또는 고압수전 방식
㉠ 전력용 변압기 2차 측의 주차단기 1차 측에서 분기하여 전용배선으로 설치하였는지 여부
㉡ 상용전원의 상시공급에 지장이 없는 경우 주차단기 2차 측에서 분기하여 전용배선으로 설치하였는지 여부
㉢ 가압송수장치의 정격입력전압이 수전전압과 같은 경우 저압수전방식으로 설치하였는지 여부

● 비상전원 설치장소 적정 및 관리 여부
① 점검에 편리하고 화재 또는 침수 등의 재해로 인한 피해를 받을 우려가 없는 장소인지 여부
② 다른 장소와 방화구획되어 있는지 여부
③ 비상전원의 공급에 필요한 기구나 설비가 아닌 불필요한 물건은 없는지 여부
④ 비상조명등 설치 여부

○ 자가발전설비인 경우 연료 적정량 보유 여부
발전기의 시간당 연료소비량 확인
① 발전기 사양표 또는 소방감리결과보고서에서 확인 가능
② "저장 중인 연료량/시간당 소비량=시간" 계산하여 적정량 확인

○ 자가발전설비인 경우 「전기사업법」에 따른 정기점검 결과 확인
① 비상전원은 일반적으로 자가발전기를 많이 사용(비상전원은 내연기관에 따른 엔진펌프 설치

시 면제 가능)
② 비상전원 설치장소는 방화구획할 것
③ 자가발전기 설치 시 연료량 확인
④ 「전기사업법」에 따른 정기검사 시 결과표에 발전기 이상 유무 확인

2-H. 제어반

- **겸용 감시 · 동력 제어반 성능 적정 여부(겸용으로 설치된 경우)**
    ① 일반적으로 감시제어반과 동력제어반은 분리 설치(감시제어반은 수신기와 복합형으로 설치됨)
    ② 감시제어반과 동력제어반은 구분하여 설치하여야 하나, 다음의 경우에는 구분하여 설치하지 않을 수 있음
    　㉠ 비상전원 설치대상이 아닌 경우
    　㉡ 내연기관을 이용한 가압송수장치를 사용하는 경우
    　㉢ 고가수조를 이용한 옥내소화전을 사용하는 경우
    　㉣ 가압수조에 따른 옥내소화전설비를 사용하는 경우

[감시제어반]

○ 펌프 작동 여부 확인 표시등 및 음향경보장치 정상 작동 여부
    ① 감시제어반에서 펌프 작동 여부 신호 확인
    ② 펌프 자동전환 시 기동용 개폐장치 작동에 따라 자동으로 동작
    ③ 펌프 수동전환 시 제어반에서 수동기동하여 작동 확인
    ④ 2006년 12월 이후 소화 주펌프 기동 시 자동정지 안 됨(건축허가년도에 따라 자동정지 여부 확인 필요)

○ 펌프별 자동 · 수동 전환스위치 정상 작동 여부
    ① 동력제어반에서 충압 및 주펌프 스위치 자동상태 확인
    ② 감시제어반에서 자동 · 수동 선택스위치의 원활한 전환 여부 확인
    ③ 감시제어반에서 자동 · 수동 선택스위치를 자동으로 전환
    ④ 기동용 수압개폐장치 배수밸브를 개방하여 배관 내 압력 저하
    ⑤ 압력 저하에 따라 충압 및 주펌프가 기동하는지 확인

- **펌프별 수동기동 및 수동 중단 기능 정상 작동 여부**
    ① 동력제어반에서 충압 및 주펌프 스위치 자동상태 확인
    ② 감시제어반에서 자동 · 수동 선택스위치를 수동으로 전환
    ③ 감시제어반에서 각 펌프를 수동기동 및 수동정지
    ④ 펌프 기동 및 정지 확인

● 상용전원 및 비상전원 공급 확인 가능 여부(비상전원이 있는 경우)
　비상전원 표시등 설치 여부 확인
● 수조 · 물올림탱크 저수위 표시등 및 음향경보장치 정상 작동 여부
　① 물올림탱크의 자동급수밸브 폐쇄
　② 배수밸브를 개방하여 배수
　③ 물올림탱크의 수위가 1/2 정도 감수된 경우
　④ 감시제어반에 저수위 표시등 음향경보(부저) 동작 확인
○ 각 확인회로별 도통시험 및 작동시험 정상 작동 여부
　① 감시제어반의 도통시험 스위치를 누름
　② 회로선택스위치를 1회로씩 돌려가면서 해당 회로를 확인
　　※ 옥내소화전설비 확인회로
　　　• 기동용 수압개폐장치의 압력스위치 회로
　　　• 수조 또는 물올림수조의 감시회로
　　　• 급수배관에 탬퍼스위치가 설치된 경우 폐쇄상태 확인회로
　③ 확인회로에 대한 정상 유무 확인
○ 예비전원 확보 유무 및 시험 적합 여부
　① 예비전원시험 스위치 누름
　② 예비전원 정상 유무 확인
　　㉠ 램프 방식 : 녹색등 점등 확인
　　㉡ 전압계 방식 : 19~29V 표시하는지 확인
● 감시제어반 전용실 적정 설치 및 관리 여부
　① 다른 부분과 방화구획 여부
　　전용실의 벽에 감시를 위한 7mm 이상의 망입유리(16.3mm 이상의 접합유리 또는 28mm 이상의 복층유리)로 된 4m² 미만의 붙박이창은 설치 가능
　② 피난층 또는 지하 1층에 설치하여야 하나 다음의 경우는 지상 2층 또는 지하 1층 외의 지하층에 설치 가능
　　㉠ 특별피난계단이 설치되고 그 계단(부속실 포함) 출입구로부터 보행거리 5m 이내에 전용실의 출입구가 있는 경우
　　㉡ 아파트의 관리동(관리동이 없는 경우에는 경비실)에 설치하는 경우
　③ 비상조명등 및 급 · 배기설비 설치 여부
　④ 무선통신보조설비가 설치된 경우 유효한 통신 가능 여부
　⑤ 면적은 감시제어반 설치 면적 외 화재 시 소방대원이 감시제어반 조작에 필요한 최소면적 이상인지 여부

● 기계 · 기구 또는 시설 등 제어 및 감시설비 외 설치 여부
　감시제어반 전용실에는 기계 · 기구 또는 시설의 제어 및 감시설비 외 불필요한 장비나 물건이 설치되지 않은지 여부

[동력제어반]

○ 앞면은 적색으로 하고, "옥내소화전설비용 동력제어반" 표지 설치 여부
　① 동력제어반 전면은 적색으로 표시되어 있는지 확인
　　※ 외함은 1.5mm 이상 강판 또는 동등 이상의 강도 및 내열성이 있는 것
　② "옥내소화전설비용 동력제어반" 표지 부착 확인

[발전기제어반]

● 소방전원보존형 발전기는 이를 식별할 수 있는 표지 설치 여부
　① 비상전원을 소방전원보존형 발전기로 설치한 경우 "소방전원보존형 발전기"임을 확인할 수 있는 표지 설치 여부
　② 비상전원실의 출입구 외부에는 실의 위치와 비상전원의 종류를 식별할 수 있도록 표지판을 부착
　　㉠ 소방전용 발전기 : 소방부하용량을 기준으로 정격출력용량을 산정하여 사용하는 발전기
　　㉡ 소방부하 겸용 발전기 : 소방 및 비상부하 겸용으로서 소방부하와 비상부하의 전원용량을 합산하여 정격출력용량을 산정하여 사용하는 발전기
　　㉢ 소방전원보존형 발전기 : 소방 및 비상부하 겸용으로서 소방부하의 전원용량을 기준으로 정격출력용량을 산정하여 사용하는 발전기

※ 펌프성능시험(펌프 명판 및 설계치 참조)

구분		체절운전	정격운전 (100%)	정격유량의 150% 운전	적정 여부
토출량 (L/min)	주				1. 체절운전 시 토출압은 정격토출압의 140% 이하일 것 (　)
	예비				2. 정격운전 시 토출량과 토출압이 규정치 이상일 것 (　)
토출압 (MPa)	주				3. 정격토출량의 150%에서 토출압이 정격토출압의 65% 이상일 것 (　)
	예비				

• 설정압력 :
• 주펌프
　기동 :　　　MPa
　정지 :　　　MPa
• 예비펌프
　기동 :　　　MPa
　정지 :　　　MPa
• 충압펌프
　기동 :　　　MPa
　정지 :　　　MPa

※ 릴리프밸브 작동압력 :　　　MPa

③ 스프링클러설비 점검표

3-A. 수원

○ 주된 수원의 유효수량 적정 여부(겸용설비 포함)

① 옥내소화전설비 점검 준용
② 수원량 산출

N개(기준 개수)×80LPM×20min

스프링클러설비의 설치장소			기준 개수
지하층을 제외한 층수 10층 이하인 특정소방대상물	공장	특수가연물을 저장·취급하는 것	30
		그 밖의 것	20
	근린생활시설, 판매시설 운수시설 또는 복합건축물	판매시설 또는 복합건축물 (판매시설이 있는 경우)	30
		그 밖의 것	20
	그 밖의 것	헤드의 부착 높이가 8m 이상인 것	20
		헤드의 부착 높이가 8m 미만인 것	10
지하층을 제외한 층수가 11층 이상인 특정소방대상물·지하가 또는 지하역사			30

주) 하나의 소방대상물이 2 이상의 "스프링클러헤드의 기준 개수"란에 해당하는 때에는 기준 개수가 많은 것을 기준으로 한다. 다만, 각 기준 개수에 해당하는 수원을 별도로 설치하는 경우에는 그렇지 않다.

③ 겸용설비일 경우 수원량은 합한량 이상으로 확보할 것

○ 보조수원(옥상)의 유효수량 적정 여부

① 옥상수조는 주된 수원량의 1/3 이상 확보되었는지 확인
② 옥내소화전설비 점검 준용

3-B. 수조

● 동결방지조치 상태 적정 여부

○ 수위계 설치 또는 수위 확인 가능 여부

● 수조 외측 고정사다리 설치 여부(바닥보다 낮은 경우 제외)

● 실내 설치 시 조명설비 설치 여부

○ "스프링클러설비용 수조" 표지 설치 여부 및 설치 상태

● 다른 소화설비와 겸용 시 겸용설비의 이름 표시한 표지 설치 여부

● 수조 – 수직배관 접속부분 "스프링클러설비용 배관" 표지 설치 여부

3-C. 가압송수장치

[펌프방식]

- ● 동결방지조치 상태 적정 여부
- ○ 성능시험배관을 통한 펌프 성능시험 적정 여부
- ● 다른 소화설비와 겸용인 경우 펌프 성능 확보 가능 여부
- ○ 펌프 흡입 측 연성계 · 진공계 및 토출 측 압력계 등 부속장치의 변형 · 손상 유무
- ● 기동장치 적정 설치 및 기동압력 설정 적정 여부
- ● 물올림장치 설치 적정(전용 여부, 유효수량, 배관 구경, 자동급수) 여부
- ● 충압펌프 설치 적정(토출압력, 정격토출량) 여부
- ○ 내연기관 방식의 펌프 설치 적정[정상 기동(기동장치 및 제어반) 여부, 축전지 상태, 연료량] 여부
- ○ 가압송수장치의 "스프링클러펌프" 표지 설치 여부 또는 다른 소화설비와 겸용 시 겸용설비 이름 표시 부착 여부

[고가수조방식]

- ○ 수위계 · 배수관 · 급수관 · 오버플로우관 · 맨홀 등 부속장치의 변형 · 손상 유무

[압력수조방식]

- ● 압력수조의 압력 적정 여부

  압력수조의 압력은 다음의 식에 따라 산출한 수치 이상 유지되도록 할 것

  $$P = p_1 + p_2 + 0.1$$

  여기서, P : 필요한 압력(MPa)
  p_1 : 낙차의 환산수두압(MPa)
  p_2 : 배관의 마찰손실수두압(MPa)

- ○ 수위계 · 급수관 · 급기관 · 압력계 · 안전장치 · 공기압축기 등 부속장치의 변형 · 손상 유무

[가압수조방식]

- ● 가압수조 및 가압원 설치장소의 방화구획 여부

○ 수위계 · 급수관 · 배수관 · 급기관 · 압력계 등 부속장치의 변형 · 손상 유무

3-D. 폐쇄형 스프링클러설비 방호구역 및 유수검지장치

- ● 방호구역 적정 여부
    ① 하나의 구역이 바닥면적 3,000m² 이하인지 확인
      • 현장점검 시 해당 층 바닥면적으로 기준으로 방호구역 수 확인
    ② 1개 층마다 하나의 방호구역 산정(예외조건 각층 스프링클러헤드 10개 이하)

- ● 유수검지장치 설치 적정(수량, 접근 · 점검 편의성, 높이) 여부

- ○ 유수검지장치실 설치 적정(실내 또는 구획, 출입문 크기, 표지) 여부
    ① 방호구역마다 유수검지장치 설치되었는지 확인
    ② 일반적으로 별도 전용실 설치 또는 피트 공간 내부에 설치됨

- ● 자연낙차에 의한 유수압력과 유수검지장치의 유수검지압력 적정 여부
    고가수조일 때 자연낙차에 따른 압력수가 흐르는 배관에 설치된 유수검지장치는 화재 시 물의 흐름을 검지할 수 있는 최소한의 압력(0.1MPa)이 얻어질 수 있도록 수조의 하단으로부터 낙차를 두어 설치

- ● 조기 반응형 헤드 적합 유수검지장치 설치 여부
    알람밸브(습식 유수검지장치) 설치 여부 확인

3-E. 개방형 스프링클러설비 방수구역 및 일제개방밸브

- ● 방수구역 적정 여부

- ● 방수구역별 일제개방밸브 설치 여부

- ● 하나의 방수구역을 담당하는 헤드 개수 적정 여부
    ① 방수구역마다 일제개방밸브 설치 여부 확인
    ② 하나의 방수구역을 담당하는 헤드의 개수는 50개 이하(2개 이상 구역이 나눌 경우 25개 이상)
      • 개방형 헤드 설치로 인해 일제 살수되므로 헤드 개수 확인

- ○ 일제개방밸브실 설치 적정[실내(구획), 높이, 출입문, 표지] 여부
    일반적으로 별도 전용실설치 또는 피트 공간 내부에 설치됨
    • 일제개방밸브실 가로 0.5m 이상 세로 1m 이상 개구부 확보

3-F. 배관

- ● 펌프의 흡입 측 배관 여과장치의 상태 확인

    펌프 흡입 측 배관에는 여과장치(스트레이너) 설치 여부 확인
    - 스트레이너 확인 시 설치방향 확인

- ● 성능시험배관 설치(개폐밸브, 유량조절밸브, 유량측정장치) 적정 여부
    ① 펌프의 토출 측에 설치된 개폐밸브 이전에서 분기하여 직선으로 설치
    ② 전단 직관부에는 개폐밸브를 후단 직관부에는 유량조절밸브를 설치
    ③ 유량측정장치는 펌프의 정격토출량의 175% 이상 측정
    - 정격토출량이 1,600LPM일 경우 유량측정장치는 2,800LPM까지 측정 가능한 것으로 설치
    ④ 밸브와 유량측정장치 거리는 유량측정장치 제조사 설치사양 참조
    ⑤ 펌프 성능시험배관은 토출 측 개폐밸브 이전에 분기하여 설치
    - 일반적으로 체크밸브 이전 분기하여 설치함

- ● 순환배관 설치(설치 위치·배관 구경, 릴리프밸브 개방압력) 적정 여부

    체절운전 시 수온상승을 방지하기 위해 순환배관 설치
    ① 토출 측 체크밸브와 펌프 사이에 분기하여 설치
    ② 체절압력 미만에서 릴리프밸브 개방 확인

- ● 동결방지조치 상태 적정 여부

    배관의 동결방지조치 상태 확인
    ① 보온재 설치 여부 확인(대부분 보온재로 단열 처리)
    ② 동파방지 열선 처리

- ○ 급수배관 개폐밸브 설치(개폐표시형, 흡입 측 버터플라이 제외) 및 작동표시 스위치 적정(제어반 표시 및 경보, 스위치 동작 및 도통시험) 여부
    ① 펌프 흡입 측 배관은 마찰손실 때문에 버터플라이밸브 제외
    ② 소화배관 내 개폐밸브는 개폐표시형 개폐밸브로 설치
    - OS&Y밸브 또는 버터플라이밸브 사용
    ③ 작동표시스위치(탬퍼 스위치) 적정 여부
    - 개폐밸브 잠금 여부를 제어반에 표시해 주는 스위치 설치(자석타입 또는 스위치타입)

- ○ 준비작동식 유수검지장치 및 일제개방밸브 2차 측 배관 부대설비 설치 적정(개폐표시형 밸브, 수직배수배관, 개폐밸브, 자동배수장치, 압력스위치 설치 및 감시제어반 개방 확인) 여부

- ○ 유수검지장치 시험장치 설치 적정(설치 위치, 배관 구경, 개폐밸브 및 개방형 헤드, 물받이 통 및 배수관) 여부
    ① 습식 스프링클러설비, 건식스프링클러설비는 시험밸브 설치 여부 확인

- • 시험밸브 말단에 프레임 및 반사판 제거한 개방형헤드 설치
- ② 기준적용 이전 건축물 : 준비작동식 설비에도 시험장치 설치되어 있음

● 주차장에 설치된 스프링클러 방식 적정(습식 외의 방식) 여부

일반적으로 상향식 헤드로 설치되고 일부 하향식도 기준에 맞게 설치하면 적용 가능

● 다른 설비의 배관과의 구분 상태 적정 여부

소화배관은 적색 보온재 설치 또는 적색 띠 설치하여 구분

3-G. 음향장치 및 기동장치

○ 유수검지에 따른 음향장치 작동 가능 여부(습식·건식의 경우)
- ① 시험밸브 동작 시 1분 이내에 클래퍼가 개방되어 압력스위치로 신호 전달
- ② 압력스위치 접점 동작 시 제어반 밸브 개방 확인되어 음향장치 연동

○ 감지기 작동에 따라 음향장치 작동 여부(준비작동식 및 일제개방밸브의 경우)

교차회로 감지기 중 1개라도 작동되면 음향장치 연동

● 음향장치 설치 담당구역 및 수평거리 적정 여부

습식 또는 준비작동식 담당구역마다 음향장치 설치

● 주음향장치 수신기 내부 또는 직근 설치 여부
- ① 우선경보방식 : 11층 이상(공동주택 16층 이상)일 때 적용
- ② 음향장치의 중심으로부터 1m 떨어진 위치에서 90dB 이상

● 우선경보방식에 따른 경보 적정 여부

○ 음향장치(경종 등) 변형·손상 확인 및 정상 작동(음량 포함) 여부

[펌프 작동]

○ 유수검지장치의 발신이나 기동용 수압개폐장치의 작동에 따른 펌프 기동 확인(습식·건식의 경우)

○ 화재감지기의 감지나 기동용 수압개폐장치의 작동에 따른 펌프 기동 확인(준비작동식 및 일제개방밸브의 경우)

기동용 수압개폐장치(압력챔버, 기동용 압력스위치) 동작 시 펌프 기동 여부 확인
- • 대부분 기동용 수압개폐장치의 신호에 따라 소화펌프 동작함

[준비작동식 유수검지장치 또는 일제개발밸브 작동]

○ 담당구역 내 화재감지기 동작(수동기동 포함)에 따라 개방 및 작동 여부

① 교차회로(담당구역 내에 2 이상의 화재감지기 회로) 감지기를 설치하고 2개의 감지기가 동시 동작할 경우 전자밸브 개방
② 주차장의 경우 방호구역에 2 이상으로 설치되어 있으므로 각 해당 구역에 맞게 교차회로 감지기가 구성되어야 함

○ 수동조작함(설치 높이, 표시등) 설치 적정 여부
　바닥으로부터 0.8m 이상 1.5m 이하의 높이에 설치

3-H. 헤드

○ 헤드의 변형 · 손상 유무
　① 스프링클러헤드 외형이 찌그러짐이나 훼손 여부 확인
　② 헤드에 도색 등 오염물질 부착 여부 확인
　③ 헤드의 외형의 상태를 점검하고 점검결과를 기재

○ 헤드 설치 위치 · 장소 · 상태(고정) 적정 여부
　① 헤드는 주위 반경 60cm 이내 장애물이 없을 것
　② 헤드의 반사판은 부착면과 평행하게 설치할 것
　③ 스프링클러헤드는 견고하게 고정 설치할 것

○ 헤드 살수장애 여부
　① 스프링클러헤드 살수장애 예시
　② 헤드 주위 전등, 전기트레이, 덕트 등 살수에 장애되는 요소 확인
　③ 헤드끼리 거리가 가까운 것은 국내기준에 없기 때문에 지적 안 함

● 무대부 또는 연소 우려 있는 개구부 개방형 헤드 설치 여부
　① 지하층, 무창층, 4층 이상의 층에 무대부가 설치된 경우 개방형 헤드 설치
　　• 면적은 300m² 또는 500m² 이상 시
　② 무대부 등은 천장이 높아 폐쇄형 헤드 동작지연되므로 개방형 헤드 설치
　③ 화재위험이 큰 장소는 개방형 헤드를 설치하여 일제살수로 소화
　④ 컨베이어벨트 등 방화구획을 관통하는 개구부도 개방형 헤드 설치
　　• 화재 시 개구부를 통하여 인접 구역으로 화재 확산 우려

● 조기 반응형 헤드 설치 여부(의무 설치 장소의 경우)
　① 공동주택 · 노유자시설의 거실
　② 오피스텔 · 숙박시설의 침실, 병원 · 의원의 입원실

● 경사진 천장의 경우 스프링클러헤드의 배치상태
　천장의 기울기가 1/10 초과하는 경우

- 연소할 우려가 있는 개구부 헤드 설치 적정 여부
    ① 상하좌우에 2.5m 간격으로 설치
    ② 개구부의 폭이 2.5m 이하인 경우에는 그 중앙에 설치
    ③ 개구부의 상부 또는 측면(개구부의 폭이 9m 이하인 경우)에 설치하되, 헤드 상호 간의 간격은 1.2m 이하로 설치
- 습식·부압식 스프링클러 외의 설비 상향식 헤드 설치 여부
    ① 건식, 준비작동식은 상향식 헤드 설치
        • 소화수가 체류되어 동파 우려가 있는 설비는 상향식으로 헤드 설치함
    ② 예외
        ㉠ 드라이펜던트 스프링클러헤드를 사용하는 경우
        ㉡ 스프링클러헤드의 설치장소가 동파의 우려가 없는 곳인 경우
        ㉢ 개방형 스프링클러헤드를 사용하는 경우
- 측벽형 헤드 설치 적정 여부
    ① 긴 변의 한쪽 벽에 일렬로 설치하고 3.6m 이내마다 설치
    ② 폭이 4.5m 이상 9m 이하인 실에 있어서는 긴 변의 양쪽에 각각 일렬로 설치하되 마주보는 스프링클러헤드가 나란히꼴이 되도록 설치
- 감열부에 영향을 받을 우려가 있는 헤드의 차폐판 설치 여부

3-I. 송수구

○ 설치장소 적정 여부

- 연결배관에 개폐밸브를 설치한 경우 개폐상태 확인 및 조작 가능 여부

- 송수구 설치 높이 및 구경 적정 여부

○ 송수압력범위 표시 표지 설치 여부

- 송수구 설치 개수 적정 여부(폐쇄형 스프링클러설비의 경우)

- 자동배수밸브(또는 배수공)·체크밸브 설치 여부 및 설치 상태 적정 여부
    순서 : 송수구 → 자동배수밸브 → 체크밸브

○ 송수구 마개 설치 여부

3-J. 전원

- 대상물 수전방식에 따른 상용전원 적정 여부

● 비상전원 설치장소 적정 및 관리 여부

○ 자가발전설비인 경우 연료 적정량 보유 여부

○ 자가발전설비인 경우 「전기사업법」에 따른 정기점검 결과 확인

3-K. 제어반

● 겸용 감시 · 동력 제어반 성능 적정 여부(겸용으로 설치된 경우)

[감시제어반]

○ 펌프 작동 여부 확인 표시등 및 음향경보장치 정상 작동 여부

○ 펌프별 자동 · 수동 전환스위치 정상 작동 여부

● 펌프별 수동기동 및 수동 중단 기능 정상 작동 여부

● 상용전원 및 비상전원 공급 확인 가능 여부(비상전원이 있는 경우)
  ① 비상전원이 설치된 경우 제어반에서 확인 가능 여부
  ② 대부분 비상발전기로 설치되어 있어 발전기 기동 시 동작 확인 등 점등(점검은 발전기 무부하 운전으로 기동 후 제어반에 신호 전달되는지 확인)

● 수조 · 물올림탱크 저수위 표시등 및 음향경보장치 정상 작동 여부
  ① 소화수조 저수위경보장치를 동작시켜 제어반 신호 확인
    ㉠ 추 타입 : 물탱크 상부에서 오뚝이 추를 들어올려서 신호 전달
    ㉡ 전극봉 타입 : 물탱크 상부에서 단자대 선로를 단락시켜서 신호 전달
  ② 저수위경보장치 신호는 설비작동이므로 일반적으로 부저 음향

○ 각 확인회로별 도통시험 및 작동시험 정상 작동 여부

○ 예비전원 확보 유무 및 시험 적합 여부

● 감시제어반 전용실 적정 설치 및 관리 여부

● 기계 · 기구 또는 시설 등 제어 및 감시설비 외 설치 여부

○ 유수검지장치 · 일제개방밸브 작동 시 표시 및 경보 정상 작동 여부
  ① 습식, 건식, 준비작동식, 부압식 설비 동작 시 제어반에 확인되는지 여부
  ② 일제개방밸브 동작 시 제어반에 확인되는지 여부

○ 일제개방밸브 수동조작스위치 설치 여부
  방수구역별 수동조작함 설치 여부 확인

- 일제개방밸브 사용 설비 화재감지기 회로별 화재 표시 적정 여부
    ① 방수구역별 교차회로 감지기 설치 여부 확인
    ② 해당 감지기 동작 시 제어반에 교차회로 A, B 점등상태 확인
- 감시제어반과 수신기 간 상호 연동 여부(별도로 설치된 경우)
    일반적으로 감시제어반과 수신기는 복합형으로 설치(거의 대부분 같은 장소에 복합형으로 설치, 별도 설치는 거의 없음)

[동력제어반]
○ 앞면은 적색으로 하고, "스프링클러설비용 동력제어반" 표지 설치 여부

[발전기제어반]
- 소방전원보존형 발전기는 이를 식별할 수 있는 표지 설치 여부

3-L. 헤드 설치 제외

- 헤드 설치 제외 적정 여부(설치 제외된 경우)
    ■ 스프링클러 헤드 설치 제외
    ① 계단실(특별피난계단의 부속실을 포함한다)·경사로·승강기의 승강로·비상용 승강기의 승강장·파이프덕트 및 덕트피트(파이프·덕트를 통과시키기 위한 구획된 구멍 한함)·목욕실·수영장(관람석 부분 제외)·화장실·직접 외기에 개방되어 있는 복도·기타 이와 유사한 장소
    ② 통신기기실·전자기기실·기타 이와 유사한 장소
    ③ 발전실·변전실·변압기·기타 이와 유사한 전기설비가 설치되어 있는 장소
    ④ 병원의 수술실·응급처치실·기타 이와 유사한 장소
    ⑤ 천장과 반자 양쪽이 불연재료로 되어 있는 경우로서 그 사이의 거리 및 구조가 다음의 어느 하나에 해당하는 부분
        ㉠ 천장과 반자 사이의 거리가 2m 미만인 부분
        ㉡ 천장과 반자 사이의 벽이 불연재료이고 천장과 반자 사이의 거리가 2m 이상으로서 그 사이에 가연물이 존재하지 않는 부분
    ⑥ 천장·반자 중 한쪽이 불연재료로 되어 있고 천장과 반자 사이의 거리가 1m 미만인 부분
    ⑦ 천장 및 반자가 불연재료 외의 것으로 되어 있고 천장과 반자 사이의 거리가 0.5m 미만인 부분
    ⑧ 펌프실·물탱크실 엘리베이터 권상기실 그 밖의 이와 비슷한 장소
    ⑨ 현관 또는 로비 등으로서 바닥으로부터 높이가 20m 이상인 장소
    ⑩ 영하의 냉장창고의 냉장실 또는 냉동창고의 냉동실

⑪ 고온의 노가 설치된 장소 또는 물과 격렬하게 반응하는 물품의 저장 또는 취급장소
⑫ 불연재료로 된 특정소방대상물 또는 그 부분으로서 다음의 어느 하나에 해당하는 장소
  ㉠ 정수장·오물처리장 그 밖의 이와 비슷한 장소
  ㉡ 펄프공장의 작업장·음료수공장의 세정 또는 충전하는 작업장 그 밖의 이와 비슷한 장소
  ㉢ 불연성의 금속·석재 등의 가공공장으로서 가연성물질을 저장 또는 취급하지 않는 장소
  ㉣ 가연성 물질이 존재하지 않는 「건축물의 에너지절약설계기준」에 따른 방풍실
⑬ 실내에 설치된 테니스장·게이트볼장·정구장 또는 이와 비슷한 장소로서 실내 바닥·벽·천장이 불연재료 또는 준불연재료로 구성되어 있고 가연물이 존재하지 않는 장소로서 관람석이 없는 운동시설(지하층 제외)

● 드렌처설비 설치 적정 여부
  ① 드렌처헤드는 개구부 위 측에 2.5m 이내마다 1개를 설치할 것
  ② 제어밸브는 특정소방대상물 층마다에 바닥면으로부터 0.8m 이상 1.5m 이하의 위치에 설치할 것

※ 펌프성능시험(펌프 명판 및 설계치 참조)

구분		체절운전	정격운전 (100%)	정격유량의 150% 운전	적정 여부
토출량 (L/min)	주				1. 체절운전 시 토출압은 정격토출압의 140% 이하일 것( )
	예비				2. 정격운전 시 토출량과 토출압이 규정치 이상일 것( )
토출압 (MPa)	주				3. 정격토출량의 150%에서 토출압이 정격토출압의 65% 이상일 것( )
	예비				

- 설정압력 :
- 주펌프
  기동 :   MPa
  정지 :   MPa
- 예비펌프
  기동 :   MPa
  정지 :   MPa
- 충압펌프
  기동 :   MPa
  정지 :   MPa

※ 릴리프밸브 작동압력 :   MPa

4 간이스프링클러설비 점검표

4-A. 수원

○ 수원의 유효수량 적정 여부(겸용설비 포함)
  ① 상수도직결형의 경우에는 수돗물
  ② 수조(캐비닛형 포함)를 사용하고자 하는 경우에는 적어도 1개 이상의 자동급수장치를 갖추어야 하며, 2개의 간이헤드에서 최소 10분[영 별표 4 제1호 마목 2)가) 또는 6)과 8) [박스 참조]에 해당하는 경우에는 5개의 간이헤드에서 최소 20분] 이상 방수할 수 있는 양 이상을 수조에 확보할 것

> ■ 간이스프링클러 헤드 5개, 최소 방수량 20분 대상
> 2) 근린생활시설 중 다음의 어느 하나에 해당하는 것
>   가) 근린생활시설로 사용하는 부분의 바닥면적 합계가 1,000m^2 이상인 것은 모든 층
> 6) 숙박시설로 사용되는 바닥면적의 합계가 300m^2 이상 600m^2 미만인 시설
> 8) 복합건축물(별표 2 제30호 나목의 복합건축물만 해당한다)로서 연면적 1,000m^2 이상인 것은 모든 층

4-B. 수조

○ 자동급수장치 설치 여부
  ① 캐비닛형 간이스프링클러설비는 수조와 펌프가 일체형으로 설치
    • 일반적으로 수조의 수위가 1/3 저하 시 자동급수됨(설치된 볼탑으로 급수시점 조절 가능)
  ② 상수도직결형 간이스프링클러설비는 건물 내 인입된 수도배관으로 설치

● 동결방지조치 상태 적정 여부

○ 수위계 설치 또는 수위 확인 가능 여부
  ① 캐비닛형 간이스프링클러설비는 외부 수위계 설치로 수위 확인
  ② 펌프방식은 수조 외부 수위계 설치되었는지 또는 수위계 없을 시 수원 확인 가능 여부
    ㉠ 수조의 수원량에 적합한 수위계인지 확인
    ㉡ 수위계는 변형, 손상 등이 없고, 지시치가 적절한지 확인

● 수조 외측 고정사다리 설치 여부(바닥보다 낮은 경우 제외)

● 실내 설치 시 조명설비 설치 여부

○ "간이스프링클러설비용 수조" 표지 설치상태 적정 여부

● 다른 소화설비와 겸용 시 겸용설비의 이름 표시한 표지 설치 여부

● 수조 – 수직배관 접속부분 "간이스프링클러설비용 배관" 표지 설치 여부

4-C. 가압송수장치

[상수도직결형]

○ 방수량 및 방수압력 적정 여부
  ① 상수도배관에 연결하여 설치는 방식으로 0.1MPa 이상 방수압력 측정(간이헤드의 경우 50LPM, 표준형 헤드의 경우 80LPM 기준)
  ② 캐비닛형은 수조와 펌프가 일체형으로 설치된 것으로 0.1MPa 이상 방수압력 측정(간이헤드의 경우 50LPM, 표준형 헤드의 경우 80LPM 기준)

[펌프방식]

● 동결방지조치 상태 적정 여부

○ 성능시험배관을 통한 펌프 성능시험 적정 여부

● 다른 소화설비와 겸용인 경우 펌프 성능 확보 가능 여부

○ 펌프 흡입 측 연성계 · 진공계 및 토출 측 압력계 등 부속장치의 변형 · 손상 유무

● 기동장치 적정 설치 및 기동압력 설정 적정 여부

● 물올림장치 설치 적정(전용 여부, 유효수량, 배관 구경, 자동급수) 여부

● 충압펌프 설치 적정(토출압력, 정격토출량) 여부

○ 내연기관 방식의 펌프 설치 적정[정상 기동(기동장치 및 제어반) 여부, 축전지 상태, 연료량] 여부

○ 가압송수장치의 "간이스프링클러펌프" 표지 설치 여부 또는 다른 소화설비와 겸용 시 겸용설비 이름 표시 부착 여부

[고가수조방식]

○ 수위계 · 배수관 · 급수관 · 오버플로우관 · 맨홀 등 부속장치의 변형 · 손상 유무

[압력수조방식]

● 압력수조의 압력 적정 여부

압력수조의 압력은 다음의 식에 따라 산출한 수치 이상 유지되도록 할 것

$$P = p_1 + p_2 + 0.1$$

여기서, P : 필요한 압력(MPa)
p_1 : 낙차의 환산수두압(MPa)
p_2 : 배관의 마찰손실수두압(MPa)

○ 수위계 · 급수관 · 급기관 · 압력계 · 안전장치 · 공기압축기 등 부속장치의 변형 · 손상 유무

[가압수조방식]

● 가압수조 및 가압원 설치장소의 방화구획 여부

○ 수위계 · 급수관 · 배수관 · 급기관 · 압력계 등 부속장치의 변형 · 손상 유무

4-D. 방호구역 및 유수검지장치

● 방호구역 적정 여부
  ① 캐비닛형 간이스프링클러설비(하나의 캐비닛을 2개 층으로 설치할 수 없음)
   • 하나의 방호구역이 바닥면적 1,000m² 이하인지 확인
  ② 해당 층 바닥면적 3,000m²일 경우 방호구역은 3개소 산정
   • 현장점검 시 해당 층 바닥면적으로 기준으로 방호구역수 확인

● 유수검지장치 설치 적정(수량, 접근 · 점검 편의성, 높이) 여부

○ 유수검지장치실 설치 적정(실내 또는 구획, 출입문 크기, 표지) 여부

● 자연낙차에 의한 유수압력과 유수검지장치의 유수검지압력 적정 여부
  고가수조 또는 옥상기계실에 수조와 소화펌프가 설치된 경우일 때 자연낙차에 따른 압력수가 흐르는 배관에 설치된 유수검지장치는 화재 시 물의 흐름을 검지할 수 있는 최소한의 압력(0.1MPa)이 얻어질 수 있도록 수조의 하단으로부터 낙차를 두어 설치

● 주차장에 설치된 간이스프링클러 방식 적정(습식 외의 방식) 여부
  일반적으로 상향식 헤드로 설치되고 일부 하향식도 기준에 맞게 설치하면 적용 가능

4-E. 배관 및 밸브

○ 상수도직결형 수도배관 구경 및 유수검지에 따른 다른 배관 자동 송수 차단 여부

○ 급수배관 개폐밸브 설치(개폐표시형, 흡입 측 버터플라이 제외) 및 작동표시스위치 적정(제어반 표시 및 경보, 스위치 동작 및 도통시험) 여부

● 펌프의 흡입 측 배관 여과장치의 상태 확인

- 성능시험배관 설치(개폐밸브, 유량조절밸브, 유량측정장치) 적정 여부
- 순환배관 설치(설치 위치 · 배관 구경, 릴리프밸브 개방압력) 적정 여부
- 동결방지조치 상태 적정 여부
○ 준비작동식 유수검지장치 2차 측 배관 부대설비 설치 적정(개폐표시형 밸브, 수직배수배관 · 개폐밸브, 자동배수장치, 압력스위치 설치 및 감시제어반 개방 확인) 여부
○ 유수검지장치 시험장치 설치 적정(설치 위치, 배관 구경, 개폐밸브 및 개방형 헤드, 물받이 통 및 배수관) 여부
  ① 가지배관 말단에 연결하여 설치
  ② 시험밸브에 개방형헤드 2개소 설치
- 간이스프링클러설비 배관 및 밸브 등의 순서의 적정 시공 여부
- 다른 설비의 배관과의 구분 상태 적정 여부

4-F. 음향장치 및 기동장치

○ 유수검지에 따른 음향장치 작동 가능 여부(습식의 경우)
- 음향장치 설치 담당구역 및 수평거리 적정 여부
- 주음향장치 수신기 내부 또는 직근 설치 여부
- 우선경보방식에 따른 경보 적정 여부
○ 음향장치(경종 등) 변형 · 손상 확인 및 정상 작동(음량 포함) 여부

[펌프 작동]

○ 유수검지장치의 발신이나 기동용 수압개폐장치의 작동에 따른 펌프 기동 확인(습식의 경우)
○ 화재감지기의 감지나 기동용 수압개폐장치의 작동에 따른 펌프 기동 확인(준비작동식의 경우)

[준비작동식 유수검지장치 작동]

○ 담당구역 내 화재감지기 동작(수동기동 포함)에 따라 개방 및 작동 여부
○ 수동조작함(설치 높이, 표시등) 설치 적정 여부

4-G. 간이헤드

- ○ 헤드의 변형 · 손상 유무
- ○ 헤드 설치 위치 · 장소 · 상태(고정) 적정 여부
- ○ 헤드 살수장애 여부
- ● 감열부에 영향을 받을 우려가 있는 헤드의 차폐판 설치 여부
- ● 헤드 설치 제외 적정 여부(설치 제외된 경우)

4-H. 송수구

- ○ 설치장소 적정 여부
    ① 스프링클러설비 점검 준용
    ② 캐비닛형, 상수도직결형은 송수구 설치 제외 가능
- ● 연결배관에 개폐밸브를 설치한 경우 개폐상태 확인 및 조작 가능 여부
- ● 송수구 설치 높이 및 구경 적정 여부
- ● 자동배수밸브(또는 배수공) · 체크밸브 설치 여부 및 설치 상태 적정 여부
- ○ 송수구 마개 설치 여부

4-I. 제어반

- ● 겸용 감시 · 동력 제어반 성능 적정 여부(겸용으로 설치된 경우)

[감시제어반]

- ○ 펌프 작동 여부 확인 표시등 및 음향경보장치 정상 작동 여부
- ○ 펌프별 자동 · 수동 전환스위치 정상 작동 여부
- ● 펌프별 수동기동 및 수동 중단 기능 정상 작동 여부
- ● 상용전원 및 비상전원 공급 확인 가능 여부(비상전원이 있는 경우)
- ● 수조 · 물올림탱크 저수위 표시등 및 음향경보장치 정상 작동 여부
- ○ 각 확인회로별 도통시험 및 작동시험 정상 작동 여부

○ 예비전원 확보 유무 및 시험 적합 여부

● 감시제어반 전용실 적정 설치 및 관리 여부

● 기계·기구 또는 시설 등 제어 및 감시설비 외 설치 여부

○ 유수검지장치 작동 시 표시 및 경보 정상 작동 여부
  습식, 건식, 준비작동식, 부압식 설비 동작 시 제어반에 확인되는지 여부

● 감시제어반과 수신기 간 상호 연동 여부(별도로 설치된 경우)

[동력제어반]

○ 앞면은 적색으로 하고, "간이스프링클러설비용 동력제어반" 표지 설치 여부

[발전기제어반]

● 소방전원보존형 발전기는 이를 식별할 수 있는 표지 설치 여부

4-J. 전원

● 대상물 수전방식에 따른 상용전원 적정 여부

● 비상전원 설치장소 적정 및 관리 여부

○ 자가발전설비인 경우 연료 적정량 보유 여부

○ 자가발전설비인 경우 「전기사업법」에 따른 정기점검 결과 확인

※ 펌프성능시험(펌프 명판 및 설계치 참조)

구분		체절운전	정격운전 (100%)	정격유량의 150% 운전	적정 여부
토출량 (L/min)	주				1. 체절운전 시 토출압은 정격토출압의 140% 이하일 것( )
	예비				2. 정격운전 시 토출량과 토출압이 규정치 이상일 것( )
토출압 (MPa)	주				3. 정격토출량의 150%에서 토출압이 정격토출압의 65% 이상일 것( )
	예비				

• 설정압력 :
• 주펌프
  기동 :   MPa
  정지 :   MPa
• 예비펌프
  기동 :   MPa
  정지 :   MPa
• 충압펌프
  기동 :   MPa
  정지 :   MPa

※ 릴리프밸브 작동압력 :   MPa

5 화재조기진압용 스프링클러설비 점검표

5-A. 설치장소의 구조

- 설비 설치장소의 구조(층고, 내화구조, 방화구획, 천장 기울기, 천장 자재 돌출부 길이, 보 간격, 선반 물 침투구조) 적합 여부
  ① 렉크식 창고에 적용 여부 확인
  ② 화재조기진압용 스프링클러설비를 설치할 장소의 구조
     ㉠ 화재조기진압용 스프링클러헤드가 화재를 조기에 감지하여 개방되는 데 적합하고, 선반 등의 형태는 하부로 물이 침투되는 구조
     ㉡ 해당 층의 높이가 13.7m 이하일 것. 다만, 2층 이상일 경우에는 해당 층의 바닥을 내화구조로 하고 다른 부분과 방화구획할 것
     ㉢ 천장의 기울기가 1,000분의 168을 초과하지 않아야 하고, 이를 초과하는 경우에는 반자를 지면과 수평으로 설치할 것
     ㉣ 천장은 평평해야 하며 철재나 목재트러스 구조인 경우, 철재나 목재의 돌출 부분이 102mm를 초과하지 않을 것
     ㉤ 보로 사용되는 목재·콘크리트 및 철재 사이의 간격이 0.9m 이상 2.3m 이하일 것. 다만, 보의 간격이 2.3m 이상인 경우에는 화재조기진압용 스프링클러헤드의 동작을 원활히 하기 위해 보로 구획된 부분의 천장 및 반자의 넓이가 28m²를 초과하지 않을 것
     ㉥ 창고 내의 선반 등의 형태는 하부로 물이 침투되는 구조로 할 것

5-B. 수원

- 주된 수원의 유효수량 적정 여부(겸용설비 포함)
  ① 옥내소화전설비 점검 준용
  ② 수원량 산출 : 수리학적으로 가장 먼 가지배관 3개에 각각 4개의 스프링클러헤드가 동시에 개방되었을 때 헤드 선단의 압력이 다음 표에 따른 값 이상으로 60분간 방사할 수 있는 양 이상으로 계산식은 다음과 같다.

$$Q = 12 \times 60 \times K\sqrt{10p}$$

여기서, Q : 수원의 양(L)
K : 상수[(L/min)/(MPa$^{1/2}$)]
p : 헤드 선단의 압력(MPa)

화재조기진압용 스프링클러헤드의 최소방사압력(MPa)

최대층고	최대 저장높이	화재조기진압용 스프링클러헤드의 최소방사압력(MPa)				
		$K=360$ 하향식	$K=320$ 하향식	$K=240$ 하향식	$K=240$ 상향식	$K=200$ 하향식
13.7m	12.2m	0.28	0.28			
13.7m	10.7m	0.28	0.28			
12.2m	10.7m	0.17	0.28	0.36	0.36	0.52
10.7m	9.1m	0.14	0.24	0.36	0.36	0.52
9.1m	7.6m	0.10	0.17	0.24	0.24	0.34

③ 겸용설비일 경우 수원량은 합한 양 이상으로 확보할 것

○ 보조수원(옥상)의 유효수량 적정 여부

5-C. 수조

● 동결방지조치 상태 적정 여부

○ 수위계 설치 또는 수위 확인 가능 여부

● 수조 외측 고정사다리 설치 여부(바닥보다 낮은 경우 제외)

● 실내 설치 시 조명설비 설치 여부

○ "화재조기진압용 스프링클러설비용 수조" 표지 설치 여부 및 설치 상태

● 다른 소화설비와 겸용 시 겸용설비의 이름 표시한 표지 설치 여부

● 수조 – 수직배관 접속부분 "화재조기진압용 스프링클러설비용 배관" 표지 설치 여부

5-D. 가압송수장치

[펌프방식]

● 동결방지조치 상태 적정 여부

○ 성능시험배관을 통한 펌프 성능시험 적정 여부

● 다른 소화설비와 겸용인 경우 펌프 성능 확보 가능 여부

○ 펌프 흡입 측 연성계 · 진공계 및 토출 측 압력계 등 부속장치의 변형 · 손상 유무

● 기동장치 적정 설치 및 기동압력 설정 적정 여부

- 물올림장치 설치 적정(전용 여부, 유효수량, 배관 구경, 자동급수) 여부

- 충압펌프 설치 적정(토출압력, 정격토출량) 여부

○ 내연기관 방식의 펌프 설치 적정[정상 기동(기동장치 및 제어반) 여부, 축전지 상태, 연료량] 여부

○ 가압송수장치의 "화재조기진압용 스프링클러펌프" 표지 설치 여부 또는 다른 소화설비와 겸용 시 겸용설비 이름 표시 부착 여부

[고가수조방식]

○ 수위계·배수관·급수관·오버플로우관·맨홀 등 부속장치의 변형·손상 유무

[압력수조방식]

- 압력수조의 압력 적정 여부

　압력수조의 압력은 다음의 식에 따라 산출한 수치 이상 유지되도록 할 것

$$P = p_1 + p_2 + p_3$$

　　　여기서, P : 필요한 압력(MPa)
　　　　　　p_1 : 낙차의 환산수두압(MPa)
　　　　　　p_2 : 배관의 마찰손실수두압(MPa)
　　　　　　p_3 : 최소방사압력(MPa)

○ 수위계·급수관·급기관·압력계·안전장치·공기압축기 등 부속장치의 변형·손상 유무

[가압수조방식]

- 가압수조 및 가압원 설치장소의 방화구획 여부

○ 수위계·급수관·배수관·급기관·압력계 등 부속장치의 변형·손상 유무

5-E. 방호구역 및 유수검지장치

- 방호구역 적정 여부

- 유수검지장치 설치 적정(수량, 접근·점검 편의성, 높이) 여부

○ 유수검지장치실 설치 적정(실내 또는 구획, 출입문 크기, 표지) 여부

- 자연낙차에 의한 유수압력과 유수검지장치의 유수검지압력 적정 여부

5-F. 배관

- ● 펌프의 흡입 측 배관 여과장치의 상태 확인
- ● 성능시험배관 설치(개폐밸브, 유량조절밸브, 유량측정장치) 적정 여부
- ● 순환배관 설치(설치 위치ㆍ배관 구경, 릴리프밸브 개방압력) 적정 여부
- ● 동결방지조치 상태 적정 여부
- ○ 급수배관 개폐밸브 설치(개폐표시형, 흡입 측 버터플라이 제외) 및 작동표시스위치 적정(제어반 표시 및 경보, 스위치 동작 및 도통시험) 여부
- ○ 유수검지장치 시험장치 설치 적정(설치 위치, 배관 구경, 개폐밸브 및 개방형 헤드, 물받이 통 및 배수관) 여부
- ● 다른 설비의 배관과의 구분 상태 적정 여부

5-G. 음향장치 및 기동장치

- ○ 유수검지에 따른 음향장치 작동 가능 여부
- ● 음향장치 설치 담당구역 및 수평거리 적정 여부
- ● 주음향장치 수신기 내부 또는 직근 설치 여부
- ● 우선경보방식에 따른 경보 적정 여부
- ○ 음향장치(경종 등) 변형ㆍ손상 확인 및 정상 작동(음량 포함) 여부

[펌프 작동]

- ○ 유수검지장치의 발신이나 기동용 수압개폐장치의 작동에 따른 펌프 기동 확인

5-H. 헤드

- ○ 헤드의 변형ㆍ손상 유무
- ○ 헤드 설치 위치ㆍ장소ㆍ상태(고정) 적정 여부
  ① 헤드 하나의 방호면적은 $6.0m^2$ 이상 $9.3m^2$ 이하로 할 것
  ② 가지배관의 헤드 사이의 거리는 천장의 높이가 9.1m 미만인 경우에는 2.4m 이상 3.7m 이하로, 9.1m 이상 13.7m 이하인 경우에는 3.1m 이하로 할 것

③ 헤드의 반사판은 천장 또는 반자와 평행하게 설치하고 저장물의 최상부와 914mm 이상 확보되도록 할 것
④ 하향식 헤드의 반사판의 위치는 천장이나 반자 아래 125mm 이상 355mm 이하일 것
⑤ 상향식 헤드의 감지부 중앙은 천장 또는 반자와 101mm 이상 152mm 이하이어야 하며, 반사판의 위치는 스프링클러 배관의 윗부분에서 최소 178mm 상부에 설치되도록 할 것
⑥ 헤드와 벽과의 거리는 헤드 상호 간 거리의 2분의 1을 초과하지 않아야 하며 최소 102mm 이상일 것
⑦ 헤드의 작동온도는 74℃ 이하일 것. 다만, 헤드 주위의 온도가 38℃ 이상의 경우에는 그 온도에서의 화재시험 등에서 헤드 작동에 관하여 공인기관의 시험을 거친 것을 사용할 것

○ 헤드 살수장애 여부
① 스프링클러헤드 살수장애 여부 확인(보 또는 장애물과 이격거리 기준 여부)
② 헤드 주위 전등, 전기트레이, 덕트 등 살수에 장애되는 요소 확인
③ 헤드끼리 거리가 가까운 것은 국내기준에 없기 때문에 지적 안 함

● 감열부에 영향을 받을 우려가 있는 헤드의 차폐판 설치 여부

5-I. 저장물의 간격 및 환기구

● 저장물품 배치 간격 적정 여부
저장물품 사이의 간격은 모든 방향에서 152mm 이상의 간격 유지

● 환기구 설치 상태 적정 여부
① 공기의 유동으로 인하여 헤드의 작동온도에 영향을 주지 않는 구조 및 위치일 것
② 화재감지기와 연동하여 동작하는 자동식 환기장치를 설치하지 않을 것. 다만, 자동식 환기장치를 설치할 경우에는 최소작동온도가 180℃ 이상일 것

5-J. 송수구

○ 설치장소 적정 여부

● 연결배관에 개폐밸브를 설치한 경우 개폐상태 확인 및 조작 가능 여부
개폐밸브에 탬퍼 스위치 설치하여 제어반에서 폐쇄 여부 확인

● 송수구 설치 높이 및 구경 적정 여부

○ 송수압력범위 표시 표지 설치 여부

● 송수구 설치 개수 적정 여부

- 자동배수밸브(또는 배수공) · 체크밸브 설치 여부 및 설치 상태 적정 여부
○ 송수구 마개 설치 여부

5-K. 전원

- 대상물 수전방식에 따른 상용전원 적정 여부
- 비상전원 설치장소 적정 및 관리 여부
○ 자가발전설비인 경우 연료 적정량 보유 여부
○ 자가발전설비인 경우 「전기사업법」에 따른 정기점검 결과 확인

5-L. 제어반

- 겸용 감시 · 동력 제어반 성능 적정 여부(겸용으로 설치된 경우)

[감시제어반]

○ 펌프 작동 여부 확인 표시등 및 음향경보장치 정상 작동 여부
○ 펌프별 자동 · 수동 전환스위치 정상 작동 여부
- 펌프별 수동기동 및 수동 중단 기능 정상 작동 여부
- 상용전원 및 비상전원 공급 확인 가능 여부(비상전원이 있는 경우)
- 수조 · 물올림탱크 저수위 표시등 및 음향경보장치 정상 작동 여부
○ 각 확인회로별 도통시험 및 작동시험 정상 작동 여부
○ 예비전원 확보 유무 및 시험 적합 여부
- 감시제어반 전용실 적정 설치 및 관리 여부
- 기계 · 기구 또는 시설 등 제어 및 감시설비 외 설치 여부
○ 유수검지장치 작동 시 표시 및 경보 정상 작동 여부
   ① 설비 동작 시 제어반에 확인되는지 여부
   ② 제어반 신호 확인 시 경보 작동 여부
○ 감시제어반과 수신기 간 상호 연동 여부(별도로 설치된 경우)

[동력제어반]

○ 앞면은 적색으로 하고, "화재조기진압용 스프링클러설비용 동력제어반" 표지 설치 여부

[발전기제어반]

● 소방전원보존형 발전기는 이를 식별할 수 있는 표지 설치 여부

5-M. 설치금지 장소

● 설치가 금지된 장소(제4류 위험물 등이 보관된 장소) 설치 여부
  화염속도가 빠르고 방사된 물이 하부까지에 도달하지 못하는 물품 저장
  • 타이어, 두루마리 종이 및 섬유류, 섬유제품 등

※ 펌프성능시험(펌프 명판 및 설계치 참조)

구분		체절운전	정격운전 (100%)	정격유량의 150% 운전	적정 여부
토출량 (L/min)	주				1. 체절운전 시 토출압은 정격토출압의 140% 이하일 것( )
	예비				2. 정격운전 시 토출량과 토출압이 규정치 이상일 것( )
토출압 (MPa)	주				3. 정격토출량의 150%에서 토출압이 정격토출압의 65% 이상일 것( )
	예비				

• 설정압력 :
• 주펌프
  기동 :　　　MPa
  정지 :　　　MPa
• 예비펌프
  기동 :　　　MPa
  정지 :　　　MPa
• 충압펌프
  기동 :　　　MPa
  정지 :　　　MPa

※ 릴리프밸브 작동압력 :　　　MPa

6 물분무소화설비 점검표

6-A. 수원

- ○ 수원의 유효수량 적정 여부(겸용설비 포함)
    ① 「화재의 예방 및 안전관리에 관한 법률 시행령」별표 2의 특수가연물을 저장 또는 취급하는 특정소방대상물 또는 그 부분에 있어서 그 바닥면적(최대 방수구역의 바닥면적을 기준으로 하며, 50m² 이하인 경우에는 50m²) 1m²에 대하여 10L/min로 20분간 방수할 수 있는 양 이상으로 할 것
    ② 차고 또는 주차장은 그 바닥면적(최대 방수구역의 바닥면적을 기준으로 하며, 50m² 이하인 경우에는 50m²) 1m²에 대하여 20L/min로 20분간 방수할 수 있는 양 이상으로 할 것
    ③ 절연유 봉입 변압기는 바닥 부분을 제외한 표면적을 합한 면적 1m²에 대하여 10L/min로 20분간 방수할 수 있는 양 이상으로 할 것
    ④ 케이블트레이, 케이블덕트 등은 투영된 바닥면적 1m²에 대하여 12L/min로 20분간 방수할 수 있는 양 이상으로 할 것
    ⑤ 콘베이어 벨트 등은 벨트 부분의 바닥면적 1m²에 대하여 10L/min로 20분간 방수할 수 있는 양 이상으로 할 것

6-B. 수조

- ● 동결방지조치 상태 적정 여부
- ○ 수위계 설치 또는 수위 확인 가능 여부
- ● 수조 외측 고정사다리 설치 여부(바닥보다 낮은 경우 제외)
- ● 실내 설치 시 조명설비 설치 여부
- ○ "물분무소화설비용 수조" 표지 설치상태 적정 여부
- ● 다른 소화설비와 겸용 시 겸용설비의 이름 표시한 표지 설치 여부
- ● 수조-수직배관 접속부분 "물분무소화설비용 배관" 표지 설치 여부

6-C. 가압송수장치

[펌프방식]

- ● 동결방지조치 상태 적정 여부
- ○ 성능시험배관을 통한 펌프 성능시험 적정 여부

● 다른 소화설비와 겸용인 경우 펌프 성능 확보 가능 여부

○ 펌프 흡입 측 연성계 · 진공계 및 토출 측 압력계 등 부속장치의 변형 · 손상 유무

● 기동장치 적정 설치 및 기동압력 설정 적정 여부
   ① (감시제어반, 동력제어반) 스위치 위치 정상 유무 확인
   ② 동력제어반 선택스위치 자동 상태 → 감시제어반 펌프 수동 작동 여부 및 작동확인표시등, 음향 확인
      [감시제어반] [감시제어반 펌프운전 선택스위치] [동력제어반 선택스위치 자동 위치]
   ③ 동력제어반 선택스위치 수동 상태 → ON/OFF 스위치를 통한 펌프 작동 여부 확인 및 감시제어반 펌프 작동확인표시등, 음향 확인
   ④ 기동용 수압개폐장치의 압력스위치 설정 정상 여부 확인

● 물올림장치 설치 적정(전용 여부, 유효수량, 배관 구경, 자동급수) 여부

● 충압펌프 설치 적정(토출압력, 정격토출량) 여부
   ① 충압펌프 설계도서 토출압력 및 정격토출량 확인
   ② 충압펌프 작동 시 배관 정상 충압 확인

○ 내연기관 방식의 펌프 설치 적정[정상 기동(기동장치 및 제어반) 여부, 축전지 상태, 연료량] 여부

○ 가압송수장치의 "물분무소화설비펌프" 표지 설치 여부 또는 다른 소화설비와 겸용 시 겸용설비 이름 표시 부착 여부

[고가수조방식]

○ 수위계 · 배수관 · 급수관 · 오버플로우관 · 맨홀 등 부속장치의 변형 · 손상 유무

[압력수조방식]

● 압력수조의 압력 적정 여부
   압력수조의 압력은 다음의 식에 따라 산출한 수치 이상 유지되도록 할 것

$$P = p_1 + p_2 + p_3$$

   여기서, P : 필요한 압력(MPa)
   p_1 : 물분무헤드의 설계압력(MPa)
   p_2 : 배관의 마찰손실수두압(MPa)
   p_3 : 낙차의 환산수두압(MPa)

○ 수위계 · 급수관 · 급기관 · 압력계 · 안전장치 · 공기압축기 등 부속장치의 변형 · 손상 유무

[가압수조방식]

● 가압수조 및 가압원 설치장소의 방화구획 여부

○ 수위계 · 급수관 · 배수관 · 급기관 · 압력계 등 부속장치의 변형 · 손상 유무

6-D. 기동장치

○ 수동식 기동장치 조작에 따른 가압송수장치 및 개방밸브 정상 작동 여부
    ① 일제개방밸브의 수동식 기동장치를 통한 개방 여부 확인
    ② 일제개방밸브의 배수밸브 개방으로 가압송수장치의 정상 작동 여부 확인

○ 수동식 기동장치 인근 "기동장치" 표지 설치 여부

○ 자동식 기동장치는 화재감지기의 작동 및 헤드 개방과 연동하여 경보를 발하고, 가압송수장치 및 개방밸브 정상 작동 여부

6-E. 제어밸브 등

○ 제어밸브 설치 위치(높이) 적정 및 "제어밸브" 표지 설치 여부
    ① 제어밸브 0.8~1.5m 이내의 높이에 설치 여부 확인
    ② 제어밸브 표지 설치 확인

● 자동개방밸브 및 수동식 개방밸브 설치 위치(높이) 적정 여부
    자동개방밸브 및 수동식 개방밸브 0.8~1.5m 이내의 높이에 설치 여부 확인

● 자동개방밸브 및 수동식 개방밸브 시험장치 설치 여부
    ① 자동개방밸브 및 수동식 개방밸브 0.8~1.5m 이내의 높이에 설치 여부 확인
    ② 시험장치(밸브) 설치상태 확인

6-F. 물분무헤드

○ 헤드의 변형 · 손상 유무
    물분무헤드 부식상태 및 물분무헤드 연결배관 정상 여부 방수를 통한 확인

○ 헤드 설치 위치 · 장소 · 상태(고정) 적정 여부
    헤드 설치 위치, 장소, 고정 상태 점검

● 전기절연 확보 위한 전기기기와 헤드 간 거리 적정 여부
    물분무헤드와 전기기기의 이격거리 확인

6-G. 배관 등

- 펌프의 흡입 측 배관 여과장치의 상태 확인
- 성능시험배관 설치(개폐밸브, 유량조절밸브, 유량측정장치) 적정 여부
- 순환배관 설치(설치 위치·배관 구경, 릴리프밸브 개방압력) 적정 여부
- 동결방지조치 상태 적정 여부
- ○ 급수배관 개폐밸브 설치(개폐표시형, 흡입 측 버터플라이 제외) 및 작동표시스위치 적정(제어반 표시 및 경보, 스위치 동작 및 도통시험) 여부
- 다른 설비의 배관과의 구분 상태 적정 여부

6-H. 송수구

- ○ 설치장소 적정 여부
- 연결배관에 개폐밸브를 설치한 경우 개폐상태 확인 및 조작 가능 여부
- 송수구 설치 높이 및 구경 적정 여부
- ○ 송수압력범위 표시 표지 설치 여부
  송수구에는 그 가까운 곳의 보기 쉬운 곳에 표지 설치
- 송수구 설치 개수 적정 여부
  송수구는 하나의 층의 바닥면적이 3,000m²를 넘을 때마다 1개 이상(5개를 넘을 경우에는 5개로 함) 설치
- 자동배수밸브(또는 배수공)·체크밸브 설치 여부 및 설치 상태 적정 여부
- ○ 송수구 마개 설치 여부

6-I. 배수설비(차고·주차장의 경우)

- 배수설비(배수구, 기름분리장치 등) 설치 적정 여부
  ① 배수설비의 경사 기울기 2/100 이상, 경계턱의 높이 10cm 이상 여부 확인
  ② 배수설비의 기름분리장치 내 퇴적물 유무, 막힘은 있는지 확인

6-J. 제어반

- 겸용 감시 · 동력 제어반 성능 적정 여부(겸용으로 설치된 경우)

[감시제어반]

○ 펌프 작동 여부 확인 표시등 및 음향경보장치 정상 작동 여부

○ 펌프별 자동 · 수동 전환스위치 정상 작동 여부

- 펌프별 수동기동 및 수동 중단 기능 정상 작동 여부

- 상용전원 및 비상전원 공급 확인 가능 여부(비상전원이 있는 경우)

- 수조 · 물올림탱크 저수위 표시등 및 음향경보장치 정상 작동 여부

○ 각 확인회로별 도통시험 및 작동시험 정상 작동 여부

○ 예비전원 확보 유무 및 시험 적합 여부

- 감시제어반 전용실 적정 설치 및 관리 여부

- 기계 · 기구 또는 시설 등 제어 및 감시설비 외 설치 여부

[동력제어반]

○ 앞면은 적색으로 하고, "물분무소화설비용 동력제어반" 표지 설치 여부

[발전기제어반]

- 소방전원보존형 발전기는 이를 식별할 수 있는 표지 설치 여부

6-K. 전원

- 대상물 수전방식에 따른 상용전원 적정 여부

- 비상전원 설치장소 적정 및 관리 여부

○ 자가발전설비인 경우 연료 적정량 보유 여부

○ 자가발전설비인 경우 「전기사업법」에 따른 정기점검 결과 확인

6-L. 물분무헤드의 제외

- 헤드 설치 제외 적정 여부(설치 제외된 경우)

■ 물분무헤드의 설치 제외
① 물에 심하게 반응하는 물질 또는 물과 반응하여 위험한 물질을 생성하는 물질을 저장 또는 취급하는 장소
② 고온의 물질 및 증류범위가 넓어 끓어 넘치는 위험이 있는 물질을 저장 또는 취급하는 장소
③ 운전 시에 표면의 온도가 260℃ 이상으로 되는 등 직접 분무를 하는 경우 그 부분에 손상을 입힐 우려가 있는 기계장치 등이 있는 장소

※ 펌프성능시험(펌프 명판 및 설계치 참조)

구분		체절운전	정격운전 (100%)	정격유량의 150% 운전	적정 여부
토출량 (L/min)	주				1. 체절운전 시 토출압은 정격토출압의 140% 이하일 것( )
	예비				2. 정격운전 시 토출량과 토출압이 규정치 이상일 것( )
토출압 (MPa)	주				3. 정격토출량의 150%에서 토출압이 정격토출압의 65% 이상일 것( )
	예비				

- 설정압력 :
- 주펌프
  기동 :   MPa
  정지 :   MPa
- 예비펌프
  기동 :   MPa
  정지 :   MPa
- 충압펌프
  기동 :   MPa
  정지 :   MPa

※ 릴리프밸브 작동압력 :   MPa

7 미분무소화설비 점검표

7-A. 수원

○ 수원의 수질 및 필터(또는 스트레이너) 설치 여부

● 주배관 유입 측 필터(또는 스트레이너) 설치 여부

○ 수원의 유효수량 적정 여부

① 미분무소화설비에 사용되는 소화용수는 「먹는물관리법」 제5조에 적합하고, 저수조 등에 충수할 경우 필터 또는 스트레이너를 통해야 하며, 사용되는 물에는 입자·용해고체 또는 염분이 없어야 한다.

② 배관의 연결부(용접부 제외) 또는 주배관의 유입 측에는 필터 또는 스트레이너를 설치해야 하고, 사용되는 스트레이너에는 청소구가 있어야 하며, 검사·유지관리 및 보수 시에 배치 위치를 변경하지 않아야 한다. 다만, 노즐이 막힐 우려가 없는 경우에는 설치하지 않을 수 있다.

③ 사용되는 필터 또는 스트레이너의 메시는 헤드 오리피스 지름의 80% 이하가 되어야 한다.

④ 수원의 양은 다음의 식을 이용하여 계산한 양 이상으로 해야 한다.

$$Q = N \times D \times T \times S + V$$

여기서, Q : 수원의 양(m^2)
N : 방호구역(방수구역) 내 헤드의 개수
D : 설계유량(m^2/min)
T : 설계방수시간(min)
S : 안전율(1.2 이상)
V : 배관의 총체적(m^2)

⑤ 첨가제의 양은 설계방수시간 내에 충분히 사용될 수 있는 양 이상으로 산정한다. 이 경우 첨가제가 소화약제인 경우 소방청장이 정하여 고시한 「소화약제의 형식승인 및 제품검사의 기술기준」에 적합한 것으로 사용해야 한다.

● 첨가제의 양 산정 적정 여부(첨가제를 사용한 경우)

7-B. 수조

○ 전용 수조 사용 여부

● 동결방지조치 상태 적정 여부

○ 수위계 설치 또는 수위 확인 가능 여부

● 수조 외측 고정사다리 설치 여부(바닥보다 낮은 경우 제외)

- 실내 설치 시 조명설비 설치 여부

○ "미분무설비용 수조" 표지 설치상태 적정 여부

- 수조 – 수직배관 접속부분 "미분무설비용 배관" 표지 설치 여부

7-C. 가압송수장치

[펌프방식]

- 동결방지조치 상태 적정 여부
- 전용 펌프 사용 여부
○ 펌프 토출 측 압력계 등 부속장치의 변형·손상 유무
○ 성능시험배관을 통한 펌프 성능시험 적정 여부
○ 내연기관 방식의 펌프 설치 적정[정상 기동(기동장치 및 제어반) 여부, 축전지 상태, 연료량] 여부
○ 가압송수장치의 "미분무펌프" 등 표지 설치 여부

[압력수조방식]

○ 동결방지조치 상태 적정 여부
- 전용 압력수조 사용 여부
○ 압력수조의 압력 적정 여부
○ 수위계·급수관·급기관·압력계·안전장치·공기압축기 등 부속장치의 변형·손상 유무
○ 압력수조 토출 측 압력계 설치 및 적정 범위 여부
○ 작동장치 구조 및 기능 적정 여부
  ① 압력수조는 배관용 스테인리스 강관(KS D 3676) 또는 이와 동등 이상의 강도·내식성, 내열성을 갖는 재료를 사용할 것
  ② 용접한 압력수조를 사용할 경우 용접찌꺼기 등이 남아 있지 않아야 하며, 부식의 우려가 없는 용접방식으로 해야 한다.
  ③ 쉽게 접근할 수 있고 점검하기에 충분한 공간이 있는 장소로서 화재 및 침수 등의 재해로 인한 피해를 받을 우려가 없는 곳에 설치할 것
  ④ 동결방지조치를 하거나 동결의 우려가 없는 장소에 설치할 것

⑤ 압력수조는 전용으로 할 것
⑥ 압력수조에는 수위계·급수관·배수관·급기관·맨홀·압력계·안전장치 및 압력저하 방지를 위한 자동식 공기압축기를 설치할 것
⑦ 압력수조의 토출 측에는 사용압력의 1.5배 범위를 초과하는 압력계를 설치해야 한다.
⑧ 작동장치의 구조 및 기능은 다음의 기준에 적합해야 한다.
　㉠ 화재감지기의 신호에 의하여 자동적으로 밸브를 개방하고 소화수를 배관으로 송출할 것
　㉡ 수동으로 작동할 수 있게 하는 장치를 설치할 경우에는 부주의로 인한 작동을 방지하기 위한 보호 장치를 강구할 것

[가압수조방식]

● 전용 가압수조 사용 여부

● 가압수조 및 가압원 설치장소의 방화구획 여부

○ 수위계·급수관·배수관·급기관·압력계 등 구성품의 변형·손상 유무

7-D. 폐쇄형 미분무소화설비의 방호구역 및 개방형 미분무소화설비의 방수구역

○ 방호(방수)구역의 설정기준(바닥면적, 층 등) 적정 여부

7-E. 배관 등

○ 급수배관 개폐밸브 설치(개폐표시형, 흡입 측 버터플라이 제외) 및 작동표시스위치 적정(제어반 표시 및 경보, 스위치 동작 및 도통시험) 여부

● 성능시험배관 설치(개폐밸브, 유량조절밸브, 유량측정장치) 적정 여부

● 동결방지조치 상태 적정 여부

○ 유수검지장치 시험장치 설치 적정(설치 위치, 배관 구경, 개폐밸브 및 개방형 헤드, 물받이 통 및 배수관) 여부
　① 시험장치의 설치 위치, 배관 구경, 개방형 헤드, 배수설비 점검
　② 시험장치 압력계 확인
　③ 개폐밸브 개방
　　㉠ 배수시작 및 유수검지장치 작동, 경보 발령
　　㉡ 가압송수장치 작동 확인
　　㉢ 수신기에 화재표시등 점등 확인

④ 개폐밸브 폐쇄
　㉠ 펌프 (수동, 자동) 정지 확인
　㉡ 수신기 복구 확인

> ■ 알람(습식)밸브 사이트글라스 적용
> ① 알람밸브(사이트글라스 겸용)가 형식승인제품이며, 가장 먼 가지배관의 끝과 연결되게 설치되었을 때 말단시험장치로 인정
> ② 말단시험장치가 알람밸브가 아닌 다른 장소에 위치할 경우 사이트글라스를 적용할 수 없으며, 화재안전기준(화재안전성능기준, 화재안전기술기준)에 따를 것

● 주차장에 설치된 미분무소화설비 방식 적정(습식 외의 방식) 여부

● 다른 설비의 배관과의 구분 상태 적정 여부

[호스릴 방식]

● 방호대상물 각 부분으로부터 호스접결구까지 수평거리 적정 여부

○ 소화약제 저장용기의 위치표시등 정상 점등 및 표지 설치 여부
　① 호스릴방식의 물탱크 자동급수 여부 점검
　② 고압펌프에 의한 물이송 및 테스트 밸브를 통한 점검
　③ 미분무노즐 또는 미분무건 방수
　④ 호스접결구 수평거리 및 위치표시등 점검

7-F. 음향장치

○ 유수검지에 따른 음향장치 작동 가능 여부

○ 개방형 미분무설비는 감지기 작동에 따라 음향장치 작동 여부

● 음향장치 설치 담당구역 및 수평거리 적정 여부

● 주음향장치 수신기 내부 또는 직근 설치 여부

● 우선경보방식에 따른 경보 적정 여부

○ 음향장치(경종 등) 변형·손상 확인 및 정상 작동(음량 포함) 여부

○ 발신기(설치 높이, 설치 거리, 표시등) 설치 적정 여부

7-G. 헤드

- 헤드 설치 위치 · 장소 · 상태(고정) 적정 여부
  ① 소방대상물의 천장 · 반자 · 천장과 반자 사이 · 덕트 · 선반 기타 유사한 부분의 설계자의 의도에 적합하게 설치되었는지 점검
  ② 헤드의 설치지점 사이마다, 가지배관과 가지배관 사이마다 행거 설치 점검
- 헤드의 변형 · 손상 유무
  ① 미분무헤드의 외관상 변형 또는 손상이 있는지 점검
  ② 방수를 통한 미분무헤드의 막힘 점검
- 헤드 살수장애 여부
  설계도서대로의 헤드 시공 여부 및 헤드 살수장애 되는 부분의 점검

7-H. 전원

- **대상물 수전방식에 따른 상용전원 적정 여부**
- **비상전원 설치장소 적정 및 관리 여부**
- 자가발전설비인 경우 연료 적정량 보유 여부
- 자가발전설비인 경우 「전기사업법」에 따른 정기점검 결과 확인

7-I. 제어반

[감시제어반]

- 펌프 작동 여부 확인 표시등 및 음향경보장치 정상 작동 여부
- 펌프별 자동 · 수동 전환스위치 정상 작동 여부
- **펌프별 수동기동 및 수동 중단 기능 정상 작동 여부**
- **상용전원 및 비상전원 공급 확인 가능 여부(비상전원이 있는 경우)**
- **수조 · 물올림탱크 저수위 표시등 및 음향경보장치 정상 작동 여부**
- 각 확인회로별 도통시험 및 작동시험 정상 작동 여부
- 예비전원 확보 유무 및 시험 적합 여부
- **감시제어반 전용실 적정 설치 및 관리 여부**

● 기계 · 기구 또는 시설 등 제어 및 감시설비 외 설치 여부

○ 감시제어반과 수신기 간 상호 연동 여부(별도로 설치된 경우)

[동력제어반]

○ 앞면은 적색으로 하고, "미분무소화설비용 동력제어반" 표지 설치 여부

[발전기제어반]

● 소방전원보존형 발전기는 이를 식별할 수 있는 표지 설치 여부

※ 펌프성능시험(펌프 명판 및 설계치 참조)

구분		체절운전	정격운전 (100%)	정격유량의 150% 운전	적정 여부
토출량 (L/min)	주				1. 체절운전 시 토출압은 정격토출압의 140% 이하일 것( ) 2. 정격운전 시 토출량과 토출압이 규정치 이상일 것( ) 3. 정격토출량의 150%에서 토출압이 정격토출압의 65% 이상일 것( )
	예비				
토출압 (MPa)	주				
	예비				

- 설정압력 :
- 주펌프
  기동 :   MPa
  정지 :   MPa
- 예비펌프
  기동 :   MPa
  정지 :   MPa
- 충압펌프
  기동 :   MPa
  정지 :   MPa

※ 릴리프밸브 작동압력 :   MPa

8 포소화설비 점검표

8-A. 종류 및 적응성

● 특정소방대상물별 포소화설비 종류 및 적응성 적정 여부

▶ 포소화설비의 화재안전성능기준(NFPC 105) 제4조, 화재안전기술기준(NFTC 105) 2.1
① 특수가연물을 저장·취급하는 공장 또는 창고 : 포워터스프링클러설비·포헤드설비 또는 고정포방출설비, 압축공기포소화설비
② 차고 또는 주차장 : 포워터스프링클러설비·포헤드설비 또는 고정포방출설비, 압축공기포소화설비
③ 항공기격납고 : 포워터스프링클러설비·포헤드설비 또는 고정포방출설비, 압축공기포소화설비
④ 발전기실, 엔진펌프실, 변압기, 전기케이블실, 유압설비(바닥면적 합계 300m^2 미만) : 고정식 압축공기포소화설비

8-B. 수원

○ 수원의 유효수량 적정 여부(겸용설비 포함)

① 포 수원의 량
  ㉠ 특수가연물을 저장·취급하는 공장 또는 창고 : 포워터스프링클러설비 또는 포헤드설비의 경우에는 포워터스프링클러헤드 또는 포헤드가 가장 많이 설치된 층의 포헤드(바닥면적이 200m^2를 초과한 층은 바닥면적 200m^2 이내에 설치된 포헤드를 말한다)에서 동시에 표준방사량으로 10분간 방사할 수 있는 양 이상으로, 고정포방출설비의 경우에는 고정포방출구가 가장 많이 설치된 방호구역 안의 고정포방출구에서 표준방사량으로 10분간 방사할 수 있는 양 이상으로 한다. 이 경우 하나의 공장 또는 창고에 포워터스프링클러설비·포헤드설비 또는 고정포방출설비가 함께 설치된 때에는 각 설비별로 산출된 저수량 중 최대의 것을 그 특정소방대상물에 설치해야 할 수원의 양으로 한다.
  ㉡ 차고 또는 주차장 : 호스릴포소화설비 또는 포소화전설비의 경우에는 방수구가 가장 많은 층의 설치개수(호스릴포방수구 또는 포소화전방수구가 5개 이상 설치된 경우에는 5개)에 6m^3를 곱한 양 이상으로, 포워터스프링클러설비·포헤드설비 또는 고정포방출설비의 경우에는 ㉠의 기준을 준용한다. 이 경우 하나의 차고 또는 주차장에 호스릴포소화설비·포소화전설비·포워터스프링클러설비·포헤드설비 또는 고정포방출설비가 함께 설치된 때에는 각 설비별로 산출된 저수량 중 최대의 것을 그 차고 또는 주차장에 설치해야 할 수원의 양으로 한다.

ⓒ 항공기격납고 : 포워터스프링클러설비·포헤드설비 또는 고정포방출설비의 경우에는 포헤드 또는 고정포방출구가 가장 많이 설치된 항공기격납고의 포헤드 또는 고정포방출구에서 동시에 표준방사량으로 10분간 방사할 수 있는 양 이상으로 하되, 호스릴포소화설비를 함께 설치한 경우에는 호스릴포방수구가 가장 많이 설치된 격납고의 호스릴방수구수(호스릴포방수구가 5개 이상 설치된 경우에는 5개)에 6m³를 곱한 양을 합한 양 이상으로 해야 한다.

ⓔ 압축공기포소화설비를 설치하는 경우 방수량은 설계 사양에 따라 방호구역에 최소 10분간 방사할 수 있어야 한다.

ⓜ 압축공기포소화설비의 설계방출밀도(L/min·m²)는 설계사양에 따라 정해야 하며 일반가연물, 탄화수소류는 1.63L/min·m² 이상, 특수가연물, 알코올류와 케톤류는 2.3L/min·m² 이상으로 해야 한다.

② 포소화약제의 저장량

㉠ 고정포방출구 방식은 다음의 양을 합한 양 이상으로 할 것

- 고정포방출구에서 방출하기 위하여 필요한 양

$$Q = A \times Q_1 \times T \times S$$

여기서, Q : 포소화약제의 양(L)
A : 저장탱크의 액표면적(m²)
Q_1 : 단위 포소화수용액의 양(L/m²·min)
T : 방출시간(min)
S : 포소화약제의 사용농도(%)

- 보조 소화전에서 방출하기 위하여 필요한 양

$$Q = N \times S \times 8,000L$$

여기서, Q : 포소화약제의 양(L)
N : 호스 접결구 개수(3개 이상인 경우는 3개)
S : 포소화약제의 사용농도(%)

- 가장 먼 탱크까지의 송액관(내경 75mm 이하의 송액관 제외)에 충전하기 위하여 필요한 양

$$Q = V \times S \times 1,000L/m^3$$

여기서, Q : 포소화약제의 양(L)
V : 송액관 내부의 체적(m³)
S : 포소화약제의 사용농도(%)

ⓒ 옥내포소화전방식 또는 호스릴방식에 있어서는 다음의 식에 따라 산출한 양 이상으로 할 것. 다만, 바닥면적이 200m² 미만인 건축물에 있어서는 75%로 할 수 있다.

$Q = N \times S \times 6{,}000\text{L}$

여기서, Q : 포소화약제의 양(L)
N : 호스 접결구 개수(5개 이상인 경우는 5개)
S : 포소화약제의 사용농도(%)

ⓒ 포헤드방식 및 압축공기포소화설비에 있어서는 하나의 방사구역 안에 설치된 포헤드를 동시에 개방하여 표준방사량으로 10분간 방사할 수 있는 양 이상으로 할 것

8-C. 수조

● 동결방지조치 상태 적정 여부

○ 수위계 설치 또는 수위 확인 가능 여부

● 수조 외측 고정사다리 설치 여부(바닥보다 낮은 경우 제외)

● 실내 설치 시 조명설비 설치 여부

○ "포소화설비용 수조" 표지 설치 여부 및 설치 상태

● 다른 소화설비와 겸용 시 겸용설비의 이름 표시한 표지 설치 여부

● 수조-수직배관 접속부분 "포소화설비용 배관" 표지 설치 여부

8-D. 가압송수장치

[펌프방식]

● 동결방지조치 상태 적정 여부

○ 성능시험배관을 통한 펌프 성능시험 적정 여부

● 다른 소화설비와 겸용인 경우 펌프 성능 확보 가능 여부

○ 펌프 흡입 측 연성계·진공계 및 토출 측 압력계 등 부속장치의 변형·손상 유무
  압축공기 포소화설비 펌프의 양정 : 0.4MPa 이상

● 기동장치 적정 설치 및 기동압력 설정 적정 여부

● 물올림장치 설치 적정(전용 여부, 유효수량, 배관 구경, 자동급수) 여부

- ● 충압펌프 설치 적정(토출압력, 정격토출량) 여부
- ○ 내연기관 방식의 펌프 설치 적정[정상 기동(기동장치 및 제어반) 여부, 축전지 상태, 연료량] 여부
- ○ 가압송수장치의 "포소화설비펌프" 표지 설치 여부 또는 다른 소화설비와 겸용 시 겸용 설비 이름 표시 부착 여부

[고가수조방식]
- ○ 수위계 · 배수관 · 급수관 · 오버플로우관 · 맨홀 등 부속장치의 변형 · 손상 유무

[압력수조방식]
- ● 압력수조의 압력 적정 여부

  압력수조의 압력은 다음의 식에 따라 산출한 수치 이상 유지되도록 할 것

  $$P = p_1 + p_2 + p_3 + p_4$$

  여기서, P : 필요한 압력(MPa)
  p_1 : 방출구의 설계압력 환산수두 또는 노즐 선단의 방사압력(MPa)
  p_2 : 배관의 마찰손실수두압(MPa)
  p_3 : 낙차의 환산수두압(MPa)
  p_4 : 호스의 마찰손실수두압(MPa)

- ○ 수위계 · 급수관 · 급기관 · 압력계 · 안전장치 · 공기압축기 등 부속장치의 변형 · 손상 유무

[가압수조방식]
- ● 가압수조 및 가압원 설치장소의 방화구획 여부
- ○ 수위계 · 급수관 · 배수관 · 급기관 · 압력계 등 부속장치의 변형 · 손상 유무

8-E. 배관 등

- ● 송액관 기울기 및 배액밸브 설치 적정 여부
- ● 펌프의 흡입 측 배관 여과장치의 상태 확인
- ● 성능시험배관 설치(개폐밸브, 유량조절밸브, 유량측정장치) 적정 여부
- ● 순환배관 설치(설치 위치 · 배관 구경, 릴리프밸브 개방압력) 적정 여부

- 동결방지조치 상태 적정 여부

○ 급수배관 개폐밸브 설치(개폐표시형, 흡입 측 버터플라이 제외) 적정 여부

○ 급수배관 개폐밸브 작동표시스위치 설치 적정(제어반 표시 및 경보, 스위치 동작 및 도통시험, 전기배선 종류) 여부

- 다른 설비의 배관과의 구분 상태 적정 여부

  ▶ 포소화설비의 화재안전성능기준(NFPC 105) 제7조, 화재안전기술기준(NFTC 105) 2.4
  송액관
  ① 정의 : 수원으로부터 포헤드·고정포방출구 또는 이동식 포노즐에 급수하는 배관
  ② 기울기 및 배액밸브 설치 : 포 방출 후, 배출하기 위하여 적당한 기울기를 유지, 낮은 부분에 배액밸브 설치
  ③ 전용, 단 성능에 지장이 없는 경우에는 다른 설비와 겸용 가능

8-F. 송수구

○ 설치장소 적정 여부

- 연결배관에 개폐밸브를 설치한 경우 개폐상태 확인 및 조작 가능 여부

- 송수구 설치 높이 및 구경 적정 여부

○ 송수압력범위 표시 표지 설치 여부

- 송수구 설치 개수 적정 여부

- 자동배수밸브(또는 배수공)·체크밸브 설치 여부 및 설치 상태 적정 여부

○ 송수구 마개 설치 여부

8-G. 저장탱크

- 포약제 변질 여부

- 액면계 또는 계량봉 설치상태 및 저장량 적정 여부

- 그라스게이지 설치 여부(가압식이 아닌 경우)

○ 포소화약제 저장량의 적정 여부

  ▶ 포소화설비의 화재안전성능기준(NFPC 105) 제8조, 화재안전기술기준(NFTC 105) 2.5
  ① 설치장소 : 재해 피해 우려 없는 장소 설치

② 외기온도 고려 : 포의 발생에 장애를 주지 않는 장소에 설치
③ 변질 방지 및 점검 편리성 고려 : 변질 우려가 없고 점검 편리한 장소에 설치
④ 가압식 포소화약제 저장탱크 : 압력계 설치
⑤ 저장량 확인 : 액면계 또는 계량봉 등을 설치
⑥ 비가압식 저장탱크의 액량 확인 : 그라스게이지를 설치하여 액량을 측정

8-H. 개방밸브

○ 자동 개방밸브 설치 및 화재감지장치의 작동에 따라 자동으로 개방되는지 여부

○ 수동식 개방밸브 적정 설치 및 작동 여부

8-I. 기동장치

[수동식 기동장치]

○ 직접·원격조작 가압송수장치·수동식 개방밸브·소화약제혼합장치 기동 여부

● 기동장치 조작부의 접근성 확보, 설치 높이, 보호장치 설치 적정 여부

○ 기동장치 조작부 및 호스접결구 인근 "기동장치의 조작부" 및 "접결구" 표지 설치 여부

● 수동식 기동장치 설치개수 적정 여부

[자동식 기동장치]

○ 화재감지기 또는 폐쇄형 스프링클러헤드의 개방과 연동하여 가압송수장치·일제개방밸브 및 포소화약제 혼합장치 기동 여부

● 폐쇄형 스프링클러헤드 설치 적정 여부

● 화재감지기 및 발신기 설치 적정 여부

● 동결 우려 장소 자동식기동장치 자동화재탐지설비 연동 여부

[자동경보장치]

○ 방사구역마다 발신부(또는 층별 유수검지장치) 설치 여부

○ 수신기는 설치 장소 및 헤드개방·감지기 작동 표시장치 설치 여부

● 2 이상 수신기 설치 시 수신기간 상호 동시 통화 가능 여부

8-J. 포헤드 및 고정포방출구

[포헤드]

○ 헤드의 변형 · 손상 유무

○ 헤드 수량 및 위치 적정 여부

○ 헤드 살수장애 여부

[호스릴포소화설비 및 포소화전설비]

○ 방수구와 호스릴함 또는 호스함 사이의 거리 적정 여부

○ 호스릴함 또는 호스함 설치 높이, 표지 및 위치표시등 설치 여부

● 방수구 설치 및 호스릴 · 호스 길이 적정 여부

▶ 포소화설비의 화재안전성능기준(NFPC 105) 제12조, 화재안전기술기준(NFTC 105) 2.9 호스릴포소화설비 또는 포소화전설비 설치기준(차고 · 주차장 설치)
① 방수구(최대 5개)를 동시에 사용할 경우, 포노즐 선단의 포수용액 방사압력 0.35MPa 이상 포수용액 방사량 : 300L/min 이상, 수평거리 15m 이상 방사(1개 층의 바닥면적이 200m² 이하인 경우에는 230L/min 이상)
② 저발포 포소화약제를 사용할 수 있는 것으로 할 것
③ 호스릴 또는 호스를 방수구로 분리 비치 : 3m 이내의 거리에 호스릴함 또는 호스함 설치
④ 호스릴함(또는 호스함)은 바닥으로부터 높이 1.5m 이하의 위치에 설치, "포호스릴함(또는 포소화전함)"이라고 표시한 표지와 적색 위치표시등 설치
⑤ 방호대상물 수평거리 : 15m 이하(포소화전방수구의 경우에는 25m 이하) 설치기준을 확인, 수평거리(거리측정기) 및 위치표시등 점등 여부 육안 점검

[전역방출방식의 고발포용 고정포방출구]

○ 개구부 자동폐쇄장치 설치 여부

● 방호구역의 관포체적에 대한 포수용액 방출량 적정 여부

● 고정포방출구 설치 개수 적정 여부

○ 고정포방출구 설치 위치(높이) 적정 여부

[국소방출방식의 고발포용 고정포방출구]

● 방호대상물 범위 설정 적정 여부

● 방호대상물별 방호면적에 대한 포수용액 방출량 적정 여부

▶ 포소화설비의 화재안전성능기준(NFPC 105) 제12조, 화재안전기술기준(NFTC 105) 2.9
국소방출방식 고발포용 고정포방출구 설치기준

① 인접 연소 우려 방호대상물에 대한 고려 → 불이 옮겨 붙을 우려가 있는 범위 내의 방호대상물을 하나의 방호대상물로 하여 설치할 것

② 고발포용 고정포방출구는 방호대상물의 높이의 3배(1m 미만의 경우에는 1m)의 거리를 수평으로 연장한 선으로 둘러싸인 부분의 면적(방호면적) $1m^2$에 대하여 1분당 방출량이 다음 표에 따른 양 이상이 되도록 할 것

방호대상물	방호면적 $1m^2$에 대한 1분당 방출량
특수가연물	3L
기타의 것	2L

8-K. 전원

● 대상물 수전방식에 따른 상용전원 적정 여부

● 비상전원 설치장소 적정 및 관리 여부

○ 자가발전설비인 경우 연료 적정량 보유 여부

○ 자가발전설비인 경우 「전기사업법」에 따른 정기점검 결과 확인

▶ 포소화설비의 화재안전성능기준(NFPC 105) 제13조, 화재안전기술기준(NFTC 105) 2.10
① 상용전원회로 배선은 전용배선, 상시 공급에 지장이 없도록 설치
② 비상전원 종류 : 자가발전설비, 축전지설비 또는 전기저장장치
③ 비상전원 설치기준
  ㉠ 점검 편리, 화재 및 침수 등 피해 우려가 없는 곳
  ㉡ 20분 이상 작동
  ㉢ 상용전원 중단 시, 자동절환
  ㉣ 다른 장소와 방화구획할 것
  ㉤ 비상조명등 설치

8-L. 제어반

● 겸용 감시 · 동력 제어반 성능 적정 여부(겸용으로 설치된 경우)

[감시제어반]

○ 펌프 작동 여부 확인 표시등 및 음향경보장치 정상 작동 여부

○ 펌프별 자동 · 수동 전환스위치 정상 작동 여부

● 펌프별 수동기동 및 수동 중단 기능 정상 작동 여부

● 상용전원 및 비상전원 공급 확인 가능 여부(비상전원이 있는 경우)

● 수조 · 물올림탱크 저수위 표시등 및 음향경보장치 정상 작동 여부

○ 각 확인회로별 도통시험 및 작동시험 정상 작동 여부

○ 예비전원 확보 유무 및 시험 적합 여부

● 감시제어반 전용실 적정 설치 및 관리 여부

● 기계 · 기구 또는 시설 등 제어 및 감시설비 외 설치 여부

[동력제어반]

○ 앞면은 적색으로 하고, "포소화설비용 동력제어반" 표지 설치 여부

[발전기제어반]

● 소방전원보존형 발전기는 이를 식별할 수 있는 표지 설치 여부

※ 펌프성능시험(펌프 명판 및 설계치 참조)

구분		체절운전	정격운전 (100%)	정격유량의 150% 운전	적정 여부
토출량 (L/min)	주				1. 체절운전 시 토출압은 정격토출압의 140% 이하일 것( )
	예비				2. 정격운전 시 토출량과 토출압이 규정치 이상일 것( )
토출압 (MPa)	주				3. 정격토출량의 150%에서 토출압이 정격토출압의 65% 이상일 것( )
	예비				

• 설정압력 :
• 주펌프
  기동 :   MPa
  정지 :   MPa
• 예비펌프
  기동 :   MPa
  정지 :   MPa
• 충압펌프
  기동 :   MPa
  정지 :   MPa

※ 릴리프밸브 작동압력 :   MPa

9 이산화탄소소화설비 점검표

9-A. 저장용기

- ● 설치장소 적정 및 관리 여부
- ○ 저장용기 설치장소 표지 설치 여부
- ● 저장용기 설치 간격 적정 여부
- ○ 저장용기 개방밸브 자동·수동 개방 및 안전장치 부착 여부
- ● 저장용기와 집합관 연결배관상 체크밸브 설치 여부
- ● 저장용기와 선택밸브(또는 개폐밸브) 사이 안전장치 설치 여부

[저압식]

- ● 안전밸브 및 봉판 설치 적정(작동 압력) 여부
- ● 액면계·압력계 설치 여부 및 압력강하경보장치 작동 압력 적정 여부
- ○ 자동냉동장치의 기능

▶ 이산화탄소소화설비의 화재안전성능기준(NFPC 106) 제4조, 화재안전기술기준(NFTC 106) 2.1
① 소화약제의 저장용기 설치기준
  ㉠ 방호구역 외의 장소에 설치. 다만, 방호구역 내에 설치할 경우에는 피난 및 조작이 용이하도록 피난구 부근에 설치해야 한다.
  ㉡ 온도가 40℃ 이하이고, 온도변화가 작은 곳에 설치할 것
  ㉢ 직사광선 및 빗물이 침투할 우려가 없는 곳에 설치할 것
  ㉣ 방화문으로 구획된 실에 설치할 것
  ㉤ 용기의 설치장소에는 해당 용기가 설치된 곳임을 표시하는 표지를 할 것
  ㉥ 용기 간의 간격은 점검에 지장이 없도록 3cm 이상의 간격을 유지할 것
  ㉦ 저장용기와 집합관을 연결하는 연결배관에는 체크밸브를 설치할 것. 다만, 저장용기가 하나의 방호구역만을 담당하는 경우에는 그렇지 않다.
② 이산화탄소 소화약제 저장용기 기준
  ㉠ 저장용기의 충전비 및 내압시험압력

구분	충전비	내압시험압력
고압식	1.5 이상 1.9 이하	25MPa 이상
저압식	1.1 이상 1.4 이하	3.5MPa 이상

ⓛ 저압식 저장용기 과압방출장치(안전밸브 및 봉판 설치)
   - 안전밸브 작동압 : 내압시험압력의 0.64~0.8배
   - 봉판 작동압 : 내압시험압력의 0.8배부터 내압시험압력에서 동작
   ⓒ 저압식 저장용기 계기류 : 액면계, 압력계, 압력경보장치(2.3MPa 이상 1.9MPa 이하의 압력에서 작동) 설치
   ⓔ 저압식 저장용기 냉동유지장치 : 자동냉동장치(섭씨 영하 18℃ 이하에서 2.1MPa의 압력을 유지) 설치
③ 저장용기 개방밸브
   이산화탄소 소화약제 저장용기의 개방밸브는 전기식 · 가스압력식 또는 기계식에 따라 자동으로 개방되고 수동으로도 개방되는 것으로서 안전장치가 부착된 것으로 하여야 한다.
④ 저장용기와 선택밸브(또는 개폐밸브) 사이의 안전밸브 설치
   이산화탄소 소화약제 저장용기와 선택밸브 또는 개폐밸브 사이에는 최소사용설계압력과 최대허용압력 사이의 압력에서 작동하는 안전장치를 설치하여야 한다.

▶ 이산화탄소소화설비의 화재안전성능기준(NFPC 106) 제5조, 화재안전기술기준(NFTC 106) 2.2
① 전역방출방식
   ㉠ 표면화재(가연성액체 또는 가연성가스)

   Q = 방호구역 체적당 약제량 + 개구부 가산량
   = (방호구역 체적 × 1m³당 약제량) + (개구부 면적 × 면적당 가산량)

   - 방호구역 체적 1m³당 약제량

방호구역 체적	방호구역의 체적 1m³당 소화약제의 양	소화약제 저장량의 최저한도의 양
45m³ 미만	1.00kg	45kg
45m³ 이상 150m³ 미만	0.90kg	
150m³ 이상 1,450m³ 미만	0.80kg	135kg
1,450m³ 이상	0.75kg	1,125kg

   - 필요한 설계농도가 34% 이상인 경우, 보정계수 적용
   - 개구부 가산량(방호구역의 개구부에 자동폐쇄장치를 설치하지 않은 경우) : 개구부 면적 1m²당 5kg(개구부 면적은 전체 표면적의 3% 이하가 되어야 함)

   ㉡ 심부화재(종이 · 목재 · 석탄 · 섬유류 · 합성수지류 등)

   Q = 방호구역 체적당 약제량 + 개구부 가산량
   = (방호구역 체적 × 1m³당 약제량) + (개구부 면적 × 면적당 가산량)

- 방호구역 체적 1m³당 약제량

방호대상물	방호구역의 체적 1m³당 소화약제의 양	설계농도(%)
유압기기를 제외한 전기설비, 케이블실	1.3kg	50
체적 55m² 미만의 전기설비	1.6kg	50
서고, 전자제품창고, 목재가공품창고, 박물관	2.0kg	65
고무류·면화류창고, 모피창고, 석탄창고, 집진설비	2.7kg	75

- 개구부 가산량(방호구역의 개구부에 자동폐쇄장치를 설치하지 않은 경우) : 개구부 면적 1m²당 10kg

② 국소방출방식

㉠ 화재 시 연소면이 한정되고 가연물이 비산할 우려가 없는 경우 : 방호대상물의 표면적 1m²에 대하여 13kg×(고압식은 1.4, 저압식은 1.1)

㉡ ㉠ 외의 경우에는 방호공간(방호대상물의 각 부분으로부터 0.6m의 거리에 따라 둘러싸인 공간)의 체적 1m³에 대하여 다음의 식에 따라 산출한 양

$$Q = 8 - 6\frac{a}{A}$$

여기서, Q : 방호공간 1m³에 대한 이산화탄소 소화약제의 양(kg/m²)
a : 방호대상물 주위 설치된 벽면적의 합계(m²)
A : 방호공간의 벽면적(벽이 없는 경우에는 벽이 있는 것으로 가정한 당해 부분의 면적)의 합계(m²)

③ 호스릴이산화탄소소화설비

하나의 노즐에 대하여 90kg 이상으로 할 것

[점검 및 확인(전역방출방식)] – 소화약제 저장량 점검방법

가스계 소화약제량 측정 방법에는 압력 측정법, 중량 측정법, 액면 위치 측정법이 있다. 측정 후 법령에서 정한 기준 미달일 경우에는 재충전 또는 저장용기를 교체하도록 규정하고 있다.

구분	압력 측정법	중량 측정법	액면 위치 측정법
측정 방법	압력계 확인	중량 측정	액면 위치 측정 후, 전용 계산기로 중량 환산
합격 기준	• 불활성 가스는 압력 손실 5% 미만 • 기타 가스계 소화약제는 압력 손실 10% 미만, 또는 중량 손실 5% 미만 (단, 이산화탄소는 중량 손실 10% 미만)		

액면위치 측정법은 보편적인 약제량 측정 방법으로 액화가스 레벨메터를 이용하여 액면의 높이를 측정하여 약제량을 계산하는 방법이다. 만일 용기 내 약제가 임계온도 이상일 경우에는 모두 기체 상태로만 존재하므로, 액면 측정법을 이용하여 약제량을 측정할 수 없다. 저장용기에서 이산화탄소의 상태는 상평형도에서 확인할 수 있다. 저장용기에 저장되는 이산화탄소는 −57℃에서 31℃(임계온도) 사이에서 액체 상태로 저장될 수 있으며, 31℃ 이상에서는 모두 기체 상태가 된다. 따라서 저장용기실의 온도가 31℃ 이상이 될 경우에는 약제량 측정 시 레벨메터를 사용하여 액위를 측정하는 것은 무의미하다.

단계	관련 내용
1단계	전기실의 체적, 개구부 면적, 설계농도를 확인 약제량 계산 Q = 방호구역 체적당 약제량 + 개구부 가산량 = (방호구역 체적 × 1m³당 약제량) + (개구부 면적 × 면적당 가산량)
2단계	약제량 측정 : 레벨메터를 이용하여 높이 측정 후, 전용계산기를 이용하여 각 병당 측정량 기록
3단계	전체 저장량 합산 후 계산량과 비교, 계산량 이상 저장 시 적합

9-B. 소화약제

○ 소화약제 저장량 적정 여부

9-C. 기동장치

○ 방호구역별 출입구 부근 소화약제 방출표시등 설치 및 정상 작동 여부

▶ 이산화탄소소화설비의 화재안전성능기준(NFPC 106) 제6조~제7조, 화재안전기술기준(NFTC 106) 2.3~2.4

기동장치, 제어반 및 화재표시반, 화재감지기, 음향경보장치 등은 실제 점검에서 연동되는 설비이다. 동작순서도에 의해 동작순서를 확인하여야 하며, 동작시험 전에 반드시 안전조치를 하여 약제 방출이 되지 않아야 한다.

[수동식 기동장치]

○ 기동장치 부근에 비상스위치 설치 여부

● 방호구역별 또는 방호대상별 기동장치 설치 여부

○ 기동장치 설치 적정(출입구 부근 등, 높이, 보호장치, 표지, 전원표시등) 여부

○ 방출용 스위치 음향경보장치 연동 여부

[자동식 기동장치]

○ 감지기 작동과의 연동 및 수동기동 가능 여부

● 저장용기 수량에 따른 전자 개방밸브 수량 적정 여부(전기식 기동장치의 경우)

○ 기동용 가스용기의 용적, 충전압력 적정 여부(가스압력식 기동장치의 경우)

● 기동용 가스용기의 안전장치, 압력게이지 설치 여부(가스압력식 기동장치의 경우)

● 저장용기 개방구조 적정 여부(기계식 기동장치의 경우)

9-D. 제어반 및 화재표시반

○ 설치장소 적정 및 관리 여부

○ 회로도 및 취급설명서 비치 여부

● 수동잠금밸브 개폐 여부 확인 표시등 설치 여부

[제어반]

○ 수동기동장치 또는 감지기 신호 수신 시 음향경보장치 작동 기능 정상 여부

○ 소화약제 방출·지연 및 기타 제어 기능 적정 여부

○ 전원표시등 설치 및 정상 점등 여부

[화재표시반]

○ 방호구역별 표시등(음향경보장치 조작, 감지기 작동), 경보기 설치 및 작동 여부

○ 수동식 기동장치 작동표시 표시등 설치 및 정상 작동 여부

○ 소화약제 방출표시등 설치 및 정상 작동 여부

● 자동식기동장치 자동·수동 절환 및 절환표시등 설치 및 정상 작동 여부

9-E. 배관 등

○ 배관의 변형·손상 유무

● 수동잠금밸브 설치 위치 적정 여부

9-F. 선택밸브

● 선택밸브 설치 기준 적합 여부

▶ 이산화탄소소화설비의 화재안전성능기준(NFPC 106) 제9조, 화재안전기술기준(NFTC 106) 2.6 선택밸브 설치기준
① 방호구역(또는 방호대상물)마다 설치
② 해당 방호구역(또는 방호대상물) 표시

[점검 및 확인]
① 가스압력개방식(피스톤릴리즈 방식) 선택밸브 동작 순서
　기동용 가스용기가 개방되면 기동가스의 압력에 의해 선택밸브의 피스톤릴리져를 작동시켜 폐쇄되어 있던 핸들이 개방되면서 누름레버가 상승한다. 누름레버가 상승하면서 누르고 있던 밸브대(봉)를 개방시키면서 가스 출구가 열려서 방호구역으로 소화약제가 이동한다. 선택밸브의 형태에 따라 핸들이 수평인 형태와 수직인 형태가 있다.
② 동작 시험 방법(수직핸들 구조)
　• 목적 : 장기간 미사용으로 인한 고착 방지

단계	관련 사진 등
1단계	누름레버를 누른 상태에서 핸들을 눕히면 누름레버가 튕겨져 상승하면서 개방된다.
2단계	누름레버의 개방 상태를 확인한다.
3단계	누름레버를 다시 누르면서 핸들을 눕혀 핸들에 누름레버가 걸리게 하여 복구한다.

9-G. 분사헤드

[전역방출방식]

○ 분사헤드의 변형·손상 유무

● 분사헤드의 설치 위치 적정 여부

[국소방출방식]

○ 분사헤드의 변형 · 손상 유무

● 분사헤드의 설치장소 적정 여부

[호스릴방식]

● 방호대상물 각 부분으로부터 호스접결구까지 수평거리 적정 여부

○ 소화약제 저장용기의 위치표시등 정상 점등 및 표지 설치 여부

● 호스릴소화설비 설치장소 적정 여부

▶ 이산화탄소소화설비의 화재안전성능기준(NFPC 106) 제10조, 화재안전기술기준(NFTC 106) 2.7.4
호스릴이산화탄소소화설비 설치기준
① 수평거리 : 방호대상물의 각 부분으로부터 하나의 호스접결구까지의 수평거리가 15m 이하가 되도록 할 것
② 노즐방사량 : 20℃에서 하나의 노즐마다 60kg/min 이상의 소화약제를 방출할 수 있는 것으로 할 것
③ 소화약제 저장용기 : 호스릴을 설치하는 장소마다 설치할 것
④ 수동개폐장치 설치 : 소화약제 저장용기의 개방밸브는 호스의 설치장소에서 수동으로 개폐할 수 있는 것으로 할 것
⑤ 표시등 및 표지 설치 : 소화약제 저장용기의 가장 가까운 곳의 보기 쉬운 곳에 적색의 표시등을 설치하고, 호스릴이산화탄소소화설비가 있다는 뜻을 표시한 표지를 할 것

9-H. 화재감지기

○ 방호구역별 화재감지기 감지에 의한 기동장치 작동 여부

● 교차회로(또는 NFSC 203 제7조 제1항 단서 감지기) 설치 여부

● 화재감지기별 유효 바닥면적 적정 여부

9-I. 음향경보장치

○ 기동장치 조작 시(수동식 – 방출용 스위치, 자동식 – 화재감지기) 경보 여부

○ 약제 방사 개시(또는 방출 압력스위치 작동) 후 경보 적정 여부

● 방호구역 또는 방호대상물 구획 안에서 유효한 경보 가능 여부

[방송에 따른 경보장치]

● 증폭기 재생장치의 설치장소 적정 여부

● 방호구역·방호대상물에서 확성기 간 수평거리 적정 여부

● 제어반 복구스위치 조작 시 경보 지속 여부

9-J. 자동폐쇄장치

○ 환기장치 자동정지 기능 적정 여부

○ 개구부 및 통기구 자동폐쇄장치 설치 장소 및 기능 적합 여부

● 자동폐쇄장치 복구장치 설치기준 적합 및 위치표지 적합 여부

▶ 이산화탄소소화설비의 화재안전성능기준(NFPC 106) 제14조, 화재안전기술기준(NFTC 106) 2.11

자동폐쇄장치 설치기준
① 환기장치 등을 설치한 것은 소화약제가 방출되기 전에 해당 환기장치 등이 정지될 수 있도록 할 것
② 개구부가 있거나 천장으로부터 1m 이상의 아랫부분 또는 바닥으로부터 해당 층의 높이의 3분의 2 이내의 부분에 통기구가 있어 소화약제의 유출에 따라 소화효과를 감소시킬 우려가 있는 것은 소화약제가 방출되기 전에 해당 개구부 및 통기구를 폐쇄할 수 있도록 할 것
③ 자동폐쇄장치는 방호구역 또는 방호대상물이 있는 구획의 밖에서 복구할 수 있는 구조로 하고, 그 위치를 표시하는 표지를 할 것
   ㉠ 환기장치 및 자동폐쇄장치 기능 : 자동기동방식 동작시험 시 자동정지 및 폐쇄 확인
   ㉡ 개구부 및 통기구 자동폐쇄장치 설치 대상
     • 천장 1m 이상 아랫부분 또는 해당 층 높이 2/3 이내의 개구부 및 통기구
   ㉢ 자동폐쇄장치 복구장치 설치기준 및 위치표지
     • 방호구역 외부 출입구 인근 위치 확인 및 동작시험 시 복구 기능(전기식) 확인

9-K. 비상전원

● 설치장소 적정 및 관리 여부

○ 자가발전설비인 경우 연료 적정량 보유 여부

○ 자가발전설비인 경우 「전기사업법」에 따른 정기점검 결과 확인

9-L. 배출설비

● 배출설비 설치상태 및 관리 여부

▶ 이산화탄소소화설비의 화재안전성능기준(NFPC 106) 제16조, 화재안전기술기준(NFTC 106) 2.13

배출설비 기준
지하층, 무창층 및 밀폐된 거실 등에 이산화탄소소화설비를 설치한 경우에는 방출된 소화약제를 배출하기 위한 배출설비를 갖추어야 한다.

[점검방법]
배출팬 및 덕트 작동 유무 동작시험 및 관리상태 육안 점검(이산화탄소는 공기보다 무거워 유동성이 낮고 바닥에 가라앉기 때문에 출입문의 개방만으로 배출이 어렵고 이산화탄소소화설비는 전기설비가 있는 밀폐된 거실 또는 지하실에 설치되므로 이산화탄소를 배출할 수 있도록 배출설비를 설치하고 있다.)

9-M. 과압배출구

● 과압배출구 설치상태 및 관리 여부

▶ 이산화탄소소화설비의 화재안전성능기준(NFPC 106) 제17조, 화재안전기술기준(NFTC 106) 2.14

가스계 소화설비는 가스상으로 방출하여 일정 시간 동안 농도를 유지해야 소화가 가능하다. 가스계 소화약제의 방출압력 상승으로 화재실 내의 취약부분이 압력 상승을 견디지 못하고 파손되면 그곳으로 소화약제가 방출되어 일정 농도를 유지하지 못하므로 소화에 실패한다. 이를 방지하기 위해 완전히 기밀된 방에서 부분적으로 저강도로 만든 안전 Vent 부분을 과압배출구라 한다. 과압배출구의 면적은 방출율에 따라 달라진다. 시험성적서 확인 등을 통해 정상 동작 개폐 가능 여부를 확인하여야 한다.

[점검방법]
시험성적서 확인 및 육안으로 동작 확인, 복도방향 설치 등 설치 위치 확인
• 과압배출구의 동작 불량 : 시험성적서 확인 등 정상 동작 개폐 확인
• 과압배출구의 설치 위치 : 인근 복도 등 사람 입출입 동선으로 배출할 경우, 질식사 우려

9-N. 안전시설 등

○ 소화약제 방출알림 시각경보장치 설치기준 적합 및 정상 작동 여부

○ 방호구역 출입구 부근 잘 보이는 장소에 소화약제 방출 위험경고표지 부착 여부

○ 방호구역 출입구 외부 인근에 공기호흡기 설치 여부
　▶ 이산화탄소소화설비의 화재안전성능기준(NFPC 106) 제19조, 화재안전기술기준(NFTC 106) 2.16
　① 시각경보장치 설치 : 소화약제 방출 시 방호구역 내와 부근에 가스 방출 시 영향을 미칠 수 있는 장소에 시각경보장치를 설치하여 소화약제가 방출되었음을 알도록 할 것
　② 방호구역의 출입구 부근 잘 보이는 장소에 약제 방출에 따른 위험경고표지를 부착할 것

[점검방법]
- 시각경보장치 : 자동기동방식 동작시험 시 시각경보장치 작동 여부 확인
- 위험경고표지 : 출입구 등 부착 여부 및 시인성 확인
- 공기호흡기 : 출입구 인근 비치 여부 및 공기 충전상태 확인(사용시간 30분 등)

⑩ 할론소화설비 점검표

10-A. 저장용기

- ● 설치장소 적정 및 관리 여부
- ○ 저장용기 설치장소 표지 설치상태 적정 여부
- ● 저장용기 설치 간격 적정 여부
- ○ 저장용기 개방밸브 자동·수동 개방 및 안전장치 부착 여부
- ● 저장용기와 집합관 연결배관상 체크밸브 설치 여부
- ● 저장용기와 선택밸브(또는 개폐밸브) 사이 안전장치 설치 여부
- ○ 축압식 저장용기의 압력 적정 여부
- ● 가압용 가스용기 내 질소가스 사용 및 압력 적정 여부
- ● 가압식 저장용기 압력조정장치 설치 여부

10-B. 소화약제

- ○ 소화약제 저장량 적정 여부

10-C. 기동장치

- ○ 방호구역별 출입구 부근 소화약제 방출표시등 설치 및 정상 작동 여부

[수동식 기동장치]

- ○ 기동장치 부근에 비상스위치 설치 여부
- ● 방호구역별 또는 방호대상별 기동장치 설치 여부
- ○ 기동장치 설치상태 적정(출입구 부근 등, 높이, 보호장치, 표지, 전원표시등) 여부
- ○ 방출용 스위치 음향경보장치 연동 여부

[자동식 기동장치]

- ○ 감지기 작동과의 연동 및 수동기동 가능 여부
- ● 저장용기 수량에 따른 전자 개방밸브 수량 적정 여부(전기식 기동장치의 경우)

○ 기동용 가스용기의 용적, 충전압력 적정 여부(가스압력식 기동장치의 경우)

● 기동용 가스용기의 안전장치, 압력게이지 설치 여부(가스압력식 기동장치의 경우)

● 저장용기 개방구조 적정 여부(기계식 기동장치의 경우)

10-D. 제어반 및 화재표시반

○ 설치장소 적정 및 관리 여부

○ 회로도 및 취급설명서 비치 여부

[제어반]

○ 수동기동장치 또는 감지기 신호 수신 시 음향경보장치 작동 기능 정상 여부

○ 소화약제 방출·지연 및 기타 제어 기능 적정 여부

○ 전원표시등 설치 및 정상 점등 여부

[화재표시반]

○ 방호구역별 표시등(음향경보장치 조작, 감지기 작동), 경보기 설치 및 작동 여부

○ 수동식 기동장치 작동표시 표시등 설치 및 정상 작동 여부

○ 소화약제 방출표시등 설치 및 정상 작동 여부

● 자동식기동장치 자동·수동 절환 및 절환표시등 설치 및 정상 작동 여부

10-E. 배관 등

○ 배관의 변형·손상 유무

10-F. 선택밸브

● 선택밸브 설치 기준 적합 여부

10-G. 분사헤드

[전역방출방식]

○ 분사헤드의 변형·손상 유무

● 분사헤드의 설치 위치 적정 여부

[국소방출방식]

○ 분사헤드의 변형 · 손상 유무

● 분사헤드의 설치장소 적정 여부

[호스릴방식]

● 방호대상물 각 부분으로부터 호스접결구까지 수평거리 적정 여부

○ 소화약제 저장용기의 위치표시등 정상 점등 및 표지 설치상태 적정 여부

● 호스릴소화설비 설치장소 적정 여부

10-H. 화재감지기

○ 방호구역별 화재감지기 감지에 의한 기동장치 작동 여부

● 교차회로(또는 NFSC 203 제7조 제1항 단서 감지기) 설치 여부

● 화재감지기별 유효 바닥면적 적정 여부

10-I. 음향경보장치

○ 기동장치 조작 시(수동식 – 방출용 스위치, 자동식 – 화재감지기) 경보 여부

○ 약제 방사 개시(또는 방출 압력스위치 작동) 후 경보 적정 여부

● 방호구역 또는 방호대상물 구획 안에서 유효한 경보 가능 여부

[방송에 따른 경보장치]

● 증폭기 재생장치의 설치장소 적정 여부

● 방호구역 · 방호대상물에서 확성기 간 수평거리 적정 여부

● 제어반 복구스위치 조작 시 경보 지속 여부

10-J. 자동폐쇄장치

○ 환기장치 자동정지 기능 적정 여부

○ 개구부 및 통기구 자동폐쇄장치 설치 장소 및 기능 적합 여부

● 자동폐쇄장치 복구장치 및 위치표지 설치상태 적정 여부

10-K. 비상전원

● 설치장소 적정 및 관리 여부

○ 자가발전설비인 경우 연료 적정량 보유 여부

○ 자가발전설비인 경우 「전기사업법」에 따른 정기점검 결과 확인

11 할로겐화합물 및 불활성기체소화설비 점검표

11-A. 저장용기

- ● 설치장소 적정 및 관리 여부
- ○ 저장용기 설치장소 표지 설치 여부
- ● 저장용기 설치 간격 적정 여부
- ○ 저장용기 개방밸브 자동·수동 개방 및 안전장치 부착 여부
- ● 저장용기와 집합관 연결배관상 체크밸브 설치 여부

11-B. 소화약제

- ○ 소화약제 저장량 적정 여부

11-C. 기동장치

- ○ 방호구역별 출입구 부근 소화약제 방출표시등 설치 및 정상 작동 여부

[수동식 기동장치]

- ○ 기동장치 부근에 비상스위치 설치 여부
- ● 방호구역별 또는 방호대상별 기동장치 설치 여부
- ○ 기동장치 설치 적정(출입구 부근 등, 높이, 보호장치, 표지, 전원표시등) 여부
- ○ 방출용 스위치 음향경보장치 연동 여부

[자동식 기동장치]

- ○ 감지기 작동과의 연동 및 수동기동 가능 여부
- ● 저장용기 수량에 따른 전자 개방밸브 수량 적정 여부(전기식 기동장치의 경우)
- ○ 기동용 가스용기의 용적, 충전압력 적정 여부(가스압력식 기동장치의 경우)
- ● 기동용 가스용기의 안전장치, 압력게이지 설치 여부(가스압력식 기동장치의 경우)
- ● 저장용기 개방구조 적정 여부(기계식 기동장치의 경우)

11-D. 제어반 및 화재표시반

○ 설치장소 적정 및 관리 여부

○ 회로도 및 취급설명서 비치 여부

[제어반]

○ 수동기동장치 또는 감지기 신호 수신 시 음향경보장치 작동 기능 정상 여부

○ 소화약제 방출·지연 및 기타 제어 기능 적정 여부

○ 전원표시등 설치 및 정상 점등 여부

[화재표시반]

○ 방호구역별 표시등(음향경보장치 조작, 감지기 작동), 경보기 설치 및 작동 여부

○ 수동식 기동장치 작동표시 표시등 설치 및 정상 작동 여부

○ 소화약제 방출표시등 설치 및 정상 작동 여부

● 자동식 기동장치 자동·수동 절환 및 절환표시등 설치 및 정상 작동 여부

11-E. 배관 등

○ 배관의 변형·손상 유무

11-F. 선택밸브

○ 선택밸브 설치 기준 적합 여부

11-G. 분사헤드

○ 분사헤드의 변형·손상 유무

● 분사헤드의 설치 높이 적정 여부

11-H. 화재감지기

○ 방호구역별 화재감지기 감지에 의한 기동장치 작동 여부

● 교차회로(또는 NFSC 203 제7조제1항 단서 감지기) 설치 여부

● 화재감지기별 유효 바닥면적 적정 여부

11-I. 음향경보장치

○ 기동장치 조작 시(수동식-방출용 스위치, 자동식-화재감지기) 경보 여부

○ 약제 방사 개시(또는 방출 압력스위치 작동) 후 경보 적정 여부

● 방호구역 또는 방호대상물 구획 안에서 유효한 경보 가능 여부

[방송에 따른 경보장치]

● 증폭기 재생장치의 설치장소 적정 여부

● 방호구역·방호대상물에서 확성기 간 수평거리 적정 여부

● 제어반 복구스위치 조작 시 경보 지속 여부

11-J. 자동폐쇄장치

[화재표시반]

○ 환기장치 자동정지 기능 적정 여부

○ 개구부 및 통기구 자동폐쇄장치 설치 장소 및 기능 적합 여부

● 자동폐쇄장치 복구장치 설치기준 적합 및 위치표지 적합 여부

11-K. 비상전원

● 설치장소 적정 및 관리 여부

○ 자가발전설비인 경우 연료 적정량 보유 여부

○ 자가발전설비인 경우 「전기사업법」에 따른 정기점검 결과 확인

11-L. 과압배출구

● 과압배출구 설치상태 및 관리 여부

12 분말소화설비 점검표

12-A. 저장용기

- ● 설치장소 적정 및 관리 여부

- ○ 저장용기 설치장소 표지 설치 여부

- ● 저장용기 설치 간격 적정 여부

- ○ 저장용기 개방밸브 자동·수동 개방 및 안전장치 부착 여부

- ● 저장용기와 집합관 연결배관상 체크밸브 설치 여부

- ● 저장용기 안전밸브 설치 적정 여부

- ● 저장용기 정압작동장치 설치 적정 여부

- ● 저장용기 청소장치 설치 적정 여부

- ○ 저장용기 지시압력계 설치 및 충전압력 적정 여부(축압식의 경우)

    ▶ 분말소화설비의 화재안전성능기준(NFPC 108) 제4조, 화재안전기술기준(NFTC 108) 2.1 저장용기 설치기준
    ① 방호구역 외의 장소에 설치. 다만, 방호구역 내에 설치할 경우에는 피난 및 조작이 용이하도록 피난구 부근에 설치해야 한다.
    ② 온도가 40℃ 이하이고, 온도변화가 작은 곳에 설치할 것
    ③ 직사광선 및 빗물이 침투할 우려가 없는 곳에 설치할 것
    ④ 방화문으로 구획된 실에 설치할 것
    ⑤ 용기의 설치장소에는 해당 용기가 설치된 곳임을 표시하는 표지를 할 것
    ⑥ 용기 간의 간격은 점검에 지장이 없도록 3cm 이상의 간격을 유지할 것
    ⑦ 저장용기와 집합관을 연결하는 연결배관에는 체크밸브를 설치할 것. 다만, 저장용기가 하나의 방호구역만을 담당하는 경우에는 그렇지 않다.

12-B. 가압용 가스용기

- ○ 가압용 가스용기 저장용기 접속 여부

- ○ 가압용 가스용기 전자개방밸브 부착 적정 여부

- ○ 가압용 가스용기 압력조정기 설치 적정 여부

- ○ 가압용 또는 축압용 가스 종류 및 가스량 적정 여부

● 배관 청소용 가스 별도 용기 저장 여부

▶ 분말소화설비의 화재안전성능기준(NFPC 108) 제5조, 화재안전기술기준(NFTC 108) 2.2
가압용 가스용기 설치기준
① 가압용 가스용기는 분말소화약제 저장용기에 접속하여 설치할 것
② 가압용 가스용기를 3병 이상 설치 시, 2개 이상의 용기에 전자개방밸브 부착할 것
③ 가압용 가스용기에는 2.5MPa 이하의 압력에서 조정이 가능한 압력조정기를 설치할 것
④ 가압용 가스 또는 축압용 가스의 기준
  • 가압용 가스 또는 축압용 가스는 질소가스 또는 이산화탄소로 할 것
  • 분말소화설비의 가압식 및 축압식 저장량

구분	분말소화설비의 가압식 및 축압식 저장량
가압식	• N_2 : 소화약제 1kg당 → 40L 이상 • CO_2 : 소화약제 1kg당 → 20g+배관 청소에 필요한 양 이상
축압식	• N_2 : 소화약제 1kg당 → 10L 이상 • CO_2 : 소화약제 1kg당 → 20g+배관 청소에 필요한 양 이상
공통사항	배관의 청소에 필요한 양의 가스는 별도의 용기에 저장할 것

12-C. 소화약제

○ 소화약제 저장량 적정 여부

▶ 분말소화설비의 화재안전성능기준(NFPC 108) 제6조, 화재안전기술기준(NFTC 108) 2.3
① 전역방출방식
  ㉠ 차고 또는 주차장 사용 약제의 제한 : 제3종 분말로 하여야 함
  ㉡ 전역방출방식 저장량

    Q = 방호구역 체적당 약제량 + 개구부 가산량
      = (방호구역 체적 × 1m³당 약제량) + (개구부 면적 × 면적당 가산량)

  • 방호구역의 체적 1m³에 대하여 다음 표에 따른 양

소화약제의 종류	방호구역의 체적 1m³에 대한 소화약제의 양
제1종 분말	0.60kg
제2종 분말 또는 제3종 분말	0.36kg
제4종 분말	0.24kg

  • 방호구역의 개구부에 자동폐쇄장치를 설치하지 아니한 경우에는 위의 표에 따라 산출한 양에 다음 표에 따라 산출한 양을 가산한 양

소화약제의 종류	가산량(개구부의 면적 1m²에 대한 소화약제의 양)
제1종 분말	4.5kg
제2종 분말 또는 제3종 분말	2.7kg
제4종 분말	1.8kg

② 국소방출방식

$$Q = X - Y\frac{a}{A}$$

여기서, Q : 방호공간(방호대상물의 각 부분으로부터 0.6m의 거리에 따라 둘러싸인 공간을 말한다. 이하 같다) 1m³에 대한 분말소화약제의 양(kg/m³)
a : 방호대상물의 주변에 설치된 벽면적의 합계(m²)
A : 방호공간의 벽면적(벽이 없는 경우에는 벽이 있는 것으로 가정한 당해 부분의 면적)의 합계(m²)
X 및 Y : 다음 표의 수치

소화약제의 종류	X의 수치	Y의 수치
제1종 분말	5.2	3.9
제2종 분말 또는 제3종 분말	3.2	2.4
제4종 분말	2.0	1.5

호스릴방식의 분말소화설비는 하나의 노즐에 대하여 다음 표에 따른 양 이상으로 할 것

소화약제의 종류	소화약제의 양
제1종 분말	50kg
제2종 분말 또는 제3종 분말	30kg
제4종 분말	20kg

[점검방법]
계산량과 저장량을 확인·비교, 계산량 이상 저장 시 적합

12-D. 기동장치

○ 방호구역별 출입구 부근 소화약제 방출표시등 설치 및 정상 작동 여부

[수동식 기동장치]

○ 기동장치 부근에 비상스위치 설치 여부

● 방호구역별 또는 방호대상별 기동장치 설치 여부

○ 기동장치 설치 적정(출입구 부근 등, 높이, 보호장치, 표지, 전원표시등) 여부

○ 방출용 스위치 음향경보장치 연동 여부

[자동식 기동장치]

○ 감지기 작동과의 연동 및 수동기동 가능 여부

● 저장용기 수량에 따른 전자개방밸브 수량 적정 여부(전기식 기동장치의 경우)

○ 기동용 가스용기의 용적, 충전압력 적정 여부(가스압력식 기동장치의 경우)

● 기동용 가스용기의 안전장치, 압력게이지 설치 여부(가스압력식 기동장치의 경우)

● 저장용기 개방구조 적정 여부(기계식 기동장치의 경우)

▶ 분말소화설비의 화재안전성능기준(NFPC 108) 제7조, 화재안전기술기준(NFTC108) 2.4
① 수동식 기동장치(방출지연스위치 내장) = 수동조작함
  ㉠ 설치 대상 : 전역방출방식은 방호구역마다, 국소방출방식은 방호대상물마다 설치할 것
  ㉡ 설치 장소 : 해당 방호구역의 출입구 부근 등 조작을 하는 자가 쉽게 피난할 수 있는 장소
  ㉢ 설치높이 및 보호장치 : 바닥으로부터 높이 0.8m 이상 1.5m 이하 설치, 보호판 등에 따른 보호장치를 설치할 것
  ㉣ 표지 설치 : 가까운 곳의 보기 쉬운 곳에 "분말소화설비 기동장치" 표지 설치
  ㉤ 전기를 사용하는 기동장치 : 전원표시등을 설치할 것
  ㉥ 기동장치의 방출용 스위치 누름 시 연동관계 : 음향경보장치와 연동

② 자동식 기동장치(자동화재탐지설비의 감지기의 작동과 연동)
  ㉠ 자동식 기동장치에는 수동으로도 기동할 수 있는 구조로 할 것
  ㉡ 가스압력식 기동장치(실무 보편적 적용)
    • 기동용 가스용기(밸브 포함)는 25MPa 이상의 압력에 견딜 수 있는 것
    • 기동용 가스용기 안전장치 : 내압시험압력의 0.8배부터 내압시험압력 이하에서 작동
    • 기동용 가스용기의 체적 1L 이상, 이산화탄소의 양은 0.6kg 이상, 충전비는 1.5 이상으로 할 것
  ㉢ 전기식 기동장치(일부 적용) : 7병 이상의 저장용기를 동시에 개방하는 설비는 2병 이상의 저장용기에 전자개방밸브를 부착할 것
  ㉣ 기계식 기동장치 : 저장용기를 쉽게 개방할 수 있는 구조로 할 것

③ 방출표시등 설치
  출입구 등의 보기 쉬운 곳에 소화약제 방출압에 의한 압력스위치의 작동에 의해 점등되어 방호구역 안으로 거주자의 진입을 방지할 목적으로 설치

12-E. 제어반 및 화재표시반

○ 설치장소 적정 및 관리 여부

○ 회로도 및 취급설명서 비치 여부

[제어반]

○ 수동기동장치 또는 감지기 신호 수신 시 음향경보장치 작동 기능 정상 여부

○ 소화약제 방출·지연 및 기타 제어 기능 적정 여부

○ 전원표시등 설치 및 정상 점등 여부

[화재표시반]

○ 방호구역별 표시등(음향경보장치 조작, 감지기 작동), 경보기 설치 및 작동 여부

○ 수동식 기동장치 작동표시 표시등 설치 및 정상 작동 여부

○ 소화약제 방출표시등 설치 및 정상 작동 여부

● 자동식 기동장치 자동·수동 절환 및 절환표시등 설치 및 정상 작동 여부

12-F. 배관 등

○ 배관의 변형·손상 유무

12-G. 선택밸브

○ 선택밸브 설치 기준 적합 여부

▶ 분말소화설비의 화재안전성능기준(NFPC 108) 제10조, 화재안전기술기준(NFTC 108) 2.7
① 방호구역(또는 방호대상물)마다 설치
② 해당 방호구역(또는 방호대상물) 표시

12-H. 분사헤드

[전역방출방식]

○ 분사헤드의 변형·손상 유무

● 분사헤드의 설치 위치 적정 여부

[국소방출방식]

○ 분사헤드의 변형 · 손상 유무

● 분사헤드의 설치장소 적정 여부

[호스릴방식]

● 방호대상물 각 부분으로부터 호스접결구까지 수평거리 적정 여부

○ 소화약제 저장용기의 위치표시등 정상 점등 및 표지 설치 여부

● 호스릴소화설비 설치장소 적정 여부

▶ 분말소화설비의 화재안전성능기준(NFPC 108) 제11조, 화재안전기술기준(NFTC 108) 2.8
① 전역방출방식 분사헤드 설치기준
㉠ 방출된 소화약제가 방호구역의 전역에 균일하고 신속하게 확산할 수 있도록 할 것
㉡ 규정된 소화약제 저장량을 30초 이내에 방출할 수 있는 것으로 할 것

② 국소방출방식 분사헤드 설치기준
㉠ 소화약제의 방출에 따라 가연물이 비산하지 않는 장소에 설치할 것
㉡ 규정된 기준저장량의 소화약제를 30초 이내에 방출할 수 있는 것으로 할 것

③ 호스릴방식의 분말소화설비 노즐 등 설치기준
㉠ 수평거리 : 방호대상물의 각 부분으로부터 하나의 호스접결구까지의 수평거리가 15m 이하가 되도록 할 것
㉡ 노즐방사량 : 하나의 노즐마다 1분당 다음 표에 따른 소화약제를 방출할 수 있는 것으로 할 것

소화약제의 종류	1분당 방출하는 소화약제의 양
제1종 분말	50kg
제2종 분말 또는 제3종 분말	30kg
제4종 분말	20kg

㉢ 소화약제 저장용기는 호스릴을 설치하는 장소마다 설치할 것
㉣ 수동개폐장치 설치 : 소화약제 저장용기의 개방밸브는 호스의 설치장소에서 수동으로 개폐할 수 있는 것으로 할 것
㉤ 표시등 및 표지 설치 : 소화약제 저장용기의 가장 가까운 곳의 보기 쉬운 곳에 적색의 표시등을 설치하고, 호스릴방식의 분말소화설비가 있다는 뜻을 표시한 표지를 할 것

[점검방법]
설치기준을 확인, 육안 등 점검

12-I. 화재감지기

○ 방호구역별 화재감지기 감지에 의한 기동장치 작동 여부

● 교차회로(또는 NFSC 203 제7조제1항 단서 감지기) 설치 여부

● 화재감지기별 유효 바닥면적 적정 여부

▶ 분말소화설비의 화재안전성능기준(NFPC 108) 제12조, 화재안전기술기준(NFTC 108) 2.9
자동식 기동장치의 화재감지기 설치기준
각 방호구역 내의 화재감지기의 감지에 따라 작동되도록 할 것
※ 사전 안전조치 필수 수행 및 확인, 수행(솔레노이드 밸브 분리 등)
 • 방호구역 내 교차회로 감지기 동작(A, B회로) (단, 열연복합형의 경우는 1개 회로 연속 동작)
 • 제어반에서 솔레노이드 밸브 연동 전환
 • 기동용기의 솔레노이드 밸브 동작 확인

12-J. 음향경보장치

○ 기동장치 조작 시(수동식 – 방출용 스위치, 자동식 – 화재감지기) 경보 여부

○ 약제 방사 개시(또는 방출 압력스위치 작동) 후 1분 이상 경보 여부

● 방호구역 또는 방호대상물 구획 안에서 유효한 경보 가능 여부

[방송에 따른 경보장치]

● 증폭기 재생장치의 설치장소 적정 여부

● 방호구역 · 방호대상물에서 확성기 간 수평거리 적정 여부

● 제어반 복구스위치 조작 시 경보 지속 여부

▶ 분말소화설비의 화재안전성능기준(NFPC 108) 제13조, 화재안전기술기준(NFTC 108) 2.10
① 음향경보장치 설치기준
  ㉠ 수동식 기동장치(수동조작함)를 설치한 것은 그 기동장치의 조작과정에서, 자동식 기동장치를 설치한 것은 화재감지기와 연동하여 자동으로 경보를 발하는 것으로 할 것
  ㉡ 경보지속시간 : 소화약제의 방출 개시 후 1분 이상 경보를 계속할 수 있는 것으로 할 것
  ㉢ 방호구역(또는 방호대상물)이 있는 구획 안에 있는 자에게 유효하게 경보할 수 있는 것으로 할 것

② 방송에 따른 경보장치 설치 시 설치기준
　㉠ 증폭기 재생장치 설치 위치 : 화재 시 연소 우려가 없고, 유지관리가 쉬운 장소
　㉡ 확성기까지의 수평거리 : 방호구역(또는 방호대상물)이 있는 구획의 각 부분으로부터 25m 이하
　㉢ 제어반 복구스위치 조작 시에도 경보를 계속 발할 수 있는 것으로 할 것

[점검방법]
- 경보발생 여부 : 자동기동방식 동작시험 시 경보 송출 여부 점검
- 확성기 간 수평거리 적정 여부 : 레이저포인트 및 줄자 측정(25m)
- 제어반 복구스위치 조작 시 경보 지속 여부 : 동작시험 시 복구스위치 조작, 점검

12-K. 비상전원

● 설치장소 적정 및 관리 여부

○ 자가발전설비인 경우 연료 적정량 보유 여부

○ 자가발전설비인 경우 「전기사업법」에 따른 정기점검 결과 확인

⒔ 옥외소화전설비 점검표

13-A. 수원

- ○ 수원의 유효수량 적정 여부(겸용설비 포함)
  - ① 수원량 산출
    - ㉠ 7m³×설치된 소화전(최대 2개) 개수
    - ㉡ 다른 소화설비와 겸용하는 경우 : 각 소화설비의 필요한 저수량의 합한 양 이상을 확보
  - ② 다른 설비(소화설비 외 일반설비)와 겸용하는 경우 풋밸브 또는 흡수구의 위치를 파악하여 유효수량을 확인

13-B. 수조

- ● 동결방지조치 상태 적정 여부
- ○ 수위계 설치 또는 수위 확인 가능 여부
- ● 수조 외측 고정사다리 설치 여부(바닥보다 낮은 경우 제외)
- ● 실내 설치 시 조명설비 설치 여부
- ○ "옥외소화전설비용 수조" 표지 설치 여부 및 설치 상태
- ● 다른 소화설비와 겸용 시 겸용설비의 이름 표시한 표지 설치 여부
- ● 수조-수직배관 접속부분 "옥외소화전설비용 배관" 표지 설치 여부

13-C. 가압송수장치

[펌프방식]

- ● 동결방지조치 상태 적정 여부
- ○ 옥외소화전 방수량 및 방수압력 적정 여부
  - ① 방수압력 0.25MPa 이상 0.7MPa 이하인지 확인, 방수량 350L/min 이상인지 확인
  - ② 측정방법 등
    - ㉠ 측정위치
      - • 펌프와 가장 멀리 떨어진 소화전(최저압 확인)
      - • 펌프와 가장 가까운 소화전(과압 확인)
    - ㉡ 측정방법
      - • 직사형 관창(19mm) 및 방수압력측정계(피토게이지)를 이용

- 방수구를 2개 개방하여 측정

⟨방수압력 측정⟩
- 노즐 선단으로부터 노즐 구경의 1/2 떨어진 위치에서 측정
- 측정 위치에 피토게이지를 근접시켜 압력계의 지시치 확인

⟨방수량 측정⟩
측정한 방수압력을 다음 식에 대입하여 산출

$$Q = 2.065 \times D^2 \times \sqrt{p}$$

여기서, Q : 방수량[L/min]
D : 노즐의 구경[mm] (옥외소화전 19mm)
p : 방수압력[MPa]

● 감압장치 설치 여부(방수압력 0.7MPa 초과 조건)
① 방수압력 측정 시 0.7MPa 이하의 압력을 유지하여야 함
② 초과하는 경우 감압장치 설치 여부 확인
- 일반적으로 옥외소화전 방수구 호스접결구의 인입구 측에 감압용 밸브 또는 오리피스를 설치하여 방수압력을 감압하는 방식을 가장 많이 사용

○ 성능시험배관을 통한 펌프 성능시험 적정 여부

● 다른 소화설비와 겸용인 경우 펌프 성능 확보 가능 여부

○ 펌프 흡입 측 연성계 · 진공계 및 토출 측 압력계 등 부속장치의 변형 · 손상 유무

● 기동장치 적정 설치 및 기동압력 설정 적정 여부

○ 기동스위치 설치 적정 여부(ON/OFF 방식)

● 물올림장치 설치 적정(전용 여부, 유효수량, 배관 구경, 자동급수) 여부

● 충압펌프 설치 적정(토출압력, 정격토출량) 여부

○ 내연기관 방식의 펌프 설치 적정[정상 기동(기동장치 및 제어반) 여부, 축전지 상태, 연료량] 여부

○ 가압송수장치의 "옥외소화전펌프" 표지 설치 여부 또는 다른 소화설비와 겸용 시 겸용설비 이름 표시 부착 여부

[고가수조방식]

○ 수위계 · 배수관 · 급수관 · 오버플로우관 · 맨홀 등 부속장치의 변형 · 손상 유무

[압력수조방식]

● 압력수조의 압력 적정 여부

압력수조의 압력은 다음의 식에 따라 산출한 수치 이상 유지되도록 할 것

$$P = p_1 + p_2 + p_3 + 0.25$$

여기서, P : 필요한 압력(MPa)
p_1 : 호스의 마찰손실수두압(MPa)
p_2 : 배관의 마찰손실수두압(MPa)
p_3 : 낙차의 환산수두압(MPa)

○ 수위계 · 급수관 · 급기관 · 압력계 · 안전장치 · 공기압축기 등 부속장치의 변형 · 손상 유무

[가압수조방식]

● 가압수조 및 가압원 설치장소의 방화구획 여부

○ 수위계 · 급수관 · 배수관 · 급기관 · 압력계 등 부속장치의 변형 · 손상 유무

13-D. 배관 등

● 호스접결구 높이 및 각 부분으로부터 호스접결구까지의 수평거리 적정 여부

○ 호스 구경 적정 여부

● 펌프의 흡입 측 배관 여과장치의 상태 확인

펌프 케이싱 내부로 이물질 침입을 방지하기 위한 여과장치(스트레이너) 설치 여부

● 성능시험배관 설치(개폐밸브, 유량조절밸브, 유량측정장치) 적정 여부

● 순환배관 설치(설치 위치 · 배관 구경, 릴리프밸브 개방압력) 적정 여부

● 동결방지조치 상태 적정 여부

○ 급수배관 개폐밸브 설치(개폐표시형, 흡입 측 버터플라이 제외) 적정 여부

● 다른 설비의 배관과의 구분 상태 적정 여부

13-E. 소화전함 등

○ 함 개방 용이성 및 장애물 설치 여부 등 사용 편의성 적정 여부

○ 위치 · 기동 표시등 적정 설치 및 정상 점등 여부

① 옥외소화전함의 위치표시등
  ㉠ 소화전함 상부에 설치되어 있는지 여부
  ㉡ 소방청장이 고시한「표시등의 성능인증 및 제품검사의 기술기준」에 적합한 것인지 여부
    • 적색으로 점등
    • 표시등의 불빛은 부착면과 15° 이하의 각도로 발산되고, 10m 떨어진 위치에서 켜진 등이 식별되어야 함
② 가압송수장치의 기동표시등
  ㉠ 소화전함 상부 또는 그 직근에 적색등으로 설치 여부
  ㉡ 「위험물안전관리법 시행령」별표 8에 따라 자체소방대를 구성하여 운영하는 경우 기동표시등은 제외 가능

○ "옥외소화전" 표시 설치 여부

● 소화전함 설치 수량 적정 여부
  ① 옥외소화전이 10개 이하 설치된 경우 1개 이상의 소화전함 설치
  ② 옥외소화전이 11개 이상 30개 이하 설치된 경우 11개 이상의 소화전함 설치
  ③ 옥외소화전이 31개 이상 설치된 경우 옥외소화전 3개마다 1개 이상의 소화전함 설치

○ 옥외소화전함 내 소방호스, 관창, 옥외소화전 개방장치 비치 여부
  65mm 소방호스, 관창, 옥외소화전 개방장치 비치 여부

○ 호스의 접결상태, 구경, 방수 거리 적정 여부
  ① 호스접결구와 소방호스의 원활한 접결 상태 확인
  ② 소방대상물 각 부분에 유효하게 물을 뿌릴 수 있는 방수거리는 충분한지 여부

13-F. 전원

● 대상물 수전방식에 따른 상용전원 적정 여부

● 비상전원 설치장소 적정 및 관리 여부

○ 자가발전설비인 경우 연료 적정량 보유 여부

○ 자가발전설비인 경우「전기사업법」에 따른 정기점검 결과 확인

13-G. 제어반

● 겸용 감시ㆍ동력 제어반 성능 적정 여부(겸용으로 설치된 경우)

[감시제어반]

○ 펌프 작동 여부 확인 표시등 및 음향경보장치 정상 작동 여부

○ 펌프별 자동·수동 전환스위치 정상 작동 여부

● 펌프별 수동기동 및 수동 중단 기능 정상 작동 여부

● 상용전원 및 비상전원 공급 확인 가능 여부(비상전원이 있는 경우)

● 수조·물올림탱크 저수위 표시등 및 음향경보장치 정상 작동 여부

○ 각 확인회로별 도통시험 및 작동시험 정상 작동 여부

○ 예비전원 확보 유무 및 시험 적합 여부

● 감시제어반 전용실 적정 설치 및 관리 여부

● 기계·기구 또는 시설 등 제어 및 감시설비 외 설치 여부

[동력제어반]

○ 앞면은 적색으로 하고, "옥외소화전설비용 동력제어반" 표지 설치 여부

[발전기제어반]

● 소방전원보존형 발전기는 이를 식별할 수 있는 표지 설치 여부

※ 펌프성능시험(펌프 명판 및 설계치 참조)

구분		체절운전	정격운전 (100%)	정격유량의 150% 운전	적정 여부
토출량 (L/min)	주				1. 체절운전 시 토출압은 정격토출압의 140% 이하일 것 (　)
	예비				2. 정격운전 시 토출량과 토출압이 규정치 이상일 것 (　)
토출압 (MPa)	주				3. 정격토출량의 150%에서 토출압이 정격토출압의 65% 이상일 것 (　)
	예비				

- 설정압력 :
- 주펌프
  기동 : 　　MPa
  정지 : 　　MPa
- 예비펌프
  기동 : 　　MPa
  정지 : 　　MPa
- 충압펌프
  기동 : 　　MPa
  정지 : 　　MPa

※ 릴리프밸브 작동압력 :　　　MPa

14 비상경보설비 및 단독경보형감지기 점검표

14-A. 비상경보설비

○ 수신기 설치장소 적정(관리 용이) 및 스위치 정상 위치 여부

○ 수신기 상용전원 공급 및 전원표시등 정상 점등 여부
  ① 수신기는 부식성가스 또는 습기 등 영향이 없는 곳에 설치
    ㉠ 수신부 사용전원 표시등 점등 확인
    ㉡ 조작이 용이한 장소로서 부식성가스 또는 습기 등 영향이 없는 곳에 설치 여부 점검
    ㉢ 수신기 주변에 접근을 방해하는 장애물 방치 여부 확인
  ② 평상시 수신기 조작스위치는 눌림이 없도록 관리
    ㉠ 조작 스위치는 바닥으로부터의 높이가 0.8m 이상 1.5m 이하인지 점검
    ㉡ 조작된 스위치는 없는지 확인(조작된 스위치가 있는 경우에는 그 원인을 파악하도록 함)
    ㉢ 스위치주의등은 버튼에 표시되는 타입과 스위치주의등이 별도로 설치된 타입 존재
  ③ 수신기 정상상태 관리 시 교류전원 표시등, 전압지시등 점등
    ㉠ 교류전원 표시등은 항시 점등상태(녹색)를 유지하여야 함
    ㉡ 전압지시등은 24V 이상을 표시하도록 유지 → 표시등 타입, 전압계 타입 존재

○ 예비전원(축전지) 상태 적정 여부(상시 충전, 상용전원 차단 시 자동절환)
  ① 예비전원 스위치 동작 시 전압지시등 정상상태 또는 24V 이상 표시 확인
    • 예비전원 스위치를 눌렀을 시 전압지시등 정상인지 점검
  ② 예비전원 스위치 동작 시 예비전원 감시등 점등 시 예비전원 불량 또는 잭 연결 불량 등 이상상태 확인
    ㉠ 예비전원 스위치 눌렀을 시 전압지시등에 '낮음'이 표시되면 예비전원 교체
    ㉡ 예비전원 감시등 점등 시 원인은 배터리 방전 또는 연결잭 미결합, 기판에서 충전 불량 등으로 표시됨
  ③ 예비전원 전압지시 낮음 또는 미달 시 내부 배터리 교체

○ 지구음향장치 설치기준 적합 여부

○ 음향장치(경종 등) 변형·손상 확인 및 정상 작동(음량 포함) 여부
  음량계 1m 떨어진 위치에서 측정 시 음압이 90dB 이상일 것
  • 동작 후 지정된 위치에서 음량계로 측정

○ 발신기 설치 장소, 위치(수평거리) 및 높이 적정 여부
  지구경종 및 발신기 수평거리 25m 이하마다 설치되었는지 점검
  • 일반적으로 설계도면 평면도로 확인하여 각 부분 모두 포함하는지 확인 점검

○ 발신기 변형·손상 확인 및 정상 작동 여부
　① 발신기 누름스위치 동작하여 신호 전달 여부 점검
　　• 발신기 자체 동작 LED 점등 및 수신기 내 발신기응답등 점등
　② 발신기 누름스위치 파손 또는 선로결선상태 점검
　　㉠ 누름스위치 파손 시 발신기 눌러도 신호전달 미비 및 정상상태에도 발신기 신호 전달이 안 되면 테스터기로 전압 확인
　　㉡ 발신기함 단자대에서 공통, 발신기응답, 전화, 회로 4가닥 연결 여부 점검
　③ 발신기 응답램프 미점등 시 확인방법
　　• 단자대에서 공통선로와 발신기응답선로 전압 체크 → 24V 표시되면 발신기 기구불량, 0V 시 발신기 응답선로 단선

○ 위치표시등 변형·손상 확인 및 정상 점등 여부
　발신기 위치표시등 정상 점등 여부 확인
　① 기구 불량 시 위치표시등 교체, 전압 단선 시 선로 보수
　② 발신기 단자대 기호 중 C(공통)+L(표시등) 전압 측정하여 24V인지 확인

14-B. 단독경보형감지기

○ 설치 위치(각 실, 바닥면적 기준 추가설치, 최상층 계단실) 적정 여부
　① 구획된 실마다 설치 여부 점검
　　㉠ 감지기 설치 위치의 적정성 확인
　　㉡ 감지기 고정상태 확인
　② 바닥면적 150m²를 초과하는 경우 150m²마다 1개 이상 설치
　　• 단독경보형감지기 1개 감지면적을 150m²로 산정함

○ 감지기의 변형 또는 손상이 있는지 여부
　단독경보형감지기 변형상태 및 손상 여부 점검
　• 감지부 탈락 및 훼손 시 정상 동작 여부 점검

○ 정상적인 감시상태를 유지하고 있는지 여부(시험작동 포함)
　감지기 시험 버튼 누름
　① 램프 점등 확인
　② 경보 확인

15 자동화재탐지설비 및 시각경보장치 점검표

15-A. 경계구역

- 경계구역 구분 적정 여부
  ① 수평적 경계구역 적정 여부

자동화재탐지설비 수평적 경계구역 기준 요약

구분	원칙	예외
층별	층마다 구분	2개 층의 면적의 합이 500m² 이하인 경우 2개 층을 하나의 경계구역으로 가능
면적	600m² 이하	주된 출입구에서 내부 전체가 보이는 경우 1,000m² 이하를 하나의 경계구역으로 가능
길이	한 변의 길이 50m 이하	지하구의 경우 700m 이하 가능

② 수직적 경계구역 적정 여부

자동화재탐지설비 수직적 경계구역 기준 요약

구분	계단, 경사로	E/V 승강로(권상기실이 있는 경우 권상기실), 린넨슈트, 파이프 피트 및 덕트 등
높이	45m 이하	제한 없음
지하층	별도의 경계구역 (지하 1층만 있을 경우 지상층과 하나의 경계구역 가능)	제한 없음

③ 면적산입 제외대상 적정 여부
  ㉠ 제외대상 : 외기에 면하여 상시 개방된 차고 · 주차장 · 창고 등
  ㉡ 제외면적 : 외기에 면하는 각 부분으로부터 5m 미만 범위 안
④ 기타 감지기 신설, 증설 운영 시 경계구역 설정 적정 여부 확인

- 감지기를 공유하는 경우 스프링클러 · 물분무소화 · 제연설비 경계구역 일치 여부

  스프링클러설비 · 물분무소화설비 · 제연설비 등의 방호구역과 감지기 경계구역이 동일하게 구성되었는지를 확인

15-B. 수신기

○ 수신기 설치장소 적정(관리 용이) 여부
  ① 수위실 등 상시 사람이 근무하는 장소에 설치되어 있는지 확인
  ② 사람이 상시 근무하는 장소가 없는 경우에는 관계인이 쉽게 접근할 수 있고 관리가 용이한 장소에 설치하였는지 확인

○ 조작스위치의 높이는 적정하며 정상 위치에 있는지 여부
　① 수신기의 조작스위치는 소방안전관리자가 조작이 편리하도록 0.8m 이상 1.5m 사이에 있는지 줄자로 확인
　② 조작스위치가 눌려져 수신기의 "스위치주의등"이 점멸되고 있는지 확인
　　→ 각 조작스위치가 정상 위치에 있지 않을 시 "스위치주의등"이 점멸됨

● 개별 경계구역 표시 가능 회선 수 확보 여부
　수신기의 회로 수는 경계구역의 수와 동등 이상인지 여부 확인(경계구역 증설을 고려 예비회로를 운영하는 것이 바람직함)

● 축적기능 보유 여부(환기 · 면적 · 높이 조건 해당할 경우)
　축적기능을 유지하는 곳이 다음에 해당하는지 확인
　① 지하층 · 무창층 등으로서 환기가 잘되지 않는 장소
　② 실내면적이 40m² 미만인 장소
　③ 감지기의 부착면과 실내바닥과의 거리가 2.3m 이하인 장소

○ 경계구역 일람도 비치 여부
　① 경계구역 일람도가 비치되어 있는지 확인
　② 수신기의 지구화재표시창의 명칭과 경계구역 일람도가 일치하는지 확인
　③ 경계구역 일람도가 현행화되었는지 확인(용도 변경, 상호 변경 등)

○ 수신기 음향기구의 음량 · 음색 구별 가능 여부
　① 음향기구의 음량과 음색이 적절한지 확인
　② 업무용 음향기구 중 음량과 음색이 화재경보용과 유사한 것이 있는지 확인

● 감지기 · 중계기 · 발신기 작동 경계구역 표시 여부(종합방재반 연동 포함)
　① 화재가 발생한 경계구역의 위치를 표시하는 표시등이 적색으로 표시되어 있는지 확인
　② 감지기 · 중계기 또는 발신기의 동작 신호가 수신기에 정상적으로 표시되는지 확인

● 1개 경계구역 1개 표시등 또는 문자 표시 여부
　화재발생 등 이벤트를 소방안전관리자가 쉽게 인식할 수 있도록 하나의 경계구역에는 하나의 표시등 또는 문자로 표시되는지 여부 확인

● 하나의 대상물에 수신기가 2 이상 설치된 경우 상호 연동되는지 여부
　관리의 분리되어 있거나 유지관리의 주체가 다른 경우 어느 수신기에서도 화재발생상황(대표신호)을 확인할 수 있는지 여부 확인(동일한 감시실 안에 같이 설치한 경우는 제외)

○ 수신기 기록장치 데이터 발생 표시시간과 표준시간 일치 여부
　표준시간과 수신기 표시시간이 일치하는지 확인

15-C. 중계기

- **중계기 설치 위치 적정 여부(수신기에서 감지기회로 도통시험하지 않는 경우)**
  수신기와 감지기 사이에 중계기가 설치되어 있는지 확인(아날로그 감지기 및 주소형 감지기 제외)

- **설치 장소(조작 · 점검 편의성, 화재 · 침수 피해 우려) 적정 여부**
  중계기는 상시 점검, 조작 및 보수가 쉽게 거치대를 설치토록 하고, 화재 및 침수 등의 재해로 인한 피해를 받을 우려가 없는 장소(중계기 설치 전용함 또는 소화전 상부 등)에 설치되었는지 확인

- **전원입력 측 배선 상 과전류차단기 설치 여부**
  전원을 수신기에서 직접 받는 것이 아닌 집합형 중계기와 같이 전원반을 별도 설치한 경우 전원입력 측의 양쪽선 및 외부 부하에 직접 전력을 공급하는 회로에 과전류차단기가 설치되어 있는지 확인

- **중계기 전원 정전 시 수신기 표시 여부**
  중계기 전원 정전 시 수신기에 정전 여부를 확인할 수 있는지 확인

- **상용전원 및 예비전원 시험 적정 여부**
  ① 수신기에서 전원을 공급받는 경우
     ㉠ 예비전원시험 버튼으로 예비전원 정상 여부 확인
        - 예비전원시험 버튼을 클릭
        - 예비전원 표시등 정상 여부 확인(녹색표시등 점등 시 정상)
     ㉡ 수신기 내부 상용전원 차단 시 전압 정상 여부 확인
        - 수신기 내부 상용전원을 차단(ON → OFF)
        - 전압표시등 확인(전압계의 지시치가 녹색 범위 시 정상)
  ② 전원반에서 전원을 공급받는 경우
     ㉠ 예비전원시험 버튼으로 예비전원 정상 여부 확인
        - 예비전원시험 버튼을 누름
        - 예비전원 표시등 정상(출력전압 정상 표시등 점등) 여부 확인
     ㉡ 전원반 내부 상용전원 차단 시 전압 정상 여부 확인
        - 전원반 내부 상용전원을 차단(ON → OFF)
        - 전압표시등 확인(전압계의 지시치가 녹색 범위 시 정상)

15-D. 감지기

- **부착 높이 및 장소별 감지기 종류 적정 여부**
  ① 경계구역 내 환경조건에 따라 적정한 감지기가 설치되어 있는지 확인

② 동일한 형태의 감지기라 하더라도 1종, 2종 등 종별에 따라 부착 높이가 달라질 수 있으므로 유의하여 확인

● 특정 장소(환기 불량, 면적 협소, 저층고)에 적응성이 있는 감지기 설치 여부

환기가 잘되지 않거나 실내면적이 협소(40m² 미만)한 경우, 실내 층고가 낮은(2.3m 이하) 경우 등 비화재보 우려가 있는 장소에 다음의 감지기 중 적응성 있는 감지기를 설치하였는지 확인 특히, 수신기의 축적기능을 유지하면서 감지기 또한 축적형으로 설치하였는지 확인하여 적정 조치(2중 축적 적용 금지)
① 불꽃감지기
② 정온식감지선형감지기
③ 분포형감지기
④ 복합형감지기
⑤ 광전식분리형감지기
⑥ 아날로그방식의 감지기
⑦ 다신호방식의 감지기
⑧ 축적방식의 감지기

○ 연기감지기 설치장소 적정 설치 여부
① 층고 높이가 20m 이상인 곳에 연기감지기가 설치되었는지 확인
② 감지기는 복도 및 통로에 있어서는 보행거리 30m(3종에 있어서는 20m)마다 설치하였는지 확인
③ 계단 및 경사로에 있어서는 수직거리 15m(3종에 있어서는 10m)마다 1개 이상 설치하였는지 확인
④ 천장 또는 반자가 낮은 실내 또는 좁은 실내에 있어서는 출입구의 가까운 부분에 설치하였는지 확인
⑤ 천장 또는 반자 부근에 배기구가 있는 경우 감지기를 그 부근에 설치하였는지 확인하고 급기구에서 1.5m 이상 이격하여 설치하였는지 확인
⑥ 감지기는 벽 또는 보로부터 0.6m 이상 떨어진 곳에 설치하였는지 확인

● 감지기와 실내로의 공기유입구 간 이격거리 적정 여부

감지기(차동식분포형의 것을 제외)는 실내로의 공기유입구로부터 1.5m 이상 떨어진 위치에 설치하였는지 확인

● 감지기 부착면 적정 여부
① 감지기는 천장 또는 반자의 옥내에 면하는 부분에 설치하였는지 확인
② 스포트형 감지기의 부착된 경사도가 45° 미만인지 확인(45° 이상의 경우 목대 등으로 보강하여 설치하였는지 확인)

○ 감지기 설치(감지면적 및 배치거리) 적정 여부
 ① 감지기 미설치 여부 확인
   특히, 칸막이 등의 설치로 감지기의 미경계구역이 있는지 확인
 ② 감지기 종류별 부착 높이에 따른 감지 면적 및 배치 거리 등 적정 여부 확인
 • 감지기 부착 높이별 설치 가능 감지기의 종류

부착 높이별 설치 가능 감지기 종류(불꽃감지기는 높이 무관 설치 가능)

부착 높이	감지기 종류											
	차동식		보상식 스포트형	정온식		이온화식	광전식			복합형		
	스포트형	분포형		스포트형	감지선형		스포트형	분리형	공기흡입형	열	연기	열연기
4m 미만	○	○	○	○	○	○	○	○	○	○	○	○
4m 이상 8m 미만	○	○	○	○*	○*	○**	○**	○**	○**	○	○	○
8m 이상 15m 미만		○				○**	○*	○**	○**		○	
15m 이상 20m 미만						○***	○***	○***	○***		○	
20m 이상								○****	○****			

* 특종 또는 1종, ** 1종 또는 2종, *** 1종, **** 아날로그방식

• 차동식스포트형 · 보상식스포트형 및 정온식스포트형 감지기 설치 바닥면적

단위(m²)

부착높이 및 특정소방대상물의 구분		감지기의 종류					
		차동식 스포트형		보상식 스포트형		정온식 스포트형		
		1종	2종	1종	2종	특종	1종	2종
4m 미만	주요 구조부가 내화구조로 된 특정소방대상물 또는 그 부분	90	70	90	70	70	60	20
	기타 구조의 특정소방대상물 또는 그 부분	50	40	50	40	40	30	15
4m 이상 8m 미만	주요 구조부가 내화구조로 된 특정소방대상물 또는 그 부분	45	35	45	35	35	30	-
	기타 구조의 특정소방대상물 또는 그 부분	30	25	30	25	25	15	-

• 연기감지기 설치 바닥면적

단위(m²)

부착 높이	감지기의 종류	
	1종 및 2종	3종
4m 미만	150	50
4m 이상 20m 미만	75	—

• 열반도체식 차동식분포형감지기 설치 바닥면적

단위(m²)

부착 높이 및 특정소방대상물의 구분		감지기의 종류	
		1종	2종
8m 미만	주요 구조부가 내화구조로 된 특정소방대상물 또는 그 부분	65	36
	기타 구조의 특정소방대상물 또는 그 부분	40	23
8m 이상 15m 미만	주요 구조부가 내화구조로 된 특정소방대상물 또는 그 부분	50	36
	기타 구조의 특정소방대상물 또는 그 부분	30	23

● 감지기별 세부 설치기준 적합 여부

① 열감지기, 연기감지기의 세부 설치기준에 적합한지 확인
② (열, 연기)복합형감지기의 세부 설치기준에 적합한지 확인
③ 정온식감지선형감지기, 불꽃감지기, 아날로그방식 감지기, 광전식분리형감지기 등의 세부 설치기준에 적합한지 확인

● 감지기 설치 제외 장소 적합 여부

감지기 설치 제외 장소가 다음에 해당하는지 확인(2015년 1월 23일 이전 건축허가 대상은 실내 용적이 20m³ 이하인 경우 감지기 설치 제외 가능)

① 천장 또는 반자의 높이가 20m 이상인 장소. 다만, 부착 높이에 따라 적응성이 있는 장소는 제외
② 헛간 등 외부와 기류가 통하는 장소로서 감지기에 따라 화재 발생을 유효하게 감지할 수 없는 장소
③ 부식성가스가 체류하고 있는 장소
④ 고온도 및 저온도로서 감지기의 기능이 정지되기 쉽거나 감지기의 유지관리가 어려운 장소
⑤ 목욕실·욕조나 샤워시설이 있는 화장실·기타 이와 유사한 장소
⑥ 파이프덕트 등 그 밖의 이와 비슷한 것으로서 2개 층마다 방화구획된 것이나 수평단면적이 5m² 이하인 것
⑦ 먼지·가루 또는 수증기가 다량으로 체류하는 장소 또는 주방 등 평상시 연기가 발생하는 장소(연기감지기의 경우)

⑧ 프레스공장·주조공장 등 화재 발생의 위험이 적은 장소로서 감지기의 유지관리가 어려운 장소

○ 감지기 변형·손상 확인 및 작동시험 적합 여부

① 감지기의 변형 및 손상이 없는지 육안으로 확인
특히, 감지기 기능을 상실토록 하는 챔버 탈락, 페인트 도색 여부 등을 확인
② 열감지기시험기, 연감지기시험기 등 작동 시 감지기 작동표시등 점등 여부 확인(불꽃감지기 등 특수형감지기는 해당 감지기의 점검방법에 따름)

15-E. 음향장치

○ 주음향장치 및 지구음향장치 설치 적정 여부

① 주음향장치는 수신기의 내부 또는 그 직근에 설치하였는지 확인
② 지구음향장치는 특정소방대상물의 층마다 설치하였는지 확인
③ 하나의 음향장치까지의 수평거리가 25m 이하가 되는지 확인

○ 음향장치(경종 등) 변형·손상 확인 및 정상 작동(음량 포함) 여부

① 음향장치는 변형 및 손상이 없는지 육안으로 확인
② 감지기 또는 발신기 작동 시 음향장치 작동 여부 확인
③ 음향장치 작동 시 음량(1m 떨어진 위치에서 90dB 이상) 적정 여부 확인
   • 수신기 동작시험스위치를 눌러 지구경종을 작동시킨 후 음량계로 측정한다.

● 우선경보 기능 정상 작동 여부

층수가 11층(공동주택의 경우에는 16층) 이상인 경우 우선경보방식에 적합한지 여부 확인
(시행일 이전 대상은 대상물의 건축허가시점을 고려하여 적용)

발화층	경보층
2층 이상	발화층＋직상 4개층
1층	발화층＋직상 4개층＋지하층
지하층	발화층＋직상층＋기타 지하층

15-F. 시각경보장치

○ 시각경보장치 설치 장소 및 높이 적정 여부

① 시각경보장치는 복도·통로·청각장애인용 객실 및 공용으로 사용하는 거실에 설치하였는지 확인
② ① 외에 공연장·집회장·관람장 등에는 무대부 부분 등에 설치하였는지 확인

③ 설치 높이는 바닥으로부터 2m 이상 2.5m 이하의 장소에 설치하였는지 확인(천장의 높이가 2m 이하인 경우에는 천장으로부터 0.15m 이내의 장소에 설치)

○ 시각경보장치 변형ㆍ손상 확인 및 정상 작동 여부
　① 시각경보장치의 변형 및 손상이 없는지 육안으로 확인
　② 동작시험 또는 감지기 등 입력장치 작동 시 점등 여부 확인

15-G. 발신기

○ 발신기 설치 장소, 위치(수평거리) 및 높이 적정 여부
　① 발신기는 조작이 쉬운 장소에 설치하였는지 확인
　② 해당 대상물의 각 부분으로부터 하나의 발신기까지의 수평거리가 25m 이하인지 확인
　③ 발신기 누름스위치는 바닥으로부터 0.8m 이상 1.5m 이하의 높이인지 줄자 등을 통하여 확인

○ 발신기 변형ㆍ손상 확인 및 정상 작동 여부
　① 발신기의 변형 및 손상이 없는지 육안으로 확인
　② 발신기 누름스위치 작동 및 응답표시등 점등 확인
　③ 수신기에 발신기 표시등 점등 확인
　④ 수신기에 동작된 발신기 위치표시 및 지구경종 및 비상방송(경보가 울려야 할 층의 적합 여부 확인) 동작 확인, 주경종 경보 확인
　⑤ 연동되는 시설이 있는 경우 연동 여부 확인

○ 위치표시등 변형ㆍ손상 확인 및 정상 점등 여부
　① 위치표시등의 변형 및 손상이 없는지 육안으로 확인
　② 위치표시등은 적색등으로 상시 점등되고 있는지 확인

15-H. 전원

○ 상용전원 적정 여부
　① 수신기 전원까지의 배선은 1차 측에서 전용으로 분기되었는지 확인
　② 수신기 교류전원표시등(램프)이 "녹색"으로 상시 점등되고 있는지 확인

○ 예비전원 성능 적정 및 상용전원 차단 시 예비전원 자동전환 여부
　① 예비전원시험스위치 작동 시 전압표시등 전압 정상 여부 확인
　　㉠ 예비전원스위치를 누름(스위치를 누르고 있을 경우만 시험 가능)
　　㉡ 전압표시등 확인(전압계의 지시치가 녹색 범위 시 정상)
　② 수신기 내부 상용전원 차단 시 전압 정상 여부 확인
　　• 수신기 내부 상용전원을 차단(ON → OFF)

15-I. 배선

- **종단저항 설치 장소, 위치 및 높이 적정 여부**

  ① 종단저항은 점검 및 관리가 쉬운 장소 단자대 등에 설치하였는지 확인
  ② 전용함을 설치한 경우 그 설치 높이는 바닥으로부터 1.5m 이내인지 확인

- **종단저항 표지 부착 여부(종단감지기에 설치할 경우)**

  종단감지기에 종단저항을 설치한 경우 해당 감지기의 기판 및 감지기 외부 등에 별도의 표시가 되었는지 확인(종단저항을 발신기 단자대 또는 발신기에 설치한 경우 제외)

- ○ 수신기 도통시험 회로 정상 여부

  ① 수신기 도통시험 결과 선로가 정상적으로 설치되었는지 확인(아날로그식 감지기 및 주소형 감지기는 상시 단선 여부 감시로 도통시험 제외)
  　㉠ 도통시험스위치를 누름
  　㉡ 회로선택스위치 회전 또는 각 회로버튼을 누름
  　㉢ 전압계 지시치 또는 LED(정상, 단선) 확인
  　㉣ 적부 판정 : 전압계 지시치가 2~6V 사이 또는 녹색 LED 점등 시 정상
  ② 도통시험 결과 단선의 경우는 종단저항 미설치, 접속불량, 선로의 단선 등에 문제이므로 해당 회로를 점검, 보수하여야 함

- **감지기회로 송배전식 적용 여부**

  감지기 배선은 분기배선하지 않고 감지기 1극에 2개씩 총 4개의 단자를 이용하여 배선하였는지 확인. 특히, 감지기의 이설·증설시 감지기의 결선은 송배선식으로 되었는지 전류전압측정기(테스터기)로 감지기 전압을 확인하고, 수신기에서 도통시험을 실시하여 이상 유무를 확인

- **1개 공통선 접속 경계구역 수량 적정 여부(P형 또는 GP형의 경우)**

  1개의 공통선에 접속된 경계구역이 7개 이하인지 확인(R형 제외)
  ① 수신기 내 접속단자에서 공통선 1선을 제거
  ② 회로도통시험에 따라 회로선택스위치를 누르거나 회전시킴
  ③ 시험용 계기의 지시가 단선을 지시한 경계구역 수 조사
  ④ 적부 판정 : 공통선이 담당하고 있는 경계구역의 수가 7개 이하 시 정상

16 비상방송설비 점검표

16-A. 음향장치

- 확성기 음성입력 적정 여부

  설치장소에 따라 확성기 용량 산정 여부 점검
  ① 확성기의 음성입력은 3W(실내에 설치하는 것에 있어서는 1W) 이상
  ② 일반적으로 건물 내 사무공간은 3W 이상, 주차장 같이 넓은 부분은 10W 이상 스피커 설치

- 확성기 설치 적정(층마다 설치, 수평거리, 유효하게 경보) 여부

  확성기(스피커) 수평거리 25m 이하인지 점검
  • 일반적으로 구획된 실마다 스피커 설치, 공용부 복도 스피커 설치됨

- 조작부 조작스위치 높이 적정 여부

- 조작부상 설비 작동층 또는 작동구역 표시 여부

- 증폭기 및 조작부 설치 장소 적정 여부

  증폭기는 부식성가스 또는 습기 등 영향이 없는 곳에 설치
  • 조작편의성 확보를 위해 사람이 상시 근무하는 장소 또는 경비실 등에 설치하여 관리하는지 여부 점검

- 우선경보방식 적용 적정 여부

  ① 층수가 11층(공동주택의 경우에는 16층) 이상의 경우 우선경보방식 적용
  ② 11층 미만일 경우 일제경보방식(건축허가 신청 시점 기준으로 점검 필요)
  [종전 5층 이상 연면적 3,000m² 이상 시 우선경보 대상이었음]

- 겸용설비 성능 적정(화재 시 다른 설비 차단) 여부

  비상방송AMP 전용설치 또는 일반방송 겸용설치에 따라 성능 확인
  ① 전용의 경우 : 화재 신호에 따라 비상방송이 정상적으로 작동하는지 확인
  ② 겸용의 경우 : 일반 방송 중 화재신호를 받아 비상방송으로 전환 여부 확인

- 다른 전기회로에 의한 유도장애 발생 여부

  일반적으로 방송선로 보호용 AMP보호장치 등이 내장되어 있음
  • 화재 연동 시 스피커에서 노이즈 발생 및 비상방송AMP 내 퓨즈 단선되면 보수 공사 실시

- 2 이상 조작부 설치 시 상호 동시통화 및 전 구역 방송 가능 여부

  ① 동시 통화 : AMP 상호 간 통화 상태 확인
  ② 연동 여부 : AMP 설치 위치 및 설치 수량과 관계없이 자동화재탐지설비와 연동하여 화재신호에 따라 비상방송이 정상적으로 나가는 것 확인

- 화재신호 수신 후 방송 개시 소요시간 적정 여부

  기동장치에 따른 화재신호를 수신한 후 필요한 음량으로 화재발생상황 및 피난에 유효한 방송이 자동으로 개시될 때까지의 소요시간은 10초 이내
  - 화재 연동 시 10초 이내 비상방송 송출 여부 확인

○ 자동화재탐지설비 작동과 연동하여 정상 작동 가능 여부

  화재신호와 연동으로 비상방송AMP 작동하는지 점검(대부분 수신기 화재신호와 연동으로 비상방송 송출됨)

16-B. 배선 등

- 음량조절기를 설치한 경우 3선식 배선 여부

  각 실별로 음량조절기 설치된 경우 3선식 배선 확인
  - 일반방송 중 화재 신호에 의해 비상방송 정상 작동 여부 확인

- 하나의 층에 단락, 단선 시 다른 층의 화재통보 적부

  ① 1개 층에서 확성기(스피커) 단자대에서 단락시킨 후 다른 층 방송 송출 여부 확인
  ② 점검은 스피커에서 단자대 쇼트(단락) 또는 방송단자함에서 쇼트(단락)시킴
  - 1개 층 단락시험 시 비상방송AMP 퓨즈 단선 또는 다른 층 방송 미송출 시 단락보호장치 설치되어 있는지 여부 점검

16-C. 전원

○ 상용전원 적정 여부

  전원(POWER)등 점등 여부 점검

- 예비전원 성능 적정 및 상용전원 차단 시 예비전원 자동전환 여부

  비상방송AMP 예비전원은 일반적으로 연축전지를 사용
  - 비상방송AMP 내부 배터리 설치 여부 확인 또는 AMP 뒤편 배터리단자 연결 여부 확인
  - 상용전원 차단상태에서 화재 신호에 따라 비상방송 음향 정상 송출 확인

17 자동화재속보설비 및 통합감시시설 점검표

17-A. 자동화재속보설비

- 상용전원 공급 및 전원표시등 정상 점등 여부
- 조작스위치 높이 적정 여부
- 자동화재탐지설비 연동 및 화재신호 소방관서 전달 여부
  소방관서 전화통화 중 신호 전달 확인

17-B. 통합감시시설

- ● 주·보조 수신기 설치 적정 여부
  ① 주수신기는 공동구(지하구)의 통제실에 설치되어 있는지 점검
  ② 보조수신기는 관할소방서에 설치되어 있는지 점검(상호 표시 여부 확인)
- 수신기 간 원격제어 및 정보공유 정상 작동 여부
  ① 공동구(지하구)와 소방관서 정보를 상시 교환할 수 있는 정보통신망 구축 여부 확인
  ② 주수신기의 원격제어 기능이 포함되어 있는지 확인
- ● 예비선로 구축 여부
  화재 시 통신망 두절 등으로 인한 피해를 최소화하기 위해 예비선로 구축 여부 확인

18 누전경보기 점검표

18-A. 설치방법

- ● 정격전류에 따른 설치 형태 적정 여부
  ① 정격전류가 60A 초과 시 1급 누전경보기 설치
  ② 정격전류가 60A 이하 시 1급 또는 2급 누전경보기 설치

- ● 변류기 설치 위치 및 형태 적정 여부
  경계전로의 누설전류를 자동으로 감지하여 수신기로 신호 전달 여부
  • 변압기 내부 변류기 확인 시 건물 전기안전관리자 입회하에 진행

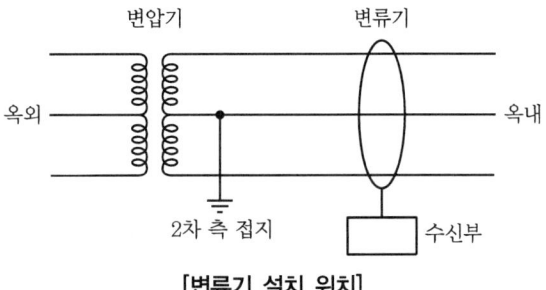

[변류기 설치 위치]

18-B. 수신부

- ○ 상용전원 공급 및 전원표시등 정상 점등 여부
  수신기 표시등 확인하여 정상 여부 점검

- ● 가연성 증기, 먼지 등 체류 우려 장소의 경우 차단기구 설치 여부
  수신부는 옥내의 점검에 편리한 장소에 설치하되, 가연성의 증기·먼지 등이 체류할 우려가 있는 장소의 전기회로에는 해당 부분의 전기회로를 차단할 수 있는 차단기구를 가진 수신부를 설치

- ○ 수신부의 성능 및 누전경보 시험 적정 여부
  ① 누전 테스트 시 수신부에 경보등 점등 및 부저 발생 확인
  ② 수신부의 부저정지는 항시 해제하여 누전 발생 시 신속한 보완 필요(수신부 AUTO로 유지 시 누전 자동복귀되므로 MANU로 관리)

- ○ 음향장치 설치장소(상시 사람이 근무) 및 음량·음색 적정 여부
  누전 발생 시 부저음 발생 여부 확인(경보등 점등)

18-C. 전원

- ● 분전반으로부터 전용회로 구성 여부

  분전반으로부터 전용회로 구성 여부 확인(누전경보기용 개폐기 표기)

- ● 개폐기 및 과전류차단기 설치 여부

  과전류차단기(과부하시 차단) 및 누전차단기(누설전류 시 차단) 설치 여부

- ● 다른 차단기에 의한 전원차단 여부(전원을 분기할 경우)

  전원을 분기할 때는 다른 차단기에 따라 전원이 차단되지 않아야 함
  • 누전경보기 전원 유지 필요

19 가스누설경보기 점검표

19-A. 수신부

○ 수신부 설치 장소 적정 여부

○ 상용전원 공급 및 전원표시등 정상 점등 여부

○ 음향장치의 음량 · 음색 · 음압 적정 여부

　음량계 1m 떨어진 위치에서 측정 시 음압이 70dB 이상일 것
　• 동작 후 지정된 위치에서 음량계로 측정

19-B. 탐지부

○ 탐지부의 설치방법 및 설치상태 적정 여부

　탐지부 설치거리 측정
　① 공기보다 가벼운 가스 : 가스연소기의 중심으로부터 8m 이내, 천장으로부터 탐지부 하단까지의 거리가 0.3m 이하
　② 공기보다 무거운 가스 : 가스연소기의 중심으로부터 4m 이내, 바닥면으로부터 탐지부 상단까지의 거리는 0.3m 이하

○ 탐지부의 정상 작동 여부

　해당 가스 탐지 시 표시등 점멸 및 부저음 확인
　① 탐지부는 공기보다 가벼운 가스는 천정부에 무거운 가스는 바닥면에 설치
　② LPG는 공기보다 무거운 가스, LNG는 공기보다 가벼운 가스

19-C. 차단기구

○ 차단기구는 가스 주배관에 견고히 부착되어 있는지 여부

　주변에 오염 및 장애물 여부 등 육안으로 확인

○ 시험장치에 의한 가스차단밸브의 정상 개폐 여부

20 피난기구 및 인명구조기구 점검표

20-A. 피난기구 공통사항

● 대상물 용도별 · 층별 · 바닥면적별 피난기구 종류 및 설치개수 적정 여부

① 설치개수 등 : 피난기구는 다음의 기준에 따른 개수 이상을 설치해야 한다.
  ㉠ 층마다 설치하되, 숙박시설 · 노유자시설 및 의료시설로 사용되는 층에 있어서는 그 층의 바닥면적 500㎡마다, 위락시설 · 문화집회 및 운동시설 · 판매시설로 사용되는 층 또는 복합용도의 층(하나의 층이 「소방시설 설치 및 관리에 관한 법률 시행령」 별표 2 제1호 나목 내지 라목 또는 제4호 또는 제8호 내지 제18호 중 2 이상의 용도로 사용되는 층을 말한다)에 있어서는 그 층의 바닥면적 800㎡마다, 계단실형 아파트에 있어서는 각 세대마다, 그 밖의 용도의 층에 있어서는 그 층의 바닥면적 1,000㎡마다 1개 이상 설치할 것
  ㉡ ㉠에 따라 설치한 피난기구 외에 숙박시설(휴양콘도미니엄을 제외한다)의 경우에는 추가로 객실마다 완강기 또는 2 이상의 간이완강기를 설치할 것
  ㉢ ㉠에 따라 설치한 피난기구 외에 4층 이상의 층에 설치된 노유자시설 중 장애인 관련 시설로서 주된 사용자 중 스스로 피난이 불가한 자가 있는 경우에는 층마다 구조대를 1개 이상 추가로 설치할 것

② 피난기구의 적응성 : 피난기구는 다음 표에 따라 특정소방대상물의 설치장소별로 그에 적응하는 종류의 것으로 설치해야 한다.

설치장소별 \ 층별	1층	2층	3층	4층 이상 10층 이하
1. 노유자시설	• 미끄럼대 • 구조대 • 피난교 • 다수인피난장비 • 승강식 피난기	• 미끄럼대 • 구조대 • 피난교 • 다수인피난장비 • 승강식 피난기	• 미끄럼대 • 구조대 • 피난교 • 다수인피난장비 • 승강식 피난기	• 구조대 • 피난교 • 다수인피난장비 • 승강식 피난기
2. 의료시설 · 근린생활시설 중 입원실이 있는 의원 · 접골원 · 조산원			• 미끄럼대 • 구조대 • 피난교 • 피난용 트랩 • 다수인피난장비 • 승강식 피난기	• 구조대 • 피난교 • 피난용 트랩 • 다수인피난장비 • 승강식 피난기
3. 「다중이용업소의 안전관리에 관한 특별법 시행령」 제2조에 따른 다중이용업소로서 영업장의 위치가 4층 이하인 다중이용업소		• 미끄럼대 • 피난사다리 • 구조대 • 완강기 • 다수인피난장비 • 승강식 피난기	• 미끄럼대 • 피난사다리 • 구조대 • 완강기 • 다수인피난장비 • 승강식 피난기	• 미끄럼대 • 피난사다리 • 구조대 • 완강기 • 다수인피난장비 • 승강식 피난기

설치장소별 \ 층별	1층	2층	3층	4층 이상 10층 이하
4. 그 밖의 것			• 미끄럼대 • 피난사다리 • 구조대 • 완강기 • 피난교 • 피난용 트랩 • 간이완강기[2)] • 공기안전매트 • 다수인피난장비 • 승강식 피난기	• 피난사다리 • 구조대 • 완강기 • 피난교 • 간이완강기[2)] • 공기안전매트 • 다수인피난장비 • 승강식 피난기

※ 비고
1) 구조대의 적응성은 장애인 관련 시설로서 주된 사용자 중 스스로 피난이 불가한 자가 있는 경우 ①의 ㉢에 따라 추가로 설치하는 경우에 한한다.
2) 간이완강기의 적응성은 ①의 ㉡에 따라 숙박시설의 3층 이상에 있는 객실에 추가로 설치하는 경우에 한한다.

○ 피난에 유효한 개구부 확보(크기, 높이에 따른 발판, 창문 파괴장치) 및 관리상태

피난기구는 계단 · 피난구 기타 피난시설로부터 적당한 거리에 있는 안전한 구조로 된 피난 또는 소화 활동상 유효한 개구부(가로 0.5m 이상 세로 1m 이상인 것을 말한다. 이 경우 개구부 하단이 바닥에서 1.2m 이상이면 발판 등을 설치하여야 하고, 밀폐된 창문은 쉽게 파괴할 수 있는 파괴장치를 비치해야 함)에 고정하여 설치하거나 필요한 때에 신속하고 유효하게 설치할 수 있는 상태에 둘 것

● 개구부 위치 적정(동일 직선상이 아닌 위치) 여부

피난기구를 설치하는 개구부는 서로 동일 직선상이 아닌 위치에 있을 것. 다만, 피난교 · 피난용 트랩 · 간이완강기 · 아파트에 설치되는 피난기구(다수인 피난장비는 제외) 기타 피난상 지장이 없는 것에 있어서는 그렇지 않다.

○ 피난기구의 부착 위치 및 부착 방법 적정 여부

피난기구는 특정소방대상물의 기둥 · 바닥 · 보 기타 구조상 견고한 부분에 볼트조임 · 매입 · 용접 기타의 방법으로 견고하게 부착할 것

○ 피난기구(지지대 포함)의 변형 · 손상 또는 부식이 있는지 여부

○ 피난기구의 위치표시 표지 및 사용방법 표지 부착 적정 여부

피난기구를 설치한 장소에는 가까운 곳의 보기 쉬운 곳에 피난기구의 위치를 표시하는 발광식 또는 축광식 표지와 그 사용방법을 표시한 표지(외국어 및 그림 병기)를 부착하되, 축광식 표지는 소방청장이 정하여 고시한 「축광표지의 성능인증 및 제품검사의 기술기준」에 적합하여야 한다. 다만, 방사성 물질을 사용하는 위치표지는 쉽게 파괴되지 않는 재질로 처리할 것

● 피난기구의 설치 제외 및 설치 감소 적합 여부
① 피난기구 설치의 감소
㉠ 피난기구를 설치하여야 할 특정소방대상물 중 다음의 기준에 적합한 층에는 2.1.2에 따른 피난기구의 1/2을 감소할 수 있다. 이 경우 설치하여야 할 피난기구의 수에 있어서 소수점 이하의 수는 1로 한다.
- 주요 구조부가 내화구조로 되어 있을 것
- 직통계단인 피난계단 또는 특별피난계단이 2 이상 설치되어 있을 것

㉡ 피난기구를 설치해야 할 소방대상물 중 주요 구조부가 내화구조이고 다음의 기준에 적합한 건널 복도가 설치되어 있는 층에는 2.1.2에 따른 피난기구의 수에서 해당 건널 복도의 수의 2배의 수를 뺀 수로 한다.
- 내화구조 또는 철골조로 되어 있을 것
- 건널 복도 양단의 출입구에 자동폐쇄장치를 한 60분+ 방화문 또는 60분 방화문(방화셔터 제외)이 설치되어 있을 것
- 피난·통행 또는 운반의 전용 용도일 것

㉢ 피난기구를 설치하여야 할 특정소방대상물 중 다음의 기준에 적합한 노대가 설치된 거실의 바닥면적은 2.1.2에 따른 피난기구의 설치개수 산정을 위한 바닥면적에서 이를 제외한다.
- 노대를 포함한 특정소방대상물의 주요 구조부가 내화구조일 것
- 노대가 거실의 외기에 면하는 부분에 피난 상 유효하게 설치되어 있어야 할 것
- 노대가 소방사다리차가 쉽게 통행할 수 있는 도로 또는 공지에 면하여 설치되어 있거나, 거실부분과 방화 구획되어 있거나 또는 노대에 지상으로 통하는 계단 그 밖의 피난기구가 설치되어 있어야 할 것

② 피난기구 설치 제외
다만, 숙박시설(휴양콘도미니엄 제외)에 설치되는 완강기 및 간이완강기는 설치해야 된다.
㉠ 다음의 기준에 적합한 층
- 주요 구조부가 내화구조로 되어 있어야 할 것
- 실내의 면하는 부분의 마감이 불연재료·준불연재료 또는 난연재료로 되어 있고 방화구획이「건축법 시행령」제46조의 규정에 적합하게 구획되어 있어야 할 것
- 거실의 각 부분으로부터 직접 복도로 쉽게 통할 수 있어야 할 것
- 복도에 2 이상의 피난계단 또는 특별피난계단이「건축법 시행령」제35조에 적합하게 설치되어 있어야 할 것
- 복도의 어느 부분에서도 2 이상의 방향으로 각각 다른 계단에 도달할 수 있어야 할 것

㉡ 다음의 기준에 적합한 특정소방대상물 중 그 옥상의 직하층 또는 최상층(문화 및 집회시설, 운동시설 또는 판매시설 제외)
- 주요 구조부가 내화구조로 되어 있어야 할 것
- 옥상의 면적이 1,500m² 이상이어야 할 것

- 옥상으로 쉽게 통할 수 있는 창 또는 출입구가 설치되어 있어야 할 것
- 옥상이 소방사다리차가 쉽게 통행할 수 있는 도로(폭 6m 이상의 것을 말한다. 이하 같다) 또는 공지(공원 또는 광장 등을 말한다. 이하 같다)에 면하여 설치되어 있거나 옥상으로부터 피난층 또는 지상으로 통하는 2 이상의 피난계단 또는 특별피난계단이「건축법 시행령」제35조의 규정에 적합하게 설치되어 있어야 할 것

ⓒ 주요 구조부가 내화구조이고 지하층을 제외한 층수가 4층 이하이며 소방사다리차가 쉽게 통행할 수 있는 도로 또는 공지에 면하는 부분에「소방시설 설치 및 관리에 관한 법률 시행령」제2조 제1호 각 목의 기준에 적합한 개구부가 2 이상 설치되어 있는 층(문화집회 및 운동시설·판매시설 및 영업시설 또는 노유자시설의 용도로 사용되는 층으로서 그 층의 바닥면적이 1,000m² 이상인 것 제외)

ⓒ 갓복도식 아파트 또는「건축법 시행령」제46조 제5항에 해당하는 구조 또는 시설을 설치하여 인접(수평 또는 수직) 세대로 피난할 수 있는 아파트

ⓜ 주요 구조부가 내화구조로서 거실의 각 부분으로 직접 복도로 피난할 수 있는 학교(강의실 용도로 사용되는 층에 한한다)

ⓑ 무인공장 또는 자동창고로서 사람의 출입이 금지된 장소(관리를 위하여 일시적으로 출입하는 장소를 포함한다)

ⓢ 건축물의 옥상부분으로서 거실에 해당하지 아니하고「건축법 시행령」제119조 제1항 제9호에 해당하여 층수로 산정된 층으로 사람이 근무하거나 거주하지 않는 장소

20-B. 공기안전매트·피난사다리·(간이)완강기·미끄럼대·구조대

● 공기안전매트 설치 여부

하나의 관리주체가 관리하는 공동주택 구역마다 1개 이상 추가 설치되어 있는지 확인

● 공기안전매트 설치 공간 확보 여부

공동주택 각동 지상에 공기안전매트를 설치할 수 있는 공간이 확보되어 있는지 확인

● 피난사다리(4층 이상의 층)의 구조(금속성 고정사다리) 및 노대 설치 여부

4층 이상의 층에 피난사다리(하향식 피난구용 내림식사다리 제외)를 설치하는 경우에는 금속성 고정사다리를 설치하고, 당해 고정사다리에는 쉽게 피난할 수 있는 구조의 노대를 설치할 것

● (간이)완강기의 구조(로프 손상방지) 및 길이 적정 여부

① 강하 시 로프가 건축물 또는 구조물 등과 접촉하여 손상되는지 확인
② 로프의 길이는 부착 위치에서 지면이나 유효한 착지면까지의 길이로 적정한지 확인
③ 부속기구(속도조절기, 속도조절기의 연결부, 로프, 연결금속구, 벨트)가 잘 구비되어 있는지 확인

- 숙박시설의 객실마다 완강기(1개) 또는 간이완강기(2개 이상) 추가 설치 여부
  숙박시설 객실마다 완강기 또는 간이완강기가 추가로 설치되어 있는지 확인
- 미끄럼대의 구조 적정 여부
  안전한 강하속도를 유지할 수 있으며, 전락 방지를 위한 안전조치가 되어 있는지 확인
- 구조대의 길이 적정 여부
  구조대의 길이는 피난상 지장이 없고 안정한 강하속도를 유지할 수 있는 길이로 할 것

20-C. 다수인 피난장비

- 설치장소 적정(피난 용이, 안전하게 하강, 피난층의 충분한 착지 공간) 여부
  ① 피난에 용이하고 안전하게 하강할 수 있는 장소에 적재 하중을 충분히 견딜 수 있도록 「건축물의 구조기준 등에 관한 규칙」제3조에서 정하는 구조안전의 확인을 받아 견고하게 설치할 것
  ② 피난층에는 해당 층에 설치된 피난기구가 착지에 지장이 없도록 충분한 공간을 확보할 것
  ③ 상·하층에 설치할 경우에는 탑승기의 하강경로가 중첩되지 않도록 할 것
  ④ 하강 시에는 안전하고 일정한 속도를 유지하도록 하고 전복, 흔들림, 경로이탈 방지를 위한 안전조치를 할 것
- 보관실 설치 적정(건물 외측 돌출, 빗물·먼지 등으로부터 장비 보호) 여부
  다수인피난장비 보관실(이하 "보관실"이라 한다)은 건물 외측보다 돌출되지 아니하고, 빗물·먼지 등으로부터 장비를 보호할 수 있는 구조일 것
- 보관실 외측 문 개방 및 탑승기 자동 전개 여부
  ① 사용 시에 보관실 외측 문이 먼저 열리고 탑승기가 외측으로 자동으로 전개될 것
  ② 하강 시에 탑승기가 건물 외벽이나 돌출물에 충돌하지 않도록 설치 할 것
- 보관실 문 오작동 방지조치 및 문 개방 시 경보설비 연동(경보) 여부
  보관실의 문에는 오작동 방지조치를 하고, 문 개방 시에는 해당 특정소방대상물에 설치된 경보설비와 연동하여 유효한 경보음을 발하도록 할 것

20-D. 승강식 피난기·하향식 피난구용 내림식 사다리

- 대피실 출입문 갑종방화문 설치 및 표지 부착 여부
  ① 승강식 피난기 및 하향식 피난구용 내림식사다리는 설치경로가 설치층에서 피난층까지 연계될 수 있는 구조로 설치할 것. 다만, 건축물의 구조 및 설치 여건상 불가피한 경우에는 그렇지 않다.
  ② 대피실의 출입문은 60분+ 방화문 또는 60분 방화문으로 설치하고, 피난방향에서 식별할 수 있는 위치에 "대피실" 표지판을 부착할 것. 다만, 외기와 개방된 장소에는 그렇지 않다.

● 대피실 표지(층별 위치표시, 피난기구 사용설명서 및 주의사항) 부착 여부

　대피실에는 층의 위치표시와 피난기구 사용설명서 및 주의사항 표지판을 부착할 것

● 대피실 출입문 개방 및 피난기구 작동 시 표시등 · 경보장치 작동 적정 여부 및 감시제어반 피난기구 작동 확인 가능 여부

　대피실 출입문이 개방되거나, 피난기구 작동 시 해당층 및 직하층 거실에 설치된 표시등 및 경보장치가 작동되고, 감시 제어반에서는 피난기구의 작동을 확인할 수 있어야 할 것

● 대피실 면적 및 하강구 규격 적정 여부

　대피실의 면적은 $2m^2$(2세대 이상일 경우에는 $3m^2$) 이상으로 하고, 「건축법 시행령」 제46조 제4항 각 호의 규정에 적합하여야 하며 하강구(개구부) 규격은 직경 60cm 이상일 것. 다만, 외기와 개방된 장소에는 그렇지 않다.

● 하강구 내측 연결금속구 존재 및 피난기구 전개 시 장애 발생 여부

　① 하강구 내측에는 기구의 연결 금속구 등이 없어야 하며 전개된 피난기구는 하강구 수평투영면적 공간 내의 범위를 침범하지 않는 구조이어야 할 것. 다만, 직경 60cm 크기의 범위를 벗어난 경우이거나, 직하층의 바닥면으로부터 높이 50cm 이하의 범위는 제외한다.
　② 착지점과 하강구는 상호 수평거리 15cm 이상의 간격을 둘 것
　③ 사용 시 기울거나 흔들리지 않도록 설치할 것

● 대피실 내부 비상조명등 설치 여부

　대피실 내에는 비상조명등을 설치할 것

20-E. 인명구조기구

○ 설치 장소 적정(화재 시 반출 용이성) 여부

○ "인명구조기구" 표시 및 사용방법 표지 설치 적정 여부

○ 인명구조기구의 변형 또는 손상이 있는지 여부

　변형 또는 손상이 있는지 확인
　① 방화복 및 방열복 : 외관상 찢김 등 손상 여부를 육안으로 확인하며 방화복의 경우 안전모, 보호장갑 및 안전화 등이 같이 비치되어 있는지 확인
　② 인공소생기 : 산소용기 및 물품 등의 손상 여부를 육안으로 확인
　③ 공기호흡기 : 용기 및 면체 등 각 구성기구의 변형 및 손상 여부를 확인

● 대상물 용도별 · 장소별 설치 인명구조기구 종류 및 설치개수 적정 여부

　특정소방대상물 용도 및 장소별 인명구조기구의 적용 종류 및 설치수량이 적정한지 확인

21 유도등 및 유도표지 점검표

21-A. 유도등

○ 유도등의 변형 및 손상 여부

○ 상시(3선식의 경우 점검스위치 작동 시) 점등 여부
   ① 2선식의 경우 평상시 점등되어 있는지 확인
   ② 3선식의 경우 수신기에서 수동으로 점등스위치를 켜서 유도등이 점등되는지 확인
   ③ 3선식의 경우 감지기, 발신기, 스프링클러설비 등 자동소화설비를 현장에서 작동시켜 유도등이 점등되는지 확인

○ 시각장애(규정된 높이, 적정위치, 장애물 등으로 인한 시각장애 유무) 여부

○ 비상전원 성능 적정 및 상용전원 차단 시 예비전원 자동전환 여부
   ① 비상전원은 축전지로 되어 있으며, 특정소방대상물 용도별 특성에 따른 유효한 용량의 비상전원이 확보되어 있는지 확인
   ② 예비전원 점검스위치를 조작하여 상용전원에서 예비전원으로 자동절환되어 점등되는지 확인

● 설치 장소(위치) 적정 여부
   ① 피난구유도등은 피난구 또는 피난 경로로 사용되는 각종 출입구 등에 설치되어 있는지 확인
   ② 통로유도등은 각 거실과 그로부터 지상에 이르는 복도 또는 계단의 통로에 설치되어 있는지 확인
   ③ 객석유도등은 통로, 바닥 또는 벽에 설치되어 있는지 확인

● 설치 높이 적정 여부
   ① 피난구유도등은 바닥으로부터 1.5m 이상 높이의 출입구에 설치되어 있는지 확인
   ② 복도통로유도등은 바닥으로부터 1m 이하의 높이에 설치되어 있는지 확인
   ③ 거실통로유도등은 바닥으로부터 1.5m 이상의 높이에 설치되어 있는지 확인
   ④ 계단통로유도등은 바닥으로부터 1m 이하의 높이에 설치되어 있는지 확인

● 객석유도등의 설치 개수 적정 여부

21-B. 유도표지

○ 유도표지의 변형 및 손상 여부

○ 설치 상태(유사 등화광고물 · 게시물 존재, 쉽게 떨어지지 않는 방식) 적정 여부
   ① 주위에 유사 등화광고물, 게시물 등이 설치되어 유도표지 식별에 영향을 미치는지 확인
   ② 부착판 등을 사용하여 쉽게 떨어지지 않도록 단단히 부착되어 있는지 확인

○ 외광 · 조명장치로 상시 조명 제공 또는 비상조명등 설치 여부

　축광방식의 경우 외광 또는 조명장치에 의해 상시 조명이 제공되거나 비상조명등에 의한 조명이 제공되는지 확인

○ 설치 방법(위치 및 높이) 적정 여부

　피난구유도표지는 출입구 상단 위치에, 통로유도표지는 바닥으로부터 1m 이하의 높이에 설치되어 있는지 확인

21-C. 피난유도선

○ 피난유도선의 변형 및 손상 여부

○ 설치 방법(위치 · 높이 및 간격) 적정 여부
　① 구획된 각 실로부터 주출입구 또는 비상구까지 설치되어 있는지 확인
　② 바닥으로부터 높이 50cm 이하의 위치에 또는 바닥면에 설치되어 있는지 확인
　③ 피난유도 표시부는 50cm 이내의 간격으로 연속되도록 설치되어 있는지 확인

[축광방식의 경우]

● 부착대에 견고하게 설치 여부

○ 상시 조명 제공 여부

　외광 또는 조명장치에 의해 상시 조명이 제공되거나 비상조명등에 의한 조명이 제공되는지 확인

[광원점등방식의 경우]

○ 수신기 화재신호 및 수동조작에 의한 광원 점등 여부

　수신기의 화재신호에 의해 연동으로 점등되는지와 수신기에서 수동점등스위치를 동작시켰을 때 점등되는지 여부를 확인

○ 비상전원 상시 충전상태 유지 여부

● 바닥에 설치되는 경우 매립방식 설치 여부

● 제어부 설치 위치 적정 여부

　조작 및 관리가 용이하도록 바닥으로부터 0.8m 이상 1.5m 이하의 높이에 설치되어 있는지 확인

22 비상조명등 및 휴대용비상조명등 점검표

22-A. 비상조명등

- ○ 설치 위치(거실, 지상에 이르는 복도 · 계단, 그 밖의 통로) 적정 여부
  거실과 지상에 이르는 복도, 계단 및 그 밖의 통로에 설치되어 있는지 확인

- ○ 비상조명등 변형 · 손상 확인 및 정상 점등 여부

- ● 조도 적정 여부
  설치장소의 바닥에서 1lx 이상이 나오는지 조도계로 측정하여 확인

- ○ 예비전원 내장형의 경우 점검스위치 설치 및 정상 작동 여부

- ● 비상전원 종류 및 설치장소 기준 적합 여부
  ① 비상전원의 종류가 무엇인지 확인(예비전원 내장하지 않는 경우)
  ② 점검이 편리하고 화재 및 침수 등의 재해로 인한 피해를 받을 우려가 없는 곳에 설치되어 있는지 확인
  ③ 비상전원의 설치장소는 다른 장소와 방화구획되어 있으며, 실내에 설치한 때에는 비상조명등이 설치되어 있는지 확인

- ○ 비상전원 성능 적정 및 상용전원 차단 시 예비전원 자동전환 여부
  비상발전기에 의한 비상전원은 전기안전공사에서 실시하는 안전검사서로 갈음하고 예비전원 내장형은 동작시험으로 확인

22-B. 휴대용비상조명등

- ○ 설치 대상 및 설치 수량 적정 여부
  ① 숙박시설 또는 다중이용업소 객실마다 설치되어 있는지, 영업장 안의 구획된 실마다 잘 보이는 곳에 1개 이상 설치되어 있는지 확인
  ② 대규모 점포와 영화상영관에 보행거리 50m 이내마다 3개 이상 설치되어 있는지 확인
  ③ 지하상가 및 지하역사에 보행거리 25m 이내마다 3개 이상 설치되어 있는지 확인

- ○ 설치 높이 적정 여부
  바닥으로부터 0.8m 이상 1.5m 이하의 높이에 설치되어 있는지 확인

- ○ 휴대용비상조명등의 변형 및 손상 여부
- ○ 어둠 속에서 위치를 확인할 수 있는 구조인지 여부
- ○ 사용 시 자동으로 점등되는지 여부
- ○ 건전지를 사용하는 경우 유효한 방전 방지조치가 되어 있는지 여부
- ○ 충전식 배터리의 경우에는 상시 충전되도록 되어 있는지의 여부

23 소화용수설비 점검표

23-A. 소화수조 및 저수조

[수원]

○ 수원의 유효수량 적정 여부

소화수조 또는 저수조의 저수량은 소방대상물의 연면적을 다음 표에 따른 기준 면적으로 나누어 얻은 수(소수점 이하의 수는 1로 본다)에 20m³를 곱한 양 이상이 되도록 해야 한다.

소방대상물의 구분	기준 면적
1. 1층 및 2층의 바닥면적 합계가 15,000m² 이상인 소방대상물	7,500m²
2. 제1호에 해당되지 않는 그 밖의 소방대상물	12,500m²

[흡수관투입구]

○ 소방차 접근 용이성 적정 여부

소화수조 및 저수조의 채수구 또는 흡수관투입구는 소방차가 2m 이내의 지점까지 접근할 수 있는 위치에 설치해야 한다.

● 크기 및 수량 적정 여부

지하에 설치하는 소화용수설비의 흡수관투입구는 그 한 변이 0.6m 이상이거나 직경이 0.6m 이상인 것으로 하고, 소요수량이 80m³ 미만인 것은 1개 이상, 80m³ 이상인 것은 2개 이상을 설치해야 하며, "흡수관투입구"라고 표시한 표지를 할 것

○ "흡수관투입구" 표지 설치 여부

[채수구]

○ 소방차 접근 용이성 적정 여부

소방차가 2m 이내까지 접근 가능

● 결합금속구 구경 적정 여부

소방용호스 또는 소방용흡수관에 사용하는 구경 65mm 이상의 나사식 결합금속구를 설치할 것

● 채수구 수량 적정 여부

① 소요수량에 따른 채수구의 수

소요수량	20m³ 이상 40m³ 미만	40m³ 이상 100m³ 미만	100m³ 이상
채수구의 수	1개	2개	3개

② 소화수조가 옥상 또는 옥탑에 설치된 경우에는 지상에 설치된 채수구에서의 압력은 0.15MPa 이상이 되도록 해야 한다.

○ 개폐밸브의 조작 용이성 여부
① 채수구 높이가 지면으로부터 0.5m 이상 1m 이하 위치 설치 여부
② 개폐밸브 조작 적정 여부

[가압송수장치]

○ 기동스위치 채수구 직근 설치 여부 및 정상 작동 여부
① 펌프 기동스위치가 채수구 직근에 설치되어 있는지 위치 적정 여부
② 펌프 기동스위치 정상 작동 여부
③ 보호판 부착 여부

○ "소화용수설비펌프" 표지 설치상태 적정 여부
펌프 인근에 소화용수설비펌프 표지 설치 여부(다른 설비와 겸용하는 경우 그 겸용되는 설비의 이름을 표시한 표지를 함께 해야 한다)

● 동결방지조치 상태 적정 여부
① 동결방지 조치 적정 여부
② 동결방지 조치가 되어 있지 않은 경우 동결 우려가 없는지 확인

● 토출 측 압력계, 흡입 측 연성계 또는 진공계 설치 여부
① 펌프 토출 측 체크밸브 이전에 플랜지에서 가까운 곳에 압력계 설치 여부
② 흡입 측에 연성계 또는 진공계 설치 여부(수원의 수위가 펌프의 위치보다 높거나 수직회전축 펌프의 경우에는 설치하지 않을 수 있다)

○ 성능시험배관 적정 설치 및 정상 작동 여부
① 정격부하운전 시 펌프의 성능을 시험하기 위한 배관 적정 설치 적정 여부
② 성능시험배관 정상 작동 여부

○ 순환배관 설치 적정 여부
① 체절운전 시 수온의 상승을 방지하기 위한 배관 설치 적정 여부
② 순환배관 정상 동작 여부

● 물올림장치 설치 적정(전용 여부, 유효수량, 배관 구경, 자동급수) 여부
① 전용의 수조로 설치되어 있는지 여부
② 유효수량 적정 여부(100L 이상)
③ 배관 구경 적정 여부(15mm 이상)
④ 수조에 물이 계속 보급되는지 여부

○ 내연기관 방식의 펌프 설치 적정(제어반 기동, 채수구 원격조작, 기동표시등 설치, 축전지 설비) 여부

① 펌프 기동이 채수구 위치에서 원격조작 가능 여부
② 펌프 기동을 명시하는 적색등 설치 여부
③ 제어반에서 내연기관 기동 가능 여부
④ 상시 충전되어 있는 축전지 설비 설치 여부

23-B. 상수도소화용수설비

○ 소화전 위치 적정 여부

① 소방자동차 진입 용이성 여부
② 대상물과 소화전 간 거리 140m 적정 여부

○ 소화전 관리상태(변형·손상 등) 및 방수 원활 여부

① 소화전 외관 변형, 손상 등 확인
② 캡 개폐 여부 확인

24 제연설비 점검표

24-A. 제연구역의 구획

- ● 제연구역의 구획 방식 적정 여부
    - 제연경계의 폭, 수직거리 적정 설치 여부
    - 제연경계벽은 가동 시 급속하게 하강되지 아니하는 구조
        ① 제연경계의 폭 0.6m 이상, 배출량의 기준에 따라 수직거리 적정 여부 확인
        ② 가동식 제연경계벽이 자동 또는 수동 시 급속하게 하강하는지 여부
        ③ 제연경계벽에 틈새 등 균열이 있는지, 주변에 장애가 되는 고정시설물 유무 여부 확인

24-B. 배출구

- ● 배출구 설치 위치(수평거리) 적정 여부
    ① 제연구역의 종류, 거실의 규모, 구획방식에 따른 배출구의 설치 위치가 적정한지 여부
        ㉠ 소규모 거실($400m^2$ 미만)
        ㉡ 통로인 예상제연구역과 대규모 거실($400m^2$ 이상)
    ② 예상제연구역의 각 부분으로부터 하나의 배출구까지 수평거리가 10m 이내인지 여부

- ○ 배출구 변형·훼손 여부

24-C. 유입구

- ○ 공기유입구 설치 위치 적정 여부

    제연구역의 종류, 거실의 규모, 구획방식에 따른 공기유입구의 설치 위치가 적정한지 여부
    ① 바닥면적 $400m^2$ 미만의 거실인 예상제연구역(단독제연)
        ㉠ 바닥 외의 장소에 설치되어 있는지 여부
        ㉡ 배출구와 직선거리 5m 이상 또는 장변의 1/2 이상
        ㉢ 배출구는 천정면 또는 벽에 설치
    ② 바닥면적 $400m^2$ 이상의 거실인 예상제연구역 및 공연장·집회장·위락시설의 경우는 사용하는 부분의 바닥면적이 $200m^2$를 초과하는 경우(단독제연)
        • 유입구가 바닥으로부터 1.5m 이하의 높이에 설치되어 있고, 유입구 주변은 공기의 유입에 장애가 없는지 여부
    ③ 제연경계로 구획되거나 통로가 제연구역인 경우(단독제연)
    ④ 공동예상제연구역 안에 설치된 각 예상제연구역이 벽으로 구획되어 있는 경우
    ⑤ 공동예상제연구역 안에 설치된 각 예상제연구역의 일부 또는 전부가 제연경계로 구획되어 있는 경우

㉠ 바닥으로부터 1.5m 이하의 높이에 설치되어 있는지 여부 확인
㉡ 유입구 주변에 공기의 유입에 장애가 있는지 여부 확인
㉢ 유입구 상단이 천장 또는 반자와 바닥 사이의 중간 아랫부분보다 낮고, 수직거리가 가장 짧은 제연경계 하단보다 낮은지 여부 확인

○ 공기유입구 변형·훼손 여부
① 유입구의 부식·변형·손상 등이 있는지 여부
② 유입구의 개방에 지장이 없고, 유입운전 중 기류·진동 등에 의한 장애가 있는지 여부

● 옥외에 면하는 배출구 및 공기유입구 설치 적정 여부
① 옥외에 면하는 배출구 및 공기유입구는 비 또는 눈 등이 들어가지 않는 구조인지 여부
② 배출된 연기가 공기 유입구로 순환·유입되는 구조가 아닌지 여부

24-D. 배출기

● 배출기와 배출풍도 사이 캔버스 내열성 확보 여부
  ※ 캔버스(Canvas) 역할 : 풍기와 덕트의 연결에 사용하는 천으로 만든 이음매로, 송풍기의 운전에 따른 진동을 흡수하여 진동이 덕트 계통에 전달되는 것을 방지
  → 캔버스가 외부 환경(햇볕, 빗물 등)에 노출되면 경화가 발생하며 손상되기 쉽기 때문에 주기적으로 상태를 확인하고 교체 필요

○ 배출기 회전이 원활하며 회전방향 정상 여부
① 배출기의 회전방향의 정상 여부와 회전축은 회전이 원활한지 여부
② 축받침 윤활유의 오염, 변질, 필요량 충전 여부

○ 변형·훼손 등이 없고 V-벨트 기능 정상 여부
① 배출기의 변형·훼손 등 여부
② V-벨트의 동작 불량 사항으로 슬립(미끄러짐)이 발생하는지 여부

○ 본체의 방청, 보존상태 및 캔버스 부식 여부

● 배풍기 내열성 단열재 단열처리 여부

24-E. 비상전원

● 비상전원 설치장소 적정 및 관리 여부
① 비상전원 설치장소는 관계인이 출입하여 비상전원에 대한 유지관리, 보수, 점검 등이 용이한 위치 등 확인
② 비상전원 설치장소가 화재 및 침수 등으로 피해를 받을 우려가 없는지 확인

③ 비상전원 설치장소가 방화구획이 되어 있는지 여부 확인

○ 자가발전설비인 경우 연료 적정량 보유 여부
제연설비를 유효하게 20분 이상 작동할 수 있는 연료가 확보되어 있는지 여부 확인(연료통의 게이지 등을 확인하여 연료의 적정량 확인)

○ 자가발전설비인 경우 「전기사업법」에 따른 정기점검 결과 확인

24-F. 기동

○ 가동식의 벽·제연경계벽·댐퍼 및 배출기 정상 작동(화재감지기 연동) 여부
  ① 열·연기감지기시험기 등을 이용하여 감지기 동작
  ② 제어반에서 화재표시등 점등 여부를 확인하고 음향장치가 동작되는지 확인
  ③ 가동식의 벽·제연경계벽 등이 작동되는지 확인
  ④ 급기 및 배기댐퍼가 작동되는지 확인
  ⑤ 배풍기(배기팬)·송풍기(급기팬)가 작동하여 송풍 및 배풍되는지 확인

○ 예상제연구역 및 제어반에서 가동식의 벽·제연경계벽·댐퍼 및 배출기 수동기동 가능 여부
  ① 예상제연구역 및 제어반에서 가동식의 벽·제연경계벽·댐퍼 및 배출기 수동기동이 가능한지 여부
  ② 수동기동 시 가동식의 벽·제연경계벽·댐퍼 및 배출기가 정상 작동하는지 여부 확인

○ 제어반 각종 스위치류 및 표시장치(작동표시등 등) 기능의 이상 여부
  ① 제어반 각종 스위치가 정상 위치에 있는지 여부(자동 또는 연동 등) 확인
  ② 동작 또는 정지 시 각종 표시등의 점등 여부 이상 유무 확인

25 특별피난계단의 계단실 및 부속실 제연설비 점검표

25-A. 과압방지조치

- 자동차압·과압조절형 댐퍼(또는 플랩댐퍼)를 사용한 경우 성능 적정 여부
    ① 자동차압급기 댐퍼
        ㉠ 감지기 또는 수동조작 스위치 등 동작(수신기 화재 위치 확인)
        ㉡ 수신기 및 부속실에서 급기댐퍼 개방 확인
        ㉢ 출입문 개방 또는 폐쇄에 따라 자동차압댐퍼 개도율 자동조절 확인
    ② 플랩댐퍼
        ㉠ 제연구역에 과압이 발생할 경우 플랩댐퍼의 개방을 통하여 과압을 배출하는지 여부 확인(차압표시장치의 압력이 감소되는지 육안으로 확인)
        ㉡ 플랩댐퍼는 반자 내에 설치되는 경우가 많으므로 제연구역에 과압이 발생할 경우 플랩댐퍼의 개방 및 폐쇄 여부를 소리 등을 통해 확인

25-B. 수직풍도에 따른 배출

○ 배출댐퍼 설치(개폐 여부 확인 기능, 화재감지기 동작에 따른 개방) 적정 여부
    ① 화재 층의 화재감지기의 동작에 따라 당해 층의 댐퍼 개방 여부 확인
    ② 제어반에서 댐퍼 개방 확인이 가능한지 여부

○ 배출용 송풍기가 설치된 경우 화재감지기 연동 기능 적정 여부
    ① 화재 층의 화재감지기 작동에 따라 배출용 송풍기가 동작하는지 여부 확인
    ② 제어반에서 배출용 송풍기 작동 확인이 가능한지 여부

25-C. 급기구

○ 급기댐퍼 설치 상태(화재감지기 동작에 따른 개방) 적정 여부
    화재감지기 동작에 따라 모든 층에 설치된 급기댐퍼가 개방(댐퍼의 날개)되는지 여부 확인

25-D. 송풍기

○ 설치장소 적정(화재 영향, 접근·점검 용이성) 여부
    ① 송풍기는 인접 장소의 화재로부터 영향을 받지 않는 구조인지 확인
    ② 송풍기로의 접근 및 점검이 불가하도록 장애물 등이 방치되지 않았는지 확인

○ 화재감지기 동작 및 수동조작에 따라 작동하는지 여부
① 화재감지기 동작에 따라 송풍기가 자동으로 작동되는지 여부 확인
② 수동조작(제어반 및 수동기동장치)에 의하여 송풍기가 자동으로 작동하는지 여부 확인

● 송풍기와 연결되는 캔버스 내열성 확보 여부

25-E. 외기취입구

○ 설치 위치(오염공기 유입 방지, 배기구 등으로부터 이격거리) 적정 여부
① 외기를 옥외로부터 취입하는 경우 연기 또는 공해물질 등 오염된 공기를 취입하지 않는지 여부 확인
② 옥외취입구 설치 위치(이격거리) 적정 여부 확인
㉠ 배기구 등으로부터 수평거리 5m 이상, 수직거리 1m 이상 낮은 위치
㉡ 옥외취입구를 옥상에 설치하는 경우
• 옥상의 외곽면으로부터 수평거리 5m 이상
• 외곽면의 상단으로부터 하부로 수직거리 1m 이하

● 설치 구조(빗물·이물질 유입 방지, 옥외의 풍속과 풍향에 영향) 적정 여부
① 외기취입구는 우천 시 빗물이 유입되지 않는 구조인지 여부 및 이물질들이 쉽게 들어올 수 없는 구조인지의 여부 확인
② 옥외취입구가 옥외의 풍속과 풍향에 의하여 영향을 받는 구조인지 여부 확인

25-F. 제연구역의 출입문

○ 폐쇄상태 유지 또는 화재 시 자동폐쇄 구조 여부
① 제연구역의 출입문(창문 포함)은 언제나 닫힌 상태를 유지하거나 자동폐쇄장치에 의해 자동으로 닫히는 구조인지 확인
② 아파트인 경우 제연구역과 계단실 사이의 출입문은 자동폐쇄장치에 의하여 자동으로 닫히는 구조로 되어 있는지 확인

● 자동폐쇄장치 폐쇄력 적정 여부

25-G. 수동기동장치

○ 기동장치 설치(위치, 전원표시등 등) 적정 여부
① 배출댐퍼 및 개폐기의 직근과 제연구역에 수동기동장치 설치 여부 확인
② 수동기동장치의 전원표시등은 점등되어 있는지 여부 확인

○ 수동기동장치(옥내 수동발신기 포함) 조작 시 관련 장치 정상 작동 여부

　수동기동장치(수동 발신기 포함) 조작 시 다음의 장치가 정상적으로 동작하는지 확인
　① 전 층의 제연구역에 설치된 급기댐퍼의 개방
　② 당해 층의 배출댐퍼 또는 개폐기의 개방
　③ 급기송풍기 및 유입공기의 배출용 송풍기 작동
　④ 개방·고정된 모든 출입문(제연구역과 옥내 사이의 출입문만 해당) 개폐장치 작동

25-H. 제어반

○ 비상용 축전지의 정상 여부
　① 비상용 축전지 용량(제어반의 기능을 1시간 이상 유지)이 적정한지 여부 확인
　② 예비전원 시험을 통한 충전상태 확인

○ 제어반 감시 및 원격조작 기능 적정 여부
　① 급기용 댐퍼의 개폐에 대한 감시 및 원격조작이 가능한지 여부 확인
　② 배출댐퍼 또는 개폐기의 작동 여부에 대한 감시 및 원격조작이 가능한지 여부 확인
　③ 급기송풍기와 유입공기의 배출용 송풍기(설치한 경우에 한한다)의 작동 여부에 대한 감시 및 원격조작이 가능한지 여부 확인
　④ 제연구역의 출입문의 일시적인 고정 개방 및 해정에 대한 감시 및 원격조작이 가능한지 여부 확인
　⑤ 수동기동장치의 작동 여부에 대한 감시기능이 있는지 여부 확인
　⑥ 감시선로의 단선에 대한 감시기능이 있는지 여부

25-I. 비상전원

● 비상전원 설치장소 적정 및 관리 여부
　① 비상전원 설치장소는 관계인이 출입하여 비상전원에 대한 유지관리, 보수, 점검 등이 용이한 위치 등 확인
　② 비상전원 설치장소가 화재 및 침수 등으로 피해를 받을 우려가 없는지 확인
　③ 비상전원의 설치장소는 다른 장소와 방화구획이 되어 있는지 확인
　④ 비상전원을 실내에 설치하는 때에는 비상조명등이 설치되었는지 확인

○ 자가발전설비인 경우 연료 적정량 보유 여부

　제연설비를 유효하게 20분(층수가 30층~49층은 40분, 50층 이상은 60분) 이상 작동할 수 있는 연료가 확보되어 있는지 확인(연료통의 게이지 등을 확인하여 연료의 적정량 확인)

○ 자가발전설비인 경우 「전기사업법」에 따른 정기점검 결과 확인

26 연결송수관설비 점검표

26-A. 송수구

○ 설치장소 적정 여부
  ① 소방차의 접근이 용이하고 잘 보이는 장소로서 건물 정면 1층 또는 피난층에 설치 여부
  ② 송수구 인근에 장애물이 없고 화재로 인한 낙하물에 피해 우려가 없는 장소에 설치 여부

○ 지면으로부터 설치 높이 적정 여부
  송수작업이 용이하도록 지면으로부터 0.5~1m 사이에 설치 여부

○ 급수개폐밸브가 설치된 경우 설치 상태 적정 및 정상 기능 여부
  개폐밸브가 설치된 경우 노후 및 부식 등으로 인해 개폐상태 적정 여부 확인 및 탬퍼 스위치 설치 시 제어반과의 연동상태 확인

○ 수직배관별 1개 이상 송수구 설치 여부

○ "연결송수관설비송수구" 표지 및 송수압력범위 표지 적정 설치 여부

○ 송수구 마개 설치 여부

26-B. 배관 등

● 겸용 급수배관 적정 여부
  ① 겸용으로 사용하는 경우 배관의 구경이 100mm 이상인지 확인
  ② 겸용으로 사용하는 경우 최고압력을 기준으로 배관을 선정하였는지 여부

● 다른 설비의 배관과의 구분 상태 적정 여부
  배관은 다른 설비의 배관과 쉽게 구분이 될 수 있는 위치에 설치하거나 적색등으로 식별이 가능하도록 설치하였는지 여부 확인

26-C. 방수구

● 설치기준(층, 개수, 위치, 높이) 적정 여부
  ① 층마다 방수구 설치 여부 확인
  ② 방수구의 높이 0.5~1m 사이에 설치 여부 확인
  ③ 방수구가 계단으로부터 5m 이내 설치 여부 확인
  ④ 방수구의 수평거리 적정 여부 및 추가 설치 적정 여부 확인
    ㉠ 지하가(터널 제외) 또는 지하층의 바닥면적 합계가 3,000m² 이상인 것은 수평거리 25m
    ㉡ ㉠에 해당하지 않는 것은 수평거리 50m

○ 방수구 형태 및 구경 적정 여부
    ① 11층 이상의 방수구는 쌍구형으로 설치 여부
    ② 방수구의 구경 확인(65mm)

○ 위치표시(표시등, 축광식표지) 적정 여부

○ 개폐기능 설치 여부 및 상태 적정(닫힌 상태) 여부

26-D. 방수기구함

● 설치기준(층, 위치) 적정 여부
피난층과 가장 가까운 층을 기준으로 3개 층마다 설치 여부 및 방수구와 5m 이내 설치 여부 확인

○ 호스 및 관창 비치 적정 여부
방수기구함 내 호스가 방수구가 담당하는 구역에 유효하게 물이 뿌려질 수 있는 개수 이상의 호스 설치 여부 확인 및 쌍구형의 경우 2개, 단구형의 경우에는 1개 이상의 관창 비치 여부 확인

○ "방수기구함" 표지 설치상태 적정 여부

26-E. 가압송수장치

● 가압송수장치 설치장소 기준 적합 여부
    ① 출입이 쉽고 점검할 수 있는 공간 확보 여부 확인
    ② 화재나 침수 등의 피해로부터 안전한 장소 여부 확인(방화문이나 배수시설 등)
    ③ 동파 우려가 있는 장소의 경우 보온재나 열선 등을 이용하여 동파방지처리 여부 확인

● 펌프 흡입 측 연성계 · 진공계 및 토출 측 압력계 설치 여부
    ① 수조가 펌프보다 낮은 경우 연성계, 진공계 설치상태 및 작동상태 확인
    ② 토출 측 압력계의 설치 위치(체크밸브 아래) 및 작동상태 확인

● 성능시험배관 및 순환배관 설치 적정 여부
    ① 옥내소화전 성능시험 준용
    ② 순환배관 내 릴리프밸브 체절압력 미만에서 작동 여부 확인 및 세팅
    ③ 내연기관인 경우 배터리 관리상태 확인 및 연료량 등 확인

○ 펌프 토출량 및 양정 적정 여부
    ① 최상층에서 0.35MPa 이상의 압력 및 적정한 토출량이 나올 수 있는 펌프 여부 확인
    ② 펌프의 토출량은 2,400L/min(계단식 아파트의 경우 1,200L/min) 이상이 되는 것으로 할 것. 다만, 해당 층에 설치된 방수구가 3개를 초과(5개 이상인 경우 5개)하는 것에 있어서는 1개마다 800L/min(계단식 아파트의 경우 400L/min)를 가산한 양이 되는 것으로 할 것

○ 방수구 개방 시 자동기동 여부
  방수구 개방 시 펌프의 자동기동 확인, 이때 흡입 측에 충분한 물이 공급되지 않으면 공동현상이 발생할 수 있으므로 공동현상 발생 여부 확인

○ 수동기동스위치 설치 상태 적정 및 수동스위치 조작에 따른 기동 여부
  ① 옥내소화전의 ON/OFF 방식과 유사하며 수동기동 스위치 동작 시 펌프 기동 여부 확인
  ② 기동스위치 2개 이상 설치 여부 확인(송수구 인근 5m 이내 기동스위치 설치 여부 확인)

○ 가압송수장치 "연결송수관펌프" 표지 설치 여부

● 비상전원 설치장소 적정 및 관리 여부
  ① 비상전원 설치장소의 적정성 여부 확인(방화구획 여부 및 침수, 기타 재해로부터 안전한 장소 여부 확인)
  ② 정전사고 대비를 위하여 비상조명등 설치 및 관리상태 확인

○ 자가발전설비인 경우 연료 적정량 보유 여부

○ 자가발전설비인 경우 「전기사업법」에 따른 정기점검 결과 확인

27 연결살수설비 점검표

27-A. 송수구

○ 설치장소 적정 여부
　① 소방차의 접근이 용이하고 잘 보이는 장소로서 건물 정면 1층 또는 피난층에 설치 여부
　② 송수구 인근에 장애물이 없고 화재로 인한 낙하물에 피해 우려가 없는 장소에 설치 여부

○ 송수구 구경(65mm) 및 형태(쌍구형) 적정 여부
　소방차 2대가 동시에 호스를 연결하여 송수가 가능한 쌍구형 설치 여부

○ 송수구역별 호스접결구 설치 여부(개방형 헤드의 경우)

○ 설치 높이 적정 여부
　송수작업이 용이하도록 지면으로부터 0.5~1m 사이에 설치 여부

● 송수구에서 주배관 상 연결배관 개폐밸브 설치 여부

○ "연결살수설비 송수구" 표지 및 송수구역 일람표 설치 여부

○ 송수구 마개 설치 여부

○ 송수구의 변형 또는 손상 여부

● 자동배수밸브 및 체크밸브 설치 순서 적정 여부
　폐쇄형 헤드를 설치한 경우 송수구 > 자동배수밸브 > 체크밸브 순으로 설치 여부

○ 자동배수밸브 설치 상태 적정 여부

● 1개 송수구역 설치 살수헤드 수량 적정 여부(개방형 헤드의 경우)
　연결살수설비의 배관의 구경은 다음의 기준에 따라 설치해야 한다.
　① 연결살수설비 전용헤드를 사용하는 경우에는 다음 표에 따른 구경 이상으로 할 것

하나의 배관에 부착하는 연결살수설비 전용헤드의 개수	1개	2개	3개	4개 또는 5개	6개 이상 10개 이하
배관의 구경(mm)	32	40	50	65	80

　② 스프링클러헤드를 사용하는 경우에는 「스프링클러설비의 화재안전기술기준(NFTC 103)」
　　2.5.3.3의 표 2.5.3.3에 따를 것

27-B. 선택밸브

○ 선택밸브 적정 설치 및 정상 작동 여부

○ 선택밸브 부근 송수구역 일람표 설치 여부

27-C. 배관 등

○ 급수배관 개폐밸브 설치 적정(개폐표시형, 흡입 측 버터플라이 제외) 여부
    ① 급수배관 내 개폐표시형 개폐밸브 설치 여부 및 개폐상태 확인
    ② 흡입 측 배관에는 버터플라이밸브를 설치하지 않아야 하므로 버터플라이밸브 사용 여부 확인

● 동결방지조치 상태 적정 여부(습식의 경우)
    습식배관의 경우 보온재의 손상·훼손 여부 및 열선 설치 시 정상 작동 여부 확인

● 주배관과 타 설비 배관 및 수조 접속 적정 여부(폐쇄형 헤드의 경우)

○ 시험장치 설치 적정 여부(폐쇄형 헤드의 경우)
    ① 송수구에서 가장 먼 거리의 가지배관에 시험배관 설치 여부
    ② 구경 25mm 이상인지 여부 및 배수설비가 용이한지 여부 확인

● 다른 설비의 배관과의 구분 상태 적정 여부

27-D. 헤드

○ 헤드의 변형·손상 유무

○ 헤드 설치 위치·장소·상태(고정) 적정 여부

○ 헤드 살수장애 여부

28 비상콘센트설비 점검표

28-A. 전원

- 상용전원 적정 여부
  ① 상용전원 공급상태 확인
  ② 전용배선의 사용 여부 및 배선의 손상 여부 확인

- 비상전원 설치장소 적정 및 관리 여부
  ① 화재 및 침수 등으로부터 피해 우려가 없는 장소 여부 확인
  ② 비상전원 장소와 타 구역과의 방화구획 설정 여부 확인(방화문, 방화셔터 등)

○ 자가발전설비인 경우 연료 적정량 보유 여부

○ 자가발전설비인 경우 「전기사업법」에 따른 정기점검 결과 확인

28-B. 전원회로

- 전원회로 방식(단상교류 220V) 및 공급용량(1.5kVA 이상) 적정 여부

  전원회로의 단상교류 220V 방식 채택 여부 확인 및 공급 용량 적정 여부 확인

- 전원회로 설치개수(각 층에 2 이상) 적정 여부

  1개의 간선에 문제가 발생하였을 경우 비상콘센트 사용에 장애가 발생하므로 2개 이상의 간선으로 설치되어 있는지 확인. 다만, 해당 층에 비상콘센트가 1개 일 경우에는 1개의 전원회로를 사용 가능

- 전용 전원회로 사용 여부

  전용전원회로 사용 여부 확인. 다만, 다른 부하의 회로사고 시 비상콘센트 사용에 지장이 없다면 겸용 가능. 따라서 다른 부하의 회로사고 시 영향을 받지 않게 하려면 비상콘센트와 일반 부하가 겸용으로 설치된 경우 주 차단기는 겸용배선에 접속된 일반 부하 개폐기보다 먼저 차단되어서는 안 되며 비상콘센트의 개폐기 차단용량은 겸용배선에 접속된 일반 부하 차단용량보다 동등 이상이 되어야 함

- 1개 전용회로에 설치되는 비상콘센트 수량 적정(10개 이하) 여부

  비상콘센트는 하나의 전용선에 10개를 초과할 경우 회로를 분리해야 하므로 10개 이하의 콘센트가 접속되어 있는지 확인

- 보호함 내부에 분기배선용 차단기 설치 여부

28-C. 콘센트

○ 변형·손상·현저한 부식이 없고 전원의 정상 공급 여부

● 콘센트별 배선용 차단기 설치 및 충전부 노출 방지 여부

○ 비상콘센트 설치 높이, 설치 위치 및 설치 수량 적정 여부
① 바닥으로부터 0.8m 이상 1.5m 이하의 위치에 설치 여부 및 설치 수량 확인
② 비상콘센트의 설치 수량은 건축물의 용도(아파트) 또는 바닥면적에 따라 설치 개수가 달라지므로 적정 설치 개수 확인

28-D. 보호함 및 배선

○ 보호함 개폐 용이한 문 설치 여부

○ "비상콘센트" 표지 설치상태 적정 여부

○ 위치표시등 설치 및 정상 점등 여부

○ 점검 또는 사용상 장애물 유무

㉙ 무선통신보조설비 점검표

29-A. 누설동축케이블 등

○ 피난 및 통행 지장 여부(노출하여 설치한 경우)

● 케이블 구성 적정(누설동축케이블+안테나 또는 동축케이블+안테나) 여부

● 지지금구 변형·손상 여부

● 누설동축케이블 및 안테나 설치 적정 및 변형·손상 여부

● 누설동축케이블 말단 '무반사 종단저항' 설치 여부

29-B. 무선기기접속단자, 옥외안테나

○ 설치장소(소방활동 용이성, 상시 근무장소) 적정 여부

● 단자 설치 높이 적정 여부
  무선기기 접속단자의 설치 높이 확인(0.8m 이상 1.5m 이하)

● 지상 접속단자 설치거리 적정 여부
  지상에 설치하는 접속단자는 보행거리 300m 이내 인지 여부 및 다른 용도로 사용되는 접속단자에서 5m 이상의 거리 확보 여부

● 접속단자 보호함 구조 적정 여부

○ 접속단자 보호함 "무선기기접속단자" 표지 설치 여부

○ 옥외안테나 통신장애 발생 여부

○ 안테나 설치 적정(견고함, 파손 우려) 여부

○ 옥외안테나에 "무선통신보조설비 안테나" 표지 설치 여부

○ 옥외안테나 통신 가능거리 표지 설치 여부

○ 수신기 설치장소 등에 옥외안테나 위치표시도 비치 여부

29-C. 분배기, 분파기, 혼합기

- ● 먼지, 습기, 부식 등에 의한 기능 이상 여부
    ① 무선통신기기 장비들의 훼손 및 부식상태 확인
    ② 지하에 주로 설치되는 관계로 지하에서 발생한 습기, 결로 등에 의해 상시 부식 및 훼손될 가능성이 높으므로 각 부속장비들의 유지관리 상태 및 부속장비들의 결합상태 확인
- ● 설치장소 적정 및 관리 여부

29-D. 증폭기 및 무선중계기

- ● 상용전원 적정 여부
- ○ 전원표시등 및 전압계 설치상태 적정 여부
- ● 증폭기 비상전원 부착 상태 및 용량 적정 여부
    비상전원의 관리상태 및 적정 용량(30분) 사용 가능 여부 확인
- ○ 적합성 평가 결과 임의 변경 여부

29-E. 기능점검

- ● 무선통신 가능 여부

③⓪ 연소방지설비 점검표

30-A. 배관

○ 급수배관 개폐밸브 적정(개폐표시형) 설치 및 관리상태 적합 여부

● 다른 설비의 배관과의 구분 상태 적정 여부

30-B. 방수헤드

○ 헤드의 변형·손상 유무

○ 헤드 살수장애 여부

○ 헤드 상호 간 거리 적정 여부
   전용헤드 2m, 스프링클러헤드 1.5m 이하 여부 확인

● 살수구역 설정 적정 여부
   소방대원의 출입이 가능한 환기구, 작업구마다 양쪽방향 살수헤드 설정하되 길이는 3m 이상인지 확인

30-C. 송수구

○ 설치장소 적정 여부

● 송수구 구경(65mm) 및 형태(쌍구형) 적정 여부

○ 송수구 1m 이내 살수구역 안내표지 설치상태 적정 여부

○ 설치 높이 적정 여부

● 자동배수밸브 설치상태 적정 여부
   물이 잘 빠질 수 있는 위치인지 여부 및 원활한 배수 여부 확인

● 연결배관에 개폐밸브를 설치한 경우 개폐상태 확인 및 조작 가능 여부

○ 송수구 마개 설치상태 적정 여부

30-D. 방화벽

- 방화문 관리상태 및 정상기능 적정 여부
  방화문의 자동폐쇄장치 상태 및 방화의 폐쇄에 장애를 주는 장애물 설치 여부 확인
- 관통부위 내화성 화재차단제 마감 여부
  내화성 화재차단제로 마감상태 및 노후로 인한 훼손 여부 확인

㉛ 기타 사항 점검표

31-A. 피난 · 방화시설

○ 방화문 및 방화셔터의 관리 상태(폐쇄 · 훼손 · 변경) 및 정상 기능 적정 여부

● 비상구 및 피난통로 확보 적정 여부(피난 · 방화시설 주변 장애물 적치 포함)

31-B. 방염

● 선처리 방염대상물품의 적합 여부(방염성능시험성적서 및 합격표시 확인)

● 후처리 방염대상물품의 적합 여부(방염성능검사결과 확인)

32 다중이용업소 점검표

32-A. 소화설비

[소화기구(소화기, 자동확산소화기)]

○ 설치수량(구획된 실 등) 및 설치거리(보행거리) 적정 여부

○ 설치장소(손쉬운 사용) 및 설치 높이 적정 여부

○ 소화기 표지 설치상태 적정 여부

○ 외형의 이상 또는 사용상 장애 여부

○ 수동식 분말소화기 내용연수 적정 여부

[간이스프링클러설비]

○ 수원의 양 적정 여부

○ 가압송수장치의 정상 작동 여부

○ 배관 및 밸브의 파손, 변형 및 잠김 여부

○ 상용전원 및 비상전원의 이상 여부

● 유수검지장치의 정상 작동 여부

● 헤드의 적정 설치 여부(미설치, 살수장애, 도색 등)

● 송수구 결합부의 이상 여부

● 시험밸브 개방 시 펌프기동 및 음향 경보 여부

※ 펌프성능시험(펌프 명판 및 설계치 참조)

구분		체절운전	정격운전 (100%)	정격유량의 150% 운전	적정 여부
토출량 (L/min)	주				1. 체절운전 시 토출압은 정격토출압의 140% 이하일 것(　)
	예비				2. 정격운전 시 토출량과 토출압이 규정치 이상일 것(　)
토출압 (MPa)	주				3. 정격토출량의 150%에서 토출압이 정격토출압의 65% 이상일 것(　)
	예비				

• 설정압력 :
• 주펌프
　기동 :　　MPa
　정지 :　　MPa
• 예비펌프
　기동 :　　MPa
　정지 :　　MPa
• 충압펌프
　기동 :　　MPa
　정지 :　　MPa

※ 릴리프밸브 작동압력 :　　　MPa

32-B. 경보설비

[비상벨·자동화재탐지설비]

○ 구획된 실마다 감지기(발신기), 음향장치 설치 및 정상 작동 여부

○ 전용 수신기가 설치된 경우 주수신기와 상호 연동되는지 여부

○ 수신기 예비전원(축전지) 상태 적정 여부(상시 충전, 상용전원 차단 시 자동절환)

[가스누설경보기]

● 주방 또는 난방시설이 설치된 장소에 설치 및 정상 작동 여부

32-C. 피난구조설비

[피난기구]

● 피난기구 종류 및 설치개수 적정 여부

○ 피난기구의 부착 위치 및 부착 방법 적정 여부

○ 피난기구(지지대 포함)의 변형·손상 또는 부식이 있는지 여부

○ 피난기구의 위치표시 표지 및 사용방법 표지 부착 적정 여부

● 피난에 유효한 개구부 확보(크기, 높이에 따른 발판, 창문 파괴장치) 및 관리상태

[피난유도선]

○ 피난유도선의 변형 및 손상 여부

● 정상 점등(화재 신호와 연동 포함) 여부

[유도등]

○ 상시(3선식의 경우 점검스위치 작동 시) 점등 여부

○ 시각장애(규정된 높이, 적정 위치, 장애물 등으로 인한 시각장애 유무) 여부

○ 비상전원 성능 적정 및 상용전원 차단 시 예비전원 자동전환 여부

[유도표지]

○ 설치 상태(유사 등화광고물·게시물 존재, 쉽게 떨어지지 않는 방식) 적정 여부

○ 외광 · 조명장치로 상시 조명 제공 또는 비상조명등 설치 여부

[비상조명등]

○ 설치 위치의 적정 여부

● 예비전원 내장형의 경우 점검스위치 설치 및 정상 작동 여부

[휴대용비상조명등]

○ 영업장 안의 구획된 실마다 잘 보이는 곳에 1개 이상 설치 여부

● 설치 높이 및 표지의 적합 여부

● 사용 시 자동으로 점등되는지 여부

32-D. 비상구

○ 피난동선에 물건을 쌓아두거나 장애물 설치 여부

○ 피난구, 발코니 또는 부속실의 훼손 여부

○ 방화문 · 방화셔터의 관리 및 작동상태

32-E. 영업장 내부 피난통로 · 영상음향차단장치 · 누전차단기 · 창문

○ 영업장 내부 피난통로 관리상태 적합 여부

● 영상음향차단장치 설치 및 정상 작동 여부

● 누전차단기 설치 및 정상 작동 여부

○ 영업장 창문 관리상태 적합 여부

32-F. 피난안내도 · 피난안내영상물

○ 피난안내도의 정상 부착 및 피난안내영상물 상영 여부

32-G. 방염

● 선처리 방염대상물품의 적합 여부(방염성능시험성적서 및 합격표시 확인)

● 후처리 방염대상물품의 적합 여부(방염성능검사결과 확인)

소방시설 등 자체점검기록표

- 대상물명 :
- 주　　소 :
- 점검구분 :　　　　　[　] 작동점검　　　　[　] 종합점검
- 점 검 자 : **소방시설관리사　정 명 진 외　　명**
- 점검기간 :　　　　2025년　월　일부터 2025년　월　일 (일간)
- 불량사항 : [　] 소화설비　　[　] 경보설비　　[　] 피난구조설비
　　　　　　 [　] 소화용수설비 [　] 소화활동설비 [　] 기타설비　[　] 없음
- 정비기간 :　　　　년　월　일　～　　년　월　일
　　　　　　　　　　　　　　　　　　　　2025년　월　일

「소방시설 설치 및 관리에 관한 법률 시행규칙」 제24조제1항 및 같은 법 시행규칙 제25조에 따라 소방시설 등 자체점검결과를 게시합니다.

■ 소방시설 설치 및 관리에 관한 법률 시행규칙 [별지 제10호서식]

소방시설 등의 자체점검 결과 이행계획서

특정소방 대상물	대상물 명칭(상호)		대상물 구분(용도)	
	관계인 (성명 :　　　전화번호 :　　　)		소방안전관리자 (성명 :　　　전화번호 :　　　)	
	소재지			

	이행조치 사항	이행조치 일자
이행조치 계획사항	예) 소화펌프(가압송수장치를 포함한다. 이하 같다), 동력·감시 제어반 또는 소방시설용 전원(비상전원을 포함한다)의 고장	.　.　.　~　.　.　.
	예) 화재 수신기의 고장으로 화재경보음이 자동으로 울리지 않거나 화재 수신기와 연동된 소방시설의 작동 불량	.　.　.　~　.　.　.
	예) 소화배관 등이 폐쇄·차단되어 소화수(消火水) 또는 소화약제가 자동 방출 불량	.　.　.　~　.　.　.
	예) 기타 사항	.　.　.　~　.　.　.
이행조치 필요기간	년　월　일　~　년　월　일(총　일)	

「소방시설 설치 및 안전관리에 관한 법률」 제23조 제3항 및 같은 법 시행규칙 제23조 제2항에 따라 위와 같이 소방시설 등의 수리·교체·정비에 대한 이행계획서를 제출합니다.

년　　　월　　　일

관계인 :　　　　　　　　　　(서명 또는 인)

○○ 소방본부장·소방서장　귀하

	유의 사항
「소방시설 설치 및 관리에 관한 법률」 제61조 제1항 제8호 및 제9호	1. 특정소방대상물의 관계인이 법 제22조에 따른 소방시설 등의 자체점검 결과에 따른 수리·조치·정비사항의 발생 시 이행계획서를 첨부하지 않거나 거짓으로 제출한 경우 300만 원 이하의 과태료를 부과합니다. 2. 특정소방대상물의 관계인이 소방시설 등의 수리·조치·정비 이행계획을 별도의 연기신청 없이 기간 내에 완료하지 않은 경우 300만 원 이하의 과태료를 부과합니다.

■ 소방시설 설치 및 관리에 관한 법률 시행규칙 [별지 제11호서식]

소방시설 등의 자체점검 결과 이행완료 보고서

특정소방대상물	대상물 명칭(상호)		대상물 구분(용도)	
	관계인 (성명 :　　　　전화번호 :　　　　)		소방안전관리자 성명 : 전화번호 :	
	소재지			

소방공사 업체	업체명(상호) (주) 원우하이테크	사업자번호 775-81-02566
	대표이사 (성명 : 정명진, 전화번호 : 02-2620-1510)	
	소재지 서울시 강서구 곰달래로 85, 2층	

이행완료 사항	이행조치 내용	이행조치 일자
	예) 소화펌프(가압송수장치를 포함한다. 이하 같다), 동력·감시 제어반 또는 소방시설용 전원(비상전원을 포함한다)의 고장사항 수리	． ． ．～． ． ．
	예) 화재 수신기의 고장으로 화재경보음이 자동으로 울리지 않거나 화재 수신기와 연동된 소방시설의 작동 불량사항 수리	． ． ．～． ． ．
	예) 소화배관 등이 폐쇄·차단되어 소화수(消火水) 또는 소화약제가 자동 방출 불량사항 수리	． ． ．～． ． ．
	예) 기타 사항 수리	． ． ．～． ． ．
이행조치 필요기간	년　　월　　일　～　년　　월　　일(총　　일)	

「소방시설 설치 및 안전관리에 관한 법률」 제23조 제4항 및 같은 법 시행규칙 제23조 제6항에 따라 위와 같이 소방시설 등의 수리·교체·정비에 대한 이행완료 보고서를 제출합니다.

년　　월　　일

관계인 :　　　　　　　　　(서명 또는 인)

○○ 소방본부장·소방서장　귀하

첨부서류	1. 이행계획 건별 이행 전·후 사진 증명자료 1부 2. 소방시설공사 계약서(이행조치 내용과 관련됩니다) 1부
유의 사항	
「소방시설 설치 및 관리에 관한 법률」 제61조 제1항 제8호 및 제9호	1. 특정소방대상물의 관계인이 법 제22조에 따른 소방시설 등의 자체점검 결과에 따른 수리·조치·정비사항 발생 시 이행계획서를 첨부하지 않거나 거짓으로 제출한 경우 300만 원 이하의 과태료를 부과합니다. 2. 특정소방대상물의 관계인이 소방시설 등의 수리·조치·정비 이행계획을 별도의 연기신청 없이 기간 내에 완료하지 않은 경우 300만 원 이하의 과태료를 부과합니다.

CHAPTER 04 소방시설 등 외관점검표

■ 소방시설 자체점검사항 등에 관한 고시 [별지 제6호서식]

소방시설 등 외관점검표

※ [ ]에는 해당되는 곳에 ✓ 표기를 합니다.

특정소방 대상물	기관명			대상물 구분	
	소재지				
	소방안전관리자 직위 :　　　　직급 :　　　　성명 :　　　　전화번호 :				

	점검월일		점검결과	점검자	확인자
소방시설 등 점검내역	월	일	[ ]양호 [ ]불량		(서명)
	월	일	[ ]양호 [ ]불량		(서명)
	월	일	[ ]양호 [ ]불량		(서명)
	월	일	[ ]양호 [ ]불량		(서명)
	월	일	[ ]양호 [ ]불량		(서명)
	월	일	[ ]양호 [ ]불량		(서명)
	월	일	[ ]양호 [ ]불량		(서명)
	월	일	[ ]양호 [ ]불량		(서명)
	월	일	[ ]양호 [ ]불량		(서명)
	월	일	[ ]양호 [ ]불량		(서명)
	월	일	[ ]양호 [ ]불량		(서명)
	월	일	[ ]양호 [ ]불량		(서명)
비고	※ 확인자는 해당 공공기관 소방안전 관련 부서 또는 소방안전관리자가 선임된 부서의 책임자를 말합니다.				

1. 소화기구 및 자동소화장치

점 검 내 용	(년도) 점검결과											
	1월	2월	3월	4월	5월	6월	7월	8월	9월	10월	11월	12월
소화기(간이소화용구 포함)													
거주자 등이 손쉽게 사용할 수 있는 장소에 설치되어 있는지 여부												
구획된 거실(바닥면적 33m² 이상)마다 소화기 설치 여부												
소화기 표지 설치 여부												
소화기의 변형·손상 또는 부식이 있는지 여부												
지시압력계(녹색 범위)의 적정 여부												
수동식 분말소화기 내용연수(10년) 적정 여부												
자동확산소화기													
견고하게 고정되어 있는지 여부												
소화기의 변형·손상 또는 부식이 있는지 여부												
지시압력계(녹색 범위)의 적정 여부												
자동소화장치													
수신부가 설치된 경우 수신부 정상(예비 전원, 음향장치 등) 여부												
본체용기, 방출구, 분사헤드 등의 변형·손상 또는 부식이 있는지 여부												
소화약제의 지시압력 적정 및 외관의 이상 여부												
감지부(또는 화재감지기) 및 차단장치 설치 상태 적정 여부												

※ 점검결과란은 양호 "○", 불량 "×", 해당 없는 항목은 "/"로 표시한다.

2. 옥내·외 소화전 설비

점 검 내 용	(년도) 점검결과											
	1월	2월	3월	4월	5월	6월	7월	8월	9월	10월	11월	12월
수원												
주된 수원의 유효수량 적정 여부(겸용 설비 포함)												
보조수원(옥상)의 유효수량 적정 여부												
수조 표시 설치상태 적정 여부												
가압송수장치												
펌프 흡입 측 연성계·진공계 및 토출 측 압력계 등 부속장치의 변형·손상 유무												
송수구												
송수구 설치장소 적정 여부(소방차가 쉽게 접근할 수 있는 장소)												
배관												
급수배관 개폐밸브 설치(개폐표시형, 흡입 측 버터플라이 제외) 적정 여부												
함 및 방수구 등												
함 개방 용이성 및 장애물 설치 여부 등 사용 편의성 적정 여부												
위치표시등 적정 설치 및 정상 점등 여부												
소화전 표시 및 사용요령(외국어 병기) 기재 표지판 설치상태 적정 여부												
함 내 소방호스 및 관창 비치 적정 여부												
제어반												
펌프별 자동·수동 전환스위치 위치 적정 여부												

※ 점검결과란은 양호 "○", 불량 "×", 해당 없는 항목은 "/"로 표시한다.

3. (간이)스프링클러설비, 물분무소화설비, 미분무소화설비, 포소화설비

(앞쪽)

점 검 내 용	(년도) 점검결과											
	1월	2월	3월	4월	5월	6월	7월	8월	9월	10월	11월	12월
수원												
주된 수원의 유효수량 적정 여부(겸용 설비 포함)												
보조수원(옥상)의 유효수량 적정 여부												
수조 표시 설치상태 적정 여부												
저장탱크(포소화설비)												
포소화약제 저장량의 적정 여부												
가압송수장치												
펌프 흡입 측 연성계·진공계 및 토출 측 압력계 등 부송장치의 변형·손상 유무												
유수검지장치												
유수검지장치실 설치 적정(실내 또는 구획, 출입문 크기, 표지) 여부												
배관												
급수배관 개폐밸브 설치(개폐표시형, 흡입 측 버터플라이 제외) 적정 여부												
준비작동식 유수검지장치 및 일제개방 밸브 2차 측 배관 부대설비 설치 적정												
유수검지장치 시험장치 설치 적정(설치 위치, 배관 구경, 개폐밸브 및 개방형 헤드, 물받이통 및 배수관) 여부												
다른 설비의 배관과의 구분 상태 적정 여부												
기동장치												
수동조작함(설치 높이, 표시등) 설치 적정 여부												

(뒤쪽)

제어밸브 등(물분무소화설비)										
제어밸브 설치 위치 적정 및 표지 설치 여부										
배수설비(물분무소화설비가 설치된 차고·주차장)										
배수설비(배수구, 기름분리장치 등) 설치 적정 여부										
헤드										
헤드의 변형·손상 유무 및 살수장애 여부										
호스릴방식(미분무소화설비, 포소화설비)										
소화약제 저장용기 근처 및 호스릴함 위치표시등 정상 점등 및 표지 설치 여부										
송수구										
송수구 설치장소 적정 여부(소방차가 쉽게 접근할 수 있는 장소)										
제어반										
펌프별 자동·수동 전환스위치 정상 위치에 있는지 여부										

※ 점검결과란은 양호 "O", 불량 "×", 해당 없는 항목은 "/"로 표시한다.

4. 이산화탄소, 할론소화설비, 할로겐화합물 및 불활성기체소화설비, 분말소화설비

점검내용	(년도) 점검결과											
	1월	2월	3월	4월	5월	6월	7월	8월	9월	10월	11월	12월
저장용기												
설치장소 적정 및 관리 여부												
저장용기 설치장소 표지 설치 여부												
소화약제 저장량 적정 여부												
기동장치												
기동장치 설치 적정(출입구 부근 등, 높이 보호장치, 표지 전원표시등) 여부												
배관 등												
배관의 변형·손상 유무												
분사헤드												
분사헤드의 변형·손상 유무												
호스릴방식												
소화약제 저장용기의 위치표시등 정상 점등 및 표지 설치 여부												
안전시설 등(이산화탄소소화설비)												
방호구역 출입구 부근 잘 보이는 장소에 소화약제 방출 위험경고표지 부착 여부												
방호구역 출입구 외부 인근에 공기호흡기 설치 여부												

※ 점검결과란은 양호 "○", 불량 "×", 해당 없는 항목은 "/"로 표시한다.

5. 자동화재탐지설비, 비상경보설비, 시각경보기, 비상방송설비, 자동화재속보설비

점 검 내 용	(　　　년도) 점검결과											
	1월	2월	3월	4월	5월	6월	7월	8월	9월	10월	11월	12월
수신기												
설치장소 적정 및 스위치 정상 위치 여부												
상용전원 공급 및 전원표시등 정상 점등 여부												
예비전원(축전지) 상태 적정 여부												
감지기												
감지기의 변형 또는 손상이 있는지 여부(단독경보형감지기 포함)												
음향장치												
음향장치(경종 등) 변형·손상 여부												
시각경보장치												
시각경보장치 변형·손상 여부												
발신기												
발신기 변형·손상 여부												
위치표시등 변형·손상 및 정상 점등 여부												
비상방송설비												
확성기 설치 적정(층마다 설치, 수평거리) 여부												
조작부 상 설비 작동층 또는 작동구역 표시 여부												
자동화재속보설비												
상용전원 공급 및 전원표시등 정상 점등 여부												

※ 점검결과란은 양호 "○", 불량 "×", 해당 없는 항목은 "/"로 표시한다.

6. 피난기구, 유도등(유도표지), 비상조명등 및 휴대용비상조명등

점 검 내 용	(년도) 점검결과											
	1월	2월	3월	4월	5월	6월	7월	8월	9월	10월	11월	12월
피난기구												
피난에 유효한 개구부 확보(크기, 높이에 따른 발판, 창문 파괴장치) 및 관리 상태												
피난기구(지지대 포함)의 변형·손상 또는 부식이 있는지 여부												
피난기구의 위치표시 표지 및 사용방법 표지 부착 적정 여부												
유도등												
유도등 상시(3선식의 경우 점검스위치 작동 시) 점등 여부												
유도등의 변형 및 손상 여부												
장애물 등으로 인한 시각장애 여부												
유도표지												
유도표지의 변형 및 손상 여부												
설치 상태(쉽게 떨어지지 않는 방식, 장애물 등으로 시각장애 유무) 적정 여부												
비상조명등												
비상조명등 변형·손상 여부												
예비전원 내장형의 경우 점검스위치 설치 및 정상 작동 여부												
휴대용비상조명등												
휴대용비상조명등의 변형 및 손상 여부												
사용 시 자동으로 점등되는지 여부												

※ 점검결과란은 양호 "○", 불량 "×", 해당 없는 항목은 "/"로 표시한다.

7. 제연설비, 특별피난계단의 계단실 및 부속실 제연설비

점 검 내 용	(　　　년도) 점검결과											
	1월	2월	3월	4월	5월	6월	7월	8월	9월	10월	11월	12월
제연구역의 구획												
제연경계의 폭, 수직거리 적정 설치 여부												
배출구, 유입구												
배출구, 공기유입구 변형 · 훼손 여부												
기동장치												
제어반 각종 스위치류 표시장치(작동표시등 등) 정상 여부												
외기취입구(특별피난계단의 계단실 및 부속실 제연설비)												
설치 위치(오염공기 유입 방지, 배기구 등으로부터 이격거리) 적정 여부												
설치구조(빗물 · 이물질 유입방지 등) 적정 여부												
제연구역의 출입문(특별피난계단의 계단실 및 부속실 제연설비)												
폐쇄상태 유지 또는 화재 시 자동폐쇄 구조 여부												
수동기동장치(특별피난계단의 계단실 및 부속실 제연설비)												
기동장치 설치(위치, 전원표시등 등) 적정 여부												

※ 점검결과란은 양호 "○", 불량 "×", 해당 없는 항목은 "/"로 표시한다.

8. 연결송수관설비, 연결살수설비

점 검 내 용	(년도) 점검결과											
	1월	2월	3월	4월	5월	6월	7월	8월	9월	10월	11월	12월
연결송수관설비 송수구												
표지 및 송수압력범위 표지 적정 설치 여부												
방수구												
위치표시(표시등, 축광식표지) 적정 여부												
방수기구함												
호스 및 관창 비치 적정 여부												
'방수기구함' 표지 설치상태 적정 여부												
연결살수설비 송수구												
표지 및 송수구역 일람표 설치 여부												
송수구의 변형 또는 손상 여부												
연결살수설비 헤드												
헤드의 변형·손상 유무												
헤드 살수장애 여부												

※ 점검결과란은 양호 "○", 불량 "×", 해당 없는 항목은 "/"로 표시한다.

9. 비상콘센트설비, 무선통신보조설비, 지하구

점 검 내 용	(년도) 점검결과											
	1월	2월	3월	4월	5월	6월	7월	8월	9월	10월	11월	12월
비상콘센트설비 콘센트												
변형·손상·현저한 부식이 없고 전원의 정상 공급 여부												
비상콘센트설비 보호함												
'비상콘센트' 표지 설치상태 적정 여부												
위치표시등 설치 및 정상 점등 여부												
무선통신보조설비 무선기기접속단자												
설치장소(소방활동 용이성, 상시 근무장소) 적정 여부												
보호함 '무선기기접속단지' 표지 설치 여부												
지하구(연소방지설비 등)												
연소방지설비 헤드의 변형·손상 여부												
연소방지설비 송수구 1m 이내 살수구역 안내표지 설치상태 적정 여부												
방화벽												
방화문 관리상태 및 정상 기능 적정 여부												

※ 점검결과란은 양호 "O", 불량 "×", 해당 없는 항목은 "/"로 표시한다.

10. 기타 사항 점검표

점 검 내 용	(년도) 점검결과											
	1월	2월	3월	4월	5월	6월	7월	8월	9월	10월	11월	12월
피난 · 방화시설												
방화문 및 방화셔터의 관리 상태(폐쇄 · 훼손 · 변경) 및 정상 기능 적정 여부												
비상구 및 피난통로 확보 적정 여부(피난 · 방화시설 주변 장애물 적치 포함)												
방염												
선처리 방염대상물품의 적합 여부(방염성능시험성적서 및 합격표시 확인)												
후처리 방염대상물품의 적합 여부(방염성능검사결과 확인)												

※ 점검결과란은 양호 "○", 불량 "×", 해당 없는 항목은 "/"로 표시한다.

11. 위험물 저장 · 취급시설

점 검 내 용	(년도) 점검결과											
	1월	2월	3월	4월	5월	6월	7월	8월	9월	10월	11월	12월
가연물 방치 여부												
채광 및 환기 설비 관리상태 이상 유무												
위험물 종류에 따른 주의사항을 표시한 게시판 설치 유무												
기름찌꺼기나 폐액 방치 여부												
위험물 안전관리자 선임 여부												
화재 시 응급조치 방법 및 소방관서 등 비상연락망 확보 여부												

※ 점검결과란은 양호 "○", 불량 "×", 해당 없는 항목은 "/"로 표시한다.

12. 화기시설

점 검 내 용	(년도) 점검결과											
	1월	2월	3월	4월	5월	6월	7월	8월	9월	10월	11월	12월
화기시설 주변 적정(거리, 수량, 능력단위) 소화기 설치 유무												
건축물의 가연성부분 및 가연성물질로부터 1m 이상의 안전거리 확보 유무												
가연성가스 또는 증기가 발생하거나 체류할 우려가 없는 장소에 설치 유무												
연료탱크가 연소기로부터 2m 이상의 수평 거리 확보 유무												
채광 및 환기설비 설치 유무												
방화환경조성 및 주의, 경고표시 유무												

※ 점검결과란은 양호 "○", 불량 "×", 해당 없는 항목은 "/"로 표시한다.

13. 가연성 가스시설

점 검 내 용	(년도) 점검결과											
	1월	2월	3월	4월	5월	6월	7월	8월	9월	10월	11월	12월
「도시가스사업법」 등에 따른 검사 실시 유무												
채광이 되어 있고 환기 및 비를 피할 수 있는 장소에 용기 설치 유무												
가스누설경보기 설치 유무												
용기, 배관, 밸브 및 연소기의 파손, 변형, 노후 또는 부식 여부												
환기설비 설치 유무												
화재 시 연료를 차단할 수 있는 개폐밸브 설치상태 적정 여부												
방화환경조성 및 주의, 경고표시 유무												

※ 점검결과란은 양호 "○", 불량 "×", 해당 없는 항목은 "/"로 표시한다.

14. 전기시설

점 검 내 용	(년도) 점검결과											
	1월	2월	3월	4월	5월	6월	7월	8월	9월	10월	11월	12월
「전기사업법」에 따른 점검 또는 검사 실시 유무												
개폐기 설치상태 등 손상 여부												
규격 전선 사용 여부												
전선의 접속 상태 및 전선피복의 손상 여부												
누전차단기 설치상태 적정 여부												
방화환경조성 및 주의, 경고표시 설치 유무												
전기 관련 기술자 등의 근무 여부												

※ 점검결과란은 양호 "○", 불량 "×", 해당 없는 항목은 "/"로 표시한다.

CHAPTER 05 안전시설 등 세부점검표

■ 다중이용업소의 안전관리에 관한 특별법 시행규칙 [별지 제10호서식]

안전시설 등 세부점검표

1. 점검대상

대 상 명		전화번호	
소 재 지		주 용 도	
건물구조		대표자		소방안전관리자	

2. 점검사항

점검사항	점검결과	조치사항
① 소화기 또는 자동확산소화기의 외관점검 　－구획된 실마다 설치되어 있는지 확인 　－약제 응고상태 및 압력게이지 지시침 확인 ② 간이스프링클러설비 작동기능점검 　－시험밸브 개방 시 펌프기동, 음향경보 확인 　－헤드의 누수·변형·손상·장애 등 확인 ③ 경보설비 작동기능점검 　－비상벨설비의 누름스위치, 표시등, 수신기 확인 　－자동화재탐지설비의 감지기, 발신기, 수신기 확인 　－가스누설경보기 정상 작동 여부 확인 ④ 피난설비 작동기능점검 및 외관점검 　－유도등·유도표지 등 부착상태 및 점등상태 확인 　－구획된 실마다 휴대용비상조명등 비치 여부 　－화재신호 시 피난유도선 점등상태 확인 　－피난기구(완강기, 피난사다리 등) 설치상태 확인 ⑤ 비상구 관리상태 확인 　－비상구 폐쇄·훼손, 주변 물건 적치 등 관리상태 　－구조변형, 금속 표면 부식·균열, 용접부·접합 손상 등 확인 　　(건축물 외벽에 발코니 형태의 비상구를 설치한 경우만 해당) ⑥ 영업장 내부 피난통로 관리상태 확인 　－영업장 내부 피난통로상 물건 적치 등 관리상태 ⑦ 창문(고시원) 관리상태 확인 ⑧ 영상음향차단장치 작동기능점검 　－경보설비와 연동 및 수동작동 여부 점검 　　(화재신호 시 영상음향이 차단되는지 확인) ⑨ 누전차단기 작동 여부 확인 ⑩ 피난안내도 설치 위치 확인 ⑪ 피난안내영상물 상영 여부 확인 ⑫ 실내장식물·내부구획 재료 교체 여부 확인 　－커튼, 카페트 등 방염선처리제품 사용 여부 　－합판·목재 방염성능확보 여부 　－내부구획재료 불연재료 사용 여부 ⑬ 방염 소파·의자 사용 여부 확인 ⑭ 안전시설 등 세부점검표 분기별 작성 및 1년간 보관 여부 ⑮ 화재배상책임보험 가입 여부 및 계약기간 확인		

점검일자 :　　.　　.　　.　　점검자 :　　　　　(서명 또는 인)

PART 05

과년도 기출문제

제1회 1993년 5월 23일 시행

1. 다음의 소방시설의 도시기호를 표시하시오.(5점)
   1) 경보설비의 중계기
   2) 포말소화전
   3) 이산화탄소의 저장용기
   4) 물분무헤드(평면도)
   5) 자동방화문의 폐쇄장치

2. 유도등의 3선식 배선과 2선식 배선을 간략하게 설명하고, 점멸기를 설치할 경우, 점등되어야 할 때를 기술하시오.(10점)

3. 옥외소화전설비의 법정 점검기구를 기술하시오.(10점)

4. 위험물안전관리자(기능사, 취급자)의 선임대상을 기술하시오.(15점)

5. 연결살수설비의 살수헤드 점검항목과 내용을 기술하시오.(10점)

6. 소방시설 자체점검기록부 작성 종목 8가지 작성요령을 기술하시오.(10점)

7. 소방시설의 설치·유지 관리규정의 전기화재경보기의 수신기 설치가 제외되는 장소 5곳을 기술하시오.(10점)

8. 스프링클러설비의 말단시험밸브의 시험작동 시 확인될 수 있는 사항을 간기하시오.(10점)

9. 스프링클러설비 헤드의 감열부 유무에 따른 헤드의 설치수와 급수관 구경과의 관계를 도표로 나타내고 설치된 헤드의 종류별로 점검착안 사항을 열거하시오.(10점)

10. 고정포소화설비의 종합점검 방법을 기술하시오.(10점)

제2회 1995년 3월 15일 시행

1. 스프링클러 준비작동밸브(SDV)형의 구성 명칭은 다음과 같다. 이때 작동순서, 작동 후 조치(배수 및 복구), 경보장치 작동시험 방법을 설명하시오.(20점)

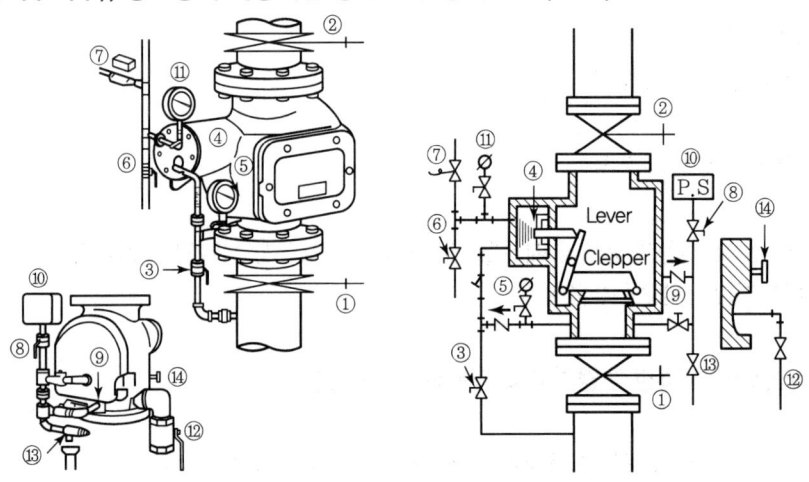

① 1차 측 개폐밸브 ② 2차 측 개폐밸브 ③ 세팅밸브
④ 중간 챔버 ⑤ 1차 측 양력계 ⑥ 수통기동밸브
⑦ 전자밸브(Solenoid Valve) ⑧ 경보정지밸브 ⑨ 경보시험밸브
⑩ 압력 스위치 ⑪ 중간 챔버 압력계 ⑫ 배수밸브(드레인밸브)
⑬ 배수밸브(드립체크밸브) ⑭ 복구레버

2. 전류전압 측정계의 0점 조정 콘덴서의 품질시험 방법 및 사용상의 주의사항에 대하여 설명하시오.(20점)

① 공통단자(단자) ② A, V, Ω단자(+단자)
③ 출력단자(Output Terminal) ④ 레인지 선택 스위치(Range Selecter S/W)
⑤ 저항 0점 조정기 ⑥ 0점 조정나사(전압, 전류)
⑦ 극성 선택 정스위치(DC, AC, Ω) ⑧ 지시계
⑨ 스케일(Scale)

3. 자동화재탐지설비 수신기의 화재표시 작동시험, 도통시험, 공통선시험, 예비전원시험, 동시 작동시험 및 회로저항시험의 작동시험 방법과 가부 판정기준에 대하여 기술하시오.(30점)

4. 옥내소화전설비의 기동용 수압개폐장치를 점검결과 압력챔버 내에 공기를 모두 배출하고 물만 가득 채워져 있다. 기동용 수압개폐장치 압력챔버를 재조정하는 방법을 기술하시오.(20점)

5. 소방시설 자체점검자가 소방시설에 대하여 자체 점검하였을 때 그 점검결과에 대한 요식절차를 간기하시오.(10점)

제3회 1996년 3월 11일 시행

1. 습식 유수검지장치의 시험작동 시 나타나는 현상과 작동시험 방법을 기술하시오.(20점)

2. 소방시설의 자체점검에서 사용하는 소방시설별 점검기구를 10개의 항목으로 작성하시오 (단, 절연저항계의 규격은 비고에 기술하시오). (30점)

3. 공기주입시험기를 이용한 공기관식 감지기의 작동시험 방법과 주의사항에 대하여 쓰시오.(10점)

4. 자동기동 방식인 경우 펌프의 성능시험 방법을 기술하시오.(20점)

5. 다음 그림은 이산화탄소 소화설비의 계통도이다. 그림을 참고하여 답하시오.(20점)

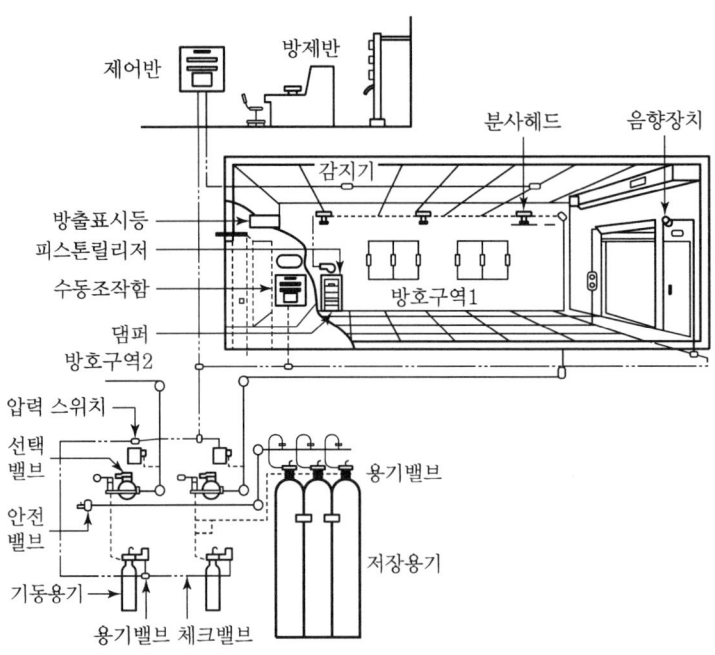

1) 이산화탄소소화설비의 분사헤드 설치 제외 장소를 기술하시오.
2) 전역방출방식에서 화재 발생 시부터 헤드 방사까지의 동작흐름을 제시된 그림을 이용하여 Block Diagram으로 표시하시오.

제4회 1998년 9월 20일 시행

1. 다음 건식밸브[숭의기업 건식밸브 : SDP-73]의 도면을 보고 물음에 답하시오.(20점)

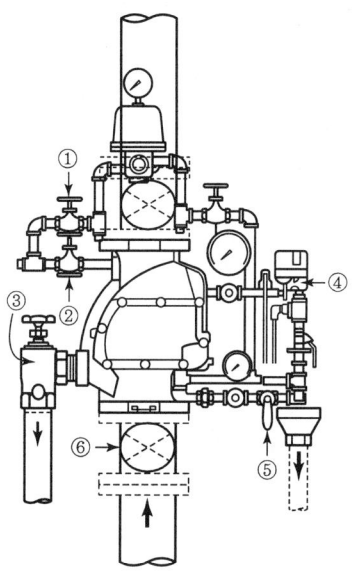

1) 건식밸브의 작동시험 방법을 간략히 설명하시오.(단, 작동시험은 2차 측 개폐밸브를 잠그고, ⑥번 밸브를 이용하여 시험한다)
2) 다음의 예와 같이 ①번에서 ⑤번까지의 밸브의 명칭, 밸브의 기능, 평상시 유지상태를 설명하시오.

⑥번 밸브의 명칭	
밸브의 명칭	1차 측 개폐밸브
밸브의 기능	드라이밸브 1차 측을 개폐 시 사용
평상시 유지상태	개방

2. 준비작동식 스프링클러설비에 대하여 다음 물음에 답하시오.(20점)
   1) 준비작동식 밸브의 동작 방법을 기술하시오.
   2) 준비작동식 밸브의 오동작 원인을 기술하시오(단, 사람에 의한 것도 포함할 것).

3. 불연성 가스계소화설비의 가스압력식 기동방식 점검 시 오동작으로 가스방출이 일어날 수 있다. 소화약제의 방출을 방지하기 위한 대책을 쓰시오.(20점)

4. 열감지기 시험기(SH-H-119형)에 대하여 다음 물음에 답하시오.(20점)
   1) 미부착 감지기와 시험기의 접속 방법을 그리시오.
   2) 미부착 감지기의 시험 방법을 쓰시오.

5. 봉인과 검인에 대한 다음 물음에 답하시오.(20점)
   1) 봉인과 검인의 정의를 쓰시오.
   2) 스프링클러설비, 분말소화설비, 자동화재탐지설비, 연결송수관설비의 봉인과 검인의 위치 표시에 대하여 쓰시오.

제5회 2000년 10월 15일 시행

1. 이산화탄소소화설비가 오작동으로 방출되었다. 방출 시 미치는 영향에 대하여 농도별로 쓰시오.(20점)

2. 피난기구의 점검착안 사항에 대하여 쓰시오.(20점)

3. 소화펌프의 성능시험 방법 중 무부하, 정격부하, 피크부하 시험방법에 대하여 쓰고, 펌프의 성능곡선을 그리시오.(20점)

4. 급기가압제연설비의 점검표에 의한 점검항목 10가지를 쓰시오.(20점)

5. 옥내·외 소화전설비의 직사노즐과 분무노즐 방수 시의 방수압력 측정 방법에 대하여 쓰고, 옥외소화전 방수압력이 75.42psi일 경우 방수량은 몇 m^3/min인가 계산하시오.(20점)

제6회 2002년 11월 3일 시행

1. 가스계소화설비의 이너젠가스 저장용기, 이산화탄소저장용기, 기동용 가스용기의 가스량 산정(점검) 방법을 각각 설명하시오.(20점)

2. 준비작동식 밸브의 작동 방법(3가지) 및 복구 방법을 기술하시오.(20점)

3. 자동화재탐지설비 P형 1급 수신기의 화재작동시험, 회로도통시험, 공통선시험, 동시작동시험, 저전압시험의 작동시험 방법과 가부판정의 기준을 기술하시오.(20점)

4. 이산화탄소소화설비 기동장치의 설치기준을 기술하시오.(20점)

5. 소방용수시설에 있어서 수원의 기준과 종합정밀 점검항목을 기술하시오.(20점)

제7회 2004년 10월 16일 시행

1. 준비작동식 밸브의 작동 방법 및 복구 방법을 구체적으로 기술하시오.(30점)
   (단, 준비작동식 밸브에는 1, 2차 측 개폐밸브가 모두 설치되어 있고, 다이어프램 타입의 전동 볼밸브가 설치된 것으로 가정하며 작동 방법은 해당 방호구역의 감지기를 동작시키는 것으로 기술할 것)

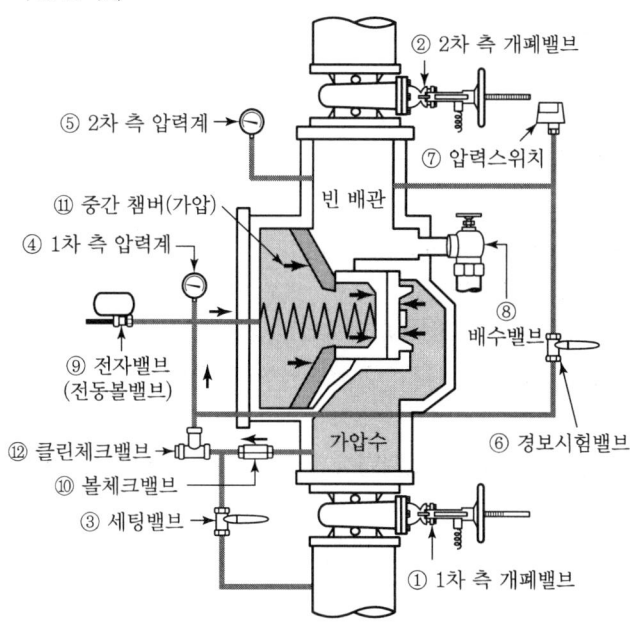

[프리액션밸브 동작 전 단면 및 명칭]

2. 지하층을 제외한 11층 건물의 비상콘센트설비의 종합점검을 실시하려 한다. 비상콘센트설비의 화재안전기준(NFSC 504)에 의거하여 다음 각 물음에 답하시오.(40점)
   1) 원칙적으로 설치 가능한 비상전원의 종류 2가지를 쓰시오.
   2) 전원회로별 공급용량 2종류를 쓰시오.
   3) 층별 비상콘센트가 5개씩 설치되어 있다면 전원회로의 최소 회로수는?
   4) 비상콘센트의 설치높이를 쓰시오.
   5) 보호함의 설치기준 3가지를 쓰시오.

3. 소방시설 등의 자체점검에 있어서 작동점검과 종합점검의 대상, 점검자의 자격, 점검횟수를 기술하시오.(30점)

제8회 2005년 7월 3일 시행

1. **방화구획의 기준에 대하여 다음 물음에 답하시오.(30점)**
   1) 10층 이하의(층면적 단위) 구획기준을 쓰시오.
      (단, 자동식 소화설비가 설치된 경우와 그렇지 않은 경우)(8점)
   2) 자동식소화설비가 설치된 11층 이상(층면적 단위)의 구획기준을 쓰시오.(8점)
      (단, 벽 및 반자의 실내에 접하는 부분의 마감을 불연재료로 사용한 경우와 그렇지 않은 경우)
   3) 층단위의 구획기준을 쓰시오.(8점)
   4) 용도단위의 구획기준을 쓰시오.(6점)

2. **유도등에 대한 다음 각 물음에 답하시오.(30점)**
   1) 유도등의 평상시 점등상태(6점)
   2) 예비전원감시등이 점등되었을 경우의 원인(12점)
   3) 3선식 유도등이 점등되어야 하는 경우의 원인(12점)

3. **다음 각 설비의 구성요소에 대한 점검항목 중 소방시설 종합점검표의 내용에 따라 답하시오.(40점)**
   1) 옥내소화전설비의 구성요소 중 하나인 "수조"의 점검항목 중 5항목을 기술하시오.(10점)
   2) 스프링클러설비의 구성요소 중 하나인 "가압송수장치"의 점검항목 중 5항목을 기술하시오.(단, 펌프 방식임)(10점)
   3) 청정소화설비의 구성요소 중 하나인 "저장용기"의 점검항목 중 5항목을 기술하시오.(10점)
   4) 지하 3층, 지상 5층, 연면적 5,000m²인 경우 화재층이 다음과 같을 때 경보되는 층을 모두 쓰시오.(10점)
      ① 지하 2층
      ② 지상 1층
      ③ 지상 2층

제9회 2006년 7월 2일 시행

1. 다음 물음에 답하시오.(35점)
   1) 특별피난계단의 계단실 및 부속실의 제연설비 종합점검표에 나와 있는 점검항목 20가지를 쓰시오.(20점)
   2) 다중이용업소에 설치하여야 하는 안전시설 등의 종류를 모두 쓰시오.(15점)

2. 다음 그림은 차동식 분포형 공기관식 감지기의 계통도를 나타낸 것이다. 각 물음에 답하시오.(25점)

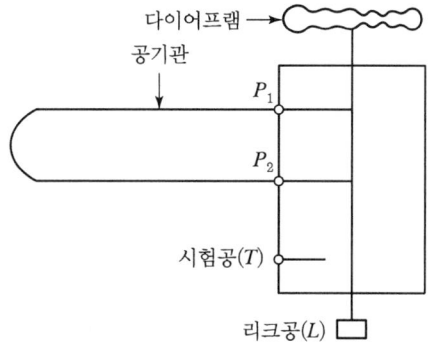

[차동식 분포형 공기관식 감지기 계통도]

   1) 동작시험 방법을 쓰시오.(5점)
   2) 동작에 이상이 있는 경우를 2가지 쓰시오.(20점)

3. 주어진 조건을 참고하여 다음 물음에 답하시오.(40점)

   [조건]
   ① 수조의 수위보다 펌프가 높게 설치되어 있다.
   ② 물올림장치 부분의 부속류를 도시한다.
   ③ 펌프 흡입 측 배관의 밸브 및 부속류를 도시한다.
   ④ 펌프 토출 측 배관의 밸브 및 부속류를 도시한다.
   ⑤ 성능시험배관의 밸브 및 부속류를 도시한다.

1) 펌프 주변의 계통도를 그리고 각 기기의 명칭을 표시하고, 기능을 설명하시오.(20점)
2) 충압펌프가 5분마다 기동 및 정치를 반복한다. 그 원인으로 생각되는 사항 2가지를 쓰시오.(10점)
3) 방수시험을 하였으나 펌프가 기동하지 않았다. 원인으로 생각되는 사항 5가지를 쓰시오.(10점)

제10회 2008년 9월 28일 시행

1. 다음 각 물음에 답하시오.(40점)
   1) 다중이용업소에 설치하는 비상구 위치기준과 비상구 규격기준에 대하여 설명하시오. (5점)
   2) 종합점검을 받아야 하는 공공기관의 대상에 대하여 쓰시오.(5점)
   3) 2 이상의 특정소방대상물이 연결통로로 연결된 경우 다음 물음에 대하여 답하시오. (30점)
      ① 하나의 소방대상물로 보는 조건 중 내화구조로 벽이 없는 통로와 벽이 있는 통로를 구분하여 쓰시오.(10점)
      ② ① 외에 하나의 소방대상물로 볼 수 있는 조건 5가지를 쓰시오.(10점)
      ③ 별개의 소방대상물로 볼 수 있는 조건에 대하여 쓰시오.(10점)

2. 이산화탄소소화설비에 대하여 다음 물음에 각각 답하시오.(30점)
   1) 가스압력식 기동장치가 설치된 이산화탄소소화설비의 작동시험 관련 물음에 답하시오.(18점)
      ① 작동시험 시 가스압력식 기동장치의 전자개방밸브 작동 방법 중 4가지만 쓰시오. (8점)
      ② 방호구역 내에 설치된 교차회로 감지기를 동시에 작동시킨 후 이산화탄소소화설비의 정상작동 여부를 판단할 수 있는 확인사항들에 대해 쓰시오.(10점)
   2) 화재안전기준에서 정하는 소화약제 저장용기를 설치하기에 적합한 장소에 대한 기준 6가지만 쓰시오.(12점)

3. 다음 옥내소화전설비에 관한 물음에 답하시오.(30점)

   [조건]
   ① 조정 시 주펌프의 운전은 수동운전을 원칙으로 한다.
   ② 릴리프밸브의 작동점은 체절압력의 90%로 한다.
   ③ 조정 전의 릴리프밸브는 체절압력에서도 개방되지 않은 상태이다.
   ④ 배관의 안전을 위해 주펌프 2차 측의 V_1는 폐쇄 후 주펌프를 기동한다.
   ⑤ 조정 전의 V_2, V_3는 잠금상태이며, 체절압력은 90% 압력의 성능시험 배관을 이용하여 만든다.

1) 화재안전기준에서 정하는 감시제어반의 기능에 대한 기준을 5가지만 쓰시오.(10점)
2) 다음 그림을 보고 펌프를 운전하여 체절압력을 확인하고, 릴리프밸브의 개방압력을 조정하는 방법을 기술하시오.(20점)

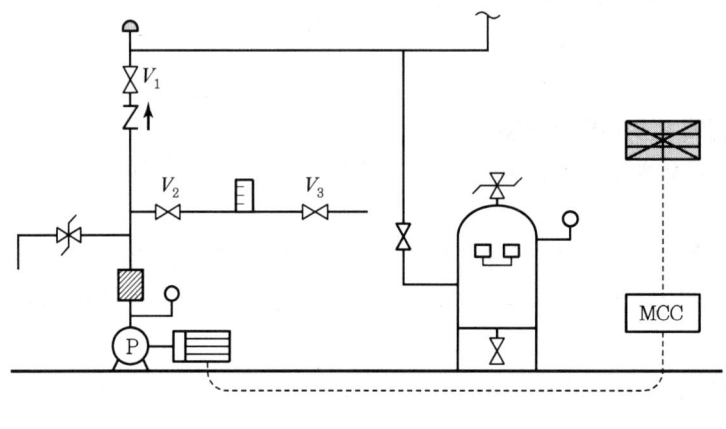

[펌프 주변 배관]

제11회 2010년 9월 5일 시행

1. **다음 각 물음에 답하시오.(30점)**
   1) 스프링클러설비의 화재안전기준에서 정하는 감시제어반의 설치기준 중 도통시험 및 작동시험을 하여야 하는 확인회로 5가지를 쓰시오.(10점)
   2) 소방시설 종합점검표에서 자동화재탐지설비의 시각경보장치 점검항목 5가지를 쓰시오.(10점)
   3) 소방시설 종합점검표에서 청정소화설비의 수동식 기동장치 점검항목 5가지를 쓰시오.(10점)

2. **다음 각 물음에 답하시오.(30점)**
   1) 다중이용업소의 영업주는 안전시설 등을 정기적으로 "안전시설 등 세부점검표"를 사용하여 점검하여야 한다. 안전시설 등 세부점검표의 점검사항 9가지만 쓰시오.(18점)
   2) 소방시설관리업자가 영업정지에 해당하는 법령을 위반한 경우 위반행위의 동기 등을 고려하여 그 처분기준의 2분의 1까지 경감하여 처분할 수 있다. 경감처분 요건 중 경미한 위반사항에 해당하는 요건 3가지만 쓰시오.(6점)
   3) 화재안전기준의 요건으로 그 기준이 강화되는 경우 기존의 특정소방대상물의 소방시설 등에 대하여 변경 전의 화재안전기준을 적용한다. 그러나 일부 소방시설 등의 경우에는 안전기준의 변경으로 강화된 기준을 적용한다. 강화된 화재안전기준을 적용하는 소방시설 등을 3가지만 쓰시오.(6점)

3. **다음은 방화구획선상에 설치되는 자동방화셔터에 관한 내용이다. 각 물음에 답하시오.(40점)**
   1) 자동방화셔터의 정의를 쓰시오.(5점)
   2) 다음 문장의 ①~⑥ 빈칸에 알맞은 용어를 쓰시오.(18점)
      - 자동방화셔터는 화재발생 시 (①)에 의한 일부 폐쇄와 (②)에 의한 완전 폐쇄가 이루어질 수 있는 구조를 가진 것이어야 한다.
      - 자동방화셔터에 사용되는 열감지기는 화재예방, 소방시설 설치·유지 및 안전관리에 관한 법률 제36조에서 정한 형식승인에 합격한 (③) 또는 (④)의 것으로서 특종의 공칭작동온도가 각각 (⑤)~(⑥)인 것으로 하여야 한다.
   3) 일체형 자동방화셔터의 출입구 설치기준을 쓰시오.(9점)
   4) 자동방화셔터의 작동점검을 하고자 한다. 셔터 작동 시 확인사항 4가지를 쓰시오.(8점)

제12회 2011년 8월 21일 시행

1. **국가화재안전기준에 의거하여 다음 물음에 답하시오.(40점)**
   1) 불꽃감지기의 설치기준 5가지를 쓰시오.(10점)
   2) 광원점등방식 피난유도선의 설치기준 6가지를 쓰시오.(12점)
   3) 자동화재탐지설비의 설치장소별 감지기 적응성기준 [별표 1]에서 연기감지기를 설치할 수 없는 장소의 환경상태가 "먼지 또는 미분 등이 다량으로 체류하는 장소"에 감지기를 설치할 때 확인사항 5가지를 쓰시오.(10점)
   4) 피난구유도등의 설치 제외 조건 4가지를 쓰시오.(8점)

2. **다음 물음에 답하시오.(30점)**
   1) 특정소방대상물에서 일반대상물과 공공기관대상물의 종합점검시기 및 면제 조건을 각각 쓰시오.(10점)
   2) 다음 표는 소방시설별 점검장비 및 규격을 나타내는 표이다. 표가 완성되도록 번호에 맞는 답을 쓰시오.(10점)

소방시설	장비	규격
소화기구	①	-
스프링클러설비, 포소화설비	②	③
이산화탄소소화설비 분말소화설비 할로겐화합물소화설비 청정소화약제소화설비	④	⑤

   3) 화재예방, 소방시설 설치·유지 및 안전관리에 관한 법령에 의거한 숙박시설이 없는 특정소방대상물의 수용인원 산정방법을 쓰시오.(10점)

3. **스프링클러헤드의 형식승인 및 검정기술기준에 의거하여 다음 물음에 답하시오.(20점)**
   1) 반응시간지수(RTI)의 계산식을 쓰고 설명하시오.(5점)
   2) 스프링클러 폐쇄형헤드에 반드시 표시해야 할 사항 5가지를 쓰시오.(5점)
   3) 다음은 폐쇄형헤드의 글라스벌브형과 퓨즈블링크형 표시온도별 색상 표시방법을 나타내는 표이다. 표가 완성되도록 번호에 맞는 답을 쓰시오.(10점)

글라스벌브형 헤드		퓨즈블링크형 헤드	
표시온도(℃)	액체의 색	표시온도(℃)	프레임의 색
57℃	①	77℃ 미만	⑥
68℃	②	78~120℃	⑦
79℃	③	121~162℃	⑧
141℃	④	163~203℃	⑨
227℃ 이상	⑤	204~259℃	⑩

4. 소방시설 자체점검사항 등에 관한 고시에 의거하여 다음 명칭의 도시기호를 그리시오.(10점)
   1) 스프링클러헤드 개방형 하향식(평면도)
   2) 스프링클러헤드 폐쇄형 하향식(평면도)
   3) 프리액션밸브
   4) 경보델류지밸브
   5) 솔레노이드밸브

제13회 2013년 5월 11일 시행

1. 다음 물음에 답하시오.(40점)
   1) 연소방지설비의 화재안전기준에서 정하고 있는 연소방지도료를 도포하여야 하는 부분 5가지를 쓰시오.(10점)
   2) 소방시설 종합점검표에서 거실제연설비의 제어반에 대한 점검항목을 쓰시오.(10점)
   3) 스프링클러설비의 화재안전기준에서 정하고 있는 폐쇄형 스프링클러헤드를 사용하는 유수검지장치 설치기준 5가지를 쓰시오.(10점)
   4) 공공기관의 소방안전관리에 관한 규정에서 정하고 있는 공공기관 종합점검 점검인력 배치기준을 쓰시오.(10점)

2. 초고층 및 지하연계 복합건물 재난관리에 관한 특별법령에 의거하여 다음 각 물음에 답하시오.(30점)
   1) 초고층 건축물의 정의를 쓰시오.(3점)
   2) 다음 항목의 피난안전구역 설치기준을 쓰시오.(6점)
      ① 초고층 건축물(3점)
      ② 16층 이상 29층 이하인 지하연계 복합건축물(3점)
   3) 피난안전구역에 설치하여야 하는 피난설비의 종류를 5가지 쓰시오(단, 피난안전구역으로 피난을 유도하기 위한 유도등·유도표지는 제외한다).(5점)
   4) 피난안전구역 면적 산정기준을 쓰시오.(8점)
   5) 95층 건축물에 설치하는 종합방재실의 최소 설치개수 및 위치기준을 쓰시오.(8점)

3. 다음 물음에 답하시오.(30점)
   1) 위험물안전관리에 관한 세부기준에서 정하고 있는 이산화탄소소화설비의 배관 설치기준을 쓰시오.(10점)
   2) 위험물안전관리에 관한 세부기준에서 정하고 있는 고정식 포소화설비의 포방출구 중 II형, IV형에 대하여 각각 설명하시오.(10점)
   3) 피난기구의 화재안전기준에서 정하고 있는 다수인 피난장비의 설치기준 9가지를 쓰시오.(10점)

제14회 2014년 5월 17일 시행

1. 다음 물음에 답하시오. (40점)
   1) 일시적으로 발생한 열·연기 또는 먼지 등으로 인하여 화재신호를 발신할 우려가 있는 장소에 설치장소별 적응성 있는 감지기를 설치하기 위한 별표 2의 환경상태 구분 장소 7가지를 쓰시오. (7점)
   2) 정온식 감지선형 감지기 설치기준 8가지를 쓰시오. (16점)
   3) 호스릴이산화탄소소화설비의 설치기준 5가지를 쓰시오. (10점)
   4) 옥외소화전설비의 화재안전기준에서 옥외소화전설비에 표시해야 할 표지의 명칭과 설치위치 7가지를 쓰시오. (7점)

2. 다음 물음에 답하시오. (30점)
   1) 무선통신보조설비 종합점검표에서 분배기, 분파기, 혼합기의 점검항목 2가지를 쓰시오. (2점)
   2) 무선통신보조설비 종합점검표에서 누설농축케이블 등의 점검항목 6가지를 쓰시오. (12점)
   3) 예상제연구역의 바닥면적이 400m² 미만인 예상제연구역(통로인 예상제연구역 제외)에 대한 배출구의 설치기준 2가지를 쓰시오. (4점)
   4) 제연설비 작동점검표에서 배연기의 점검항목 및 점검내용 6가지를 쓰시오. (12점)

3. 다음 물음에 답하시오. (30점)
   1) 특정소방대상물(별표 2)의 복합건축물 구분항목에서 하나의 건축물에 둘 이상의 용도로 사용되는 경우에도 복합건축물에 해당되지 않는 경우를 쓰시오. (10점)
   2) 국민안전처장관의 형식승인을 받아야 하는 소방용품 중 소화설비, 경보설비, 피난설비를 구성하는 제품 또는 기기를 각각 쓰시오. (10점)
   3) 소방시설용 비상전원수전설비에 대한 것이다. 다음 각 물음에 답하시오.
      ① 인입선 및 인입구 배선의 시설기준 2가지를 쓰시오. (2점)
      ② 특고압 또는 고압으로 수전하는 경우 큐비클형 방식의 설치기준 중 환기장치 설치기준 4가지를 쓰시오. (8점)

제15회 2015년 9월 5일 시행

1. 다음 각 물음에 답하시오.(40점)
   1) 「기존 다중이용업소 건축물의 구조상 비상구를 설치할 수 없는 경우에 관한 고시」에서 규정한 기존 다중이용업소 건축물의 구조상 비상구를 설치할 수 없는 경우를 쓰시오.(15점)
   2) 「소방기본법 시행령」 제5조 관련 "보일러 등의 위치·구조 및 관리와 화재예방을 위하여 불의 사용에 있어서 지켜야 하는 사항" 중 보일러 사용 시 지켜야 하는 사항에 대해 쓰시오.(12점)
   3) 「화재예방, 소방시설 설치·유지 및 안전관리에 관한 법률 시행령」의 임시소방시설과 기능 및 성능이 유사한 소방시설로서 임시소방시설을 설치한 것으로 보는 소방시설을 쓰시오.(6점)
   4) 「다중이용업소의 안전관리에 관한 특별법」에서 다음 각 물음에 답하시오.(7점)
      ① 밀폐구조의 영업장에 대한 정의를 쓰시오.(1점)
      ② 밀폐구조의 영업장에 대한 요건을 쓰시오.(6점)

2. 다음 각 물음에 답하시오.(30점)
   1) 소방시설 종합점검표에서 기타사항 확인표의 피난·방화시설 점검내용 8가지를 쓰시오.(8점)
   2) 자동화재탐지설비·시각경보기·자동화재속보설비의 작동점검표에서 수신기의 점검항목 및 점검내용 10가지를 쓰시오.(10점)
   3) 다음 명칭에 대한 소방시설 도시기호를 그리시오.(4점)

명칭	도시기호
릴리프밸브(일반)	
회로시험기	
연결살수헤드	
화재댐퍼	

   4) 이산화탄소소화설비 종합점검표에서 제어반 및 화재표시등의 점검항목 8가지를 쓰시오.(8점)

3. 다음 각 물음에 답하시오.(30점)

1) 「화재예방, 소방시설 설치·유지 및 안전관리에 관한 법률 시행규칙」 별표 8에서 규정하는 행정처분 일반기준에 대하여 쓰시오.(15점)
2) 「자동화재탐지설비 및 시각경보장치의 화재안전기준(NFSC 203)」 별표 1에서 규정한 연기감지기를 설치할 수 없는 장소 중 도금공장 또는 축전지실과 같이 부식성 가스의 발생우려가 있는 장소에 감지기 설치 시 유의사항을 쓰시오.(5점)
3) 「피난기구의 화재안전기준(NFSC 301)」 제6조 피난기구 설치의 감소기준을 쓰시오.(10점)

제16회 2016년 9월 24일 시행

1. 다음 각 물음에 답하시오.(40점)
   1) 펌프를 작동시키는 압력챔버 방식에서 압력챔버 공기교체방법을 쓰시오.(14점)
   2) 특정소방대상물의 관계인이 특정소방대상물의 규모·용도 및 수용인원 등을 고려하여 갖추어야 하는 소방시설의 종류 중 제연설비에 대하며 다음 물음에 답하시오.(15점)
      ① 「화재예방, 소방시설 설치·유지 및 안전관리에 관한 법률」에 따라 "제연설비를 설치하여야 하는 특정소방대상물" 6가지를 쓰시오.(6점)
      ② 「화재예방, 소방시설 설치·유지 및 안전관리에 관한 법률」에 따라 "제연설비를 면제할 수 있는 기준"을 쓰시오.(6점)
      ③ 「제연설비의 화재안전기준(NFSC 501)」에 따라 제연설비를 설치하여야 할 특정소방대상물 중 배출구·공기유입구의 설치 및 배출량 산정에서 이를 제외할 수 있는 부분(장소)을 쓰시오.(3점)
   3) 다음은 종합점검표에 관한 사항이다. 각 물음에 답하시오.(11점)
      ① 다중이용업소의 종합점검 시 "가스누설경보기" 점검내용 5가지를 쓰시오.(5점)
      ② 청정소화약제소화설비의 "개구부의 자동폐쇄장치" 점검항목 3가지를 쓰시오.(3점)
      ③ 거실제연설비의 "기동장치" 점검항목 3가지를 쓰시오.(3점)

2. 다음 물음에 답하시오.(30점)
   1) 소방시설관리사가 건물의 소방펌프를 점검한 결과 에어록 현상(Air Lock)이라고 판단하였다. 에어록 현상이라고 판단한 이유와 적절한 대책 5가지를 쓰시오.(8점)
   2) 특별피난계단의 계단실 및 부속실의 제연설비 점검항목 중 방연풍속과 유입공기 배출량 측정방법을 각각 쓰시오.(12점)
   3) 소화설비에 사용되는 밸브류에 관하여 다음의 명칭에 맞는 도시기호를 표시하고 그 기능을 쓰시오.(10점)

명칭	도시기호	기능
(가) 가스체크밸브		
(나) 앵글밸브		
(다) 후드(Foot)밸브		
(라) 자동배수밸브		
(마) 감압밸브		

3. 다음 물음에 답하시오.(30점)
   1) 복도통로유도등과 계단통로유도등의 설치목적과 각 조도기준을 쓰시오.(8점)
   2) 화재 시 감지기가 동작하지 않고 화재 발견자가 화재구역에 있는 발신기를 눌렀을 경우, 자동화재탐지설비 수신기에서 발신기 동작상황 및 화재구역을 확인하는 방법을 쓰시오.(3점)
   3) P형 1급 수신기(10회로 미만)에 대한 절연저항시험과 절연내력시험을 실시하였다.(9점)
      ① 수신기의 절연저항시험 방법(측정개소, 계측기, 측정값)을 쓰시오.(3점)
      ② 수신기의 절연내력시험 방법을 쓰시오.(3점)
      ③ 절연저항시험과 절연내력시험의 목적을 각각 쓰시오.(3점)
   4) P형 수신기에 연결된 지구경종이 작동되지 않는 경우 그 원인 5가지를 쓰시오.(10점)

제17회 2017년 9월 23일 시행

1. 다음 물음에 답하시오.(40점)
   1) 자동화재탐지설비의 감지기 설치기준에서 다음 물음에 답하시오.(7점)
      ① 설치장소별 감지기 적응성(연기감지기를 설치할 수 없는 경우 적용)에서 설치장소의 환경상태가 "물방울이 발생하는 장소"에 설치할 수 있는 감지기의 종류별 설치조건을 쓰시오.(3점)
      ② 설치장소별 감지기 적응성(연기감지기를 설치할 수 없는 경우 적용)에서 설치장소의 환경상태가 "부식성가스가 발생할 우려가 있는 장소"에 설치할 수 있는 감지기의 종류별 설치조건을 쓰시오.(4점)
   2) 다음 국가화재안전기준(NFSC)에 대하여 각 물음에 답하시오.(5점)
      ① 무선통신보조설비를 설치하지 아니할 수 있는 경우의 특정소방대상물의 조건을 쓰시오.(2점)
      ② 분말소화설비의 자동식 기동장치에서 가스압력식 기동장치의 설치기준 3가지를 쓰시오.(3점)
   3) 「소방용품의 품질관리 등에 관한 규칙」에서 성능인증을 받아야 하는 대상의 종류 중 "그 밖에 소방청장이 고시하는 소방용품"에 대하여 아래의 괄호에 적합한 품명을 쓰시오.(6점)

① 분기배관	⑧ 승강식피난기	⑮ (B)
② 시각경보장치	⑨ 미분무헤드	⑯ (C)
③ 자동폐쇄장치	⑩ 압축공기포헤드	⑰ (D)
④ 피난유도선	⑪ 플랩댐퍼	⑱ (E)
⑤ 방열복	⑫ 비상문자동개폐장치	⑲ (F)
⑥ 방염제품	⑬ 포소화약제혼합장치	
⑦ 다수인피난장비	⑭ (A)	

4) 다음 빈칸에 소방시설 도시기호를 넣고 그 기능을 설명하시오.(6점)

명칭	도시기호	기능
시각 경보기	A	시각경보기는 소리를 듣지 못하는 청각장애인을 위하여 화재나 피난경보기 등 긴급한 상태를 볼 수 있도록 알리는 기능을 한다.
기압계	B	E
방화문 연동제어기	C	F
포헤드 (입면도)	D	포소화설비가 화재 등으로 작동되어 포소화약제가 방호구역에 방출될 때 포헤드에서 공기와 혼합하면서 포를 발포한다.

5) 특정소방대상물 가운데 대통령령으로 정하는 "소방시설을 설치하지 아니할 수 있는 특정소방대상물과 그에 따른 소방시설의 범위"를 다음 빈칸에 각각 쓰시오.(4점)

구분	특정소방대상물	소방시설
화재안전기준을 적용하기 어려운 특정소방대상물	A	B
	C	D

6) 다음 조건을 참조하여 물음에 답하시오(단, 아래 조건에서 제시하지 않은 사항은 고려하지 않는다).(12점)

[조건]
- 최근에 준공한 내화구조의 건축물로서 소방대상물의 용도는 복합건축물이며, 지하 3층, 지상 11층으로 1개 층의 바닥면적은 1,000m²이다.
- 지하 3층부터 지하 2층까지 주차장, 지하 1층은 판매시설, 지상 1층부터 11층까지는 업무시설이다.
- 소방대상물의 각 층별 높이는 5.0m이다.
- 물탱크는 지하 3층 기계실에 설치되어 있고 소화펌프 흡입구보다 높으며, 기계실과 물탱크실은 별도로 구획되어 있다.
- 옥상에는 옥상수조가 설치되어 있다.
- 펌프의 기동을 위해 기동용수압개폐장치가 설치되어 있다.
- 한 개 층에 설치된 스프링클러헤드 개수는 160개이고 지하 1층부터 11층까지 모두 하향식 헤드만 설치되어 있다.
- 스프링클러설비 적용현황
  - 지하 3층, 지하 1층~지상 11층은 습식 스프링클러설비(알람밸브) 방식이다
  - 지하 2층은 준비작동식 스프링클러설비 방식이다.
- 옥내소화전은 층별로 5개가 설치되어 있다.
- 소화 주 펌프의 명판을 확인한 결과 정격양정은 105m이다.
- 체절양정은 정격양정의 130%이다.

- 소화펌프 및 소화배관은 스프링클러설비와 옥내소화전설비를 겸용으로 사용한다.
- 지하 1층과 지상 11층은 콘크리트 슬래브(천장) 하단에 가연성단열재(100mm)로 시공되었다.
- 반자의 재질
  - 지상 1층, 11층은 준불연재료이다.
  - 지하 1층, 지상 2층~10층은 불연재료이다.
- 반자와 콘크리트 슬래브(천장) 하단까지의 거리는 아래와 같다.(주차장 제외)
  - 지하 1층은 2.2m, 지상 1층은 1.9m이며, 그 외의 층은 모두 0.7m이다.

① 상기 건축물의 점검과정에서 소화수원의 적정여부를 확인하고자 한다. 모든 수원 용량(저수조 및 옥상수조)을 구하시오.(2점)
  가. 저수조 수원용량
  나. 옥상수조 수원용량
② 스프링클러헤드의 설치상태를 점검한 결과, 일부 층에서 천장과 반자 사이에 스프링클러헤드가 누락된 것이 확인되었다. 지하주차장을 제외한 층 중 천장과 반자 사이에 스프링클러헤드를 화재안전기준에 적합하게 설치해야 하는 층과 스프링클러헤드가 설치되어야 하는 이유를 쓰시오.(4점)
③ 무부하시험, 정격부하시험 및 최대부하시험방법을 설명하고, 실제 성능시험을 실시하여 그 값을 토대로 펌프성능시험곡선을 작성하시오.(6점)
  가. 무부하시험, 정격부하시험 및 최대부하시험방법 설명
  나. 펌프성능시험곡선

2. 다음 물음에 답하시오.(30점)

1) 「건축물의 피난·방화구조 등의 기준에 관한 규칙」에 따라 다음 물음에 답하시오.(8점)
   ① 방화지구 내 건축물의 인접대지경계선에 접하는 외벽에 설치하는 창문 등으로서 연소할 우려가 있는 부문에 설치하는 설비를 쓰시오.(4점)
   ② 피난용승강기 전용 예비전원의 설치기준을 쓰시오.(4점)
2) 소방시설관리사가 종합점검 과정에서 해당 건축물 내 다중이용업소 수가 지난해보다 크게 증가하여 이에 대한 화재위험평가를 해야 한다고 판단하였다. 「다중이용업소의 안전관리에 관한 특별법」에 따라 다중이용업소에 대한 화재위험평가를 해야 하는 경우를 쓰시오.(3점)
3) 방화구획 대상건축물에 방화구획을 적용하지 아니하거나 그 사용에 지장이 없는 범위에서 방화구획을 완화하여 적용할 수 있는 경우 7가지를 쓰시오.(7점)

4) 제연 TAB(Testing Adjusting Balancing) 과정에서 소방시설관리사가 제연설비 작동 중에 거실에서 부속실로 통하는 출입문 개방에 필요한 힘을 구하려고 한다. 다음 조건을 보고 물음에 답하시오(단, 계산과정을 쓰고, 답은 소수점 셋째 자리에서 반올림하여 둘째 자리까지 구하시오).(7점)

[조건]
- 지하 2층, 지상 20층 공동주택
- 부속실과 거실 사이의 차압은 50Pa
- 제연설비 작동 전 거실에서 부속실로 통하는 출입문 개방에 필요한 힘은 60N
- 출입문 높이 2.1m, 폭은 1.1m
- 문의 손잡이에서 문의 모서리까지의 거리 0.1m
- K_d = 상수(1.0)

① 제연설비 작동 중에 거실에서 부속실로 통하는 출입문 개방에 필요한 힘(N)을 구하시오.(5점)
② 국가화재안전기준(NFSC 501A)의 제연설비가 작동되었을 경우 출입문의 개방에 필요한 최대 힘(N)과 ①에서 구한 거실에서 부속실로 통하는 출입문 개방에 필요한 힘(N)의 차이를 구하시오.(2점)

5) 소방시설관리사가 종합점검 중에 연결송수관설비 가압송수장치를 기동하여 연결송수관용 방수구에서 피토게이지(pitot gauge)로 측정한 방수압력이 72.54psi일 때 방수량(m^3/min)을 계산하시오(단, 계산과정을 쓰고, 답은 소수점 셋째 자리에서 반올림하여 둘째 자리까지 구하시오).(5점)

3. 다음 물음에 답하시오.(30점)

1) 종합점검표에 관하여 다음 물음에 답하시오.(12점)
   ① 화재조기진압용 스프링클러설비의 설치금지 장소 2가지를 쓰시오.(2점)
   ② 미분무소화설비의 가압송수장치 중 압력수조를 이용한 가압송수장치 점검항목 4가지를 쓰시오.(4점)
   ③ 피난기구 및 인명구조기구의 공통사항을 제외한 승강식피난기·피난사다리 점검항목을 모두 쓰시오.(6점)

2) 소방시설관리사가 지상 53층인 건축물의 점검과정에서 설계도면상 자동화재탐지설비의 통신 및 신호배선방식의 적합성 판단을 위해「고층건축물의 화재안전기준(NFSC 604)」에서 확인해야 할 배선관련 사항을 모두 쓰시오.(2점)

3) 소방기본법령상 특수가연물의 저장 및 취급 기준을 쓰시오.(3점)

4) 포소화약제 저장탱크 내 약제를 보충하고자 한다. 다음 그림을 보고 그 조작순서를 쓰시오.(단, 모든 설비는 정상상태로 유지되어 있었다.)(6점)

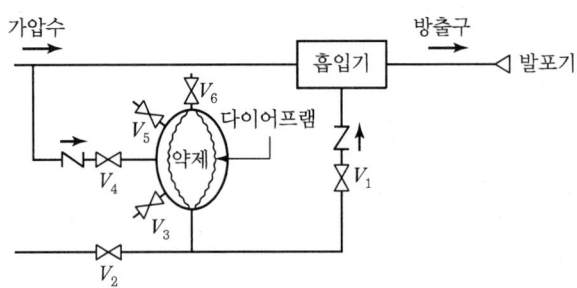

5) 청정소화약제설비 점검과정에서 점검자의 실수로 감지기 A. B가 동시에 작동하여 소화약제가 방출되기 전에 해당 방호구역 앞에서 점검자가 즉시 적절한 조치를 취하여 약제방출을 방지했다. 아래 물음에 답하시오.(단, 여기서 약제방출 지연시간은 30초이며 제3자의 개입은 없었다.)(3점)
   ① 조치를 취한 장치의 명칭 및 설치위치(2점)
   ② 조치를 취한 장치의 기능(1점)

6) 지하 3층 지상 5층 복합건축물의 소방안전관리자가 소방시설을 유지·관리하는 과정에서 고의로 제어반에서 화재발생 시 소화펌프 및 제연설비가 자동으로 작동되지 않도록 조작하여 실제 화재가 발생했을 때 소화설비와 제연설비가 작동하지 않았다. 아래 물음에 답하시오.(단, 이 사고는 「화재예방, 소방시설 설치·유지 및 안전관리에 관한 법률」 제9조제3항을 위반하여 동법 제48조의 벌칙을 적용받았다.)(4점)
   ① 위 사례에서 소방안전관리자의 위반사항과 그에 따른 벌칙을 쓰시오.(2점)
   ② 위 사례에서 화재로 인해 사람이 상해를 입은 경우, 소방안전관리자가 받게 될 벌칙을 쓰시오.(2점)

제18회 2018년 10월 13일 시행

1. **다음 물음에 답하시오.(40점)**
   1) R형 복합형 수신기 화재표시 및 제어기능(스프링클러설비)의 조작, 시험 시 표시창에 표시되어야 하는 성능시험 항목에 대하여 세부 확인사항 5가지를 쓰시오.(10점)
      ① 화재표시창(5점)
      ② 제어표시창(5점)
   2) R형 복합형 수신기 점검 중 1계통에 있는 전체 중계기의 통신램프가 점멸되지 않을 경우 발생 원인과 확인 절차를 각각 쓰시오.(6점)
   3) 소방펌프 동력제어반의 점검 시 화재신호가 정상 출력 되었음에도 동력제어반의 전로기구 및 관리상태 이상으로 소방펌프의 자동기동이 되지 않을 수 있는 주요 원인 5가지를 쓰시오.(5점)
   4) 소방펌프용 농형유도전동기에서 Y결선과 피상전력이 $P_a = \sqrt{3}\,VI\,[VA]$로 동일함을 전류, 전압을 이용하여 증명하시오.(5점)
   5) 아날로그방식 감지기에 관하여 다음 물음에 답하시오.(9점)
      ① 감지기의 동작특성에 대하여 설명하시오.(3점)
      ② 감지기의 시공방법에 대하여 설명하시오.(3점)
      ③ 수신반 회로수 산정에 대하여 설명하시오.(3점)
   6) 중계기 점검 중 감지기가 정상동작 하여도 중계기가 신호입력을 못 받을 때의 확인절차를 쓰시오.(5점)

2. **다음 물음에 답하시오.(30점)**
   1) 물계통 소화설비의 관부속[90도 엘보, 티(분류)] 및 밸브류(볼밸브, 게이트밸브, 체크밸브, 앵글밸브) 상당 직관정(등가길이)이 작은 것부터 순서대로 도시기호를 그리시오.(단, 상당 직관장 배관경은 65mm이고 동일 시험조건이다)(8점)
   2) 「소방시설 자체점검사항 등에 관한 고시」 중 소방시설 외관점검표에 의한 스프링클러, 물분무, 포소화설비의 점검내용 6가지를 쓰시오.(4점)
   3) 고시원업[구획된 실(室) 안에 학습자가 공부할 수 있는 시설을 갖추고 숙박 또는 숙식을 제공하는 형태의 영업]의 영업장에 설치된 간이스프링클러설비에 대하여 작동점검표에 의한 점검내용과 종합점검표에 의한 점검내용을 모두 쓰시오.(10점)

4) 하나의 특정소방대상물에 특별피난계단의 계단실 및 부속실 제연설비를 화재안전기준(NFSC 501A)에 의하여 설치한 경우 "시험, 측정 및 조정 등"에 관한 "제연설비 시험 등의 실시 기준"을 모두 쓰시오. (8점)

3. 다음 물음에 답하시오. (30점)
1) 피난안전구역에 설치하는 소방시설 중 제연설비 및 휴대용비상조명등의 설치기준을 고층건축물의 화재안전기준(NFSC 604)에 따라 각각 쓰시오. (6점)
2) 연소방지시설의 화재안전기준(NFSC 506)에 관하여 다음 물음에 답하시오. (5점)
   ① 연소방지도료와 난연테이프의 용어 정의를 각각 쓰시오. (2점)
   ② 방화벽의 용어 정의와 설치기준을 각각 쓰시오. (3점)
3) 화재예방, 소방시설 설치·유지 및 안전관리에 관한 법률 시행령 제15조에 근거한 인명구조기구 중 공기호흡기를 설치해야 할 특정소방대상물과 설치기준을 각각 쓰시오. (7점)
4) 다음 물음에 답하시오. (12점)
   ① LCX 케이블(LCX-FR-SS-42D-146)의 표시사항을 ①~⑤에 쓰시오. (5점)

표시	설명
LCX	누설동축케이블
FR	난열성(내열성)
SS	①
42	②
D	③
14	④
6	⑤

   ② 위험물안전관리법 시행규칙에 따른 제5류 위험물에 적응성 있는 대형, 소형 소화기의 종류를 모두 쓰시오. (7점)

제19회 2019년 9월 21일 시행

1. 다음 물음에 답하시오.(40점)
   1) 공동주택(아파트)에 설치된 옥내소화전설비에 대해 작동점검을 실시하려고 한다. 소화전 방수압 시험의 점검내용과 점검결과에 따른 가부판정기준에 관하여 각각 쓰시오.(5점)
      ① 점검내용(2점)
      ② 방사시간, 방사압력과 방사거리에 대한 가부판정기준(3점)
   2) 공동주택(아파트) 지하 주차장에 설치되어 있는 준비작동식 스프링클러설비에 대해 작동점검을 실시하려고 한다. 다음 물음에 관하여 각각 쓰시오.(단, 작동점검을 위해 사전 조치사항으로 2차 측 개폐밸브는 폐쇄하였다.)(9점)
      ① 준비작동식 밸브(프리액션밸브)를 작동시키는 방법에 관하여 모두 쓰시오.(4점)
      ② 작동점검 후 복구절차이다. (   )에 들어갈 내용을 쓰시오.(5점)

| 1. 펌프를 정지시키기 위해 1차 측 개폐밸브 폐쇄 |
| 2. 수신기의 복구스위치를 눌러 경보를 정지, 화재표시등을 끈다. |
| 3. (ㄱ) |
| 4. (ㄴ) |
| 5. 급수밸브(세팅밸브) 개방하여 급수 |
| 6. (ㄷ) |
| 7. (ㄹ) |
| 8. (ㅁ) |
| 9. 펌프를 수동으로 정지한 경우 수신반을 자동으로 놓는다.(복구 완료) |

   3) 이산화탄소소화설비의 종합점검 시 '전원 및 배선'에 대한 점검항목 5가지를 쓰시오.(5점)
   4) 소방대상물의 주요구조부가 내화구조인 장소에 공기관식 차동식 분포형 감지기가 설치되어 있다. 다음 물음에 답하시오.(13점)
      ① 공기관식 차동식 분포형 감지기의 설치기준에 관하여 쓰시오.(6점)
      ② 공기관식 차동식 분포형 감지기의 작동계속시험 방법에 관하여 (   )에 들어갈 내용을 쓰시오.(4점)

| 1. 검출부의 시험구멍에 (ㄱ)을/를 접속한다. |
| 2. 시험코크를 조작해서 (ㄴ)에 놓는다. |
| 3. 검출부에 표시된 공기량을 (ㄷ)에 투입한다. |
| 4. 공기를 투입한 후 (ㄹ)을/를 측정한다. |

③ 작동계속시험 결과 작동지속시간이 기준치 미만으로 측정되었다. 이러한 결과가 나타나는 경우의 조건 3가지를 쓰시오.(3점)

5) 자동화재탐지설비에 대한 작동점검을 실시하고자 한다. 다음 물음에 답하시오.(8점)

① 수신기에 관한 점검항목과 점검내용이다. (　)에 들어갈 내용을 쓰시오.(4점)

점검항목	점검내용
(ㄱ)	(ㄴ)
절환장치(예비전원)	상용전원 OFF 시 자동 예비전원 절환 여부
스위치	스위치 정위치(자동) 여부
(ㄷ)	(ㄹ)
(ㅁ)	(ㅂ)
(ㅅ)	(ㅇ)

② 수신기에서 예비전원감시등이 소등상태일 경우 예상원인과 점검방법이다. (　)에 들어갈 내용을 쓰시오.(4점)

예상원인	조치 및 점검방법
1. 퓨즈단선	(ㄴ)
2. 충전 불량	(ㄷ)
3. (ㄱ)	(ㄹ)
4. 배터리 완전방전	

2. 다음 물음에 답하시오.(30점)

1) 화재예방, 소방시설 설치·유지 및 안전관리에 관한 법령에 따른 특정소방대상물의 관계인이 특정소방대상물의 규모·용도 및 수용인원 등을 고려하여 갖추어야 하는 소방시설의 종류에서 다음 물음에 답하시오.(13점)

① 단독경보형 감지기를 설치하여야 하는 특정소방대상물에 관하여 쓰시오.(6점)
② 시각경보기를 설치하여야 하는 특정소방대상물에 관하여 쓰시오.(4점)
③ 자동화재탐지설비와 시각경보기 점검에 필요한 점검장비에 관하여 쓰시오.(3점)

2) 화재안전기준 및 다음 조건에 따라 물음에 답하시오. (6점)

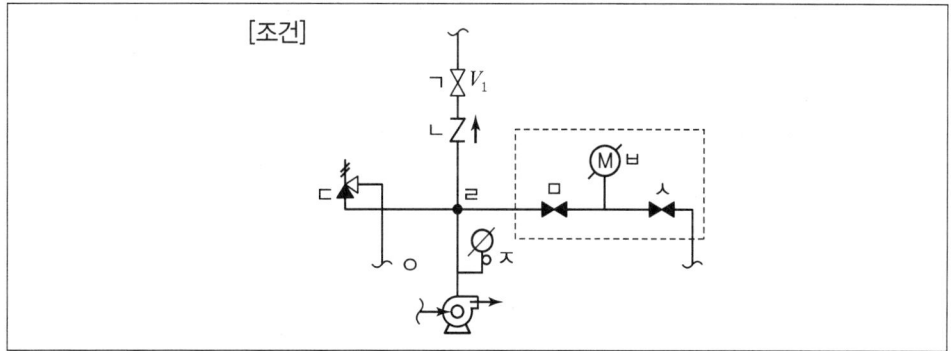

① ( )에 들어갈 내용을 쓰시오. (2점)

기호	소방시설 도시기호	명칭 및 기능
ㄱ		(①)
ㄴ		(②)

② 점선 부분의 설치기준 2가지를 쓰시오. (2점)
③ 펌프성능시험 방법을 〈보기〉에서 찾아 순서대로 쓰시오. (2점)

〈보기〉
1. 주펌프 기동   2. 주펌프 정지   3. 'ㄱ' 폐쇄
4. 'ㄷ' 개방   5. 'ㅁ' 개방   6. 'ㅂ' 확인
7. 'ㅅ' 개방   8. 'ㅇ' 확인   9. 'ㅈ' 확인

3) 소방시설관리사시험의 응시자격에서 소방안전관리자 자격을 가진 사람은 최소 몇 년 이상의 실무경력이 필요한지 각각 쓰시오. (3점)

- 특급 소방안전관리자로 (ㄱ)년 이상 근무한 실무경력이 있는 사람
- 1급 소방안전관리자로 (ㄴ)년 이상 근무한 실무경력이 있는 사람
- 3급 소방안전관리자로 (ㄷ)년 이상 근무한 실무경력이 있는 사람

4) 제연설비의 설치장소 및 제연구획의 설치기준에 관하여 쓰시오. (8점)
① 설치장소에 대한 구획기준 (5점)
② 제연구획의 설치기준 (3점)

3. 다음 물음에 답하시오.(30점)

1) 이산화탄소소화설비(NFSC 106)에 관하여 다음 물음에 답하시오.(8점)
   ① 이산화탄소소화설비의 비상스위치 작동점검 순서를 쓰시오.(4점)
   ② 분사헤드의 오리피스구경 등에 관하여 (   )에 들어갈 내용을 쓰시오.(4점)

구분	기준
표시내용	(ㄱ)
분사헤드의 개수	(ㄴ)
방출률 및 방출압력	(ㄷ)
오리피스의 면적	(ㄹ)

2) 자동화재탐지설비(NFSC 203)에 관하여 다음 물음에 답하시오.(17점)
   ① 중계기 설치기준 3가지를 쓰시오.(3점)
   ② 다음 표에 따른 설비별 중계기 입력 및 출력 회로 수를 각각 구분하여 쓰시오.(4점)

설비별	회로	입력(감시)	출력(제어)
자동화재탐지설비	발신기, 경종, 시각경보기	(ㄱ)	(ㄴ)
습식스프링클러설비	압력스위치, 탬퍼스위치, 사이렌	(ㄷ)	(ㄹ)
준비작동식 스프링클러설비	감지기A, 감지기B, 압력스위치, 탬퍼스위치, 솔레노이드, 사이렌	(ㅁ)	(ㅂ)
할로겐화합물 및 불활성기체소화설비	감지기A, 감지기B, 압력스위치, 지연스위치, 솔레노이드, 사이렌, 방출표시등	(ㅅ)	(ㅇ)

   ③ 광전식분리형감지기 설치기준 6가지를 쓰시오.(6점)
   ④ 취침·숙박·입원 등 이와 유사한 용도로 사용되는 거실에 설치하여야 하는 연기감지기 설치대상 특정소방대상물 4가지를 쓰시오.(4점)

3) 연소방지설비의 화재안전기준(NFSC 506)에서 정하는 방수헤드의 설치기준 3가지를 쓰시오.(3점)

4) 간이스프링클러설비(NFSC 103A)의 간이헤드에 관한 것이다. (   )에 들어갈 내용을 쓰시오.(2점)

> 간이헤드의 작동온도는 실내의 최대 주위 천장온도가 0℃ 이상 38℃ 이하인 경우 공칭작동온도가 (ㄱ)의 것을 사용하고, 39℃ 이상 66℃ 이하인 경우에는 공칭작동온도가 (ㄴ)의 것을 사용한다.

제20회 2020년 9월 26일 시행

1. **다음 물음에 답하시오.(40점)**
   1) 복합건축물에 관한 다음 물음에 답하시오.(20점)

   [조건]
   - 건축물의 개요 : 철근콘크리트조, 지하 2층~지상 8층, 바닥면적 200m², 연면적 2,000m², 1개동
   - 지하 1층·지하 2층 : 주차장
   - 1(피난층)~3층 : 근린생활시설(소매점)
   - 4~8층 : 공동주택(아파트 등), 각 층에 주방(LNG 사용) 설치
   - 층고 3m, 무창층 및 복도식 구조 없음, 계단 1개 설치
   - 소화기구, 유도등·유도표지는 제외하고 소방시설을 산출하되, 법적 용어를 사용할 것
   - 화재예방, 소방시설 설치·유지 및 안전관리에 관한 법령상 특정소방대상물의 소방시설 설치의 면제 기준을 적용할 것
   - 주어진 조건 외에는 고려하지 않는다.

   ① 「화재예방, 소방시설 설치·유지 및 안전관리에 관한 법령」상 설치되어야 하는 소방시설의 종류 6가지를 쓰시오.(단, 물분무 등 소화설비 및 연결송수관설비는 제외함)(6점)

   ② 연결송수관설비의 화재안전기준(NFSC 502)상 연결송수관설비 방수구의 설치 제외가 가능한 층과 제외기준을 위의 조건을 적용하여 각각 쓰시오.(3점)

   ③ 2층을 노인의료복지시설(노인요양시설)로 구조변경 없이 용도변경하려고 한다. 다음에 답하시오.(4점)
      ㉠ 화재예방, 소방시설 설치·유지 및 안전관리에 관한 법령상 2층에 추가로 설치되어야 하는 소방시설의 종류를 쓰시오.
      ㉡ 「소방기본법령」상 불꽃을 사용하는 용접·용단기구로서 용접 또는 용단하는 작업장에서 지켜야 하는 사항을 쓰시오.(단, 「산업안전보건법」 제38조의 적용을 받는 사업장은 제외함)

   ④ 2층에 일반음식점영업(영업장 사용면적 100m²)을 하고자 한다. 다음에 답하시오.(7점)
      ㉠ 다중이용업소의 안전관리에 관한 특별법상 영업장의 비상구에 부속실을 설치하는 경우 부속실 입구의 문과 부속실에서 건물 외부로 나가는 문(난간 높이 1m)에 설치하여야 하는 추락 등의 방지를 위한 시설을 각각 쓰시오.

ⓒ「다중이용업소의 안전관리에 관한 특별법령」상 안전시설 등 세부점검표의 점검사항 중 피난설비 작동점검 및 외관점검에 관한 확인사항 4가지를 쓰시오.
2) 다음 물음에 답하시오.(20점)
　① 특별피난계단의 계단실 및 부속실 제연설비의 화재안전기준(NFSC 501A)상 방연풍속 측정방법, 측정결과 부적합 시 조치방법을 각각 쓰시오.(4점)
　② 특별피난계단의 계단실 및 부속실 제연설비의 성능시험조사표에서 송풍기 풍량측정의 일반사항 중 측정점에 대하여 쓰고, 풍속·풍량 계산식을 각각 쓰시오.(8점)
　③ 수신기의 기록장치에 저장하여야 하는 데이터는 다음과 같다. (　)에 들어갈 내용을 순서에 관계없이 쓰시오.(4점)
　　• (　　　ㄱ　　　)
　　• (　　　ㄴ　　　)
　　• 수신기와 외부배선(지구음향장치 사용의 배선, 확인장치용의 배선 및 전화장치용의 배선을 제외한다)과의 단선 상태
　　• (　　　ㄷ　　　)
　　• 수신기의 주경종스위치, 지구경종스위치, 복구스위치 등 기준 수신기 형식승인 및 제품 검사의 기술기준 제11조(수신기의 제어기능)를 조작하기 위한 스위치의 정지 상태
　　• (　　　ㄹ　　　)
　　• 수신기 형식승인 및 제품검사의 기술기준 제15조의 2 제2항에 해당하는 신호(무선식 감지기·무선식 중계기·무선식 발신기와 접속되는 경우에 한함)
　　• 수신기 형식승인 및 제품검사의 기술기준 제15조의 2 제3항에 의한 확인신호를 수신하지 못한 내역(무선식 감지기·무선식 중계기·무선식 발신기와 접속되는 경우에 한함)
　④ 미분무소화설비의 화재안전기준(NFSC 104A)상 '미분무'의 정의를 쓰고, 미분무 소화 설비의 사용압력에 따른 저압, 중압 및 고압의 압력(MPa) 범위를 각각 쓰시오.(4점)

2. 다음 물음에 답하시오.(30점)
 1)「화재예방, 소방시설 설치·유지 및 안전관리에 관한 법령」상 소방시설 등의 자체점검 시 점검인력 배치기준에 관한 다음 물음에 답하시오.(15점)
  ① 다음 (   )에 들어갈 내용을 쓰시오.(9점)

대상용도	가감계수
공동주택(아파트 제외), (ㄱ), 항공기 및 자동차 관련 시설, 동물 및 식물 관련 시설, 분뇨 및 쓰레기 처리시설, 군사시설, 묘지 관련 시설, 관광휴게시설, 장례식장, 지하구, 문화재	(ㅅ)
문화 및 집회시설, (ㄴ), 의료시설(정신보건시설 제외), 교정 및 군사시설(군사시설 제외), 지하가, 복합건축물(1류에 속하는 시설이 있는 경우 제외), 발전시설, (ㄷ)	1.1
공장, 위험물 저장 및 처리시설, 창고시설	0.9
근린생활시설, 운동시설, 업무시설, 방송통신시설, (ㄹ)	(ㅇ)
노유자시설, (ㅁ), 위락시설, 의료시설(정신보건의료기관), 수련시설, (ㅂ) (1류에 속하는 시설이 있는 경우)	(ㅈ)

  ②「화재예방, 소방시설 설치·유지 및 안전관리에 관한 법령」상 소방시설의 자체 점검 시 인력배치기준에 따라, 지하구의 길이가 800m, 4차로인 터널의 길이가 1,000m일 때, 다음에 답하시오.(6점)
   ㉠ 지하구의 실제점검면적(m^2)을 구하시오.
   ㉡ 한쪽 측벽에 소방시설이 설치되어 있는 터널의 실제점검면적(m^2)을 구하시오.
   ㉢ 한쪽 측벽에 소방시설이 설치되어 있지 않은 터널의 실제점검면적(m^2)을 구하시오.
 2)「소방시설 자체점검사항 등에 관한 고시」에 관한 다음 물음에 답하시오.(9점)
  ① 통합감시시설 종합점검 시 주·보조수신기 점검항목을 쓰시오.(5점)
  ② 거실제연설비 종합점검 시 송풍기 점검사항을 쓰시오.(4점)
 3) 자동화재탐지설비 및 시각경보장치의 화재안전기준(NFSC 203)상 감지기에 관한 다음 물음에 답하시오.(6점)
  ① 연기감지기를 설치할 수 없는 경우, 건조실·살균실·보일러실·주조실·영사실·스튜디오에 설치할 수 있는 적응열감지기 3가지를 쓰시오.(3점)
  ② 감지기회로의 도통시험을 위한 종단저항의 기준 3가지를 쓰시오.(3점)

3. 다음 물음에 답하시오.(30점)

1) 소방시설 자체점검사항 등에 관한 고시에서 규정하고 있는 조사표에 관한 사항이다. 다음 물음에 답하시오.(16점)
   ① 내진설비 성능시험 조사표의 종합점검표 중 가압송수장치, 지진분리이음, 수평배관 흔들림 방지 버팀대의 점검항목을 각각 쓰시오.(10점)
   ② 미분무소화설비 성능시험 조사표의 성능 및 점검항목 중 "설계도서 등"의 점검항목을 쓰시오.(6점)

2) 다중이용업소의 안전관리에 관한 특별법령상 다중이용업소의 비상구 공통기준 중 비상구 구조, 문이 열리는 방향, 문의 재질에 대하여 규정된 사항을 각각 쓰시오.(10점)

3) 옥내소화전설비의 화재안전기준(NFSC 102)상 배선에 사용되는 전선의 종류 및 공사방법에 관한 다음 물음에 답하시오.(4점)
   ① 내화전선의 내화성능을 설명하시오.(2점)
   ② 내열전선의 내열성능을 설명하시오.(2점)

제21회 2021년 9월 18일 시행

1. 다음 물음에 답하시오. (40점)

1) 비상경보설비 및 단독경보형감지기의 화재안전기준(NFSC 201)에서 발신기의 설치기준이다. ( )에 들어갈 내용을 쓰시오. (5점)

> 1. 조작이 쉬운 장소에 설치하고, 조작스위치는 바닥으로부터 0.8m 이상 1.5m 이하의 높이에 설치할 것
> 2. 특정소방대상물의 층마다 설치하되, 해당 특정소방대상물의 각 부분으로부터 하나의 발신기까지의 (ㄱ)가 25m 이하가 되도록 할 것. 다만, 복도 또는 별도로 구획된 실로서 (ㄴ)가 40m 이상일 경우에는 추가로 설치하여야 한다.
> 3. 발신기의 위치 표시등은 (ㄷ)에 설치하되, 그 불빛은 부착 면으로부터 (ㄹ) 이상의 범위 안에서 부착지점으로부터 10m 이내의 어느 곳에서도 쉽게 식별할 수 있는 (ㅁ)으로 할 것

[해설]
- ㄱ. 수평거리
- ㄴ. 보행거리
- ㄷ. 함의 상부
- ㄹ. 15
- ㅁ. 적색등

2) 옥내소화전설비의 화재안전기준(NFSC 102)에서 소방용 합성수지배관의 성능인증 및 제품검사의 기술기준에 적합한 소방용 합성수지 배관을 설치할 수 있는 경우 3가지를 쓰시오. (6점)

[해설]

1. 배관을 지하에 매설하는 경우
2. 다른 부분과 내화구조로 구획된 덕트 또는 피트의 내부에 설치하는 경우
3. 천장(상층이 있는 경우에는 상층바닥의 하단을 포함한다. 이하 같다)과 반자를 불연재료 또는 준불연재료로 설치하고 그 내부에 습식으로 배관을 설치하는 경우

3) 옥내소화전설비의 방수압력 점검 시 노즐 방수압력이 절대압력으로 2,760mmHg 일 경우 방수량(m³/s)과 노즐에서의 유속(m/s)을 구하시오.(단, 유량계수는 0.99, 옥내소화전 노즐 구경은 1.3cm이다.)(10점)

> 해설

$$Q[\text{lpm}] = 0.6597 \times C \times D^2 \times \sqrt{10P}$$

$$Q[\text{m}^3/\text{s}] = 0.6597 \times 0.99 \times 13^2 \times \sqrt{10 \times (2,760 - 760)\text{mmHg} \times \frac{0.101325\text{MPa}}{760\text{mmHg}}}$$
$$\times \frac{1\text{m}^3}{1,000 l} \times \frac{1\min}{60\sec}$$
$$= 0.003 \text{m}^3/\sec$$

$$\text{유속} = \frac{\text{유량}}{\text{면적}} = \frac{0.003\text{m}^3/\text{s}}{\frac{\pi}{4}(0.013\text{m})^2} = 22.601 \text{m/s} = 22.6 \text{m/s}$$

> 해답 유량=0.003m³/sec, 유수=22.6m/s

4) 소방시설 자체점검사항 등에 관한 고시의 소방시설 외관점검표에 대하여 다음 물음에 답하시오.(7점)
① 소화기의 점검내용 5가지를 쓰시오.(3점)

> 해설

1. 잘 보이는 위치에 소화기 설치여부
2. 보행거리 적정 실시여부
3. 소화기 용기 변형·손상·부식 여부
4. 안전핀 고정 여부
5. 가압식소화기(폐기 대상, 압력계 미부착 분말소화기) 비치 여부

② 스프링클러설비의 점검내용 6가지를 쓰시오.(4점)

> 해설

1. 수원의 양 적정여부.
2. 제어밸브의 개폐, 작동, 접근 등의 용이성 여부
3. 제어밸브의 수압 및 공기압 계기가 정상압으로 유지되고 있는지 여부
4. 배관 및 헤드의 누수 여부
5. 헤드 감열 및 살수 분포의 방해물 설치여부
6. 동결 또는 부식할 우려가 있는 부분에 보온, 방호조치가 되고 있는지 여부

5) 건축물의 소방점검 중 다음과 같은 사항이 발생하였다. 이에 대한 원인과 조치방법을 각각 3가지씩 쓰시오.(12점)
① 아날로그감지기 통신선로의 단선표시등 점등(6점)

해설

1. 원인
   ① 아날로그감지기 통신선로 불량
   ② 아날로그 감지기 자체불량
   ③ R형 수신기 또는 중계반의 통신 기판 불량
2. 조치방법
   ① 아날로그감지기 통신선로 정비
   ② 아날로그 감지기 교체
   ③ R형 수신기 통신 기판 교체 또는 정비

② 습식 스프링클러설비의 충압펌프의 잦은 기동과 정지(단, 충압펌프는 자동정지, 기동용수압개폐장치는 압력챔버 방식이다.)(6점)

해설

1. 원인
   ① 주펌프 또는 중압펌프의 체크 역류
   ② 알람밸브 배수밸브의 미세한 개방 또는 누수
   ③ 압력챔버에 설치된 배수밸브의 미세한 개방 또는 누수
2. 조치 방법
   ① 주펌프 및 충압펌프의 토출측 체크밸브 정비
   ② 알람밸브 배수밸브 확실한 폐쇄 또는 정비
   ③ 압력챔버 배수밸브 확실한 폐쇄 또는 정비

2. 다음 물음에 답하시오.(30점)

1) 소방시설 자체점검사항 등에 관한 고시의 소방시설 등(작동기능, 종합정밀) 점검표에 대하여 다음 물음에 답하시오.(10점)
   ① 제연설비 배출기의 점검항목 5가지를 쓰시오.(5점)

해설

점검표 개정으로 문제에 대한 정답 적용 불가

② 분말소화설비 가압용 가스용기의 점검항목 5가지를 쓰시오.(5점)

[해설]

점검표 개정으로 문제에 대한 정답 적용 불가

2) 건축물의 피난·방화구조 등의 기준에 관한 규칙에 대하여 다음 물음에 답하시오.(10점)
① 건축물의 바깥쪽에 설치하는 피난계단의 구조 기준 4가지를 쓰시오.(4점)

[해설]

1. 계단은 그 계단으로 통하는 출입구 외의 창문 등(망이 들어 있는 유리의 붙박이 창으로서 그 면적이 각각 1제곱미터 이하인 것을 제외한다)으로부터 2미터 이상의 거리를 두고 설치할 것
2. 건축물의 내부에서 계단으로 통하는 출입구에는 60분+ 방화문 또는 60분 방화문을 설치할 것
3. 계단의 유효너비는 0.9미터 이상으로 할 것
4. 계단은 내화구조로 하고 지상까지 직접 연결되도록 할 것

② 하향식 피난구(덮개, 사다리, 경보시스템을 포함한다) 구조 기준 6가지를 쓰시오.(6점)

[해설]

1. 피난구의 덮개는 품질시험을 실시한 결과 비차열 1시간 이상의 내화성능을 가져야 하며, 피난구의 유효 개구부 규격은 직경 60센티미터 이상일 것
2. 상층·하층 간 피난구의 설치위치는 수직방향 간격을 15센티미터 이상 띄어서 설치할 것
3. 아래층에서는 바로 위층의 피난구를 열 수 없는 구조일 것
4. 사다리는 바로 아래층의 바닥면으로부터 50센티미터 이하까지 내려오는 길이로 할 것
5. 덮개가 개방될 경우에는 건축물관리시스템 등을 통하여 경보음이 울리는 구조일 것.
6. 피난구가 있는 곳에는 예비전원에 의한 조명설비를 설치할 것

3) 비상조명등의 화재안전기준(NFSC 304) 설치기준에 관한 내용 중 일부이다. ( )에 들어갈 내용을 쓰시오.(5점)

> 비상전원은 비상조명등을 20분 이상 유효하게 작동시킬 수 있는 용량으로 할 것. 다만, 다음 각 목의 특정소방대상물의 경우에는 그 부분에서 피난층에 이르는 부분의 비상조명등을 60분 이상 유효하게 작동시킬 수 있는 용량으로 하여야 한다.
> 가. 지하층을 제외한 층수가 11층 이상의 층
> 나. 지하층 또는 무창층으로서 용도가 (ㄱ)·(ㄴ)·(ㄷ)·(ㄹ) 또는 (ㅁ)

해설

- ㄱ : 도매시장
- ㄴ : 소매시장
- ㄷ : 여객자동차터미널
- ㄹ : 지하역사
- ㅁ : 지하상가

4) 유도등 및 유도표지의 화재안전기준(NFSC 303)에서 공연장 등 어두워야 할 필요가 있는 장소에 3선식 배선으로 상시 충전되는 유도등의 전기회로에 점멸기를 설치하는 경우, 점등되어야 하는 때에 해당하는 것 5가지를 쓰시오.(5점)

해설

1. 자동화재탐지설비의 감지기 또는 발신기가 작동되는 때
2. 비상경보설비의 발신기가 작동되는 때
3. 상용전원이 정전되거나 전원선이 단선되는 때
4. 방재업무를 통제하는 곳 또는 전기실의 배전반에서 수동으로 점등하는 때
5. 자동소화설비가 작동되는 때

3. 다음 물음에 답하시오.(30점)

1) 할론 1301 소화설비 약제 저장용기의 저장량을 측정하려고 한다. 다음 물음에 답하시오.(12점)
① 액위 측정법을 설명하시오.(3점)

해설

1. 기기의 전원을 켜고 배터리 체크
2. 방사선원의 캡을 제거하고 저장약제 주변의 공간확보 확인
3. 점검실내 온도 측정
4. 프로브(탑침) 저장약제에 걸쳐서 지침의 움직임을 파악하여 기록
5. 전용계산기 등을 이용하여 저장량의 계산

② 아래 그림의 레벨메터(Level meter) 구성 부품 중 각 부품(㉠~㉢)의 명칭을 쓰시오. (3점)

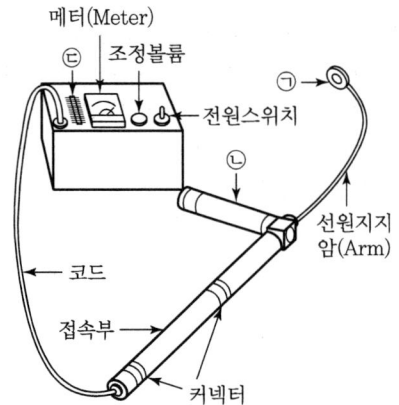

해설

- ㄱ : 방사선원
- ㄴ : 프로브(탐침)
- ㄷ : 온도계

③ 레벨메터(Level meter) 사용 시 주의사항 6가지를 쓰시오. (6점)

해설

1. 본체 및 프로브(탐침)는 충격에 민감하므로 주의할 것
2. 측정 시에는 반드시 장갑을 착용할 것
3. 방사선원이 직접 피부에 닿지 않도록 할 것
4. 약제량 측정이 종료되면 반드시 전원을 끌것
5. 저장장소의 주위온도가 높을 경우에는 측정값이 부정확할 수 있으므로 온도체크를 할 것
6. 방사선원은 수명이 있으므로 측정이 잘 안 될 경우 주기적인 관리를 요함

2) 자동소화장치에 대하여 다음 물음에 답하시오. (5점)
  ① 소화기구 및 자동소화장치의 화재안전기준(NFSC 101)에서 가스용 주방자동소화장치를 사용하는 경우 탐지부 설치 위치를 쓰시오. (2점)

해설

탐지부는 수신부와 분리하여 설치하되, 공기보다 가벼운 가스를 사용하는 경우에는 천장 면으로부터 30cm 이하의 위치에 설치하고, 공기보다 무거운 가스를 사용하는 장소에는 바닥 면으로부터 30cm 이하의 위치에 설치할 것

② 소방시설 자체점검사항 등에 관한 고시의 소방시설 등(작동기능, 종합정밀) 점검 표에서 상업용주방자동소화장치의 점검항목을 쓰시오. (3점)

해설

점검표 개정으로 문제에 대한 정답 적용 불가

3) 준비작동식 스프링클러설비 전기 계통도(R형 수신기)이다. 최소 배선 수 및 회로 명칭을 각각 쓰시오. (4점)

구분	전선의 굵기	최소 배선 수 및 회로 명칭
①	1.5mm²	(ㄱ)
②	2.5mm²	(ㄴ)
③	2.5mm²	(ㄷ)
④	2.5mm²	(ㄹ)

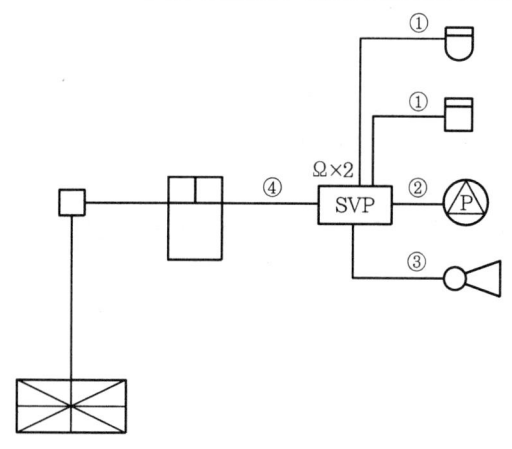

해설

- ㄱ : 4가닥(회로 2, 공통2)
- ㄴ : 6가닥(공통, 압력스위치, 공통, 탬퍼스위치, 공통, 솔레노이드밸브)
- ㄷ : 2가닥(공통, 사이렌)
- ㄹ : 9가닥(전원 +, 전원 -, 전화, 감지기A, 감지기B, 사이렌, 탬퍼스위치, 압력스위치, 솔레노이드밸브)

4) 특별피난계단의 부속실(전실) 제연설비에 대하여 다음 물음에 답하시오.(9점)
　① 소방시설 자체점검사항 등에 관한 고시의 소방시설 성능시험조사표에서 부속실 제연설비의 "차압 등" 점검항목 4가지를 쓰시오.(4점)

[해설]

점검표 개정으로 문제에 대한 정답 적용 불가

　② 전층이 닫힌 상태에서 차압이 과다한 원인 3가지를 쓰시오.(2점)

[해설]

1. 송풍기 용량이 과다 설계된 경우
2. 플랩댐퍼의 설치 누락 또는 기능 불량인 경우
3. 자동차압과압조절형 댐퍼가 닫힌 상태에서 누설량이 많은 경우

　③ 방연 풍속이 부족한 원인 3가지를 쓰시오.(3점)

[해설]

1. 송풍기의 용량이 과소 설계된 경우
2. 충분한 급기댐퍼 누설량에 필요한 풍도정압 부족 또는 급기댐퍼 규격이 과소 설계된 경우
3. 급기풍도의 규격 미달로 과다 손실이 발생된 경우
　　- 덕트 부속류의 손실이 과다한 경우
　　- 전실 내 출입문 틈새 누설량이 과다한 경우

제22회 2022년 9월 24일 시행

1. 다음 물음에 답하시오.(40점)

1) 누전경보기의 화재안전기준(NFSC 205)에서 누전경보기의 설치방법에 대하여 쓰시오.(7점)

[해설]

1. 경계전로의 정격전류가 60A를 초과하는 전로에 있어서는 1급 누전경보기를, 60A 이하의 전로에 있어서는 1급 또는 2급 누전경보기를 설치할 것. 다만, 정격전류가 60A를 초과하는 경계전로가 분기되어 각 분기회로의 정격전류가 60A 이하로 되는 경우 당해 분기회로마다 2급 누전경보기를 설치한 때에는 당해 경계전로에 1급 누전경보기를 설치한 것으로 본다.
2. 변류기는 특정소방대상물의 형태, 인입선의 시설방법 등에 따라 옥외 인입선의 제1지점의 부하 측 또는 제2종 접지선 측의 점검이 쉬운 위치에 설치할 것. 다만, 인입선의 형태 또는 특정소방대상물의 구조상 부득이한 경우에는 인입구에 근접한 옥내에 설치할 수 있다.
3. 변류기를 옥외의 전로에 설치하는 경우에는 옥외형으로 설치할 것

2) 누전경보기에 대한 종합점검표에서 수신부의 점검항목 4가지와 전원의 점검항목 3가지를 쓰시오.(7점)

[해설]

① 수신부
   1. 상용전원 공급 및 전원표시등 정상 점등 여부
   2. 수신부의 성능 및 누전경보 시험 적정 여부
   3. 음향장치 설치장소(상시 사람이 근무) 및 음량·음색 적정 여부
   4. 가연성 증기, 먼지 등 체류 우려 장소의 경우 차단기구 설치 여부
② 전원
   1. 분전반으로부터 전용회로 구성 여부
   2. 개폐기 및 과전류차단기 설치 여부
   3. 다른 차단기에 의한 전원차단 여부(전원을 분기할 경우)

3) 화재예방, 소방시설 설치·유지 및 안전관리에 관한 법령에 따라 무선통신보조설비를 설치하여야 하는 특정소방대상물(위험물 저장 및 처리 시설 중 가스시설은 제외한다) 5가지를 쓰시오.(5점)

> 해설
> 1. 지하상가로서 연면적 1천 m² 이상인 것
> 2. 지하층의 바닥면적의 합계가 3천 m² 이상인 것 또는 지하층의 층수가 3층 이상이고 지하층의 바닥면적의 합계가 1천 m² 이상인 것은 지하층의 모든 층
> 3. 지하구 중 터널로서 길이가 500m 이상인 것
> 4. 공동구
> 5. 층수가 30층 이상인 것으로서 16층 이상 부분의 모든 층

4) 소방시설 자체점검사항 등에 관한 고시에서 무선통신보조설비 종합점검표의 누설동축케이블 등의 점검항목 5가지와 증폭기 및 무선이동중계기의 점검항목 3가지를 쓰시오.(8점)

> 해설
> ① 누설동축케이블 등
>   1. 피난 및 통행 지장 여부(노출하여 설치한 경우)
>   2. 케이블 구성 적정(누설동축케이블+안테나 또는 동축케이블+안테나) 여부
>   3. 지지금구 변형·손상 여부
>   4. 누설동축케이블 및 안테나 설치 적정 및 변형·손상 여부
>   5. 누설동축케이블 말단 '무반사 종단저항' 설치 여부
> ② 증폭기 및 무선이동중계기
>   1. 전원표시등 및 전압계 설치상태 적정 여부
>   2. 상용전원 적정 여부
>   3. 증폭기 비상전원 부착 상태 및 용량 적정 여부

5) 소방시설 자체점검사항 등에 관한 고시에서 소방시설외관점검표의 자동화재탐지설비, 자동화재속보설비, 비상경보설비의 점검항목 6가지를 쓰시오.(6점)

> 해설
> 1. 수신기 작동에 지장을 주는 장애물 유무
> 2. 스위치 정위치(자동) 여부
> 3. 변형·손상·탈락·현저한 부식 등의 유무
> 4. 비상전원의 방전 여부
> 5. 구획된 실마다 감지기 설치 여부
> 6. 속보세트 내 발신기, 경종, 표시등의 변형·손상·단선·현저한 부식 등의 유무

6) 소방시설 자체점검사항 등에 관한 고시에서 이산화탄소소화설비의 종합점검표상 수동식 기동장치의 점검항목 4가지와 안전시설 등의 점검항목 3가지를 쓰시오.(7점)

> **해설**
>
> ① 수동식 기동장치
>   1. 기동장치 부근에 비상스위치 설치 여부
>   2. 기동장치 설치 적정(출입구 부근 등, 높이, 보호장치, 표지, 전원표시등) 여부
>   3. 방출용 스위치 음향경보장치 연동 여부
>   4. 방호구역별 또는 방호대상별 기동장치 설치 여부
> ② 안전시설 등에 대한 점검항목
>   1. 소화약제 방출알림 시각경보장치 설치기준 적합 및 정상 작동 여부
>   2. 방호구역 출입구 부근 잘 보이는 장소에 소화약제 방출 위험경고표지 부착 여부
>   3. 방호구역 출입구 외부 인근에 공기호흡기 설치 여부

2. 다음 물음에 답하시오.(30점)

1) 화재예방, 소방시설 설치·유지 및 안전관리에 관한 법령상 종합점검 대상인 특정소방대상물을 나열한 것이다. ( )에 들어갈 내용을 쓰시오.(5점)

- (ㄱ)가 설치된 특정소방대상물
- (ㄴ)[호스릴(Hose Reel) 방식의 (ㄴ)만을 설치한 경우는 제외한다]가 설치된 연면적 5,000m² 이상인 특정소방대상물(위험물 제조소 등은 제외한다)
- 「다중이용업소의 안전관리에 관한 특별법 시행령」제2조제1호나목, 같은 조 제2호(비디오물소극장업은 제외한다)·제6호·제7호·제7호의2 및 제7호의5의 다중이용업의 영업장이 설치된 특정소방대상물로서 연면적이 2,000m² 이상인 것
- (ㄷ)가 설치된 터널
- 「공공기관의 소방안전관리에 관한 규정」제2조에 따른 공공기관 중 연면적(터널·지하구의 경우 그 길이와 평균폭을 곱하여 계산된 값을 말한다)이 1,000m² 이상인 것으로서 (ㄹ) 또는 (ㅁ)가 설치된 것. 다만, 「소방기본법」제2조제5호에 따른 소방대가 근무하는 공공기관은 제외한다.

> **해설**
>
> - ㄱ : 스프링클러설비
> - ㄴ : 물분무등소화설비
> - ㄷ : 제연설비
> - ㄹ : 옥내소화전설비
> - ㅁ : 자동화재탐지설비

2) 아래의 조건을 참고하여 다음 물음에 답하시오. (11점)

[조건]
- 용도 : 복합건축물(1류 가감계수 1.2)
- 연면적 450,000m²(아파트, 의료시설, 판매시설, 업무시설)
  - 아파트 세대 400세대(아파트용 주차장 및 부속용도 면적 : 180,000m²)
  - 의료시설, 판매시설, 업무시설 및 부속용도 면적 : 270,000m²
- 스프링클러설비, 이산화탄소소화설비, 제연설비 설치됨
- 점검인력 1단위 + 보조인력 2단위

① 화재예방, 소방시설 설치·유지 및 안전관리에 관한 법령상 위 특정소방대상물에 대해 소방시설관리업자가 종합점검을 실시할 경우 점검면적과 적정한 최소 점검일수를 계산하시오. (8점)

> **해설**
>
> 법 개정으로 문제에 대한 정답 적용 불가

② 화재예방, 소방시설 설치·유지 및 안전관리에 관한 법령상 소방시설관리업자가 위 특정소방대상물의 종합점검을 실시한 후 부착해야 하는 점검기록표의 기재사항 5가지 중 3가지(대상명은 제외)만 쓰시오. (3점)

> **해설**
>
> 법 개정으로 문제에 대한 정답 적용 불가

3) 화재예방, 소방시설 설치·유지 및 안전관리에 관한 법령상 소방시설 등의 자체점검 횟수 및 시기, 점검결과보고서의 제출기한 등에 관한 내용이다. ( ) 안에 들어갈 내용을 쓰시오. (7점)

- 본 문항의 특정소방대상물은 연면적 1,500m²의 종합점검 대상이며, 공공기관, 특급소방안전관리대상물, 종합점검 면제 대상물이 아니다.
- 위 특정소방대상물의 관계인이 종합점검 및 작동점검을 각각 연 (ㄱ) 이상 실시해야 하고, 관계인이 종합점검 및 작동점검을 실시한 경우 (ㄴ) 이내에 소방본부장 또는 소방서장에게 점검결과보고서를 제출해야 하며, 그 점검결과를 (ㄷ)간 자체 보관해야 한다.
- 소방시설관리업자가 점검을 실시한 경우, 점검이 끝난 날부터 (ㄹ) 이내에 점검인력 배치상황을 포함한 소방시설 등에 대한 자체점검실적을 평가기관에 통보하여야 한다.
- 소방본부장 또는 소방서장은 소방시설이 화재안전기준에 따라 설치 또는 유지·관리되어 있지 아니할 때에는 조치명령을 내릴 수 있다. 조치명령을 받은 관계인이 조치명령의 연기를 신청하려면 조치명령의 이행기간 만료 (ㅁ) 전까지 연기신청서를 소방본부장 또는 소방서장에게 제출하여야 한다.

- 위 특정소방대상물의 사용승인일이 2014년 5월 27일인 경우 특별한 사정이 없는 한 2022년에는 종합점검을 (ㅂ)까지 실시해야 하고, 작동점검을 (ㅅ)까지 실시해야 한다.

해설

- ㄱ : 1회
- ㄴ : 15일
- ㄷ : 2년
- ㄹ : 5일
- ㅁ : 법 개정으로 문제에 대한 정답 적용 불가
- ㅂ : 5월 31일
- ㅅ : 11월 30일

4) 화재예방, 소방시설 설치·유지 및 안전관리에 관한 법령상 소방청장이 소방시설관리사의 자격을 취소하거나 2년 이내의 기간을 정하여 자격의 정지를 명할 수 있는 사유 7가지를 쓰시오.(7점)

해설

1. 거짓이나 그 밖의 부정한 방법으로 시험에 합격한 경우
2. 소방안전관리 업무를 하지 아니하거나 거짓으로 한 경우
3. 자체점검을 하지 아니하거나 거짓으로 한 경우
4. 소방시설관리사증을 다른 자에게 빌려준 경우
5. 동시에 둘 이상의 업체에 취업한 경우
6. 성실하게 자체점검 업무를 수행하지 아니한 경우
7. 결격사유에 해당하게 된 경우

3. 다음 물음에 답하시오.(30점)

1) 화재예방, 소방시설 설치·유지 및 안전관리에 관한 법령상 소방시설별 점검장비이다. ( ) 안에 들어갈 내용을 쓰시오.(단, 종합점검의 경우임)(5점)

소방시설	장비
• 스프링클러설비 • 포소화설비	• (ㄱ)
• 이산화탄소소화설비 • 분말소화설비 • 할론소화설비 • 할로겐화합물 및 불활성기체(다른 원소와 화학반응을 일으키기 어려운 기체)소화설비	• (ㄴ) • (ㄷ) • 그 밖에 소화약제의 저장량을 측정할 수 있는 점검기구
• 자동화재탐지설비 • 시각경보기	• 열감지기시험기 • 연(煙)감지기시험기 • (ㄹ) • (ㅁ) • 음량계

해설
- ㄱ : 헤드결합렌치
- ㄴ : 검량계
- ㄷ : 기동관 누설시험기
- ㄹ : 공기주입시험기
- ㅁ : 감지기시험기 연결폴대

2) 소방시설 자체점검사항 등에 관한 고시에서 비상조명등 및 휴대용비상조명등 등 점검표상의 휴대용 비상조명등의 점검항목 7가지를 쓰시오.(7점)

해설
1. 설치 대상 및 설치 수량 적정 여부
2. 설치 높이 적정 여부
3. 휴대용 비상조명 등의 변형 및 손상 여부
4. 어둠 속에서 위치를 확인할 수 있는 구조인지 여부
5. 사용 시 자동으로 점등되는지 여부
6. 건전지를 사용하는 경우 유효한 방전 방지조치가 되어 있는지 여부
7. 충전식 배터리의 경우에는 상시 충전되도록 되어 있는지의 여부

3) 옥내소화전설비의 화재안전기준(NFSC 102)에서 가압송수장치의 압력수조에 설치해야 하는 것을 5가지만 쓰시오.(5점)

해설
1. 수위계   2. 급수관
3. 배수관   4. 급기관
5. 맨홀   6. 압력계
7. 안전장치   8. 압력저하 방지를 위한 자동식 공기압축기

4) 소방시설 자체점검사항 등에 관한 고시에서 비상경보설비 및 단독경보형감지기 점검표상의 비상경보설비의 점검항목 8가지를 쓰시오.(8점)

해설
1. 수신기 설치장소 적정(관리용이) 및 스위치 정상 위치 여부
2. 수신기 상용전원 공급 및 전원표시등 정상점등 여부
3. 예비전원(축전지) 상태 적정 여부(상시 충전, 상용전원 차단 시 자동절환)
4. 지구음향장치 설치기준 적합 여부
5. 음향장치(경종 등) 변형·손상 확인 및 정상 작동(음량 포함) 여부

6. 발신기 설치 장소, 위치(수평거리) 및 높이 적정 여부
7. 발신기 변형·손상 확인 및 정상 작동 여부
8. 위치표시등 변형·손상 확인 및 정상 점등 여부

5) 가스누설경보기의 화재안전기준(NFSC 206)에서 분리형 경보기의 탐지부 및 단독형 경보기 설치 제외 장소 5가지를 쓰시오.(5점)

해설

1. 출입구 부근 등으로서 외부의 기류가 통하는 곳
2. 환기구 등 공기가 들어오는 곳으로부터 1.5m 이내인 곳
3. 연소기의 폐가스에 접촉하기 쉬운 곳
4. 가구·보·설비 등에 가려져 누설가스의 유통이 원활하지 못한 곳
5. 수증기, 기름 섞인 연기 등이 직접 접촉될 우려가 있는 곳

제23회 2023년 9월 16일 시행

1. 다음 물음에 답하시오.(40점)

 1) 소방시설 폐쇄·차단 시 행동요령 등에 관한 고시상 소방시설의 점검·정비를 위하여 소방시설이 폐쇄·차단된 이후 수신기 등으로 화재신호가 수신되거나 화재상황을 인지한 경우 특정소방대상물의 관계인의 행동요령 5가지를 쓰시오.(5점)

해설

[참고] 소방시설 폐쇄·차단 시 행동요령 등에 관한 고시
① 폐쇄·차단되어 있는 모든 소방시설(수신기, 스프링클러밸브 등)을 정상상태로 복구한다.
② 즉시 소방관서(119)에 신고하고, 재실자를 대피시키는 등 적절한 조치를 취한다.
③ 화재신호가 발신된 장소로 이동하여 화재여부를 확인한다.
④ 화재로 확인된 경우에는 초기소화, 상황전파 등의 조치를 취한다.
⑤ 화재가 아닌 것으로 확인된 경우에는 재실자에게 관련 사실을 안내하고, 수신기에서 화재경보 복구 후 비화재보 방지를 위해 적절한 조치를 취한다.

 2) 화재안전성능기준(NFPC) 및 화재안전기술기준(NFTC)에 대하여 다음 물음에 답하시오.(16점)
  ① 소화기구 및 자동소화장치의 화재안전기술기준(NFTC 101)상 용어의 정의에서 정한 자동확산소화기의 종류 3가지를 설명하시오.(6점)

해설

㉠ 일반화재용 자동확산소화기 : 보일러실, 건조실, 세탁소, 대량화기취급소 등에 설치되는 자동확산소화기를 말한다.
㉡ 주방화재용 자동확산소화기 : 음식점, 다중이용업소, 호텔, 기숙사, 의료시설, 업무시설, 공장 등의 주방에 설치되는 자동확산소화기를 말한다.
㉢ 전기설비용 자동확산소화기 : 변전실, 송전실, 변압기실, 배전반실, 제어반, 분전반 등에 설치되는 자동확산소화기를 말한다.

② 유도등 및 유도표지의 화재안전성능기준(NFPC 303)상 유도등 및 유도표지를 설치하지 않을 수 있는 경우 4가지를 쓰시오. (4점)

해설

㉠ 바닥면적이 1,000m² 미만인 층으로서 옥내로부터 직접 지상으로 통하는 출입구 또는 거실 각 부분으로부터 쉽게 도달할 수 있는 출입구 등의 경우에는 피난구 유도등을 설치하지 않을 수 있다.
㉡ 구부러지지 아니한 복도 또는 통로로서 그 길이가 30m 미만인 복도 또는 통로 등의 경우에는 통로유도등을 설치하지 않을 수 있다.
㉢ 주간에만 사용하는 장소로서 채광이 충분한 객석 등의 경우에는 객석유도등을 설치하지 않을 수 있다.
㉣ 유도등이 제5조와 제6조에 따라 적합하게 설치된 출입구·복도·계단 및 통로 등의 경우에는 유도표지를 설치하지 않을 수 있다.

③ 전기저장시설의 화재안전기술기준(NFTC 607)에 대하여 다음 물음에 답하시오. (6점)
  ㉠ 전기저장장치의 설치장소에 대하여 쓰시오. (2점)

해설

전기저장장치는 관할 소방대의 원활한 소방활동을 위해 지면으로부터 지상 22m(전기저장장치가 설치된 전용 건축물의 최상부 끝단까지의 높이) 이내, 지하 9m(전기저장장치가 설치된 바닥면까지의 깊이) 이내로 설치해야 한다.

  ㉡ 배출설비 설치기준 4가지를 쓰시오. (4점)

해설

• 배풍기·배출덕트·후드 등을 이용하여 강제적으로 배출할 것
• 바닥면적 1m²에 시간당 18m³ 이상의 용량을 배출할 것
• 화재감지기의 감지에 따라 작동할 것
• 옥외와 면하는 벽체에 설치

3) 소방시설 자체점검사항 등에 관한 고시에 대하여 다음 물음에 답하시오. (12점)
  ① 평가기관은 배치신고 시 오기로 인한 수정사항이 발생한 경우 점검인력 배치상황 신고사항을 수정해야 한다. 다만, 평가기관이 배치기준 적합여부 확인 결과 부적합인 경우에 관할 소방서의 담당자 승인 후에 평가기관이 수정할 수 있는 사항을 모두 쓰시오. (8점)

> [해설]
>
> **[참고] 소방시설 자체점검사항 등에 관한 고시**
> 제3조(점검인력 배치상황 신고사항 수정)
>
> ㉠ 소방시설의 설비 유무
> ㉡ 점검인력, 점검일자
> ㉢ 점검 대상물의 추가·삭제
> ㉣ 건축물대장에 기재된 내용으로 확인할 수 없는 사항
> - 점검 대상물의 주소, 동수
> - 점검 대상물의 주용도, 아파트(세대수를 포함한다) 여부, 연면적 수정
> - 점검 대상물의 점검 구분

② 소방청장, 소방본부장 또는 소방서장이 부실점검을 방지하고 점검품질을 향상시키기 위하여 표본조사를 실시하여야 하는 특정소방대상물 대상 4가지를 쓰시오. (4점)

> [해설]
>
> ㉠ 점검인력 배치상황 확인 결과 점검인력 배치기준 등을 부적절하게 신고한 대상
> ㉡ 표준자체점검비 대비 현저하게 낮은 가격으로 용역계약을 체결하고 자체점검을 실시하여 부실점검이 의심되는 대상
> ㉢ 특정소방대상물 관계인이 자체점검한 대상
> ㉣ 그 밖에 소방청장, 소방본부장 또는 소방서장이 필요하다고 인정한 대상

4) 소방시설 등(작동점검·종합점검) 점검표에 대하여 다음 물음에 답하시오. (7점)
   ① 소방시설 등(작동점검·종합점검) 점검표의 작성 및 유의사항 2가지를 쓰시오. (2점)

> [해설]
>
> ㉠ 소방시설 등(작동점검·종합점검) 결과보고서의 '각 설비별 점검결과'에는 본 서식의 점검번호를 기재한다.
> ㉡ 자체점검결과(보고서 및 점검표)를 2년간 보관하여야 한다.

② 연결살수설비 점검표에서 송수구 점검항목 중 종합점검의 경우에만 해당하는 점검항목 3가지와 배관 등 점검항목 중 작동점검에 해당하는 점검항목 2가지를 쓰시오.(5점)

해설

㉠ 연결살수설비 송수구 종합점검 항목 3가지
- 송수구에서 주배관 상 연결배관 개폐밸브 설치 여부
- 자동배수밸브 및 체크밸브 설치 순서 적정 여부
- 1개 송수구역 설치 살수헤드 수량 적정 여부(개방형 헤드의 경우)

㉡ 연결살수설비 배관 작동점검 항목 2가지
- 급수배관 개폐밸브 설치 적정(개폐표시형, 흡입측 버터플라이 제외) 여부
- 시험장치 설치 적정 여부(폐쇄형 헤드의 경우)

2. 다음 물음에 답하시오.(30점)

1) 소방시설 자체점검사항 등에 관한 고시상 소방시설 성능시험조사표에 대하여 다음 물음에 답하시오.(19점)

① 스프링클러설비 성능시험조사표의 성능 및 점검항목 중 수압시험 점검항목 3가지를 쓰시오.(3점)

해설

㉠ 가압송수장치 및 부속장치(밸브류·배관·배관부속류·압력챔버)의 수압시험(접속상태에서 실시한다. 이하 같다)결과
㉡ 옥외연결송수구 연결배관의 수압시험결과
㉢ 입상배관 및 가지배관의 수압시험결과

② 다음은 스프링클러설비 성능시험조사표의 성능 및 점검항목 중 수압시험 방법을 기술한 것이다. ( )에 들어갈 내용을 쓰시오.(4점)

> 수압시험은 (ㄱ)MPa의 압력으로 (ㄴ)시간 이상 시험하고자 하는 배관의 가장 낮은 부분에서 가압하되, 배관과 배관·배관부속류·밸브류·각종장치 및 기구의 접속부분에서 누수현상이 없어야 한다. 이 경우 상용수압이 (ㄷ)MPa 이상인 부분에 있어서의 압력은 그 상용수압에 (ㄹ)MPa을 더한 값으로 한다.

해설

ㄱ : 1.4, ㄴ : 2, ㄷ : 1.05, ㄹ : 0.35

③ 도로터널 성능시험조사표의 성능 및 점검항목 중 제연설비 점검항목 7가지만 쓰시오. (7점)

해설

㉠ 설계 적정(설계화재강도, 연기발생률 및 배출용량) 여부
㉡ 위험도분석을 통한 설계화재강도 설정 적정 여부(화재강도가 설계화재강도보다 높을 것으로 예상될 경우)
㉢ 예비용 제트팬 설치 여부(종류환기방식의 경우)
㉣ 배연용 팬의 내열성 적정 여부((반)횡류환기방식 및 대배기구 방식의 경우)
㉤ 개폐용 전동모터의 정전 등 전원차단 시 조작상태 적정 여부(대배기구 방식의 경우)
㉥ 화재에 노출 우려가 있는 제연설비, 전원공급선 및 전원공급장치 등의 250℃ 온도에서 60분 이상 운전 가능 여부
㉦ 제연설비 기동방식(자동 및 수동) 적정 여부
㉧ 제연설비 비상전원 용량 적정 여부

④ 스프링클러설비 성능시험조사표의 성능 및 점검항목 중 감시제어반의 전용실(중앙제어실 내에 감시제어반 설치 시 제외) 점검항목 5가지를 쓰시오. (5점)

해설

㉠ 다른 부분과 방화구획 적정 여부
㉡ 설치 위치(층) 적정 여부
㉢ 비상조명등 및 급·배기설비 설치 적정 여부
㉣ 무선기기 접속단자 설치 적정 여부
㉤ 바닥면적 적정 확보 여부

2) 소방시설 설치 및 관리에 관한 법령상 소방시설 등의 자체점검 결과의 조치 등에 대하여 다음 물음에 답하시오. (6점)
① 자체점검 결과의 조치 중 중대위반사항에 해당하는 경우 4가지를 쓰시오. (4점)

해설

㉠ 소화펌프(가압송수장치를 포함한다. 이하 같다), 동력·감시 제어반 또는 소방시설용 전원(비상전원을 포함한다)의 고장으로 소방시설이 작동되지 않는 경우
㉡ 화재 수신기의 고장으로 화재경보음이 자동으로 울리지 않거나 화재 수신기와 연동된 소방 시설의 작동이 불가능한 경우
㉢ 소화배관 등이 폐쇄·차단되어 소화수(消火水) 또는 소화약제가 자동 방출되지 않는 경우
㉣ 방화문 또는 자동방화셔터가 훼손되거나 철거되어 본래의 기능을 못하는 경우

② 다음은 자체점검 결과 공개에 관한 내용이다. ( )에 들어갈 내용을 쓰시오.(2점)

> • 소방본부장 또는 소방서장은 법 제24조제2항에 따라 자체점검 결과를 공개하는 경우 (ㄱ)일 이상 법 제48조에 따른 전산시스템 또는 인터넷 홈페이지 등을 통해 공개해야 한다.
> • 소방본부장 또는 소방서장은 이의신청을 받은 날부터 (ㄴ)일 이내에 심사·결정하여 그 결과를 지체 없이 신청인에게 알려야 한다.

해설

- ㄱ : 30
- ㄴ : 10

3) 차동식 분포형 공기관식 감지기의 화재작동시험(공기주입시험)을 했을 경우 동작 시간이 느린 경우(기준치 이상)의 원인 5가지를 쓰시오.(5점)

해설

① 리크저항치가 규정치보다 작음
② 접점 수고값이 규정치보다 높음
③ 공기관의 누설상태
④ 공기의 주입량에 비해 공기관의 길이가 긴 상태
⑤ 공기관의 변형 또는 폐쇄상태

3. 다음 물음에 답하시오.(30점)

1) 소방시설 등(작동점검·종합점검)의 점검표상 분말소화설비 점검표의 저장용기 점검항목 중 종합점검의 경우에만 해당하는 점검항목 6가지를 쓰시오.(6점)

해설

① 설치장소 적정 및 관리 여부
② 저장용기 설치 간격 적정 여부
③ 저장용기와 집합관 연결배관 상 체크밸브 설치 여부
④ 저장용기 안전밸브 설치 적정 여부
⑤ 저장용기 정압작동장치 설치 적정 여부
⑥ 저장용기 청소장치 설치 적정 여부

2) 지하구의 화재안전성능기준(NFPC 605)상 방화벽 설치기준 5가지를 쓰시오. (5점)

해설
① 내화구조로서 홀로 설 수 있는 구조일 것
② 방화벽의 출입문은 「건축법 시행령」 제64조에 따른 방화문으로서 60분＋ 방화문 또는 60분 방화문으로 설치하고, 항상 닫힌 상태를 유지하거나 자동폐쇄장치에 의하여 화재 신호를 받으면 자동으로 닫히는 구조로 해야 한다.
③ 방화벽을 관통하는 케이블·전선 등에는 국토교통부 고시(내화구조의 인정 및 관리기준)에 따라 내화충전 구조로 마감할 것
④ 방화벽은 분기구 및 국사·변전소 등의 건축물과 지하구가 연결되는 부위(건축물로부터 20m 이내)에 설치할 것
⑤ 자동폐쇄장치를 사용하는 경우에는 「자동폐쇄장치의 성능인증 및 제품검사의 기술기준」에 적합한 것으로 설치할 것

3) 화재조기진압용 스프링클러설비에서 수리학적으로 가장 먼 가지배관 4개에 각각 4개의 스프링클러헤드가 하향식으로 설치되어 있다. 이 경우 스프링클러헤드가 동시에 개방되었을 때 헤드선단의 최소방사압력 0.28MPa, $K(\text{L/min} \cdot \text{MPa}^{1/2})=320$일 때 수원의 양($\text{m}^3$)을 구하시오. (단, 소수점 셋째 자리에서 반올림하여 소수점 둘째 자리까지 구하시오.) (5점)

해설
$$Q = 12 \times K\sqrt{10P} \times 60$$
$$= 12 \times 320 \sqrt{10 \times 0.28} \times 60$$
$$= 386632.94\,L = 385.53\,\text{m}^3$$

4) 화재안전기술기준(NFTC)에 대하여 다음 물음에 답하시오. (9점)
① 포소화설비의 화재안전기술기준(NFTC 105)상 다음 용어의 정의를 쓰시오. (5점)
㉠ 펌프 프로포셔너방식 (1점)
㉡ 프레셔 프로포셔너방식 (1점)
㉢ 라인 프로포셔너방식 (1점)
㉣ 프레셔사이드 프로포셔너방식 (1점)
㉤ 압축공기포 믹싱챔버방식 (1점)

해설
㉠ "펌프 프로포셔너방식"이란 펌프의 토출관과 흡입관 사이의 배관 도중에 설치한 흡입기에 펌프에서 토출된 물의 일부를 보내고, 농도 조정밸브에서 조정된 포소화약제의 필요량을 포소화약제 저장탱크에서 펌프 흡입 측으로 보내어 이를 혼합하는 방식을 말한다.

ⓒ "프레셔 프로포셔너방식"이란 펌프와 발포기의 중간에 설치된 벤추리관의 벤추리 작용과 펌프 가압수의 포소화약제 저장탱크에 대한 압력에 따라 포소화약제를 흡입·혼합하는 방식을 말한다.

ⓒ "라인 프로포셔너방식"이란 펌프와 발포기의 중간에 설치된 벤추리관의 벤추리 작용에 따라 포소화약제를 흡입·혼합하는 방식을 말한다.

ⓔ "프레셔사이드 프로포셔너방식"이란 펌프의 토출관에 압입기를 설치하여 포소화약제 압입용 펌프로 포 소화약제를 압입시켜 혼합하는 방식을 말한다.

ⓜ "압축공기포 믹싱챔버방식"이란 물, 포소화약제 및 공기를 믹싱챔버로 강제주입시켜 챔버 내에서 포수용액을 생성한 후 포를 방사하는 방식을 말한다.

② 고층건축물의 화재안전기술기준(NFTC 604)상 초고층 및 지하연계 복합건축물 재난관리에 관한 특별법 시행령에 따른 피난안전구역에 설치하는 소방시설 중 인명구조기구의 설치기준 4가지를 쓰시오.(4점)

해설

㉠ 방열복, 인공소생기를 각 2개 이상 비치할 것
㉡ 45분 이상 사용할 수 있는 성능의 공기호흡기(보조마스크를 포함한다)를 2개 이상 비치해야 한다. 다만, 피난안전구역이 50층 이상에 설치되어 있을 경우에는 동일한 성능의 예비용기를 10개 이상 비치할 것
㉢ 화재 시 쉽게 반출할 수 있는 곳에 비치할 것
㉣ 인명구조기구가 설치된 장소의 보기 쉬운 곳에 "인명구조기구"라는 표지판 등을 설치할 것

5) 부속실 제연설비에서 제연설비의 화재안전성능기준상 제연설비의 성능확인 방법을 쓰시오.(5점)

해설

① 제연설비는 설계목적에 적합한지 검토하고 제연설비의 성능과 관련된 건물의 모든 부분(건축설비를 포함한다)이 완성되는 시점에 맞추어 시험·측정 및 조정(이하 "시험 등"이라 한다)을 해야 한다.
② 제연설비의 시험 등은 다음의 기준에 따라 실시해야 한다.
  가. 제연구역의 모든 출입문 등의 크기와 열리는 방향이 설계 시와 동일한지 여부를 확인하고, 동일하지 아니한 경우 급기량과 보충량 등을 다시 산출하여 조정 가능 여부 또는 재설계·개수의 여부를 결정할 것
  나. 제연구역의 출입문 및 복도와 거실(옥내가 복도와 거실로 되어 있는 경우에 한한다) 사이의 출입문마다 제연설비가 작동하고 있지 아니한 상태에서 그 폐쇄력을 측정할 것

다. 층별로 화재감지기(수동기동장치를 포함한다)를 동작시켜 제연설비가 작동하는지 여부를 확인할 것. 다만, 둘 이상의 특정소방대상물이 지하에 설치된 주차장으로 연결되어 있는 경우에는 특정소방대상물의 화재감지기 및 주차장에서 하나의 특정소방대상물의 제연구역으로 들어가는 입구에 설치된 제연용 연기감지기의 작동에 따라 해당 특정소방대상물의 수직풍도에 연결된 모든 제연구역의 댐퍼가 개방되도록 하거나 해당 특정소방대상물을 포함한 둘 이상의 특정소방대상물의 모든 제연구역의 댐퍼가 개방되도록 하고 비상전원을 작동시켜 급기 및 배기용 송풍기의 성능이 정상인지 확인할 것

라. '다'의 기준에 따라 제연설비가 작동하는 경우 다음의 기준에 따른 시험 등을 실시할 것

㉠ 부속실과 면하는 옥내 및 계단실의 출입문을 동시에 개방할 경우, 유입공기의 풍속이 2.7의 규정에 따른 방연풍속에 적합한지 여부를 확인하고, 적합하지 아니한 경우에는 급기구의 개구율과 송풍기의 풍량조절댐퍼 등을 조정하여 적합하게 할 것. 이 경우 유입공기의 풍속은 출입문의 개방에 따른 개구부를 대칭적으로 균등 분할하는 10 이상의 지점에서 측정하는 풍속의 평균치로 할 것

㉡ ㉠에 따른 시험 등의 과정에서 출입문을 개방하지 않은 제연구역의 실제 차압이 2.3.3의 기준에 적합한지 여부를 출입문 등에 차압측정공을 설치하고 이를 통하여 차압측정기구로 실측하여 확인·조정할 것

㉢ 제연구역의 출입문이 모두 닫혀 있는 상태에서 제연설비를 가동시킨 후 출입문의 개방에 필요한 힘을 측정하여 2.3.2의 규정에 따른 개방력에 적합한지 여부를 확인하고, 적합하지 아니한 경우에는 급기구의 개구율 조정 및 플랩댐퍼(설치하는 경우에 한한다)와 풍량조절용댐퍼 등의 조정에 따라 적합하도록 조치할 것. 이때 제연구역의 출입문과 면하는 옥내에 거실제연설비가 설치된 경우에는 이 기준에 따른 제연설비와 해당 거실제연설비를 동시에 작동시킨 상태에서 출입문의 개방력을 측정할 것

㉣ ㉠에 따른 시험 등의 과정에서 부속실의 개방된 출입문이 자동으로 완전히 닫히는지 여부를 확인하고, 닫힌 상태를 유지할 수 있도록 조정할 것

제24회 2024년 9월 14일 시행

1. 다음 물음에 답하시오.(40점)

    1) 스프링클러설비 펌프 주변의 배관을 소방시설 도시기호를 이용하여 올바르게 그리시오.(13점)

    ① 펌프 흡입 측 배관[단, 수원의 수위가 펌프보다 낮고, 연성계(진공계)는 제외](5점)

    [해설]

    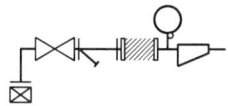

    ② 성능시험배관(유량계 사용)(3점)

    [해설]

    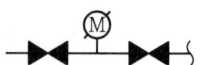

    ③ 기동용 수압개폐장치(압력챔버 방식 적용, 인입 측 차단밸브는 제외)(5점)

    [해설]

    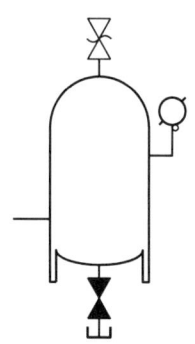

    Check Point 답안 작성 예시

    ○ 순환배관 :

2) 소방시설 자체점검사항 등에 관한 고시상 소방시설 등 점검표 중 "스프링클러설비 점검표 3-F 배관"에서 아래 내용의 점검항목과 그에 대응하는 스프링클러설비의 화재안전기술기준(NFTC 103)의 내용을 각각 쓰시오.(12점)

① 펌프 흡입 측 배관(4점)
- 점검항목 :
- 스프링클러설비의 화재안전기술기준 펌프의 흡입 측 배관 설치기준 :

[해설]

- 점검항목 : ● 펌프의 흡입 측 배관 여과장치의 상태 확인
- 스프링클러설비의 화재안전기술기준 펌프의 흡입 측 배관 설치기준
  1. 공기 고임이 생기지 않는 구조로 하고 여과장치를 설치할 것
  2. 수조가 펌프보다 낮게 설치된 경우에는 각 펌프(충압펌프를 포함한다)마다 수조로부터 별도로 설치할 것

② 성능시험배관(6점)
- 점검항목 :
- 스프링클러설비의 화재안전기술기준 펌프의 성능시험배관 설치기준 :

[해설]

- 점검항목 : ● 성능시험배관 설치(개폐밸브, 유량조절밸브, 유량측정장치) 적정 여부
- 스프링클러설비의 화재안전기술기준 펌프의 성능시험배관 설치기준
  1. 성능시험배관은 펌프의 토출 측에 설치된 개폐밸브 이전에서 분기하여 직선으로 설치하고, 유량측정장치를 기준으로 전단 직관부에는 개폐밸브를 후단 직관부에는 유량조절밸브를 설치할 것. 이 경우 개폐밸브와 유량측정장치 사이의 직관부 거리 및 유량측정장치와 유량조절밸브 사이의 직관부 거리는 해당 유량측정장치 제조사의 설치사양에 따르고, 성능시험배관의 호칭지름은 유량측정장치의 호칭지름에 따른다.
  2. 유량측정장치는 펌프의 정격토출량의 175% 이상 측정할 수 있는 성능이 있을 것

③ 순환배관(2점)
- 점검항목 :

[해설]

- 점검항목 : ● 순환배관 설치(설치 위치 · 배관 구경, 릴리프밸브 개방압력) 적정 여부

3) 소방시설 자체점검사항 등에 관한 고시상 소방시설 등 점검표 중 "스프링클러설비 점검표 3-C 가압송수장치"의 펌프방식 작동점검 항목 3가지를 쓰시오.(단, 가압송수장치의 "스프링클러펌프" 표지 설치 여부 또는 다른 소화설비와 겸용 시 겸용설비 이름 표시 부착 여부는 제외)(3점)

> 해설

○ 성능시험배관을 통한 펌프 성능시험 적정 여부
○ 펌프 흡입 측 연성계·진공계 및 토출 측 압력계 등 부속장치의 변형·손상 유무
○ 내연기관 방식의 펌프 설치 적정[정상 기동(기동장치 및 제어반) 여부, 축전지 상태, 연료량] 여부

4) 소방시설 자체점검사항 등에 관한 고시상 소방시설 등 점검표 중 "옥내소화전설비 점검표의 2-C 가압송수장치"의 펌프방식과 "스프링클러설비 점검표의 3-C 가압송수장치"의 펌프방식의 점검항목을 비교하였을 때, 공통되는 사항을 제외하고 "옥내소화전설비 점검표의 2-C 가압송수장치"의 펌프방식에만 있는 점검항목 4가지를 쓰시오.(단, 가압송수장치의 "옥내소화전펌프" 표지 설치 여부 또는 다른 소화설비와 겸용 시 겸용설비 이름 표시 부착 여부는 제외)(4점)

> 해설

○ 옥내소화전 방수량 및 방수압력 적정 여부
○ 기동스위치 설치 적정 여부(ON/OFF 방식)
● 감압장치 설치 여부(방수압력 0.7MPa 초과 조건)
● 주펌프와 동등 이상 펌프 추가 설치 여부

5) 소방시설 자체점검사항 등에 관한 고시상 소방시설 등 점검표 중 "기타 사항 점검표의 31-A 피난·방화시설" 점검항목 2가지를 쓰시오.(2점)

> 해설

○ 방화문 및 방화셔터의 관리 상태(폐쇄·훼손·변경) 및 정상 기능 적정 여부
● 비상구 및 피난통로 확보 적정 여부(피난·방화시설 주변 장애물 적치 포함)

6) 소방시설 설치 및 관리에 관한 법령상 다음의 지하 2층 지상 8층인 특정소방대상물에 설치되어야 하는 소방시설 중 경보설비 4가지와 소화활동설비 2가지를 쓰시오.(6점)

- 건축물의 용도는 근린생활시설(산후조리원 포함)이고, 높이는 32m
- 건축허가일은 2023년 1월 1일
- 각 층의 바닥면적 1,000m²
- 스프링클러설비는 설치됨
- 화재수신기 설치 장소에는 주간에만 근무자가 있음
- 소방시설 설치 및 관리에 관한 법률 시행령 [별표 5] 특정소방대상물의 소방시설 설치의 면제 기준을 따른다.
- 기타 조건은 무시한다.

해설

① 경보설비 4가지
  ㉠ 자동화재탐지설비
  ㉡ 시각경보기
  ㉢ 자동화재속보설비
  ㉣ 비상방송설비
② 소화활동설비 2가지
  ㉠ 제연설비
  ㉡ 연결송수관설비

2. 다음 물음에 답하시오.(30점)

1) 이산화탄소소화설비에 대하여 다음 물음에 답하시오.(7점)
  ① 이산화탄소소화설비에서 솔레노이드밸브의 작동시험방법 4가지만 쓰시오.(4점)

해설

㉠ 방호구역 내의 화재감지기 A회로, B회로 감지기 동작
㉡ 방호구역에 설치된 수동조작함 수동기동
㉢ 제어반에서 수동기동
㉣ 제어반에서 해당 구역의 화재감지기 A회로, B회로 감지기 동작시험 후 연동

② 소방시설 자체점검사항 등에 관한 고시상 "이산화탄소소화설비 점검표 9-N 안전시설 등"의 점검항목 3가지를 쓰시오.(3점)

해설
○ 소화약제 방출알림 시각경보장치 설치기준 적합 및 정상 작동 여부
○ 방호구역 출입구 부근 잘 보이는 장소에 소화약제 방출 위험경고표지 부착 여부
○ 방호구역 출입구 외부 인근에 공기호흡기 설치 여부

2) 다음 물음에 답하시오.(8점)
① 소방시설 자체점검사항 등에 관한 고시상 "소화용수설비 점검표 23-A 소화수조 및 저수조" 중 채수구의 점검항목 4가지를 쓰시오.(4점)

해설
○ 소방차 접근 용이성 적정 여부
○ 개폐밸브의 조작 용이성 여부
● 결합금속구 구경 적정 여부
● 채수구 수량 적정 여부

② 스프링클러설비의 화재안전기술기준(NFTC 103)에 관한 내용이다. ( )에 들어갈 내용을 쓰시오.(4점)

> 준비작동식 유수검지장치 또는 일제개방밸브 작동의 화재감지회로는 교차회로방식으로 할 것. 다만, 다음 어느 하나에 해당되는 경우에는 그렇지 않다.
> 가. 스프링클러설비의 배관 또는 헤드에 누설경보용 물 또는 (ㄱ)가 채워지거나 (ㄴ)의 경우
> 나. 화재감지기를 불꽃감지기, 정온식감지선형감지기, 분포형감지기, 복합형감지기, (ㄷ), 아날로그방식의 감지기

해설
• ㄱ : 압축공기
• ㄴ : 부압식 스프링클러설비
• ㄷ : 광전식분리형감지기
• ㄹ : 다신호식감지기

3) 다음 물음에 답하시오.(7점)
① 소방시설 설치 및 관리에 관한 법령상 특정소방대상물이 증축되는 경우에도 소방본부장 또는 소방서장이 기존 부분에 대해서 증축 당시의 소방시설의 설치에 관한 대통령령 또는 화재안전기준을 적용하지 않는 경우 4가지를 쓰시오.(4점)

해설

ⓞ 기존 부분과 증축 부분이 내화구조(耐火構造)로 된 바닥과 벽으로 구획된 경우
ⓛ 기존 부분과 증축 부분이「건축법 시행령」제46조제1항제2호에 따른 자동방화셔터 또는 같은 영 제64조제1항제1호에 따른 60분+ 방화문으로 구획되어 있는 경우
ⓒ 자동차 생산공장 등 화재 위험이 낮은 특정소방대상물 내부에 연면적 33m² 이하의 직원 휴게실을 증축하는 경우
ⓓ 자동차 생산공장 등 화재 위험이 낮은 특정소방대상물에 캐노피(기둥으로 받치거나 매달아 놓은 덮개를 말하며, 3면 이상에 벽이 없는 구조의 것을 말한다)를 설치하는 경우

② 다중이용업소의 안전관리에 관한 특별법령상 간이스프링클러설비를 설치하여야 할 다중이용업소의 영업장 3가지만 쓰시오. (3점)

해설

ⓞ 지하층에 설치된 영업장
ⓛ 숙박을 제공하는 형태의 다중이용업소의 영업장 중 다음에 해당하는 영업장. 다만, 지상 1층에 있거나 지상과 직접 맞닿아 있는 층(영업장의 주된 출입구가 건축물 외부의 지면과 직접 연결된 경우를 포함한다)에 설치된 영업장은 제외한다.
  • 산후조리업의 영업장
  • 고시원업의 영업장
ⓒ 밀폐구조의 영업장
ⓓ 권총사격장의 영업장

4) 특별피난계단의 계단실 및 부속실 제연설비의 화재안전성능기준(NFPC 501A)에 관한 다음 물음에 답하시오. (8점)
 ① 특별피난계단의 계단실 및 부속실 제연설비에서 배출댐퍼 및 개폐기의 직근 또는 제연구역에 설치된 수동기동장치로 작동 또는 개방하는 4가지를 쓰시오. (4점)

해설

ⓞ 전 층의 제연구역에 설치된 급기댐퍼의 개방
ⓛ 당해 층의 배출댐퍼 또는 개폐기의 개방
ⓒ 급기송풍기 및 유입공기의 배출용 송풍기의 작동
ⓓ 개방·고정된 모든 출입문(제연구역과 옥내 사이의 출입문에 한한다)의 개폐장치의 작동

② 특별피난계단의 계단실 및 부속실 제연설비의 차압 등에 관한 기준이다. (　)에 들어갈 내용을 쓰시오.(4점)

> 제6조(차압 등)
> ① 제4조제1호의 기준에 따라 제연구역과 옥내와의 사이에 유지해야 하는 최소차압은 40 파스칼[옥내에 스프링클러설비가 설치된 경우에는 (ㄱ)파스칼] 이상으로 해야 한다.
> ② 제연설비가 가동되었을 경우 출입문의 개방에 필요한 힘은 (ㄴ)뉴턴 이하로 해야 한다.
> ③ 제4조제2호의 기준에 따라 출입문이 일시적으로 개방되는 경우 개방되지 않은 제연구역과 옥내와의 차압은 제1항 기준에도 불구하고 제1항의 기준에 따른 차압의 (ㄷ)퍼센트 이상이어야 한다.
> ④ 계단실과 부속실을 동시에 제연하는 경우 부속실의 기압은 계단실과 같게 하거나 계단실의 기압보다 낮게 할 경우에는 부속실과 계단실의 압력 차이는 (ㄹ)파스칼 이하가 되도록 해야 한다.

[해설]

- ㄱ : 12.5
- ㄴ : 110
- ㄷ : 70
- ㄹ : 5

3. 다음 물음에 답하시오.(30점)

1) 소방시설 설치 및 관리에 관한 법령상 소방시설 등의 자체점검에 관한 내용이다. (　)에 들어갈 내용을 쓰시오.(6점)

> - '최초점검'이란 해당 특정소방대상물의 소방시설 등이 신설된 경우 「건축법」 제22조에 따라 건축물을 사용할 수 있게 된 날부터 (ㄱ)일 이내 점검하는 것을 말하며, 이는 자체점검의 구분 중 (ㄴ)에 해당한다.
> - 관리업자 또는 소방안전관리자로 선임된 소방시설관리사 및 소방기술사(이하 "관리업자 등"이라 한다)는 자체점검을 실시한 경우에는 그 점검이 끝난 날부터 (ㄷ)일 이내에 소방시설 등 자체점검 실시결과 보고서(전자문서로 된 보고서를 포함한다)에 소방청장이 정하여 고시하는 소방시설 등 점검표를 첨부하여 관계인에게 제출해야 한다.
> - 관리업자 등으로부터 자체점검 실시결과 보고서를 제출받거나 스스로 자체점검을 실시한 관계인은 자체점검이 끝난 날부터 (ㄹ)일 이내에 소방시설 등 자체점검 실시결과 보고서(전자문서로 된 보고서를 포함한다)에 다음 각 호의 서류를 첨부하여 소방본부장 또는 소방서장에게 서면이나 소방청장이 지정하는 전산망을 통하여 보고해야 한다.
> 1. 점검인력 배치확인서(관리업자가 점검한 경우만 해당한다)
> 2. 별지 제10호서식의 소방시설 등의 자체점검 결과 이행계획서

• 소방시설 등의 자체점검 결과 이행계획서를 보고받은 소방본부장 또는 소방서장은 다음 각 호의 구분에 따라 이행계획의 완료 기간을 정하여 관계인에게 통보해야 한다. 다만, 소방시설 등에 대한 수리·교체·정비의 규모 또는 절차가 복잡하여 다음 각 호의 기간 내에 이행을 완료하기가 어려운 경우에는 그 기간을 달리 정할 수 있다.
1. 소방시설 등을 구성하고 있는 기계·기구를 수리하거나 정비하는 경우 : 보고일부터 (ㅁ)일 이내
2. 소방시설 등의 전부 또는 일부를 철거하고 새로 교체하는 경우 : 보고일부터 (ㅂ)일 이내

해설

- ㄱ : 60
- ㄷ : 10
- ㅁ : 10
- ㄴ : 종합점검
- ㄹ : 15
- ㅂ : 20

2) 소방시설 설치 및 관리에 관한 법령에 관한 다음 물음에 답하시오.(12점)
① 다음 아파트에 대한 종합(정밀)점검을 실시할 경우, 소방시설 설치 및 관리에 관한 법령상 점검세대수와 종합(정밀)점검에 필요한 최소한의 일수를 계산과정과 함께 답하시오.(6점)

- 세대수는 총 2,700세대이다.
- 스프링클러설비와 제연설비가 설치되어 있고, 물분무 등 소화설비는 없다.
- 점검인력 1단위에 보조(기술)인력 2명을 추가하여 종합(정밀)점검을 실시한다.
- 다른 조건은 고려하지 않는다.

해설

- 2,700 − 2,700 × 0.15 = 2,295[세대]
- 점검인력인단위 + 보조인력 2명 = 300 + 70 × 2 = 440[세대]

※ 배치일수 = $\dfrac{2,295}{440}$ = 5.21 ≒ 6일

② 다음 공장에 대한 작동(기능)점검(단, 소규모 점검이 아님)을 실시할 경우, 소방시설 설치 및 관리에 관한 법령상 점검면적과 작동(기능)점검에 필요한 최소한의 일수를 계산과정과 함께 답하시오.(6점)

- 연면적은 50,000m²이다.
- 스프링클러설비, 물분무 등 소화설비, 제연설비는 없다.
- 점검인력 1단위에 보조(기술)인력 1명을 추가하여 작동(기능)점검을 실시한다.
- 다른 조건은 고려하지 않는다.

> 해설
- 50,000 × 0.9 = 45,000m²
- 45,000 − 45,000 × (0.1 + 0.15 + 0.1) = 29,250m²
- 점검인력인단위 + 보조인력 1명 = 12,000 + 3,500 = 15,500m²

※ 배치일수 = $\dfrac{29,250}{15,500}$ = 1.877 ≒ 2일

3) 소방시설 설치 및 관리에 관한 법령상 특정소방대상물의 수용인원 산정에 관하여 다음 물음에 답하시오.(단, 다른 조건은 고려하지 않음)(4점)
① 침대가 없는 숙박시설 바닥면적의 합계가 260m²이고 숙박시설 종사자가 13명인 경우, 이 숙박시설의 수용인원을 계산과정과 함께 답하시오.(2점)

> 해설

종사자 수(13명) + $\dfrac{260m^2}{3m^2}$ = 99.6 ≒ 100명

② 휴게실 용도로 사용하는 바닥면적의 합계가 150m²인 특정소방대상물의 수용인원을 계산과정과 함께 답하시오.(2점)

> 해설

$\dfrac{150m^2}{1.9m^2}$ = 78.9 ≒ 79 명

4) 소방시설 설치 및 관리에 관한 법령상 소방시설을 설치하지 않을 수 있는 특정소방대상물 및 소방시설의 범위에 관한 내용이다. (   )에 들어갈 내용을 쓰시오.(4점)

구분	특정소방대상물	설치하지 않을 수 있는 소방시설
1. 화재 위험도가 낮은 특정소방대상물	석재, 불연성 금속, 불연성 건축재료 등의 가공공장·기계조립공장 또는 불연성 물품을 저장하는 창고	(ㄱ) 및 연결살수설비
2. 화재안전기준을 적용하기 어려운 특정소방대상물	펄프공장의 작업장, 음료수 공장의 세정 또는 충전을 하는 작업장, 그 밖에 이와 비슷한 용도로 사용하는 것	(ㄴ), 상수도소화용수설비 및 연결살수설비

구분	특정소방대상물	설치하지 않을 수 있는 소방시설
	정수장, 수영장, 목욕장, 농예·축산·어류양식용 시설, 그 밖에 이와 비슷한 용도로 사용되는 것	(ㄷ), 상수도소화용수설비 및 연결살수설비
3. 화재안전기준을 달리 적용해야 하는 특수한 용도 또는 구조를 가진 특정소방대상물	원자력발전소, 중·저준위방사성폐기물의 저장시설	연결송수관설비 및 연결살수설비
4. 「위험물 안전관리법」제19조에 따른 자체소방대가 설치된 특정소방대상물	자체소방대가 설치된 제조소 등에 부속된 사무실	(ㄹ), 소화용수설비, 연결살수설비 및 연결송수관설비

[해설]

- ㄱ : 옥외소화전
- ㄴ : 스프링클러설비
- ㄷ : 자동화재탐지설비
- ㄹ : 옥내소화전설비

5) 소방시설 설치 및 관리에 관한 법령상 대통령령이나 화재안전기준이 변경되어 그 기준이 강화되는 경우 강화된 기준을 적용할 수 있는 소방시설 중 의료시설에 설치하는 것 4가지를 쓰시오.(4점)

[해설]

① 스프링클러설비
② 간이스프링클러설비
③ 자동화재탐지설비
④ 자동화재속보설비

참고자료 출처

- 법제처(http://www.law.go.kr)
- 홍운성 저, 마스터소방기술사, 예문사
- 유정석 저, 소방시설관리사 2차 점검실무행정, 예문사
- 이재인 명지대 교수, 네이버 캐스트

소방시설관리사
2차 점검실무행정

발행일	2016. 6. 20	초판발행
	2017. 1. 15	개정 1판1쇄
	2018. 1. 10	개정 2판1쇄
	2019. 2. 20	개정 3판1쇄
	2020. 3. 30	개정 4판1쇄
	2021. 4. 10	개정 5판1쇄
	2022. 4. 10	개정 6판1쇄
	2023. 5. 30	개정 7판1쇄
	2024. 6. 30	개정 8판1쇄
	2025. 8. 20	개정 9판1쇄

저 자 | 정명진
발행인 | 정용수
발행처 | 예문사

주 소 | 경기도 파주시 직지길 460(출판도시) 도서출판 예문사
T E L | 031) 955-0550
F A X | 031) 955-0660
등록번호 | 11-76호

- 이 책의 어느 부분도 저작권자나 발행인의 승인 없이 무단 복제하여 이용할 수 없습니다.
- 파본 및 낙장은 구입하신 서점에서 교환하여 드립니다.
- 예문사 홈페이지 http : //www.yeamoonsa.com

정가 : 38,000원

ISBN 978-89-274-5925-5 13530